Geschichte der Luftfahrt

Kurt W. Streit
John W. R. Taylor

Geschichte der Luftfahrt

sigloch edition

Völlig überarbeitete und neugestaltete Ausgabe von
»History of Aviation« von John W. R. Taylor und Kenneth Munson,
erschienen bei New English Library, London

Layout: Günther Schmidt, Künzelsau/Stuttgart
Satz: Süddeutsche Verlagsanstalt und Druckerei GmbH, Ludwigsburg
Druck: J. Fink, Ostfildern
Papier: 135 g/qm BVS der Papierfabrik Scheufelen, Lenningen
Einbandgestaltung: Ruedi Becker
Bindearbeiten: Buchbinderei Sigloch, Künzelsau
Auslieferung an den deutschen Buchhandel: Stürtz Verlag, Würzburg
ISBN 3 8003 0101 6

26. August 1930. Als erste Europäer waren wir mit unserem »Amundsen-Wal« D-1422 im New Yorker Hafen gelandet. Der vorausgegangene Flug über Island und Grönland in dem schon angejahrten Dornier-Flugboot war ebenso abenteuerlich wie zukunftweisend. Wir hatten über Grönland nicht nur einen neuen Gebirgszug entdeckt, sondern zugleich entlang dem Größtkreis die Luftbrücke Europa–New York unter Einsatz aller damals verfügbaren luftverkehrstechnischen und navigatorischen Möglichkeiten geschlagen. Und ich entsinne mich noch der Worte eines unserer vielen Gastgeber in New York, der prophetisch verkündete: »Die Herren der Schiffahrt haben wir nur deshalb zu diesem Essen gebeten, um ihnen zu zeigen, welche Gefahren ihnen durch die Konkurrenz der Flugzeuge drohen.« Allgemeines Gelächter! Niemand nahm das ernst.
Heute, nur 45 Jahre später, benutzen 99,5 % aller Atlantikreisenden das Flugzeug, nur 0,5 % fahren an Bord eines Schiffes.
Warum diese Episode? Sie ist beispielhaft für die Geschichte der Luftfahrt. Kaum eine technologische Teilentwicklung, die der Mensch erdachte, um seine Fortbewegung durch den Luftraum zu ermöglichen, wurde von einer breiten Öffentlichkeit – ja oft nicht einmal von sogenannten Fachleuten – jemals richtig erkannt und in ihrer weit in die Zukunft weisenden Bedeutung richtig eingeordnet. Otto Lilienthal, die Wright Brothers, Hugo Junkers – um nur diese Namen zu nennen – sie galten unter Zeitgenossen als »Spinner«. Und wir? Wir mußten noch 1930 unseren Flug nach New York im Geheimen vorbereiten und ohne offizielle behördliche Erlaubnis, sonst hätte man ihn verboten.
Die ersten Erbauer von Turbinen-Luftstrahltriebwerken, die Konstrukteure der »Concorde«, sie haben kaum bessere Erfahrungen gemacht. Vielleicht reicht die menschliche Phantasie nicht aus, sich vorzustellen, was die heutigen Erkenntnisse der Luft- und Raumfahrtforschung der Menschheit im Guten wie im Bösen morgen geben können; vielleicht ist zu wenig geschehen, um das Mysterium, von dem die Luftfahrt seit ihrem Beginn umgeben war und noch immer umgeben ist, durch mehr sachliche Information abzubauen.
Sachliche Information und Faszination für den Leser bietet dieser nun vorliegende einmalige Bildband über die »Geschichte der Luftfahrt«. So trägt er dazu bei, daß einige der genialsten Erfindungen des menschlichen Geistes, das Fluggerät leichter als Luft und das Flugzeug schwerer als Luft, in ihren zahllosen Variationen in der geschichtlichen Wertung den hervorragenden Platz erhalten, der ihnen seit langem gebührt.

Wolfgang von Gronau

Die Erde schenkt uns mehr Selbsterkenntnis als alle Bücher, weil sie uns Widerstand leistet. Und nur im Kampf findet der Mensch zu sich selbst. Aber er braucht dazu ein Werkzeug, einen Hobel, einen Pflug. Der Bauer ringt in zäher Arbeit der Erde immer wieder eines ihrer Geheimnisse ab, und die Wahrheiten, die er ausgräbt, sind allgültig.

So stellt auch das Flugzeug, das Werkzeug des Luftverkehrs, den Menschen allen alten Welträtseln gegenüber und wird uns zum Werkzeug der Erkenntnis und der Selbsterkenntnis.

Antoine de Saint-Exupéry

Inhalt

Einführung

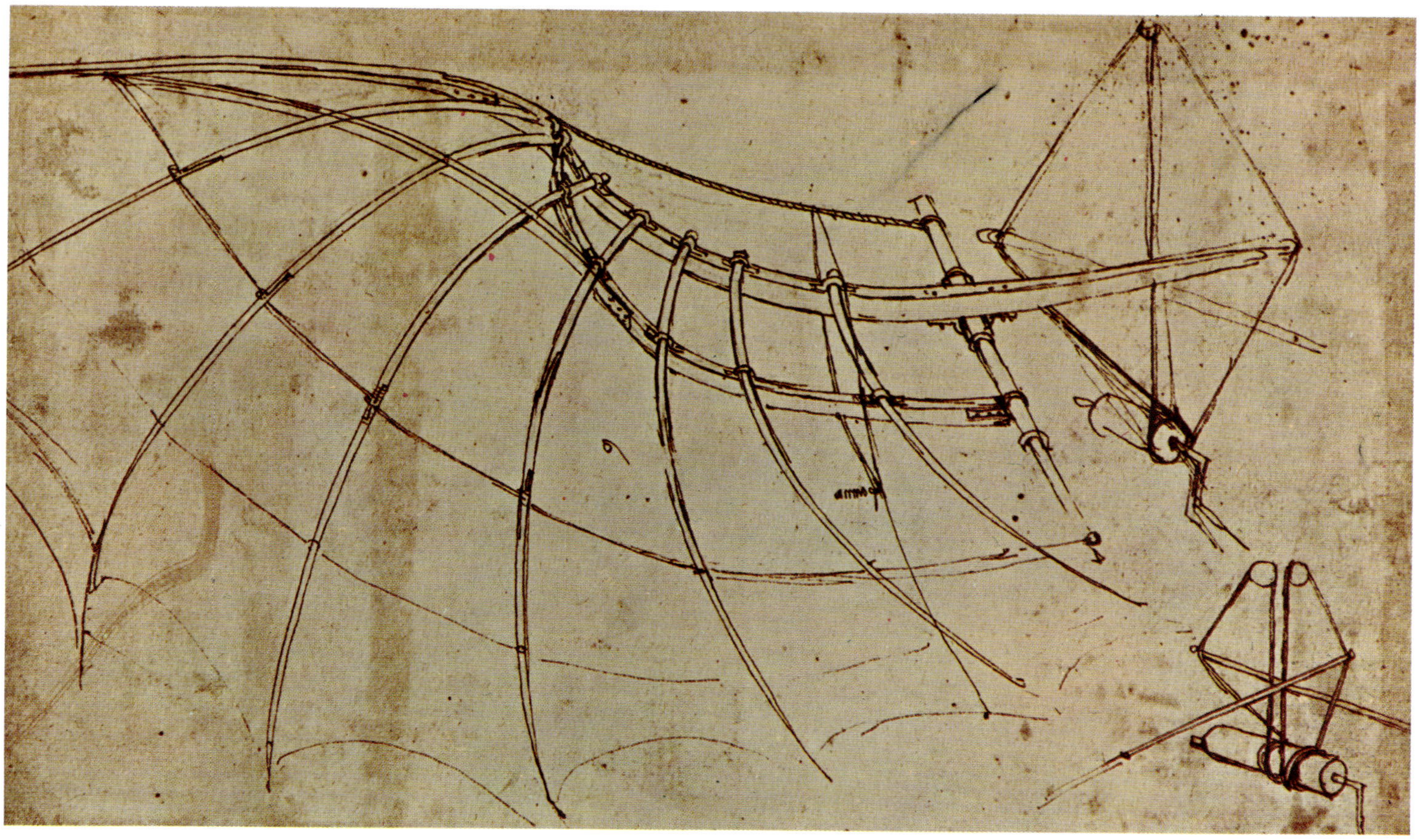

Schriften des Altertums rufen nach »den Flügeln einer Taube«. Sie sollten Rettung bringen in Zeiten der Not und Verzweiflung. Sicher liegt im Flug des Vogels eine Art mystischer Freiheit, keinem menschlichen Erleben vergleichbar. Und jene, welche vom Fliegen träumten und mit selbstgemachten Flügeln aus Federn von hochgelegenen Orten zu Tode stürzten, erstrebten ein Fliegen, das bis zum heutigen Tag Illusion blieb.
1976 fliegen über 750 Millionen Menschen an Bord von Verkehrsflugzeugen. Unzulängliche Flügel tragen sie, Motoren röhren. Klimaanlage, mehr oder weniger bequeme Sessel, Fertigmenüs, Filme und Unterhaltungsmusik an Bord und das Lächeln der Stewardessen – wie weit entfernt ist diese Art des Fluges von den Träumen der Pioniere!
Luftverkehr in seinen zahllosen Variationen aber bedeutet, daß zwei Menschen auf dieser Erde heute kaum weiter als 24 Stunden Flug voneinander entfernt zu sein brauchen. Er bringt Jahr für Jahr Millionen Flugtouristen an ihre Ferienziele. Innerhalb eines Tages werden Fracht und Post von einem Kontinent zum anderen befördert. Flugzeuge und Hubschrauber bewahren unsere lebenswichtigen Ernten, entwirren Verkehrsstauungen aus der Luft und retten Menschenleben. Sie haben die Kriegführung in ungeheurem Maße beeinflußt und Schrecken verbreitet.
All dies geschah in der Zeitspanne eines Menschenlebens. Es ist noch kein Jahrhundert vergangen, seit ein amerikanisches Brüderpaar die ersten einer breiten Öffentlichkeit bekanntgewordenen Motorflüge in einem zerbrechlich aussehenden Gerät unternahm, das schwerer war als Luft. Ihr erster Flug am 17. Dezember 1903 war weitaus kürzer als die Tragflächen-Spannweite eines modernen Verkehrsflugzeuges. Aber war es der erste Motorflug der Geschichte? Keineswegs.
Die neueren Forschungen wissen von dem in Leutershausen geborenen und nach Amerika ausgewanderten Gustav Weißkopf, später nannte er sich Gustav Whitehead, zu berichten, daß er bereits am 14. August 1901, also zwei Jahre vor den Wright Brothers, mit einem selbstgebauten Motoreindecker eine Strecke von 1,4 Meilen flog.
Gleichwohl werden die Historiker immer wieder mit neuen Problemen konfrontiert: In einer Ausgabe der »Sowjetischen Militär-Zeitschrift« wird behauptet, der erste Flug eines Strahlflugzeuges – Jet – hätte am 15. Mai 1942 stattgefunden. Jedoch das deutsche Strahlflugzeug He 178 ist fast drei Jahre früher geflogen, am 27. August 1939. Und was ist mit Coandas »turbo-propulseur«-Doppeldecker von 1910? War das nicht ein Jet? Und er ist doch geflogen!
Wir erkennen die Flüge von Gustav Weißkopf und der Gebrüder Wright als die ersten gesteuerten Motorflüge der Geschichte an. Trotzdem hatte Karl Jatho im August 1903 in Deutschland längere Flüge unternommen als Orville Wright bei seinem ersten Luftsprung.
Wie auch immer man urteilen mag, niemand kann bestreiten, daß die Wright Brothers binnen kurzer Zeit mit einer derartigen Sicherheit flogen, daß die Flugpioniere in aller Welt erstaunt und fasziniert waren. Ihnen gebührt in der Tat der Ruhm, die ersten gewesen zu sein, die nicht nur geradeaus, sondern auch Kurven und Kreise flogen und den Hudson-River überquerten. Ihr großer aerodynamischer Lehrmeister war Otto Lilienthal.
Die Wrights waren zu damaliger Zeit Meister des Motorfluges, aber ganz und gar nicht die ersten, die den Erdboden verließen, selbst nicht die ersten mit einer gewissen Beherrschung eines Fluggerätes,

Der geniale Leonardo da Vinci machte sich auch Gedanken über den Flug eines Menschen. Nach dem Studium der Flügel von Vögeln zeichnete er den obigen Entwurf eines mechanischen Flügels, der durch Muskelkraft über Rollen und Kabel bedient werden sollte.

das schwerer war als Luft. Lilienthal hatte zehn Jahre früher an die 2500 Flüge mit seinen selbstkonstruierten Hängegleitern gemacht. Das Motorflugzeug von Felix du Temple war mit einem Piloten 1873 in Brest eine kurze Strecke geflogen, und Sir George Cayley hatte 21 Jahre vorher seinen widerstrebenden Kutscher in einem Gleitflugapparat über ein Tal in Yorkshire gleiten lassen.
Wenn wir noch frühere »Erste« finden wollen, müssen wir fast zwei Jahrhunderte zurückgehen; bis 1783, als die Gebrüder Montgolfier in Frankreich den Heißluftballon erfanden und es dem Menschen zum erstenmal ermöglichten, »in der Atmosphäre zu schwimmen«. So glaubte man, bis vor kurzem . . .
Es gibt Hinweise auf seltsame Geschehnisse in Lissabon zu einem viel früheren Zeitpunkt. Einige Nachschlagwerke nannten sogar Dokumente aus jener Zeit, die zu beweisen scheinen, daß ein in Brasilien geborener Priester namens Bartholomeo Laurenzo de Gusmão im Jahre 1709 vor König Johann V. eine Art Heißluftballon demonstrierte.
Die ersten Teile dieses Buches waren bereits geschrieben, als einer der bedeutendsten portugiesischen Luftfahrt-Historiker beauftragt wurde, in Zusammenarbeit mit der British Petroleum Group anhand der Orginal-Dokumente gründliche Forschungen über Gusmãos Versuche zu treiben. Das Ergebnis ist eine der größten Entdeckungen in der Geschichte der Luftfahrt. Sie bestätigt, daß Gusmão, und nicht die Montgolfiers, das erste Modell eines Heißluftballons mit Erfolg erprobt hatte. Hier fand sich ein vollkommen neuer Ansatzpunkt für die Geschichte der praktischen Eroberung der Luft, nach den anfänglichen Träumen und Darstellungen von Männern wie Roger Bacon in England oder Leonardo da Vinci in Italien.
Diese beiden sind es vor allem, die das Glied bilden zwischen den theoretisch »fliegenden Menschen« der Antike und den ersten praktisch flugfähigen Ballon- und Gleitflugzeug-Konstruktionen.
Trotzdem kann die Geschichte immer noch jenen Überraschungen bieten, die weiter forschen.
Die wirkliche Bedeutung der Versuche von Sir George Cayley, der Flüge Gustav Weißkopfs und Karl Jathos wurde erst nach dem Ende des Zweiten Weltkrieges erkannt. Jetzt wird auch Gusmão die Ehre, die ihm gebührt, in größerem Maße zuteil.
Dem einst mit Anerkennung bedachten Erfolg von John Stringfellow wird heute weniger Bedeutung zugemessen als dem seines Zeitgenossen William Henson. Die Ansprüche, die einst für Richard Pearse von Neuseeland erhoben wurden, sind umstritten, obwohl niemand bezweifeln wird, daß er ein begabter Ingenieur war, der bereits Anzeichen für gewisse »moderne« Kurzstart- und Landetechniken (STOL) hat erkennen lassen.
Die historische Wahrheit über diese Pioniere wurde in jahrelanger, sorgfältiger Forschungsarbeit enthüllt.

Dieses schöne Gemälde von Bernardino de Sousa Pereira zeigt den ersten Flugversuch des Heißluftballons von Bartholomeo Laurenzo de Gusmão vor König Johann V.

Ein uralter Traum

Welches Motiv ließ den Menschen vom Fliegen träumen? War es das Verlangen nach geistiger und körperlicher Gelöstheit – um sich den Göttern näher zu bringen, die er verehrte?
Sicher weckte der Himmel seit eh und je die Neugier des Menschen, denn er war die Quelle des Sonnenscheins, des Windes und des Regens, die sein tägliches Wohlergehen bestimmten und das Wachstum seiner Ernten beeinflußten. Welchen Göttern er auch immer huldigte, sie alle wohnten »da oben«, denn nur vom Himmel her konnten sie über die Erde wachen und den Lauf der Dinge lenken.

Gefiederte Götter und fliegende Märchen

Für die alten Griechen war es natürlich, ihren Göttern die Gabe des Fliegens zuzuschreiben, denn wie sonst hätten diese vom Olymp herabsteigen sollen? Der griechische Gott Hermes wird mit gefiedertem Kopfputz und Sandalen dargestellt. Swiatowid, ein großer Gott der westlichen Slavenvölker, reitet auf einem Roß mit Flügeln durch seine Himmelsregionen. Weniger erfolgreich war Phaethon, der Sohn des Helios, des griechischen Sonnengottes, der versuchte, seines Vaters feurigen Sonnenwagen über den Himmel zu fahren. Unfähig, die starken Rosse zu bändigen, soll er der Erde so nahe gekommen sein, daß ein Teil von ihr verbrannt wurde. So sei, erzählt die Legende, die Wüste Sahara entstanden.
Diese Vorstellung des mit Flügeln ausgestatteten Gegenstandes der Verehrung wiederholt sich auf der ganzen Welt, in den Legenden und Volkssagen vieler Nationen; denn der Mensch, selbst unfähig zu fliegen, betrachtete diese Fähigkeit als Beweis für übernatürliche Kräfte.
Was aber sollte er von den Vögeln halten, die doch eigentlich Geschöpfe seiner eigenen Welt waren und dennoch die Kunst des Fliegens beherrschten? Die größeren und stärkeren Raubvögel, wie der Adler oder der Falke, wurden von früheren Königen und Herrschern häufig am Hofe gehalten, als Symbol ihrer eigenen Macht über ihre Untertanen. Einige Jahrhunderte vor Christus soll König Kai Kawus von Persien Adler vor seinen Thron gespannt haben, um sich durch die Luft tragen zu lassen. Ein alter Druck zeigt ihn, wie er nach einem Bündel Pfeilen greift – was ihm den zweifelhaften Ruf einbrachte, der Welt erster »Kampfflieger« gewesen zu sein.
Die orientalische wie auch die abendländische Geschichte ist voller Erzählungen von fliegenden Teppichen, auf Besenstielen reitenden Hexen und anderen Formen der Fortbewegung durch die Luft. Ein weniger bekanntes Fluggerät war die Kirchentür, auf der ein Priester aus Krakau in Polen angeblich nach Rom geflogen sein soll, nachdem er einen Pakt mit dem Teufel geschlossen hatte.
In Tausendundeine Nacht erzählt ein Märchen, wie der Seefahrer Sindbad aus der Gefangenschaft auf einer Insel entkam: Er band sich an einem Fuß des großen Roch fest. Von diesem legendären Riesenvogel orientalischer Märchen heißt es, daß er seine Jungen mit Elefanten fütterte.
In einem viel späteren Märchen, geschrieben im Jahre 1638 von Bischof Francis Godwin aus Hereford, wird erzählt, wie der Held der Geschichte, Domingo Gonsales, eine Gänseherde darauf abrichtete, ihn zum Mond zu tragen. Der polnische Adelige und Magier der Schwarzen Kunst Twardowski, der auf dem Rücken eines Hahnes ritt, erreichte ebenfalls den Mond – wo er, so heißt es, Zeuge der erfolgreichen Landung der ersten Astronauten wurde.

Der Vogel als Vorbild

Aber der Mensch war nicht lange willens, Vögel die Arbeit für sich tun zu lassen. Aus frühester Vorzeit ist überliefert, wie sich die allerersten Vögel, die Pterosaurier, aus erdgebundenen, echsenartigen Lebewesen entwickelten. Wenn der Mensch über die große Mannigfaltigkeit der Vogelwelt nachdachte und sich vorstellte, wie einfach das Fliegen zu sein schien, muß er geglaubt haben, daß auch er das Fliegen lernen könne. Sicher, er war nicht mit Flügeln geboren worden, aber er war von Natur aus erfinderisch. Als Handwerker hatte er sich bereits allen anderen Lebewesen überlegen erwiesen. Er erfand das Rad. Wenn er Wagen und Schiffe bauen konnte, um über Land und Meer zu fahren, dann sollte es auch nicht zu schwierig sein, sich Flügel zu bauen. So traten die ersten »Vogelmenschen« in Erscheinung.
Die bekannteste Sage berichtet von Daedalus, dem Baumeister und Erfinder, der das Labyrinth auf der Insel Kreta erdachte, in dem der Minotauros lebte. Mit seinem Sohn Ikarus fühlte er sich von König Minos gefangengesetzt, aber die

Bladud, der fliegende König Britanniens

beiden entflohen, indem sie sich aus Wachs und Federn Flügel gaben. Daedalus flog so erfolgreich die ganze Strecke bis Neapel, Ikarus jedoch, erregt durch die Begeisterung über das neue Erlebnis des Fliegens, war in seinem jugendlichen Überschwang taub für die Warnungen seines Vaters. Er flog zu nahe an die Sonne. Das Wachs seiner Flügel schmolz, und der Junge stürzte dem Meer entgegen in den Tod.
Wieland der Schmied, ein »Wundertäter« der norwegischen Mythologie, war ein weiterer früher Vogelmensch. Er machte sich ein Gewand mit Flügeln aus Metall, dank deren Hilfe er geflogen sein soll. Eine weitere Gestalt mit dem Ruf der Hexerei war Bladud, der neunte König des legendären alten Britanniens und Vater von Shakespeares König Lear. Die Legende schreibt ihm die Gründung der Stadt Bath zu, wo er mit Hilfe seiner magischen Kräfte die heißen Quellen geschaffen haben soll. Im 9. Jahrhundert v. Chr. konstruierte er sich ein Paar Flügel und versuchte, vom Tempel des Apoll in Trinavantum (London) über die Stadt zu fliegen. Aber auch er stürzte ab und fand den Tod. Der englische Dichter des 17. Jahrhunderts John Taylor erkannte klar, daß Bladuds Versuch unklug war, und erklärte: *»On high the tempests have much power to wrecke; then best to bide beneath, and safest for the necke«*, womit er meinte, daß die Stürme in der Höhe viel Zerstörungsmacht hätten und es folglich am besten – und am sichersten für das Genick – sei, unten zu bleiben.
Er war nicht der erste – und auch keinesfalls der letzte –, der diese Meinung

1. Berblinger's unglückliches Unternehmen als Luftfliger in seiner Positur. 2. das Ufer der Donau, mit Zuschauer. 3. die glückliche Rettung des Luftfligers, von den Fischern. 4. Ulm.

Albrecht Ludwig Berblinger, der Schneider von Ulm, bei seinem Flugversuch am 31. Mai 1811 in Ulm. Rechte Seite: Ikarus, der wohl berühmteste »Vogelmensch«

äußerte; aber trotz solcher Entmutigungen berichten viele Erzählungen von Menschen, die geflogen sein wollen: G. B. Danti, ein italienischer Gelehrter, versuchte es 1503 in Perugia mit selbstgemachten Flügeln und hatte Glück, den Versuch zu überleben. Vier Jahre später stürzte John Damian, nachdem er von den Mauern von Sterling Castle in Schottland gesprungen war – er plante, nach Frankreich zu fliegen –, statt dessen ab und brach sich den Oberschenkel. Wie durch ein Wunder überlebte er den Sturz, um dann das Versagen darauf zurückzuführen, daß er die Federn von Hühnern, die, wie er sagte, »Vögel der Erde« waren, verwendet hatte anstatt Federn des Adlers. Offensichtlich hatte er noch nichts vom Grafen Twardowsky gehört!

Zu anderen, welche die Turmspring-Versuche überlebten, gehörte der englische Geistliche Oliver von Malmesbury. Er wurde »der fliegende Mönch« genannt. Ein weiterer »fliegender Mönch« war Bruder Cyprian, der 1780 in Osteuropa mit selbstgemachten Flügeln von einer Bergspitze herabgeglitten sein soll. Auch von einem böhmischen Landmann namens Fucik wird behauptet, daß er einige Sprünge mit selbstgemachten Flügeln überstanden habe.

Zu den Flügen, die das Attribut »erfolgreich« beanspruchen und die das auch verdienen könnten, zählt der von Hezarfen Celebi, einem Türken des 17. Jahrhunderts, der in dem Ruf stand, von einem Turm in Galata, an den Küsten des Bosporus, gestartet und mehrere Kilometer geflogen zu sein, bis er auf dem Marktplatz in der Nähe von Scutari sicher landete. Etwa sechshundert Jahre früher hatte ein Landsmann von Celebi, bekannt als »der Sarazen von Konstantinopel«, bei seinem Versuch weit weniger Glück. Statt Schwingen trug er einen großen versteiften Umhang; als jedoch ein Teil des Gerippes brach, schlug der Mantel zusammen, und der Sarazen stürzte zur Erde und kam ums Leben.

Ein physiologischer Irrtum

Keiner der frühen Vogelmenschen hatte erkannt – vielleicht wollte man die Wahrheit nicht glauben –, daß der schwere und wenig aerodynamische Körper des Menschen nicht zum Fliegen geschaffen ist. Das menschliche Herz wiegt nur 0,5 Prozent des gesamten Körpers, das des Steinadlers hingegen mehr als acht und das des winzigen Kolibris bis zu 22 Prozent. Verglichen mit der normalen Pulszahl des Menschen von 70 Schlägen pro Minute, bringt es das Herz des Sperlings im Flug auf die phantastische Zahl von 800 Schlägen. Das sind die wesentlichen Merkmale des »hochtourigen Motors« eines Vogels. Der Mensch würde für all die zum Fliegen nötigen Muskeln einen Brustkorb von rund zwei Metern benötigen, auch wenn sein Körper Flügel hätte.

Die Grenzen der menschlichen Physiologie in bezug auf die Fähigkeit zu fliegen wurden schon im Jahre 1680 von dem Italiener Giovanni Borelli erläutert, dessen »De Motu Animalium« recht ausführlich beschrieb, warum der Mensch niemals darauf hoffen konnte, sein Körpergewicht ohne mechanische Hilfe in der Luft zu halten. Doch dadurch wurden die Vogelmenschen, die gerne selbst fliegen wollten, keineswegs abgeschreckt, wenngleich sich ihre Zahl freilich verringerte. Etwa 1742 versuchte der zweiund-

sechzigjährige Marquis de Bacqueville vom Dach eines Pariser Hotels zum gegenüberliegenden Ufer der Seine zu fliegen. Er benutzte vier flügelähnliche Gebilde, die an seinen Armen und Beinen befestigt waren. Als er den Fluß auf halbem Wege überquert hatte, fiel er in die Tiefe, schlug auf einem Schiff auf und brach sich ein Bein.
Mehr Glück hatte der »Schneider von Ulm«, Albrecht Ludwig Berblinger, der am 31. Mai 1811 mit selbstgebauten Schwingenflügeln in der Donau landete. Ihm ist eine Gedenktafel am Neu-Ulmer Ufer gewidmet.
In späteren Jahren tauchten viele Schwingflügel-Modelle auf. Zwei davon werden Titus Buratini zugeschrieben, einem Italiener am Hofe König Wladyslaws IV. von Polen. Von beiden Modellen heißt es, daß sie sich mehrere Fuß vom Erdboden in die Luft erhoben hätten. 1784, hundert Jahre nachdem Borellis Werk erschien, entwarf ein Franzose namens Gérard ebenfalls eine Schwingflügel-Maschine. Diese flog zwar nicht, Gérard ließ damit jedoch eine bemerkenswerte Voraussicht erkennen, da er sie nicht nur mit einem Schießpulver-Motor zum Bewegen der Flügel ausstattete, sondern auch mit einem Steuerruder und einem gefederten Fahrwerk. Aber inzwischen hatte sich das Augenmerk der flugbegeisterten Intelligenz auf eine alternative Lösung zum Problem »Fliegen« konzentriert, denn ein Jahr vor Gérards Erfindung waren die ersten erfolgreichen Aufstiege in die Luft auf eine völlig andere Art unternommen worden – mit dem Heißluftballon.
Wir haben nur einige der frühen »Möchtegern-Vogelmenschen« erwähnt. Die Geschichte ist jedoch reich an Berichten über Menschen, deren einzige erfolgreiche Flüge nur in ihrer eigenen Phantasie existierten. In unserem Zeitalter hochentwickelter Technik könnten wir ihre Versuche leicht als »die Bemühungen tollkühner Ignoranten« abtun, die es eben nicht besser wußten. Viele von ihnen gehörten jedoch zu den gelehrtesten Menschen ihrer Zeit. Wäre es uns, mit ihrem Wissen, besser ergangen? Hätten wir überhaupt den Mut gefunden, einen Versuch zu wagen? Vergessen wir bereits, daß unser eigenes Jahrhundert »moderne Vogelmenschen« wie den Amerikaner Clem Sohn oder den Franzosen Léo Valentin erlebte und daß unsere Kinder noch immer mit Spannung Batmans Abenteuer lesen, was schließlich nur ein modernes Gegenstück zu Wieland dem Schmied oder dem fliegenden Sarazen ist? Wir sehen uns Vorführungen von frei fallenden Fallschirmspringern an. Wir haben bewiesen, daß uns beim Gleiten durch die Luft »Thermik« – oder aufsteigende warme Luftströme helfen können, und in den letzten Jahrzehnten wurden verschiedene Flüge in leichtgebauten, zerbrechlichen und mit Papier bespannten Flugzeugen unternommen, die durch Muskelkraft mit mechanischer Unterstützung kurze Flüge machten.

Fliegende Drachen

Kaum ein Spielzeug ist älter. Zudem hat der Drachen über Jahrhunderte hinweg eine Vielfalt von Aufgaben erfüllt. Die Luftfahrttechnik aber hat eine Fülle ihrer Impulse dem Drachen zu verdanken.
Seine Herkunft liegt im dunkeln. Vermutlich kommt er von China. Die älteste chinesische Erzählung berichtet von einem hölzernen Drachen, der von Mo Tzu zum Zeitvertreib gebaut wurde. Frühe chinesische Texte sprechen von Drachen als Hilfsmittel zur Kriegsführung: Um 200 v. Chr. verwendete General Han Hsin Drachen, um die Entfernung zu einer feindlichen Festung zu messen; im 6. und 9. Jahrhundert n. Chr. wurden Drachen zur optischen Signalgebung benutzt.
Marco Polo beschrieb einen Drachen, ohne daß ihm offenbar klar war, was er da vor Augen hatte. Denn Drachen waren im mittelalterlichen Europa selten und in Italien wahrscheinlich völlig unbekannt. Was Marco Polo zu Gesicht bekam, war ein riesiges, aus Weiden geflochtenes Viereck. Ein Drachen, groß genug, um einen Menschen zu tragen. Die Geschichte berichtet von Seeleuten, die mit Hilfe solcher Drachen Glück oder Unglück vorhersagten. Flog der bemannte Drachen stabil, war dies ein gutes Zeichen. Kippte er jedoch nach einer Seite und brachte das Leben des darunter hängenden Seemannes in Gefahr, war der Tag zum Auslaufen ungeeignet.
Drachen, die Menschen trugen, waren im Osten Jahrhunderte vor der Erfindung des Flugzeuges bekannt. Vor allem Japaner bauten mit Vorliebe Riesendrachen. Einer wog über 2700 kg und hatte einen 146 m langen Schweif. Er flog 1906. Bemannte Drachen wurden zur Beobachtung über feindlichen Linien und zum Absetzen von Soldaten in besetzten Städten eingesetzt.
Den Westen erreichte der Drachen verhältnismäßig spät. Eine erste europäische Beschreibung stammt aus dem Jahre 1241.

Oben: Im Mittelalter benützten Reiter oft Drachen als Feldzeichen oder zur Einschüchterung. Diese Abbildung stammt aus einer Handschrift des Landsknechtsführers Konrad Kyeser von Eichstädt aus dem Jahre 1405. Unten: Darstellung eines bemannten japanischen Drachens aus dem 19. Jahrhundert

Er war in der Schlacht bei Liegnitz, wie auch die früheren Modelle aus dem Osten, offenbar als Angriffswaffe vorgesehen. Auf einem Gemälde werden vom Drachen aus Feuerbomben in feindliches Hinterland getragen. Ebenso wie die Herkunft der Drachen im Fernen Osten ungewiß ist, weiß man bis heute nichts über die Entstehung der europäischen. Möglicherweise wurden sie aus dem Osten durch Mongolen eingeführt. Oder sie waren in der Tat unabhängige Erfindungen. Denn die chinesischen Drachen – gewöhnlich rechteckig und mit Bändern als Schweif – hatten eine grundlegend andere Form als die europäischen. Auf der römischen Trajanssäule, errichtet 114 n. Chr., ist ein Sackdrachen abgebildet. Vom 14. bis zum 16. Jahrhundert waren europäische Drachen längliche, schlangenähnliche Gebilde. Sie hatten starre rechtwinklige Köpfe, waren gewöhnlich 60 mal 90 cm groß, mit Schweifen aus Stoff von etwa 4,5 Meter Länge und mehr, die nachflatterten. Waren sie frei fliegende Weiterentwicklungen der Drachenbanner, wie sie Kohorten des römischen Heeres nach dem 2. Jahrhundert verwendeten? Auf jeden Fall erreichten die Schlangen-Drachen niemals die Größe, um einen Menschen zu tragen. Bis zum Ende des 16. Jahrhunderts blieben europäische Drachen klein wie Spielzeugdrachen, die wir heute alle kennen.
Erstaunlich ist freilich, daß vor Anfang des 19. Jahrhunderts niemand in Europa ernsthaft in Erwägung zog, Drachen zur Personenbeförderung einzusetzen. George Pocock, Lehrer in Bristol, baute große gewölbte Drachen, mit denen er einen Wagen ohne Pferde über Land zog. Die vom Wind abhängige Geschwindigkeit versetzte Zuschauer in Staunen und Schrecken. Er behauptete, seine Tochter Martha mit einem solchen Drachen in die Luft gehoben zu haben.
Aber sogar Pocock betrachtete Drachen nicht als potentielle Flugmaschinen. Erst gegen Ende des Jahrhunderts wurden ernsthafte Untersuchungen darüber angestellt. Sir George Cayley benutzte 1804 zur Konstruktion seines zerbrechlichen Gleiters einen Drachen.

Der Australier Lawrence Hargrave baute eine Vielzahl von Drachen, bis er 1893 den einfachen und heute bekannten Kastendrachen einführte. Obgleich die Gebrüder Wright bei ihren frühen Versuchen nichts von Hargrave wußten und auch die Konstruktionsprinzipien des Kastendrachens nicht anwandten, basierte eine große Zahl früher europäischer Gleiter auf Hargraves Idee, zum Beispiel die Voisin-Archdeacon- und Voisin-Blériot-Schwimmgleiter von 1905.

Noch immer nützlich und beliebt

Das Erscheinen des Flugzeuges beeinträchtigte keineswegs die Drachenentwicklung. Geniale Systeme kamen zum Einsatz. Viele wurden im 19. Jahrhundert patentiert und in den ersten Jahrzehnten des 20. Jahrhunderts verfeinert. Meteorologen führten den Kastendrachen als billige und brauchbare Methode ein, um Instrumente in Höhen von einigen tausend Metern zu bringen. Die größte von einem Drachen erreichte Flughöhe wurde 1919 vom Preußischen Aeronautischen Observatorium mit 9750 m registriert. 1916 lenkte ein Leutnant Rieper an der Westfront Artillerie von einem Drachen aus. Während beider Weltkriege benutzten deutsche U-Boote Drachen, um Besatzungsmitglieder als Beobachter einzusetzen.
Zwei Verwendungsarten neuerer Zeit verdienen besondere Erwähnung: Amerika entwickelte den flexiblen und sehr schönen »Jalbert Parafoil«. Er nimmt die Form eines gewölbten Tragflügels an, dessen obere und untere Fläche aus Nylontuch besteht. Vorder- und Hinterkanten sind offen. Vertikale Tuchteile stabilisieren ihn. Von bemerkenswerter Leistungsfähigkeit, wurde er unter anderem zu meteorologischen Beobachtungen über Berggipfeln eingesetzt.
Noch nicht abgeschlossen ist die Entwicklung des »Rogallo Flex-Wing«. Im Prinzip ein Dreieckfallschirm, sind seine Fangleinen so angeordnet, daß man den Drachen über dem Kopf stehend fliegen lassen kann. Dem »Rogallo Flex-Wing« entsprechen zum Beispiel jene Gleitfallschirme, die zum Abwurf von militärischen Gütern gebraucht werden.
Modernes und mit allen Raffinessen ausgestattetes Spielzeug konnte die Popularität des Drachens bei Kindern nicht schmälern. Erwachsene verwenden ihn zum »Drachen-Fischen« (kite-fishing), einst nur im Pazifischen und Indischen Ozean bekannt. Der Fischer läßt einen Drachen fliegen, von dem die Angelschnur mit dem Köder herunterhängt. So kann er an unzugänglichen Stellen angeln und vermeidet gleichzeitig verräterische Schatten in der Nähe des Hakens.
Noch beliebter ist der Drachen beim Wasserskisport. Die geschleppten Gleiter entsprechen dem »Rogallo Flex-wing« mit starrem Rahmen. Zu einer großen Mode entwickelt sich auch das Drachenfliegen im Gebirge, meist mit untergeschnallten Skiern, was phantastisch anzusehen, aber mitunter recht gefährlich ist. Gewagte Kunststücke und gelegentlich spektakuläre Unfälle sorgen dafür, daß dieses uralte Fluggerät einer breiten Öffentlichkeit stets gegenwärtig bleibt.

Der amerikanische Colonel Samuel Franklin Cody, ein Vetter des berühmten Buffalo Bill, mit einem seiner frühen Kastendrachen

Leichter als Luft

Es ist immer gefährlich, zu behaupten, dieser oder jener sei der erste gewesen. Sicher besteht jedoch Grund zu der Vermutung, daß Archimedes im 3. Jahrhundert v. Chr. als erster die Theorie des »Leichter als Luft« erkannte, als er seine Texte über das Schwimmen von Körpern in Flüssigkeiten und Gasen schrieb. Die nächste verläßliche Aufzeichnung zu diesem Thema erschien erst eintausendfünfhundert Jahre später in den Schriften des Franziskanermönches Roger Bacon, dessen Lebenszeit fast das ganze 13. Jahrhundert umfaßte. Sein Hauptbeitrag zur Geschichte der Luftfahrt war, daß er Vorstellungen entwickelte, die dem Flugzeug des 20. Jahrhunderts sehr ähnlich waren. In seinen »Secrets of Art and Nature« (ca. 1250) beschrieb er »Maschinen zum Fliegen, mit einem Mann in deren Mitte, der ein Instrument betätigt, das künstliche Flügel zum Schlagen in der Luft bewegt – dem Fluge des Vogels entsprechend«. Bacons ebenfalls erhaltene Aufzeichnungen von einem Schiff, das mit flüssigem Feuer in der Luft gehalten werden sollte, während es auf der Oberfläche der Erdatmosphäre schwamm, war gleichermaßen visionär.
Im 15. Jahrhundert ersann Leonardo da Vinci eine Vielzahl von Flugmaschinen, die ebenfalls große Ähnlichkeit mit heutigen Flugzeugen haben. Bemerkenswert und erstaunlich ist jedoch, daß dieser große Denker der Möglichkeit »Leichter als Luft« keine Aufmerksamkeit schenkte. Sicher wußte er jedoch von den aufsteigenden heißen Gasen aus den Kratern des Vesuv, des Ätna und des Stromboli.

Linke Seite: Drachenfliegen – hier ein Rogallo-Drachen – gewinnt immer mehr Anhänger. Frei wie einst Lilienthal zu schweben wurde zu einem schönen, modernen Sport, der Mut, Kraft und Geschicklichkeit voraussetzt. Über den Steilhängen der Küsten von Hawaii wurden Flugzeiten von über 12 Stunden im Hangaufwind erzielt. Oben: Das Flugschiff von Francesco de Lana-Terzi ist natürlich nie geflogen. Es stellt aber unzweifelhaft den ersten Entwurf eines Fluggerätes »leichter als Luft« dar.

De Lanas Vakuumidee

Weitere 200 Jahre mußten vergehen, bis die ersten zögernden Schritte auf dem Papier unternommen wurden. Der Jesuitenpater Francesco de Lana-Terzi verfaßte eine Studie über atmosphärische Gegebenheiten. Er stellte fest, daß ein mit Luft gefüllter Körper mehr wiegen würde als einer, aus dem man die Luft gepumpt hatte. De Lana (sein zweiter Nachname wird selten benutzt) schloß daraus, daß jener Behälter, dessen Material weniger wog als die Luft, die nötig war, um ihn zu füllen, vom Boden abheben müßte. Nun war es nur noch ein kleiner Schritt zur Planung eines Körpers, der wesentlich leichter war als die von ihm verdrängte Luft. Die Gewichtsdifferenz nennen wir heute Auftrieb.
De Lana entwarf ein Boot, das an vier kugelförmigen Körpern mit je 6,10 m Durchmesser hing. Die Kugeln waren aus Kupfer hergestellt und sollten luftleer gepumpt werden, um genügend Auftrieb zu erhalten. Er sollte ausreichen, um eine oder mehrere Personen mitzunehmen. De Lana versah sein Luftboot mit einem Segel, erkannte aber nicht, daß ein Flugkörper leichter als Luft sowieso mit dem Wind fliegen mußte und ihm auch die größte Segelfläche keinerlei Vorteile brachte.
Für die Tragkörper wählte de Lana deshalb die runde Form, weil er glaubte, daß

Cyrano de Bergerac wurde weitaus stärker beflügelt durch seine Phantasie als durch reale Mittel. Hier zeichnete er eine Kugel, deren Luftinhalt, durch die Sonne erwärmt, einen Auftrieb erzeugen sollte, der zum Flug bis zum Mond ausreichte. Rechte Seite: Gusmãos Flugschiff »Passarola« war möglicherweise der Entwurf eines Gerätes »schwerer als Luft«, der auf den Erkenntnissen aus den Versuchen mit seinem Heißluftballon beruhte.

nur sie dem ungeheuren Luftdruck standhalten würde. Wie jeder Schüler heute weiß, wären die dünnen Kupferkugeln schon bei einer geringen Differenz zwischen Innen- und Außendruck zusammengefallen. Von Elementarphysik jedoch war zu seiner Zeit wenig bekannt.
Wenn auch nicht realisierbar, so war de Lanas Entwurf doch der Vorläufer der »Leichter-als-Luft-Fahrzeuge«. Als de Lana sich der Grenzen seiner Vakuumkonstruktion bewußt wurde, argumentierte er: »Gott hätte sowieso niemals das Gelingen einer solchen Erfindung zugelassen, da sie ganz ungeheure Möglichkeiten zur Zerstörung in sich birgt.« Ahnungsvoll schrieb er weiter, daß »Luftschiffe zur militärischen Invasion und zur Zerstörung von Festungen, Flotten und Städten benutzt werden könnten«. Vor 300 Jahren gab es also bereits einen Gelehrten, der voraussah, welche militärischen Möglichkeiten die Fortbewegung des Menschen durch die Luft bot.

Laurenzo de Gusmão

Noch zu Beginn des 18. Jahrhunderts beschränkten sich die Wissenschaften weitgehend auf die Einflußbereiche der Kirche. So war der nächste Pionier – und möglicherweise auch der bedeutendste – wiederum ein Jesuitenpater: Bartholomeo Laurenzo de Gusmão, 1686 in Brasilien geboren. Erst 40 Jahre alt, starb er nach einem schöpferischen Leben in Europa.
1709 erhielt Gusmão vom portugiesischen König das Patent für eine Flugmaschine, »Passarola« genannt. Die Konstruktion ist wahrscheinlich nicht geflogen. Es kann jedoch angenommen werden, daß Gusmão ein Modell baute, vermutlich eine Art Gleiter mit starren Flügeln, der flugfähig war. Natürlich gehört dieses Fluggerät nicht zur Geschichte des Fliegens leichter als Luft; es ist jedoch Hinweis dafür, daß Gusmão, der bis vor kurzem kaum bekannt war, tatsächlich einen wesentlichen Beitrag zur Lösung des Flugproblems leistete. Es gibt außerdem zuverlässige Aufzeichnungen darüber, daß er am 8. August 1709 dem König von Portugal einen Heißluftballon vorführte.
Niemand weiß, wie Gusmão auf Heißluft als Auftriebsgas kam. Berichte aus jener Zeit übermitteln uns eine gute Beschreibung seines Heißluftballons und auch darüber, was während der Vorführung geschah:
»Gusmãos Vorrichtung bestand aus einer kleinen Barke in Form eines Troges, bedeckt mit Segeltuch. Zusammen mit verschiedenen Destillaten, Quintessenzen und anderen Zutaten stellte er ein Licht darunter und ließ das genannte Boot in der Salla das Embaixades vor Seiner Majestät und vielen anderen Personen fliegen. Es stieg ein Stück empor und stieß gegen die Wand, kam dann zum Boden zurück und fing Feuer, als die Materialien durcheinander gerieten. Es setzte einige Wandbehänge und alles, wogegen es stieß, in Brand.«
Der Bericht endet mit der vorbildlichen Untertreibung: »Seine Majestät war so gnädig, es nicht übelzunehmen.«
Damit hatte ein verhältnismäßig unbekannter Brasilianer 74 Jahre vor den Gebrüdern Montgolfier die Welt mit der öffentlichen Vorführung eines Heißluftballons in Staunen versetzt und – beinahe 2000 Jahre, nachdem Archimedes als erster die Prinzipien des Fliegens leichter als Luft erkannt hatte – bewiesen, daß Fliegen auf dieser Grundlage möglich war, auch wenn dabei ein Königspalast zum Teil in Flammen aufging.
Ein weiterer wichtiger Meilenstein vor der Montgolfier-Ära ist der Beitrag, den der englische Chemiker Henry Cavendish geleistet hat. Er unternahm Versuche, um das Gewicht von Wasserstoff, damals als »brennbare Luft« bekannt, zu bestimmen. 1766 berichtete Cavendish der Royal Society, daß Wasserstoff leichter sei als atmosphärische Luft. Diese Entdeckung sollte noch vor dem Ende des 18. Jahrhunderts Anerkennung und praktische Anwendung finden.

Die Mongolfiers

Bis auf den Brasilianer Gusmão haben die Intellektuellen von zwei Jahrtausenden das Phänomen aufsteigender Warmluft mehr oder weniger ignoriert. Im Sommer 1782 fragte sich der Franzose Joseph-Michel Montgolfier aus Avignon, warum Rauch, Funken und festere Stoffe unablässig durch den Kamin verschwanden. Sollte es nicht möglich sein, das »Gas«, welches sie trug, einzufangen und von Menschenhand hergestellte Objekte tragen zu lassen? Um seine Neugier zu befriedigen, nähte er einen Beutel aus dünner Seide und entzündete darunter ein Feuer. Die Hülle blähte sich auf und stieg zur Decke. Joseph verlor keine Zeit. Er nahm mit seinem Bruder Jacques-Étienne in Annonay Verbindung auf und schlug einen Versuch in größerem Rahmen vor. Étienne kam sofort. Nun starteten sie den Seidenbeutel vor dem Haus. Er stieg rund 20 Meter hoch, bis er abkühlte und langsam zur Erde sank.

Es folgte eine ganze Serie von Tests mit immer größeren »aerostatischen Maschinen«, wie die Brüder ihre Entdeckung nun nannten. Sie erreichten eine Rekord-Flughöhe von etwa 300 Metern. Dabei trieb der Wind das Versuchsgerät 1500 m weit.

Bis dahin waren die Versuche geheimgehalten worden. Jetzt aber entschlossen sich die Brüder zu einer öffentlichen Vorführung. Sie nähten eine große Ballonhülle aus Leinwand und Papier. Am 4. Juni 1783 entzündeten sie in Anwesenheit einer großen Menschenmenge auf dem Marktplatz in Annonay ein Strohfeuer darunter. Acht Männer bemühten sich, den Ballon festzuhalten. Als sie auf Kommando losließen, hob die Hülle vom Boden ab und erreichte eine Höhe von angeblich 1830 m.

Nun erst informierten die Gebrüder Montgolfier die Académie des Sciences in Paris. Sie wurden sofort zu einer Vorführung gebeten. Die Académie beschaffte Mittel für weitere Forschungen. Statt das Geld jedoch den Montgolfiers zu übergeben, beauftragte die Académie einen jungen französischen Physiker, Professor Jacques Alexandre César Charles, die Arbeit fortzusetzen. Dies sollte ein Jahrhundert später weittragende Folgen für Frankreich haben.

Étienne Montgolfier demonstrierte noch einmal eine reich verzierte Ballonhülle der Académie. Zum 19. September 1783 luden König Ludwig XVI. und Marie Antoinette daraufhin die Brüder Montgolfier zu einer Vorführung nach Versailles ein.

Ein in nur vier Tagen fertiggestellter neuer Ballon – das Original war vom Regen beschädigt worden – wurde für den großen Tag bereitgestellt. Die Montgolfiers befestigten einen Käfig mit einem Schaf, einem Hahn und einer Ente am Ballon. Diese ganze Menagerie landete nur geringfügig beschädigt nach knapp zweieinhalb Kilometern Flug. Der König verlieh den Brüdern den St.-Michaels-Orden, und von dieser Zeit an wurden alle Heißluftballons Montgolfièren genannt.

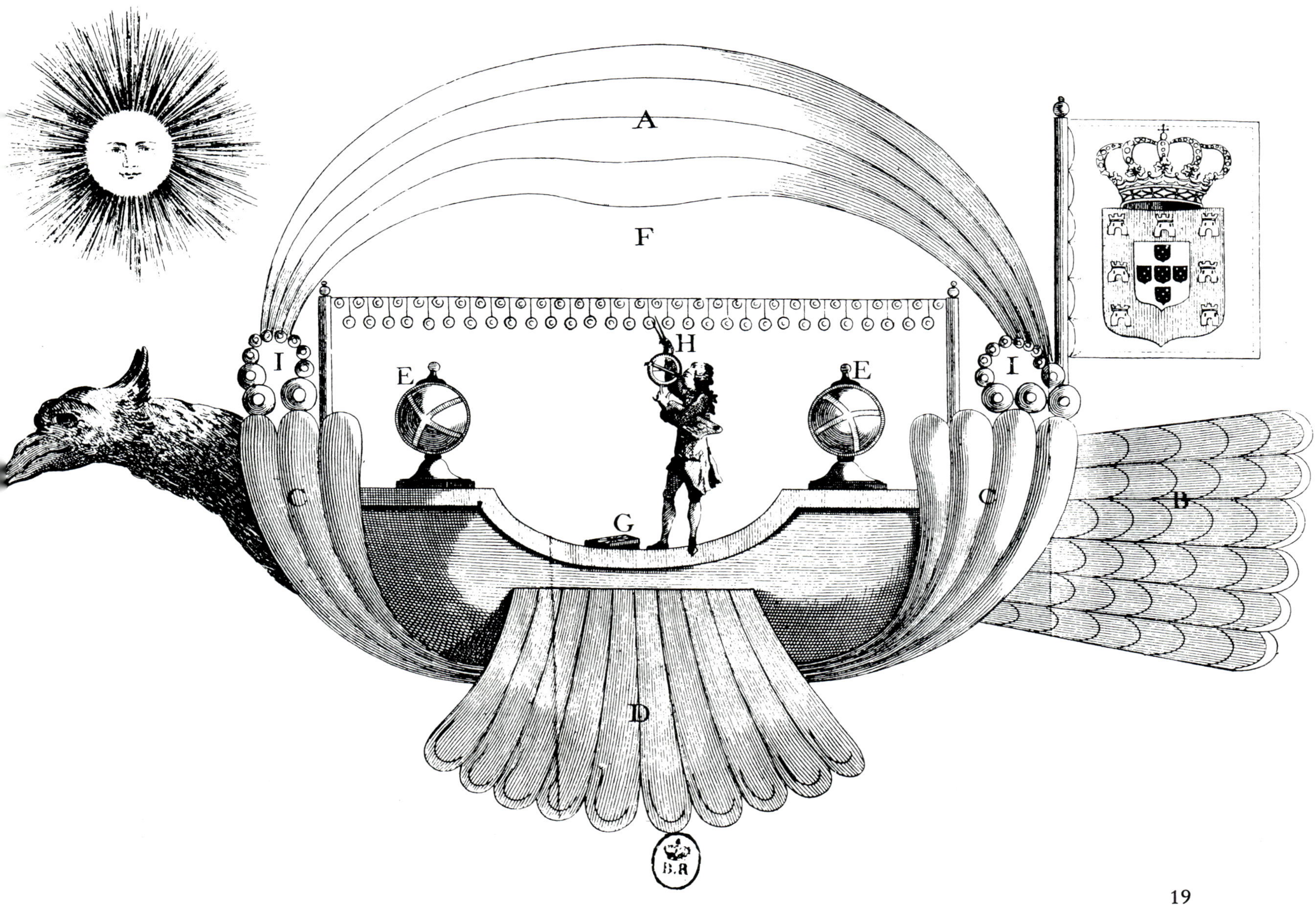

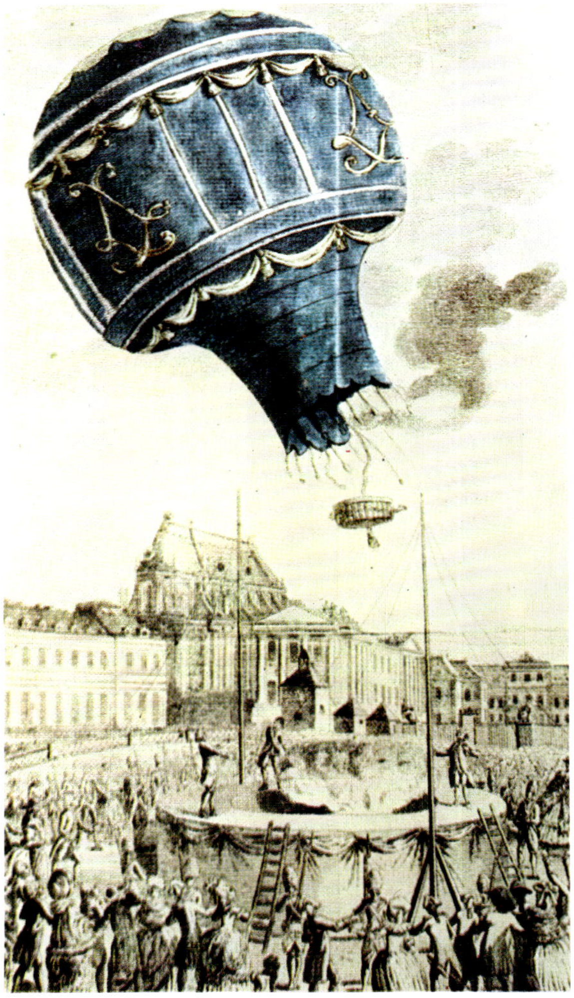

Es verstand sich von selbst, daß nun der Mensch an der Reihe war. Ein weiterer Ballon sollte zwei Menschen tragen. König Ludwig XVI. war der Meinung, daß man einigen zum Tode verurteilten Verbrechern die Chance bieten könnte, frei zu sein, wenn sie freiwillig in einer Montgolfière fliegen würden. Aber Jean-François Pilâtre de Rozier, der das Unternehmen von Anfang an aktiv unterstützt hatte, erhob Einspruch. Man sollte doch die Ehre, der erste Mensch in der Luft zu sein, nicht einem Verbrecher zuteil werden lassen. Sein Einspruch fand Gehör. Am 15. Oktober 1783 stieg Pilâtre de Rozier mit einem angeleinten Ballon, also einem Fesselballon, auf 26 Meter. Er blieb viereinhalb Minuten in der Luft.
Nach einer Serie solcher Flüge unternahm Pilâtre de Rozier zusammen mit einem Passagier, dem Marquis d'Arlandes, am 21. November 1783 einen Flug ohne Fesselung. Zum Erstaunen aller Beteiligten blieben sie 25 Minuten in der Luft und landeten schließlich östlich von Paris.

Charles' Gasballon

Professor Charles war sich hingegen als Physiker ziemlich sicher, daß Heißluft nicht das ideale Auftriebsgas wäre. Er hatte die Arbeiten von Henry Cavendish studiert und war überzeugt, daß »brennbare Luft«, also Wasserstoff jenes Gas war, mit dem er seine Ballonhülle füllen mußte. Er wußte auch, was die Papierfabrikanten Montgolfier nicht wußten, daß ein anderes Brüderpaar mit Namen A. N. und M. N. Robert ein Verfahren entwickelt hatte, Seide mit einer Gummilösung zu überziehen. Diese Verbindung war so gasundurchlässig, wie sie es damals nur sein konnte. Charles baute aus diesem Material eine Ballonhülle von etwa 4 Metern Durchmesser. Nach einigen Schwierigkeiten bei der Herstellung der benötigten 620 m³ Wasserstoff füllte er am 26. August 1783 die Hülle. Sein Ballon stieg in die Wolken und landete nach einer knappen Stunde Flugdauer bei dem Dorf Gonesse, wo Bauern das vom Himmel kommende »Ungeheuer« mit Dreschflegeln und Mistgabeln zerstörten. Einer der Zuschauer war der amerikanische Wissenschaftler und Diplomat Benjamin Franklin, der auf die zweifelnde Frage, welchen Sinn denn nun ein Ballon habe, die berühmte Erwiderung gab: »Mein Herr, welchen Sinn hat wohl ein neugeborenes Kind?«
In Begleitung von M. N. Robert unternahm Charles am 1. Dezember 1783 von Paris aus den ersten bemannten Flug in einem mit Wasserstoff gefüllten Ballon und erreichte gleichzeitig eine merkliche Verbesserung der bei den Montgolfier-Flügen erzielten Zeiten und Entfernungen.
Das Erscheinen der »Wasserstoff-Charlière« löste ein Wettbewerbsfieber aus, das 200 Jahre anhielt.
Die Heißluftballons wie auch die Wasserstoffballons jener Epoche waren noch sehr mit Mängeln behaftet. Sie gerieten leicht in Brand, waren undicht, und man konnte sie während ihrer kurzen Flugzeiten nur schwer unter Kontrolle halten. Aber sie flogen! Der jahrtausendealte Traum des Menschen war endlich bis zu

Links oben: Am 19. September 1783 stieg in Versailles ein Heißluftballon auf, der zum erstenmal mit Lebewesen – einem Schaf, einer Ente und einem Hahn – besetzt war. Links unten: Pilâtre de Rozier und der Marquis d'Arlandes starteten am 21. November 1783 zur ersten Luftreise der Geschichte. Rechts: Moderne Nachbildung einer Montgolfière.

Montgolfier-Heißluftballon

Auftriebsmittel: 2200 m³ Heißluft, erzeugt durch Strohfeuer in der Ballonbasis
Durchmesser: 14,95 m
Höhe: 22,75 m
Gesamtgewicht: 785 kg
Flug vom 21. November 1783: ca. 25 Minuten über eine Strecke von 12 km bis zu einer Höhe von über 1000 m

Die erste öffentliche Vorführung einer »Montgolfière« fand am 4. Juni 1783 in Annonay statt. Die obigen Angaben betreffen den Ballon, in welchem Jean-François Pilâtre de Rozier und sein Passagier François Laurent Marquis d'Arlandes die erste Luftreise der Geschichte unternahmen. Der aus Leinwand hergestellte und – zur Verminderung der Entzündungsgefahr – mit Alaun imprägnierte Ballon stieg vom Garten des Château de la Muette in Paris auf und landete ca. 25 Minuten später in Butte-aux-Cailles.

G-ATWN

einem gewissen Grad Wirklichkeit geworden. Die Zukunft war also nicht nur mehr Traum – sie war greifbar.
Nur zwei Jahre später brachte ein französischer Ingenieur-Offizier, Jean-Baptiste Charles Meusnier, den Entwurf eines Luftschiffes zu Papier, das in seiner Flugrichtung lenkbar sein sollte. Er dachte ein Jahrhundert voraus.

Die große Mode

Der mit Wasserstoff gefüllte Ballon hatte Ende des 18. Jahrhunderts den Heißluftballon weit überholt, aus dem einfachen Grund, weil letzterer eine große Ladung Stroh oder Holz zur Erzeugung der Auftriebswärme mit sich tragen mußte, auch für einen Flug von nur wenigen Minuten. Von der Feuergefahr ganz zu schweigen.
Es schien daher ganz natürlich, daß Wasserstoff bei den unerschrockenen Ballonsportlern jener Zeit mehr Anklang fand. Die Ballonfahrerei wurde große Mode und fand ihre Liebhaber vor allem unter den Wohlhabenden Frankreichs.
Ballonfahrer entwickelten immer ehrgeizigere Ideen. Kaum ein Jahr nach dem ersten Ballonaufstieg starteten Jean-Pierre Blanchard und der Amerikaner Dr. John Jeffries in Dover, um über den Kanal zu fliegen. Es gelang ihnen trotz großer Schwierigkeiten nach Höhenverlust. Sie warfen alle überflüssigen Dinge über Bord, auch Blanchards Hose.
Inzwischen verwendete die französische Armee bereits Fesselballons für Beobachter. Bald erwachte das Interesse auch in anderen Ländern. In England, Italien, Deutschland und Österreich wurden Ballonaufstiege unternommen. Blanchard veranstaltete Vorführungen in Holland, Deutschland und Belgien. Als erster Engländer stieg James Sadler 1784 auf. Pilâtre de Rozier, der als erster Mensch überhaupt in einem Ballon geflogen war, erprobte die verhängnisvolle Kombination von Heißluft und Wasserstoff. Er stürzte brennend ab, um ein zweites Mal »erster« in der Geschichte der Luftfahrt zu werden. Der erste Mensch, der, nachdem das Fliegen leichter als Luft möglich geworden war, bei einem Unfall ums Leben kam.
Madame Elisabeth Thible unternahm als erste Frau einen Flug. Sie startete mit dem Maler Fleurant in einer Montgolfière.
Charles Green, ein Engländer, wurde zu einem der Stars der Ballon-Epoche. Er flog von England nach Deutschland. Anfang des 19. Jahrhunderts plante er, zusammen mit dem amerikanischen Ballonfahrer John Wise, eine Atlantiküberquerung. Zum Glück für beide wurde das Unternehmen noch im Planungsstadium abgebrochen.
Von 1783 bis 1870, in nur 87 Jahren, erreichte die Ballonfahrt einen Grad von Zuverlässigkeit, die unmittelbar zur ersten Luftbrücke der Welt führte, eines der erregendsten Kapitel der Luftfahrt.

Linke Seite außen: Der erste englische Ballonflieger war James Sadler. Unser Bild zeigt ihn am 1. Oktober 1812, als er Dublin verließ, um die Irische See zu überfliegen. Das Unternehmen mißlang, und Sadler mußte aus dem Meer gefischt werden. Linke Seite innen: Diese zeitgenössische Darstellung zeigt die berühmte Kanalüberquerung von Blanchard und Jeffries am 7. Januar 1785. Oben: Dieser Wasserstoff-Fesselballon wurde von General Jourdan am 2. Juni 1794 in die Lüfte geschickt, um die gegnerischen Truppenbewegungen zu beobachten.

Die erste Luftbrücke

Ende 1870 hatte die preußische Armee Paris eingeschlossen. Jeglicher Kontakt zwischen der Hauptstadt und dem übrigen Frankreich war abgeschnitten. In der Stadt befanden sich mehrere Ballons, das Material, um weitere herzustellen und zu füllen, plus etwa ein Dutzend gut ausgebildeter Ballonfahrer.
Regierungen sind oft langsam, wenn es darum geht, ungewöhnliche Erfindungen praktisch einzusetzen. Aber diese besondere Situation war so verzweifelt, daß am 23. September 1870 Jules Durouf in der Stadt aufstieg und unversehrt über die Köpfe der Belagerungstruppen hinwegflog. Drei Stunden später landete er mit wichtigen Meldungen in Evreux, im unbesetzten Frankreich.
So entstand die erste Luftbrücke der Welt. Gaston Tissandier, der größte aller Ballonfahrer jener Epoche, überflog ebenfalls, ohne beschossen zu werden, den deutschen Einschließungsring. Eugène Godard, der 800 Fahrten hinter sich hatte, folgte als nächster. Nach ihm Monsieur Mangin. Allmählich wachten die deutschen Truppen auf und begannen auf die Ballons zu feuern. Daraufhin wurde beschlossen, zukünftig nur noch nachts zu fliegen.
Aber da war noch ein weiteres Problem zu lösen. Wenn der Ballon erst einmal sicher aufgesetzt hatte, waren er und sein Pilot für Paris verloren. Denn jeder Flug war nur in einer Richtung möglich. Tissandier unternahm zwar mehrere Versuche, eine entgegengesetzte Luftströmung zurück nach Paris zu nutzen, aber es gelang ihm nicht. Bei nur zwei oder drei qualifizierten Ballonfahrern, die

Einer der bekanntesten englischen Ballonfahrer im vorigen Jahrhundert war Charles Green. Unser Bild zeigt ihn bei den Startvorbereitungen in Mermaid Tavern, Hackney, zu seinem einhundertsten Aufstieg.

Der Ballonsport ist im Begriff, in unserer modernen Zeit immer mehr Freunde zu gewinnen. Noch immer stellt das Ballonfliegen, wie schon vor 200 Jahren, ein prickelndes Abenteuer dar. Allein der Wind bestimmt die Flugrichtung, und so ist der Ankunftsort nie genau vorauszusehen. Das Bild rechts zeigt einen Freiballon über den Schweizer Alpen.

Ballon Green »Royal Vauxhall« (oder »Nassau«)

Auftriebsmittel: 1982,2 m^3 Leuchtgas
Umfang: 47,85 m
Gesamthöhe (einschließl. Gondel): 24,38 m
Tragfähigkeit: 12 Personen (bei Füllung mit reinem Wasserstoff 28 Personen)
Erster Flug: August 1836
Weitester Flug: London – Weilburg (Deutschland) am 7./8. November 1836, ca. 960 km mit 6 Passagieren in 17 Stunden

Charles Green (1785–1870) war einer der großen Demonstranten des Ballonzeitalters. Sein Ballon »George IV. Royal Coronation« stieg am 19. Juli 1821 vom Green Park in London auf. Mit diesem und weiteren Ballons unternahm er zwischen 1821 und 1854 insgesamt 524 Aufstiege. Die Hülle des Ballons »Royal Vauxhall« bestand aus ca. 1800 m roter und weißer Seide, die eigens zu diesem Zweck aus Italien importiert worden war.

noch in der Stadt verblieben waren, mußte man sich eine neue Lösung einfallen lassen. Zumal es weit mehr Ballons und Wasserstoff in Paris gab.
Ein Notbehelf schien die Ausbildung einer Akrobatengruppe, die gerade im Pariser Hippodrome auftrat. Diese Leute waren am Hochseil vermutlich recht gut. Aber ein Ballonaufstieg bei Nacht, mit der Verantwortung für Passagiere und Post, war zu viel für sie. Kaum hatten sie abgehoben, turnten sie das Schlepptau hinunter zur Erde zurück, um den dann leichter gewordenen Ballon samt Insassen seinem ungewissen Schicksal zu überlassen.
Nachdem die Akrobatenidee fehlgeschlagen war, versuchte man ein erfolgversprechenderes Experiment. In der Stadt befanden sich viele Matrosen der französischen Kriegsmarine. Diszipliniert, mit den Launen des Windes vertraut, wurden sie zu idealen Ballonfahrern. Die Luftbrücke ging weiter.
Natürlich gab es auch Zwischenfälle. Windberichte waren unzuverlässig; ein Ballon landete in Norwegen, nachdem er die Aufmerksamkeit eines Schiffes der *britischen* Flotte auf sich gezogen hatte. Ein weiterer ging in Holland nieder. Zwei wurden von den Preußen abgeschossen. Die Mehrzahl erreichte jedoch sicher das unbesetzte Frankreich.
Der Matrose Prince machte vor seinem Aufstieg eine prophetische Bemerkung: »Ich werde eine unglaubliche Reise machen, die Leute werden von meinem Flug reden.« Wie wahr er gesprochen hatte: Auf das Meer hinausgeweht, wurde er zuletzt in Cornwall gesichtet, wo er eine Meldung über dem Lizard Point abwarf. Dann trieb ihn der Wind auf den Atlantik in Richtung Nordamerika, und weder von ihm noch von seinem Ballon hat man je wieder etwas gesehen.
Die genaue Zahl der Flüge während der Einschließung von Paris steht nicht fest; waren es nur 66 oder mehr? Neun Tonnen Post und 155 Menschen wurden aus Paris geflogen; an Bord befanden sich auch Brieftauben, die gelegentlich mit Nachrichten nach Paris zurückflogen. Mit dem letzten Ballon am 28. Januar 1871 wurde die traurige Nachricht von der französischen Kapitulation befördert.
Es ist sicher richtig, daß es sich um die erste geplante Lufttransportaktion der Geschichte handelte. Jeder Flug eines neuen Ballons wurde sofort zu einem Einsatz über feindlichem Territorium – und oft unternahm der Ballonführer nicht nur seinen ersten Alleinflug, sondern

seinen ersten Flug überhaupt. Es muß für die Besatzungen wie auch für die Passagiere jener heldenhaften Luftbrücke ein aufregendes Erlebnis gewesen sein, vor allem deshalb, weil der Durchschnittsbürger – auch vor einem Jahrhundert noch – ja weit davon entfernt war, luftfahrtbegeistert zu sein. Mit 57 erfolgreichen Flügen jedoch kann die Operation nur als Triumph für die Verteidiger der Stadt Paris bezeichnet werden.

Das lenkbare Luftschiff

Viele Ballonentwürfe der Frühzeit zeigten Segel oder Luftruder. Die Schöpfer dieser Entwürfe schienen der irrigen Meinung, daß damit ein Leichter-als-Luft-Fahrzeug auf einen bestimmten Kurs gebracht werden könne. Jahrzehnte mußten vergehen, ehe sich die Erkenntnis durchsetzte, daß der Ballon in der Luft zu einem Teil des Windes wird, Segel aber ohne Nutzen sind. Die Luftruder hingegen waren – obwohl sie theoretisch eine Bewegung bewirken konnten – viel zu schwerfällig konstruiert.
Während das Ballonfliegen in allen zivilisierten Ländern der Welt Boden gewann, stand die Idee eines lenkbaren Ballons am Anfang einer neuen Epoche.
Der Gedanke, ein lenkbares Luftschiff zu konstruieren, ist sehr alt. Während J. A. C. Charles und die Gebrüder Montgolfier zeigten, daß der Ballonflug möglich ist, arbeitete Meusnier, ein Offizier des französischen Ingenieur-Korps, am Entwurf eines lenkbaren Luftschiffes. 1784 unterbreitete er ihn der Académie des Sciences. Er zeigte bereits alle Merkmale, die mehr als ein Jahrhundert später in den ersten Prall-Luftschiffen angewandt wurden.
Das Prall-Luftschiff behält seine Form durch den Gasdruck. Wird Gas abgelassen, um die Flughöhe zu ändern, so kann es während des Fluges nicht ersetzt werden. Aber auch die Hülle verändert ihre Form. Sie droht instabil zu werden. Meusnier meisterte dieses Problem mit Hilfe einer doppelwandigen Außenhülle, die mit Luft gefüllt wurde. Fast dieselbe Idee finden wir heute noch modifiziert in den Prall-Luftschiffen. Meusnier erfand die Zigarrenform und ihre aerodynamischen Vorteile. Drei zweiflügelige

Luftschrauben sollten mit einer »Kraftmaschine« angetrieben werden. (Vermutlich sah er bereits in etwa die Entwicklung mechanischer Leistungseinheiten voraus). Es gab jedoch keine solche Maschine. Er plante deshalb die Bedienung der Luftschrauben durch eine achtzig Mann zählende Besatzung. Der Einfall eines Genies? Er zeichnete sogar Entwürfe für einen Hangar und einen mobilen Unterstand zum militärischen Einsatz des lenkbaren Prall-Luftschiffes.
Das Schiff wurde niemals gebaut. Meusnier fiel einige Jahre später als General im Kampf.
Ab 1800 wuchs das Interesse an lenkbaren Luftschiffen sehr rasch. 1816 entwarfen in England zwei schweizerische Büchsenmacher ein fischförmiges Luftschiff, dessen Bau sie begannen, aber nicht vollendeten. Der Konstrukteur hieß Durs Egg. Das mit Luftrudern ausgestattete Schiff wurde unter dem Namen »Eggs Folly« bekannt.
Die Jahre zwischen 1816 und 1843 gebaren viele neue Gedanken. Der Engländer Monck Mason baute ein kleines Luftschiff mit »Uhrwerkmotor«, der eine Luftschraube antrieb. Es flog und soll eine Geschwindigkeit von 8 km/h erreicht haben. Obwohl es nur einen geringen praktischen Wert hatte, bedeutete es doch den Wendepunkt auf der Suche nach dem lenkbaren Flug leichter als Luft.

Giffards Dampfluftschiff

In den folgenden neun Jahren wurden vielfältige Experimente unternommen; die Welt mußte jedoch wieder auf einen Franzosen, Henri Giffard, warten, der das erste teillenkbare Luftschiff baute. Dampfbetrieben war die zigarrenförmige Konstruktion 44 Meter lang und hatte einen Durchmesser von etwa 12 Metern. Die 3-PS-Dampfmaschine bewegte eine dreiflügelige Luftschraube. Am 24. September 1852 startete Giffard vom Pariser Hippodrome und flog mit ca. 8 km/h nach dem etwa 28 km entfernten Trappes. Endlich hatte der Mensch einen gelenkten und kraftbetriebenen Flug unternommen.
1860 erfand Étienne Lenoir den Gasmotor. Aber erst 1872 flog Paul Heinlein von Brünn aus mit einem Luftschiff, das von einem 5-PS-Leuchtgasmotor angetrieben wurde. Weder die Flüge Heinleins noch die Giffards waren frei von Hindernissen. Ihre Bedeutung liegt jedoch darin, daß sie den Weg zum sicheren und kontrollierten Flug wiesen.

Wichtig erscheint freilich, daß alle zum vollen Erfolg notwendigen Erkenntnisse bereits gefunden waren. Die Steuerflächen waren jenen ähnlich, die noch heute gebräuchlich sind. Imprägnierte Gewebe für die Hülle, wenn sie auch zur Undichte neigten, standen zur Verfügung. Motoren, noch sehr entwicklungsbedürftig, gab es ebenfalls, und der Mensch begann die Problematik des Fliegens zu verstehen und fing an zu erkennen, wie er sie anzugehen hatte:
Zu einer der erfolgreichsten Konstruktionen jener Zeit wurde die »La France« von Charles Renard und Arthur H. C. Krebs im Jahre 1884. Mit 51,8 Metern Länge und einem 9-PS-Elektromotor erreichte sie eine Fluggeschwindigkeit von 19,3 km/h und war voll lenkbar. Sie bekräftigte die Tatsache, daß Frankreich zu jener Zeit das führende Land in der Luftfahrtforschung war.

Kaum Interesse in England und USA

England zeigte um die Jahrhundertwende nur begrenztes Interesse an Luftschiffen für militärische Zwecke. E. T. Willows, ursprünglich Ballonbauer, konstruierte von 1905 an kleine, unstarre Luftschiffe. Sie zeigten recht gute Erfolge, aber nur eines wurde der Königlichen Marine übergeben.
Ende des 19. und Anfang des 20. Jahrhunderts traten eine Anzahl weiterer Namen in den Vordergrund. Zu den bekanntesten gehören Lebaudy, die Astra-Gesellschaft, Clément-Bayard, Schütte-Lanz, die Société Zodiac und Parseval. Sie alle bauten erfolgreiche Luftschiffe und begannen mit der kommerziellen Auswertung der Idee des lenkbaren Fluggeräts leichter als Luft. Nur die USA zeigten kaum Interesse.

Alberto Santos-Dumont

Die Entwicklungsgeschichte des lenkbaren Luftschiffs wäre nicht vollständig ohne die Erwähnung von Alberto Santos-Dumont. Sohn eines reichen Brasilianers, lebte er um die Jahrhundertwende in Paris und begeisterte sich für das Fliegen. Mehrere Prall-Luftschiffe wurden nach seinen Entwürfen gebaut. Er gewann mit ihnen zahlreiche Preise, einschließlich der damals ungeheuren Summe von

Giffards lenkbares Luftschiff

Antrieb: Giffard-Dampfmaschine mit 3 PS Leistung
Durchmesser: 12 m
Länge: 44 m
Volumen: 2500 m³ Gas
Durchschnittsgeschwindigkeit: 8 km/h
Erster Flug: 24. September 1852
Bester Flug: ca. 28 km vom Hippodrome, Paris, nach Elancourt bei Trappes
Henri Giffard (1825–1882) begann 1847 mit dem Entwurf eines dampfgetriebenen Hubschraubers. Seinen Ruf begründete die Konstruktion des ersten lenkbaren Fluggeräts leichter als Luft; in späteren Jahren konzentrierte er sich auf den Bau großer Fesselballons. Einer wurde 1878 auf der Pariser Weltausstellung gezeigt. Er maß 55 m Höhe, 36 m Durchmesser und konnte 50 Menschen tragen. Während der Dauer der Ausstellung sollen mehr als 35 000 Personen in ihm aufgestiegen sein.

Während der Belagerung von Paris 1870/71 waren wasserstoffgefüllte Ballons das einzige Hilfsmittel, um wichtige Nachrichten ins unbesetzte Frankreich zu bringen. Die Zeichnung auf der gegenüberliegenden Seite entstand nach einer Skizze, die mit der Ballonpost aus Paris ausgeflogen wurde. Sie zeigt die Startvorbereitungen eines der »Luftbrücken-Ballons«. Oben: Vermutlich das erste Luftabwehrgeschütz der Geschichte wurde 1870 von Alfred Krupp konstruiert, um die Ballons abzuschießen, die das belagerte Paris verließen. Oben rechts: Herstellung von Ballons im Gare d'Orleans während der Belagerung

125 000 Francs, die Henri Deutsch de la Meurthe für einen Flug von St. Cloud zum Eiffelturm und zurück in weniger als 30 Minuten aussetzte. Dumont benutzte sein Luftschiff auch zu Reisen:
»Um 11 Uhr vormittags war alles bereit. Der Korb wiegte sich beträchtlich unter dem Ballon, der von einer milden, frischen Brise umschmeichelt wurde. Ungeduldig den Start erwartend, stand ich mit einem Sack Ballast in der Hand in meiner Ecke in dem engen Korb aus Weidengeflecht. In der anderen Ecke gab Machuron das Kommando: Loslassen, ab!
Plötzlich hörte der Wind auf. Die Luft schien bewegungslos um uns herum. Wir hatten abgehoben, waren eins mit dem Luftstrom, in dem wir jetzt lebten und uns bewegten. Tatsächlich, für uns existierte kein Wind mehr, und dies ist das erste und größte Erlebnis beim Ballonfliegen. Unendlich sanft ist diese unspürbare Bewegung vorwärts und nach oben. Eine perfekte Illusion: nicht der Ballon scheint sich zu bewegen, sondern die Erde, die hinabsinkt und sich entfernt.«
Alberto Santos-Dumont, der so lebendig über seinen ersten Ballonflug schreiben und seiner Beobachtung Ausdruck verleihen konnte, war zweifellos ein Enthusiast, seine Begeisterungsfähigkeit ansteckend. Nachrichten über seine romantischen Abenteuer und Berichte über haarsträubende Situationen, in die

Der Brasilianer Alberto Santos-Dumont war eine der schillerndsten und auffallendsten Figuren aus der Pionierzeit des Fliegens. Am 19. Oktober 1901 flog er mit seinem Luftschiff Nr. 6 von St. Cloud nach Paris, um den Eiffelturm und zurück. Für die damalige Zeit war dieser gesteuerte Flug eines Luftfahrzeuges eine Sensation. Oben rechts: Dokumentarische Aufnahme von Santos-Dumonts Luftschiff Nr. 6 beim Verlassen von St. Cloud

er geriet, wurden auf der ganzen Welt mit der gleichen Begierde erwartet, wie sie heute internationale Stars der Leinwand und des Fußballfeldes erregen. Alberto war eine Persönlichkeit und ein großer Pionier der Luftfahrt. 1904 erschien folgendes Porträt:
»Santos-Dumont, von Natur ein sehr kleiner, schlanker, muskulöser Mann von kaum mehr als hundert Pfund Gewicht, strahlt Aktivität aus. Als ich ihn zum ersten Mal sah, im Crystal Palace in London, wo er eines seiner Luftschiffe auf einer riesigen Galerie aufbaute, hielt ich ihn auf den ersten Blick für irgendeinen Jungen, möglicherweise einen Zuschauer, der sich für Flugmaschinen interessierte. Sein Gesicht, bartlos und glattrasiert, wirkte jugendlich. Er trug einen Strohhut mit schmaler Krempe und war nach der letzten Mode gekleidet. Einen Augenblick später hatte er seinen Mantel ausgezogen und zeigte seinen Leuten, wie sie das große fächerartige Seitenruder des Schiffes, das vor uns aufragte wie ein riesiger Rugbyball, aufrichten sollten. Und da erkannte man, welche Energie in ihm steckte. Er ist Brasilianer, hat eine dunkle Gesichtsfarbe, große dunkle Augen, einen flinken Schritt und eine energische Art zu sprechen. Seine Kindheit verbrachte er auf der Kaffeeplantage seines Vaters in Brasilien und seine späteren Jahre zumeist in Paris. England und Amerika besucht er laufend. Er spricht Portugiesisch, Spanisch, Französisch und Englisch gleichermaßen fließend. Man findet ihn äußerst anspruchslos und bescheiden, und er diskutiert frei über seine Erfindungen ...«
Als Kind war Santos-Dumont von Jules Verne inspiriert worden. Von seinem zehnten Lebensjahr an fuhr er Lokomotiven auf der Plantage seines Vaters. Während seiner Schulzeit in Paris machte er sich mit der Ballonfliegerei und allen ihren Aspekten vertraut. Er unternahm dann im Jahre 1897 seinen ersten Aufstieg. Dieses Erlebnis machte ihm so großen Spaß, daß er einen Ballon für sich selbst bauen ließ. Die aufregenden Erlebnisse ließen nicht lange auf sich warten. Nach einem Aufstieg in Nizza machte er eine Bruchlandung, die er wie folgt schilderte:
»Ich wurde durch kleine Bäume und zurückweichende Sträucher geschleift, mein Gesicht voller Schnitte und Quetschungen, meine Kleider vom Rücken gefetzt, in Schmerz und Aufregung, das Schlimmste befürchtend, und konnte doch nichts tun, um mich zu retten. Gerade als ich mich verlorengab,

wickelte sich das Schleppseil um einen Baum und saß fest. Ich wurde aus dem Korb geschleudert, stürzte hinunter und verlor das Bewußtsein. Als ich wieder zu mir kam, mußte ich eine ganze Strecke laufen, bis ich einigen Bauern begegnete. Sie halfen mir, zurück nach Nizza zu kommen, wo ich mich zu Bett legte und vom Arzt zusammennähen ließ.«
Bäume sollten im Leben des jungen Brasilianers eine große Rolle spielen. 1898 kam sein erstes lenkbares Luftschiff in einer Baumreihe zu Schaden. Zwei Tage später begann sich die reparierte Hülle beim Niedergehen in der Mitte zu verformen. Einige Jungen ergriffen jedoch das Schleppseil, zogen das Luftschiff gegen den Wind und hielten es bis zur Landung unter Kontrolle. Das zweite Luftschiff wurde gegen Bäume geschmettert und stürzte ab. Das dritte verlor das Seitenruder und wurde beschädigt. Um beim vierten Gewicht zu sparen, setzte sich Alberto auf einen Fahrradsattel. Das fünfte kam wieder mit Bäumen in Berührung. Man fand Alberto hoch oben im Geäst, wohin er sich dann sein Essen schicken ließ. Beim nächsten Mal entdeckte ihn die Feuerwehr, als er im Schacht über einem Hofraum des Trocadero-Hotels hing.
Einmal fuhr der schnelle Brasilianer, begünstigt vom Wind, »per Luftschiff« die Champs-Elysées hinab und landete bei seinem Haus, um eine Tasse Kaffee zu trinken. Besuchte er seinen Pariser Club, band er sein Luftschiff draußen fest. All dies geschah vor Beginn des zweiten Teils seiner Luftfahrtkarriere mit Luftfahrzeugen schwerer als Luft, als europäischer Zeitgenosse der Gebrüder Wright.

Große Konstrukteure und ihr Werk:

Ferdinand Graf Zeppelin

Am 8. Juli 1838 wird dem Grafen Friedrich von Zeppelin in Konstanz ein Sohn geboren und auf den Namen Ferdinand getauft. Wie fast alle deutschen Adligen jener Zeit tritt der junge Graf Ferdinand von Zeppelin in die Armee ein. Dreißig Jahre später wird er auf eigenen Wunsch als Generalleutnant entlassen und beginnt eine neue Karriere:

Angeregt von der 1874 erschienenen Schrift des Generalpostmeisters Heinrich Stephan »Weltpost und Luftschiffahrt« entwirft er 1892–1893 zusammen mit Dipl.-Ing. Th. Kober ein starres Luftschiff. Zwei Jahre später reicht Zeppelin sein erstes Patent für »einen lenkbaren Luftfahrzug mit mehreren hintereinander angeordneten Tragkörpern« dem Kaiserlichen Patenamt ein. Seine Erfindung, die am 31. August 1895 unter der Nummer 98 580 patentiert wird, gibt die auch noch heute gültige Beschreibung des Prinzips eines Starrluftschiffs wieder: Der Luftschiffkörper ist in Abteilungen unterteilt, die von eingepaßten zylindrischen und voneinander unabhängigen Gaszellen gebildet werden. Das ganze ist mit einer Außenhülle aus Stoff umspannt.

Sieben Jahre harter Arbeit folgen. Das Projekt wird von einer Militärkommission als unbrauchbar für militärische Zwecke abgelehnt. Unverzagt arbeitet Graf Zeppelin weiter. Er errichtet eine schwimmende Halle auf dem Bodensee und baut darin das erste Zeppelin-Luftschiff LZ 1. Das Luftschiff ist 128 Meter lang, mißt 11,73 Meter im Durchmesser und hat eine Gaskapazität von 11 327 Kubikmeter. Die Antriebskraft liefern zwei 16-PS-Daimler-Motoren.

Die erste erfolgreiche Fahrt gelingt am 2. Juli 1900. Sie ist nicht frei von Pannen. Ein Ruder der Seitensteuerung und ein Höhensteuer zeigen keine Wirkung. Mit einiger Mühe kehrt das Luftschiff ohne Bruch zu seiner Basis zurück. Nach einigen Änderungen startet es am 17. Oktober erneut. Wiederum läßt die Technik während der Fahrt viel zu wünschen übrig, aber LZ 1 landet sicher. Bei insgesamt drei Fahrten ist es anderthalb Stunden in der Luft, hat eine Höhe von 886 m und eine Vorwärtsgeschwindigkeit von 5 m/sek. erreicht. Unter den vielen Zuschauern nahe Manzell am Bodensee befindet sich ein junger, unbekannter Wirtschaftsjournalist namens Hugo Eckener. Er träumt noch nicht davon, daß er eines Tages der größte aller Zeppelin-Kommandanten sein wird. Dem Gedanken des Starrluftschiffs steht er eher skeptisch gegenüber und beschließt, den Grafen Zeppelin um ein Interview zu bitten.

Fünf Jahre später fährt das Luftschiff LZ 2. Es ist dem LZ 1 sehr ähnlich bis auf einen bedeutenden Unterschied: Seine beiden Motoren haben eine Leistung von je 85 PS. Die erste Fahrt mißlingt und endet beinahe mit einer Katastrophe.

Im Januar 1906 bekommt die Öffentlichkeit das Luftschiff LZ 2 wieder zu Gesicht. Es ist leicht zu lenken, erreicht eine Höhe von 457 m und eine Geschwindigkeit von 53 km/h. Dann fällt ein Motor aus. Bei der Landung wird es zerstört.

Für viele wäre damit das Maß voll gewesen. Graf Zeppelin jedoch gibt nicht auf. Er befreundet sich mit Dr. Hugo Eckener und gewinnt ihn für seine Pläne. Innerhalb weniger Monate entsteht LZ 3. Die Jungfernfahrt findet am 9. Oktober 1906 statt und ist ein vollkommener Erfolg. Das neue Luftschiff legt 97 km in zwei Stunden zurück, kehrt sicher zu seinem Ausgangspunkt zurück und wiederholt die Fahrt am nächsten Tag.

Graf Ferdinand von Zeppelin ist nun von der Zukunft seiner Luftschiffe überzeugt.

Am 5. August 1908 wird LZ 4 bei Echterdingen von einer Sturmbö losgerissen und zerstört. Kein technischer

Links oben: Ferdinand Graf Zeppelin. Oben: Erster Aufstieg des Luftschiffes LZ 1 am 2. Juli 1900. Die Höhensteuerung erfolgte durch die Verschiebung eines Laufgewichtes, das im Bild gut zu erkennen ist. Rechte Seite oben: Modell des »Lenkbaren Luftfahrzeuges mit mehreren hintereinander angeordenten Tragkörpern«. Auf diese Idee erhielt der Graf Zeppelin am 31. August 1895 unter der Nummer DRP 98 580 sein erstes Patent. Hier finden sich schon zylinderähnliche, von einer Stoffhülle umgebene Gerippe-Hohlkörper mit Gasbehältern im Innern. Das Patent umfaßt also im wesentlichen die Grundlagen zu den späteren Zeppelin-Luftschiffen und war wegweisend für die Entwicklung der Luftfahrt. Unten: Zeichnungen zum Luftfahrzeug aus der Patentschrift vom 31. August 1895

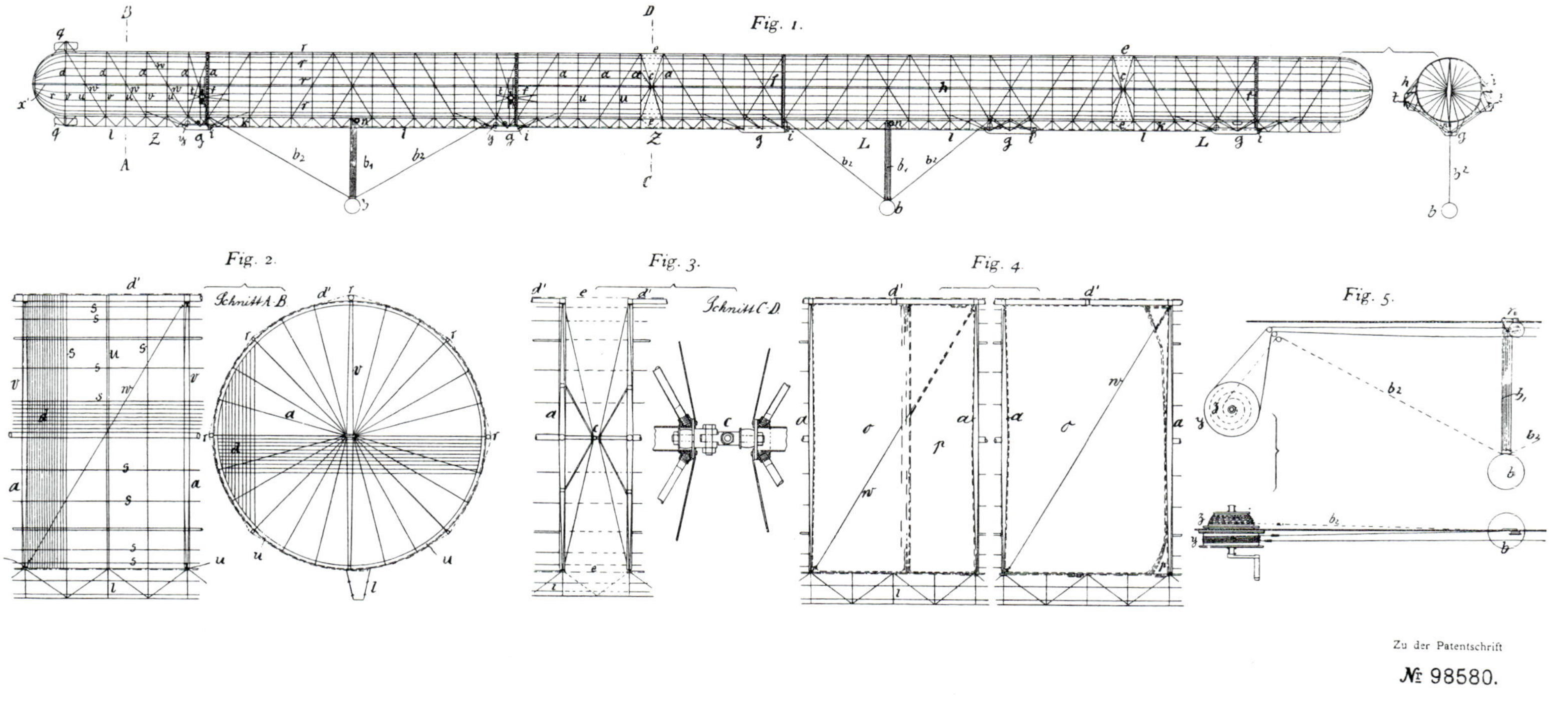

Zu der Patentschrift

№ 98580.

Oben: LZ 3 nach einer Landung am 6. April 1909 bei Konstanz. Man sieht, welch ungeheures Interesse die Luftschiffe des Grafen Zeppelin damals unter der Bevölkerung erweckten. Unten links: Führergondel von LZ 3; Fahrt am 7. August 1908 mit dem deutschen Kronprinzen an Bord. Unten rechts: Passagierraum von LZ 7 »Deutschland«. Rechte Seite oben: Modell von LZ 4 in der schwimmenden Halle von Manzell. Rechte Seite unten: 115-PS-Daimler-Motor von LZ 6

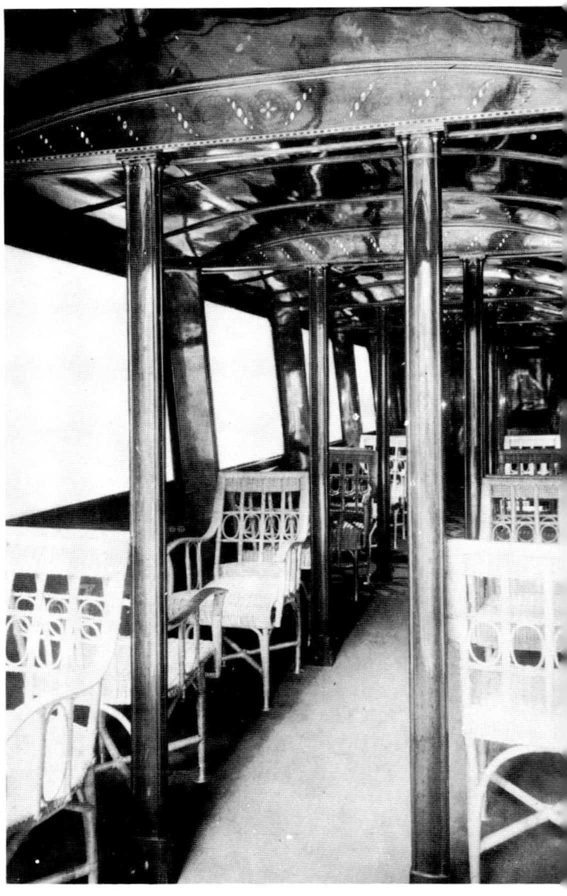

Fehler ist Ursache der Katastrophe. Der Graf aber hat alles verloren, was er besaß. Er und mit ihm der Luftschiffbau scheinen am Ende. Nun aber nimmt, von Berichten der Tagespresse beeindruckt, eine breite Öffentlichkeit Anteil an dieser Katastrophe. Die Zeppelin-Stiftung wird unter Dr. Eckener und Alfred Graf von Soden-Neu-Fraunhofen ins Leben gerufen. Sie sammelt 6,1 Millionen Goldmark und ermöglicht damit die Gründung der Luftschiffbau Zeppelin G.m.b.H. in Friedrichshafen. Das Werk ist gerettet. Dr. Ludwig Dürr wird Chefkonstrukteur.

Erster Linienluftverkehr mit Luftschiffen

Unterstützt von der Familie Colsman und Dr. Hugo Eckener gründet der Graf am 16. November 1909 die Deutsche Luftschiffahrt-Aktiengesellschaft, kurz Delag genannt, deren Mitgesellschafter später auch die Hamburg–Amerika-Linie wird. Sie soll beim Luftschiffbau Zeppelin in Friedrichshafen Luftschiffe bestellen, erproben und damit den Linienluftverkehr nach Plan aufnehmen.
Große Städte wetteifern um den Anschluß an die Zeppelin-Linie: Frankfurt, Köln, Düsseldorf, Baden-Baden, München, Leipzig,

Ganz oben: LZ 10 »Schwaben« der Delag, genannt das »glückhafte« Schiff, startete am 26. Juni 1910 zu seiner ersten Fahrt und legte insgesamt 27 123 km in 234 Fahrten zurück. Darunter: LZ 10 »Schwaben« im Jahre 1911 mit Graf Zeppelin, Kapitän Hacker und Dr. Eckener an Bord. LZ 10 erreichte eine Geschwindigkeit von 75 km/h und konnte 24 Passagiere befördern. Am 28. Juni 1912 wurde die »Schwaben« in Düsseldorf bei einem Unwetter zerstört.

Zeppelin LZ 8 »Deutschland II«

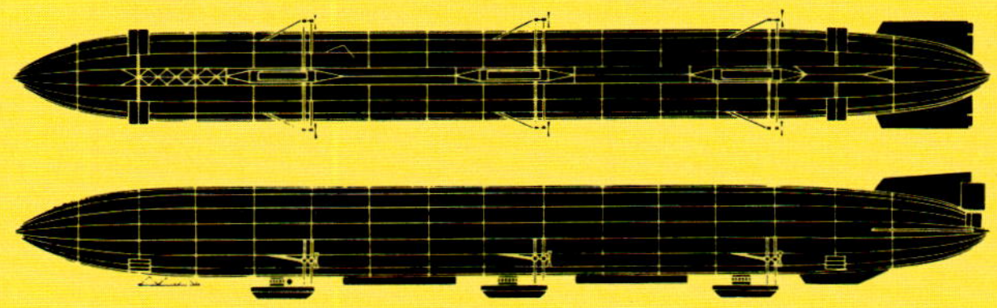

Antrieb: drei wassergekühlte 115-PS-Daimler-Mercedes-Vierzylinder-Motoren in je einer Gondel und mit je einem Dreiblatt-Metallpropeller von 3,66 m Durchmesser
Länge: 148 m
max. Durchmesser: 14 m
Volumen: 15 000 m³
Gesamtgewicht: 16 500 kg
Geschwindigkeit: 56 km/h
Erster Flug: 1911
»Deutschland II« gehörte zu der Flotte starrer Zeppelin-Luftschiffe, mit denen im Jahre 1910 die ersten regulären Passagier-Fluglinien der Welt unterhalten wurden. Sie hatten ein starres Aluminium-Gerippe, das in Kammern mit je einem zylindrischen Gas-»Ballon« unterteilt und vollkommen mit gummiertem Stoff bespannt war. Nach dem Ausbruch des Ersten Weltkriegs wurden sie für militärische Zwecke – vor allem für Aufklärungsfahrten der Marine – abgestellt und umgebaut.

Dresden und Hamburg gehören zu den ersten, die Mittel zum Bau von Luftschiffhallen zur Verfügung stellen.
Als erstes Luftschiff wird LZ 7 an die Delag übergeben und auf den Namen »Deutschland« getauft. Alle Versuchsfahrten verlaufen ohne Zwischenfall.
Im Juni 1910 unternimmt LZ 7 sechs Linienfahrten zwischen Düsseldorf, Frankfurt und Baden-Baden mit zahlenden Passagieren. Auf der siebenten Fahrt wird LZ 7 nach Bodenberührung bei schlechtem Wetter im Teutoburger Wald zerstört. Journalisten sind als Gäste an Bord. Eine Katastrophe auch gegenüber der Öffentlichkeit – meint man. Aber die Kommentare sind durchaus freundlich. Denn verletzt wird niemand. Die Ersatzschiffe LZ 6 und LZ 8 »Deutschland II« beginnen im März 1911 von Baden-Oos aus zu fahren. Es geht weiter.
Der Kommandant des LZ 7 wird entlassen. Man macht ihn für den Unfall verantwortlich. Colsman bittet nun Dr. Hugo Eckener, der mittlerweile das Kapitänspatent erworben hat, das Kommando an Bord der Luftschiffe und die Leitung der Delag zu übernehmen.
Damit tritt ein Wendepunkt in der Geschichte des zivilen Luftschiffverkehrs ein. Colsman, ein kühl abwägender Geschäftsmann, Graf Zeppelin, der geniale Konstrukteur, und Dr. Eckener, der das Können des Wirtschaftlers, die Fähigkeit, technische Probleme zu erfassen und auch praktisch anzuwenden, repräsentiert, ergänzen einander ideal.
Aber auch Dr. Eckener bleibt nicht von Schwierigkeiten verschont. Das Luftschiff LZ 8 wird unter seinem Kommando beim Transport aus der Halle in Düsseldorf von einem Blitz getroffen und brennt aus. Wiederum gibt es keine Verletzten. Dieser Unfall führt jedoch unmittelbar zur Errichtung des ersten Wettervorhersage-Dienstes. Er sollte bald zur absoluten Notwendigkeit für die gesamte Luftfahrt, ganz besonders jedoch für die großen, langsamen Luftschiffe werden.
Das nächste Luftschiff, LZ 10 »Schwaben«, erreicht eine Geschwindigkeit von 75 km/h und fährt mit 24 Passagieren auch bei schlechterem Wetter als seine Vorgänger. Heinrich Kubis, der erste Luftsteward der Welt, sorgt für das leibliche Wohl der Passagiere.
1912 erscheint das Schwesterschiff LZ 11 »Viktoria Luise«. Beide Luftschiffe werden zu Passagier-Rundfahrten über Deutschland eingesetzt. Ein Jahr nach seiner ersten Fahrt entkommt LZ 10

»Schwaben« einem schweren Sturm und landet in Düsseldorf. Es gelingt gerade noch, die Passagiere aussteigen zu lassen, bevor LZ 10 noch ein heftiger Windstoß trifft. Das Luftschiff wird gegen die Halle geschleudert. Es fängt Feuer und brennt aus.
Hamburg wird als nächste Stadt in den Fahrplan aufgenommen. Wo später der Flughafen Fuhlsbüttel entsteht, werden Luftschiffhallen gebaut. Dann folgt Potsdam, der Sitz Kaiser Wilhelms II. War das persönliche Verhältnis zwischen Graf Zeppelin und dem Kaiser – er wollte nichts von Luftschiffen wissen – anfangs auch schlecht, so belehrten die erfolgreichen Fahrten ihn doch eines Besseren. Schließlich kommt er nach Friedrichshafen, versöhnt sich mit dem Grafen und verleiht ihm den Orden vom Schwarzen Adler. Aber er wagt es nicht, eine Fahrt an Bord zu unternehmen. Sein Sohn, Kronprinz Wilhelm, zeigt weit mehr Sinn für das Abenteuer und fährt mit.
Zwei weitere Luftschiffe ergänzen die Flotte bis 1913: LZ 13 »Hansa« und LZ 17 »Sachsen«. Mit der »Viktoria Luise« unterhält die Delag einen äußerst leistungsfähigen Fahrdienst, der viele Städte Deutschlands verbindet.
Auf 1784 Fahrten in den vier Jahren von 1910 bis zum Ausbruch des Ersten Weltkriegs legen die Schiffe der Delag 273 600 km zurück und befördern 27 773 Passagiere ohne irgendwelche Personenschäden.
Graf Zeppelin ist damit der eigentliche Vater des kommerziellen, zivilen Luftverkehrs – wenn auch zunächst mit Fluggeräten leichter als Luft. Er stirbt am 8. März 1917 in Berlin. Das Starrluftschiff jedoch wird als Bombenträger zu einer der gefürchtetsten Waffen des Ersten Weltkriegs, und es vergehen fast zehn Jahre, ehe es erneut Luftverkehrsgeschichte macht. Darüber berichten wir in einem späteren Kapitel.
Nun sind wir in der Geschichte zeitlich ein wenig vorausgeeilt. Blenden wir zurück und verfolgen eine andere, aber entscheidende Entwicklung . . .

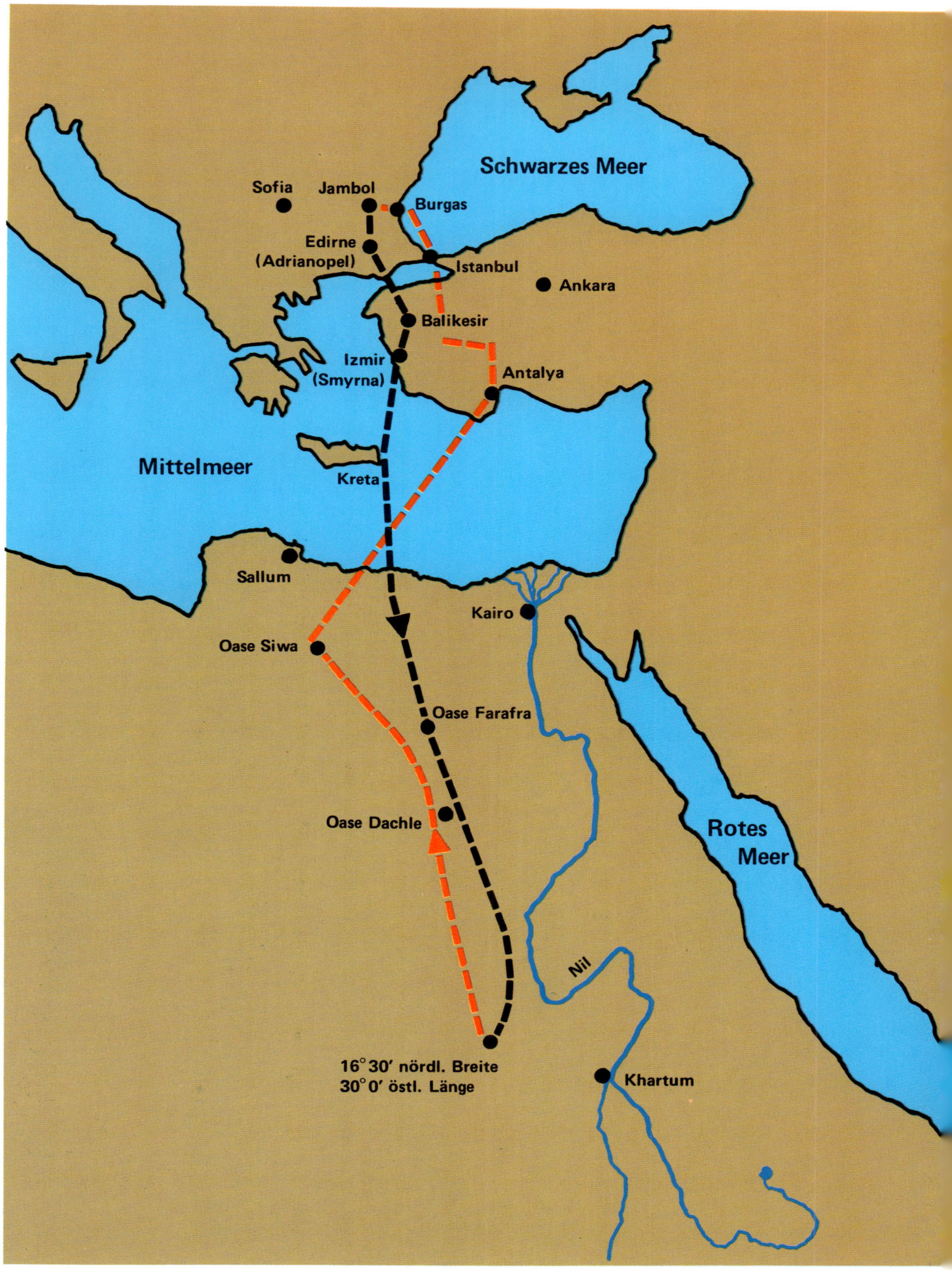

Oben: Marine-Luftschiff L 59, das unter Kapitänleutnant Bockhold im November 1917 die berühmte Afrika-Fahrt durchführte. Das Luftschiff hatte als Nachschub für die Truppen General v. Lettow-Vorbecks 14 000 kg Medikamente, Ausrüstung und Munition geladen. Nach der Kapitulation von Lettow-Vorbeck wurde die Aktion abgebrochen. Unten: Flugstrecke des L 59 (6800 km in 95 Flugstunden)

Schwerer als Luft

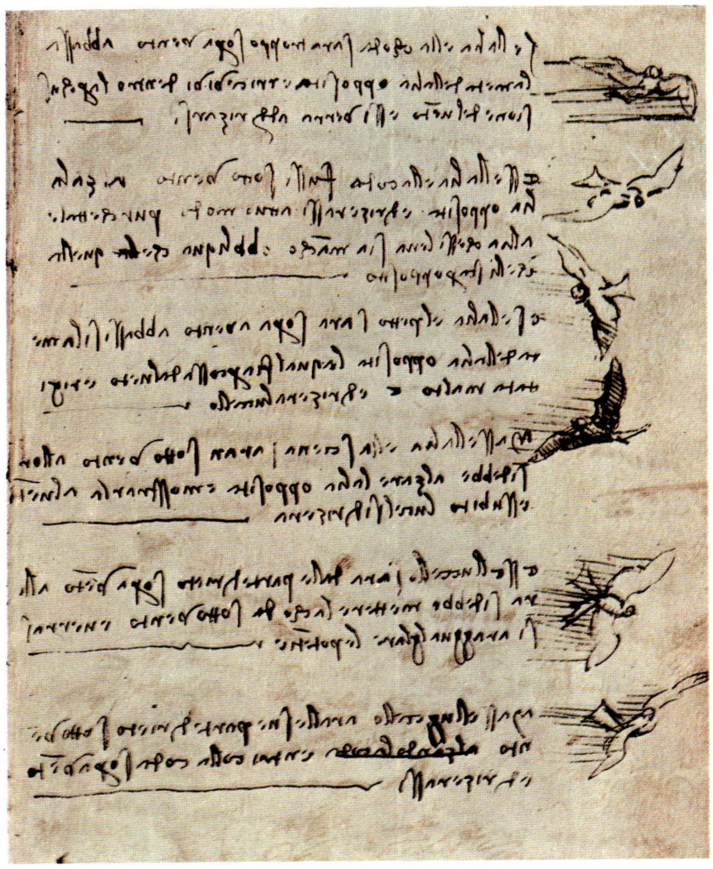

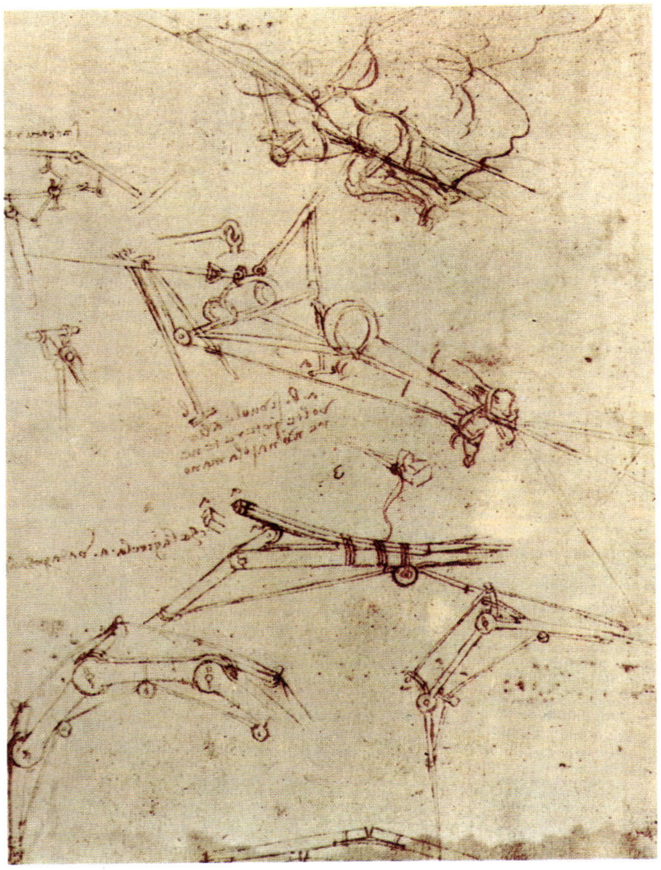

Leonardo da Vinci

Der Name Leonardo da Vinci hat seinen Platz auch in der Geschichte der Luftfahrt.
1452 in Italien geboren, erforschte dieser genial begabte Mann als erster die wissenschaftlichen Grundlagen des Fliegens. Seine umfassende Kenntnis der Anatomie, die in seinen Gemälden so wunderbar zum Ausdruck kommt, macht begreiflich, daß sein Hauptinteresse jenen Wegen galt, womit der Mensch den Flug der Vögel und der Fledermäuse nachahmen konnte. Die Flügel seines Schwingflüglers sollten »nach unten und nach hinten rudern«. Er verglich den Vogelflug mit dem »Schwimmen im Wasser«, wußte aber nicht, daß die Kraft menschlicher Muskeln seine ausgefallenen Flügelapparate niemals vom Erdboden lösen konnten.
Tatsächlich entwickelte Leonardo da Vinci später auch einen Vorschlag zur Erhöhung der Muskelkraft. Über eine Spule sollte der Pilot eine Art Bogensehne spannen und entspannen. Er zeichnete zudem eine Flugmaschine mit starren Tragflächen, deren Außenflügel beweglich waren. Ein anderer seiner Entwürfe zeigt ein einziehbares Fahrgestell und wieder ein anderer einen Kopfgurt, mit dem ein Höhenruder bewegt wurde, wodurch das Flugzeug steigen oder sinken sollte. Ein ähnlicher Gurt wurde später auch von Otto Lilienthal entwickelt.
Der von Leonardo da Vinci konstruierte Fallschirm war pyramidenförmig. Sein Hubschrauber hatte einen schrauben- oder spiralförmigen Rotor.
Leonardo da Vinci stand nur einen Schritt vor der Erfindung des Propellers. Er erfand eine Vorrichtung zum Drehen des Bratspießes. Dabei ließ er einen Schaft mit Flügelblättern durch die vom Feuer aufsteigende heiße Luft rotieren. Hätte Leonardo da Vinci die Drehung dieser Flügelblätter durch eigene Energie bewirkt, so daß die »Schraube« die Luft statt die Luft die Schraube bewegte, wäre ihm eine dritte aerodynamische Erfindung geglückt.
Leonardo da Vincis Entwürfe kamen erst Ende des 19. Jahrhunderts ans Tageslicht, als der Fallschirm und der Hubschrauber bereits wiedererfunden worden waren. Nach dem Tod des großen Italieners im Jahre 1519 folgte ein Jahrhundert, in dem man dem Fliegen schwerer als Luft wenig ernsthaftes Interesse widmete. Erst 1678 machte ein französischer Schlosser names Besnier in Sablé von sich reden. Er versuchte mit »Paddelflügeln« zu fliegen. Auch Pater Laurenzo de Gusmão scheint im Laufe des Jahres 1709 einen Modellgleiter gebaut zu haben, der geflogen sein könnte. 1772 baute Canon Desfarges einen Schwingflügler. Ihm war kein Erfolg beschieden.

Sir George Cayley

Erst Sir George Cayley (1773–1857) aus Yorkshire wird heute allgemein als Erfinder jener Flugzeugform anerkannt, wie wir sie kennen. Wilbur Wright sagte 1909 von ihm, daß er »die Wissenschaft des Fliegens auf einen Stand gebracht hat, wie sie ihn nie zuvor erreicht hatte und wie sie ihn während des letzten Jahrhunderts kaum nochmals erreichte«.
Cayley arbeitete in Brompton Hall bei Scarborough. Als Dreiundzwanzigjähriger baute er ein Hubschraubermodell ähnlich dem, das von den Franzosen Launoy und Bienvenu 1784 erfunden wurde. (Leonardo da Vincis Entwürfe waren noch nicht veröffentlicht.) Innerhalb weniger Jahre hatte er – auch ohne die Forschungsergebnisse anderer, die ihm den Weg hätten weisen können – sein Konzept des modernen Flugzeuges entworfen. Es ist auf einer kleinen Silberplatte abgebildet, die das Datum 1799 trägt und sich im naturwissenschaftlichen

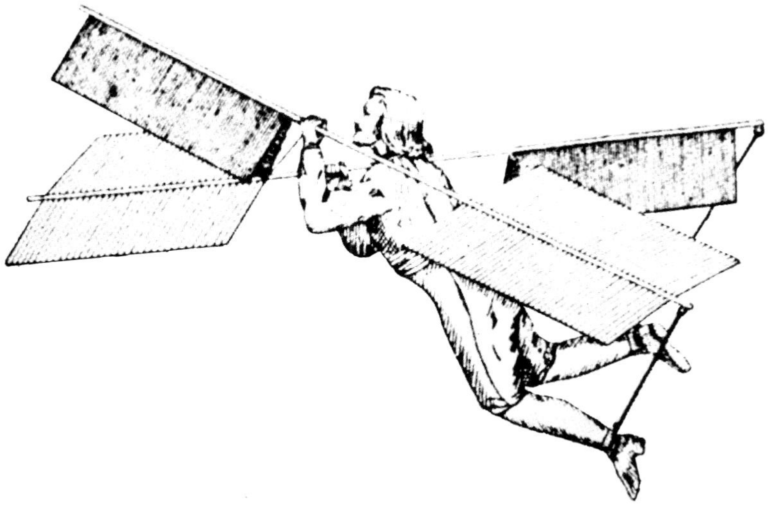

Linke Seite außen: Zeichnungen und Notizen Leonardo da Vincis zum Vogelflug. Linke Seite innen: Leonardo da Vincis frühester Entwurf zu einem mit Muskelkraft betriebenen Luftfahrzeug. Er erkannte, daß die Arm- und Brustmuskulatur des Menschen nicht ausreichen würde, ein Fluggerät in die Lüfte zu heben, und konstruierte daher über Rollen und Kabel eine Vorrichtung, mit der auch die Kraft der Beine genutzt werden sollte. Oben: Im Jahre 1678 unternahm der französische Schmied Besnier unter ähnlichen Voraussetzungen einen Flugversuch, aber es ist unschwer vorstellbar, daß er so niemals den Erdboden verlassen hat. Unten: Die Idee des Helikopters wurde in diesem Entwurf von Gabriel de la Landelle aus dem Jahre 1863 erkennbar. Er hat vieles gemein mit Jules Vernes Helikopter »Albatross«, den er 23 Jahre später in einem seiner Romane beschrieb.

an den Fischen die Stromlinienform, um anschließend den ersten Hängegleiter der Geschichte zu bauen und selbst zu fliegen. Sir George berichtete, daß dieser Hängegleiter ihn »des öfteren emporgetragen und mehrere Yards weit befördert hat«.
Die Forschung ging viele und sehr unterschiedliche Wege. Das Jahr 1843 brachte den Entwurf von Cayleys »Convertiplane« mit vier Hubschrauber-Rotoren für die Vertikal- und zwei Propellern für die Vorwärtsbewegung.
In den restlichen Jahren seines Lebens baute dieser große Konstrukteur ein verbessertes Gleitermodell, verfolgte hartnäckig, wenn auch auf dem falschen Wege, seine Ideen über Schlagflügelmaschinen und entwarf Tandemflügelmodelle und eine Maschine mit Gummimotor. 1853 berichtete er, daß er »vor einigen Jahren (1849) einen Gleiter gebaut hat, mit dem ein Junge von etwa 10 Jahren beim Hinabgleiten von einem Hügel mehrere Yards vom Boden abhob; dasselbe geschah, als mehrere Personen den Apparat mit einem Seil gegen leichten Wind zogen«.

Museum in London befindet. Auf der einen Seite dieser Platte hat Cayley seine Erläuterung der Kräfte eingraviert, die auf eine Tragfläche einwirken, und auf der anderen die Skizze eines Gleitflugmodells. Der »Pilot« sitzt in einem bootsförmigen Rumpf unter den starren Tragflächen und bedient ein Paar paddelartige Klappen zur Fortbewegung. Das kreuzförmig angelegte Leitwerk besteht aus einer kombinierten Höhenflosse/Höhenruder und einer kombinierten Seitenflosse/Seitenruder.
1801 studierte Cayley den Vogelflug; 1804 erprobte er ein Gleitermodell an einem kreisenden Arm. Wenig später schoß er in Scarborough mit Flossen versehene Projektile über das Meer, um den Flug der Geschosse zu beobachten. Etwa zur selben Zeit entwarf er starre Tragflächen, die an einem Wagen mit Rädern befestigt waren und an deren Außenkanten sich Schlagflügel befanden. Sir George bestand darauf, die Tragflächen »Segel« und die Schlagflügel »Flügel« zu nennen.
1807 arbeitete Cayley an einem Heißluftmotor und an einem Schießpulvermotor, also rund 40 Jahre vor Lenoir. Ein Jahr später befaßte er sich mit einem Schaufel- oder Radflügel-Flugzeug sowie Laufrädern und einer Art Röhrenkonstruktion für Flugzeugzellen. 1809 studierte er

Hensons Dampfflugzeug

Nur langsam vollzog sich die Entwicklung vom Flug leichter als Luft zur praktischen und wissenschaftlichen Erforschung des Fluges mit Geräten schwerer als Luft. Sir George Cayley notierte: »Um einer Sache, die nach Meinung der Öffentlichkeit ans Lächerliche grenzt, etwas mehr Ansehen zu verleihen, habe ich beschlossen, nur noch von der ›Kunst des Fliegens‹ zu sprechen!«
Cayleys Worte trafen ins Schwarze. Obgleich der Ballonflug seit mehr als 15 Jahren internationale Verbreitung gefunden hatte, war die Resonanz der Öffentlichkeit zur Idee des Fliegens noch immer mit Spott und Verachtung gewürzt. Glücklicherweise glaubte eine kleine Schar von Enthusiasten unbeirrt an die Erfüllung ihrer Träume. Der vermutlich bedeutendste Anhänger Sir George Cayleys, William Samuel Henson, nannte Cayley später den »Vater des Fliegens schwerer als Luft«. Von Henson wird berichtet, daß für ihn kein Mechanismus perfekt war. Jede neue Erfindung, die er zu sehen bekam, forderte ihn heraus. Er arbeitete intensiv: an einem neuen Rasierapparat, einem Flugzeug, einer

Oben: Dreidecker-Gleiter von Sir George Cayley, mit dem ein kleiner Junge 1849 in Yorkshire einen Hügel hinab geflogen sein soll. Die unten sichtbaren Schlagflügel sind allerdings vom physikalischen Standpunkt her völlig wirkungslos. Rechts: Modell eines Helikopter-Entwurfs von Sir George Cayley aus dem Jahre 1843. Die achtblättrigen Rotoren dienten der Aufwärtsbewegung, zwei Propeller der Vorwärtsbewegung. Einkopiert: Entwurf eines Helikopters von Leonardo da Vinci. »Helix« (griech.) = Schraube, »pteron« (griech.) = Flügel

Cayleys Entwurf zu einem bemannten Gleiter

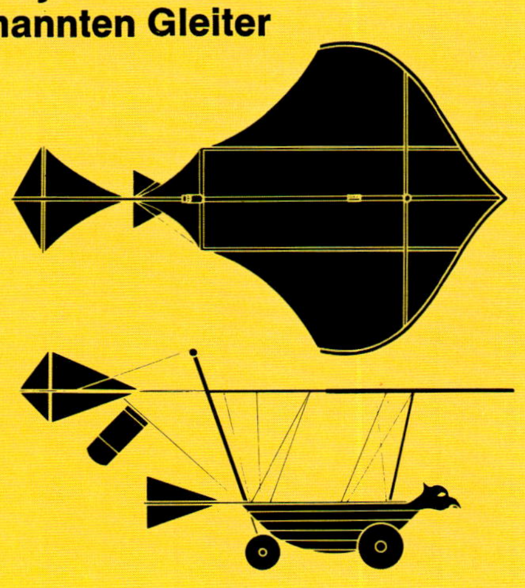

Tragflächengröße: 43,4 m²
Horizontale Leitwerksfläche: 4,5 m²
Modellgewicht, unbemannt: ca. 68 kg
Besatzung: 1 Mann

Einzelheiten über diese von Sir George Cayley (1773–1857) entworfene Flugmaschine erschienen im »Mechanics' Magazine« vom 25. September 1852. Die hier abgebildete Zeichnung basiert auf den etwas vereinfachten Illustrationen dieser Zeitschrift. Tatsächlich sollte der Tragflügel, wie aus Cayleys Text zu ersehen war, eine V-Stellung von ca. 8° aufweisen und in einem Anstellwinkel von ca. 5° angebracht werden. Cayley nannte das Luftfahrzeug, das von einem Ballon aus in der Luft gestartet werden sollte, einen »lenkbaren Fallschirm«, obwohl es sich in Wirklichkeit um einen Gleiter handelte. Wenn dieser auch nie gebaut wurde, vereinigte er fast alle grundlegenden Konstruktionszüge eines modernen Flugzeugs in sich.

Hinterlader-Kanone, an einem Verfahren, um Gewebe wasserdicht zu machen, einer Eismaschine oder einer Vorrichtung zur Zisternenreinigung. Man könnte vermuten, daß diese Vielfalt von Interessen die Chancen seines Erfolges neutralisierte. Er hatte jedoch ein ausgezeichnetes Vorbild: Auch Cayley betrieb Forschungen auf vielen Gebieten, von künstlichen Gliedmaßen bis zu elektrischen Apparaten und Rettungsbooten.
Der Entwurf zu Hensons Flugzeug erhielt 1843 das Patent. »Aerial Steam Carriage« (Dampfflugwagen) genannt, wurde es nie in natürlicher Größe gebaut. Der Einfluß Cayleys war offensichtlich: Die Konstruktion zeigte alle zum erfolgreichen bemannten und motorbetriebenen Flug nötigen Bestandteile. Sie wich von Cayleys Philosophie nur insofern ab, als sie einen Eindecker darstellte, während Cayley für Drei- oder Mehrdecker plädierte. Man braucht dieses Flugzeug nur mit einigen der erfolgreichen europäischen, 60 Jahre später entstandenen Eindecker wie der »Antoinette« oder der »Taube« zu vergleichen, um zu erkennen, wie fortschrittlich Henson dachte.
Die »Ariel«, wie sie später genannt wurde, hatte doppelt gekrümmte Tragflächen zur Erhöhung des Auftriebs. Bewegliche Heckflächen waren als Höhenruder und Seitenruder gedacht. Die aus starken Holmen und Rippen gebauten, mit Stoff bezogenen und mit Drähten verspannten Tragflächen wiesen weit in die Zukunft. Es fehlte lediglich die V-Stellung der Tragflächen.

Henson-Dampfflugwagen

Antrieb: eine 25–30-PS-Henson-Dampfmaschine mit zwei Sechsblatt-Druckpropellern von 3,05 m Durchmesser
Spannweite: 45,72 m
Profilsehne: 9,14 m
Flügelfläche: 418,1 m²
Horizontale Leitwerksfläche: 139,4 m²
Länge: 25,83 m
Gesamtgewicht: 1360 kg
Fassungsvermögen: 1 Mann Besatzung und Einrichtungen für Passagiere oder Fracht

Die obengenannten technischen Daten beziehen sich auf die natürliche Größe des von William Samuel Henson (1812–1888) entworfenen Flugzeugs. Das 1844–1847 getestete Modell mit einer Spannweite von 6,10 m hatte eine Flügelfläche von 6,5 m², eine Leitwerksfläche von 0,9 m² und ein Gewicht (einschließlich Motor) von ca. 12 kg. Der Motor trieb Vierblatt-Propeller mit einem Durchmesser von 0,91 m an.

Unzureichende Kraft

Das wirkliche Problem, mit dem sich Henson konfrontiert sah, war das Fehlen eines Motors, dessen Leistung bei geringem Gewicht groß genug gewesen wäre, um das Flugzeug über eine Luftschraube in Bewegung zu setzen. Mit einem brauchbaren Triebwerk hätte die »Ariel« fliegen müssen. Aber es sollten weitere 50 Jahre vergehen, ehe der Verbrennungsmotor die ersten wirklichen Hoffnungen auf ein Triebwerk mit einem Leistungs-Gewicht-Verhältnis erlaubte, das den Motorflug möglich machte. In der Zwischenzeit konzentrierte sich die Aufmerksamkeit hauptsächlich auf dampfbetriebene oder Heißluftmotoren.
Das »Passagierflugzeug Ariel« sollte eine Spannweite von 45,72 m haben. Zuerst wurde ein maßstabgetreues Modell gebaut, um die Grundkonstruktion auf ihre Fehlerfreiheit zu überprüfen. Es entstand zwischen 1844 und 1847 und hatte eine Spannweite von 6,10 m. Der kleine Dampfmotor trieb zwei Druckpropeller. Bei dem entscheidenden Test, 1847 in Chard, Somerset, wurde das Modell von einer geneigten Rampe aus gestartet. Ungenügender Auftrieb bei zu geringer Geschwindigkeit, zu schwacher Leistung

und zu großem Gewicht des Motors führte lediglich zu einem kurzen Gleitflug mit Bruchlandung.
Henson wurde von dem Mißerfolg des Modelltests so entmutigt, daß er im darauffolgenden Jahr in die Vereinigten Staaten emigrierte. Obwohl er bei der Technik blieb und auch sein allgemeines Interesse an der Luftfahrt nicht aufgab, nahm er keinen Anteil an einer Weiterentwicklung des Dampfflugzeugs.
John Stringfellow bemühte sich, Hensons Dampfmotor zu verbessern. Er baute einige weitere Flugmodelle als Drei- oder Mehrdecker. Stringfellow verfügte jedoch nicht über Hensons erfinderische Fähigkeiten. Keines seiner Modelle flog.

Die ersten Hüpfer

Danach verlagerte sich das Gewicht der frühen Flugzeugentwicklung auf das kontinentale Europa. 1857/58 konstruierte der französische Marineoffizier Felix du Temple de la Croix einen genialen Eindecker, der als Modell mit eigener Kraft – einem Uhrwerk – starten, einen kurzen »Luftsprung« machen und zufriedenstellend landen konnte.
20 Jahre später ließ du Temple eine Maschine in natürlicher Größe in ähnlicher Auslegung folgen. Sie verfügte über Tragflächen in V-Stellung, Höhen- und Seitenruder, eine Art einziehbares Fahrgestell und einen Heißluftmotor. 1874 startete sie mit einem französischen Seemann als Piloten in Brest. Sie rollte einen flachen Hang hinab, sprang ein kurzes Stück in die Luft und wurde so zum ersten motorbetriebenen und bemannten Flugzeug.
Ein weiterer kurzer und auf etwa die gleiche Weise erreichter Motor-Luftsprung soll 1884 in Rußland stattgefunden haben. Der Name des Piloten war Golubew, das dampfbetriebene Flugzeug von Alexander Fedorovich Mozhaiski konstruiert. Die beiden Motoren waren aus England. Jeder leistete 15 PS.
Im Jahre 1876 endlich flogen Modelle ähnlicher Konstruktion erfolgreich. Die Maschinen sollen 20–30 m weit geflogen sein. Aber die kurzen Strecken, welche

Du Temple-Eindecker

Antrieb: ein Heißluftmotor mit Druckpropeller von 4 m Durchmesser
Spannweite: 17 m
Länge: 7,35 m
Fassungsvermögen: 1 Mann Besatzung und Einrichtungen für Passagiere
Bei der technischen Beschreibung seines Flugzeugs wies Fèlix du Temple (1823–1890) darauf hin, daß dieses entweder aus Holz oder aus Rohr- oder Winkelprofilmetall gebaut werden könne, je nach Wunsch mit bespanntem oder offenem Rumpf. Die Tragflächen bestanden aus zwei kreuzförmig angelegten Hauptholmen, an denen ein Netz aus Schnüren und der Stoffbezug verspannt waren. Die Steuerung erfolgte über ein Steuerrad, Seitenruderhebel und Seile. Das dreirädrige Fahrwerk war mit Stoßdämpfern ausgestattet und sollte beim Flug einziehbar sein. Diesem Flugzeug, das um 1874 eine kurze Strecke mit Motorkraft flog, ging ein 700 g schweres Modell voraus.

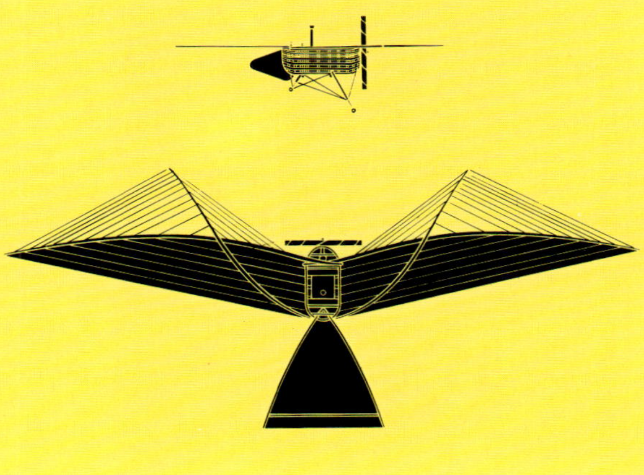

Links oben: Zeitgenössischer Stich von Hensons Dampfflugwagen beim Überqueren der Pyramiden. Schön wär's gewesen! Oben: Modell des Flugzeugs von Felix du Temple, das 1874 in Brest einen ersten »Hüpfer« mit Pilot gemacht haben soll. Wahrscheinlich waren jedoch auch daran Bodenwellen mehr beteiligt als die Flugfähigkeit dieser Konstruktion.

die du Temple- und die Mozhaiski-Flugzeuge zurücklegten, sowie die Art ihrer Starts erlauben es nicht, von einwandfreien Flügen mit eigener Motorkraft zu sprechen. Auch die 1867 im Londoner Kristallpalast gezeigte Konstruktion des Deutschen Josef W. Kaufmann kam als »Riesen-Dampfflugmaschine« niemals in die Luft. Kaufmann wollte damit in 6 Stunden nach New York fliegen.
Doch der Weg war beinahe frei für die ersten wirklichen Motorflüge der Geschichte – mit Flugzeugen, die schwerer waren als Luft. Cayley hatte die nötigen Theorien erarbeitet und deren Richtigkeit mit motorlosen Flugzeugen demonstriert. Henson hatte ein brauchbares Flugzeug entworfen, dem nur ein entsprechender Motor fehlte, und du Temple und Mozhaiski waren mit den ihnen zur Verfügung stehenden Motoren dem Ziel ein wenig näher gekommen. Bis jedoch Gustav Weißkopf 1901 und die Gebrüder Wright im Jahre 1903 zum durchschlagenden Erfolg gelangten, sollten noch andere Pioniere in den Vordergrund treten.
Was immer noch fehlte, war die Kunst des kontrollierten Fliegens und die Entwicklung des Benzinmotors. Bis zur Wende des Jahrhunderts war die Verwirklichung beider Ziele in erreichbare Nähe gerückt.

Clément Ader

In der gesamten Luftfahrtgeschichte gibt es keine umstrittenere Gestalt als die des Clément Ader. Bis heute ist nicht einwandfrei geklärt, welchen tatsächlichen Einfluß dieser Franzose auf den Fortschritt der Luftfahrt hatte.
Es muß an dieser Stelle auch auf den Unterschied zwischen den mehr oder weniger auf Zufälligkeiten beruhenden Hüpfern von wenigen Metern und den echten ersten Motorflügen von akzeptabler Dauer hingewiesen werden. Ader gelangen wohl ein paar Luftsprünge, mit Sicherheit aber kein Flug.
Ader war Elektroingenieur und Erfinder. Sein Name behält einen Platz in der Geschichte der Technik nicht nur wegen der kurzen Luftsprünge, die er am 9. Oktober 1890 insgeheim gemacht zu haben behauptete, sondern wegen seiner Entwicklungsarbeiten zur Verbesserung des Telephons. Das Flugzeug, das er an dem genannten Tag benutzte, hieß »Eole« und war das Ergebnis langwieriger Experimente. Ader hatte sein erstes großes Modellflugzeug bereits im Jahre 1874 öffentlich ausgestellt. In der äußeren Form glich die »Eole« einer Fledermaus. Sie besaß einen Heißluftmotor, der einen Zug- und Druckpropeller antrieb. Die Tragflächen waren zusammenklappbar, wie bei den modernen Marineflugzeugen, die von Flugzeugträgern aus operieren. Sie hatten jedoch keine Steuerflächen, und Ader selbst sprach von »ungenügender Stabilität« und der »Notwendigkeit weiterer Forschungsarbeit«.
Eine zweite Ader-Maschine, die »Avion«, wurde nicht vollendet; sie lieferte den Franzosen jedoch die offiziell anerkannte Bezeichnung für den Begriff »Flugzeug«. Ihre Nachfolgerin, die »Avion III«, wurde Ende 1897 zweimal getestet. Es existiert aber kein wirklicher Beweis zur Stützung von Aders Behauptung, die er in späteren Jahren machte, daß sie in der Luft gewesen sei. Das beachtlichste Merkmal an diesem dritten Ader-Flugzeug war, daß es mit zwei Motoren zum Antrieb zweier Luftschrauben ausgerüstet war.
Ader sah die militärische Verwendung von Flugzeugen klar voraus. Die französischen Militärbehörden gewährten ihm finanzielle Unterstützung. Als diese jedoch zurückgezogen wurde und Ader sein Privatvermögen aufgebraucht hatte, kam die Arbeit zum Stillstand. Die »Eole« zerstörte er, aber die »Avion III« und deren bemerkenswerte Heißluftmotoren haben überlebt.

Maxims Phantasien

Es bestehen augenfällige Parallelen zwischen Aders Werk und dem von Sir Hiram Stevens Maxim, einem Amerikaner, der während seines Aufenthaltes in England ein nach ihm benanntes Maschinengewehr entwickelte. Noch in

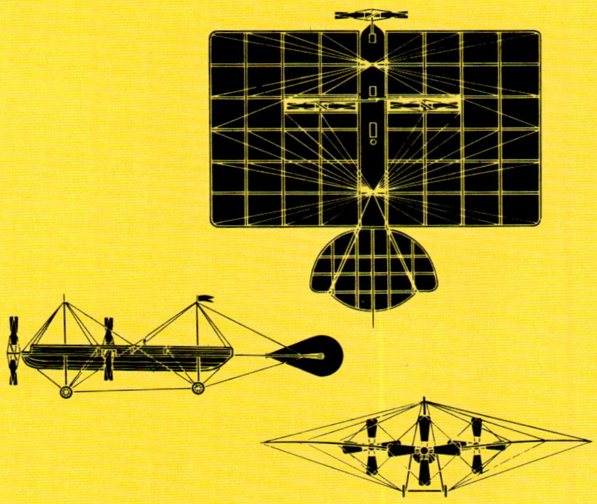

Mozhaiski-Eindecker

Antrieb: ein 20-PS-Dampfmotor mit Vierblatt-Zugpropeller von 4 m Durchmesser sowie ein 10-PS-Dampfmotor mit zwei Vierblatt-Druckpropellern von 3,50 m Durchmesser
Spannweite: 22,80 m
Profilsehne: 14,20 m
Flügel- und Horizontalleitwerksfläche: 372 m²
Länge: 23 m
Rumpfbreite: 1,50 m
Gesamtgewicht: 934 kg
Fassungsvermögen: 1 Mann Besatzung und Einrichtung für Passagiere
Der russische Ingenieur Alexander Fedorowitsch Mozhaiski (1825–1890) entwarf diesen Eindecker, der 1884 mit I. N. Golubew als Piloten nach dem Abwärtsgleiten von einem Hügel einen kurzen motorgetriebenen Sprung vollbrachte. Vorausgegangen waren Tests mit verschiedenen ähnlichen Modellen unterschiedlicher Größe.

Ader »Eole«

Antrieb: ein 20-PS-Vierzylinder-Ader-Heißluftmotor mit Vierblatt-Zugpropeller von 3,50 m Durchmesser
Spannweite: 14 m
Flügelfläche: 28 m²
Länge: 6,50 m
Leergewicht: 226 kg
Gesamtgewicht: 296 kg
Besatzung: 1 Mann
Die »Eole« war das erste von Clément Ader (1841–1925) entworfene Flugzeug und das erste bemannte Flugzeug, das aus eigener Kraft und ohne anderweitige Hilfe zu einem kurzen »Hüpfer« abhob, und zwar am 9. Oktober 1890 auf dem Gelände des Château Pereire in Armainvilliers. Es flog ca. 50 m bis etwa 20 cm über dem Erdboden. Aders spätere »Avion III« (1897) hatte eine Spannweite von 16 m, ein Gesamtgewicht von etwa 400 kg und zwei 20-PS-Motoren. Sie kam nicht zum Fliegen.

Oben: Naturgetreue Nachbildung der »Avion III« von Clément Ader. Die Behauptung Aders, er sei mit dieser Flugmaschine geflogen, ist allerdings sehr umstritten. Zu mehr als einem Hüpfer dürfte es auch bei ihm nicht gereicht haben. Rechts: Auch Sir Hiram Maxims Doppeldecker ist trotz seiner gewaltigen Abmessungen nicht geflogen. Bei einem Startversuch stieß er gegen die Leitplanken, und Maxim gab das Vorhaben auf.

England konstruierte er ein verblüffendes Flugzeug. Wie Ader war auch Maxim Elektroingenieur. Er sah den Wert des Flugzeuges voraus, befaßte sich jedoch weniger mit der Problematik des praktischen Fliegens als der Franzose. Sein erstes Ziel war der Bau einer Maschine, die aus eigener Kraft vom Boden abheben konnte. 1889 begann er Modelle von Tragflächen und Luftschrauben herzustellen und an einem kreisenden Arm zu erproben. Dann konstruierte er einen außergewöhnlich leichten Heißluftmotor. Schließlich vollendete er auf dem gepachteten Gelände von Baldwyns Park in Kent einen riesigen Doppeldecker mit zwei 180-PS-Heißluftmotoren und zwei Luftschrauben mit je 5,44 m Durchmesser. Einschließlich einer 4-Mann-Besatzung wog das Flugzeug über 3½ Tonnen. Es wurde auf ein Breitspureisenbahngleis gesetzt. Beim dritten Versuch kam die Maschine tatsächlich vom Boden frei, stieß dann jedoch gegen die Leitschienen und wurde beschädigt. Maxim sah seine Erwartungen offenbar erfüllt und schloß die Versuche vorläufig

Maxim-Doppeldecker

Antrieb: zwei 180-PS-Maxim-Heißluftmotoren mit je einem Zweiblatt-Druckpropeller von 5,44 m Durchmesser
Spannweite: 31,70 m
Flügel- und Höhenleitwerksflächen (insgesamt): 371,6 m²
Länge: 28,96 m
Gesamtgewicht: 3629 kg
Besatzung: 4 Mann
Sir Hiram Stevens Maxim (1840–1916) begann im Jahre 1891 mit dem Bau dieses riesigen Flugzeugs, das er als »eine Flugmaschine, die sich selbst vom Boden abheben sollte«, bezeichnete. Er beabsichtigte nicht, sie tatsächlich »fliegen« zu lassen. Als sie 1894 erprobt wurde, rollte sie auf Eisenbahnschienen, bis die Räder bei einer Geschwindigkeit von etwa 68 km/h von den Schienen abhoben und gegen die Leitschienen stießen. Maxim entwickelte das Flugzeug nicht weiter.

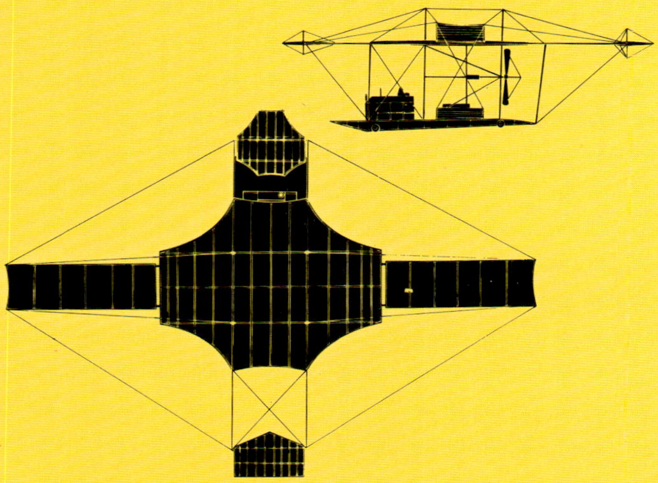

Lilienthals Eindecker-Gleitflugzeug

Spannweite: 7 m
Profilsehne: 2,50 m
Flügelfläche: 14 m²
Länge: 5 m
Gewicht unbemannt: 20 kg
Besatzung: 1 Mann

Otto Lilienthal (1848–1896) unternahm von 1893 bis 1896 ungefähr 2500 erfolgreiche Gleitflüge, und zwar meist mit Eindecker-Hängegleitern des hier abgebildeten Typs, mit denen er bis zu 300 m weit flog. Zuvor hatte Lilienthal 1891 und 1892 zwei Doppeldecker-Gleiter gebaut. Seine Philosophie faßte er treffend in den Worten zusammen: »Eine Flugmaschine zu erfinden bedeutet nichts; sie zu bauen nicht viel; sie zu fliegen alles!«

Oben links: Der große deutsche Flugpionier Otto Lilienthal. Unten: In Lilienthals Werkstatt entsteht ein Eindecker-Gleitapparat. Rechts unten und folgende Seite: So sah es aus, wenn Otto Lilienthal mit seinen Ein- und Doppeldecker-Gleitern seine epochemachenden Flüge durchführte, die zur Grundlagenforschung für die gesamte spätere Luftfahrt wurden (aus dem Film »Die Grashüpfer«).

ab. Ein weiteres Maxim-Flugzeug brachte 1910 keinen Erfolg.
Maxim ließ sich die Luftfahrt-Experimente annähernd 20 000 Pfund kosten. Obgleich der Betrag verhältnismäßig wenig zur Förderung und Entwicklung des praktischen Fliegens beitrug, muß man diesen Mann bewundern; nicht nur wegen seiner Zielstrebigkeit, sondern auch wegen seiner ausgezeichneten technischen Leistung bei der Konstruktion des sehr leichten Heißluftmotors für sein Flugzeug. Genauso wie das Triebwerk der »Avion III« existiert auch dieser Motor heute noch.

Otto Lilienthal

Aders und Maxims Arbeiten waren eher interessant als bedeutend. Die Versuche des Deutschen Otto Lilienthal jedoch gehören zu den bedeutendsten in der Geschichte der Luftfahrt. Sie führten auf direktem Wege zu den Flügen von Gustav Weißkopf und den Gebrüdern Wright. Obwohl Lilienthal seine Flüge mit starren Gleitern ausführte, hielt er irrtümlicherweise an der Überzeugung fest, daß das praktische, motorbetriebene Flugzeug, wenn es einmal käme, ein Ornithopter oder Schwingflügler sein würde. Einige seiner ersten Versuche unternahm er tatsächlich – zusammen mit seinem Bruder Gustav – mit recht großen Schwingflüglern; sie wurden jedoch zunächst durch den Deutsch-Französischen Krieg unterbrochen.
1889 brachte Otto Lilienthal ein Buch mit dem Titel »Der Vogelflug als Grundlage der Fliegekunst« heraus, in dem er die Formen und die Anatomie des Vogelfluges und dessen Übertragung auf den

Menschen untersuchte. Einige seiner Theorien erwiesen sich später als unrichtig; das Buch bleibt jedoch eines der großen klassischen Werke der Luftfahrt-Literatur.
Um vor der Rückkehr zu seiner Arbeit an Schwingenflugzeugen praktische Erfahrungen zu erwerben, baute Lilienthal 1891 sein erstes Gleitflugzeug mit starren Flächen und konstruierte dann von 1891 bis 1896 fünf Eindecker-Gleiter und zwei Doppeldecker. Sein erstes Starthilfsmittel war ein Sprungbrett. Er verzichtete jedoch bald darauf und bevorzugte das Starten mit Anlauf von einem Hügel. Viele seiner Flugversuche unternahm er von den Rhinower Bergen, in der Nähe von Stöllen; später von einem künstlichen Hügel in Lichterfelde bei Berlin. Dort steht heute noch das Lilienthal-Denkmal.
Lilienthal hing in seinen Gleitern und stützte sich auf die Arme, so daß Hüften und Beine nach dem Startlauf frei unter dem »Hängegleiter« hingen und es ihm möglich war, den Körper in jede gewünschte Richtung zu schwingen. So bestimmte er Fluglage und Flugrichtung. Nach 1893 gelangen ihm mühelos Gleitflüge über 90–230 m. 1895 konstruierte er einen Leibgurt zur Bedienung des Heck-Höhenruders. Dadurch erreichte er eine bessere Kontrolle um die Querachse. Die durch das Vor- und Zurückschwingen des Körpers erzielte Schwerpunktverlagerung wurde verstärkt. Lilienthal erprobte auch einen Gleiter mit Schlagflügelenden. Er wurde von einem kleinen Kohlensäuremotor angetrieben. Der große deutsche Erfinder und Flieger sollte die Epoche des Benzinmotors nicht mehr erleben. Er stürzte nach Hunderten von Flügen am 9. August 1896 mit einem seiner Gleiter in den Rhinower Bergen ab und starb anderthalb Tage später in einer Berliner Klinik. Seine letzten Worte waren: »Opfer müssen gebracht werden!«
Es gab nur einen einzigen Augenzeugen des tödlichen Absturzes Otto Lilienthals: seinen Monteur Paul Beylich. Noch unter dem Eindruck des für ihn furchtbaren Geschehens berichtete er: »An dem Morgen war es in den Rhinower Bergen alles andere als ruhig. Der Wind blies in unterschiedlicher Stärke. Ich fragte Lilienthal, ob er trotzdem fliegen wolle. Lilienthal meinte, er sei schon bei stärkerem Wind geflogen und würde erst einmal einen kürzeren Versuch machen. Er flog dreimal ohne Zwischenfall und bereitete sich dann zum vierten und letzten geplanten Flug dieses Tages vor. Ich sah auf die Uhr. Es war etwa 10 Minuten nach drei Uhr nachmittags. Lilienthal lief nur wenige Schritte gegen den Wind, ehe seine Tragflächen ihn emportrugen. Es lief alles normal. Doch plötzlich schien es mir, als stünde der Apparat, der soeben noch zu Tal schwebte, in der Luft still. Er war vielleicht zehn Meter hoch über der Erde.

Lilienthal begann mit den Beinen zu schlagen. Damit versuchte er, den Tragflächen wieder mehr Neigung nach unten zu geben. Unerklärlicherweise begann der Apparat jedoch in Sekundenschnelle nach vorn zu stürzen und schlug hart auf. Lilienthal konnte sich nicht mehr bewegen. Sein Rückgrat war gebrochen.«
Der Name Lilienthal ist der größte in der Geschichte der Luftfahrt vor Gustav Weißkopf und den Gebrüdern Wright, zu deren Leistungen sein Lebenswerk direkt beitrug. Die tatsächliche Bedeutung seiner Versuche und Flüge zeigte sich erst nach seinem Tod. Nicht nur, daß Lilienthals Schriften zum Nutzen anderer sorgfältig übersetzt wurden. Der große deutsche Pionier erkannte auch – wie die Gebrüder Wright in späteren Jahren – den Wert der Photographie bei der Auswertung seiner Flüge. Die Öffentlichkeit konnte sehen, daß ein Mensch ohne Motor und lediglich durch die Kraft des Windes erfolgreich flog.

Links: Gustav Weißkopf war der erste Mensch, der mit einem motorgetriebenen Flugzeug einen wirklichen Flug durchführte. Oben: Sein Flugapparat und einer der von ihm konstruierten Motoren

Gustav Weißkopf – alias Whitehead

Am 1. Januar 1974 wäre der aus dem mittelfränkischen Städtchen Leutershausen stammende Flugpionier Gustav Weißkopf 100 Jahre alt geworden. Er war, wie mittlerweile zweifelsfrei feststeht, der erste Motorflieger. Sein von mehr als zwanzig Augenzeugen belegter Erststart fand am 14. August 1901 statt, über zwei Jahre vor dem in den Lexika verzeichneten Flug der Gebrüder Wright.
Die Verwirklichung seiner Vision – er sah den Himmel voller Flugzeuge – erlebte Weißkopf nicht mehr. Er starb am 10. Oktober 1927, 53 Jahre alt, arm und von der Nachwelt vergessen.
Das abenteuerliche Leben von Gustav Weißkopf begann am 1. Januar 1874 in Leutershausen bei Ansbach. Der Bub, mit 13 schon Vollwaise, bastelte auffallend gern, mit Vorliebe Papierflugzeuge. Nach dem Besuch der Volksschule wurde er Schlosser, dann Seemann und lebte kurze Zeit in Südamerika. Zurückgekehrt, schloß er sich Otto Lilienthal an und wanderte wenig später in die Vereinigten Staaten aus. Dort baute und flog er 1895 sein erstes eigenes Gleitflugzeug. Doch Weißkopf ahnte, daß die Zukunft Maschinen mit Motorantrieb gehörte.
Am 24. November heiratete er in Buffalo,

wo er seine Arbeit an neuen Konstruktionen fortsetzte. In Pittsburgh/Pennsylvania, seinem nächsten Wohnsitz, baute er einen dampfgetriebenen Flugapparat. Doch der erste Start endete mit einem Sturz auf ein Gebäude. Auf Anordnung der Polizei mußte er daraufhin die Stadt verlassen.

Der erste Motorflug der Geschichte

Im Sommer 1900 zog die Familie Whitehead, wie Weißkopf sich nun nannte, nach Bridgeport im Staate Connecticut. Hier glückte ihm im Morgengrauen des 14. August 1901 mit einer Maschine vom Modell Nr. 21 der erste zweifelsfrei bewiesene Motorflug der Geschichte. Seine Nr. 21 wies erstaunliche technische Merkmale auf, die erst viel später wieder bei anderen Flugpionieren als »Neuheiten« bestaunt wurden. Die Maschine hatte schon einen geschlossenen Rumpf und bot Platz für zwei Personen. Sie war außerdem mit einem Fahrwerk und zusammenklappbaren Flügeln ausgerüstet.
Um neue Konstruktionen – mit seinem Modell Nr. 22 beispielsweise absolvierte er am 17. Januar 1902 einen Sieben-Meilen-Flug – finanzieren zu können, entwarf und baute Weißkopf im Auftrag Flugzeugmotoren. Seine Vielseitigkeit beweist eine lange Reihe von Erfindungen. So war er unter anderem der erste, der Ein- bis Achtzylinder-Flugzeugmotoren baute; der mit Horizontalzylindern experimentierte und einen leichten, wassergekühlten Motor entwickelte; der an verstellbaren Propellern arbeitete; der ein Gleitflugzeug mit zurückgeklappten Tragflächen auf einem Fahrzeug transportierte; und der in Amerika eine Betonstartbahn baute und eine Betonstraßenbaumaschine entwarf.
Mitten in seiner Arbeit erlitt Gustav Weißkopf am 10. Oktober 1927 einen Herzanfall. Stunden später war der Mann, den manche einen Exzentriker und Verrückten, andere ein Genie nannten, tot. Seinem Sarg folgten nur wenige, als er auf dem Armenfriedhof von Bridgeport zur letzten Ruhe gebettet wurde.

Später Ruhm

Im Jahre 1941 teilte das Reichsluftfahrt-Ministerium in einem Schreiben der Stadtverwaltung Leutershausen erstmals mit, daß ein gewisser Gustav Weißkopf bereits zwei Jahre vor den Gebrüdern Wright Motorflüge unternommen hatte. Weitere Nachforschungen machten die Kriegsereignisse zunichte. Der Name Weißkopf geriet ein zweitesmal in Vergessenheit.
21 Jahre später half Major William O'Dwyer von der US-Luftwaffe einer befreundeten Familie in Bridgeport beim Umzug. Auf dem Dachboden entdeckte er durch Zufall Unterlagen, die ihn stutzig werden ließen: Konstruktionspläne, Urkunden, Berechnungen ... Recherchen ergaben, daß in diesem Haus einst Gustav Weißkopf gelebt hatte. Zusammen mit anderen Fliegeroffizieren und der Schriftstellerin Stella Randolph bearbeitete O'Dwyer das Material, sprach mit Augenzeugen und suchte in Archiven nach Beweisstücken für Weißkopfs Pioniertat. Am 15. August 1964 trat O'Dwyer mit seinen sensationellen Enthüllungen an die Öffentlichkeit. Von der Stadt Leutershausen erhielten daraufhin er und Stella Randolph die Ehrenbürgerwürde verliehen.

Im Schatten der Großen

Es gibt zahllose Beispiele bedeutender Köpfe, die im Hintergrund wirkten und Beifall weder suchten noch ihn je erhielten. Die Entwicklung der Luftfahrt war und ist davon nicht ausgenommen. Nur einige Namen seien hier genannt:
Da ist zunächst der französische Kapitän J. M. Le Bris. Zwischen 1856 und 1868 befaßte er sich mit der Idee, den eleganten Flug des Albatros nachzuahmen. 1857 ließ er einen selbst konstruierten Gleitflugapparat auf einen Wagen montieren, der eine Straße entlangrollte und ihn freigab, sobald die Abhebegeschwindigkeit erreicht war. Mit dieser Starthilfe gelang Le Bris ein kurzer Gleitflug. Bei einem zweiten Versuch stürzte er jedoch ab und brach sich das Bein. 1868 testete er eine zweite Maschine, die er nun klugerweise mit Ballast anstelle eines Piloten startete. Auch dieser Gleiter stürzte ab. Ein noch existierendes Foto zeigt die ausgeprägte vogelähnliche Form.
Ein weiterer fliegender Franzose hieß Charles Renard. Im Jahre 1871 startete er erfolgreich einen Modellgleiter mit mehreren übereinandergelagerten Tragflächen und kleinen »Pendelflügeln« zur Erhaltung der Stabilität. Ein dritter Franzose, L. P. Mouillard, schrieb das klassische Buch »L'Empire de l'Air« und baute 1856–1896 sechs Gleiter. Keiner flog wirklich, aber sogar die Gebrüder Wright zogen aus der in Mouillards Buch niedergelegten Forschungsarbeit Nutzen.
Als »Klassiker der Luftfahrt« erwähnt die Zeitschrift »Aerial Locomotion« den Engländer F. H. Wenham. Zu seinen Entdeckungen gehörte die Tragfläche mit hoher Flügelstreckung, d. h. mit großer Spannweite und geringer Flächentiefe. Zusammen mit einem Mann namens John Browning baute Wenham auch den ersten Windkanal, der aus der Flugzeugentwicklung bis heute nicht mehr wegzudenken ist.

Allerlei bemerkenswerte Ideen

Eine tragische Gestalt – er nahm sich im Alter von dreißig Jahren das Leben – war der Franzose Alphonse Pénaud. 1870 begann er mit Gummimotor-Modellen zu experimentieren. Pénauds Beitrag zur Luftfahrtentwicklung war jedoch viel weitreichender. Er baute Modell-Helikopter mit gegenläufigen Rotoren und stellte im Jahre 1871 seinen »Planophore« vor, einen unbestrittenen Vorläufer des modernen Flugzeuges. Es handelte sich um einen Modelleindecker mit Gummimotor, dem er durch sorgfältige Berechnung der Tragflächen und des Leitwerks zu einer Stabilität verhalf, wie man sie nie zuvor erreicht hatte. Sein bemerkenswertester Entwurf, ein Eindecker-Amphibienluftfahrzeug, wurde patentiert, aber nie gebaut. Es zeigte erstmalig einen geschlossenen Pilotenraum, eine Steuersäule und ein einziehbares Fahrgestell mit Stoßdämpfern.
Erfinderische Franzosen waren Victor Tatin, der Preßluft zum Antrieb seines Modellflugzeuges verwendete, und G. Trouvé, der seinen Schwingenflügler – vermutlich der erste, der überhaupt flog – durch das automatische Abfeuern von Platzpatronen in Bewegung setzte.
Zwei Engländer des letzten Jahrhunderts, deren Werk festgehalten werden sollte, hießen Thomas Moy und F. W. Brearey. Moy testete 1875 im Kristallpalast einen »Aerial Steamer«, auf deutsch »Dampfflugzeug«. Es gelang ihm von der Kreisstartbahn abzuheben. Aufzeichnungen über seine Experimente im »waterflying« (Wasserfliegen) sind erhalten. Er konstruierte ein Boot mit drei darunter befestigten »Flächen«, das im Schlepp völlig »aus dem Wasser gehoben wurde«. Damit hat Moy, während er sich mit

Zu den kuriosen Entwicklungen in der Anfangsphase der Geschichte des Fliegens schwerer als Luft gehörte der »Aerial Steamer« (Dampfflieger) von Thomas Moy, einem Engländer. 1875 soll dieses Vehikel im Londoner Kristallpalast von einer Kreisbahn abgehoben haben.

Luftfahrt-Versuchen befaßte, das Boot mit Unterwasser-Tragflügel erfunden.
Brearey, dessen Interesse am Fliegen durch die Freundschaft seines Vaters mit Sir George Cayley geweckt wurde, war 1866 ehrenamtlicher Geschäftsführer der »Aeronautical Society« und bekleidete dieses Amt bis zu seinem Tod, dreißig Jahre später. Er konstruierte den »Undulator«, bestehend aus einer Stange und zwei daran befestigten Tuchstücken. Sie hatten vorne starre Teile und wurden zur Erzeugung einer wellenförmigen Luftbewegung auf- und abbewegt. So entstanden Auftrieb und Schub.
Ebenfalls eine Art Vorläufer des »Autogiros« – eines Windmühlenflugzeuges – zeigte 1874 in Deutschland der Konstrukteur Achenbach. Aus seinen Aufzeichnungen geht hervor, daß »eine Luftschraube zum Tragen und eine weitere als Vortrieb« dienen sollten. Die Idee des Hubschraubers! Pilot und Passagiere saßen in der Mitte »um einen Dampfkessel«.
Wer weiß heute noch, daß der berühmte Schweizer Maler Arnold Böcklin 1853 den Papst an einem von ihm konstruierten »Flugapparat« interessierte und 1855 von Pius IX. die Erlaubnis erhielt, in der Päpstlichen Reitschule zu Rom Flugversuche zu unternehmen? Skizzen Böcklins erinnern in ihrer technischen Exaktheit an Zeichnungen von Leonardo da Vinci.
1897 konstruierte der Hamburger Ingenieur Stentzel einen Schwingenflügler in Anlehnung an Lilienthals Gleiter. Ein 3-PS-Kohlensäuremotor sorgte für den Antrieb. Exakt ergaben Messungen: 1,4 Flügelschläge bewirkten eine Hubkraft von 30 Kilogramm und einen Vortrieb von 6 Metern in der Sekunde.
Die Bedeutung der Tragflächenverwindung zur Erhaltung der Stabilität um die Längsachse erkannte 1899 der deutsche Infanterie-Offizier Friedrich Robitzsch. 1902 meldete er seine Erfindung zum Patent (Nr. 155 358) an und konstruierte zusammen mit dem Ingenieur Stuhlmann ein Flugzeug, das deutlich die beweglichen Tragflächenenden zeigte. Auch die Koppelung der Tragflächenverwindung mit dem Seitenruder hatte Robitzsch bereits berücksichtigt. Was Wunder, daß er wenige Jahre später, 1904, die Patentansprüche der Gebrüder Wright in derselben Sache anfocht und einen für die Arbeit der entstehenden Luftfahrtindustrie entscheidenden Erfolg erzielte? Niemand dankte es ihm.
Anerkennung gebührt auch dem Dänen J. C. H. Ellehammer, der im Jahre 1904 Experimente unternahm und dem später einige Sprünge gelangen.
Paradoxe Kommentare aus dem 19. Jahrhundert blieben erhalten: Der große Physiker Lord Kelvin verkündete im Dezember 1896: »Ich habe nicht das geringste Vertrauen zu einem anderen Luftfahrzeug als dem Ballon oder irgendeine Hoffnung auf ein gutes Ergebnis aus den Versuchen ›schwerer als Luft‹, von denen man hört.«

An der Schwelle zum Erfolg

Samuel Pierpont Langley, ein Amerikaner, war als junger Mann Eisenbahninspektor und Bauingenieur. Später wurde er ein berühmter Astronom. In den achtziger Jahren des vorigen Jahrhunderts machte er am Smithsonian Institut viele Versuche mit Flugmodellen an einem kreisenden Arm und unternahm sogar Tests mit ausgestopften Vögeln, um »zur Kunst des Fliegens zu gelangen«.
1891 konzentrierte er sich auf dampfbetriebene Modellflugzeuge, von denen die ersten vier Mißerfolge wurden. Im Jahre 1896 jedoch gelangen mit den Modellen Nr. 5 und 6 viele Flüge, der längste davon über 1280 m.
Die flugfähigen Modelle waren aus Metall und hatten zwei hintereinander montierte Tragflächenpaare mit einer Spannweite von je 4,27 m. Der Motor

lag zwischen den Tragflächen und trieb zwei in der Mitte des Flugzeuges gelegene Luftschrauben an. Die Modelle wurden mit Hilfe eines Katapultes von einem Hausboot auf dem Potomac River gestartet.
Langley hatte ursprünglich die Absicht, seine Flugexperimente nach Abschluß dieser Tests aufzugeben. 1898 jedoch bot ihm der Präsident der Vereinigten Staaten staatliche Geldmittel an. Bedingung: ein Flugzeug in natürlicher Größe und geeignet zur Weiterentwicklung für den militärischen Einsatz. Langley übernahm diesen Auftrag. Zunächst baute er 1901 ein im Maßstab 1 : 4 verkleinertes Modell mit einem Benzinmotor. Es war das erste Flugzeugmodell, das mit einem Motor dieser Art flog.

Ellehammer-Anderthalbdecker

Antrieb: ein luftgekühlter Dreizylinder-20-PS-Ellehammer-Sternmotor mit Vierblatt-Propeller
Spannweite: 9,44 m
Länge: 6,20 m
Höhe: 3,26 m
Flügelfläche: 37 m²
Gesamtgewicht: ca. 180 kg
Geschwindigkeit: 56 km/h
Besatzung: 1 Mann
Erster Flug: 16. August 1906

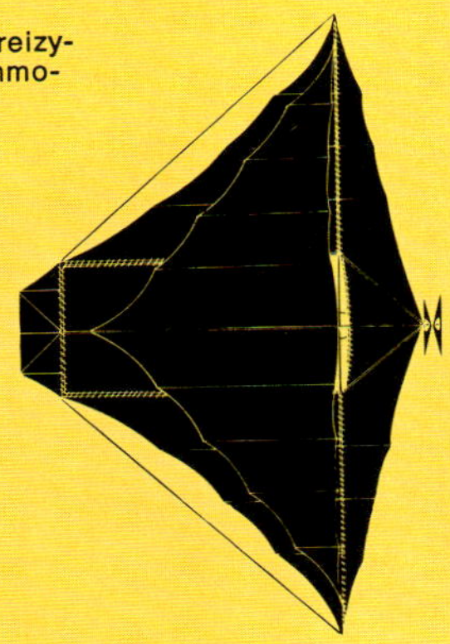

Dem dänischen Erfinder Jacob Ellehammer wird von den Luftfahrthistorikern gewöhnlich nur wenig Aufmerksamkeit geschenkt, vor allem, weil seine frühen Flugzeuge nur einen Fesselflug um einen in der Mitte stehenden Mast ausführten. Die Insel Lindholm, auf der die Tests ausgeführt wurden, war eben zu klein, als daß man einen geraden Flug hätte versuchen können. Es ist interessant, sich zu überlegen, was Ellehammer wohl erreicht hätte, wenn er zweckmäßigere Einrichtungen und ein höheres Maß an Zielbewußtsein aufgewandt hätte. Zu seinen späteren Erfindungen gehörte immerhin ein erfolgreicher, im Jahre 1912 gebauter Helikopter einfachster Form. In den dreißiger Jahren entwarf er weitere, allerdings nicht gebaute Drehflügler.

Die Geburt des Sternmotors

1903 wurde eine Maschine in natürlicher Größe vollendet. Sie hatte eine Spannweite von 14,63 m und war mit einem bemerkenswert leichten und leistungsfähigen Benzinmotor ausgestattet, den Langleys Assistent, C. M. Manly, gebaut hatte. Manlys Motor war ohne Zweifel der echte Vorläufer des Flugmotors mit radial angeordneten Zylindern (Sternmotor), der in späteren Jahren allgemein eingeführt wurde – wenn auch dessen Erfinder kaum die ihm gebührende Anerkennung zuteil wurde.
Es war auch Manly, der die »Aerodrome«, wie Langley den von ihm entworfenen Flugzeugtyp nannte, fliegen sollte. Die Maschine war seinen früheren Modellen sehr ähnlich. Langleys Bemühungen wie auch denen seines Assistenten sollte der Erfolg jedoch versagt bleiben. Bei beiden Versuchen über dem Potomac Ende 1903 fiel die »Aerodrome« in den Fluß. Manly blieb unverletzt. Die Regierung aber verlor das Vertrauen auf zukünftige Erfolge. Die Versuche kamen zum Stillstand.
Später wurde die »Aerodrome« umkonstruiert als Wasserflugzeug geflogen. Die Experten stimmen heute darin überein, daß die Maschine in ihrer ursprünglichen Auslegung nicht als flugfähig betrachtet werden konnte.
Ein anderer Amerikaner, zufällig auch Eisenbahningenieur, leistete ebenfalls einen bemerkenswerten Beitrag zur Flugentwicklung: Octave Chanute. 1894 erschien eine von ihm geschriebene Artikelserie als Buch unter dem Titel »Progress in Flying Machines«. Dieses Buch regte die Gebrüder Wright dazu an, mit ihren Experimenten zu beginnen. Obwohl Chanute selbst erfolgreich Gleitflugzeuge baute, erwies er durch das Sammeln und Weiterverbreiten von Informationen der Luftfahrt den vielleicht größten Dienst.

Die Sprünge des Karl Jatho

Im Jahre 1903 hielt Chanute eine Vorlesung in Frankreich. Sie beeinflußte die Entwicklung in Europa erheblich. 1903 gelangen Karl Jatho nahe Hannover eine Anzahl von »Sprüngen« mit einem Motorflugzeug. Die Historiker haben diese Versuche lange ignoriert, oder sie waren ihnen nicht bekannt, aber es muß jetzt festgehalten werden, was Jatho am 18. August 1903 selbst niederschrieb: daß ihm ein »Sprung« über ca. 18 m gelungen sei. Er notierte ferner, im November »viele kleine Flüge bis zu etwa 60 m« gemacht zu haben. Bei einigen sei sein Flugzeug 3 m hoch gestiegen.
Jatho erreichte mit Sicherheit mehr als Ader.

Langleys »Aerodrome« startete Ende 1903 zweimal von ihrer Plattform auf einem Hausboot – und stürzte zweimal in den Potomac. Der von Charles Manley für diesen Flugapparat konstruierte Motor kann als Vorläufer des später jahrzehntelang dominierenden Sternmotors angesehen werden.

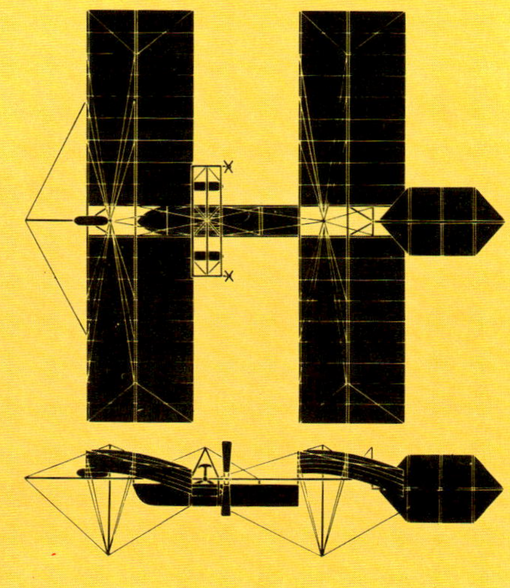

Langley »Aerodrome«

Antrieb: ein 52-PS-Manly-5-Zylinder-Benzin-Sternmotor mit zwei Zweiblatt-Propellern von 2,67 m Durchmesser
Spannweite: 14,63 m
Länge: 16,46 m
Flügelfläche: 96,6 m²
Besatzung: 1 Mann
Nach seinem Erfolg im Jahre 1896 mit dampfbetriebenen Modellflugzeugen erhielt Samuel Piermont Langley (1834–1906) von der Regierung der Vereinigten Staaten finanzielle Unterstützung für den Bau eines seiner Flugzeuge, der »Aerodrome«, in natürlicher Größe. Es wurde von Charles Manly geflogen, der zweimal versuchte, über den Potomac zu fliegen, und zwar am 7. Oktober und am 8. Dezember 1903. Beide Male stürzte das Flugzeug in den Fluß, woraufhin die Regierung ihre Unterstützung für dieses riskante Unternehmen zurückzog.

Die Pearse-Legende

1953 starb in Neuseeland ein Farmer und begabter Ingenieur namens Richard Pearse. Einige Jahre später veröffentlichte eine neuseeländische Zeitung einen Artikel, der andeutete, daß Pearse möglicherweise vor dem 17. Dezember 1903, also dem historischen Flug der Gebrüder Wright, ein motorgetriebenes Flugzeug konstruiert, gebaut und geflogen haben könnte. Der Artikel ließ außerdem vermuten, daß Pearse das Querruder erfunden und erstmals an einem Flugzeug verwendet habe.

George Bolt, einer der ersten neuseeländischen Flieger, befaßte sich mit diesen Andeutungen, um zu prüfen, ob die Ansprüche zu Recht bestanden. Er erhielt Einsicht in die Unterlagen der Familie Pearse. Er sprach mit dem Bruder von Pearse, anderen Mitgliedern der Familie und mit Leuten, die mit Pearse während seiner frühen Arbeiten zusammen waren. Es wurden die Reste eines Flugzeugs und eines Motors, beides von Pearse konstruiert, gefunden. Bolt sammelte Berichte von vielen, die Pearses erste Flugversuche bestätigt hatten, und glaubte nun sicher, daß diese Ende März 1903 stattgefunden haben. Es stellte sich auch heraus, daß Pearse 1906 ein Patent für sein Flugzeug und sein Steuersystem erwarb. Selbst wenn man die natürliche familiäre Voreingenommenheit und die Trübung der Erinnerungen nach fast 60 Jahren berücksichtigte, sah es ganz danach aus, als ob einige Anrechte für Pearse begründet waren.

In England fand jedoch der Luftfahrthistoriker Charles Gibbs-Smith heraus, was Bolt übersehen hatte: daß Pearses Beschreibung in dessen Patent von 1906 über sein Querruder eine derartige Fehlkonzeption enthielt, daß es – so Gibbs-Smith – mit Sicherheit tödlich gewesen wäre, es an einem Flugzeug zu benützen. Die Unrichtigkeit auf das Anrecht des »ersten« motorgetriebenen Fluges war schließlich erwiesen, als Bolt während weiterer Nachforschungen auf Niederschriften von Pearse selbst stieß, in welchen dieser seine frühesten Flugversuche auf Februar oder März 1904 datierte und einräumte, daß es keine wirklichen Flüge waren, da das Flugzeug unkontrollierbar war. Außerdem anerkannte Pearse in diesen Aufzeichnungen, daß die Gebrüder Wright die ersten waren, denen ein motorgetriebener Flug glückte.

Pearse-Eindecker von 1904

Der Neuseeländer Richard Pearse machte Flugexperimente in den ersten Jahren nach der Jahrhundertwende. Die Dreiseitenansicht gibt in etwa das Aussehen seiner ersten Konstruktion wieder. Zahlreiche Augenzeugen seiner Versuche waren der Meinung, er sei mit dieser Maschine schon im März 1903 gestartet. Neuere Forschungen brachten jedoch zutage, daß Pearse seinen ersten und zudem erfolglosen Flugversuch im Frühjahr 1904 ausgeführt hat. Pearse nahm fälschlicherweise für sich in Anspruch, als erster ein Flugzeug mit Querrudern ausgestattet zu haben. Tatsächlich war er sich aber über die Wirkung einer derartigen Vorrichtung nicht im klaren, und so waren die beweglichen, über dem Flügel seines Eindeckers von 1904 angebrachten Flächen möglicherweise der Grund dafür, daß die Maschine unmittelbar nach dem Abheben abstürzte.

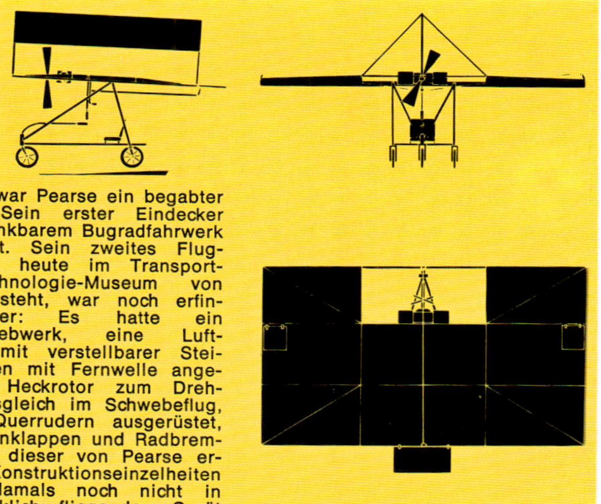

Trotzdem war Pearse ein begabter Erfinder. Sein erster Eindecker war mit lenkbarem Bugradfahrwerk ausgerüstet. Sein zweites Flugzeug, das heute im Transport- und Technologie-Museum von Auckland steht, war noch erfindungsreicher: Es hatte ein Schwenktriebwerk, eine Luftschraube mit verstellbarer Steigung, einen mit Fernwelle angetriebenen Heckrotor zum Drehmomentausgleich im Schwebeflug, war mit Querrudern ausgerüstet, hatte Nasenklappen und Radbremsen. Viele dieser von Pearse erdachten Konstruktionseinzelheiten konnten damals noch nicht in einem wirklich fliegenden Gerät realisiert werden. Insofern war er seiner Zeit weit voraus.

Links: Der neuseeländische Ingenieur Richard Pearse, von dem eine Zeitung behauptete, er hätte bereits vor den Gebrüdern Wright den ersten motorgetriebenen Flug durchgeführt. Oben: Überreste des zweiten von Pearse gebauten Eindeckers mit schwenkbarer Triebwerks/Luftschrauben-Einheit, Heckrotor und anderen neuartigen Ideen

Die Ära der Gebrüder Wright

Wilbur und Orville Wright

Wilbur und Orville waren die Söhne eines Bischofs und lebten in Dayton, Ohio. Das Geld und die Fachkenntnisse, die sie sich als Fahrradfabrikanten erwarben, ermöglichten es ihnen, einen Traum zu verwirklichen. Beide hatten sich seit ihrer Kindheit für das Fliegen interessiert. Es war jedoch Wilbur, der den ersten Schritt zur Praxis unternahm, indem er an das Smithsonian Institut schrieb und um eine Liste über Bücher und Artikel zu diesem Thema bat. Unter den vorgeschlagenen Titeln befand sich neben Lilienthals Schriften Chanutes »Progress in Flying Machines«.
Ab August 1899 war dann Orville ebenso stark auf das Fliegen versessen wie Wilbur. Zunächst vollendeten die beiden jungen Männer einen Doppeldecker-Drachen. Ein besonderes Merkmal dieses Drachens war die Verwindung der Tragflächen zur Erlangung der Querstabilität. 1900 schrieb Wilbur neben anderen Themen über diese Erfindung an Chanute, womit eine lange Freundschaft begann.
Diese Verwindung der Tragflächen war 1900 auch im ersten Gleiter der Brüder vorhanden. Zu Testflügen wurde er zu den einsamen Kill Devil Hills – Sanddünen bei Kitty Hawk an der nordkarolinischen Küste – transportiert.
Er glich dem Drachen, hatte eine Spannweite von 5,18 m, der Pilot lag flach auf dem Bauch, um den Luftwiderstand zu vermindern. Es glückte eine Anzahl bemannter Flüge. Meist flog der Gleiter aber als Drachen. Bei diesen Flügen lernten die Brüder sehr viel. Die Söhne des Bischof Wright kehrten nicht nur zufrieden nach Dayton zurück, sondern waren mehr denn je entschlossen, nun motorbetriebene Flüge zu unternehmen.

Versuche im Windkanal

Der 1901 gebaute Gleiter Nr. 2 war wiederum ein Doppeldecker, jedoch größer. Er wurde gestartet, indem einer der Brüder die eine Tragfläche hielt und Einheimische von Kitty Hawk die andere. Dann schoben beide den Gleiter gegen den Wind an. Schwierigkeiten ergaben sich bei der verwendeten Tragflächenform. Obwohl erfolgreiche Gleitflüge

Wilbur Wright am 14. Dezember 1903, auf seinem »Flyer I« liegend

Wright »Flyer I«

Antrieb: ein 12-PS-Wright-Vierzylinder-Benzin-Motor, wassergekühlt, mit zwei Druckpropellern von 2,59 m Durchmesser
Spannweite: 12,29 m
Länge: 6,43 m
Flügelfläche: 47,4 m^2
Gesamtgewicht: ca. 340 kg
Höchstgeschwindigkeit: ca. 48 km/h
Besatzung: 1 Mann
Erster Flug: 17. Dezember 1903
Nach einigen Jahren erfolgreichen Experimentierens mit Doppeldekker-Gleitern gingen Orville und Wilbur Wright 1903 an den Bau eines Motorflugzeugs. Bevor dieses jedoch wirklich fliegen konnte, mußten sie auch den Motor und die Propeller entwerfen und bauen, da noch nichts Geeignetes dieser Art existierte. Am 17. Dezember 1903 wurden ihre Anstrengungen belohnt. Vier Flüge fanden an diesem Tag statt. Jeder der beiden Brüder flog zweimal.

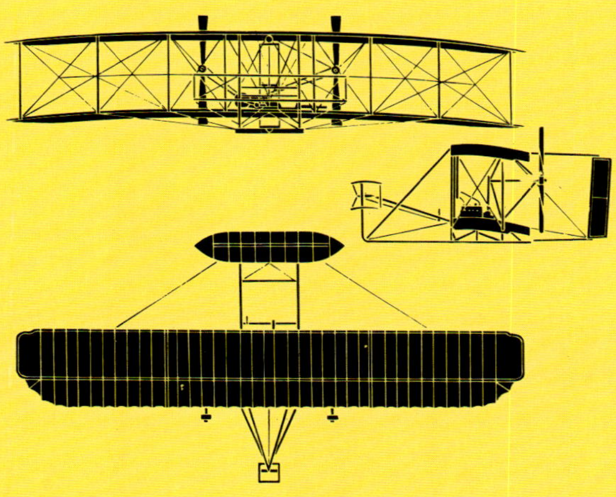

gelangen und die Maschine auch bei starkem Wind unter Kontrolle blieb, waren die Wrights unzufrieden. Sie beschlossen, sich in Zukunft mehr auf eigene Erkenntnisse zu verlassen statt auf die anderer Luftfahrtpioniere. Nun begann zum erstenmal ein erstaunlich gründliches Forschungsprogramm. Es wurden Versuche mit Tragflächenprofilen in einem Windkanal unternommen.
Der im August und September 1902 gebaute Gleiter Nr. 3 absolvierte bis Ende Oktober beinahe tausend Gleitflüge.
Es schien offensichtlich, daß man den Gleiter, so wie er nun konstruiert war, nur nachzubauen, etwas abzuändern und mit einem Motor zu versehen brauchte, um ein wirklich verwendbares Flugzeug herzustellen.
Aber die Gebrüder Wright waren auch gute Geschäftsleute. Sie ergriffen Vorsichtsmaßnahmen und meldeten ihre Konstruktion zum Patent an. Es wurde schließlich 1906 erteilt. Was in der Zwischenzeit zu tun blieb, war, das bedeutendste Flugzeug seiner Zeit zu bauen, dazu einen Motor und Propeller, um es in die Luft zu bringen. Der Motor wurde von den Brüdern nicht nur entworfen, sondern teilweise auch selbst gebaut. Er hatte vier Zylinder, war wassergekühlt, lieferte ca. 12 PS und wog, komplett mit Zubehör, Wasser und Treibstoff, etwas über 91 kg. Da keine veröffentlichten technischen Unterlagen über die Konstruktion von Propellern existierten, machten die Gebrüder Wright die Grundlagenforschung auf diesem schwierigen Gebiet selbst.

Erster gelenkter Motorflug der Geschichte

Die erste motorbetriebene Maschine mit dem Namen »Flyer« wurde im Sommer 1903 gebaut. Als sich die Brüder wieder auf die Reise nach Kitty Hawk machten, fanden sie das Camp, das sie dort eingerichtet hatten, in schlechtem Zustand. Der Gleiter Nr. 3 war beschädigt. Sie reparierten ihn für Übungsflüge. Schwierigkeiten mit dem »Flyer« jedoch verzögerten dessen Erstflug bis Dezember. Schlechte Wetterverhältnisse bedeuteten eine weitere Verzögerung. Am 14. Dezember 1903 jedoch wurde der »Flyer« zu den Startschienen befördert. Freunde von der nahegelegenen Kill Devil Küstenstation waren Zuschauer. Die Brüder warfen eine Münze, um zu entscheiden, wer zuerst fliegen sollte.

Wilbur war der Gewinner. Aber Wilbur zog nach dem Start die Nase des Flugzeuges zu hoch, der »Flyer« sackte ab, verlor an Auftrieb, pflügte durch den Sand und war beschädigt. Nach der Reparatur des Schadens war Orville für den nächsten Versuch an der Reihe. Am Morgen des 17. Dezember 1903 war Orville Wright der erste Mensch, der einen gesteuerten Flug mit einem Flugzeug ausführte. Dieser historische Flug dauerte zwölf Sekunden. 36 m wurden zurückgelegt. Von drei noch am selben Tag folgenden Flügen erreichte einer 260 m in 59 Sekunden. Die Opfer von Lilienthal und Pilcher waren nicht vergeblich gewesen.

Konsequente Fortentwicklung

Nach ihren ersten erfolgreichen Flügen am 17. Dezember 1903 in den Kill Devil Hills bei Kitty Hawk kehrten Wilbur und Orville Wright recht zufrieden nach Dayton heim, obwohl ihr kostbarer »Flyer I« nach dem vierten Flug durch eine Windbö vollkommen zerstört worden war. Die Welt erfuhr zunächst nicht viel von den »Wright Brothers«. In den Zeitungen erschienen nur unvollkommene Berichte. Man betrachtete die Versuche als Fehlschläge wie alle anderen vorhergegangenen.
In Dayton entwarfen die Brüder den »Flyer II« mit neuem Motor. Er wurde im Mai 1904 vollendet. 13 km östlich von Dayton auf einem ausgedehnten Gelände, der Huffman Prairie, fanden die ersten Versuchsflüge statt. Bei 105 Flügen dauerte der längste mehr als 5 Minuten. Der Streckenweltrekord lag nun bei über 4,4 km. Ein Problem war freilich noch die exakte Steuerung, vor allem beim Kurvenflug.
Im Laufe des Winters 1904/1905 bauten die Wrights den »Flyer III«. Auch er wurde über der Huffman Prairie in 50 Flügen getestet. Um dem Problem des Überziehens in den Kurven zu begegnen, wurden die Steuerseile, die zur Verwindung der Tragflächen dienten und gleichzeitig das Seitenruder bewegten, getrennt verlegt. Dies gestattete jeden gewünschten Grad der Tragflächenverwindung oder der Seitenruderbewegung, miteinander oder auch getrennt.
Nach dieser Änderung war der »Flyer III« voll steuerbar, konnte mit Leichtigkeit in die Kurve gehen, wenden sowie Kreis- und Achterfiguren fliegen. Sein längster Flug, am 5. Oktober 1905, mit Wilbur am Steuer, dauerte 38 Minuten über eine Strecke von 39 km.

Zögerndes Interesse der Öffentlichkeit

Noch immer zeigte die Presse kein ernsthaftes Interesse. Zwar wurden zu den ersten Flugversuchen Reporter eingeladen; da die Flüge jedoch wegen schlechten Wetters und Schwierigkeiten mit dem Motor ausfielen, reisten sie in der Überzeugung ab, daß alles nur Zeitverschwendung gewesen sei. Ergebnis: Die Welt erfuhr von den Flügen nichts, während sich die einheimischen Bauern so an das Geräusch des »Flyers« gewöhnten, daß sie nicht einmal mehr den Kopf hoben. Und

das zu einer Zeit, da einige Fachleute noch immer behaupteten, der Motorflug sei unmöglich.
Noch fehlte den Wright-Flyers freilich vor allem genügend Eigenstabilität. Der Pilot hatte sie ständig durch Steuerausschlag unter Kontrolle zu halten. Dies stand in gewissem Gegensatz zu den Ideen früherer Pioniere, wie Cayley, Pénaud und Lilienthal.
Sicher war der »Flyer III« eine recht brauchbare Maschine, und die Wrights glaubten daran, daß »das Zeitalter der Flugzeuge« endlich begonnen hatte. Überzeugt von den militärischen Möglichkeiten ihres Entwurfs, boten sie ihn der amerikanischen Armee an. Man erklärte ihnen, daß die Behörden in dieser Sache nichts unternehmen würden, »bis nicht eine Maschine hergestellt sei, die Horizontalflüge ausführen und einen Flugzeugführer tragen könne«! Kein Wunder, daß die Wrights, seit drei Jahren schon erfahrene Piloten, enttäuscht waren. Verhandlungen mit der britischen Regierung erwiesen sich als gleichermaßen sinnlos. Die Gebrüder Wright wollten die Garantie, daß ihr Flugzeug nach zufriedenstellender Demonstration auch definitiv gekauft würde. Bei einem Mißlingen der Vorführung sollte die Regierung nicht zum Kauf verpflichtet sein. Die Behörden verlangten jedoch die genaue Besichtigung der Maschine samt Flugvorführung ohne feste Kaufverpflichtung. Deprimiert durch eine derartige Un-

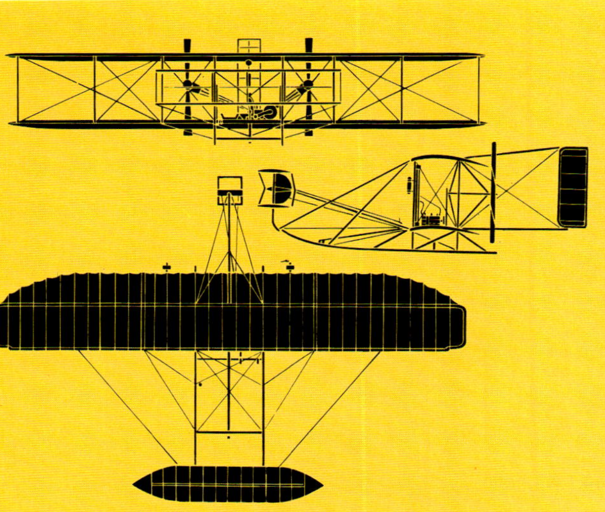

Wright »Flyer III«

Antrieb: ein wassergekühlter 15–21-PS-Wright-Vierzylinder-Reihenmotor mit zwei Druckpropellern von 2,59 m Durchmesser
Spannweite: 12,34 m
Länge: 8,53 m
Flügelfläche: 46,73 m^2
Gesamtgewicht: 388 kg
Höchstgeschwindigkeit: 56 km/h
Besatzung: 1 Mann
Erster Flug: 23. Juni 1905
Der »Flyer III« war die Maschine, welche die Gebrüder Wright selbst als ihr erstes voll verwendbares Motorflugzeug betrachteten. Zwischen dem 23. Juni und dem 16. Oktober 1905 machte er nahezu 50 Flüge, von denen einige über eine halbe Stunde Flugdauer erreichten. Er war vor allem ein voll lenkbares Luftfahrzeug, das ohne Schwierigkeiten Kurven fliegen, wenden und Achterfiguren ausführen konnte.

Oben: Eine zweisitzige Version des Wright-Modells B aus dem Jahre 1911. Rechts Mitte: Orville Wright in einer »Baby-Wright«. Man beachte das Fahrwerk mit Rädern. Rechts unten: Ein Wright-Gleiter aus dem Jahre 1911. Der an der Spitze des Gleiters herabhängende Sandsack diente zur Regulierung des Schwerpunkts.

nachgiebigkeit, beschlossen die Wrights zunächst sämtliche Flüge einzustellen, um die Auskundschaftung ihrer Arbeit durch Industrie oder Militär zu verhindern.
In den nächsten zweieinhalb Jahren, vom Oktober 1905 bis Mai 1908, wurden weder Flüge unternommen, noch wurde irgend jemandem erlaubt, die kostbaren »Flyers« zu besichtigen. Im Mai 1907 brachte Wilbur einen neuen und sorgfältig verpackten »Flyer« nach Europa, um über dessen Herstellung unter Lizenz zu verhandeln. Es vergingen jedoch Monate, ohne daß sich ein Interessent zeigte. Schließlich fuhr er entmutigt nach Hause und ließ den verpackten »Flyer« in Le Havre zurück.

Endlich Anerkennung!

1908 änderten sich die Verhältnisse sehr rasch. Im Februar war das amerikanische Kriegsministerium endlich doch damit einverstanden, einem offiziellen Test beizuwohnen. Im März wurde ein Abkommen erreicht, daß die Wright-Flugzeuge in Frankreich gebaut werden sollten. Nachdem sich Wilbur mit dem »alten« »Flyer III« von 1905 wieder in Übung gebracht hatte, kehrte er nach Frankreich zurück, holte den »Flyer« ab, den er in Le Havre zurückgelassen hatte, und baute ihn an einer Rennstrecke in Hanaudières, etwa 8 km südlich von Le Mans, zusammen. Die ersten öffentlichen Vorführungen fanden am 8. August statt. An den darauffolgenden Tagen wurden weitere Starts unternommen und anschließend nahezu hundert Flüge auf dem nahegelegenen Militärgelände Camp d'Auvours.
Nun machten die Flüge Schlagzeilen in der Weltpresse. Das Lob fand keine Grenzen. Der »Flyer« brach nicht nur sämtliche inoffiziellen Flugrekorde, sondern demonstrierte, daß die Gebrüder Wright ein Flugzeug entwickelt hatten, das steigen, kurven und wenden sowie Kreise und Achterfiguren fliegen konnte. Das Flugzeug war allen ähnlichen Versuchen, die zu jener Zeit in Europa unternommen wurden, weit voraus.
Die in Frankreich benutzte Maschine war ein doppelsitziger »Flyer«, der erste einer Serie von sieben, die zwischen 1907 und 1909 gebaut wurden. Er hatte eine Spannweite von 12,19 m und einen 30-PS-Vierzylindermotor zum Antrieb von Zwillings-Druckpropellern. Sein Leergewicht betrug 363 kg und seine Reisegeschwindigkeit 56 bis 64 Stundenkilometer.

Nachdem die amerikanischen Gebrüder Wright die grundlegenden Erkenntnisse von Otto Lilienthal konsequent weiterentwickelt hatten, waren sie ihren europäischen Konkurrenten um Jahre voraus. Vor allem in Frankreich bemühten sich zahlreiche Enthusiasten, es den Wrights gleichzutun. Unser Bild zeigt das Gleitflugzeug von Gabriel Voisin.

Inzwischen erntete Orville Wright mit seinen Probeflügen vor der US Army in Fort Myer ähnliche Erfolge. Von drei verschiedenen zur Vorführung eingeladenen Flugzeugkonstruktionen war der »Flyer« die einzige, die erschien. Orville Wright machte mit ihm zehn Flüge – vier davon von mehr als einer Stunde Dauer – bis er abstürzte und sein Passagier, der Konstrukteur T. Selfridge, dabei ums Leben kam.

In Europa nichts Gleichwertiges

Wie stark die Auswirkungen dieser Demonstrationen der Gebrüder Wright waren, ist nicht leicht abzuschätzen. Die Europäer erkannten sehr schnell, daß der »Flyer« das Ergebnis sorgfältiger Forschungsarbeit darstellte. In Europa gab es nicht einen einzigen Flugpionier, der auch nur im entferntesten etwas Ähnliches versucht hätte. Fünf Jahre lang hatten sich die Europäer blind von Mißerfolgen zu Teilerfolgen weitergetastet, bis sie zum Beginn des Jahres 1908 das Stadium erreicht hatten, da sie, mit viel Glück, ihre Flugzeuge eineinhalb Minuten knapp über dem Erdboden in der Luft halten konnten.

Wilburs faszinierende Demonstrationen hatten auf überzeugende Weise die entscheidende Bedeutung einer geeigneten Steuerung um die Querachse gezeigt. Nun begannen auch die europäischen Pioniere Querruder anzubringen. Daraufhin machten sie schnellere Fortschritte.

Zur Ehre der europäischen Flugpioniere muß jedoch gesagt werden, daß sie von vornherein auf Eigenstabilität ihrer Flugzeuge Wert legten. Letzten Endes erkannten sogar die Wright Brothers die Vorzüge eigenstabiler Konstruktionen an. Die erste grundlegende Änderung an ihrem Steuerwerk, das zwar leistungsfähig, aber kompliziert zu handhaben war, stellte die Anbringung einer feststehenden Stabilisierungsfläche hinter dem doppelten Heckseitenruder dar. Bald darauf wurde sie in ein bewegliches Höhenruder umgewandelt, das mit dem am Bug befindlichen Höhenruder zusammenwirkte.

Den »Flyers« folgte das Wright-Modell B, bei dem man schließlich auf die charakteristische Entenbauweise mit Bughöhenruder verzichtete, was die Redaktion des neu gegründeten »Jane's All the World's Aircraft«-Verzeichnisses veranlaßte, auf pittoreske Weise zu berichten, daß ein Wright »ohne Kopf« hergestellt worden sei. Das Modell B hatte erstmalig ein Fahrgestell mit Rädern.

Das Modell L, 1915 gebaut, wurde als letztes Wright-Flugzeug bekannt. Ein einsitziger Militäraufklärer mit 6-Zylinder-Wright-Motor von 60 PS als eleganter Doppeldecker, mit Querrudern an beiden Tragflächenpaaren.

Wilbur und Orville Wright gebührt nicht nur die Ehre, das erste Motorflugzeug konstruiert zu haben, das lang Flüge absolvieren konnte und voll steuerbar war. Sie haben auch ihren europäischen Fliegerkollegen den richtigen Weg zu ähnlichen Erfolgen gewiesen. Der Fortschritt in der europäischen Luftfahrt in der kurzen Zeit zwischen Wilbur Wrights Besuch im Jahre 1908 und dem ersten großen Fliegertreffen in Reims ein Jahr später war beachtlich und zweifellos dem direkten Einfluß des amerikanischen Brüderpaares zuzuschreiben.

Die Technik schreitet fort

Ebenfalls angeregt von Otto Lilienthal, begann der Franzose Hauptmann Ferber im Jahre 1899 mit dem Bau von Gleitflugzeugen. Zunächst hatte er damit, abgesehen von seinen Bemühungen um Eigenstabilität, keinen Erfolg. 1905 baute er ein Flugzeug mit Motorantrieb, dem, wenn es sich auch nicht im Horizontalflug halten konnte, doch ein erfolgreicher »Motorgleitflug« gelang. Im gleichen Jahr unternahm ein weiterer Franzose, Gabriel Voisin, im Motorbootschlepp Gleitflüge über der Seine, und der Amerikaner S. F. Cody wagte in Farnborough, England, ebenfalls einen Gleitflug.
Abgesehen von den der Öffentlichkeit erst später zugänglichen Flügen Karl Jathos 1903 wurde der erste offizielle Motorflug in Europa von Alberto Santos-Dumont am 23. Oktober 1906 in einem großen Doppeldecker in Entenbauweise (Höhenleitwerk vorn) unternommen. Das Flugzeug hieß »14bis«, weil es zuerst vom Santos-Dumont-Luftschiff Nr. 14 aus getestet worden war. Im darauffolgenden Monat flog diese Maschine 220 m in 21 Sekunden. Unvollständige Schriften berichten, daß ebenfalls 1906 dem Ungarn Trajan Vuia in Paris kurze Sprünge an Bord eines kleinen Eindeckers mit Kohlensäuregasmotor gelangen.

Experimente mit unterschiedlichen Erfolgen

Das Jahr 1907 gebar einige berühmte Namen: Der erste, Louis Blériot, früher ein Mitarbeiter von Gabriel Voisin, beschloß von der Doppeldecker-Auslegung abzugehen und konstruierte einen Eindecker mit vorn liegendem Höhensteuer. Ihm gelangen zunächst einige Sprünge, mehr nicht. Dann wandte er sich einer Maschine mit Tandemtragflächen zu, die zu Bruch ging. Gegen Ende des Jahres 1907 baute und flog er ein Flugzeug, das bereits die moderne Form der Zugpropeller-Eindecker ankündigte. Auch dieses Muster ging zu Bruch und wurde aufgegeben; Blériot und seine späteren Eindecker sollten jedoch Geschichte machen.
Henry Farman wurde zum zweiten großen Namen des Jahres 1907. Er kaufte einen Voisin-Doppeldecker, änderte ihn völlig und flog damit einen Kreis im Radius von etwa 1 Kilometer.
Santos-Dumont war das ganze Jahr 1907 hindurch eifrig am Werk, wenn auch nicht ganz so erfolgreich. Nach dem Bau eines neuen Doppeldeckers, der nicht flog, und einer Kombination von Flugzeug und Luftschiff, die noch am Boden zu Bruch ging, konstruierte er einen kleinen Eindecker von nur etwa 5 Metern Spannweite. Er nannte ihn seine »Nr. 19«. So entstand die erste seiner berühmten »Demoisellen« oder »Libellen«.
Der Engländer Horatio Phillips ist in der Geschichte der Luftfahrt so gut wie unbekannt. Er wird deshalb hier genannt, weil er – und das ist ziemlich sicher – im Jahre 1907 ein Flugzeug, das wie eine Reihe hintereinander angeordneter Jalousien aussah, über eine Strecke von etwa 150 m flog. Phillips hatte bereits im Jahre 1884 ein Tragflächenprofil patentieren lassen, das die Konstruktion moderner Tragflächenformen bestimmte. Bereits 1893 und 1904 ließ er »Jalousien-Flugzeuge« mit seinen speziellen »Flächen« aus dünnem Profil bauen.
Für Henry Farman begann das Jahr 1908 recht gut. Er gewann am 13. Januar den Grand Prix d'Avion für einen Kreisflug über fast 1,6 Kilometer, Flugzeit eineinhalb Minuten. Am 29. Mai unternahm er den ersten Flug in Europa mit einem Passagier. Sein Begleiter, Ernest Archdeacon, hatte viel zur Förderung der Luftfahrt in Europa getan.
Nach verschiedenen Versuchen im Februar mit einem Eindecker eigener Konstruktion, dem »Gastambide-Mengin«, entwickelte Léon Levavasseur im gleichen Jahr seine berühmte »Antoinette«. Auch Blériot experimentierte mit neuen Eindeckern. In England vollendete S. F. Cody seinen

Santos-Dumont 14bis

Antrieb: ein wassergekühlter 50-PS-Antoinette-V-Motor, acht Zylinder, mit Zweiblatt-Druckpropeller von 2,50 m Durchmesser
Spannweite: 11,20 m
Länge: 9,70 m
Flügelfläche: 52 m²
Gesamtgewicht: 300 kg
Geschwindigkeit: ca. 40 km/h
Besatzung: 1 Mann
Erster Flug: 13. September 1906 (mit 14-PS-Antoinette-Motor)
Bei ihrem ersten Flug legte die 14bis ca. 7 Meter zurück, bevor sie hart aufsetzte und dabei beschädigt wurde. Sie wurde wieder instandgesetzt und für die Flüge im Oktober/November mit einem 50-PS-Motor ausgestattet. Ferner wurde in jedem der Außenbord-Tragflächengehäuse ein achteckiges Querruder angebracht. Diese Steuerflächen waren mit einem Leibgurt verbunden, den der Pilot trug.

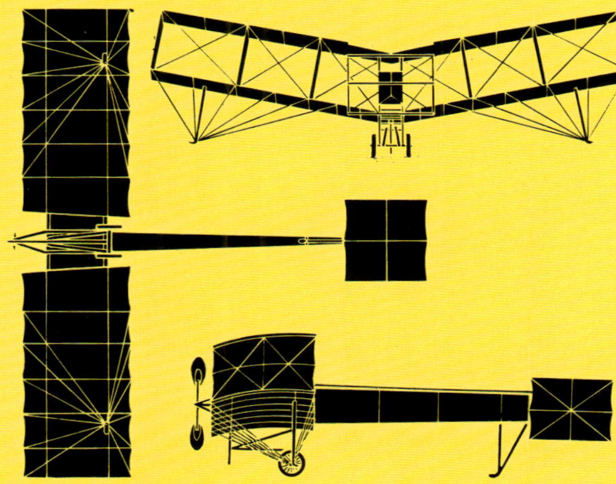

Antrieb: ein abgeänderter 20-PS-Serpolet-Kohlensäuregasmotor mit Zweiblatt-Propeller von 2,20 m Durchmesser
Spannweite: 7,00 m
Länge: 3,20 m
Flügelfläche: 19 m²
Gesamtgewicht: 241 kg
Besatzung: 1 Mann
Erster Flug: 18. März 1906
Traian Vuia, einer der ersten Europäer, die einen motorbetriebenen Flug im eigenen Flugzeug unternahmen, wird als erster rumänischer Flieger bezeichnet, obwohl er zum Zeitpunkt seiner ersten Flüge in Paris wohnte und sein Geburtsort damals zu Österreich-Ungarn gehörte. Sein erstes Flugzeug, das er mit Hilfe des Franzosen Victor Tatin baute, flog bei seinem längsten »Flughüpfer« nicht mehr als 24 m weit, hatte jedoch einige neue Merkmale, so Tragflächen mit variablem Einstellwinkel und ein Fahrgestell mit Luftreifen.

Vuia-Eindecker Nr. 1

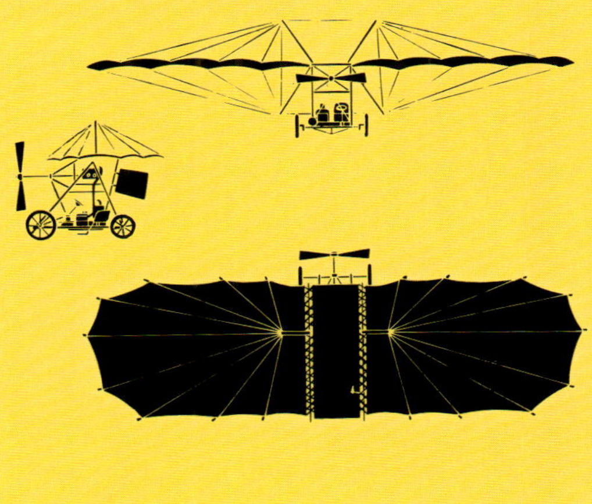

Die Gebrüder Wright waren von der Überlegenheit ihrer Flugzeuge so überzeugt, daß sie die Kaufverhandlungen mit europäischen Kriegsministerien unnachgiebig führten und in die Länge zogen. Das gab den französischen Konstrukteuren Zeit, enorme Fortschritte zu machen. Zu ihnen gehörten Santos-Dumont, Farman, Voisin und Delagrange (oben). Rechte Seite von oben nach unten: Der unermüdliche Santos-Dumont vor einer seiner berühmten »Demoisellen«. — John W. Dunne in seiner D.4 in Farnborough 1908, wo er keinen durchschlagenden Erfolg hatte. Spätere Konstruktionen von ihm waren erfolgreicher, jedoch ist Dunne vor allem als Schriftsteller bekannt geworden. — Léon Levavasseur baute die berühmten Antoinette-Eindecker. Hier die »Antoinette V«. — Es ist kaum zu glauben, aber dieser »Gitterdraht-Apparat« des Engländers Phillips flog im Jahre 1907 in Streatham tatsächlich über 150 Meter.

Doppeldecker »British Army Aeroplane« Nr. 1. Auch A. V. Roe baute einen Doppeldecker.
Eine besonders bemerkenswerte Konstruktion war 1908 die hecklose »Dunne 4« mit gepfeilten Tragflächen. Sie absolvierte im Juli in Schottland einige recht gute, kurze Flüge.
In Amerika baute die von Dr. Alexander Graham Bell (dem Erfinder des Telephons), Glenn Curtiss und anderen gegründete Aerial Experiment Association ihren ersten Doppeldecker, den »Red Wing«. Konstrukteur war T. Selfridge, der im September 1908 nach einem Flug mit Orville Wright ums Leben kam. Dem »Red Wing« folgte der »White Wing« (Konstrukteur F. W. Baldwin), die »June Bug« (Glenn Curtiss) und die »Silver Dart« (Konstrukteur A. D. McCurdy).
Diese Flugzeuge wiesen den Weg zu dem ausgezeichneten Curtiss »Golden Flyer« (1909). Zum Höhepunkt des Jahres 1908 wurden jedoch die ersten öffentlichen Flüge der Gebrüder Wright in Europa und den USA im August und September. Wilbur berichtete: »Die Zeitungen und die französischen Flieger wurden beinahe verrückt vor Aufregung.« Und ob sie das wurden: Ein solches Fliegen hatte man noch nie gesehen.

Und wieder Santos-Dumont

Der Name Santos-Dumont taucht nun noch einmal auf: Im März 1908 fliegt der unerschrockene kleine Brasilianer eine verbesserte Version seiner Nr. 19 »Libelle« aus dem Jahre 1907. Die Bezeichnung »Libelle« war zutreffend. Mit ihrer Spannweite von nur 5 Metern und ihrer Fluggeschwindigkeit von rund 97 km/h sah man die winzige Maschine umhersummen wie ein Insekt in den Händen eines Sportpiloten. Das Hauptgerippe wurde von drei Bambusstangen gebildet; der Pilot saß auf einem Segeltuch unter der Tragfläche. Der Motor lag auf der Tragfläche, und das Leitwerk ließ sich über ein Kugelgelenk bewegen.

Natürlich war die »Libelle« für damalige Verhältnisse schwierig zu fliegen. Aus zwei Gründen aber machte sie Luftfahrtgeschichte. Erstens als »Leichtflugzeug« und somit als Vorläuferin von weltberühmten Maschinen, zweitens war sie das allererste Flugzeug zum »Selbstbauen«, denn Santos-Dumont verkündete, daß er seine Erfindung nicht zum Patent anmelden wolle, sondern sie allen frei zur Verfügung stünde.

Das Jahr 1909 wurde zum goldenen Jahr der Luftfahrt. Neben dem Standardtyp der »Demoiselle« bauten alle großen französischen Konstrukteure verbesserte Modelle ihrer Flugzeuge und brachten bemerkenswerte Leistungen zustande. Die Blériot-, Antoinette- und Curtiss-Entwicklungen werden in späteren Kapiteln beschrieben; für den Augenblick genügt die Erwähnung von Voisin, Farman und Roe. Der Standard-Voisin-Doppeldecker von 1909 wog 600 kg und wurde in England zu einem Preis von 780 Pfund, komplett mit 50-PS-ENV-Motor, angeboten. Zu den Motoren, die mit den bedeutend schwereren Henry Farman angeboten wurden, gehörte der 50-PS-Gnôme, ein wegen seines geringen Gewichtes berühmter Umlaufmotor. Der beharrliche A. V. Roe jedoch mußte bei seinem Dreidecker, den er im Juli flog, das Beste aus einem 9-PS-JAP-Motorradmotor machen. Einer seiner Helfer gab folgende kurze Zusammenfassung des durchschnittlichen Flugprogrammes: »Zwei Wochen Arbeit, ein 50-Yard-Sprung, eine Bruchlandung und noch mehr Arbeit«. Zweifellos eine Erfahrung, die er nicht allein machte.

Esnault-Pelterie R. E. P. 2 bis

Antrieb: ein luftgekühlter 30-PS-7-Zylinder-R. E. P.-Semi-Sternmotor mit Vierblatt-Propeller
Spannweite: 8,60 m
Länge: 6,88 m
Höhe: 2,50 m
Flügelfläche: 15,75 m²
Gesamtgewicht: 350 kg
Geschwindigkeit: ca. 80 km/h
Besatzung: 1 Mann

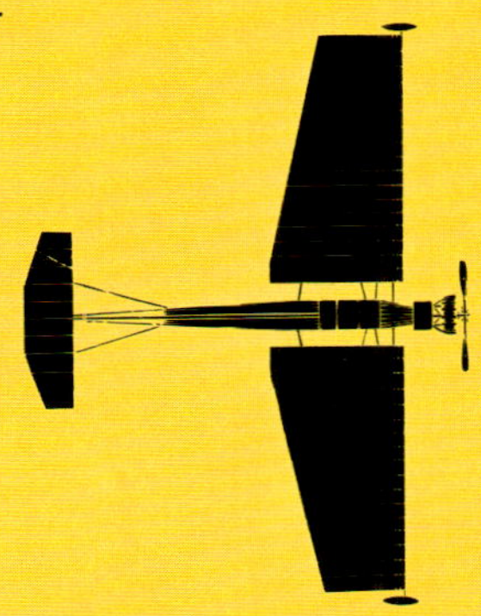

Als einer der wenigen frühen Pioniere, die am Eindeckertyp festhielten, wandte Robert Esnault-Pelterie die Vorteile einer profunden technischen Ausbildung auf seine Arbeit an. Wäre er bei einigen seiner Forschungen kritischer vorgegangen, wäre sein Beitrag zur frühen Entwicklung der Luftfahrt zweifellos größer gewesen. Dennoch war er der erste, der Tragflächen mit Querruder bei einem Flugzeug natürlicher Größe (einem Gleiter aus dem Jahre 1904) anwandte, der erste, der hydraulische Radbremsen benutzte, und der erste, der einen Flugzeug-Sitzgurt entwickelte. Er entwarf auch die Motoren für seine frühen Flugzeuge. Die R. E. P. 2 bis stellte den höchsten Entwicklungsstand seiner ersten Motorflugzeuge dar und machte im Mai 1909 mit etwa 8 km ihren besten Flug. Vor dem Ende des Ersten Weltkriegs wandte Esnault-Pelterie sein Interesse einem noch weitaus interessanteren Gebiet zu: dem Raketenantrieb und den Möglichkeiten des Raumflugs.

Große Konstrukteure und ihr Werk:

Alliot Verdon Roe

Im April 1912 veröffentlichte der große britische Luftfahrtpionier Alliot Verdon Roe einen Bericht über alle jene Probleme, mit denen er sich seit Beginn seiner Luftfahrtforschungsarbeiten konfrontiert sah. Er schrieb:
»Meine erste Maschine war ein Doppeldecker. Für einige Besucher, die 1907/08 nach Brooklands kamen, wurde er zum vertrauten Anblick. Zwar unterschied er sich im Aussehen von den damals modernen Maschinen. In den wesentlichen Konstruktionsmerkmalen erschien er mir jedoch erheblich fortschrittlicher. Wir unternahmen Versuche, wobei die Maschine mit Hilfe eines ca. 30 Meter langen Seils von Autos geschleppt wurde. Sie hob gut ab, konnte nach oben und unten gesteuert werden, und die Landungen waren recht ordentlich. Wenn ich jedoch seitlich über einen gewissen Winkel hinauskam, brachte ich den Doppeldecker nicht mehr zurück, was immer ich auch versuchte. Wenn dann das Seil freigegeben wurde, konnte ich jedoch landen. Von Zeit zu Zeit gaben unerfahrene Schlepper trotz Warnung die Maschine nicht frei. Die Folge war dann Bruch.«
Alliot Verdon Roe, am 26. April 1877 in Manchester geboren, begann seine Laufbahn als Lehrling bei den Railway Locomotive Works in Lancashire und Yorkshire, nahe seinem Geburtsort. Er war ein begeisterter Radrennfahrer und gewann beträchtliche Geldpreise. Nachdem er in Portsmouth Dockyard Monteur geworden war und in London Schiffbau studiert hatte, fuhr er 1899 bis 1902 als Ingenieur zur See. Einige Zeit arbeitete er in der Motorenindustrie. Später widmete er sich in Amerika der Detailkonstruktion eines gänzlich erfolglosen Hubschraubers nach den Ideen eines Mr. Davidson. Nach England zurückgekehrt, meldete er seine eigenen Entwürfe zu einem von der »Daily Mail« in Alexandra Park organisierten Modellflugwettbewerb an. Einer gewann den höchsten Preis. Auf diesem Modell basierte jenes Flugzeug in natürlicher Größe, das er selbst beschrieb.

Der versteigerte Dreidecker

Roe behauptete, mit einem Antoinette-Motor in dem Doppeldecker einige »Sprünge über etwa 50 Yards« gemacht zu haben. Dies wurde jedoch bezweifelt. In seinem Bericht fährt er fort:
»Die nächste Maschine war ein Dreidecker. Sie wurde mit der finanziellen Hilfe eines Partners gebaut, der jedoch noch vor der Fertigstellung den Mut verlor. Resultat: Der Dreidecker mußte bei Friswell versteigert werden. Rumpf, Tragflächen und der Unterbau mit Rädern brachten £ 5.10 s. Das war meiner Meinung nach gar kein so schlechter Preis, wenn man bedenkt, daß es sich um die erste Flugauktion handelte. Der zweite Dreidecker wurde kurz darauf begonnen und nach Lea Marshes gebracht, wo er seine Existenz dadurch rechtfertigte, daß er tatsächlich flog. Ein 9-PS-Doppelzylinder-JAP-Motor, luftgekühlt, mit Spulen- und Akkumulator-Zündung, trieb über einen V-Riemen eine vierblättrige Zugschraube an. Einer der Hauptvorzüge der Konstruktion lag in dem geringen Gewicht. Die Tragflächen waren mit dünnem gelbem Butterpergamentpapier überzogen, das sich bei trokkenem Wetter als recht zufriedenstellend erwies, jedoch bei Nässe leicht durchweichte . . . Wenn das Gras auf den Marschen hoch stand, durfte ich sie nicht betreten, da ich, wie es schien, gegen irgendwelche Weiderechte verstieß. Wenn es kurz war, erhielt ich die Anweisung, öffentliches Spielgelände nicht zu beschädigen.«

Roe, der Bruchpilot

»Ich erlebte zahlreiche Bruchlandungen. Eines Tages wandte sich jemand mit Selbstmordabsichten an mich. Es war eine Dame. Sie hatte sich entschlossen, ihren finanziellen Schwierigkeiten (sie war Schriftstellerin) im River Lea ein Ende zu machen. Als sie jedoch den Dreidecker sah, hatte sie vor, ihr Leben, wenn möglich, mit einer nützlicheren Tat zu beenden.«
Im Oktober 1909 fand in Blackpool eine Flugveranstaltung statt. Roe nahm mit zwei Dreideckern teil. Er hatte wegen Motorschwierigkeiten und durchweichten Butterpergamentpapiers jedoch keine Gewinnchancen. Schließlich verlegte er

Linke Seite oben: Alliot Verdon Roe, einer der großen englischen Luftfahrtpioniere. Links unten: A. V. Roes erstes Flugzeug 1908. Oben: Roe-Dreidecker aus dem Jahre 1909

sein Unternehmen nach Wembley, wo er, wie er sich erinnerte, »an einer sehr großen Anzahl von Bruchlandungen« beteiligt war. Das schmälerte seine Begeisterung nicht. Doch als das Geld knapp wurde, konnte er weitere Versuche nur mit der Hilfe seines Bruders, H. V. Roe, fortsetzen. Inzwischen war ihm bewußt geworden, daß er versuchte hatte, mit zu geringer Motorleistung zu fliegen. Zwei weitere Dreidecker wurden mit 35-PS-Motoren ausgerüstet. Während ihrer Konstruktion kehrte er nach Brooklands zurück. Dort hatte sich mittlerweile ein Luftfahrtzentrum entwickelt.
Mit großen Hoffnungen brach er zu einem weiteren Flugwettbewerb nach Blackpool auf. Durch Funkenflug aus einer Lokomotive verbrannte seine kostbare neue Maschine. Unverwüstlich und unerschrocken baute er innerhalb von drei Tagen einen weiteren Dreidecker und brachte ihn nach Blackpool.
»Ich rollte an«, erzählte er »zwei Reifen platzten kurz hintereinander, und ich startete auf den Felgen. Insgesamt machte ich dreimal Bruch in Blackpool, aber sie haben mir einen Trostpreis von £ 75 gegeben.«

Ernsthaftere Konstruktionen

Gegen Ende des Jahres 1910 besuchte Roe wiederum die USA. Er wollte an einem Flugwettbewerb in Boston teilnehmen und nahm einen Dreidecker mit, den er für die Harvard Aeronautical Society gebaut hatte. Zurück in England, setzte er seine Forschungsarbeiten in Brooklands fort, während sein Bruder die Konstruktion in Manchester leitete. Zu jener Zeit baute er den ersten Zugpropeller-Doppeldecker als Vorläufer seines Meisterwerkes, der »Avro 504«. Er notierte über diesen Doppeldecker: »Die Maschine wurde später von Commander Schwann gekauft, der sie mit Schwimmern versah und als Wasserflugzeug verwendete. Ich glaube, es war die erste Maschine solcher Art, die flog.«
Er irrte sich. Sie war jedoch eines der ersten Wasserflugzeuge in Britannien. Die Tage seiner Bruchlandungen lagen nun hinter ihm, und einige bedeutende Flugzeugkonstruktionen nahmen in Roes Gedanken und auf dem Zeichenbrett Form an. Für die Militärübungen des Jahres 1912 entwarf er einen Doppeldecker und einen Eindecker, beide mit vollkommen geschlossener Kabine. An-

Avro 504

Antrieb: ein 100-PS-Gnôme-Monosoupape-Umlaufmotor, 7 Zylinder, mit Zweiblatt-Propeller
Spannweite: 10,97 m
Länge: 8,97 m
Flügelfläche: 30,66 m²
Gesamtgewicht: 830 kg
Höchstgeschwindigkeit: 120 km/h
Reichweite: 360 km
Fassungsvermögen: 1 Mann Besatzung und 2 Passagiere
Erster Flug: Juli 1913

Als A. V. Roe 1913 die erste 504 entwarf, hoffte er auf einen Absatz von 6 Maschinen. Bis zur Einstellung der Produktion im Jahre 1932 wurden über 10 000 Stück gebaut. Die meisten wurden zunächst während des Ersten Weltkriegs als zweisitzige Schulflugzeuge hergestellt. Aber nach dem Krieg wurde die 504 mit einem dritten Sitzplatz zu einer der beliebtesten Flugschau- und Rundflugmaschinen. Die technischen Angaben beziehen sich auf die 504 K, die mit verschiedenen Umlaufmotoren-Typen ausgerüstet werden konnte.

Oben: Nachbildung eines Roe IV-Dreideckers, die heute in der Shuttleworth-Sammlung in Old Warden in Bedfordshire steht und noch regelmäßig geflogen wird. Rechte Seite oben: Avro war die Markenbezeichnung der Konstruktionen des Alliot Verdon Roe. Diese Aufnahme zeigt die Avro Typ F, die einen besonders schlanken Rumpf besaß und deren Quersteuerung durch die Verwindung der Tragflächen erfolgte. Bild Mitte: Eine der berühmtesten Entwicklungen von A. V. Roe war die Avro 504, die vor allem als Schulflugzeug bei der RAF verwendet wurde. Bild unten: Der einsitzige Avro 584 Avocet-Geschwaderjäger mit einem 180-PS-Sternmotor und charakteristischer Verstrebung

fang 1912 bestellte die britische Regierung drei Avro-500-Doppeldecker. Die Avro 504 aus dem Jahre 1913 war eine direkte Weiterentwicklung einer dieser Konstruktionen.
Kein anderes Flugzeug hat im Krieg wie auch im Frieden wertvollere Dienste geleistet. Avro-504-Doppeldecker wurden in zahlreichen Auslegungen eingesetzt, z. B. bei dem kühnen Luftangriff auf Friedrichshafen am 21. November 1914, zur Aufklärung und zu zahllosen Versuchen, einschließlich des Katapultstarts. Der größte Ruhm der Avro 504 liegt jedoch in ihrer Einführung als Standard-Schulflugzeug, nicht nur bei der britischen Luftwaffe während des Ersten Weltkrieges, sondern auch in späteren Jahren bei vielen fremden Luftstreitkräften. Von den 8340 von 1914 bis 1918 gebauten Flugzeugen dieses Typs wurden insgesamt 3696 von der A. V. Roe & Co. Ltd. hergestellt.
Zu den Versuchsmaschinen, die zu jener Zeit herauskamen, gehören die Pike- und Manchester-Bomber, der Typ Avro 530 und die Spider-Jäger. Bis A. V. Roe 1929, zum Ritter geschlagen, aus der Firma ausschied, war sein Name nicht nur engstens mit den 504-Entwicklungen verknüpft, sondern auch mit dem Aldershot-Bomber, den Avocet- und Avanger-Jägern und dem Avian-Leichtflugzeug.

TUTOR

Wettbewerbe und Ausstellungen

Linke Seite: Avro Typ 621 »Tutor«. Oben: Hubert Latham und seine »Antoinette« werden nach dem mißglückten Kanalflug von einem französischen Torpedoboot aufgefischt.

Der Flug über den Kanal

Zwei der berühmtesten Mißerfolge in der Geschichte der frühen Luftfahrt waren der Versuch zur Überfliegung des Ärmelkanals im Jahre 1909 durch Hubert Latham und zehn Jahre später der Versuch von Harry Hawker und K. Mackenzie-Grieve zur Überquerung des Atlantiks.
Beide endeten mit einer Notlandung auf dem Wasser. Aber die Flugzeuge blieben lange genug an der Oberfläche, um die Rettung der Insassen zu ermöglichen; und beide Versuche wurden wegen eines Preises unternommen, der von der »Daily Mail« ausgesetzt worden war.
Diese britische Zeitung stand bei der Unterstützung der Luftfahrt immer an der Spitze. Bereits im Jahre 1906 bot sie 10 000 Pfund für den ersten Flug von London nach Manchester. Den Preis gewann Louis Paulhan im April 1910. Gegen Ende des Jahres 1908 setzte die »Daily Mail« 1000 Pfund für den ersten Piloten aus, der einen Flug zwischen England und Frankreich vollbrachte. Unter den Piloten, die die Herausforderung annahmen, befanden sich der kühne junge Franzose Hubert Latham, der in England erzogen worden war, und Louis Blériot. Latham flog die »Antoinette IV«, ein aus dem Gastambide-Mengin entwickelter Eindecker.

Die »Antoinette« war in mancherlei Hinsicht eine bemerkenswerte Maschine. Flugzeug-Zelle und Motor stammten von Léon Levavasseur. Flugzeuge, Motor und die Firma, die sie baute, waren nach Antoinette Gastambide, der Tochter des Firmengründers, benannt. Antoinette-Motoren waren zuerst für Motorboote gebaut worden, und auch der Rumpf des Eindeckers hatte die Form eines Bootes. Ein Exemplar steht heute im Naturwissenschaftlichen Museum in London.

Diese Auslegung sollte zusammen mit der dicken, schwimmfähigen Tragfläche ihren Wert unter dramatischen Umständen beweisen:
Am frühen Morgen des 19. Juli 1909 signalisierte Geschützfeuer dem französischen Torpedoboot, das zur Begleitung Lathams abkommandiert worden war, daß der Pilot startete. Die »Antoinette« rollte einen Hang hinunter auf den Rand der Klippe bei Sangatte in der Nähe von Calais zu. Der Funker gab

»Antoinette VII«

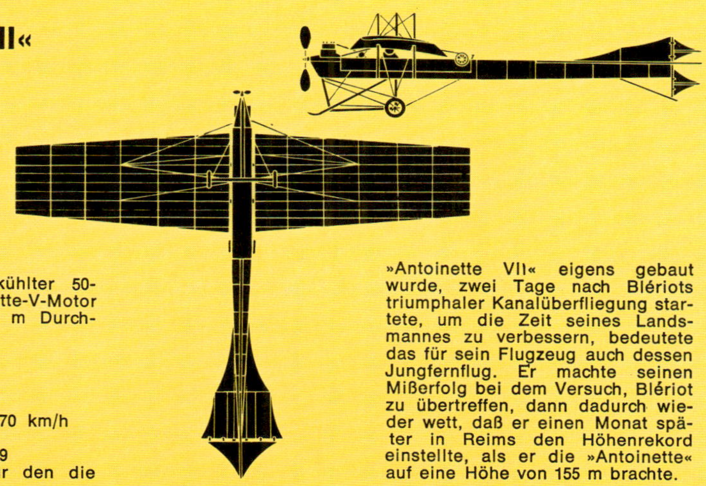

Antrieb: ein wassergekühlter 50-PS-Achtzylinder-Antoinette-V-Motor mit Propeller von 1,85 m Durchmesser
Spannweite: 12,80 m
Länge: 11,50 m
Flügelfläche: 50 m²
Gesamtgewicht: 590 kg
Höchstgeschwindigkeit: 70 km/h
Besatzung: 1 Mann
Erster Flug: 27. Juli 1909
Als Hubert Latham, für den die »Antoinette VII« eigens gebaut wurde, zwei Tage nach Blériots triumphaler Kanalüberfliegung startete, um die Zeit seines Landsmannes zu verbessern, bedeutete das für sein Flugzeug auch dessen Jungfernflug. Er machte seinen Mißerfolg bei dem Versuch, Blériot zu übertreffen, dann dadurch wieder wett, daß er einen Monat später in Reims den Höhenrekord einstellte, als er die »Antoinette« auf eine Höhe von 155 m brachte.

eine Blitzmeldung nach Dover. Dort alarmierte der Abschuß einer Feuerwerksrakete die Bevölkerung. Kleinere Schiffe dampften aus dem Hafen. Das große Rennen um die Bezwingung des Kanals hatte begonnen.
Den Rest erzählt Latham selbst. Er hatte etwa 11 km zurückgelegt und wollte ein Foto machen, als der Motor Störungen zeigte:
»Sofort gab ich meine Absicht (zu photographieren) auf. Ich überprüfte alle elektrischen Anschlüsse in meiner Reichweite. Dann versuchte ich die Vergasereinstellung und die Zündung des Motors zu ändern; es war jedoch alles umsonst. Nach wenigen Sekunden war mein Motor vollkommen ausgefallen.
In diesem Augenblick befand ich mich schätzungsweise 1000 Fuß (ca. 300 m) über dem Kanal. Auch wenn mein erster Versuch der Kanalüberquerung nicht geglückt war, glaube ich, wenigstens einen Flugzeug-Höhenrekord aufgestellt zu haben. Dann ging ich im Gleitflug nieder . . . Die Zeit bis zum Aufsetzen im Wasser erschien mir unglaublich lang. Meine Geschwindigkeit betrug ca. 45 Meilen pro Stunde (ca. 72 km/h).
Ich hatte die Maschine während des Gleitfluges vollkommen unter Kontrolle. Anstatt sie in einem Winkel ins Meer eintauchen zu lassen, fing ich sie ab und setzte in horizontaler Position auf dem Wasser auf. Ich schwang meine Füße nach oben auf eine Querstange, damit sie nicht naß wurden. Dann nahm ich mein Zigarettenetui heraus, zündete mir eine Zigarette an und wartete.«
Latham mußte nicht lange auf Rettung warten. Er reiste sofort nach Paris, um eine neue »Antoinette« zu bestellen. Bevor sie jedoch nach Sangatte geliefert werden konnte, traf Louis Blériot seine Vorbereitungen zum Flug über den Kanal in dem nahegelegenen Les Baraques. Mehrere Tage lang zwangen heftige Stürme beide Piloten, auf dem Boden zu bleiben.
In der Nacht vom 24. auf 25. Juli stand Levavasseur, der Latham betreute, zweimal vor Tagesanbruch auf. Er ging mit der Überzeugung wieder zu Bett, daß ein Start vorläufig nicht möglich sein würde.
Blériot litt an einer Fußverbrennung, die er sich bei einem Flugzeugunfall einige Tage vorher zugezogen hatte. Trotzdem stand er um 2 Uhr 30 auf und machte eine Erkundungsfahrt mit dem Auto. Der Wind ließ nach. Kurz nach 4 Uhr war Blériots Eindecker in der Luft.

Blériots Eindecker

Das winzige Flugzeug Blériots war im Dezember 1908 bei einer Ausstellung in Paris als »Blériot XI« vorgestellt worden: Der Eindecker mit Zugpropeller hatte eine Flügelspannweite von 7,80 m. Sein zerbrechliches Aussehen wurde durch das Fehlen der Stoffbespannung am rückwärtigen Teil des Rumpfes noch verstärkt. Zwischen den Streben lag ein zylindrischer Behälter, der die Schwimmfähigkeit des kleinen Eindeckers unterstützen sollte, falls ihm das gleiche Schicksal wie Lathams »Antoinette« widerfuhr. Der 25-PS-Anzani-Motor mit drei luftgekühlten, sternförmig angeordneten Zylindern im Bug trieb eine Luftschraube aus Nußbaumholz. Im Pilotensitz fiel eine Handsteuerung ins Auge, die Blériot 1908 patentieren ließ. An ihr waren vier Seile befestigt, von denen zwei die Verwindung der Tragflächen-Außenteile und somit die Querneigung des Flugzeuges beeinflußten. Die beiden anderen Seile dienten zur Steuerung des am Heck befindlichen Höhenruders. Das Seitenruder am Heck wurde mit einem Fußhebel bewegt. Diese Original-Blériot steht heute im Conservatoire des Arts et Métiers in Paris.

Louis Blériot (links im Bild) mit seinem Eindecker vor der Burg von Dover. Dort landete er am 25. Juli 1909 nach der erfolgreichen Überfliegung des Kanals.

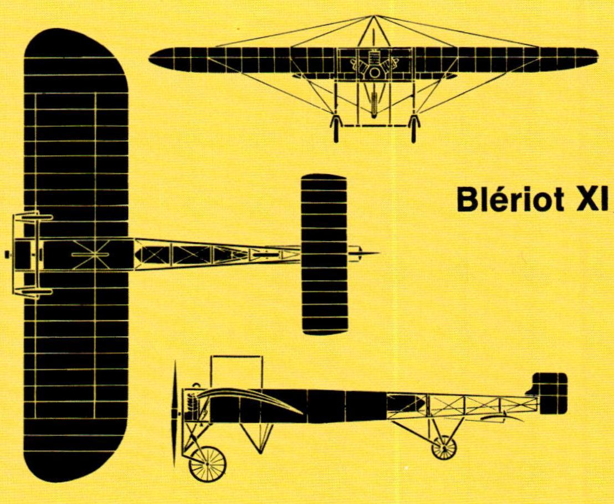

Blériot XI

Antrieb: ein luftgekühlter 22/25-PS-Dreizylinder-Anzani-Semi-Sternmotor mit Zweiblatt-Propeller von 2 m Durchmesser
Spannweite: 7,80 m
Länge: 8 m
Flügelfläche: 14 m²
Gesamtgewicht: 300 kg
Geschwindigkeit: ca. 75 km/h
Besatzung: 1 Mann
Erster Flug: 23. Januar 1909 (mit REP-Motor)
Die Blériot XI, an deren Entwurf der Franzose Raymond Saulnier beteiligt gewesen sein soll, hatte ursprünglich einen 30-PS-REP-Motor und eine drachenförmige Rückenflosse; diese Flosse wurde jedoch später entfernt und der leistungsfähigere Anzani-Motor installiert. Am 25. Juli 1909 flog Louis Blériot von Les Baraques (Calais) in etwas mehr als einer halben Stunde nach Dover – ein Ereignis von größter Tragweite.

Um 4 Uhr 35 am 25. Juli 1909 flog Blériot mit seinem kleinen Eindecker über die Sanddünen auf das Meer hinaus. Ein Zerstörer zum Geleit war bereits auf See. Der Pilot schildert die weiteren Geschehnisse wie folgt:

»Zehn Minuten sind vergangen. Ich bin über den Zerstörer hinweggeflogen und drehe den Kopf, um festzustellen, ob ich in die richtige Richtung fliege. Ich bin verblüfft. Nichts ist zu sehen, weder der Torpedoboot-Zerstörer nach Frankreich noch England. Ich bin allein. Ich kann überhaupt nichts sehen. Zehn Minuten lang habe ich die Orientierung verloren. Es ist eine seltsame Lage, allein zu sein, ohne Führung, ohne Kompaß, in der Luft mitten über dem Kanal. Meine Hände und Füße liegen leicht auf den Hebeln. Ich lasse das Flugzeug selbst seinen Kurs suchen. Und dann, zwanzig Minuten nach Verlassen der französischen Küste, sehe ich die Klippen von Dover, die Burg, und weiter weg im Westen die Stelle, wo ich hatte landen wollen. Was tun? Es besteht kein Zweifel, daß mich der Wind von meinem Kurs abgebracht hat ... Ich drücke den Hebel mit dem Fuß und kurve nach Westen. Nun befinde ich mich tatsächlich in Schwierigkeiten, denn der Wind ist hier bei den Klippen viel stärker, und meine Geschwindigkeit wird im Kampf gegen ihn vermindert. . . Ich sehe einen Durchlaß in den Klippen. Obwohl ich sicher bin, daß ich noch eineinhalb Stunden fliegen und nach Calais zurückkehren könnte, kann ich nicht widerstehen, auf jenem grünen Fleck zu landen . . . Ich fliege durch die Lücke, befinde mich wieder über trockenem Boden, umfliege die roten Gebäude zu meiner Rechten und versuche zu landen. Ich stelle den Motor ab, und die Maschine fällt.«

Louis Blériot landete glatt. Und H. G. Wells kommentierte den Flug:

». . . trotz unserer Flotte ist England – vom militärischen Standpunkt aus be-

trachtet – keine unzugängliche Insel mehr.«
Fünfzig Jahre später, als ein Nachbau der Blériot XI einen Gedächtnisflug über den Kanal unternahm, warf ein erfahrener Pilot einen Blick auf sie und sagte: »Ich würde das Ding nicht für pures Gold übernehmen.«
Der tapfere Latham startete am 27. Juli zu einem zweiten Versuch an Bord seiner brandneuen »Antoinette VII« und fiel wiederum ins Wasser. An seiner zerbrochenen Schutzbrille zerschnitt er sich das Gesicht.
Am 2. Juni 1910 flog der englische Pilot und Autopionier C. S. Rolls mit einem in Frankreich gebauten Wright-Doppeldecker ohne Zwischenlandung in beiden Richtungen über den Kanal.

Um die erste Überquerung des Kanals mit einem motorgetriebenen Flugzeug entbrannte ein erbitterter Wettlauf zwischen Hubert Latham mit seiner von Léon Levavasseur entwickelten »Antoinette IV« und Louis Blériot mit seinem Eindecker. Nachdem Blériot bei seinen früheren Flugversuchen nie so recht vom Glück begünstigt war, gelang ihm mit dem Kanalflug ein entscheidender Durchbruch. Das Londoner Warenhaus Selfridge stellte nach dem historischen Flug Blériots Eindecker aus und verteilte oben abgebildete Souvenir-Postkarte. Unten: Sir Charles S. Rolls, weltbekannt als Mitbegründer der berühmten Automobilfabrik Rolls Royce, schaffte als erster die Doppelüberquerung des Kanals am 2. Juni 1910. Unser Bild zeigt ihn mit Schwimmweste vor seinem Wright-Doppeldecker.
Rechte Seite oben: Drei Doppeldecker jagen bei der Luftfahrtschau in Reims im August 1909 auf die Wendetürme zu.

Sensation und Geschäft

Die Popularität verschiedener Unterhaltungsformen – Theater, Kino, Zirkus – hat im Laufe der Jahre zu- und wieder abgenommen. Eine Sensationsschau jedoch vergrößerte ihre Anziehungskraft stets, seitdem sie zum erstenmal veranstaltet wurde: die Air-Show oder Luftfahrtschau mit Vorführung der ausgestellten Flugzeuge. Natürlich hat es

Air-Shows schon lange vor jener des Jahres 1909 in Reims gegeben. Ballonaufstiege zogen bereits im 19. Jahrhundert Menschenmengen an.
Die Zeit der großen Luftfahrtveranstaltungen begann jedoch zweifellos mit dem Treffen in Reims vom 22. bis 28. August 1909. Hatten die Flüge der Gebrüder Wright anfangs wenig Publicity, so änderte sich die Lage ab 1908 grundlegend. Andere Pioniere bauten Flugzeuge, flogen sie und machten Bruch. Nach Wilbur Wrights Besuch im Jahre 1908 glaubte man in Frankreich, dem damaligen Zentrum der europäischen Luftfahrt, daß eine Zusammenkunft großen Stils nicht nur eine beträchtliche Anziehungskraft auf die Öffentlichkeit ausüben, sondern es allen Luftfahrt-Autoritäten der Welt ermöglichen würde, ihre Probleme zu besprechen und Ideen auszutauschen.
Reims wurde vermutlich deshalb als Schauplatz gewählt, weil die lokalen Behörden sehr enthusiastisch und hilfreich waren. Wie es auch gewesen sein mag, alle großen Flieger jener Zeit strebten mit ihren einfachen Maschinen der Stadt zu. Viele wohlhabende Sportler und deren Frauen kamen nach Reims. Volksmassen lockte die Sensation.
Neben Demonstrations- und ersten Kunstflügen gab es zahlreiche Luftrennen und einen Höhenwettbewerb. Den letzteren gewann der unglückliche Kanal-Flieger Hubert Latham. Mit seinem neuen Antoinette-VII-Eindecker erreichte er eine Höhe von 155 m. Der Amerikaner Glen Curtiss gewann in seinem Golden-Flyer-Doppeldecker mit einer Durchschnittsgeschwindigkeit von 75,789 km/h den Gordon-Bennet-Preis. Die schnellste Maschine war die »Blériot« mit einem der ersten Gnôme-Umlaufmotoren. Blériot steuerte sie selbst und erreichte 97 km/h. Dann mußte er jedoch brennend notlanden. Eine Kraftstoffleitung war gerissen.
In Reims versammelte sich die absolute Crème der Luftfahrt-Welt. Jene langen und heftigen Diskussionen nach jedem Flugtag zwischen den Gebrüdern Voisin, Santos-Dumont, Farman, Delagrange, Blériot, Levavasseur, Paulhan und einigen anderen damals berühmten Fliegern waren für Experten wie für Laien sicher faszinierend. Es kann nicht genug bedauert werden, daß es damals noch kein Bandaufnahmegerät gab.
Zwischen Juli und Oktober 1909 – also zur selben Zeit – fand in Frankfurt am Main die »Internationale Luftschiffahrt-Ausstellung« – ILA – statt. Sie blieb

Voisin »Zugvogel«

Antrieb: ein 60-PS-ENV-V-Motor Typ F, acht Zylinder, wassergekühlt, mit Zweiblatt-Druckpropeller von 2,10 m Durchmesser
Spannweite: 10 m
Länge: 10,50 m
Flügelfläche: 41,34 m²
Gesamtgewicht: 522 kg
Geschwindigkeit: 55 km/h
Besatzung: 1 Mann
Erster Flug: 7. März 1909
Dieser besondere Voisin-Doppeldecker leistete – ganz unabsichtlich – einen großen Beitrag zur Luftfahrtentwicklung. Er war von Henry Farman bestellt worden, die Gebrüder Voisin verkauften ihn jedoch statt dessen an J. T. C. Moore-Brabazon in England – ein Beispiel frecher Geschäftspolitik, die Farman so erzürnte, daß er seine Bestellung annulierte und selbst eine Flugzeugfabrik gründete, in der er die Voisin-Konstruktion zu einem viel leistungsfähigeren und besser steuerbaren Flugzeug weiterentwickelte. Der »Zugvogel« war um einiges kleiner als die Standard-Voisin des Jahres 1909.

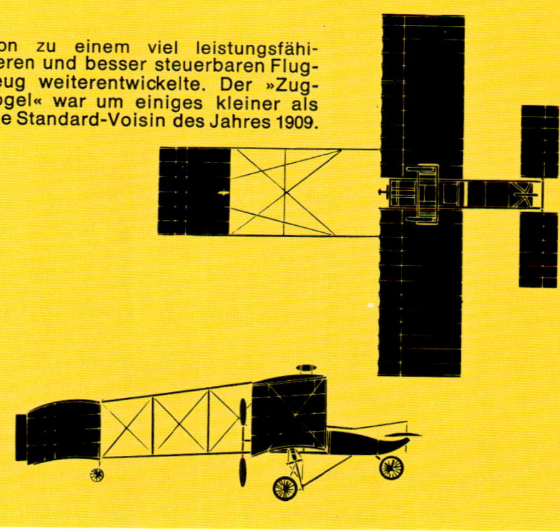

Cody-Doppeldecker

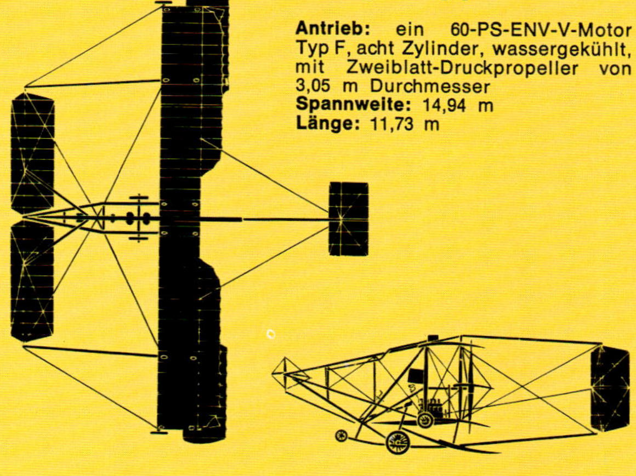

Antrieb: ein 60-PS-ENV-V-Motor Typ F, acht Zylinder, wassergekühlt, mit Zweiblatt-Druckpropeller von 3,05 m Durchmesser
Spannweite: 14,94 m
Länge: 11,73 m
Flügelfläche einschließlich Querruder: 59,46 m²
Gesamtgewicht: 1338 kg
Geschwindigkeit: 105 km/h
Fassungsvermögen: 1 Mann Besatzung und 1 Passagier
Die ersten Dauerflüge mit Motorantrieb in England wurden mit dem British Army Aeroplane No. 1 gemacht, konstruiert und geflogen von Samuel Franklin Cody (1861 bis 1913), einem Amerikaner, der später die britische Staatsbürgerschaft erwarb. Aus der letzten Version dieses Flugzeugs entwickelte Cody seinen Doppeldecker des Jahres 1910, um sich an dem Wettbewerb um die British Empire Michelin Trophy zu beteiligen. Nachdem er den ursprünglichen Green-Motor durch einen ENV ersetzt hatte, stellte er neue englische Strecken- und Dauerrekorde auf, bis er am 31. 12. 1910 dann den Preis gewann.

in ihrer Bedeutung jedoch weit hinter Reims zurück. Zum erstenmal trat in Frankfurt August Euler, Deutschlands Pilot Nr. 1, ins Rampenlicht.
England lag im Rennen um die Eroberung der Luft noch keineswegs in der europäischen Spitzengruppe. Die Reimser Idee fand jedoch großen Anklang. So beschlossen einige Funktionäre der Blackpool-Corporation, nachdem sie die Luftfahrtschau in Reims gesehen hatten, daß ihre Stadt als erste eine ähnliche Veranstaltung abhalten sollte. Sie fand nur einen Monat später statt, war jedoch von schlechtem Wetter stark beeinträchtigt. In seinem Buch »My Fifty Years in Flying« erzählt der erste aller Luftfahrt-Journalisten, Harry Harper, die Geschichte vom einsamen Zuschauer, der den ganzen Vormittag bei heftigem Regen auf der Tribüne saß und mit typisch britischem Humor einen vorübergehenden Angestellten fragte: »Wann ist Pause?«
Trotzdem war das Treffen in Blackpool kein Mißerfolg. Latham, der glaubte, daß die Zuschauer für ihr Geld etwas zu sehen verdienten, startete mit seiner »Antoinette« bei Windböen, die Sturmstärke erreichten. Das hatte bisher niemand gewagt.
Fast gleichzeitig wurde eine weitere Luftfahrtschau in Doncaster angesetzt. Dort fesselten »Colonel« Cody, Delagrange, Sommer und le Blon die Menge. Nebenbei schwor der Amerikaner Cody dem König unter Anwesenheit vieler Zuschauer den Treueid. Das Sternenbanner über seiner Flugzeughalle wurde eingeholt und der Union Jack gehißt. Aus dem Amerikaner war ein britischer Staatsbürger geworden.

Steigendes Interesse

Im März 1910 veranstaltete ein Konsortium der Society of Motor Manufacturers and Traders und der Aero Club im Londoner Olympia die erste von vielen Luftfahrtausstellungen. Sie erregte viel Aufmerksamkeit und war ein großer Erfolg. Später wurde im Grand Palais in Paris eine Ausstellung der »Locomotion Aérienne« angesetzt und mit Begeisterung aufgenommen. Beide Ausstellungen trugen viel dazu bei, den Gedanken des Fliegens der Öffentlichkeit nahezubringen.
In den folgenden Jahren fanden in England drei weitere Flugveranstaltungen statt, in Wolverhampton, Lanark und Bournemouth. In Bournemouth stürzte C. S. Rolls tödlich ab. Er wurde das erste Opfer eines Konstruktionsfehlers seines Wright-Doppeldeckers – für den englischen Automobilsport und die englische Luftfahrt ein schmerzlicher Verlust.
Schon 1910 war das Fliegen zu einem populären Sport geworden. Auf jedem Feld, auf dem Versuchsflüge gemacht wurden, sammelten sich große Menschenmengen. Eine kleine, interessante Luftfahrtschau war im März 1907 von der »Daily Mail« in der Agricultural Hall in London veranstaltet worden. Sie war nur für flugfähige Modellflugzeuge offen. Einige wurden zu Flugversuchen zum Gelände des Alexandra Palace gebracht. Dort hatten sich beinahe 7000 Menschen eingefunden. Gewinner war der junge Alliot Verdon Roe. Er erhielt den ersten Preis über 75 Pfund für einen Doppeldecker mit Gummimotor, der außergewöhnlich gut flog. Das Geld war ihm eine große Hilfe bei der Konstruktion seines ersten wirklichen Flugzeuges und verschaffte dem Namen »Avro« einen festen Platz in den Annalen der Luftfahrtgeschichte.
Claude Grahame-White war nicht nur ein großer Flieger, sondern auch ein geschickter Schausteller und schlauer Geschäftsmann. Als reicher Mann erwarb er in Hendon eine große Fläche Land und verwandelte sie in einen Flugplatz. Dann gründete er die erste private und recht erfolgreiche Flugschule. Während der Sommermonate veranstaltete er an jedem Wochenende Flugvorführungen. Bei Gründung der Gesellschaft hielt man ihn für einen Superoptimisten, da er behauptete, daß das Eintrittsgeld für die Shows 10 000 Pfund pro Jahr einbringen würde. Tatsächlich erzielte er im ersten Jahr einen Reingewinn von 11 000 Pfund.
Hendon war natürlich nicht das einzige Zentrum, zu dem sich flugbegeisterte Volksmengen hingezogen fühlten. Es war 1912 jedoch wahrscheinlich der am besten organisierte und sicherlich der einzige

Flugplatz, auf dem regelmäßige Vorführungen inszeniert wurden. Hendon ist bis heute ein Luftfahrtzentrum von größter Bedeutung geblieben und Sitz des RAF-Museums. Grahame-White, der Gründer von Hendon, wurde über 80 Jahre alt.
Zwischen dem Motorrennsport und der Luftfahrt bestand eine natürliche Affinität. Beide zählten zu den gefährlichsten Vergnügungen, mit denen sich damals ein Mensch befassen konnte. Somit war es ganz selbstverständlich, daß auch die Brooklands-Motorrennbahn in Weybridge ein Zentrum der Luftfahrt wurde. Probeflüge A. V. Roes und anderer Pioniere zogen die Flugbegeisterten an und trugen ohne Zweifel beträchtlich zum Einkommen der Rennbahn bei.
In Deutschland zählte vor dem Ersten Weltkrieg der Flugplatz Berlin-Johannisthal zu den beliebtesten Luftfahrtzentren. Dort flog der Holländer Anthony Fokker, später der vielleicht erfolgreichste Jagdflugzeug-Konstrukteur überhaupt. Seine nach dem Ersten Weltkrieg gebauten Verkehrsflugzeuge wurden in alle Welt verkauft. Graf

Links außen: Plakat zur Luftfahrtausstellung in Mailand 1910. Abgebildet ist eine »Antoinette«. Oben: Auf der Berliner Ausstellung im Jahre 1912 wurde die später berühmt gewordene Rumpler »Taube« gezeigt. Unten: Luftfahrtschau London 1913

Zeppelin und Parseval begeisterten Deutschland mit ihren Luftschiffen. Tausende, die Johannisthal besuchten, waren von den Schauflügen fasziniert.
Auch Amerika hatte seine Air-Shows. In der Heimat des Motorfluges mit Geräten schwerer als Luft stellte sich die Flugbegeisterung jedoch nur langsam ein. Länder, von denen man das eigentlich nicht erwartet hätte, veranstalteten bald ihre eigenen Flugvorführungen. Kurz nach dem Reimser Treffen fand eine Luftfahrtschau in Kairo statt. Die »Baronesse« de la Roche, früher Ballonfliegerin mit umfangreicher praktischer Erfahrung, unternahm dort einige ihrer ersten Flüge als Flugzeugpilotin. Ihr richtiger Name lautete Elise Deroche. Im Oktober 1909 galt sie als erste Fliegerin der Welt und wurde im März 1910 die erste Frau mit einem Pilotenschein. In Kairo erzählte man von ihr, daß sie sich über »diese männlichen Flieger beklagte, die ihr ständig nachstellten«. Sie starb 1919, als sie an einem Testflug in einem neuen Flugzeug teilnahm.

»Daily Mail« und die Luftfahrt

Zu Beginn dieses Jahrhunderts war es absolut nicht üblich, daß Zeitungen Preise aussetzten oder sportliche und technische Leistungen förderten. Der »Daily Mail« kommt das Verdienst zu, der Luftfahrtentwicklung durch erstmalige und konsequente Anwendung dieses Verfahrens große Impulse gegeben zu haben.
Alfred Harmsworth – Viscount Northcliffe – war als Gründer der »Daily Mail« kein Mann, der Geld zum Fenster hinauswarf. Doch setzte er sich dafür ein, daß neue technische Entwicklungen, die ihm zukunftsreich erschienen, großzügige Unterstützung erfuhren.
Schon seit jungen Jahren aufgeschlossen für wissenschaftliche Probleme, erwachte in ihm ernsthaftes Interesse an der Luftfahrt, als Harry Harper im Zusammenhang mit einem Gleitflugzeug, das er entworfen hatte, auf ihn zukam. Northcliffe war von der Sache angetan und obgleich Harpers Entwurf erfolglos blieb, wurde er doch 1906 Redakteur bei »Daily Mail« und der Welt erster hauptberuflicher Luftfahrt-Korrespondent. Er unterbreitete Northcliffe die Idee eines »Daily Mail«-Preises für das beste Modellflugzeug. Northcliffe war einverstanden. Im Vergleich zu späteren Preisen waren jene ausgeschriebenen 75 Pfund freilich eher bescheiden. Doch für Sir Alliot Verdon Roe wurden sie zum Sprungbrett in eine Laufbahn, an deren Ende eine lange Reihe berühmter Flugzeuge stand: die »Avro 504«, die »Anson«, die »Lancaster«, die »Shackleton« und die »Vulcan«, um nur ein paar zu nennen; sie alle verdanken ihre Existenz jenen 75 Pfund, die A. V. Roe vor mehr als 65 Jahren zuerkannt wurden.
Nach diesem bescheidenen Anfang setzte die »Daily Mail« größere Preise aus: Zunächst 1000 Pfund für den ersten Kreisflug über eine Meile (1,6 km), der von einem englischen Piloten in einem in England hergestellten Flugzeug auszuführen war. Gewinner wurde der Inhaber der »British Pilot's Licence No 1« (Englischer Flugzeugführerschein Nr. 1), J. T. C. Moore-Brabazon, der spätere Lord Brabazon of Tara, ein großer Kopf der englischen Luftfahrt. Weitere 1000 Pfund gingen an Louis Blériot für den ersten Flug mit einem Gerät schwerer als Luft über den Ärmelkanal. Beide Preise wurden 1909 vergeben.

10000 Pfund für London-Manchester

Northcliffe handelte sich sarkastische Bemerkungen seiner Kollegen in der Fleet Street ein, als er 10 000 Pfund für den ersten Flug von London nach Manchester in weniger als 24 Stunden bot. Ein Konkurrenzblatt, die »Liberal«, bot spöttisch zehn Millionen Pfund für die erste Flugmaschine jeglicher Art, die fünf Meilen von London weg und zum Ausgangspunkt zurückflöge! Einige Jahre später wurde diese Zeitung von einer anderen der gleichen politischen Richtung geschluckt, die dann ihrerseits scheiterte und von der »Daily Mail« übernommen wurde.
Am 27. April 1910 starteten in London der englische Flieger Claude Grahame-White und der Franzose Louis Paulhan. Grahame-White wurde in Roade von der Dunkelheit überrascht, und damit hatte Paulhan einen Vorsprung. Um diesen auszugleichen, startete Grahame-White am 28. April um 2 Uhr 50 zu einem wagemutigen Nachtflug, einem der ersten in der Geschichte der Luftfahrt überhaupt. Ein Motorschaden zwang ihn schon in Polesworth zur erneuten Landung, und somit war der Weg für Paulhan frei.

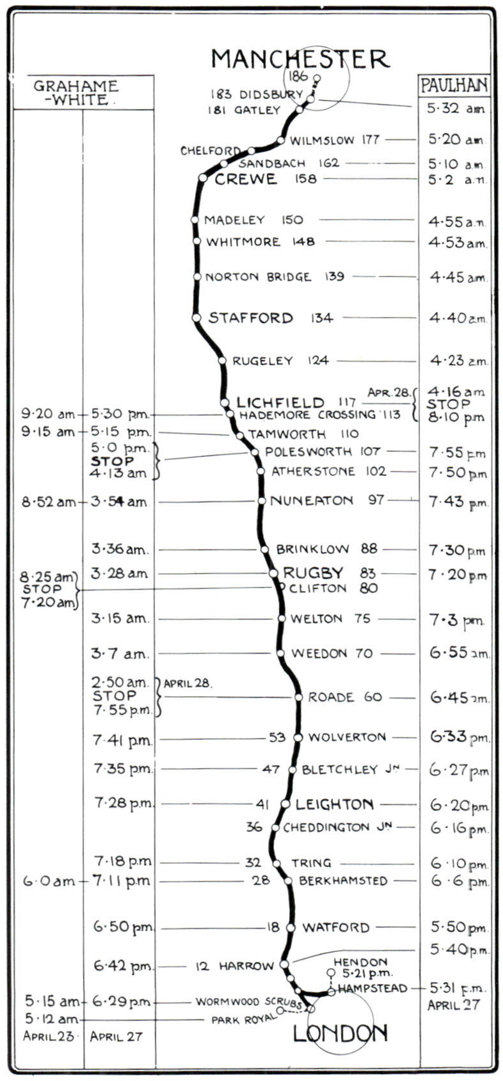

Links oben: Montage des Doppeldeckers von Henry Farman, den Claude Grahame-White beim Luftrennen London-Manchester 1910 flog. Rechts oben: Zeitdiagramm über den Verlauf des Flugwettbewerbs London-Manchester 1910 zwischen Grahame-White und Paulhan. Unten links: Startvorbereitungen von Louis Paulhan in Lichfield

Henry Farman III

Antrieb: ein 50-PS-Gnôme-Umlaufmotor, 7 Zylinder, mit Zweiblatt-Druckpropeller von 2,60 m Durchmesser
Spannweite: 10 m
Länge: 12 m
Flügelfläche: 40 m²
Gesamtgewicht: 550 kg
Höchstgeschwindigkeit: 60 km/h
Besatzung: 1 Mann
Erster Flug: 6. April 1909

Henry Farmans Doppeldecker Typ III von 1909 stellte eine deutliche Verbesserung gegenüber dem Voisin-Kastendrachen-Flugzeug dar, aus dem er entwickelt wurde. Bei dem berühmten Reimser Treffen im gleichen Jahr trug er mit einem Flug über 180 km den Streckensieg davon. Bei dem London-Manchester-Rennen flogen beide Konkurrenten, Louis Paulhan und Claude Grahame-White, verbesserte Versionen des hier abgebildeten Typs.

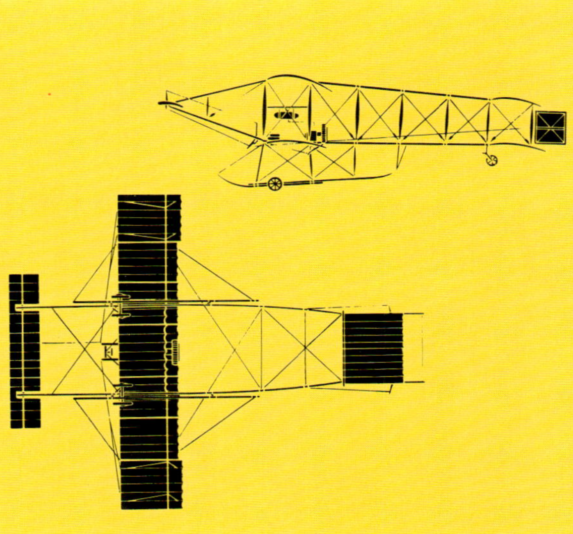

1913, als der längste bis dahin unternommene Flug nur ein paar hundert Meilen überbrückte, bot die »Daily Mail« wiederum 10 000 Pfund für den ersten Nonstop-Flug zwischen den Britischen Inseln und Nordamerika. Der Flug konnte in jeder Richtung unternommen werden, mußte jedoch in 72 Stunden abgeschlossen sein. Wieder einmal wurde Northcliffe als Verrückter verspottet. Nur sechs Jahre später aber gewannen Sir John Alcock und Sir Arthur Whitten Brown das Geld. Ein Trostpreis von 5000 Pfund ging an Hawker und Mackenzie-Grieve wegen eines heldenhaften Versuches, der auf halben Wege im Ozean endete. Über diese Flüge wird später noch ausführlich berichtet.

Weitere Impulse

Am 5. Mai des Jahres 1930 verließ eine unbekannte Fliegerin namens Amy Johnson England mit einer »Gipsy Moth«. Sie war nach Australien unterwegs und erregte in den ersten Tagen kaum Aufmerksamkeit. Als sie jedoch nach sechs Tagen Karatschi erreichte und einen neuen Rekord aufstellte, horchte die Presse auf und widmete ihr Schlagzeilen. Im Vordergrund stand wiederum die »Daily Mail«. Als Amy Johnson am 24. Mai Australien erreichte, erhielt sie für ihre große Leistung von der Zeitung 10 000 Pfund.
Als erste Zeitung der Welt erwarb die »Daily Mail« ein eigenes Flugzeug. Es war mit einer Dunkelkammer ausgestattet und hatte ein Motorrad an Bord. Schon damals unterhielt die »Daily Mail« als einzige unter den englischen Zeitungen eine Zweigstelle in Paris. Anläßlich eines Generalstreiks in England wurde die Londoner »Daily Mail« in Paris gedruckt, nach Croydon und anderen Flugplätzen in der Nähe von London geflogen, von zahlreichen Autos übernommen und nur ein paar Stunden später als gewöhnlich an die Zeitungshändler ausgeliefert. Dies war der Beginn des Luftfrachtverkehrs.

Luftakrobaten

Bevor das Flugzeug zum Transport von Menschen – und zu deren Vernichtung – eingesetzt wurde, war es hauptsächlich ein Objekt der Forschung, des Vergnügens und der Sensation. Ein großer Flugtag in den Jahren vor dem Ersten Weltkrieg bedeutete nicht nur Schauspiel, Bildungsaspekte und Flugerfahrungen, sondern auch Arbeit für die professionellen Schaupiloten aller teilnehmenden Länder. Diese »Showmen« der Luft waren die Helden ihrer Zeit, und nirgendwo wurde deren Kunst in der Beherrschung eines Flugzeuges wirkungsvoller dargeboten und mit wärmerer Anerkennung aufgenommen als am London Aerodrome in Hendon. Steile Kurven, Gleitflüge und gefährliche Sturzflüge liebte die Menge. Das Fliegen bei Wind von jeglicher Stärke erfüllte die Leute mit Staunen. Natürlich war auch immer das Risiko eines Unfalls gegeben.
Im Juni 1911 schrieb der Beobachter einer vom Parliamentary Committee of Aerial Defense veranstalteten Vorführung in Hendon: »Was am meisten beeindruckte, war der bestechende Kunstflug von Grahame-White mit seiner alten ›Farman‹. Ich muß gestehen, daß ich selber nervös wurde, wenn er seine Maschine rasch wendete und mit 45 Grad Schräglage in etwa 15 m Höhe über die Köpfe der Zuschauer hinwegflog. Ich konnte mir den totalen Bruch vorstellen, den es gegeben hätte, wenn das Gelenk seines Steuerhebels gebrochen wäre – solche Dinge sind passiert.«
Später, im Jahre 1913, bemerkte der technische Redakteur der Zeitschrift »Flight«: »Mehrere Unfälle waren das Resultat von Kunstflug-Vorführungen in Amerika. Einige Piloten kamen vor den Augen der Zuschauer ums Leben. In ihrem Bemühen, die Zuschauer zu beeindrucken, entwickelten diese Männer bei steilen Sturzflügen, die von kurzen Turns unterbrochen wurden, bei denen sich die Tragflächen einer vertikalen Lage näherten, einen höchst erstaunlichen Mut. Einmal schlug eine Maschine wegen

Linke Seite oben: Adolphe Pégoud war ein tollkühner, dem Fliegen mit Haut und Haaren verschriebener Pilot, der durch spektakuläre Kunstflüge bald zum Helden Frankreichs avancierte. Hier landet er mit einer von ihm entworfenen Landevorrichtung, die das Flugzeug auch bei unebenen Pisten in der Spur hielt. Links Mitte: Eine verkehrt aufgesetzte Mütze war das »Markenzeichen« der frühen Sportpiloten, hier im Bild Claude Grahame-White. Links unten: Grahame-White am Steuer seines fünfsitzigen »Aero-Busses«, mit dem er gegen gutes Geld Rundflüge für interessierte Passagiere unternahm. Oben Mitte: Ein Flugtag in Hendon war ein gesellschaftliches Ereignis ersten Ranges.

Oben links: Starpilot der Cobham-Shows Anfang der dreißiger Jahre war Geoffrey Tyson, zu dessen Tricks es gehörte, ein Taschentuch mit der Flügelspitze vom Boden aufzunehmen. Unser Bild zeigt ihn mit einer de Havilland »Tiger Moth« im Rückenflug. Oben rechts: Um 1915 waren in Amerika Rennen Flugboot gegen Rennboot sehr beliebt. Links: Das atemberaubende Kreuzen der Doppeltragflächen, wie es heute von der berühmten Kunstflieger-Truppe »Red Arrows« gezeigt wird, ist nichts Neues. Bereits in den zwanziger Jahren führten zwei Avro 504 N dieses Kunststück vor. Rechte Seite: Der Kunstflug hat im Laufe der Zeit immer mehr Freunde gewonnen. Viele enthusiastische Flieger schätzen einen offenen Doppeldecker weit mehr als ein bequemes Reiseflugzeug. Im Bild eine de Havilland »Tiger Moth«

zu großer Querlage tatsächlich um. Der Pilot fand ebenfalls den Tod.«
Dieser Berichterstatter konnte nicht wissen, daß die spektakulärste Akrobatik in der Luft erst kommen sollte.
Anfang 1913 trat ein junger Mann namens Adolphe Pégoud in die Blériot-Gesellschaft ein und machte sich schnell einen Namen: Er sprang mit einem Fallschirm aus einem alten, ausrangierten Flugzeug ab. Er war der erste Pilot, wenn auch nicht der erste Mensch, der aus einem Flugzeug in der Luft ausstieg.
Mit Pégouds Namen ist jedoch noch ein anderes Ereignis verknüpft: Am 2. September 1913 flog er zum ersten Mal in der Rückenlage. Das war ihm aber nicht genug: Am 21. September glückte ihm mit einem besonders verstärkten Blériot-Eindecker ein Looping. Pégoud perfektionierte noch andere spektakuläre Flugfiguren und war sehr schnell als Schaupilot gefragt. Er reiste mit seinem Flugzeug per Bahn nach Belgien, Italien, Rumänien, Rußland und Holland. Als er einer Einladung nach den USA folgen wollte, kam der Krieg.

Der erste Looping

Jahrelang wurde angenommen, daß Pégoud der erste Pilot gewesen sei, der einen Looping flog; die Luftfahrt-Historiker erkennen jedoch heute an, daß dies nicht zutrifft. Dieser Ruf steht rechtmäßig einem russischen Piloten, Peter Nikolajew Nesterov, zu. Als Leutnant der Kaiserlich Russischen Luftwaffe flog Nesterov am 20. August 1913 mit einem Nieuport-Eindecker Typ IV einen Looping. Seine Vorgesetzten reagierten nicht begeistert. Er erhielt 10 Tage Arrest wegen Gefährdung von Staatseigentum.
Ebenso wie Frankreichs Held Pégoud lebte Nesterov nicht mehr lange. Am 26. August 1914 griffen drei österreichische Flugzeuge unter der Führung von Leutnant Baron von Rosenthal den Flugplatz bei Sholkiv in Galizien, wo Nesterov stationiert war, an. Die Hangars wurden beschossen. Nesterov startete mit einem unbewaffneten Morane-Eindecker des Typs M und rammte in voller Absicht die Maschine des Barons. Beide Männer kamen dabei ums Leben.

Technische Meilensteine

Die Geburt des Hubschraubers

Wie an anderer Stelle bereits erwähnt, blieb ein großer Teil früher Pionierarbeit an Hubschraubern im dunkeln und wurde nie aufgezeichnet.
»A Plea for the Direct Lifter« (Plädoyer für den Direktstarter oder »Senkrechtstarter«) hieß der Bericht eines unbekannten Verfassers aus dem Jahre 1911. Fünfundsechzig Jahre später hat er nichts an Aktualität eingebüßt:
»Obwohl denkende Menschen den Möglichkeiten einer direkt steigenden Flugmaschine zum gegenwärtigen Zeitpunkt eine gewisse Aufmerksamkeit schenken, ziehen jene Männer, welche die Kühnheit besitzen, entsprechende Forschungen auf diesem Gebiet anzustellen, genau das gleiche Maß an Lächerlichkeit auf sich, das – vor nur vier kurzen Jahren – den Enthusiasten zugedacht wurde, die mit kraftbetriebenen Drachen experimentierten.
Es ist selbstverständlich, daß wir die unwahrscheinlichen Erfolge des Flugzeuges bestaunen und bewundern. Jedoch – der Reiz des Neuen beginnt bereits zu verblassen. In nicht allzulanger Zeit werden wir die ziemlich augenfälligen Grenzen zu erkennen beginnen, die dem Flugzeug gesetzt sind.«
Dieser klar denkende, wenn auch etwas ungeduldige Verfasser fuhr fort:
»Die über das Thema ›vertikale Steigflugversuche‹ zur Verfügung stehenden Informationen sind äußerst bruchstückhaft. Es gibt jedoch genügend Beweise, die erkennen lassen, daß das Vorhaben für alle diejenigen von höchstem Interesse ist, denen die Luftfahrt am Herzen liegt. Bedauerlich ist allerdings, daß es auf diesem Gebiet eine so große Zahl überspannter Leute gibt. Diese optimistischen und scheinbar harmlosen Herren tragen nichts zur Unterstützung der Entwicklung bei. Sie bringen Ideen, die zumindest auf einer Basis theoretischer Möglichkeit beruhen, mit jenen durcheinander, die ganz offensichtlich technisch von Anfang an nutzlos sind. Der technische Verstand empört sich über ihre sonderbaren Vorstellungen, und mißtrauische Geldgeber werden von der Unterstützung vernünftiger Experimente abgeschreckt.
Der eine Vorteil vertikal steigender Maschinen ist ihre Fähigkeit zum stehenden Fliegen. Ferner ist es ihnen möglich, von jedem Gelände und von kleinen Flächen aus aufzusteigen. Militärisch wird sofort erkennbar, daß zum Zwecke der Aufklärung eine Maschine, die ihre Position für eine gewünschte Dauer halten kann, nutzbringender ist als jene, die der Stelle nur *nahe* bleiben kann, indem sie mit über 60 km/h Geschwindigkeit wie wild im Kreis herumjagt. Außerdem sind die mit dem ersten Senkrechtstarter gebotenen Möglichkeiten für erfolgreiche Bombenabwürfe, die gegenwärtig etwas fragwürdig sind, nicht zu unterschätzen.«
»Monsieur Paul Cornu, ein Ingenieur aus Lisieux«, so schrieb der Verfasser weiter, »war der erste Mensch, der den Erdboden mit einem frei fliegenden Hubschrauber verließ, der seine eigene Kraftquelle mit sich führte. Cornus Maschine flog nicht einmal, sondern viele Male, und wären seine Versuche nicht zu einer Zeit durchgeführt worden, da die Flugzeuge gerade damit begannen, ihr Publikum zu finden, und die Gebrüder Wright in Le Mans ihre ersten sensationellen Flüge machten, dann hätte sein Erfolg die Aufmerksamkeit der gesamten Welt gefesselt. Das bedauerliche dabei ist, daß Monsieur Cornu, nachdem er so bemerkenswert gute Ergebnisse erzielt hatte, seine weitere Forschungsarbeit wegen der großen Kosten aufgeben mußte.«

Paul Cornu

Außer in dieser »Plea for the Direct Lifter« kam der Name Paul Cornu in der Luftfahrtgeschichte auch weiterhin nicht so recht zum Vorschein. Um so erfreulicher ist, daß sich nun die Gelegenheit bietet, diesen Ingenieur aus der Normandie etwas mehr ins Licht der Öffentlichkeit zu rücken:
Unter Verwendung eines alten Buchet-Motors, der nicht mehr als 2 PS hergab, baute Cornu im Laufe des Jahres 1906 ein Helikopter-Versuchsmodell. Es wog 12,7 kg und trug 15,9 kg. Das Motorgewicht war von 14,1 kg auf nur 6,8 kg herabgesetzt worden. Zwei Rotoren

lagen nebeneinander. Die restliche Konstruktion bestand aus Stahlrohr. Die Motorleistung wurde durch einen über Rollen laufenden Riemen übertragen.
Am 13. November 1907 gelang Cornu an Bord des vergrößerten Nachbaus seines Hubschrauber-Modells der erste historische Aufstieg (ca. 0,3 m). Dazu einige technische Einzelheiten:
Zwei Rotoren mit je 6 Meter Durchmesser waren hintereinander auf Ausleger montiert; der Antriebsriemen ca. 20 Meter lang. Im gesamten Antriebsmechanismus wurden Kugellager verwendet. Jeder Rotor hatte zwei Blätter. Sie waren aus Stahlrohr gefertigt und mit gummiimprägnierter Seide überzogen. Der Anstellwinkel der Rotorblätter war verstellbar. Die Vorwärtsbewegung und die Lenkung wurden mittels zweier Leitflächen erreicht. Sie ragten aus den Achsen der Rotoren heraus. Von den Rotoren nach unten geblasene Luft drückte auf diese »Flächen« und bewirkte so eine Horizontalbewegung je nach deren Anstellwinkel.
Der Sitz des Piloten und der Motor lagen im Schwerpunkt. An jeder Seite des Stahlrohrgerüsts befand sich ein Räderpaar.
Der Motor war ein wassergekühlter 24-PS-Antoinette. Das Kühlwasser wurde in einen Tank an der Kopfseite des Motors gefüllt, das Benzin in einen Tank hinter dem Pilotensitz. Über dem Motor lag der Öltank, unter dem Pilotensitz Akkumulatoren und die Zündspule.

Der Tragschrauber von Breguet und Richet

Ärger mit dem Riemenantrieb und Unzuverlässigkeit des Motors gehörten zu den vielen Schwierigkeiten, die Cornu verfolgten. Bevor sich der Aufwand für seine Forschungen als zu groß erwies, hatte er angefangen, einen Hubschrauber anderer Auslegung zu konstruieren.
Er schien jenem ähnlich, der von seinem Landsmann Louis Breguet gemeinsam mit Professor Richet konstruiert worden war und am 29. September 1907 tatsächlich einen Menschen vom Boden gehoben hatte. Dieser Flug wird jedoch nicht als erster bemannterHubschrauberflug anerkannt, weil seine Stabilisierung »von Hand« erfolgte. Genauer gesagt, verhinderten vier Männer das Abkippen mit Hilfe von Stangen.
Der Breguet-Richet-Hubschrauber wurde von seinen Konstrukteuren »Flugschrauber« oder »Tragschrauber« genannt, und der unbekannte Autor von »A Plea for the Direct Lifter« berichtete: »Die Maschine, welche mit ihrem ›Fahrer‹ ca. 577 kg wog, wurde in Douai getestet. Sie erwies sich als fähig, mehrere Male vom Boden abzuheben. Einmal stieg sie ziemlich plötzlich, bewegte sich hundert Meter weit oder mehr nach vorn und landete in einem Rübenfeld, wobei sie beträchtliche Beschädigungen erlitt. Monsieur Breguet stellte daraufhin seine Flugschrauber-Experimente ein. Mittler-

Linke Seite: Zwischen 1873 und 1900 baute Carl Zenker an dem »lenkbaren Luftschiff Bremen 1«, das freilich nie geflogen ist, aber zweifellos den Entwurf eines Helikopters darstellt. Oben: Der erste Helikopter, der einen bemannten Flug vollbrachte, war diese Entwicklung Paul Cornus mit Tandem-Rotoren. Unten: Etwas früher hob zwar dieser Breguet-Richet-Flugschrauber Nr. 1 vom Boden ab, jedoch wurde er von vier Mann im Gleichgewicht gehalten.

weile hat er eines der leistungsfähigsten Flugzeuge der Welt hergestellt. Es bleibt jedoch zu hoffen, daß er die Zeit finden wird, seine Versuche mit Senkrechtstartern fortzusetzen.«
Breguet hat seine Senkrechtstart-Versuche tatsächlich später weitergeführt. 1935 stellte er den Breguet-Dorant-»Gyroplane Laboratoire« mit gegenläufigen koaxialen Rotoren vor. Der Name »Gyroplane« (Flugschrauber) drückte seinen über die Jahre fortbestehenden Glauben an die Sache aus, während »Laboratoire« (Laboratorium) nicht zu Unrecht erkennen ließ, daß der Hubschrauber noch immer verbessert werden mußte. Als er dann später doch seinen Platz neben dem Flugzeug eingenommen hatte, rechtfertigte er Cornus und Breguets Bemühungen hervorragend.

Das erste Strahlflugzeug

Rumänien wird im allgemeinen nicht zu jenen Ländern gezählt, die Luftfahrtgeschichte gemacht haben. Aber dennoch flog der Rumäne Traian Vuia bereits 1906 mit einem Eindecker von zukunftsweisender Konstruktion. Er war mit einem Kohlensäure-Motor unbekannter Leistung ausgerüstet. Die Flüge fanden in Frankreich statt. Rumäne war auch Aurel Vlaicu. Ihm wurde die Möglichkeit geboten, sein erstes Flugzeug in Deutschland zu bauen. 1908 kehrte er nach Rumänien zurück und gewann 1912 den ersten internationalen Luftfahrt-Wettbewerb seines Landes. Ein Name jedoch steht an der Spitze aller flugbegeisterten Rumänen: Henri Coanda. Er gilt als Schöpfer des ersten Flugzeuges mit Strahlantrieb.
1887 in Bukarest als Sohn eines Generals geboren, wurde er nach erfolgreichem Abschluß der Hochschule für Mathematik in Paris Professor an der Militärschule für das Ingenieur- und Artilleriewesen in Bukarest. Der junge Coanda sollte Offizier werden. Er erhielt seine weitere Ausbildung in Charlottenburg, Lüttich, Montefoire und Paris. In der französischen Hauptstadt besuchte er 1909 die Hochschule für Luftfahrt. Als Bester des ersten Jahrganges bestand er die Abschlußprüfung. Von früher Jugend an war er luftfahrtbegeistert. Schon 1905 hatte er in Bukarest ein Flugzeugmodell mit Raketenantrieb gebaut. Der Antrieb mittels Rückstoß beschäftigte ihn auch weiterhin. Auf dem Pariser Salon im Oktober 1910 erregte er mit der Ausstellung eines eleganten, naturgroßen Flugzeuges mit Mantelschraube großes Aufsehen. Die Behauptung, daß dies das erste Flugzeug der Welt mit Rückstoßantrieb war, bietet zwar keine Vergleichsmöglichkeit mit dem Turbostrahlantrieb, wie er in den dreißiger und vierziger Jahren in Deutschland und England entwickelt wurde. Coanda konstruierte jedoch zweifellos das, was man heute ein Mantelgebläse nennt.
Die von einem Mantel umgebene Vielblattschraube saugte Luft vorn an, beschleunigte die Luftmasse und drückte sie nach hinten aus dem Mantelrohr. So entstand der »Schub«. Ein 50-PS-Clerget-Motor sorgte für den Antrieb. Die konstruktive Auslegung kann mit jener des italienischen Caproni-Campini-Eindeckers verglichen werden, der 1940 zum ersten Mal flog. Allerdings verfügte der Caproni-Campini über einen Nachbrenner zur zusätzlichen Verbrennung von Kraftstoff im Mantelrohr, woraus sich ein größerer Schub ergab.
Das Coanda-Triebwerk wurde 1910 als »Turbo-Propulseur« vorgestellt. Trotz zukunftweisender Technik lieferte das Triebwerk nicht genügend Schub für einen völlig zufriedenstellenden Flug. Eine deutsche technische Zeitschrift schrieb damals: »Coandas Versuche zeigen, daß diese Antriebsmethode tauglicher ist als die fortschrittlichste Anwendung normaler Propeller.« Über seinen ersten Flug mit dem »Turbo-Propulseur« berichtete Coanda: »Am 10. Dezember 1910 hatte ich keinerlei Flugabsichten. Mein Plan war, die Funktion des Strahlmotors dicht am Erdboden zu prüfen. Ich konzentrierte mich auf das Einstellen der Düse und nahm nicht wahr, daß das Flugzeug an Geschwindigkeit gewann. Dann sah ich die Mauern von Paris schnell näherkommen. Es blieb keine Zeit zum Anhalten oder Wenden. So versuchte ich, von der Erde abzuheben. Unglücklicherweise hatte ich keinerlei Flugerfahrung. Das Flugzeug schien einen plötzlichen steilen Steigflug zu beginnen. Sekunden später landete es mit einem harten Stoß. Zuerst schlug die linke Tragfläche auf den Boden. Dann ging das Flugzeug in die Brüche. Benzin lief über den Motor. Ich war nicht angeschnallt und wurde aus der brennenden Maschine geschleudert.«
Die historische Coanda-Maschine zeigte bereits 1910 besondere Unterscheidungsmerkmale zu herkömmlichen Flugzeugtypen. Zum Beispiel war sie als Anderthalbdecker ausgelegt. Die unteren der beiden Tragflächen hatten eine kleinere Spannweite als die oberen. Die Tragflächen selbst waren nicht mit Stoff

Oben: Der rumänische Konstrukteur Henri Coanda schuf bereits 1910 das erste Flugzeug mit Düsenantrieb. Unten: Coandas Anderthalbdecker von 1910 mit Düsenmotor. Rechte Seite oben: Ein Bristol-Coanda-Eindecker wird kopfstehend und mit Sand beschwert auf seine Tragflächenstabilität getestet.

bespannt, sondern mit Sperrholz beplankt.
Danach wandte sich Coanda konventionelleren Konstruktionen zu. Zum Beispiel baute er im Oktober 1911 ein Flugzeug, dessen zwei Gnôme-Motoren eine einzige Luftschraube antrieben.
Mit seinem langen schwarzen Haar und etwas theatralischem Wesen erregte Coanda ebensoviel Aufsehen wie mit seinen Flugzeug-Konstruktionen. 1912 kam er nach England, um als technischer Berater in die British & Colonial Aeroplane Company (später Bristol und jetzt Teil der British Aircraft Corporation) einzutreten. Unter den Entwürfen, die er für diese Firma machte, befanden sich hervorragende Konstruktionen. Sie wurden nach Frankreich, Italien, Deutschland und Coandas Heimatland, Rumänien, geliefert.
Coanda war nicht damit zufrieden, nur Flugzeuge zu entwerfen. Klar erkannte er, daß deren militärischer Einsatz nur dann sinnvoll war, wenn Spezialausrüstungen für sie entwickelt wurden. So befaßte er sich mit Bomben-Ziel- und Abschußvorrichtungen. Auf dem Pariser Salon 1913 erregte er mit einer Bombenvisiereinrichtung nicht geringes Aufsehen.
Sie sollte in Verbindung mit einem Bombenabwurfsystem arbeiten, bei dem die Bomben in einen Zylinder gelegt und mit Hilfe eines Kolbens abgefeuert wurden. Coanda konstruierte also nicht nur das erste Flugzeug mit Rückstoßantrieb, sondern auch das erste »integrierte Waffensystem«.

Coanda-Strahlflugzeug

Antrieb: ein 50-PS-Vierzylinder-Reihenmotor mit einem Zentrifugal-Luftverdichter im Bug zur Erzeugung von 220 kp Schubkraft
Flügelspannweite: 10,30 m
Länge: 12,50 m
Höhe: ca. 2,75 m
Flügelfläche: 32,50 m²
Gesamtgewicht: 420 kg
Besatzung: 1 Mann
Ob dieses einzigartige Flugzeug nun jemals mehr vollbrachte, als einmal auf unkontrollierte Weise in die Luft zu taumeln, bis es im Dezember 1910 ein unglückliches Ende nahm – die Erfindungsgabe seines Konstrukteurs Henri Coanda kann jedenfalls nicht geleugnet werden. Im Alter von 24 Jahren stellte er nicht nur das erste naturgroße Flugzeug mit Rückstoßtriebwerk her, sondern verlieh ihm auch so fortschrittliche Strukturmerkmale wie fast freitragende Flügel und eine Sperrholzbeplankung. Einige seiner späteren Konstruktionen waren genauso genial.

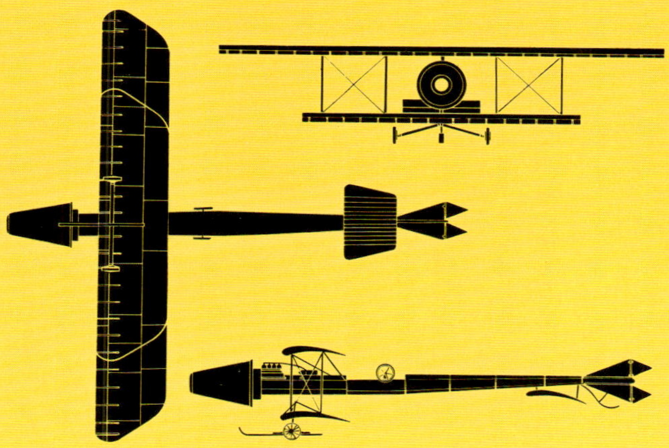

Henry Fabre – Vater des Wasserflugzeugs

Henry Fabre wurde 1882 in Marseille geboren. Als Mitglied einer Reederfamilie war er dazu bestimmt, zur gegebenen Zeit in das Familienunternehmen einzutreten.
23 Jahre alt, wandte er sich der Luftfahrt zu. Finanziell unabhängig, begann er aerodynamische Probleme zu erforschen. Zwei Jahre lang – von 1907 bis 1909 – experimentierte Henry Fabre. Auf dem Forschungsschiff »Essor« untersuchte er die Luftströmung über verschiedenen Oberflächen. An Land fuhr er ein Automobil mit Propellerantrieb.
1909 glaubte Henry Fabre genug zu wissen, um seine Ideen an einer »Wasser-Flugmaschine« in der Praxis zu erproben. Sie sollte auf drei Schwimmern ruhen und mit drei Anzani-Motoren ausgerüstet

sein, die ihre Kraft auf eine einzige Luftschraube übertrugen. Leider flog Fabres Flugzeug nicht – zu jener Zeit keine ungewöhnliche Erfahrung.
Sein zweites Flugzeug wurde in Martiques in der Nähe von Marseille gebaut. Es flog im März 1910. Die Konstruktion in Entenbauweise zeigte einige Merkmale der Fabreschen Schiffbau-Erfahrung. Vorn lagen ein Doppel-Seitenruder und zwei Höhenruder. Ein Schwimmer war unter dem Bug angebracht und zwei unter den Tragflächen am Heck der Maschine. Der Pilotensitz – ein Sattel – lag vorne auf einem der beiden Längsholme, die Tragwerk und Höhenruderanlage verbanden. Ein 50-PS-Gnôme-Sternmotor befand sich am Heck und trieb einen Druckpropeller. Fabres »Hydravion« war in der Tat eines der ersten Flugzeuge mit Sternmotor.
Anstelle von Querrudern wurden die Tragflächen verwunden. Die Betätigung des Seiten- und Höhenruders erfolgte mittels einer Art Ruderpinne. Um den Kraftaufwand zur Bedienung dieses »Steuerknüppels« zu vermindern, wurde ein Feder-Ausgleichssystem eingebaut.
Die Tragflächenholme und die Hauptholme des Rumpfes bestanden aus einer neuartigen Gitterträger-Konstruktion. Am Rumpf waren sie beplankt. Die Tragflächenholme jedoch ließ man unverkleidet, damit die Luft durch das Gitterwerk strömen konnte und der Widerstand verringert wurde. Sie waren mit Segeltuch bespannt, das man an jedem Holm mit einem Karabinerhaken befestigt hatte. Es konnte so an die Hauptholme gerefft werden wie die Segel eines Bootes. Die ganze Zelle bestand aus Holz.
Die Schwimmer waren sperrholzbeplankt und beweglich aufgehängt, um den Landestoß aufzufangen. Außerdem war der vordere Schwimmer lenkbar, um das Manövrieren auf dem Wasser zu erleichtern.
Sein erster Flug gelang am 28. März 1910 im Hafen von La Mède in der Nähe von Marseille. Fabre war nie zuvor geflogen, nicht einmal als Passagier! Bei ihrem ersten Anlauf rutschte die »Hydravion« mit ca. 55 km/h über das Wasser, hob jedoch nicht ab. Beim zweiten Versuch aber hob Fabre ab, machte einen Geradeausflug über etwa 500 m mit ca. 60 km/h und landete sicher.
Das war der erste von vier Flügen im Laufe dieses Tages. Am Nachmittag versammelte Fabre Gendarmen und Beamte als offizielle Zeugen, startete in deren Anwesenheit und landete wiederum sicher im Hafen von La Mède.
Aber diesem Flugzeug ging eine Maschine voraus, die – obgleich sie nicht flog – verdient erwähnt zu werden. Sie wurde von Wilhelm Kress in Österreich gebaut und in einem Brief von Octave Chanute an Wilbur Wright im Jahre 1903 als ein »Flugboot« bezeichnet. Später wurde diese Terminologie gebraucht, um Wasserflugzeuge zu beschreiben, die anstelle von Schwimmern einen bootsförmigen Rumpf besaßen. Chanute sagte über die Kress-Maschine: »Ich habe den Eindruck, als besitze sie einige ausgezeichnete Konstruktionsmerkmale und als könnte sie tatsächlich fliegen, falls man einen leichteren als den gegenwärtigen Motor bekäme.« Dies mißlang jedoch. Das Flugboot kenterte bei Rollversuchen in einer Bö und wurde zerstört.

Rückschläge und Erfolge wechseln ab

Fabre strebte nicht unbedingt nach Publicity. Er setzte jedoch seine Flugversuche fort. Bald erfuhr Louis Paulhan (der Ge-

Der Deutsch-Österreicher Wilhelm Kress schuf 1901 das erste motorgetriebene Wasserflugzeug der Welt, einen riesigen Dreidecker mit zwei Bootsrümpfen. Bei einem Versuch im Oktober 1901 kenterte das Flugzeug allerdings. Unten: Henri Fabre. Rechte Seite: Fabres »Hydravion« von 1910

winner des »Daily Mail«-Preises für den London-Manchester-Flug im April 1910) davon. Im Mai jenes Jahres kam Paulhan, um selbst einen Flug zu unternehmen. Unglücklicherweise wurde Fabres Flugzeug bei der Landung schwer beschädigt. Paulhan verlor das Interesse an dem Wasserflugzeug, bat Fabre aber darum, ein Landflugzeug mit gleichen Gitterträger-Flächenholmen zu bauen. Zwei Maschinen dieses Typs wurden später nach England geliefert.
Die Bruchlandung vor Paulhan geschah aus dem Gleitflug heraus mit zu hoher Geschwindigkeit. Nach Fabres Meinung wurde der Unfall verursacht, weil sein Flugzeug bei großer Eigenstabilität nur schwer abzufangen war. Er konstruierte die Maschine daraufhin so um, daß sie rascher reagierte.
Die beiden kleinen Seitenruder am Bug wurden zunächst ebenso wie der Feder-Steuerdruckausgleich beseitigt, so daß der Pilot ein besseres Empfinden für die einwirkenden Ruderkräfte bekam.
Der modifizierte Prototyp erschien auf der Luftfahrtausstellung in Paris im Oktober 1910. Glenn Curtiss, der zur Ausstellung aus den Vereinigten Staaten herübergekommen war, verbrachte viel Zeit mit Henry Fabre. Es gibt keinen Beweis dafür, daß Curtiss Ideen von dem Franzosen übernahm; es besteht jedoch auch kein Zweifel darüber, daß er Fabres Arbeit schätzte, von ihm viel lernte.
Fabres Schwierigkeiten mit den Seitenrudern waren offensichtlich. Nach einer Reihe weiterer Versuche, bei denen er sie als bewegliche Ruderfläche an einer starren Dämpfungsfläche befestigte, kam er zu der Erkenntnis, daß die Montage am Bug nicht die richtige Anordnung war. Nun montierte er sie hinten zwischen den Tragflächen und erreichte so sehr rasch eine bessere Steuerwirkung.
Ein weiteres Richtungsproblem beim Gleiten auf dem Wasser versuchte er mit Hilfe eines unter dem vorderen Schwimmer einziehbaren Kiels zu lösen. Das hatte jedoch zur Folge, daß das Flugzeug bei einem schnellen Gleitversuch auf dem Wasser umschlug. Seinen Änderungserfahrungen bei den Seitenrudern entsprechend, entfernte er den vorderen Kiel und brachte stattdessen je einen hinter den rückwärtigen Schwimmern an, die unabhängig voneinander einziehbar waren.
Im März 1911, während eines wichtigen Motorboot-Treffens in Monaco, lud Fabre Jean Bécue, einen Piloten mit weit mehr Erfahrung, als er selbst sie besaß, ein, den modifizierten »Hydravion« zu fliegen. Der erste Flug gelang ausgezeichnet. Beim zweiten jedoch unterlief Bécue ein verhängnisvoller Fehler:
»Die Maschine überquerte den Hafen in perfekter Manier, indem sie über die Oberfläche dahinglitt«, so berichtete ein Zeitgenosse. »Als sie sich der Hafenausfahrt näherte, erhob sie sich etwa 30 m hoch in die Luft und segelte – von Tausenden von Zuschauern aufs höchste bewundert – ganz wunderschön dahin. Sobald sie jedoch den Hafen verließ und

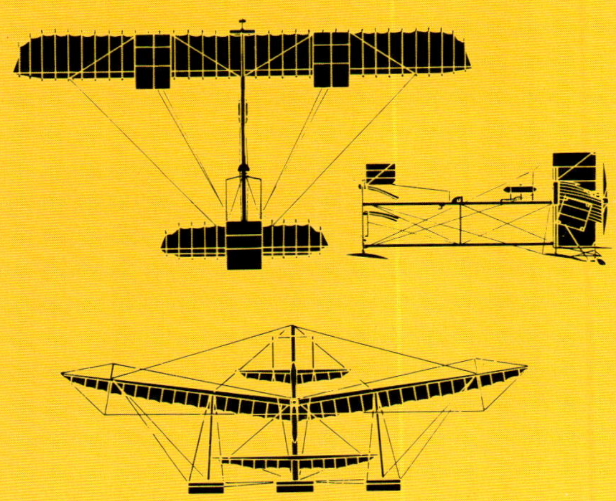

Fabre »Hydravion«

Antrieb: ein 50-PS-Gnôme-7-Zylinder-Sternmotor mit einem Zweiblatt-Chauviére-Druckpropeller von 2,50 m Durchmesser
Spannweite: 14 m
Länge: 8,50 m
Flügelfläche: 17 m²
Gesamtgewicht: 475 kg
Geschwindigkeit: 89 km/h
Besatzung: 1 Mann
Erster Flug: 28. März 1910
Die »Hydravion« aus dem Jahre 1910 war Henri Fabres zweites Wasserflugzeug, da sein erster Entwurf von 1909 (mit drei Anzani-Motoren) nicht geflogen war. Bis 1910 war Fabre selbst noch nie geflogen. Beim zweiten Versuch am 28. März flog er die »Hydravion« etwa 500 m weit, am folgenden Tag etwa 6 km. Nach einem Unfall im Jahre 1911 baute er keine Flugzeuge mehr, konstruierte aber viele Jahre lang Schwimmer für andere Wasserflugzeuge.

Oben links: Fabres »Hydravion« mit Jean Bécue am Steuer vor seinem Flug im März 1911 in Monaco. Oben rechts: Glenn Curtiss, der große amerikanische Konstrukteur von Wasserflugzeugen, am Steuer seiner »Loon«, wie er die mit Schwimmern ausgerüstete »June Bug« nannte. Rechte Seite: Curtiss-Triad-Wasserflugzeug

der vollen Wucht des Windes draußen begegnete, war sie nicht mehr zu kontrollieren und wurde zum Schrecken der Zuschauer mit ungeheurer Geschwindigkeit auf die Felsen und Steinwände unterhalb der Terrassen gefegt. Glücklicherweise gelang es dem Piloten mit großer Geistesgegenwart, sich aus der Maschine ins Meer zu werfen. Er wurde unverzüglich aufgefischt, ohne daß er durch sein aufsehenerregendes Erlebnis Schaden gelitten hätte.«
Der historische Fabre-Eindecker, den Gabriel Voisin trotz seines seltsamen Aussehens als »wie ein Meisterwerk gebaut« beschrieb, wurde viele Jahre nach dem Absturz naturgetreu nachgebaut und wird heute in dem französischen Musée de l'Air in Chalais-Meudon für die Nachwelt erhalten.
Mit Fabre-Schwimmern war auch jener Voisin-Doppeldecker ausgerüstet, der im August 1911 als erstes Flugzeug amphibische Eigenschaften demonstrierte. Der Pilot, Maurice Colliex, startete auf Rädern vom Flughafen Issy, landete auf der Seine und flog zum Ausgangspunkt zurück. Im Jahre 1912 wurde ein Voisin-Enten-Doppeldecker mit Fabre-Schwimmern als erstes Flugzeug von einem Kriegsschiff, dem französischen Schlachtschiff »Fourdre«, mitgeführt.
Die Meinung, »das Wasserflugzeug sei in seiner frühesten Gestalt lediglich ein

Flugzeug gewesen, an das man die einfachste Form von Schwimmern anbrachte«, ist zwar weit verbreitet, aber historisch irreführend.
Nach der Auffassung jener Zeit war Fabres Wasserflugzeug tatsächlich »ein Boot und auch ein Flugzeug«, denn es wurde zur Teilnahme an einem Motorbootrennen in Monte Carlo zugelassen. Dabei sollte das Flugzeug so »eingestellt« werden, daß es nicht vom Wasser abheben konnte. Ein Mitbewerber sagte, als er davon hörte, daß er erwäge, ein Schrotgewehr mitzunehmen, falls das »langbeinige Ungeheuer« Anstalten machen sollte, über ihn hinwegzuspringen!

Glenn Curtiss

Franzosen waren auf dem Gebiet des »Wasserfluges« zweifellos wegbereitend. Doch die größte Bedeutung in der Entwicklung von Wasserflugzeugen bis zum Beginn des Ersten Weltkrieges sollte der Amerikaner Glenn Curtiss gewinnen. Ende 1908 montierte er seinen June-Bug-Doppeldecker auf Schwimmer und taufte ihn auf den Namen »Loon«.
Es gelang ihm jedoch nicht, damit vom Wasser abzuheben. Er entwickelte einen weiteren Landflugzeug-Typ, den er für seinen berühmten Flug von Albany nach New York mit Schwimmern, einem Luftkissen und Unterwasser-Tragflächen zu einem Wasserflugzeug umrüstete.
Im Laufe des Jahres 1910 zeigte sich die amerikanische Marine an dem Flugzeug für Aufklärungszwecke interessiert. Der Kreuzer »Birmingham«, der in Hampton Roads, Virginia, vor Anker lag, wurde mit einer schrägen Plattform von 8,50 × 25,30 m ausgestattet. Am 14. November 1910 flog ein Curtiss-Pilot, Eugene Ely, den Curtiss-Druckschrauben-Doppeldecker des Typs »Golden Flyer« von dieser Plattform und landete 4 km weiter in Willoughby Spit. Der Flugzeugträger war geboren. Zwei Monate später, am 18. Januar 1911, gab Ely eine noch bemerkenswertere Vorführung. Er startete vor der Küste von San Francisco und landete an Bord des Kreuzers »Pennsylvania«. Nach einem kurzen Aufenthalt flog er zur Küste zurück. Für die Landung an Bord wurde erstmalig eine Landebremsvorrichtung benutzt, um das Flugzeug zum Halten zu bringen: Seile waren über das Deck gespannt, mit einem Sandsack an jedem Ende. Sie wurden von einem an der Unterseite des Flugzeuges angebrachten Fanghaken erfaßt und bremsten die Fahrt der landenden Maschine bis zum Stillstand.
Am 26. Januar 1911, wenige Tage nach Elys historischem Flug, gelang es Glenn Curtiss, mit zwei hintereinander montierten Schwimmern und einem Unterwassertragflügel abzuheben. Im Laufe des darauffolgenden Monats wurde ein einziger Schwimmer, in der amerikanischen Terminologie »Ponton« genannt,

angebracht und danach die Maschine weitgehend umgebaut. Am 17. Februar setzte Curtiss Elys Flüge zwischen Schiff und Küste fort. Er startete seine Maschine mit dem einzigen langen Schwimmer zur »Pennsylvania« und ließ sich dort an Bord hieven.

Eine weitere beachtliche Entwicklung des Jahres 1911 war die Erfindung des ersten Flugzeug-Katapults von Lt. T. G. Ellyson: Das Flugzeug wurde von einem dick geschmierten Seil während des Starts beschleunigt, während zwei weitere Seile unter den Tragflächen das Gleichgewicht hielten. Bei Vollgas erhob sich die Maschine schon nach kurzer Rollstrecke in die Luft. Ein weiteres prophetisches Ereignis des Jahres 1911 war die Bergung eines Piloten, der im Michigan-See »notlanden« mußte, ebenfalls von einem Curtiss-Wasserflugzeug aus.

Curtiss-Wasserflugzeuge wurden von mehreren Luftwaffen und privaten Fliegern gekauft. Curtiss versäumte keine Gelegenheit, nicht nur den Wert, sondern auch die Freude am Wasserfliegen zu preisen. »Das ist«, so schrieb er, »ein Erlebnis, das die ermatteten Gefühle der Blasiertesten aufrührt.« »Es ist vergleichbar der Fahrt auf einer Jacht mit horizontalen Segeln, die sie hinauf in die Lüfte tragen. Sie gleitet einer Möwe gleich über das Wasser und erhebt sich dann wieder in die Luft, zieht Kreise und schwingt sich in große Höhen, um schließlich graziös wieder auf das Wasser niederzugehen. Man erlebt eine Erregung und ein Staunen wie bei keinem anderen Sport auf dieser Welt.«

Das Wasserflugzeug sollte jedoch, ob in Form des Schwimmerflugzeuges oder des Flugbootes – bei dessen Entwicklung Curtiss ebenfalls die Hauptrolle spielte –, Verwendungen finden, die weit über den »Sport« hinausgingen.

Im Gegensatz zu Glenn Curtiss hinterließ Fabre der Nachwelt nicht sehr viel. Seine Pionierleistungen bei der Konstruktion und dem Bau der ersten Wasserflugzeuge ist jedoch unbestreitbar. Fabre erreichte ein hohes Alter. Noch 1970, mit 88 Jahren, segelte er eigenhändig und allein mit seinem Boot in der Bucht von Marseille.

Trägerflugzeuge und Flugzeugträger

Kaum waren die ersten Start- und Landeversuche auf dem Wasser von Fabre und Curtiss erfolgreich verlaufen,

Unten: Voisin-Wasserflugzeug mit vier Fabre-Schwimmern über dem Hafen von Monaco. Ganz unten: Bruchlandung einer Deperdussin. Zahlreiche Konstrukteure glaubten, auf dem Wasser mit weniger Risiko ihre Flugapparate testen zu können. Daß Wasser unangenehm hart sein kann, mußten der Pilot Fischer mit seiner Farman (links oben) und Prevost mit seiner Deperdussin (links unten) erfahren.

wuchs 1910 das Interesse am Trägerflugzeug. 1911 schien klar, daß das Flugzeug eine Rolle bei der Seeaufklärung und Küstenüberwachung spielen würde. Vor den Augen einer etwas zögernden Admiralität bedrängten flugbegeisterte Offiziere die Königlich Britische Marine mit Vorschlägen für die Zusammenarbeit zwischen Schiffen und Flugzeugen.
Am 10. Januar 1912 startete der englische Marineleutnant Charles Samson mit einer Short S.27 von einem auf der »Africa« errichteten Deck.
1914 wurde in Überschätzung der gegebenen technischen Möglichkeiten dem Royal Naval Air Service die Verantwortung für die Luftverteidigung Großbritanniens übertragen. Er verfügte über nur wenige Land- und Wasserflugzeuge.
Samsons Start von der »Africa« beschleunigte 1912 die Einführung von Flugzeugträgern durch die Royal Navy. Eilig umgebaute Handelsschiffe erhielten hölzerne Plattformen über dem Bug. Vor dem Abflug setzte ein Kran die Wasserflugzeuge auf Hilfsfahrwerke; oder sie wurden über die Bordwand zu Wasser gelassen, um auf Schwimmern von der offenen See aus zu starten.
Am Ende des Einsatzes landeten sie längsseits des Flugzeugträgers und wurden dann an Bord gehievt.
Die ersten zu Flugzeugträgern umgebauten Schiffe waren Kanaldampfer. Sie hießen »Empress«, »Engadine« und »Riviera«. Jedes nahm vier Wasserflugzeuge an Bord. Später kam das umgebaute Handelsschiff »Ark Royal« hinzu.
Die Bedeutung des Flugzeugträgers wuchs von Jahr zu Jahr. Seine Entwicklung in England fand Parallelen in Frankreich und Deutschland. Der größte deutsche Flugzeugträger, »Santa Elena«, nahm bis zu 16 Maschinen an Bord.

Oben: Eugene Ely landet am 18. Januar 1911 mit seinem Curtiss-Doppeldecker auf dem amerikanischen Kriegsschiff »Pennsylvania«. Unten: Am 14. November 1910 startete Eugene Ely vom amerikanischen Kreuzer »Birmingham« aus und kreierte damit den Flugzeugträger.

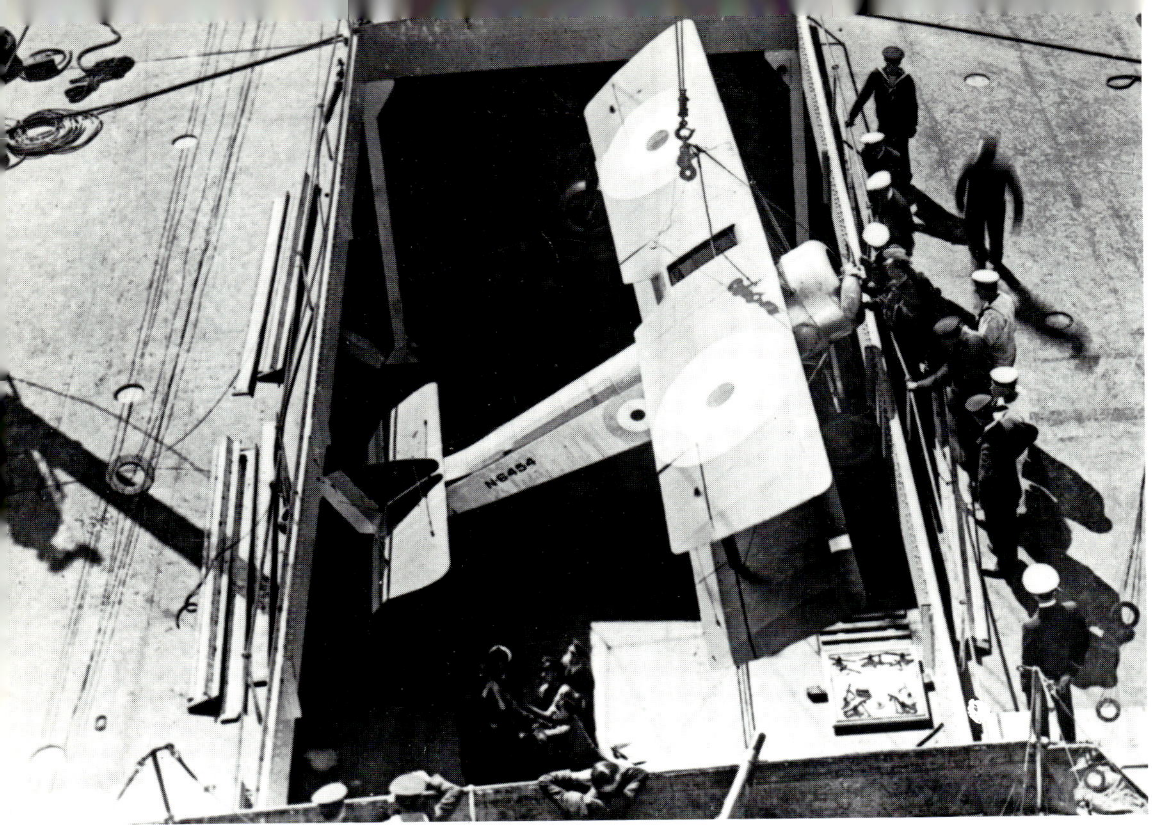

Die fortschrittliche Technik, Flugzeuge von Schiffen aus einzusetzen, brachte England eine klare Führungsrolle beim Bau von Flugzeugträgern, nun auch für Landflugzeuge. Anfang 1917 erhielt die »Campania« ein verlängertes Landedeck. Flight Commander Rutland bewies, daß der Sopwith-Pup-Doppeldecker leicht von dem Trägerdeck gestartet werden konnte. 22 kleine britische Kreuzer wurden daraufhin mit Abflugdecks ausgerüstet und nahmen Jäger an Bord.

1918 schleppte Charles Samson Flugzeuge auf einem langen Boot hinter einem Zerstörer. Von dem Flugdeck des Bootes aus starteten sie bei voller Fahrt gegen den Wind nahezu senkrecht.

Die ersten haarsträubenden Versuche, Landflugzeuge sicher auf das Deck eines Flugzeugträgers zurückzubringen, unternahm man im August 1917 an Bord des leichten Schlachtkreuzers »Furious«. Er trug das längste damals bekannte Flugdeck vor der Brücke. Bei einer Schiffsgeschwindigkeit von 20 Knoten oder mehr entsprach die Luftgeschwindigkeit über dem Flugdeck in etwa der Landegeschwindigkeit der Sopwith-Pup. Der Pilot flog parallel zur »Furious«, slipte vor der Brücke und schwebte dann praktisch stehend über dem Landepunkt. Matrosen zogen das Flugzeug an den unteren Tragflächenenden an Deck. Die erste erfolgreiche Landung gelang so am 2. August 1917. Eine Woche später verunglückte der Pilot bei einem weiteren Versuch tödlich. Seine Maschine geriet in den Leewirbel des Schiffes und überschlug sich noch in der Luft.

Der Umlaufmotor

Während des Zweiten Weltkrieges und danach erlebte das Flugzeug-Triebwerk eine Revolution. Die Gasturbine ersetzte den Kolbenmotor. Kaum jemand erin-

Oben: Eine Sopwith »Pup« wird mit einem Kran auf das Deck von HMS »Furious« gehievt. Mitte: E. H. Dunning landet am 2. August 1917 auf dem Vorderdeck von HMS »Furious«. Das Flugzeug wurde von Matrosen abgebremst. Bei einem zweiten Landeversuch ohne die Hilfe der Matrosen stürzte Dunning tödlich ab. Unten: Start einer Sopwith-1 1/2-Strutter mit Kufenfahrwerk von einem englischen Kriegsschiff aus. Rechte Seite: Die berühmte Sopwith »Pup«, eines der elegantesten Jagdflugzeuge des Ersten Weltkriegs

nert sich jedoch jener Zeit, da der luftgekühlte Sternmotor dem Motorflug endlich das gab, was er dringend brauchte: einen zuverlässigen Antrieb. Das war 1908.
Jahrelang verlangsamte das Fehlen eines geeigneten Motors die Entwicklung des Motorfluges. So baute Sir Hiram Maxim schon 1895 einen riesigen Doppeldecker, der – mit zwei starken Dampfmaschinen ausgerüstet – am Boden blieb. Das Flugzeug mußte auf die leichteren, wassergekühlten Verbrennungsmotoren der ersten Jahre des 20. Jahrhunderts warten. Auch dann noch handelte es sich weniger um Spezial-Flugzeugmotoren als um weiterentwickelte und abgeänderte Automobilmotoren. Flugzeugführer in den Pioniertagen mußten schon etwas zu bieten haben. Sie vereinigten in einer Person den Konstrukteur, den Statiker, den Aerodynamiker, den Ingenieur und den Piloten. Außerdem benötigten sie noch eine große Menge Geld, um das ganze Projekt zu finanzieren. Aber nur wenige der ersten Pioniere besaßen Geld und Fähigkeit genug, um auch noch einen neuen Motor zu konstruieren. Sicher bauten die Gebrüder Wright einen fast neuen Motor; jedoch auch dieser basierte auf einer zum Pope-Toledo-Wagen gehörenden Konstruktion. Und ihr Mechaniker, Charles Taylor, war außergewöhnlich befähigt.
Bis 1908 waren alle verfügbaren Motoren zu groß und zu schwer. Sie bestanden aus Gußeisen, Stahl-Schmiedeteilen, Messingblocks und Kupferblechen und wogen ca. 4,5 kg pro PS. Sie bedeuteten für das leicht gebaute Flugzeug, auf das sie montiert wurden, eine schwere Beanspruchung, und die der schwachen Flugzeugzelle zugemutete Belastung wurde noch erhöht durch das Gewicht des Holzpropellers, durch das Drehmoment der Antriebswelle und durch die unregelmäßigen Zündungen der großen Zylinder, die den Motor nicht selten aus seinen Halterungen springen ließen oder das Flugzeug selbst zerstörten. Zwei französische Brüder, Laurent und Gustav Seguin, versicherten schließlich, einen vollkommen neuen Flugmotor konstruieren zu können, der in jeder Beziehung vorteilhafter sein würde. 1907 beschlossen sie, diese Idee zu verwirklichen. Ihren Motor nannten sie »Gnôme«. Es dauerte nicht lange, bis er im Munde aller Flugbegeisterten war.
Einer der Hauptgründe für die großen Massen und das Gewicht früher Flugzeugmotoren lag in dem Wasser-Kühlsystem mit seinem großen Kühler und

Verbindungsrohren, die dazu neigten, sich zu lösen oder zu platzen. Die Gebrüder Seguin verzichteten auf all das. Statt dessen versahen sie die Zylinder mit Kühllamellen, um die Wärme an die sie umgebende Luft abzuleiten. Sie erkannten bald, daß die Kühlung um so besser würde, je rascher sich die Luft über die Zylinder bewegte, vor allem wenn das Flugzeug noch auf der Erde stand. Die Lösung ergab sich aus der Umkehrung der üblichen Anordnung:

Unten: 80-PS-Le-Rhône-Motor des berühmten englischen Jagdflugzeugs aus dem Ersten Weltkrieg Sopwith »Pup«. Rechts oben: Deperdussin-Eindecker aus dem Jahre 1911 mit 100-PS-Doppelstern-Gnôme-Motor. Rechts unten: Sopwith »Camel« Standard F 1 mit 130-PS-Clerget-Motor

Deperdussin-Renn-Eindecker

Antrieb: ein 160-PS-Gnôme-Umlaufmotor, 14 Zylinder, mit einem Zweiblatt-Propeller von 2,31 m Durchmesser
Flügelspannweite: 6,65 m
Länge: 6,10 m
Flügelfläche: 9,66 m²
Gesamtgewicht: 612 kg
Geschwindigkeit: 204 km/h
Besatzung: 1 Mann
Das Deperdussin-Rennflugzeug wird oft die »Schalenbau-Deperdussin« genannt, und zwar wegen ihres von ihrem Konstrukteur Louis Béchereau nach einer Idee des schwedischen Ingenieurs Ruchonnet entwickelten Rumpfüberzugs aus formgepreßtem Sperrholz. Es handelte sich jedoch nicht um einen echten Schalenrumpf. Mit ihrem »doppelten« Gnôme-Motor — zwei 80-PS-Aggregate an einer gemeinsamen Kurbelwelle — war die »Dep« eins der zwei schnellsten Flugzeuge der Welt vor dem Ersten Weltkrieg.

Oben: Deperdussin-Eindecker aus dem Jahre 1913. Mit einem 160-PS-Motor war dieses Flugzeug über 200 km/h schnell. Unten: 80-PS-Le-Rhône- (links) und 50-PS-Gnôme-Motor (rechts). Rechte Seite: Morane-Saulnier 1913 mit 80-PS-Le-Rhône-Motor

Die Kurbelwelle wurde am Flugzeug und der Motor am Propeller befestigt. So drehte sich der Motor mit der Luftschraube um die eigene Achse, während die Kurbelwelle stillstand. Auch ohne Wasserkühlung überhitzte sich der Motor nie.
Um die Motormasse an der Kurbelwelle gleichmäßig zu verteilen, konstruierten die Gebrüder Seguin eine kreisförmige Anordnung der Zylinder, ähnlich den Speichen eines Rades. Man wählte eine ungerade Zylinderzahl (zunächst waren es sieben) um eine ideale Zündfolge zu erreichen. Der »Gnôme« lief sehr ruhig und wirkte wie ein großes Schwungrad, das der Luftschraube bei minimaler Zellenschwingung einen wunderbar ausgeglichenen Antrieb übermittelte.
Der erste Gnôme-Umlauf-Sternmotor aus dem Jahre 1908 hatte eine Leistung von 70 bis 80 PS, lief wie die sprichwörtliche Nähmaschine und wog nur 1,4 kg pro PS. Während andere Motorenhersteller die Entwicklung mit Besorgnis beobachteten, produzierte die Gnôme-Gesellschaft hohe Stückzahlen.
Neue Versionen wurden entwickelt. Der »Gnôme Monosoupape« (mit einem Ventil) löste das Problem der Brandgefahr. Eine weitere Variante stellte der »Le Rhône« dar, bei dem die modernere Technik der Ein- und Auslaßventile im Zylinder angewandt wurde. Tausende dieser Gnôme- und Le-Rhône-Sternmotoren, einschließlich der von Bentley, Clerget, BMW und anderen Firmen hergestellten Lizenzbauten, liefen während des ganzen Ersten Weltkrieges und viele Jahre danach.
Der Hauptnachteil des Umlaufmotors lag jedoch im hohen Treibstoff- und Ölverbrauch und der Kreiselwirkung des rotierenden Motors, die zu heiklen Flugeigenschaften führte. Die bekannte Sopwith »Camel« zum Beispiel kurvte nur schwerfällig nach links, drehte aber wie der Blitz nach rechts. Schließlich machten verbesserte luftgekühlte Zylinder den fest eingebauten Sternmotor praktisch verwendungsfähig. Der Umlaufmotor geriet in Vergessenheit. Heute sieht man Umlaufmotoren nur noch in historischen Luftfahrtfilmen oder bei Flugzeugveteranen-Treffen. Jedoch zu ihrer Zeit lag ihnen die Welt der Luftfahrt zu Füßen. Die berühmten Namen »Gnôme« und »Le Rhône« taten sich später zusammen und bildeten die Gnôme-Rhône-Gesellschaft, die mit der Produktion von Bristol-Jupiter-Sternmotoren unter Lizenz begann. Nach dem Zweiten Weltkrieg fusionierte sie mit der großen französischen Motorenfirma SNECMA.

Oben: 50-PS-Gnôme-Motor mit Druckpropeller an der »Triple Twin« der Gebrüder Short aus dem Jahre 1911. Der zweite, vorn angebrachte 50-PS-Gnôme-Motor trieb über Ketten zwei an den Tragflächen angebrachte Zugpropeller, was an die ersten Wright-Doppeldekker erinnert. Unten: Das zweite Flugzeug der Gebrüder Short war die »Tandem Twin«. Der Pilot gelangte durch einen Einstieg am Boden des Rumpfes in das Cockpit.

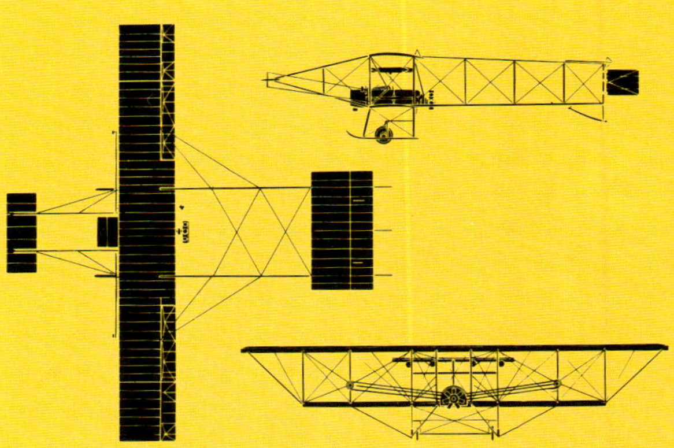

Short »Triple Twin«

Antrieb: zwei 50-PS-Gnôme-Siebenzylinder-Sternmotoren mit einem Druck- und zwei Zweiblatt-Zugpropellern von je 2,59 m Durchmesser
Spannweite: 10,36 m
Länge: 13,72 m
Flügelfläche: 40,41 m²
Gesamtgewicht: 952 kg
Höchstgeschwindigkeit: 89 km/h
Fassungsvermögen: 1 Mann Besatzung und 1 Passagier
Erster Flug: 18. September 1911
Obwohl ihm andere mehrmotorige Konstruktionen wie das dampfbetriebene Maxim-Flugzeug des Jahres 1894 und die »Avion III« von Ader vorausgegangen waren, war die »Triple Twin« doch das erste wirklich brauchbare Flugzeug, das von mehr als einem Motor angetrieben wurde. Es wurde auf Bestellung von Francis McClean gebaut.

Sicherheit durch mehr Motoren

Aus zwei Gründen werden Flugzeuge häufig mit mehr als einem Motor ausgerüstet: zur Erhöhung der Leistung und zur Erhöhung der Sicherheit bei Motorausfall. Der Einbau von zwei Triebwerken durch Sir Hiram Maxim und Clément Ader wurde mit dem Ziel verbesserter Flugleistung begründet. 1911 jedoch erhielten die Short Brothers in England Patente für den Einbau mehrerer Motoren zur Erhöhung der Flugsicherheit zugesprochen. Daraufhin erschien folgende Anzeige: »Das Shortsche Doppelmotorensystem macht es möglich, ohne Angst vor einem plötzlichen Absturz bei Motorausfall zu fliegen.«

Shorts erstes mehrmotoriges Flugzeug hieß »Triple Twin«. Es hatte drei Luftschrauben und zwei Motoren.

Francis McClean startete am 18. September 1911 zum Jungfernflug. Ein weiterer Flug folgte mit dem Marineflieger Commander C. R. Samson an Bord, um das Verhalten des Flugzeugs bei wechselseitig gedrosselten Motoren zu prüfen.

Die beiden Gnôme-Umlauf-Sternmotoren der »Triple Twin« waren hintereinander montiert, einer vor dem Cockpit, der andere dahinter. Zwischen den Motoren saßen die beiden Piloten nebeneinander. Der vordere Motor trieb zwei an Tragflächenstreben montierte

Zugpropeller über Ketten, der hintere hatte einen Druckpropeller direkt aufgesetzt.
Als erstes Flugzeug besaß die »Triple Twin« eine komplette Doppelsteuer-Ausrüstung. Jeder der beiden Insassen konnte sie ohne Platzwechsel fliegen. Die Steuersäulen wurden zum Steigen und Fallen nach hinten oder vorn bewegt. Auf ihrem oberen Ende befand sich ein Rad, dessen Drehbewegung auf die Querruder an den Tragflächenenden wirkte. Die Seitenruder wurden über Fußhebel bedient. Die Short Brothers entwickelten die »Triple Twin« bald weiter zur »Tandem Twin« mit nur zwei Luftschrauben.
Große Verdienste um die Entwicklung des mehrmotorigen Flugzeuges erwarb sich neben den Shorts der russische Konstrukteur und Pilot Igor Sikorsky, der später als einer der bedeutendsten Hubschrauber-Konstrukteure in die Geschichte der Luftfahrt eingehen sollte. Gegen Ende des Jahres 1911 hatte Sikorsky die Idee zum Bau eines für die damalige Zeit gigantischen Flugzeugs. Im September 1912 erreichte er die finanzielle Unterstützung des Projekts durch die russische Regierung. Bei 28 m Spannweite war der Doppeldecker für vier Motoren ausgelegt, in zwei Tandempaaren auf den unteren Tragflächen montiert. »Le Grand« (der Große) genannt, erhielt das Riesenflugzeug als erste Maschine in der Geschichte der Luftfahrt ein völlig geschlossenes Cockpit vor der ebenfalls geschlossenen und mit Fenstern verglasten Passagierkabine.
Die Isolierung des Piloten vom Fahrtwind, so warnte man Sikorsky, würde Gefahrenmomente während des Fluges heraufbeschwören. Unmöglich könne der Pilot so seine Geschwindigkeit richtig bestimmen oder Abweichungen von der normalen Fluglage rasch genug erkennen. Das Argument erwies sich trotz fehlender Instrumente als unbegründet. Echte Probleme ergaben sich indessen bei der Konstruktion des Fahrwerks. Da es damals noch keine großen Laufräder gab, montierte Sikorsky nicht weniger als sechzehn kleine Räder in vier Gruppen unter dem Rumpf.
Aberglaube spielte bei Sikorsky und seinen Mitarbeitern keine Rolle. Der Jungfernflug des »Le Grand« fand am 13. Mai 1913 statt: Sikorsky saß selbst am Steuer. Vor dem Cockpit befand sich eine offene Plattform. Auf ihr stand ein Mechaniker, der den Männern, die das Flugzeug an den Tragflächen zurückhielten, das Kommando zum Loslassen gab. In der Hauptkabine sollte sich ein

Ganz oben: Sikorskys Konstruktion »Le Grand« aus dem Jahre 1913 mit vier 100-PS-Argus-Motoren, paarweise hintereinander angebracht. Später wurden die hinteren Motoren als Antrieb von Zugpropellern nach außen gesetzt. Oben: Pilotenkanzel des »Le Grand«, des ersten erfolgreichen viermotorigen Flugzeugs der Welt

Sikorsky »Le Grand«

Antrieb: vier 100-PS-Argus-Vierzylinder-Reihenmotoren
Spannweite: 28 m
Länge: 19 m
Gesamtgewicht: 4100 kg
Höchstgeschwindigkeit: 95 km/h in 1000 m Höhe
Fassungsvermögen: 2 Mann Besatzung und 8 Passagiere
Flugdauer: 1 Stunde 45 Min.
Erster Flug: 13. Mai 1913
Das erste viermotorige Flugzeug der Welt, »Le Grand«, wurde innerhalb von ca. sechs Monaten gebaut. Es wies so fortschrittliche Merkmale auf wie eine vollkommen geschlossene Kabine mit Fenstern aus unzerbrechlichem Glas und Doppelsteuerung für die Besatzung. Nach über fünfzig erfolgreichen Flügen wurde es im Herbst 1913 abgewrackt.

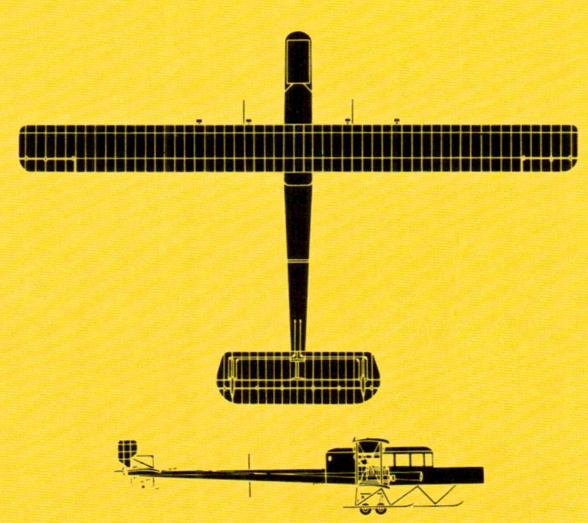

Links: Der große italienische Konstrukteur Gianni Caproni baute 1910 sein erstes Flugzeug, die Ca 1 mit einem 25-PS-Miller-Motor. Die beiden an den Tragflächen montierten Propeller kündigten bereits eine spätere dreimotorige Version an. Oben: Coanda-Doppeldecker von 1911 mit zwei seitlich angebrachten Gnôme-Motoren. Sie trieben über ein Kegelrad-getriebe einen Vierblatt-Propeller. Unten: Modell eines Bombers CA 41 von 1917

dritter Mann auf Anweisung Sikorskys nach vorne oder nach hinten bewegen, falls sich die Maschine als schwanz- oder kopflastig erwies. Zwei Minuten lang ließ Sikorsky die vier wassergekühlten 100-PS-Argus-Motoren warmlaufen, dann gab er dem Mann im Bug das Signal. Der freigegebene große Doppeldecker rollte und gewann an Fahrt. Die Steuerung sprach an, und als Sikorsky das Steuerrad leicht anzog, spürte er, wie das Stoßen der über rauhen Rasen laufenden Räder aufhörte. Der viermotorige Riesenvogel flog.

»Das Flugzeug machte seine Sache gut«, berichtete Sikorsky später in Amerika. »Der Mann auf der Plattform winkte der Menschenmenge zu, die sich um das Flugfeld im Norden Rußlands versammelt hatte.« Etwa anderthalb Kilometer vom Flugfeld entfernt kurvte Sikorsky nach mehreren Platzrunden zur Landung ein. Sie verlief glatt. Nach dem Ausrollen stieg der Mechaniker hinunter, um das Fahrgestell zu inspizieren. Es war in Ordnung. Aber an ein Weiterrollen war nicht zu denken. Die Menge hatte den Flugplatz gestürmt.

Sikorsky wußte nun, daß seine Theorien und ihre konstruktive Verwirklichung beim Bau des viermotorigen »Le Grand« richtig waren. Die Steuerfähigkeit des Flugzeuges war so gut, daß er zur Verbesserung des Luftschrauben-Wirkungsgrades die Tandemmotoren trennte. Er montierte nun alle vier Triebwerke zu je einem Paar nebeneinander auf die unteren Tragflächen. Weitere Versuchsflüge ergaben eine sehr gute Eigenstabilität der Maschine auch bei Ausfall von zwei Triebwerken auf einer Seite.

Auf dem Weg zum Linienflugverkehr

Abenteuerliche Postflüge

Am 19. August 1911 flog der deutsche Pilot Hoffmann im Auftrag des Berliner Scherl-Verlags ein Paket Zeitungen von Berlin-Johannisthal nach Frankfurt. Als Fluggast nahm er Leutnant Steffen mit. Die Zeitungen trugen den Aufdruck »Mittels Flugmaschine befördert« und trafen 65 Minuten früher als mit der Bahn ein. Bald wurden sie zu hohen Liebhaberpreisen gehandelt. Kommentar der »Berliner Morgenpost« zu dem Ereignis: »Eine Versendung als Flugpost hätte also eine sehr erhebliche Zeitersparnis zur Folge, wenn der günstige Wind ebenso regelmäßig erscheinen würde wie unsere Zeitung.« – Erst 1920 nahm der Scherl-Verlag den Zeitungs-Luftpostdienst wieder auf.
In England erfolgte fast zur selben Zeit die Gründung der »Coronation Air Mail«. Ihr erster Flug, mit Gustav Hamel als Pilot einer Blériot, war für den 9. September 1911 von Hendon nach Windsor geplant. Der Ansturm von Briefen und Karten setzte am Vorabend in Hendon ein, und am Samstag, als die feierliche Eröffnung stattfand, drängten sich Tausende von Menschen auf dem Flugplatz und dessen Umgebung.
Das Wetter war verheerend. Ein Sturm blies mit mehr als 65 Kilometern pro Stunde. Unter normalen Umständen hätte kein Pilot daran gedacht, über Land zu fliegen. Hamel startete jedoch mit seinem 10 kg schweren Postsack: Um 16 Uhr 58 hob die Blériot vom Boden ab, drehte in den Rückenwind und landete 10 Minuten später in Windsor. Das entsprach einer Durchschnittsgeschwindigkeit von 170 km/h! Hamel schaffte damit den ersten Luftpostversand in England.
So schlecht das Wetter auch war, der Rückenwind hatte den Vorteil, Hamels Fluggeschwindigkeit unglaublich zu erhöhen. In umgekehrter Richtung hätte der Flug wohl nicht beendet werden können, denn die Eigengeschwindigkeit der Blériot war kaum höher als die Windgeschwindigkeit des Sturmes.
Bis zum Ende des dritten Flugtages waren 20 Säcke Post, fast eine viertel Tonne, befördert worden. Der Flugplan umfaßte 34 Flüge in 10 Tagen.
937 Pfund Sterling wurden an Gebühren eingenommen und dazu verwendet, die »Coronation Aerial Post Bed« zu gründen, eine Stiftung, die bis heute existiert.
Es ist jedoch weitgehend unbekannt, daß die erste offizielle Postbeförderung

Oben: Ein »Nachzügler« wird dem Postboten an Bord eines Valkyrie-Eindeckers übergeben. Es handelte sich um die Generalprobe für den einige Tage später aufgenommenen Coronation-Luftpostdienst des Jahres 1911. Unten: Für den Coronation-Luftpostdienst 1911 zwischen Hendon und Windsor wurden besondere Postkarten gedruckt. Der Postminister wies wohlweislich darauf hin, daß für Beschädigung und Verlust keine Haftung übernommen werde. Rechts: Der erste Postsack zur Beförderung von Briefen von Hendon nach Windsor wird übergeben.

durch ein Flugzeug bereits im Februar 1911 in Indien stattfand:
Commander Sir Walter Windham von der Königlich Britischen Marine besaß zu jener Zeit in den Randbezirken von Clapham Junction eine Fabrik und mehrere Flugzeuge. Er wurde von der indischen Regierung zu einer Ausstellung nach Allahabad eingeladen und ausdrücklich gebeten, einige Flugzeuge mitzubringen. Sir Walter nahm nicht weniger als acht Maschinen mit. Sechs waren den damals populären Blériot-Eindeckern nachgebaut und mit luftgekühlten 35-PS-3-Zylinder-Humber-Motoren ausgerüstet. Die beiden anderen waren Doppeldecker des Sommer-Typs mit 50-PS-Gnôme-Umlaufsternmotor.
Zweck dieser Flugzeugvorführung sollte die Aufklärung der indischen Bevölkerung über den Stand der Luftfahrtentwicklung 1911 sein. Die Veranstaltung wurde jedoch weit mehr als nur eine akademische Demonstration. Ein Geistlicher der Holy Trinity Church von Allahabad wandte sich an Windham mit der Bitte um Hilfe bei der Beschaffung von Mitteln für ein Studentenheim. Windham glaubte Geld auftreiben zu können, wenn er Post von Allahabad über den Ganges nach Aligah fliegen und eine besondere Marke auf die Briefe kleben würde, bevor diese mit normalen Verkehrsmitteln zu ihren Empfängern weiterreisten.
Der General-Postmeister der Vereinigten Provinzen und der Generaldirektor der indischen Post genehmigten die Sondermarke und damit die erste Luftpostmarke der Welt. Weniger offiziell war die Ernennung des Geistlichen zum Postmeister auf dem Start-Flugplatz, einem Übungsgelände in Allahabad. Die Zeitungen wurden mobilisiert und ein Zuschlag von 6 Anna für die Sondermarke erhoben.
Am 20. Februar 1911 flog Pequet, einer von Windhams Piloten, die erste Sendung über den Ganges. Das Ereignis fiel mit einem religiösen Fest zusammen. Mehr als eine Million Inder, die zum Ganges gekommen waren, um sich reinzuwaschen, beobachteten den Flug. Die Piloten Pequet und Keith Davies überflogen den Ganges einundzwanzigmal. Es kam genug Geld zum Bau des Heims für indische Studenten zusammen. Bis 1939 war der Sammlerwert der Umschläge, die bei diesen ersten Luftpostflügen befördert wurden, auf 25 Pfund gestiegen. Heute werden 2500 Pfund und mehr dafür bezahlt.
Anfang Juli 1911 startete Horatio Barber, einer der bekanntesten englischen Piloten, mit einem weiblichen Passagier zu einem Überlandflug von Shoreham (bei Brighton) nach Hendon. Die General Electric Company bat ihn, gegen Bezahlung einen Karton Glühbirnen nach dem einige Meilen von Shoreham entfernten Hove zu fliegen. Barber sagte mit dem größten Vergnügen zu. Zum ersten Mal wurde so bezahlte Fracht an Bord eines Flugzeuges befördert. Barber erhielt 100 Pfund für seinen Flug.
Der Erste Weltkrieg unterbrach die zahlreichen und meist auf privater Initiative beruhenden Bemühungen zur kommerziellen Nutzung des Flugzeuges. Sicher wurde die Beförderung von Kurierpost an Bord von Flugzeugen an allen Fronten mehr oder weniger zur militärischen Gewohnheit, bis am 31. März 1918 die österreichischen K. u. K. Luftfahrttruppen einen regelmäßigen Luftpostdienst zwischen Wien-Aspern und Lemberg über Krakau einrichteten, der auch zivile Sendungen beförderte. Es wurde täglich geflogen – soweit das Wetter es zuließ –, und die Postsendungen mußten jeweils am Vorabend bis 24 Uhr beim Postamt Wien I eingeliefert sein. Der erhalten gebliebene Flugplan sah so aus:

Hinflug

Wien-Aspern	ab	05.30 Uhr
Krakau	an	09.00
Krakau	ab	09.30
Lemberg	an	12.30

Rückflug

Lemberg	ab	10.10 Uhr
Krakau	an	13.00
Krakau	ab	13.30
Wien-Aspern	an	15.30

Passagiere mit Fliegerbrille und Pelzkombination

Im Februar 1919 begann die von der AEG 1917 gegründete Deutsche Luft-Reederei (DLR) tägliche Flüge für Passagiere und Post zwischen Berlin und Weimar. Mit Sicherheit war dies die erste regelmäßig beflogene Passagier-Luftverkehrslinie der Welt. Eingesetzt wurden von der DLR einmotorige AEG- und LVG-Doppeldecker. Einen Monat

Friedrichshafen FF 49

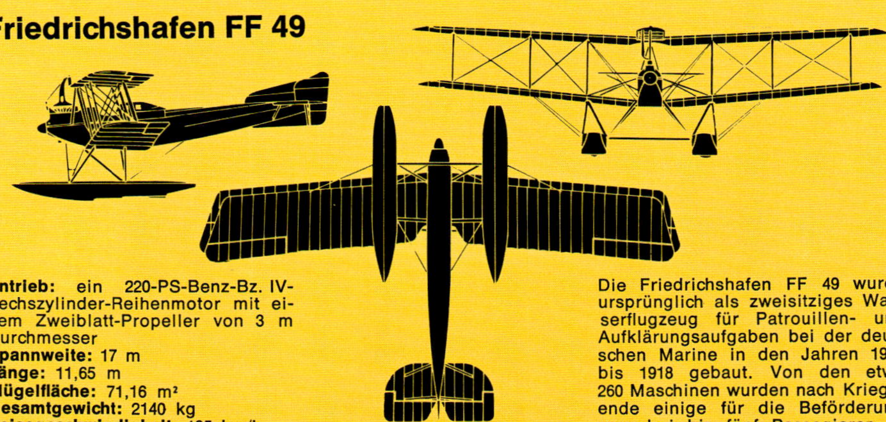

Antrieb: ein 220-PS-Benz-Bz. IV-Sechszylinder-Reihenmotor mit einem Zweiblatt-Propeller von 3 m Durchmesser
Spannweite: 17 m
Länge: 11,65 m
Flügelfläche: 71,16 m²
Gesamtgewicht: 2140 kg
Reisegeschwindigkeit: 135 km/h
Höchstflugdauer: 6 Stunden
Fassungsvermögen: 1 Mann Besatzung und 3 Passagiere
Erster Flug: Mai 1917

Die Friedrichshafen FF 49 wurde ursprünglich als zweisitziges Wasserflugzeug für Patrouillen- und Aufklärungsaufgaben bei der deutschen Marine in den Jahren 1917 bis 1918 gebaut. Von den etwa 260 Maschinen wurden nach Kriegsende einige für die Beförderung von drei bis fünf Passagieren in einer geschlossenen Kabine hinter dem offenen Cockpit umgebaut und auf einigen der ersten regelmäßigen deutschen Linien eingesetzt.

Unten: Sechs Passagiere konnte dieser umgebaute Friedrichshafen G.IIIa-Bomber befördern, der zwei Mercedes-D.IVa-Motoren von je 260 PS besaß.

später eröffnete Junkers den Luftverkehr zwischen Dessau und Weimar mit einem umgebauten Ganzmetall-Eindekker. Fast gleichzeitig wurde die Luftverkehrsverbindung Hamburg–Berlin aufgenommen, und Ende 1919 bestand bereits ein umfangreiches deutsches Inland-Flugnetz. Rumpler-Luftverkehr flog von Augsburg über München–Nürnberg–Leipzig nach Berlin. Die Flugzeuge – meist nur leicht modifizierte Kriegsmuster – hatten kaum geschlossene Passagierkabinen. Fluggäste wurden vor dem Abflug mit Pelzkombinationen, Fliegerhaube und Fliegerbrille versorgt. Notlandungen »auf der grünen Wiese« waren an der Tagesordnung. Politiker und Journalisten, die sich auf dem Wege nach Weimar – wo die Nationalversammlung tagte – dem Flugzeug anvertrauten, galten als Helden. Die »zahlende Nutzlast« pro Flug lag zwischen einem und drei Passagieren. Mehr konnte sowieso nicht befördert werden, bis der geniale Flugzeugkonstrukteur Hugo Junkers noch im gleichen Jahr mit dem freitragenden Ganzmetall-Tiefdecker F 13 das erste maßgeschneiderte Verkehrsflugzeug der Welt vorstellte. Es faßte zwei Piloten und vier Passagiere in einer Kabine, die in den Flugzeugrumpf einbezogen war, und wurde so zum Vorfahren aller folgenden Verkehrsflugzeug-Generationen bis zum heutigen Tag.

1920 entschloß sich die Reichsregierung in Berlin, den Luftverkehr ganz allgemein finanziell zu fördern. Das hatte zur Folge, daß immer neue Luftverkehrsgesellschaften gegründet wurden, darunter am 24. November 1921 auch die deutsch-russische Luftverkehrsgesellschaft DERULUFT durch die Aero Union AG, eine Tochtergesellschaft der Deutschen Luft-Reederei, und die Handelsvertretung der UdSSR in Berlin. Vorübergehend betrieben mehr als 30 Gesellschaften in Deutschland Luftverkehr. Manche Unternehmen bestanden nur aus einem Piloten und einem Flugzeug. Er kassierte vor dem Abflug persönlich den Flugpreis, und niemand konnte garantieren, ob das Ziel jemals erreicht wurde. Wirtschaftliche Schwierigkeiten, angeheizt durch die herrschende Inflation nach verlorenem Krieg, blieben unvermeidbar und ließen den Ruf nach organisatorischer und kommerzieller Konzentration zu zwei oder drei größeren Luftverkehrsgesellschaften laut werden. So entstanden 1923 unter Führung der Deutschen Bank die Deutsche Aero Lloyd AG, in der die Deutsche Luft-Reederei, der Lloyd Ostflug und der Lloyd-Luftverkehr Sablatnig aufgingen. Sie brachten ein international beflogenes Streckennetz

Oben: LVG C.VI Doppeldecker der Deutschen Luft-Reederei beim Post- und Zeitungstransport. Unten: Junkers F 13 Ganzmetall-Flugzeug der Deutschen Luft-Hansa. Ganz unten: Junkers F 13 als Schwimmerversion der schwedischen AB Aerotransport 1924

Oben: Die Aircraft Transport & Travel stattete ihre Passagiere mit Mänteln, Mützen, Brillen, Handschuhen und bei kaltem Wetter sogar mit Wärmflaschen aus. Hier einige Passagiere beim Besteigen einer D. H. 9B-Maschine. Linke Spalte oben: Bevor die ersten Fluggesellschaften ihren Flugbetrieb aufnahmen, wurden Passagiere und Post oft von Militärmaschinen befördert, wie hier zum Beispiel von einem modifizierten D. H. 4 A-Bomber. Darunter: Eine Sablatnig P III, ein sechssitziges Verkehrsflugzeug, wie es von der Deutschen Luft-Hansa nach ihrer Gründung 1926 benutzt wurde. Ganz unten: Diese Sablatnig P I wurde aus dem Nachtbomber N I entwickelt. Der Pilot saß, wie damals üblich, in einem offenen Cockpit, während die vier Passagiere eine geschlossene, beheizte und beleuchtete Kabine hatten. Rechte Seite: Die berühmte Junkers F 13 war eines der ersten speziell für die Personenbeförderung konstruierten Verkehrsflugzeuge. Weltweites Aufsehen erregte diese freitragende Ganzmetall-Entwicklung im Zeitalter der hölzernen Doppeldecker. Die F 13 wurde zwischen 1919 und 1932 in 322 Exemplaren gebaut.

de Havilland D. H. 4 A

Antrieb: ein 350-PS-Rolls-Royce-V-Motor »Eagle VIII«, 12 Zylinder, mit einem Vierblatt-Propeller von 2,74 m Durchmesser
Spannweite: 12,92 m
Länge: 9,30 m
Flügelfläche: 40,32 m²
Gesamtgewicht: 1687 kg
Höchstgeschwindigkeit: 195 km/h
Fassungsvermögen: 1 Mann Besatzung und 2 Passagiere
Erster Flug: 1919
Die 1916 von Capt. Geoffrey de Havilland als Tagbomber konstruierte D. H. 4 wurde gegen Ende des Krieges sehr viel von der britischen Armee eingesetzt. Nach dem Waffenstillstand wurde eine kleine Anzahl umgebaut und mit einer geschlossenen Kabine für zwei Passagiere im Heck versehen. Mit einem dieser Flugzeuge wurde am 25. August 1919 die erste regelmäßige kommerzielle Linie von England aus eröffnet.

ein, das von Paris und London im Westen bis Königsberg im Osten reichte. Noch blieb Junkers selbständig. Gestützt auf sein damals bestes Verkehrsflugzeug der Welt, die F 13, deren Absatzmärkte er sich selbst erschloß, faßte er seine Luftverkehrsinteressen in der Holding Junkers Luftverkehr zusammen. Sein Ziel: Erschließung Rußlands, des Nahen Ostens, Süd- und Nordamerikas für den Luftverkehr mit Junkers-Flugzeugen. Das Ziel war – trotz vieler Erfolge – zu hoch gesteckt. Aus den finanziellen Problemen, die sich vor allem in Rußland ergaben, sah sich Hugo Junkers dazu gezwungen, Junkers Luftverkehr an die deutsche Regierung zu verkaufen und der Fusionierung des von ihm gegründeten und damals bedeutendsten Luftverkehrsunternehmens der Welt mit dem ebenfalls in finanzielle Probleme verstrickten Deutschen Aero Lloyd zuzustimmen. Aus dieser Fusion entstand am 6. Januar 1926 die Deutsche Luft-Hansa AG.

Der Luftverkehr Englands entwickelte sich aus der weitblickenden Einstellung von George Holt Thomas, der bereits am 5. Oktober 1916 die Aircraft Transport and Travel gründete.
Der zivile Luftverkehr wurde am 1. Mai 1919 zugelassen und eine Anzahl von nicht planmäßigen Sonderflügen unternommen. Am 24. Mai begann die Avro Civil Aviation Service mit der Einrichtung einer täglichen Manchester–Southport–Blackpool-Verbindung mit einmotorigen Avro-504- und 536-Doppeldeckern. Die erste inländische Fluglinie des Vereinigten Königreichs war eröffnet. Sie blieb – ohne staatliche Unterstützung – 18 Monate in Betrieb, 194 von 222 geplanten Flügen fanden statt. Ebenfalls 1919 wurde auf englischen Vorschlag die International Air Traffic Association (IATA) als erster internationaler Luftverkehrsverband ins Leben gerufen. Er besteht noch heute.
Am 25. August 1919 begann der regelmäßige, tägliche internationale Luftverkehr der Aircraft Transport and Travel zwischen London und Paris. Frankreich erhebt Anspruch darauf, am 8. Februar 1919, als eine zweimotorige Farman »Goliath« von Paris nach Kenley flog, mit Paris–London-Linienflügen begonnen zu haben; es handelte sich jedoch um einen Sonderflug mit elf Militärpassagieren. Er diente somit weder einem kommerziellen Zweck, noch wies er das Merkmal »regelmäßig« auf. Farman begann jedoch Ende März 1919 mit einem wöchentlichen Flug Paris–Brüssel, und die Cie des Messageries Aériennes (CMA) eröffnete im April 1919 eine Paris–Lille-Luftfrachtverbindung.
Die CMA arbeitete schließlich mit der Handley Page Transport zusammen und begann am 16. September 1919 regelmäßige Paris–London-Flüge mit einmotorigen Breguet-14-Flugzeugen. Schon unmittelbar nach dem Ersten Weltkrieg begann Latécoère die be-

rühmte französische Fluglinie nach Westafrika aufzubauen. Ende 1918 starteten die ersten Flugzeuge zur Streckenerprobung. Bis Juli 1919 war ein experimenteller Postdienst zwischen Toulouse, Rabat und Casablanca eingerichtet, und ab 1920 fanden die Flüge regelmäßig statt. Im Juni 1925 reichte die Fluglinie bis Dakar.
Die SNETA, eine Vorgängerin der Sabena, und die KLM wurden 1919 gegründet, aber keine der beiden Gesellschaften nahm im gleichen Jahr den Flugbetrieb auf.
1919 eröffnete die Postverwaltung in den Vereinigten Staaten die ersten Streckenabschnitte des transkontinentalen Luftpostdienstes. Eddie Hubbard begann versuchsweise eine Postlinie zwischen Seattle und Vancouver. Aber es sollten Jahre vergehen, bis eine amerikanische Fluggesellschaft regelmäßige Passagierflüge einrichtete.
Anfang der zwanziger Jahre war Europa bereits von einem dichten Luftverkehrsnetz zur Beförderung von Passagieren, Luftpost und Luftfracht überzogen, wobei Deutschland gerade wegen des verlorenen Ersten Weltkriegs und des im Friedensvertrag von Versailles festgelegten Bauverbots für Militärflugzeuge die Pionierrolle zufiel.

Farman F. 60 »Goliath«

Antrieb: zwei 260-PS-Salmson-CM. 9-Umlaufmotoren, 9 Zylinder, mit je einem Zweiblatt-Propeller
Spannweite: 26,50 m
Länge: 14,33 m
Flügelfläche: 161 m²
Gesamtgewicht: 4770 kg in 2000 m Höhe
Reichweite: 400 km
Fassungsvermögen: 2 Mann Besatzung und 12 Passagiere
Erster Flug: 1918
Etwa 60 Farman »Goliath« wurden in den Jahren kurz nach dem Ersten Weltkrieg gebaut. Sie gehörten zu den wichtigsten von den ersten Fluggesellschaften in Europa benutzten Mustern. Seine eckigen Konturen lassen die Abstammung von einem Bomber erkennen, und speziell von den Tragflächen hieß es, daß sie »meilenweise gebaut und auf Yards zugeschnitten« worden seien.

Oben: Dreisitzige Breguet 14 T 2 mit geschlossener Kabine. Unten: Mit abmontierten Tragflächen sieht die Farman »Goliath« wie ein ausrangierter Eisenbahnwaggon aus.

SAN MARINO
COUZI-NET.70
lire 25
M.C 72-181
lire 55
A.N.T.9
lire 60
N.X.211 RYAN
lire 90
H.P.42E
lire 220
Mit LZ 129 nach Nordamerika
50 Deutsche Luftpost 50
Deutsche Luftpost
Hundert Jahre Graf Zeppelin
25
50
40 40
10 Jahre Lufthansa 1926-1936
Deutsches Reich
LENTOLIIKENNE - FLYGTRAFIKEN 1923-1973
0,60 SUOMI-FINLAND
REPUBLICA DEL PARAGUAY
L.A.P. LINEAS AEREAS PARAGUAYAS UNEM PAISES DE SUR AMERICA-CONMEMORACION
DE 40 ANIVERSARIO LUFTHANSA, UNA DE LAS LINEAS AEREAS EN POOL CON L.A.P.
PARAGUAY
40 AÑOS LUFTHANSA
UNIENDO CONTINENTES
DORNIER-WAL 1934
DC-10
aereo
Gs.15.
LAP
0218
EMISION Nº 7
DEC. 28 252/72
+Gs. 5.
COLABORACIÓN VOLUNTARIA A LA CREACIÓN DEL MONUMENTO AL MARISCAL
FRANCISCO SOLANO LOPEZ, HÉROE MÁXIMO DE LA NACIÓN PARAGUAYA
1919-1969
2 FR HELVETIA
FRÍMERKID 100 ÁRA 1873-1973
80
ÍSLAND
Luft-und Raumfahrt im Verkehrshaus Luzern
HELVETIA 90
POSTES 1973
0,50 +0,10
RÉPUBLIQUE FRANÇAISE
10F
BELGIQUE-BELGIË
1974
ПОЧТА СССР
6
Самолет А.Ф. Можайского (1882)
„Россия-А" (1910)
„Русский витязь" (1913)
Летающая лодка Д.П. Григоровича (1914)
KA-26
5
Z-37
10
IL-62
35
1M
DEUTSCHE DEMOKRATISCHE REPUBLIK

Luftkrieg

Erster Bombenabwurf

Im Jahre 1670 schrieb Pater Francesco de Lana-Terzi über ein in der Luft fliegendes Schiff, »aus dem Bomben auf feindliche Stellungen geworfen werden konnten«. Zweieinhalb Jahrhunderte sollten vergehen, bis seine unheilvolle Prophezeiung Wirklichkeit wurde. Jahrzehnte vor den ersten Flügen mit Gerät schwerer als Luft erwachte das militärische Interesse am bemannten Fluggerät leichter als Luft. Aus Freiballons wurde bombardiert, mit Freiballons evakuiert, und Fesselballons wurden für die militärische Aufklärung eingesetzt.
Nur wenige Jahre nach seiner Geburt wurde das Flugzeug in Amerika, Deutschland, Frankreich und Großbritannien zum militärischen Forschungsobjekt. Schießversuche mit Maschinengewehren gelangen 1911. Der erste historisch verbürgte *Bombenabwurf* aus einem Flugzeug im Kriegseinsatz erfolgte am 1. November 1911 während des italienisch-türkischen Konflikts in Libyen. Leutnant Giulio Gavotti warf als Führer der italienischen »Luft-Flotte« aus seinem Flugzeug vier 2-kg-»Cipelli-Granaten« auf feindliche Truppen in der Taguira-Oase und Ain Zara. Gavotti standen neun Flugzeuge verschiedener Typen und elf Piloten zur Verfügung. Ihre Bombenangriffe hinterließen einen verstörten Gegner. Über die Angriffe

Oben links: Zu Beginn des Ersten Weltkriegs wurden Bomben von Hand abgeworfen. Oben rechts: Ein D.H.4-Bomber wird mit einer 50-kg-Bombe bestückt. Unten: Diverse Bombentypen aus dem Ersten Weltkrieg. Rechte Seite oben: Ein deutscher Gotha-Bomber aus dem Jahre 1917. Diese Großflugzeuge lösten beim Gegner wahre Alpträume aus. Mitte: Zu Anfang des Ersten Weltkriegs räumte man der Luftwaffe wenig Chancen ein. Man hielt Flugzeuge bestenfalls für die Aufklärung für nützlich. Hier ein unbewaffneter Farman-Doppeldecker. Unten: Ein riesiger Ilya-Mourometz-Bomber von Sikorsky aus der Luftschiff-Truppe des Zaren

schrieb die türkische Presse: »Dieser Krieg hat klar gezeigt, daß das Flugzeug ein schreckliches Mittel zur Zerstörung ist. Die neue Waffe wird Strategie und Taktik revolutionieren.« Hatten nicht auch die Gebrüder Wright das Flugzeug optimistisch als »ein sicheres Mittel zur Beendigung jedes Krieges« proklamiert?
Der in Jahrhunderten unflexibler Bodenstrategie getrübte Geist der Armee jedoch vermochte die Möglichkeiten einer »fliegenden Waffe« nicht zu begreifen. Für Generale schien das Flugzeug bestenfalls ein verlängerter Arm der Kavallerie-Aufklärung. Die offensichtlich höchst zerbrechlichen Zellen damaliger Flugzeugkonstruktionen erweckten eher ihr Mitleid denn ihre Phantasie. Als wichtig allein für militärisches Fluggerät wurde die Flugstabilität erachtet, um »dem Beobachter einen ruhigen Standort zu bieten«, jegliche Bewaffnung als unnötig abgelehnt. Beim Ausbruch des Ersten Weltkriegs im August 1914 waren bei allen betroffenen Mächten nur wenige Militärflugzeuge vorhanden, kaum oder gar nicht dazu geeignet, Bomben zu transportieren und zu werfen. Piloten und Beobachter trugen lediglich Pistolen zur Selbstverteidigung für den Fall einer Notlandung auf feindlichem Gebiet. Gewehre mußten heimlich mit an Bord genommen werden.
Aber trotzdem wurden in den USA bereits im Januar 1910 ernsthafte Versuche zum Abwurf einer »Kriegs-

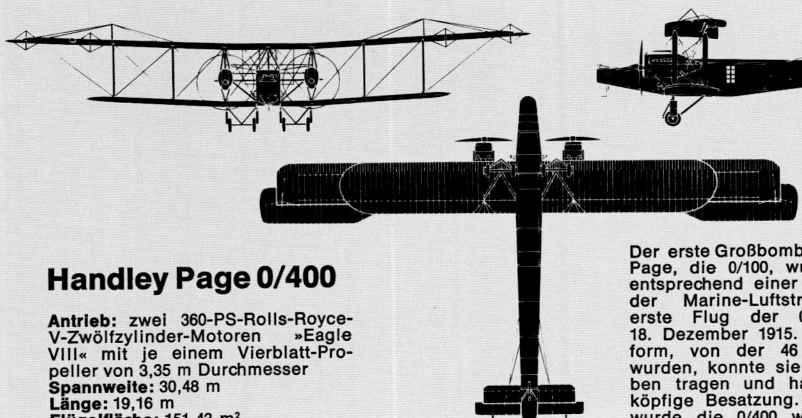

Handley Page 0/400

Antrieb: zwei 360-PS-Rolls-Royce-V-Zwölfzylinder-Motoren »Eagle VIII« mit je einem Vierblatt-Propeller von 3,35 m Durchmesser
Spannweite: 30,48 m
Länge: 19,16 m
Flügelfläche: 151,43 m^2
Gesamtgewicht 3 060 kg
Höchstgeschwindigkeit: 157 km/h
Höchstflugdauer: 8 Std.
Erster Flug: September 1917

Der erste Großbomber von Handley Page, die 0/100, wurde entworfen entsprechend einer Ausschreibung der Marine-Luftstreitkräfte. Der erste Flug der 0/100 war am 18. Dezember 1915. In der Serienform, von der 46 Stück gebaut wurden, konnte sie 16 50-kg-Bomben tragen und hatte eine vierköpfige Besatzung. Aus der 0/100 wurde die 0/400 weiterentwickelt, von der mindestens 507 Exemplare während des Krieges in Großbritannien und den USA hergestellt wurden.

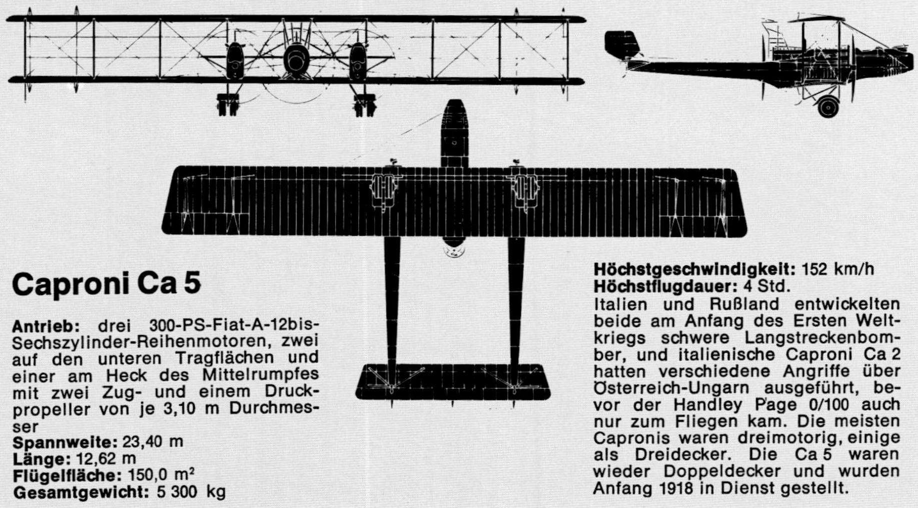

Caproni Ca 5

Antrieb: drei 300-PS-Fiat-A-12bis-Sechszylinder-Reihenmotoren, zwei auf den unteren Tragflächen und einer am Heck des Mittelrumpfes mit zwei Zug- und einem Druckpropeller von je 3,10 m Durchmesser
Spannweite: 23,40 m
Länge: 12,62 m
Flügelfläche: 150,0 m^2
Gesamtgewicht: 5 300 kg
Höchstgeschwindigkeit: 152 km/h
Höchstflugdauer: 4 Std.

Italien und Rußland entwickelten beide am Anfang des Ersten Weltkriegs schwere Langstreckenbomber, und italienische Caproni Ca 2 hatten verschiedene Angriffe über Österreich-Ungarn ausgeführt, bevor der Handley Page 0/100 auch nur zum Fliegen kam. Die meisten Capronis waren dreimotorig, einige als Dreidecker. Die Ca 5 waren wieder Doppeldecker und wurden Anfang 1918 in Dienst gestellt.

ladung« unternommen. Auch in Deutschland und England dachten gelegentlich einige Marineoffiziere an eine solche Verwendung des Flugzeugs. Deren Erfahrungen und Studien wurden freilich von der Admiralität ebenso wie vom Kriegsministerium weitgehend ignoriert. Nur Frankreich begann den Krieg verhältnismäßig gut ausgerüstet mit einigen Staffeln Voisin-Druckpropeller-Bombern.
In Deutschland hatten Offiziere die strategischen Möglichkeiten des Bombenangriffs untersucht. Für eine Luftschiff-Flotte arbeiteten sie Pläne zu Luftangriffen auf England aus. Die Initiative dazu stammte von dem Heeres-Major Wilhelm Siegert.
1915 blieb der Einsatz von Bombenflugzeugen noch begrenzt auf die taktische Unterstützung von Landoperationen. Bevor jedoch das Jahr zu Ende ging, hatten die Befehlshaber der Alliierten die Bildung einer Bomber-Gruppe für rein strategische Operationen beschlossen. Ihr Einsatz war verhältnismäßig kurz. Abgesehen von den bereits erwähnten französischen Voisin-Bombern besaßen die Russen eine Staffel riesiger viermotoriger Ilya-Mourometz-Flugzeuge. Sie flogen am 15. Februar 1915 ihren ersten Luftangriff auf ein Ziel in Polen. Und von Italien aus hatten am 20. August 1915 dreimotorige Caproni-Bomber ihre ersten Angriffe geflogen. Deutschland fuhr tatsächlich Luftschiff-Bombenangriffe auf englisches Gebiet und setzte zunehmend zweimotorige

Gotha-Bomber ein, die überaus gefürchtet waren.
In kurzer Zeit hatten sich Bombenflugzeuge mit unzuverlässigen 80-PS-Motoren, deren Piloten Handgranaten und 9-kg-Bomben von Hand abwarfen, zu riesigen Maschinen von mehr als 30 m Spannweite entwickelt. Zwei- und viermotorig trugen sie Ladungen bis zu 1800 kg über relativ große Entfernungen.

Luftkampf

Der Gedanke zur Entwicklung eines speziellen Jagdflugzeugs existierte nur verschwommen. Bis Anfang 1915 standen sich wenige Staffeln zweisitziger Maschinen gegenüber. Von ihnen wurde erwartet, jeder für die Unterstützung militärischer Operationen auf dem Boden nötigen Aufgabe gerecht zu werden.
Das Zusammentreffen gegnerischer Flugzeuge in der Eröffnungsphase des Krieges war der individuellen Entscheidung jeder Besatzung überlassen. Nicht selten winkte man sich zu.
Am 1. April 1915 begann eine neue Phase des Luftkriegs. An jenem Morgen startete der französische Pilot Roland

Linke Seite: Handley-Page-Bomber 0/400. Diese Seite ganz oben: Mit solchen unbewaffneten Blériot-Eindeckern operierte die englische Armee zu Anfang des Ersten Weltkriegs. Darunter: In den Kriegsjahren 1915/16 wurden in kürzester Zeit Hunderte von Fokker-E.-III-Eindeckern produziert. Die »Fokker-Geißel« schoß nahezu die gesamten alliierten Luftstreitkräfte vom Himmel. Unten: Caproni-Bomber Ca 42

Garros an Bord seines Morane-Saulnier-Eindeckers Typ L. Auf dem Rumpf vor dem Cockpit hatte er ein Hotchkiss-Maschinengewehr festgeschnallt, das in Flugrichtung feuerte. Da die Schußfolge mit der Luftschraubendrehung nicht synchronisiert war, schützten angeschraubte Stahlkanten den Propeller. Garros traf auf einen deutschen Albatros-Beobachter und schoß ihn in Brand. Innerhalb von vierzehn Tagen fand der Franzose mit seiner primitiven und hochgefährlichen Bordbewaffnung zwei weitere Opfer. Am 19. April jedoch wurde er mit beschädigter Maschine zur Bruchlandung hinter den deutschen Linien gezwungen. Seine Maschinengewehr-Montage zogen deutsche Soldaten aus dem teilweise verbrannten Wrack. Das deutsche Oberkommando bestellte sofort einen Nachbau für eigene Flugzeuge. Unabhängig davon hatten jedoch die Fokker-Flugzeug-Werke eine weit verbesserte Bordbewaffnung entwickelt. Sie bauten einen vom Motor gesteuerten mechanischen Unterbrecher, der verhinderte, daß das Gewehr feuerte, wenn sich ein Propellerblatt in verlängerter Linie des Gewehrlaufes befand. Das System wurde erstmals in eine Fokker M 5 K zur Erprobung eingebaut. Am 1. Juli 1915 schoß Leutnant Kurt Wintgens damit eine französische »Morane« ab. Das durch den Luftschraubenkreis schießende starre Maschinengewehr ging in den Serienbau. Oswald Boelcke, Max Immelmann und viele andere verdankten ihm ihren Kriegsruhm. Der Jagdflieger war geboren, und auf der Gegenseite sprach man von der »Fokker Scourge« (Fokker-Geißel), als die englische und die französische Luftwaffe wachsende Verluste durch die wendigen Eindecker erlitten.
Die alliierten Techniker reagierten unterschiedlich. Einmal montierten sie ihre Maschinengewehre so, daß die Schußbahn außerhalb des Luftschraubenbereichs lag, wie etwa bei den französischen Nieuport-Aufklärern. Zum anderen setzten sie mehr Muster mit hinten liegenden Motoren und Luftschrauben ein, um nach vorne freie Schußbahn zu haben. Zu diesen Flugzeugen gehörten die Vickers F.B. 5 (das erste englische, speziell für Kampfaufgaben gebaute Flugzeug), der de Havilland D.H. 2-Aufklärer und der besonders leistungsfähige F.E. 2b-Zweisitzer. In diesen drei Maschinen saß die Besatzung vor dem Motor. Im

Fokker E. III

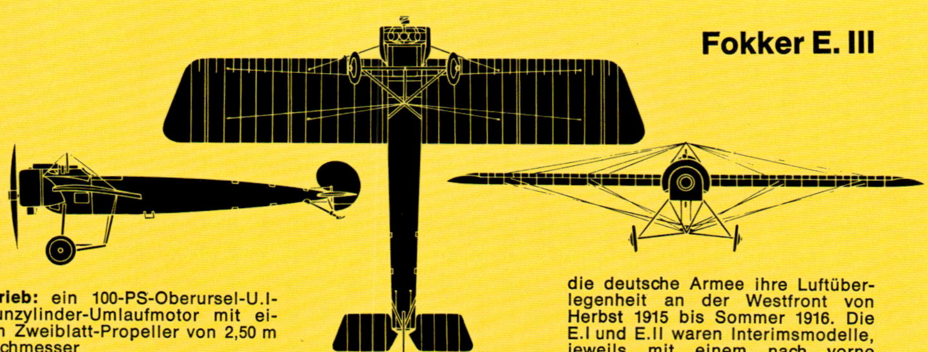

Antrieb: ein 100-PS-Oberursel-U.I-Neunzylinder-Umlaufmotor mit einem Zweiblatt-Propeller von 2,50 m Durchmesser
Spannweite: 9,52 m
Länge: 7,30 m
Flügelfläche: ca. 16 m²
Gesamtgewicht: 635 kg
Höchstgeschwindigkeit: 133 km/h in 2000 m Höhe
Besatzung: 1 Mann
Höchstflugdauer: 2 Std. 45 Min.
Den Fokker-Eindeckern verdankte die deutsche Armee ihre Luftüberlegenheit an der Westfront von Herbst 1915 bis Sommer 1916. Die E.I und E.II waren Interimsmodelle, jeweils mit einem nach vorne feuernden 7,92 mm-Spandau-MG bewaffnet, ausgerüstet mit dem von Fokker entwickelten Unterbrecher-Getriebe. Hauptsächlich wurde die Version E.III eingesetzt, von der über 260 Stück gebaut worden sind. Einige Fokker-Modelle, so die E.IV, flogen mit zwei oder sogar drei Synchron-Maschinengewehren.

Linke Seite: Der wendige Jagd-Eindecker Fokker E. III war mit einem synchronisierten Maschinengewehr ausgestattet, das durch die Luftschraube schoß. Oswald Boelcke und Max Immelmann waren die Helden dieses Flugzeugtyps, dem die Deutschen in den Jahren 1915/16 die absolute Luftherrschaft verdankten. Die Maschine war beim Gegner so gefürchtet, daß man sie dort nur noch »Fokker-Geißel« nannte. Rechts: Max Immelmann, der »Adler von Lille«, war der erfolgreichste Kampfflieger des Fokker-Eindeckers. Nach 15 Luftsiegen fand er am 16. Juni 1916 den Tod. Die Deutschen behaupteten, er sei durch technisches Versagen abgestürzt – die Engländer wollten Immelmann abgeschossen haben.

B. E. 2c

Antrieb: ein 90-PS-R.A.F.-1 a-Achtzylinder-V-Motor mit einem Vierblatt-Propeller von 2,69 m Durchmesser
Spannweite: 11,28 m
Länge: 8,31 m
Flügelfläche: 34,47 m²
Gesamtgewicht: 972 kg
Höchstgeschwindigkeit: 116 km/h in 2000 m Höhe
Besatzung: 2 Mann
Bewaffnung: ein 7,7 mm-Lewis-Maschinengewehr; bis zu 100 kg Bombenlast am Unterflügel
Höchstflugdauer: 3 Std. 15 Min.
Erster Flug: Frühsommer 1914
Die B. E. 2-Serie, eines der bemerkenswertesten frühen Beispiele für die Massenproduktion, wurde von mindestens 22 britischen Herstellern gebaut, die zusammen mehr als 3500 Stück fertigten. Trotz ihres unglücklichen Rufes als »Fokker-Futter« war die B. E. 2c in ihrer Konstruktion bedeutend besser als frühere B. E.-Typen, was hauptsächlich auf die ausgiebigen Testflüge zurückzuführen war.

Oben: Ein de-Havilland-D.H.2-Jäger mit Druckpropeller. Mit diesem Flugzeug konnten die Alliierten Ende 1916 der »Fokker-Geißel« endlich ein gleichwertiges Flugzeug gegenüberstellen. Unten: Ein Bristol-F.2B-Jäger mit synchronisiertem Maschinengewehr, ein zweisitziges, sehr wendiges Kampfflugzeug. Rechte Seite: Ein Vickers-F.B.5-Gunbus-Doppeldecker. Dieser Typ wurde als erstes britisches Kampfflugzeug mit einem Maschinengewehr ausgestattet. Da zu dieser Zeit das synchronisierte Maschinengewehr in England noch nicht einsatzbereit war, wurde die »Gunbus« mit einem Druckpropeller ausgestattet, um dem Gewehr freie Schußbahn zu lassen.

Vickers F. B. 5 »Gunbus«

Antrieb: ein 100-PS-Neunzylinder-Gnôme-Monosoupape-Sternmotor mit einem Zweiblatt-Druckpropeller von ca. 2,90 m Durchmesser
Spannweite: 11,13 m
Länge: 8,28 m
Flügelfläche: 35,49 m^2
Gesamtgewicht: 930 kg
Höchstgeschwindigkeit: 113 km/h in 1500 m Höhe
Höchstflugdauer: 4 Stunden
Besatzung: 2 Mann
Bewaffnung: ein 7,7-mm-Lewis-Maschinengewehr im Bug
Die erste in Produktion gegangene Version des als Vickers »Gunbus« bekanntgewordenen Jägers, die F. B. 5, war eine Weiterenwicklung des Vickers-Doppeldeckers »Destroyer« (E. F. B. 1), der zum erstenmal bei der Olympia-Luftfahrt-Schau im Februar 1913 gezeigt wurde. Damals gab es noch keine Vorrichtung, um mit einem Maschinengewehr nach vorne durch einen laufenden Propeller zu schießen, ohne ihn zu treffen, und so wurde der Motor hinten eingebaut.

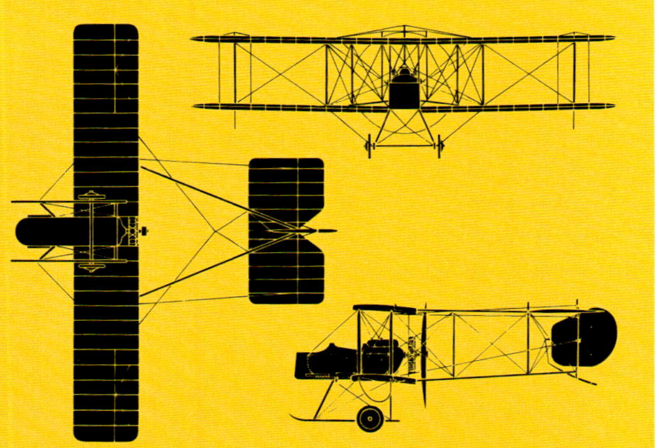

Februar 1916 erschien die mit D.H. 2 ausgestattete 24. Staffel an der Westfront, geführt von Major Lanoe Hawker, dem ersten »Jagdflieger-As« des Royal Flying Corps. In der Zwischenzeit herrschte die »Fokker-Geißel« über der Westfront. Die fast wehrlosen Aufklärungsmaschinen der Alliierten waren kein Gegner für eine bewaffnete Fokker, nicht zuletzt, weil ihre einst über alles wichtige Stabilität sie der Fähigkeit schneller Richtungsänderung beraubte, wenn sie angegriffen wurden.
Als die neuen britischen und französischen Jäger im Sommer 1916 erste Erfolge erzielt hatten, schien die Fokker-Gefahr verringert. Die Alliierten gewannen für kurze Zeit Luft. Aber ihr kleiner Sieg war von kurzer Dauer. Ende 1916 begannen in deutschen Jagdstaffeln neue Kampfflugzeuge aufzutauchen: die »Albatros« D. I und D. II und die »Halberstadt« Serie D.
Die aerodynamisch hervorragende »Albatros« mit sperrholzbeplanktem Rumpf trug zwei synchronisierte Maschinengewehre, die durch den Propellerkreis schossen, ein Bordwaffensystem, das während des ganzen Ersten Weltkriegs, ja bis nahezu zwanzig Jahre später für die meisten Jagdflugzeuge die klassische Bewaffnung werden sollte. Die deutschen Luftstreitkräfte errangen die Luftherrschaft zurück.
Erst 1917 erhielten die alliierten Staffeln gleichwertige Flugzeugtypen. Von diesen neuen Konstruktionen waren die bedeutendsten der Bristol-F. 2-Kampfzweisitzer und die S.E.5- und Sopwith-Camel-Jäger, alle nun ebenfalls mit synchronisierten Maschinengewehren ausgerüstet.
Die »Camel« wurde in vielerlei Hinsicht zu *dem* Jagdflugzeug des Ersten Weltkriegs. Mit zwei Vickers-Maschinengewehren und einem Umlauf-Sternmotor verfügte sie über die beste Wendigkeit. Ihre Reaktionsfähigkeit repräsentierte das Gegenteil der Konstruktionsideale des Jahres 1914 und machten die kleine Sopwith zu einem der überragenden Kurvenkämpfer des Krieges, zu vergleichen nur mit dem berühmten Fokker-Dr.I-Dreidecker, auf den die deutschen Jagdverbände Ende 1917 umgerüstet wurden.
Freiherr von Richthofen und Ernst Udet, der erfolgreichste überlebende Jagdflieger des Ersten Weltkriegs, waren die großen Meister in der Beherrschung des Fokker-Dreideckers.
1917 und 1918 erzielten die Jagdflug-

BOMBAY
(2)

zeug-Konstrukteure zahlreiche Verbesserungen gegenüber den zerbrechlichen Flugzeugen, die bei den Operationen am Beginn des Krieges eingesetzt wurden. Aufklärer wurden mit vier oder sogar sechs Maschinengewehren geflogen. Die Franzosen experimentierten mit Gewehren schweren Kalibers für Granaten bis zu 37 mm. Primitive, elektrisch gezündete Raketen wurden eingesetzt. Deutsche Konstrukteure erprobten Flugzeugbordkanonen und mehrläufige Maschinengewehre – Vorläufer heutiger Waffen.

Die Aufklärer des Jahres 1918 zeigten, was man in der harten Schule des Luftkampfs in nahezu vier Kriegsjahren gelernt hatte. Ihre Motoren lagen im Leistungsbereich zwischen 150 und 185 PS. Sie erreichten Fluggeschwindigkeiten von mehr als 180 km/h.

1918 hatte Deutschland sein erfolgreichstes Jagdflugzeug des Krieges fertiggestellt, die Fokker D. VII, mit einer Zellenkonstruktion aus geschweißtem Stahlrohr, stoffbespannt und mit einer Geschwindigkeit von mehr als 200 km/h in Höhen über 4500 m. Bei Kriegsende flog die D. VII in den meisten deutschen Jagdstaffeln. Ihr nächster Konkurrent in Leistung und Wendigkeit waren die englischen Sopwith »Camel« und die Sopwith »Snipe«.

Der Erste Weltkrieg brachte in der militärischen Fluggeschichte legendäre Namen hervor. Flugzeugbesatzungen kämpften bis 4000 m über den verschwommenen Schützengräben, ohne Sauerstoff, ohne Funk, meist ohne Fallschirm, ohne beheizte Cockpits, mit unzulänglichen Instrumenten. Die Luftfahrtindustrie jedoch empfing aus dem Geschehen dieser schrecklichen Jahre jene Impulse, um endlich die friedliche kommerzielle Nutzung des Luftschiffs wie des Flugzeugs in Angriff zu nehmen und damit die Verkehrsgeschichte der Menschheit maßgeblich zu beeinflussen.

Fokker D.VII

Antrieb: ein 160-PS-Mercedes-D.II-Sechszylinder-Reihenmotor mit einem Zweiblatt-Propeller
Spannweite: 8,90 m
Länge: 6,95 m
Flügelfläche: 20,50 m^2
Gesamtgewicht: 900 kg
Höchstgeschwindigkeit: 189 km/h in 1000 m Höhe
Höchstflugdauer: 1 Std. 30 Min.
Besatzung: 1 Mann
Erster Flug: Januar 1918

Die Fokker D. VII, unbestritten einer der besten Jäger, die während des Ersten Weltkriegs erschienen, schlug bei Versuchsflügen Anfang 1918 in Deutschland alle 30 anderen Jagdflugzeug-Muster (darunter sechs Fokker-Typen) und wurde sofort zur Serienproduktion in großer Stückzahl bestellt. Die ersten Exemplare erreichten die Staffel von Richthofen an der Front im April 1918. Etwa 1000 Stück wurden bis Ende des Krieges gebaut, und die Produktion wurde nach dem Waffenstillstand in Holland fortgesetzt.

Oben: Deutsches Jagdflugzeug »Pfalz« D. III. Dieser Typ konnte angesichts des legendären Rufs der Fokker D. VII bei den deutschen Piloten – vielleicht zu Unrecht – keine so rechte Gegenliebe finden. Rechts: Blick in die Produktionshallen der Sopwith Aviation in Kinston/Großbritannien im Jahre 1918. Rechte Spalte von oben nach unten: Deutsches Jagdflugzeug Albatros D. V mit den Insignien des Jagdflieger-Asses Ritter von Schleich. Englischer Aufklärer vom Typ R.E. 8 bei der Übernahme der Fotoausrüstung. Sopwith »Snipe«, eines der elegantesten Jagdflugzeuge des Ersten Weltkriegs. Zum Ende des Ersten Weltkriegs wurden zunehmend Frauen in der Flugzeugindustrie beschäftigt, hier bei Montagearbeiten an einem Sopwith-Salamander-Jäger.

SOPWITH AVIATION Co Ltd KINGSTON
HAM WORKS DEC 1918

Große Konstrukteure und ihr Werk:

Anthony H. G. Fokker

Die außerordentlich erfolgreiche Luftfahrtkarriere des am 6. April 1890 in Kediri auf Java geborenen Anthony H. G. Fokker begann im Jahre 1910, als er in einer nicht benutzten Zeppelin-Halle in Baden-Baden mit den Arbeiten für ein Flugzeug nach seinem eigenen Entwurf begann.
Zu dieser Zeit besuchte er eine Schule für Automechaniker in Zalbach, an der auch Flugkurse abgehalten wurden. Doch sowohl das einzige vorhandene Flugzeug als auch der »Fluglehrer« schienen beide nicht fliegen zu können, so daß der junge Anthony beschloß, es selbst zu versuchen.
Sein erstes Flugzeug, wegen der zahllosen Seile und Spanndrähte »Spinne« genannt, hatte bereits einen typischen Pfeilflügel mit ausgeprägter V-Form. Diese Merkmale, die er zunächst an kleinen Papiermodellen ausprobiert hatte, bewirkten eine stabile Fluglage. Dadurch war Fokker der erste, dem die Konstruktion eines in sich stabilen Flugzeugs gelang, denn den meisten Flugzeugen jener Tage fehlte diese Eigenstabilität vollständig, so daß es oft zu Unfällen kam.
Interessant ist, daß die erste »Spinne« schon Querruder besaß, obwohl Fokker in seiner Biographie »Der fliegende Holländer« schreibt, daß keine Querruder benutzt, sondern lediglich ein Verwinden des Flügels vorgenommen wurde. Auf den Fotografien wird im allgemeinen eine modifizierte Version der »Spinne« ohne Querruder gezeigt.
Nachdem er sich das Fliegen selbst beigebracht hatte, erwarb er am 16. Mai 1911 den Pilotenschein Nr. 88. Im Dezember 1911 zog er von Mainz nach vielen Flugvorführungen in die damalige deutsche Luftfahrt-Metropole Johannisthal bei Berlin. In einem Schuppen begann er an weiteren Flugzeugen zu arbeiten, die er aus seiner »Spinne« entwickelte. Es entstand die M-Serie als Doppelsitzer.
Das Interesse der Militärbehörden an den Flugzeugen von Fokker wuchs, und nach einem Demonstrationsflug bei Döberitz erhielt Fokker endlich seinen ersten Auftrag für zwei Flugzeuge.
Holland hingegen zeigte kein rechtes Interesse an Fokker, als er die »Spinne«, von Bernard de Waal nach Holland überführt, in seiner Heimatstadt Haarlem vorstellte.

Fokker »Spinne«

Antrieb: ein 50-PS-Argus-Vierzylinder-Reihenmotor mit einem Zweiblatt-Propeller
Spannweite: 11 m
Länge: 7,55 m
Flügelfläche: 22 m^2
Gesamtgewicht: 400 kg
Höchstgeschwindigkeit: 90 km/h
Besatzung: 1 Mann
Erster Flug: August 1911
Anthony Fokkers erster »Spider«, den er in Deutschland in Zusammenarbeit mit Jacob Goedecker gebaut hat, basierte auf den Erfahrungen, die er beim Bau von zwei früheren Eindeckern gewonnen hatte. Im Jahre 1912 gründete Fokker in Johannisthal bei Berlin seine eigene Firma, wo verbesserte Versionen der »Spinne« zur Produktion aufgelegt wurden. Die erste Version, auf die sich diese technischen Daten beziehen, war die A-1912; die spätere B-1912 hatte einen 100-PS-Motor, und einige andere Maschinen wurden mit 70-PS-Renault-Motoren ausgestattet.

Oben links: Anthony H. G. Fokker, der geniale holländische Flugzeugkonstrukteur, der im Ersten Weltkrieg für die deutsche Luftwaffe überaus erfolgreiche Maschinen baute. Rechts: Fokker in seinem ersten Flugzeug, der »Spinne«. Rechte Seite oben: Staffel mit Fokker-Dr.-I-Dreideckern. Unten: Eine weitere berühmte Fokker-Konstruktion war der Doppeldecker D. VII. In Artikel IV des Waffenstillstands-Abkommens zwischen den Alliierten und Deutschland wurde erstmals ein spezieller Flugzeugtyp erwähnt, nämlich die D. VII. Alle noch existierenden Exemplare mußten an die Alliierten übergeben werden. Dennoch gelang es Anthony Fokker, 120 mehr oder weniger komplette Maschinen nach Holland zu schmuggeln.

Sehr beeindruckt von den Loopings, die der Franzose Pégoud mit der Blériot flog, war Fokker der erste, der diese Art Kunstflug mit seinem eigenen Flugzeug ausführte.
Im Jahre 1913 baute Fokker den zweisitzigen militärischen Eindecker M.2, der einen aerodynamisch störungsfreien Rumpf mit kreisförmigem Querschnitt hatte, aber immer noch die typische Flügelform der »Spinne«. Die Flügel konnten rasch abgenommen und das ganze Flugzeug leicht mit einem Lastwagen transportiert werden. Dieses Baumuster siegte im militärischen Wettbewerb. Ein Auftrag für 24 Flugzeuge vom Typ M.2 folgte.
Aufgrund der wachsenden Aufträge verlegte Fokker seine Flugzeugfabrik Fokker Aeroplane von Johannisthal in ein Werk nach Schwerin, wo sie sich unter dem Namen Fokker Aeroplanbau bis zum Ende des Ersten Weltkriegs befand.
Die in den Jahren 1913/14 gebaute M.3 war das letzte Vorkriegsmodell. Es wurde unmittelbar vor Ausbruch des Ersten Weltkriegs an den russischen Piloten Worobieff verkauft.
1913 entwickelte Fokker ohne rechten Erfolg sein erstes Flugboot, die W.1, mit der er am Motorboot-Rennen von Monaco teilnehmen wollte. Während der Flugerprobung durch Fokker und seinen Freund und Testpiloten de Waal stürzte sie in der Nähe von Gronau ab.
Mit Ausnahme der »Spinne I« besaß keines seiner bisher gebauten Militär- und Ausbildungsflugzeuge Querruder. Die Steuerung um die Längsachse wurde durch Verwinden des Flügels bewirkt, ein Steuerungssystem, das auch noch bei späteren Baumustern, z. B. der D.I, angewandt wurde.
Das erste mit Querrudern ausgerüstete Baumuster war die M.4 mit dem Spitznamen »Stahltaube«, die über ein wassergekühltes 100-PS-Triebwerk von Mercedes verfügte. Sie besaß ein Bugrad, ruhte am Boden normalerweise jedoch auf einer Heckstütze.
Durch den Ausbruch des Ersten Weltkriegs erhielt Fokker die Chance seines Lebens. Er hatte die M.5 als Ausbildungsflugzeug für Kunstflug entwickelt. Das Flugzeug erwies sich als äußerst wendiger Eindecker. Die militärischen Versionen, der Zweisitzer M.5 K und die M.5 L, bildeten die Prototypen einer langen Reihe erfolgreicher Jagdflugzeuge, die er in den folgenden Jahren entwickelte.
Im Juli 1915 baute er in die M.5 K das erste synchronisierte Maschinengewehr (eine Parabellum) ein. Die Fliegerasse Boelcke und Immelmann machten ihre ersten Flüge mit diesem Baumuster, das die militärische Musterbezeichnung E.I erhielt.
Die im Jahre 1915 entwickelte E-Serie (E.I, II, III, IV) wies eine wesentlich gesteigerte Leistung und erhöhte Feuerkraft auf.
Im Jahre 1916 konstruierte Fokker sein erstes Doppeldecker-Jagdflugzeug, die D.I, aus dem sich sehr bald die berühmten Jagdflugzeuge D.II, D.III, D.IV (abgeleitet aus der Fokker M.17, M.18, M.19, M.20) entwickelten.
Nach einer langen Reihe von Versuchsflugzeugen, den sogenannten V-Typen (Versuchsmaschinen), entstanden schließlich die berühmten Jagdflugzeuge D.VII und D.VIII.
Eines der besten Fokker-Flugzeuge wurde der Dreidecker Dr.I, ein Jagdflugzeug, das sich als weit überlegen erwies.
Die Fokker D.VII war das letzte erfolgreiche Jagdflugzeug, das Fokker während des Ersten Weltkriegs entwickelte. Sie sollte zusammen mit einer gestreckten, zweisitzigen Version, dem Beobachtungsdoppeldecker C.I, den Grundstock für die Produktion der 1919 gegründeten holländischen Fokker-Flugzeugfabrik bilden.
In dem Zeitraum von 1914 bis 1918 baute Fokker aber nicht nur Jagdflugzeuge, er entwickelte auch zahllose Flugzeuge für Ausbildungs- und Beobachtungszwecke. In der M-Serie sind

viele Baumuster dieser Art enthalten.
Ein interessantes Flugzeug war die Fokker M.9 bzw. K.I mit zwei Rümpfen und einer Tandem-Triebwerksanordnung (1915). Gut zwanzig Jahre später sollte die G.1 ähnliche Merkmale aufweisen (G.1, D.XXIII).
1919 gelang es Fokker in einem geschickten Handstreich, seine Fabrikausrüstung zusammen mit sämtlichen vorhandenen Flugzeugen vom Werk in Schwerin über die holländische Grenze in die Niederlande zu bringen.
Am 21. Juli 1919 gründete Anthony Fokker in Amsterdam die Nederlandse Vliegtuigenfabriek Fokker.
Das Jahr ist eines der bedeutendsten in der Luftfahrtgeschichte der Niederlande. Denn es wurde nicht nur das Fokker-Werk gegründet. Albert Plesman gründete nach der erfolgreichen ersten Luftfahrtschau in Amsterdam, der ELTA, deren Mitorganisator er war, auch die Königlich-Niederländische Luftverkehrsgesellschaft KLM.
Auf dem Gelände dieser Luftfahrtschau, im Norden Amsterdams, begann Fokker mit der Produktion des Jagdflugzeugs D.VII und des Aufklärungsflugzeugs C.I für die niederländischen Heeresflieger.
In jenen Tagen wurden umgebaute Bomber und Aufklärungsflugzeuge – häufig unter schlechten Bedingungen und sicherlich äußerst unwirtschaftlich – zur Beförderung von Passagieren eingesetzt. Eines dieser ersten »Verkehrsflugzeuge« war die Fokker C.II, ein in einen Dreisitzer umgebauter Doppeldecker vom Typ C.I, der eine geschlossene Kabine für die beiden Passagiere und ein offenes Cockpit für den Piloten besaß.
Die 1919 herausgebrachte F.II war neben der Junkers F 13 eines der ersten Verkehrsflugzeuge. Die F.II war mit einem wassergekühlten 185-PS-Triebwerk ausgerüstet und konnte vier Passagiere bei einer Reisegeschwindigkeit von etwa 160 km/h befördern.
Sie war der Vorläufer einer langen Reihe von Zivilflugzeugen, die von Fokker in den folgenden fünfzehn Jahren konstruiert wurden.
K.L.M. stellte die F.II im Jahre 1920 in Dienst. Bald folgte ihr die F.III, ein verbessertes, größeres und schnelleres, mit wassergekühltem 360-PS-Triebwerk ausgerüstetes Flugzeug.
Ausländische Luftverkehrsgesellschaften wie die SABENA, die Süddeutsche Aero Lloyd, die Balair, die Avio Linee Italiane, die Magyar Legiforgalmi RT, Det Danske Luftfahrtselskap und die Deruluft setzten dieses Flugzeugmuster auf ihren Streckennetzen ein.
Das nächste Muster, die F.IV für elf Passagiere, war auf amerikanische Forderungen zugeschnitten und wurde Ende 1921 in die USA verschifft. Sie ging unter der US-militärischen Bezeichnung T-2 als Rekordbrecher in die Luftfahrtgeschichte ein und hat inzwischen einen Ehrenplatz im National Air Museum in Washington. Die US-Luftwaffen-Piloten Lt. Kelly und Lt.

Links: Das erfolgreiche Fokker-Verkehrsflugzeug F. VIIa, das erste Verkehrsflugzeug der Welt mit luftgekühltem Motor. Im Prototyp der späteren dreimotorigen Version flog Richard Byrd 1926 als erster über den Nordpol. Rechte Seite: Eines der ersten reinen Verkehrsflugzeuge neben der Junkers F 13 war die viersitzige Fokker F. II.

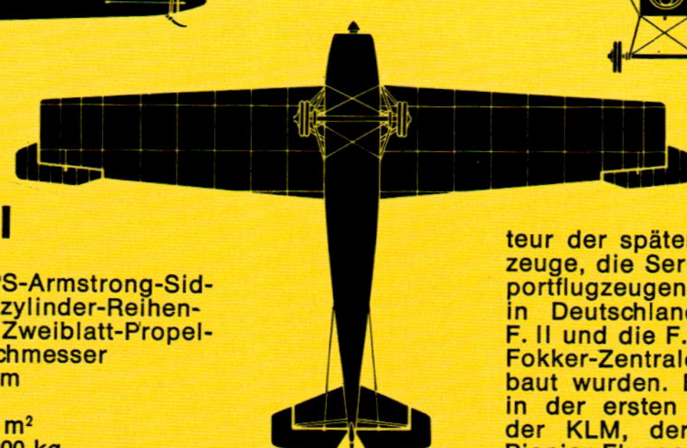

Fokker F.III

Antrieb: ein 240-PS-Armstrong-Siddeley-Puma-Sechszylinder-Reihenmotor mit einem Zweiblatt-Propeller von 3,05 m Durchmesser
Spannweite: 17,62 m
Länge: 11,07 m
Flügelfläche: 39,10 m²
Gesamtgewicht: 1900 kg
Reisegeschwindigkeit: 135 km/h
Fassungsvermögen: 1 Mann Besatzung und 5 Passagiere
Erster Flug: etwa April 1921
Nach dem Krieg 1914/18 begründete Reinhold Platz, der Chefkonstrukteur der späteren Fokker-Jagdflugzeuge, die Serie von Fokker-Transportflugzeugen. Der F. I, die zuerst in Deutschland flog, folgten die F. II und die F. III, die in der neuen Fokker-Zentrale in Amsterdam gebaut wurden. Beide Typen wurden in der ersten Zeit des Bestehens der KLM, der DLR und anderer Pionier-Fluggesellschaften verwendet. Etwa zwei Dutzend waren noch 1931 im Einsatz, und einige haben nachweislich bis Ende 1936 überlebt. Die Schemazeichnung zeigt die F. II, die technischen Daten betreffen die F. III.

MacReady stellten mit der T-2 eine Anzahl von Weltrekorden auf: für Flugdauer (36 Std. 4 Min.), Entfernung (2060 Meilen, später sogar 2517 Meilen) und Geschwindigkeit über eine Entfernung von 2500 km, 3000 km bzw. 4000 km. 1923 erreichten diese Piloten mit der T-2 ihr Hauptziel: den ersten Nonstopflug von Küste zu Küste über den nordamerikanischen Kontinent, bei dem sie in 26 Std. 50 Min. 2850 Meilen zurücklegten.
1924 wurde die F.VII vorgestellt, ein schnelles Verkehrsflugzeug für acht Passagiere, mit einem wassergekühlten 360-PS-Triebwerk ausgerüstet. Am 24. November des gleichen Jahres machten die holländischen Piloten Van Woerden Poolman und Van der Hoop Geschichte: Sie flogen mit einer F.VII von Amsterdam zum früheren Holländisch-Ostindien über eine Entfernung von fast 18 000 Kilometer.
Im darauffolgenden Jahr wurde diese gleiche Flugstrecke sehr viel schneller mit der verbesserten F.VIIa – dem ersten Verkehrsflugzeug der Welt mit luftgekühltem Triebwerk –, zurückgelegt. Am 30. April 1925 brach M. Grasé mit einer F.VIIa den Welthöhenrekord, indem er mit einer Nutzlast von 1000 kg auf 5771 m Höhe stieg. Am 27. Juli 1925 gewann er auf einem einzigen Flug gleich zwei Dauerflug-Weltrekorde. Mit einer Nutzlast von 1000 kg und 1500 kg flog er 3 Std. 3 Min.
Die einmotorige F.VIIa wurde in ein dreimotoriges Verkehrsflugzeug umgebaut, in die F.VIIa/3m und die F.VIIb/3m. Dieses Flugzeugbaumuster wurde zum Standard-Flugzeug vieler Luftverkehrsgesellschaften und sogar einiger Luftstreitkräfte. Zahlreiche Hersteller-Lizenzen für viele Länder wurden verkauft (SABCA in Brüssel, A.V. Roe in Manchester, Plage & Laskievics in Lublin/Polen, Avia in Prag, Manfred Weisz in Budapest und Officine Ferroviarie Meridionali in Neapel). Außerdem stellten die amerikanischen Fokker-Werke eine Anzahl dieser dreimotorigen Flugzeuge für die zivile und die militärische Luftfahrt her.
Der holländische Pilot Lt. Koppen flog mit diesem Flugzeugtyp in neun Tagen nach Batavia; der Rückflug dauerte zehn Tage. Mit dem denkwürdigen Flug hatten sich die dreimotorigen Fokker-Flugzeuge endgültig einen Platz im Luftverkehr erobert, den sie länger als acht Jahre behielten. In den dreißiger Jahren spielten Flugzeuge wie die F.XII und die F.XVIII, die auf den längsten Flugstrecken der Welt eingesetzt wurden, eine bedeutende Rolle.
Es ist nicht übertrieben, wenn man erklärt, daß durch eine Reihe kühner Flüge mit diesen Fokker-Flugzeugen sowie deren Nachfolger und den jeweiligen Besatzungen der Entwicklungsprozeß der zivilen Luftfahrt zum Interkontinentalverkehr maßgeblich beeinflußt wurde. Neben den bereits erwähnten Rekorden sollen nur einige

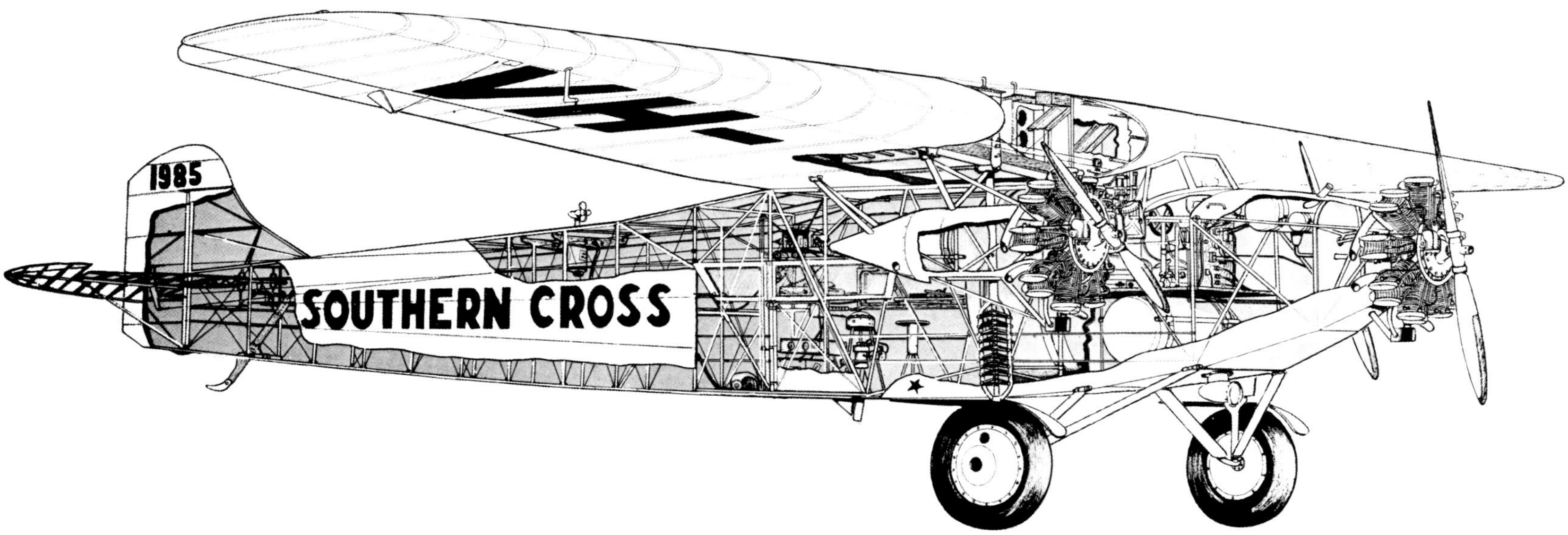

Oben: Schnittzeichnung durch die Fokker F.VIIb/3m »Southern Cross« von Kingsford Smith. Unten: Die »Southern Cross« (Kreuz des Südens) vor einer DC-6, die nach dem Zweiten Weltkrieg die einstige Strecke der »Southern Cross« von Australien nach den USA nachverfolgte. Rechte Seite: Die Fokker F. 28 Mark 6000, eines der erfolgreichsten Kurzstrecken-Strahlflugzeuge der Gegenwart

Pionierflüge mit Fokker-Flugzeugen aufgezählt werden:

1926 Byrd überfliegt als erster den Nordpol.
1927 Byrd überfliegt den Atlantik.
1927 Maitland fliegt erstmals von San Francisco über den Pazifik nach Honolulu.
1928 Kingsford Smith vollführt seinen bahnbrechenden Flug über den Pazifik nach Australien.
1928 Stultz und Amelia Earhart überfliegen den Nordatlantik mit einer Fokker-Friendship, einer F.VIIb/3m mit Schwimmern. Erster Ozeanflug einer Frau.
1929 Spaatz, Eaker und Quesada bleiben ununterbrochen 150 Std. 40 Min. in der Luft.
1929 Kingsford Smith fliegt von Australien nach England.
1930 Kingsford Smith setzt seinen Flug um die Welt mit der »Kreuz des Südens« fort, überfliegt den Atlantik in westlicher Richtung und erreicht seinen Ausgangspunkt San Francisco.
1931 Pattist richtet den ersten regulären Postdienst von Batavia nach Melbourne und zurück ein.
1933 Smirnoff fliegt in der Rekordzeit von achteinhalb Tagen mit der dreimotorigen F.XVIII »Pelikan« mit Weihnachtspost von Amsterdam nach Batavia und zurück.

1930 stammten von den 596 Flugzeugen des europäischen Luftverkehrs 172 – und damit etwa 28 Prozent – von Fokker. Von den großen dreimotorigen Verkehrsflugzeugen waren 115 von insgesamt 219 Fokker-Flugzeuge.
54 Luftverkehrsgesellschaften setzten in ihrem weltweiten Streckennetz Verkehrsflugzeuge von Fokker ein, und 22 Länder bauten Fokker-Flugzeuge in Lizenz.
Ab 1933 neigten sich die Verkaufserfolge von Fokker-Verkehrsflugzeugen langsam ihrem Ende zu.
Obwohl Fokker versuchte, auf dem zivilen Weltmarkt auch durch eigene Konstruktionen – wie durch die Entwicklung der viermotorigen F.XXII und der F.XXXVI, die für die damalige Zeit echte Riesenflugzeuge waren – im Geschäft zu bleiben, eroberten die Ganzmetall-Flugzeuge allmählich den Markt. Es dauerte einige Jahre, ehe sich Fokker auf die Ganzmetallbauweise umgestellt hatte.
Durch die militärische Luftfahrt, die länger an herkömmlichen Bauweisen festhielt, wurde dem Werk Gelegenheit zu einer allmählichen Anpassung gegeben. Während die Produktion sämtlicher Arten von Militärflugzeugen weiterlief, wurde eine wachsende Anzahl von Bauteilen für eben diese Flugzeuge in Ganzmetall-Schalenbauweise hergestellt. Der zweimotorige mittlere Bomber F.9 war das erste Ganzmetall-Flugzeug von Fokker. 1939 wurde das Ganzmetall-Verkehrsflugzeug F.24 konstruiert, von dem die KLM vier Maschinen bestellte. Die Produktion war gerade angelaufen, als der Krieg ausbrach und das Projekt eingestellt werden mußte.
Gegen Ende der dreißiger Jahre verbrachte Anthony Fokker mehr und mehr Zeit in den USA, die er schon häufiger bereist und wo er auch mehrere eigene Werke gegründet hatte.
Anthony Fokker starb am 23. Dezember 1939 im Alter von 49 Jahren in einem Krankenhaus von New York.
Nach dem Krieg erfuhr die von ihm gegründete Firma einen starken Aufschwung. Das auf die F.24 folgende Flugzeugbaumuster, die F.27 »Friendship«, ist heute das meistverkaufte westeuropäische Verkehrsflugzeug und das am häufigsten eingesetzte Turboprop-Verkehrsflugzeug der Welt. Die zweistrahlige Fokker F.28 ist dabei, sich als wirtschaftlichster Kurzstrecken-Jet den Weltmarkt zu erobern.

Air Congo

Heldenhafte Pionierflüge

Alcock und Brown

Alle Luftfahrtpioniere waren ihrer Zeit voraus. Die ständige geistige und praktische Konfrontation mit dem Unbekannten konnte nur zum Erfolg führen, wenn Mut, Ideenreichtum und kalkuliertes Risiko zu harmonischer Aktivität zusammenfanden. Jeder Start zu neuem Rekordflug, zum Brückenschlag von Kontinent zu Kontinent, war in den Jahren nach dem Ersten Weltkrieg ein Spiel mit Leben und Tod und doch auch ein Meilenstein für die Entwicklung des Luftverkehrs.

Der Erste Weltkrieg brachte dem Flugzeug jene Betriebssicherheit, ohne die alle geplanten Langstreckenflüge ein Wagnis von unkalkulierbarem Risiko geblieben wären. 1919 und 1920 starteten die ersten Piloten zur Überquerung des Atlantiks, nach Australien und nach Südafrika.

Der Nordatlantik trennt die Alte Welt von der Neuen. Die »Daily Mail« hatte bereits 1913 einen Preis über 10 000 Pfund Sterling für eine erste Nonstopüberquerung ausgesetzt. Als 1918 der Weltkrieg zu Ende war, wurde dieses Angebot erneuert. Auf Neufundland bereiteten sich Anfang 1919 nicht weniger als zwölf Flugzeugbesatzungen zum ersten Flug nach Europa vor. Schlechtes Wetter verzögerte die Abflüge. Schließlich startete Anfang Mai 1919 eine Sopwith »Atlantic« mit Harry Hawker und Lt. Cdr. Mackenzie Grieve als Besatzung. Eine Woche lang trafen keine Nachrichten von ihnen ein. Man hielt sie für tot. Tatsächlich waren sie mit heißgelaufenem Motor zur Notwasserung gezwungen und von einem Schiff, das kein Funkgerät besaß, aufgefischt worden.

Eine Martinsyde – die Namen der Besatzung sind nicht mehr bekannt – verließ Neufundland, stürzte jedoch kurz nach dem Start ab.

Als nächste versuchten den Flug über den Nordatlantik drei Curtiss-Flugboote der amerikanischen Marine. Sie flogen am 16. Mai von der Trepassey Bay, Neufundland, ab. Zwei mußten notwassern und gaben auf, aber das

Linke Seite: Auch nach dem Zweiten Weltkrieg entwickelten die Fokker-Werke erfolgreiche Flugzeugtypen. Die F. 27 »Friendship« wurde zum meistverkauften Verkehrsflugzeug mit Turboprob-Antrieb. Oben links: Captain John Alcock vor dem Start in Neufundland. Oben rechts: Im Naturwissenschaftlichen Museum in London ist die Vickers »Vimy« zu sehen, mit der John Alcock und Arthur Whitten Brown die erste Nonstop-Überquerung des Atlantik am 14./15. Juni 1919 gelang. Die Rumpfverkleidung ist teilweise entfernt worden, so daß der Zusatztank für den Atlantikversuch sichtbar ist, der ihre Treibstoffkapazität von 2350 auf 3930 Liter erhöhte.

Vickers »Vimy«

Antrieb: zwei 360-PS-Rolls-Royce-Zwölfzylinder-V-Motoren »Eagle VIII« mit je einem Vierblatt-Propeller von 3,20 m Durchmesser
Spannweite: 20,73 m
Länge: 13,27 m
Flügelfläche: 123,56 m²
Gesamtgewicht (Bomber): 5670 kg
Höchstgeschwindigkeit: 166 km/h
Reichweite (Bomber): 3000 km
(Transatlantik-Vimy): 3900 km
Besatzung: 2 Mann
Erster Flug (Bomber): 30. November 1917
Die von Alcock und Brown am 14./15. Juni 1919 von St. John's/Neufundland nach Clifden/Irland geflogene »Vimy« war eine umgebaute Maschine aus der Standard-Produktion, deren Kriegsausrüstung man entfernt hatte und die statt der normalen 2346 Liter 3932 Liter Treibstoff mit sich führte. Trotz schrecklichem Wetter und Vereisungsschwierigkeiten schaffte sie den 3032 km langen Nonstopflug in 16 Stunden und 27 Minuten.

Pionierflüge über Ozeane und Kontinente

16.–31.5.1919 Curtiss NC-4: Trepassey Bay/Neufundland – Azoren – Lissabon – Plymouth

14.–15.5.1919 John Alcock und Arthur Whitten Brown auf Vickers „Vimy": nonstop St. John's/Neufundland – Clifden/Irland

2.–13.7.1919 G.H. Scott mit Luftschiff R 34: East Fortune/Schottland – Mineola/Long Island – Pulham/Norfolk jeweils nonstop

12.11.–10.12.1919 Ross und Keith Smith auf Vickers „Vimy": Hounslow Heath/England – Lyon – Pisa – Tarent – Kreta – Kairo – Damaskus – Ramadi/Irak – Karatschi – Delhi – Mathura/Indien – Allahabad/Indien – Kalkutta – Akjab/Birma – Bangkok – Singora/Thailand – Singapur – Surabaja/Java – Bima – Port Darwin (– Cloncurry – Charleville – Bourke – Sydney – Melbourne – Adelaide 23.3.1920)

4.2.–20.3.1920 Pierre van Ryneveld und Quintin Brand auf Vickers „Vimy Silver Queen" und „Silver Queen II" sowie D.H.9 „Voortrecker": Brooklands/England – Turin – Rom – Tarent – Derna – Kairo – Wadi Halfa – Khartum – Bulawajo – Pretoria – Johannesburg – Kapstadt

13.3.–16.6.1922 Gago Coutinho und Sacadura Cabral auf Fairey III C und Fairey III D „Santa Cruz": Lissabon – Las Palmas – St.Vincent/Kapverdische Inseln – St.Pauls Fels – Fernando de Noronha – Rio de Janeiro

2.–3.5.1923 O.G. Kelly und J.A. Macready auf Fokker T.2: nonstop New York – San Diego/Kalifornien

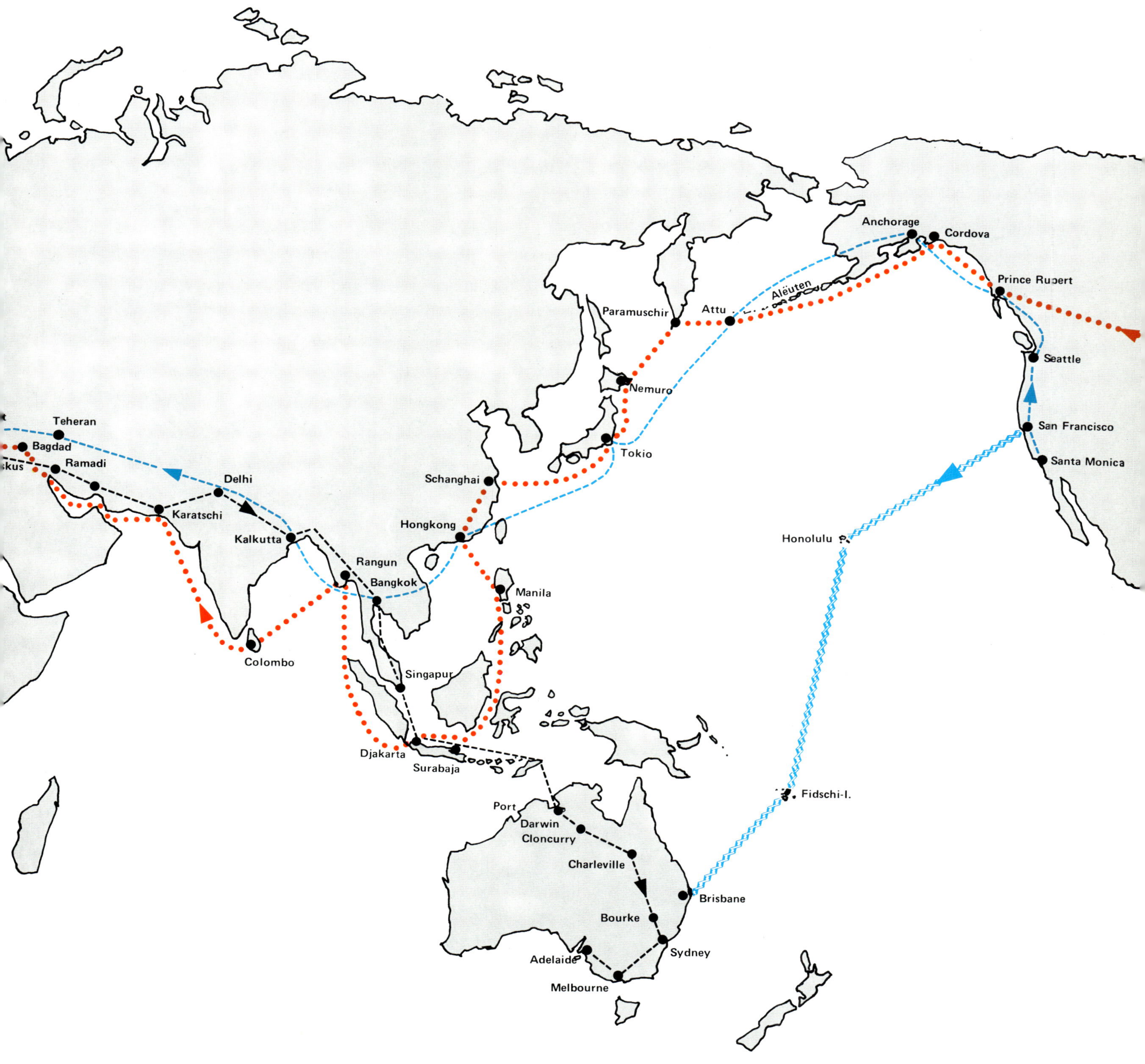

6.4.–28.9.1924 drei Douglas „World Cruisers": Santa Monica/Kalifornien – San Francisco – Seattle – Anchorage – Attu/Aleuten – Tokio – Kalkutta – Karatschi – Teheran – Beirut – Wien – Paris – London – Island – Grönland – Neufundland – Santa Monica

20.–21.5.1927 Charles Lindbergh auf Ryan NYP „Spirit of St. Louis": nonstop New York – Paris

14.10.1927 Dieudonné Costes und Joseph Le Brix auf Breguet XIX: nonstop St. Louis/Senegal – Natal/Brasilien

12.–13.4.1928 Hermann Köhl, Günther Frhr. v. Hünefeld und James Fitzmaurice auf Junkers W 33 „Bremen": nonstop Baldonnel bei Dublin/Irland – Straße von Belle Isle/Neufundland

31.5.–10.6.1928 Charles Kingsford Smith und Charles Ulm auf Fokker VII B/3m „Southern Cross": San Francisco – Honolulu – Fidschi-Inseln – Brisbane

22.7.–10.11.1932 Wolfgang v. Gronau auf Dornier „Wal": List auf Sylt – Reykjavik – Ivigtut/Grönland – Cartwright/Labrador – Montreal – Chicago – Winnipeg – Prince Rupert/Brit. Columbia – Cordova/Alaska – Kanaga/Aleuten – Paramuschir/Kurilen – Nemuro/Japan – Tokio – Schanghai – Hongkong – Manila – Djakarta – Rangun – Colombo – Bagdad – Zypern – Athen – Rom – Genua – Altenrhein – Friedrichshafen

dritte flog weiter bis nach Lissabon und Plymouth. Die Reise hatte mit Zwischenlandungen 15 Tage gedauert. Obwohl dies der erste gelungene Flug von Amerika nach Europa war, wurde er nicht mit dem Daily-Mail-Preis ausgezeichnet. Der galt wohlgemerkt nur für die Nonstopüberquerung.
Am 14. Juni 1919 verließ eine Vickers »Vimy« mit Captain John Alcock als Pilot und Leutnant Arthur Whitten Brown als Navigator St. John's in Neufundland und nahm Kurs nach Osten. Die »Vimy«, schwer mit Treibstoff beladen, stieg langsam. Sie passierte die neufundländische Küste um 4 Uhr nachmittags westeuropäischer Zeit in 360 m Höhe. Der Flug zwischen Wolkenschichten oder über den Wolken erschwerte die Navigation. Erst nach Mitternacht konnte Brown Sterne peilen und den Standort der »Vimy« bestimmen.
Nach fast elf Stunden gerieten sie erneut in eine dicke Wolkenbank. Ohne den Horizont zu sehen, war es Alcock unmöglich, das Flugzeug auf Kurs zu halten. Es gab noch keine Blindfluginstrumente. Die »Vimy« begann zu trudeln und sank dem Meer entgegen. Plötzlich sah Alcock das Wasser, fing sein Flugzeug ab und brachte es zurück auf den richtigen Kurs.
Eine Stunde später flogen sie durch Schnee, Hagel- und Graupelschauer. Der linke Motor drohte zu vereisen. Brown war gezwungen, aus dem Cockpit auf den Rumpf zu steigen, um das Eis von der Skala des lebenswichtigen Kraftstoffanzeigegerätes und vom Vergaser zu schlagen. Diese gefährliche und unangenehme Arbeit mußte er während des Fluges mehrfach verrichten.
Am 15. Juni um 8 Uhr 15 morgens überflog die Besatzung der »Vimy« zwei winzige Inseln. Zehn Minuten später lag die irische Küste unter ihnen. Die Funkmasten von Clifden kamen in Sicht und gaben einen Anhaltspunkt, wo sie sich befanden.
Noch immer hingen die Wolken sehr tief, und so bestand die Gefahr, daß sie gegen einen Berg prallten. Alcock entschloß sich daher für die Landung auf einer sumpfigen Wiese. Dadurch kippte das Flugzeug nach dem Ausrollen auf die Nase. Alcock und Brown jedoch blieben unverletzt; die Maschine wurde nur wenig beschädigt.
Sie landeten um 8 Uhr 40 nach 16 Stunden und 27 Minuten Flugzeit und einer Strecke von 3032 km mit einer Durchschnittsgeschwindigkeit von fast 185 km/h.
Dann brachte man sie nach London, wo sie als Helden empfangen wurden und aus der Hand Winston Churchills den Daily-Mail-Preis erhielten.
Ihre »Vimy« ist heute im Naturwissenschaftlichen Museum in London zu besichtigen.

Ein Luftschiff schafft beide Wege

Nur zwei Wochen nach Alcock und Brown gelang dem englischen Luftschiff R 34 eine doppelte Überquerung des Ozeans. Die Konstruktion des R 34 war von jener der deutschen Luftschiff-Klasse 34 abgeleitet, von der die Engländer 1916 eines erobert hatten. Zwei Schiffe wurden nachgebaut: R 33 und R 34. Das letztere wurde im März 1919 fertiggestellt.
Es trat seine Transatlantikreise nur vier Monate später an. Die Abfahrt erfolgte bei East Fortune, Schottland, in den frühen Morgenstunden des 2. Juli 1919. Das Gewicht mit der dreißigköpfigen Besatzung unter Major G. H. Scott

als Kapitän und einschließlich Treibstoff betrug nur eine Tonne weniger als die Gesamtauftriebskraft von 60 Tonnen. Nach viereinhalb Tagen landete R 34 auf dem Roosevelt Field in Mineola auf Long Island. Einer der Offiziere sprang vor der Landung mit dem Fallschirm ab, um den Bodentrupp zu dirigieren. Am 10. Juli erhob sich R 34 zum Rückflug nach England und landete 75 Stunden später, am 13. Juli, in Pulham, Norfolk.

Smith und Smith

Dem Preis für die erste Nonstopüberquerung des Atlantik entsprach ein Wettbewerb um 10 000 Pfund, den die australische Regierung für den ersten Flug von England nach Australien ausschrieb. Er mußte innerhalb von 30 Tagen beendet sein. Sechs Teams bewarben sich und starteten nacheinander zum Flug über 17 900 km. Nur zwei Besatzungen schafften die Strecke. Den Preis gewannen die Brüder Ross und Keith Smith in einer Vickers »Vimy«, begleitet von den beiden Mechanikern J. M. Bennett und W. H. Shiers. Sie hatten England am 12. November 1919 verlassen.
Der Flug wurde durch sehr schlechtes Wetter beeinträchtigt. Über dem Mittelmeer, dem Nahen Osten und über Südostasien wurde die »Vimy« Tag für Tag vom Sturm geschüttelt. Die geplante Tagesstrecke von 1000 km verringerte sich auf 650 km, an einigen Tagen sogar auf weniger als 500 km! Manchmal versank das Fahrwerk der »Vimy« bei Zwischenlandungen im Sumpf, dann wieder streifte eine Tragfläche nach dem Start von ungeeigneten Flugplätzen Baumwipfel; aber ihre Besatzung kämpfte weiter und erreichte schließlich Australien 28 Tage nach dem Start von Hounslow Heath – und genau 52 Stunden vor Ablauf des Zeitlimits. Am 10. Dezember landete sie in Fanny Bay, Port Darwin.
Ross Smith hatte sich vorgenommen, bis zu seiner Heimatstadt Adelaide zu fliegen. Der Flug über den australischen Kontinent wurde von Pannen verzögert. Schließlich erreichten Ross und Keith Smith am 23. März doch noch Adelaide.
Am Ende ihrer Reise wurde die »Vimy« Australien als Geschenk übergeben. Sie ist heute im Flughafen Adelaide ausgestellt. Ross Smith kam 1922 in einem Amphibienflugzeug, mit dem er einen Flug rund um die Welt versuchen wollte, ums Leben.

Zum Kap der Guten Hoffnung

Der Flug von London nach dem Kap der Guten Hoffnung wurde zur weiteren Herausforderung. Viele Versuche waren unternommen und wichtige Teilabschnitte der Route waren geflogen worden; aber ein Flug von London bis Südafrika mußte noch vollbracht werden.
Im Dezember 1919 gab das britische Luftfahrtministerium bekannt, daß eine Kette von Flugplätzen auf der afrikanischen Route eingerichtet worden sei. Die Bahn war frei. Einen Monat später startete eine Vickers »Vimy« unter Führung von Captain S. Cockerell und F. C. Broome zum Kap der Guten Hoffnung. Weiterhin befand sich Dr. Chalmers Mitchell, der Sekretär der Zoologischen Gesellschaft, an Bord. Sie gelangte bis Tabora in Tanganyika. Dort machte sie eine Bruchlandung. Inzwischen unterstützte die Regierung

Navy-Curtiss NC-4

Antrieb: vier 400-PS-Liberty-12-Zwölfzylinder-V-Motoren (zwei in Tandemanordnung und zwei einzeln montiert) mit je einem Zweiblatt-Holzpropeller
Spannweite: 38,40 m
Länge: 20,85 m
Flügelfläche: 221,11 m²
Gesamtgewicht: 12 925 kg
Höchstgeschwindigkeit: 146 km/h
Besatzung: 5 Mann
Erster Flug: 30. April 1919

Vier NC- (Navy-Curtiss)-Flugboote wurden gebaut. Sie waren das Ergebnis der Zusammenarbeit zwischen Glenn Curtiss und der US Navy zu dem Zweck, feindliche U-Boote anzugreifen. Das erste Flugzeug (die NC-1) flog erstmals im Oktober 1918, also kam für den Kriegseinsatz zu spät. Aber das vierte (die NC-4) vollbrachte zwischen dem 16. und 31. Mai 1919 eine Überquerung des Nordatlantik in vier Etappen.

Die Curtiss NC-4 überquerte im Mai 1919 als erstes Flugzeug den Atlantik, allerdings nicht in einem Nonstop-Flug wie einen Monat später Alcock und Brown. Das NC-Flugboot besaß vier 400-PS-Liberty-Motoren und war ursprünglich für militärische Zwecke konzipiert, kam aber für einen Kriegseinsatz zu spät. Es hatte eine Spannweite von 38,40 m und konnte eine fünfköpfige Mannschaft befördern.

Südafrikas den Versuch zweier südafrikanischer Piloten, Oberstleutnant Pierre van Ryneveld und Staffelführer Quintin Brand. Sie starteten am 4. Februar 1920 vom Flugplatz Brooklands in Südengland wiederum mit einer Vickers »Vimy«, der »Silver Queen«. Trotz eines verbissenen Kampfes gegen stürmisches Wetter während der elfstündigen Überquerung des Mittelmeers verlief der Flug ohne Zwischenfall, bis sie Wadi Halfa erreichten, wo eine Notlandung bei Dunkelheit mit Totalschaden des Flugzeugs endete. Die südafrikanische Regierung war aber ebenso unverzagt wie ihre Piloten. Eine »Silver Queen II« wurde beschafft und die Reise elf Tage später von neuem begonnen.
Die »Silver Queen II« hatte nicht mehr Glück als ihre Vorgängerin. Sie erlitt nach 6440 km in Bulawayo, Süd-Rhodesien, schwere Beschädigungen. Erneut schaltete sich die südafrikanische Regierung ein, stellte eilig eine D. H. 9 ihrer Luftwaffe bereit, nannte sie »Voortrekker«, ließ sie nach Bulawayo fliegen und den beiden Piloten übergeben. Der Flug wurde am 17. März fortgesetzt. Drei Tage später landeten Ryneveld und Brand vor begeisterten Menschenmengen auf dem Wynberg-Flugplatz in Kapstadt.
Ihr 45tägiger Flug bedeutete das Ende des Isolationsgefühls, das über den Europäern in Südafrika hing. Trotzdem mußten weitere elf Jahre vergehen, ehe die Luftbrücke zwischen Südafrika und Europa regelmäßig beflogen werden konnte. Van Ryneveld und Brand wurden, wie auch Alcock und Brown und die Gebrüder Smith vor ihnen, nach ihrem Pionierflug in den Adelsstand erhoben und erhielten jeder 5000 Pfund.

Nonstop New York-Paris

Bei der ersten Atlantiküberquerung kämpften die Besatzungen kaum um mehr, als das Flugzeug auf kürzestem Weg übers Wasser zu bringen. 1920 wurde ein Preis von 25 000 Dollar für den ersten Nonstop-Flug zwischen Paris und New York in beliebiger Richtung ausgesetzt.
Am 21. Mai 1927 landete der Amerikaner Charles Lindbergh in Paris, dem Ziel eines 33 1/2-stündigen Fluges über 5810 km nach dem Start nahe New York. Der erste Nonstop-Alleinflug und der längste Transatlantikflug bis zu jenem Tag war gelungen, die Bedingungen des 25 000-Dollar-Preises erfüllt. Die Weltöffentlichkeit feierte den jungen, sympathischen Piloten. Lindbergh, 25 Jahre alt, Berufspilot auf Poststrecken, verfügte über einen natürlichen fliegerischen Instinkt und über große Fähigkeiten als Navigator. Beides benötigte er während der langen Stunden über dem Atlantik. Sein Flug stellte nicht nur Können und persönlichen Mut unter Beweis, sondern rechtfertigte auch das Vertrauen in den 237-PS-Wright-Whirlwind-Motor, mit dem sein nach eigenen Angaben kon-

Unten: Auch die Vickers »Vimy« wurde für den Kriegseinsatz konstruiert, kam aber zu spät. Sie hat dann zahlreiche berühmt gewordene Pionierflüge durchgeführt, unter anderem die erste Nonstop-Überquerung des Atlantik unter Alcock und Brown. Rechte Seite: Schnittzeichnung der »Spirit of St. Louis« von Charles Lindbergh

struierter Ryan-Schulterdecker »Spirit of St. Louis« ausgerüstet war. Wie die meisten Atlantikpiloten jener Zeit startete Lindbergh mit dem Flugzeug weit über das normale Maß hinaus beladen. Bis zum Beginn des Fluges wußte niemand, ob die Maschine in der Lage sein würde, mit 1705 Liter Benzin in Rumpf und Tragflächen bei der Länge der verfügbaren Startbahn den Boden zu verlassen. Nach riskantem Start flog Lindbergh von Long Island aus nach Norden, um Neufundland zu überqueren und dann Kurs nach Nordosten zu nehmen. Als erster Pilot flog er entlang dem Größtkreis. 28 Stunden nach dem Start stellte er eine Kursabweichung von nur 5 Meilen fest. Der restliche Flug über die Landspitze von Cornwall und weiter nach Cherbourg und Paris verlief ohne Zwischenfall. Er landete bei Dunkelheit. Der Flughafen Le Bourget war von Menschenmengen umlagert. Nach der Landung stürmten sie das Rollfeld, beschädigten die »Spirit of St. Louis« und wollten Charles Lindbergh auf den Schultern vom Platz tragen.

Ryan NYP »Spirit of St. Louis«

Antrieb: Ein 237-PS-Wright-J-5C-Whirlwind-Neunzylinder-Sternmotor mit einem Zweiblatt-Propeller
Länge: 8,43 m
Flügelfläche: 29,64 m²
Gesamtgewicht: 2381 kg
Höchstgeschwindigkeit: 200 km/h mit Transatlantik-Treibstoff
Reichweite: 7483 km
Besatzung: 1 Mann
Erster Flug: 28. April 1927
Charles Lindberghs 33½stündiger Flug von New York nach Paris war der 13. Transatlantikflug; es war jedoch die erste Überquerung des Atlantik zwischen zwei großen Städten und auch die erste, die im Alleinflug gelang. Sie brachte Lindbergh den 25 000-Dollar-Preis, der von dem New Yorker Hotelier Raymond Orteig ausgesetzt worden war. Vierzehn Tage später machte auch die Bellanca »Columbia«, die Lindbergh zuerst zu fliegen gehofft hatte, mit Clarence D. Chamberlin als Piloten eine erfolgreiche Atlantiküberquerung und flog 483 km weiter als Lindbergh, bis Deutschland.

Der Tag an dem Charles Lindbergh landete

Ein Augenzeugenbericht vom Flugplatz Le Bourget bei Paris
Den folgenden Bericht hat Friedrich Sieburg, damals Korrespondent der Frankfurter Zeitung in Paris, am 23. Mai 1927 in seinem Blatt veröffentlicht.

Die fortschrittsgläubige Menschheit hat gestern einen jener Tage erlebt, die sie als Markstein in der Geschichte ihrer Entwicklung zu betrachten pflegt. Aus demselben Dunkel, in das am 8. Mai Nungesser und Coli, wie es scheint, ach, für immer hinaufstiegen, tauchte gestern abend um 10.22 Uhr das silbrige Gespenst von St. Louis, die Maschine von Charles Lindbergh, der alle Längenrekorde schlug und den Ozean überquerte.
Paris war für das Ereignis sozusagen reif. Die ungeheure Spannung, in der es in jenen Tagen lebte, da es noch hoffen konnte, daß die beiden Franzosen die Küste Amerikas erreichen würden, die namenlose Enttäuschung, die dann folgte und immer noch mit einem Funken von letzter verzweifelter Hoffnung gemischt ist, hatte vor alle Gemüter das große Wunder der Ozeanüberquerung so greifbar hingestellt, daß Lindberghs Maschine wie ein Funken ins Pulverfaß flog. Das Flugzeug war gestern um 8.20 Uhr in der Nähe von Cherbourg gesichtet worden. Die Völkerwanderung zu dem Pariser Flughafen in Le Bourget setzte sogleich mit einer Gewalt ein, die alle Vorstellungen überschritt. Um 10 Uhr war das Gelände zwischen Paris und dem Flugplatz von einer Menge angefüllt, die auf hunderttausend geschätzt wird. Noch hielten sich die Scharen dichtgedrängt hinter den eisernen Gittern, welche das eigentliche Flugfeld von dem übrigen Gelände absperrten. Eine achtfache Kette von Autos stand von den Boulevards bis Le Bourget und versuchte in einer Wolke von Benzindämpfen, Ölausdünstungen, in einem unsäglichen Lärm von Signalen und schreienden Stimmen Schritt für Schritt vorwärts zu kommen. Unterdessen suchten die Scheinwerfer den Himmel ab. Alle zwei Minuten fuhr eine leichte Rakete in die Nacht. Alles begann zu arbeiten. Der gewaltige Leuchtturm von Mont-Valérien setzte ein, und dies ungeheure Konzert von Strahlen, Flammen, Feuer und Licht spottete des Mondes und der Sterne, die armselig und geschlagen am Himmel standen. Um 10.15 Uhr wurde das erste Motorgeräusch gehört, die Scheinwerfer rollten aufs Feld und legten ihren breiten Lichtteppich auf die Startbahn. In diesem Augenblick durchblitzte ein silbernes Etwas den suchenden Kegel, und wenige Sekunden später schwebte der Eindecker des Amerikaners über der Wiese, um dann in einem leichten, zierlichen, ja zarten Schwung auf den festen Boden aufzusetzen.
In diesem Augenblick erfolgte der Dammbruch. Der menschliche Ozean, der mit ungeheurem Getöse den Platz umspülte, durchbrach die eisernen Schienen, riß die abtrennenden Wände

über den Haufen, zertrampelte alle Hindernisse, und nun setzte die wahnsinnigste Attacke von 20 000 bis 30 000 Menschen ein, die wie eine angreifende Armee brüllend und schreiend über das Feld rannten und in wenigen Minuten das Flugzeug Lindberghs dicht umschlossen hatten. Die Scheinwerfer der Flugstation hielten diese Menge von hinten gepackt, die von Licht geblendet, von Freude trunken und in ihrer ratlosen Begeisterung in immer neuen Wellen auf das kleine, schlanke Flugzeug zurollten. Es ist eine Tatsache, daß Lindbergh nur mit knapper Not mit dem Leben davonkam.
Die Massen hätten ihn zu Tode umarmt, wenn nicht der bekannte französische Fliegerkommandant Weiß ihn durch eine List gerettet hätte. Es gelang ihm nämlich, eine zufällige Person als den Helden des Tages auszugeben, der von der Menge sogleich ergriffen und von ihr getragen dem Stationshaus zugeschleppt wurde. Ein baumlanger Sergeant hatte indessen den Amerikaner wie ein Kind um den Leib gefaßt und ihn beiseite geschafft, bis der Sturm sich etwas gelegt hatte. Während die Zuschauer das Gebäude umlagerten, in dem sie Lindbergh vermuteten, saß dieser geborgen in einer abseits gelegenen Baracke und gab nur eine Regung von sich, die eines ungeheuren Durstes. Er trank Wasser in Strömen, während er die ihm angebotene Mahlzeit verweigerte, und sprach kein Wort. Er saß auf dem Rand eines Feldbettes. Er legte sich plötzlich der Länge nach auf den Rücken, starrte mit unbewegtem

Ganz links: Lindberghs Start am 20. Mai 1927 vom Roosevelt Field bei New York. Mitte: Der Konstrukteur Claude Ryan schleppt den Rumpf der »Spirit of St. Louis« von den Werkhallen zum Flugfeld. In dieser Situation sah das Flugzeug nicht unbedingt danach aus, wenig später Weltgeschichte zu machen! Rechts: Charles Lindbergh mit seiner Frau Anne im Jahre 1930. Unten: Originalgetreuer Nachbau der »Spirit of St. Louis«

Gesicht zur Decke, und während die kleine Versammlung in dem dürftigen Raum ein wenig ratlos und verlegen schwieg, lief über Lindberghs Gesicht ein leichtes Zittern, eine Träne rollte die Wange hinunter, nervöses Weinen ergriff ihn, und für einen kurzen Augenblick war dieses blonde, noch von keiner Falte durchpflügte Knabengesicht in den Strom eines ungeheuren, eines tiefen Schmerzes getaucht, dessen er sich selbst nicht bewußt wurde.
Unterdessen hatte der amerikanische Botschafter die Sorge, die Menge beschäftigen zu müssen. Er zeigte sich immer wieder am Fenster des Stationsgebäudes, das in dem prallen Scheinwerferlicht lag, schwenkte seinen Hut und versuchte einige Worte hinauszurufen, die jedoch in dem Getöse untergingen. Das Volk rief »Lindbergh, Lindbergh«, es rief aber auch »Ans Fenster!«, »Auf den Balkon!« und steigerte diesen Ruf zu einem rhythmischen Gebrüll, das aus vielen Tausenden von Kehlen den Himmel erschütterte. Lindbergh zeigte sich nicht.
Um 0.30 Uhr nachts gelang es dem Piloten in Begleitung des amerikanischen Botschafters dem Gewühl zu entschlüpfen. Ein Auto entführte beide auf weiten Umwegen durch das nächtliche Land nach Paris, während auf der Straße Le Bourget–Paris Tausende von Wagen ineinandergeknäult vergeblich versuchten, der Stadt näher zu kommen. Lindberghs Wagen war in vierzig Minuten in Paris. Als er am Triumphbogen vorbeifuhr, ließ er halten, stieg aus und brachte dem Grab des unbekannten

Links: Das Armaturenbrett der »Spirit of St. Louis«. Die Sicht nach vorn war nur mit Hilfe eines Periskops möglich. Rechts: Die »Chicago«, eine der Douglas »World Cruisers«, die 1924 einen Flug rund um die Erde schaffte

Soldaten allein und schweigend eine Ehrung dar. Wenige Minuten darauf schloß sich das Gittertor der amerikanischen Botschaft hinter ihm.
Lindbergh ist 25 Jahre alt, groß, von langen Gliedmaßen, blond und das, was man einen großen Jungen nennt. Vor vierzehn Tagen kannte ihn noch kein Mensch, und er gehörte zu jener großen Armee von Unbekannten, die gerade in seinem Land am emsigsten und zähesten wimmelt und krabbelt, um in die Höhe ans Licht zu kommen. Heute fliegt sein Name millionenfach um die Erde. Was er geleistet hat, wird wenig praktische Folgen haben, und doch bleibt es ein leuchtendes Ereignis für die Menschheit. Während in den Städten die Menschen durch die Straßen eilen, während die Arbeiter an ihren Maschinen stehen, die Frauen über ihre Arbeit gebeugt sind, während in den Stuben die Lichter angezündet werden, während die Menschen sich zu Tisch setzen oder ins Theater gehen, kurzum, während die Menschheit sich in jene Vielheit und Gemeinschaft zusammendrängt, die ihre Wohltat und ihre Qual ist, schwebt ein Fünfundzwanzigjähriger 33 Stunden zwischen Himmel und Erde in ein Flugzeug eingeschlossen, aus dem er nur durch Periskop nach vorne sehen kann, Himmel über sich, Ozean unter sich, Regenböen ausweichend, vor Schneewolken bis fast auf die Oberfläche des Wassers flüchtend, widrigen Winden bis in die höchsten Atmosphären ausweichend. Er verfolgt seinen Weg allein, einen Weg, der entweder in das Dunkel des Todes führt oder in das lebendigste Licht, den Weltruhm.
Wenn gestern Hunderttausende von Franzosen ihre Gesichter zum Himmel gewandt hielten und mit ihrem namenlosen Jubel diesen blonden Jungen begrüßten, so lag in ihrem Schrei der Wunsch, auch einmal aufzubrechen aus dieser Namenlosigkeit, aus dieser Massenhaftigkeit, diesem Alltag, in dem wir alle unser Leben verbringen, auch einmal Stern zu sein und den Sternen nahe zu schweben. Und da wir es nicht können, so sei er Stern für uns alle.
Was soll man von einem Menschen halten, der 33 Stunden und 20 Minuten in einem Flugzeug eingeschlossen 6000 Kilometer geflogen ist und dann noch imstande ist, Interviews zu geben. Lindbergh empfing tatsächlich noch um zwei Uhr in der Nacht Pressebesuch.
In Bademantel und Pyjama, die ihm der Botschafter geliehen hatte, lehnte er an dem weißlackierten Bett des Fremdenzimmers, sah seinen Freunden zu, die einen Berg von Kabeltelegrammen durchwühlten, und griff mit einem jähen Ruck ein einziges heraus, das er selber dechiffrierte, das Kabel seiner Mutter. Dann kommt ihm die Lust, ein Bad zu nehmen. Er verschwindet. Man hört Wasser rauschen und menschliches Plätschern, und nach wenigen Minuten erscheint Lindbergh, rosig strahlend und gesund, mit feuchten, verwirrten Blondhaaren und erzählt:
»Obwohl ich vor meiner Abfahrt Nachrichten von dem offiziellen Wetterdienst erhalten hatte, welche mir ausgezeichnete meteorologische Bedingungen für die ganze Strecke des Atlantischen Ozeans ankündigten, habe ich doch auf einer Strecke von mehr als tausend Meilen über dem Ozean Regen angetroffen. Ich versichere Sie, das war kein Spaß. Ich bin hinauf- und heruntergestiegen, um besseres Wetter zu suchen. Manchmal flog ich zehn Fuß über dem Meer, manchmal befand ich mich in zehntausend Fuß Höhe. Trotz dieser Versuche ist es mir nicht geglückt, gutes Wetter zu finden. Ich habe kein einziges Schiff während des Tages getroffen. Während der Nacht habe ich nur

von einem Schiff Lichter bemerkt. Das ist übrigens erklärlich, denn es gab viel Nebel, und ich flog während langer Stunden, ohne die Wellen zu sehen. Offen gestanden, ich habe mich sehr gelangweilt. Ich habe niemals Schlaf gehabt, und ich habe nicht einen einzigen Augenblick das Koffein und die anderen Anregungsmittel benutzt, die ich aus Vorsicht mitgenommen hatte. Ich habe nur Wasser getrunken, aber ich gestehe es Ihnen: Bei der Ankunft hatte ich einen Teufelsdurst.
Das ist das erste Mal, daß ich in Paris bin. Zuerst sah ich die Scheinwerfer von Le Bourget. In diesem Augenblick war ich dreißig Meilen vom Ziel entfernt. Dann sah ich den Eiffelturm.
Ich habe mich übrigens über französischem Boden sehr gut zurechtgefunden, denn ich hatte die Karte vorher studiert und konnte alle Orte nach den Lichtern, die ich bemerkte, wiedererkennen. Gepäck habe ich nicht viel bei mir. Ich habe nur meinen Paß. Leider hatte ich vergessen, mir die nötigen Visa zu besorgen. Glücklicherweise nahm man es bei der Ankunft damit nicht so genau. Übrigens hätte ich noch lange fliegen können. Ich hätte, glaube ich, noch die Hälfte des Weges machen können, den ich bisher zurückgelegt hatte. Das ist schade. Wenn ich Erfolg gehabt habe, so verdanke ich dies dem Konstrukteur meines Flugzeuges und all denen, die mir geholfen haben. Es ist schade, daß ich nicht weitergeflogen bin. Wirklich, ich versichere Sie, ich hatte noch genug Benzin, um noch tausend Meilen weiterzufliegen. Ich hätte es tun können, wenn ich meinen Verbrauch genau berechnet hätte.«
Am Spätnachmittag fährt Lindbergh zusammen mit dem Botschafter Herrick zu Nungessers Mutter, die ihren Sohn für immer verloren hat.
Vor dieser Szene versagen selbst die kühnsten Pariser Pressefedern. Das strahlende Leben eines Fünfundzwanzigjährigen steht vor dieser Frau, deren Sohn bei der gleichen Tat sein Leben opferte. Der Lebende macht dem Toten seinen Besuch und beugt sich still über die Hand der alten Frau, mit der er sich auch noch das letzte französische Herz für immer erobert.

Von Europa nach Kanada in 36 Stunden

Der erste Versuch zur Überfliegung des Atlantiks von Ost nach West, also im Kampf gegen die hier vorherrschenden Westwinde, wurde 1924 unternommen: Drei Douglas »World-Cruisers« starteten bei Brough in Yorkshire. Zwei Maschinen gelang es, in Etappen mit längeren Zwischenlandungen Labrador zu erreichen. Weitere Versuche in beiden Richtungen forderten im Laufe des Jahres 1927 die Leben der Amerikaner Davis und Wooster, der Franzosen Nungesser und Coli und zweier Besatzungsmitglieder des Franzosen Fonck. Ebenfalls 1927 traf der Deutsche Hermann Köhl, damals Nachtflugleiter der Deutschen Luft-Hansa, heimlich Vorbereitungen zur ersten Ost–West-Überquerung des Nordatlantiks mit einem einmotorigen Junkers-W-33-Verkehrsflugzeug. Hermann Köhl hatte schon im Kriege das erste deutsche Nachtbombergeschwader kommandiert. Er war erfahren im Blindflug.
»Mit keiner unserer heutigen Maschinen

kann man über den Atlantik fliegen«, rieten ihm gute Freunde ab.
Köhl lächelte: »Mit einer geht's. Die Junkers W 33 schafft es. Sie ist schnell genug. Sie trägt auch die erforderlichen Zusatztanks. Vor allem aber ist sie eigenstabil.«
Köhl, geboren am 15. Mai 1888 in Neu-Ulm, ging mit schwäbischer Gründlichkeit vor und hatte nichts vergessen. Das neue Post- und Frachtflugzeug der Junkers-Werke war theoretisch in der Lage, die schwere Aufgabe zu bewältigen.
Ursprünglich war Calway, der westlichste Punkt Irlands, als Startplatz vorgesehen. Aber günstiger schienen die Verhältnisse auf dem nahe bei Dublin gelegenen Militärflugplatz Baldonnel. Die irische Regierung zeigte große Hilfsbereitschaft.
Anfang März 1928 wurde die in Dessau sorgfältig vorbereitete Junkers W 33 »Bremen« nach Berlin-Tempelhof überführt. Köhl flog sich auf ihr ein und erprobte ein neuentwickeltes Blindflug-Instrument, den Wendezeiger.
Köhl und Freiherr von Hünefeld, der die Finanzierung besorgt hatte, wären glücklicher gewesen, wenn das Auftauchen des Ozeanflugzeugs in Berlin von der Öffentlichkeit nicht bemerkt worden wäre. Aber die Zeitungen hatten Wind davon bekommen. Die öffentliche Meinung hatte sich nach den zahlreichen mißglückten Versuchen heftig gegen Ozeanflüge gewandt. Mit einem Startverbot der Behörden mußte gerechnet werden.
So kam es, daß Köhl den Überführungsflug nach Baldonnel bei der Flugleitung als Probeflug nach Dessau deklarierte und daß Hünefeld heimlich in den Flugzeugrumpf kroch und sich dort flach auf den Boden legte.
Herzlich wurden die deutschen Flieger von den irischen Offizieren begrüßt. Ihr Kommandant, Major Fitzmaurice, sagte ihnen jede erdenkliche Hilfe zu. Es sollten noch ein paar Verbesserungen an der Startbahn vorgenommen, eine kleine Mauer niedergelegt werden.
Dann konnte der große Flug beginnen. Aber schon am nächsten Tag schlug die günstige Großwetterlage um. Tief auf Tief schob sich über den Atlantik. Es regnete. Die feste Grasnarbe des Flugplatzes verwandelte sich in Morast.
An einen Abflug war nicht zu denken. Die »Bremen« stand in der Halle. Ein Glück, daß man vorher noch einen Probestart in Baldonnel gemacht und dazu Major Fitzmaurice als Gast eingeladen hatte.
Fitzmaurice war begeistert von der Junkers W 33. Er konnte es nicht fassen, daß dieses Flugzeug so eigenstabil war, daß es, einmal in eine Kurve gelegt, weiter kurvte, während Köhl die Steuersäule losließ und die Füße aus den Pedalen des Seitensteuers nahm. So etwas hatte er noch nicht erlebt. Schließlich flog er seit 1919 und hatte schon 1925 versucht, eine Atlantiküberquerung zu organisieren. Das

Links: Die Junkers W 33 »Bremen«, mit der es Hermann Köhl, Günther Freiherr von Hünefeld und dem irischen Major James Fitzmaurice erstmals gelang, den Atlantik in Ost-West-Richtung zu überfliegen.
Rechts: Köhl, Fitzmaurice und von Hünefeld werden am 14. April 1928 in New York begeistert empfangen.

Kriegsministerium verweigerte damals die Erlaubnis. Im September 1927 wollte dann der britische Kapitän MacIntosh mit seiner Fokker »Prinzeß Xenia« von Baldonnel aus nach Amerika starten. Er forderte Fitzmaurice auf, mit ihm zu fliegen. Am 16. September begann dieser Flug. Das Wetter war jedoch so schlecht, daß er 700 Kilometer von der irischen Westküste entfernt abgebrochen werden mußte. Fitzmaurice zögerte nicht, als ihn Köhl und von Hünefeld fragten, ob er mitfliegen wollte.
Endlich, am Abend des 11. April meldete der Wetterbericht, daß auf dem Atlantik mit günstigen Verhältnissen gerechnet werden konnte: Der steife Westwind ließ nach.
Die »Bremen« stand am nächsten Morgen aufgetankt zwischen den Hangars.
Alle warteten auf das Heraufdämmern des Tages. Donnernd sprang der Junkers-L-5-Motor an. Schwankend setzte sich die Maschine in Bewegung. »90 km/h« zeigte der Fahrtmesser.
Da brüllte Fitzmaurice: »Muttons!« Köhl verstand ihn nicht. Aber im gleichen Augenblick zog der Ire das Höhenruder. Die »Bremen« sprang ein bis zwei Meter hoch über eine Schafherde hinweg, die Köhl nicht bemerkt hatte.
Er erschrak. Wußte Fitzmaurice nicht, daß die Geschwindigkeit zum Abheben noch zu gering war? Er drückte den Vogel an den Boden. Das Flugzeug wollte ausbrechen, holte jedoch Fahrt auf, dann hob es ab. Der Start war geglückt.
36 Stunden später:
»A boat! A boat!« – »Ein Boot, ein Boot!« schrie Fitzmaurice. Er überbrüllte selbst den Motorenlärm. Köhl beugte sich vor. Wirklich! Dort unten war etwas, das im ersten Augenblick wie ein Boot aussah. Aber es war kein Boot. Es war ein Leuchtturm! Ein paar Häuser lagen in der Nähe. Die Anzeige der Treibstofftanks lag nahe Null, der Motor verlor Öl. Niemand an Bord wußte genau, wo man war. Köhl drückte die »Bremen«. Wolkenfetzen huschten an der Kabine vorbei. Die Sicht war miserabel.
Er sah ein Eisfeld. Eine Rauchpatrone zischte in die Tiefe, um die Windrichtung festzustellen. Der Wind blies sehr stark. Köhl kurvte gegen den Wind ein. Immer näher kam die Eisfläche. Noch mußte eine Mauerbrüstung übersprungen werden, dann setzte das Fahrwerk auf, die Räder rollten langsam aus. Da brach die Eisfläche ein, das Flugzeug kippte vornüber und stellte sich auf den Kopf.
Köhl kletterte heraus; der Sturm wehte ihn um, er hatte sich leicht an der Stirn verletzt. Fitzmaurice folgte ihm und hielt sich krampfhaft an der Maschine fest.
Als von Hünefeld ausstieg, fegte ihn der Wind in ein Eisloch.
Nun kamen Menschen herbei. Die »Bremen« war in Kanada gelandet, auf Greenly Island, an der Straße von Belle Isle. Die Uhren zeigten 17.30 Uhr westeuropäischer Zeit.
36 1/2 Stunden hatten Köhl, Fitzmaurice und von Hünefeld mit dem Atlantik gekämpft. Der erste Ost-West-Flug über den Atlantik war gelungen. Man hatte ihn jahrelang für unmöglich gehalten. Wegen der in diesem Gebiet pausenlos herrschenden West-Wetterlagen und der damals geringen Eigengeschwindigkeit der Flugzeuge von 170 bis höchstens 200 km/h.
New York würdigte die Leistung der Bremen-Besatzung. Die Stadt empfing sie mit einer Konfetti-Parade.
Präsident Hoover begrüßte sie persönlich als europäische Botschafter des guten Willens. In seiner Festansprache sagte er: »Sie haben eine große Tat vollbracht. Sie haben zum Fortschritt der Luftfahrt beigetragen und Europa und Amerika einander näher gebracht.« Ein Kompliment nicht nur für die Besatzung, sondern auch für die Junkers W 33.

Große Konstrukteure und ihr Werk:

Hugo Junkers

Links: Hugo Junkers, einer der großen deutschen Flugzeugkonstrukteure. Oben: Die J 1, das erste freitragende Ganzmetallflugzeug der Welt, das am 12. Dezember 1915 zum erstenmal flog. Rechte Seite oben: Eine der berühmten Junkers F 13 der Luft-Hansa. Rechte Seite unten: Das Cockpit der dreimotorigen Junkers G 31 zeigt in seiner Auslegung bereits die Grundzüge der auch heute noch üblichen Gestaltung moderner Flugzeugführer-Kanzeln. Alle Bedienungsgriffe und -hebel sind nach den Prinzipien des »Human Engineering« angeordnet.

Am 3. Februar 1859 wurde in Rheydt einer der genialsten und eigenwilligsten Luftfahrtpioniere geboren: Hugo Junkers. Sein Vater betrieb eine Weberei. Als junger Ingenieur begann Hugo Junkers 1888 bei der Deutschen Continental-Gasgesellschaft in Dessau Arbeiten am Gasmotor, um bereits nach kurzer Zeit eine eigene kleine Werkstatt mit wenigen Technikern und Arbeitern zu gründen. Er schuf das heute noch verwendete Junkers-Kalorimeter und baute Gasbadeöfen in der damals neuartigen Lamellenbauart. 1897 wurde Junkers auf den Lehrstuhl für Wärmetechnik an die Technische Hochschule Aachen berufen. Die Idee zum Flugzeugbau erhielt er durch Professor Reissner in Aachen, der sich mit theoretischen und praktischen Versuchen auf dem Gebiet des Luftfahrzeugs schwerer als Luft befaßte und mit seiner »Ente« Probeflüge in Aachen durchführte. Die Wellblechtragflächen der »Ente« wurden in Dessau gebaut.
Junkers sah in diesem neuen Zweig der Technik eine Pionieraufgabe. Die konstruktiven Grundgedanken vom optimalen Verhältnis des Auftriebs zum Widerstand führten zum ersten flugtechnischen Patent im Jahre 1909: »Gleitflieger mit zur Aufnahme von nicht Auftrieb erzeugenden Teilen dienenden Hohlkörpern«. Es war die Grundlage zur Konstruktion eines Nurflügelflugzeugs. Zum erstenmal in der Geschichte der

Junkers J 4

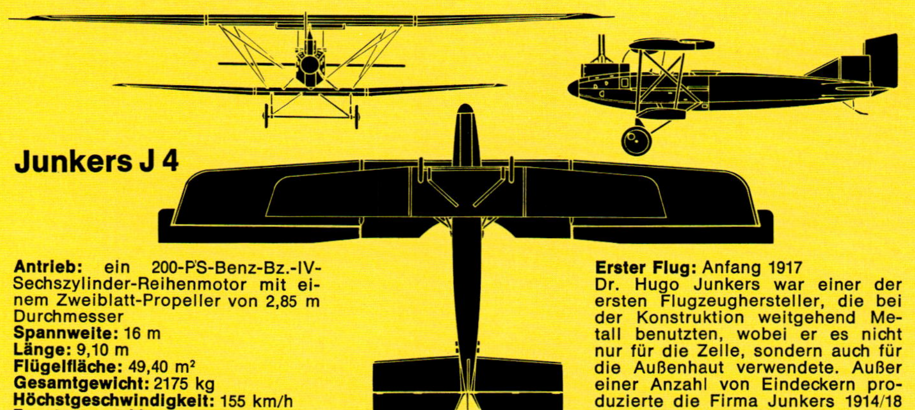

Antrieb: ein 200-PS-Benz-Bz.-IV-Sechszylinder-Reihenmotor mit einem Zweiblatt-Propeller von 2,85 m Durchmesser
Spannweite: 16 m
Länge: 9,10 m
Flügelfläche: 49,40 m²
Gesamtgewicht: 2175 kg
Höchstgeschwindigkeit: 155 km/h
Besatzung: 2 Mann
Bewaffnung: zwei nach vorn feuernde Spandau-Maschinengewehre und ein Parabellum-Gewehr im hinteren Cockpit
Reichweite: 310 km

Erster Flug: Anfang 1917
Dr. Hugo Junkers war einer der ersten Flugzeughersteller, die bei der Konstruktion weitgehend Metall benutzten, wobei er es nicht nur für die Zelle, sondern auch für die Außenhaut verwendete. Außer einer Anzahl von Eindeckern produzierte die Firma Junkers 1914/18 auch einen Doppeldecker, die J 4, deren Metallbauweise einen ausgezeichneten Schutz gegen Luftabwehrfeuer bei Patrouillenflügen und Erdkampfunterstützung im Tiefflug bot.

Junkers F 13

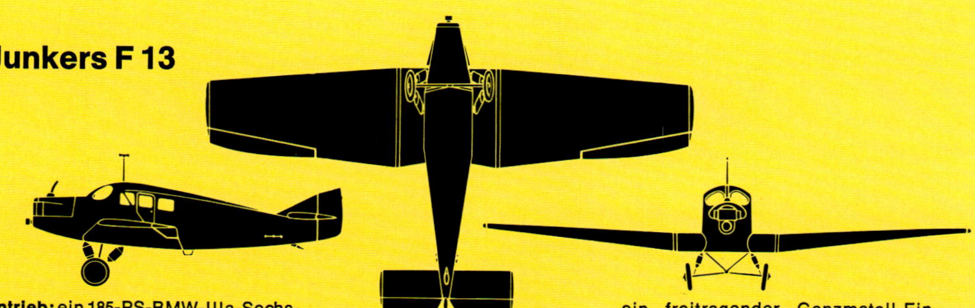

Antrieb: ein 185-PS-BMW-IIIa-Sechszylinder-Reihenmotor mit einem Zweiblatt-Propeller
Spannweite: 17,75 m
Länge: 9,60 m
Flügelfläche: 44 m²
Gesamtgewicht: 1730 kg
Reisegeschwindigkeit: 140 km/h
Flugdauer: 5 Std.
Fassungsvermögen: 2 Mann Besatzung und 4 Passagiere
Die F 13, eine für ihre Zeit sehr fortschrittliche Konstruktion, war ein freitragender Ganzmetall-Eindecker mit einer geschlossenen Passagierkabine. Wegen ihrer Größe und baulichen Struktur diente sie vielen Fluggesellschaften für den ersten praktikablen Flugverkehr. Insgesamt wurden 322 Stück in etwa 60 Versionen gebaut. Die F 13 war das erste Passagierflugzeug, das mit Sitzgurten ausgestattet war. Spätere Versionen verfügten über stärkere Junkers-L-2- oder -L-5-Motoren.

Flugzeugentwicklung wurde hier ein Programm für die wissenschaftliche Richtung im Flugzeugbau festgelegt, das die spätere Entwicklung maßgebend beeinflussen sollte. Hugo Junkers war zu diesem Zeitpunkt bereits 51 Jahre alt.
Die Vorarbeiten zum praktischen Flugzeugbau begannen 1913 in Dessau. Am 12. Dezember 1915 flog die J 1 als erstes freitragendes Ganzmetallflugzeug der Welt. Ein Hindernis für die Einführung dieses Flugzeuges bei der Fliegertruppe schien sein relativ hohes Gewicht. Dann entstand das Infanterieflugzeug J 4 – allerdings als Doppeldecker in Ganzmetallbauweise –, das in größeren Stückzahlen gebaut, zur Grundlage für eine spätere Serienfabrikation wurde. Durch den Krieg bedingt kam es 1917 unter Druck der Militärbehörde zur Gründung der Junkers-Fokker-AG (Ifa). Zum Kriegsende lösten beide die aufgezwungene Verbindung. Junkers begeisterte nun seine Mitarbeiter für die Entwicklung eines reinen Zivil-Verkehrsflugzeugs. Nach kurzer Zeit wurde unter der konstruktiven Leitung von Dipl.-Ing. Otto Reuter das erste aus Duraluminium gebaute Ganzmetall-Verkehrsflugzeug der Welt, die Junkers F 13 (Erstflug 15. 6. 1919) vollendet. Bis 1930 produziert, machte sie international Luftverkehrsgeschichte. In ihrer konstruktiven Auslegung als freitragender Tiefdecker gilt sie als Vorfahre aller Verkehrsflugzeuge bis zum heutigen Tag.
Durch das absolute Bauverbot von Flugzeugen in Deutschland und – nach seiner Aufhebung 1922 – durch die Einführung der umstrittenen »Begriffsbestimmungen« im Versailler Vertrag sollte die deutsche Luftfahrtindustrie konkurrenzunfähig gemacht werden. Auf Anregung der Regierung gründeten daher deutsche Luftfahrtunternehmen Zweigwerke im Ausland, um dort ungehemmt von den »Begriffsbestimmungen« ihre reichen Erfahrungen im Flugzeugbau zu verwerten: Rohrbach in Dänemark, Dornier in der Schweiz und in Italien und Junkers in Schweden und in Rußland. Dieses umstrittene Unternehmen der Jahre 1922–1926 brachte Hugo Junkers in die schwerste Krise: Als 1922 die deutsche Regierung Besprechungen mit Junkers aufnahm, lagen bereits Vereinbarungen über eine deutsch-russische Zusammenarbeit im Flugzeugbau und im Luftverkehr vor. Im Vertrauen darauf gründete Junkers gegen seine bessere Einsicht in Fili bei Moskau ein Zweigwerk. Trotz größter Schwierigkeiten wurde dort ein zweisitziger Tiefdecker, die J 20, und ein zweisitziger Hochdecker, die J 21, entwickelt und in größeren Stückzahlen gebaut. Den auf dreißig Jahre abgeschlossenen Vertrag kündigten die Russen bereits nach vier Jahren. Junkers zog sich mit einem Defizit von 10 Millionen Reichsmark aus diesem Abenteuer zurück. Rußland aber konnte

dank der Junkers-Werke vor den Toren Moskaus sowohl seine Luftfahrtindustrie als auch seinen Luftverkehr durch die Übernahme von 50 F-13-Flugzeugen aufbauen.
Um sich den Absatzmarkt für seine Flugzeuge zu sichern, hat Junkers in vielen Ländern die Gründung von Luftverkehrsgesellschaften angeregt, organisiert und unterstützt. Er selbst hatte 1923 als eigenes Unternehmen die Junkers-Luftverkehrs-AG ins Leben gerufen. Es wurden Vertreter in viele Länder gesandt, mit der F 13 Flugstrecken nach dem Nahen und Mittleren Osten, in die Türkei, nach Persien und in Südamerika erkundet und eingerichtet. Es ist weithin in Vergessenheit geraten, daß mit dem Einsatz von Junkers-F-13-Flugzeugen der persische Luftverkehr bereits am 10. April 1924 aufgenommen wurde. In einem später zwischen Junkers und der persischen Regierung paraphierten Vertrag erhielt Junkers bis 1932 das Monopol für den gesamten Luftverkehr in Persien. Im Februar 1927 eröffnete die Junkers-Luftverkehr-Persien die Strecke Teheran–Pahlewi (am Kaspischen Meer). Der Beweis für die Robustheit der Junkers'schen Ganzmetallkonstruktion wurde angetreten: Die eingesetzten Flugzeuge hatten Temperaturschwankungen bis zu 60° Celsius durchzustehen. Acht Junkers-F-13-Flugzeuge beförderten binnen fünf Jahren mehr als 20 000 Passagiere ohne Unfall. Sie legten eine Strecke von fast 3 Millionen Kilometer zurück und beflogen ein Netz von 2800 Kilometer Länge. Welches Vertrauen die persische Regierung in den Junkers-Luftverkehr setzte, beweist eine kleine Episode am Rande: In London sollte der persische Kronschatz ausgestellt werden. Er war von unschätzbarem Wert. Die Frage nach einer sicheren Transportmöglichkeit schien unlösbar. Räuberbanden zogen durch das Land. Bahnverbindung gab es keine. Daraufhin befahl der Schah persönlich den Transport in zwei Junkers-F-13-Flugzeugen von Teheran nach London und zurück. Beide

Flüge verliefen ohne nennenswerten Zwischenfall.
Zwei F 13 überquerten zum ersten Mal die Anden. 1923 wurde den beiden Luftverkehrsgesellschaften Junkers und Aero-Lloyd das Tempelhofer Feld als Flughafen übergeben.
Bei nur maximal vier Passagieren pro Flugzeug war an einen wirtschaftlichen Luftverkehrsbetrieb zu jener Zeit nicht zu denken. Der Deutsche Aero-Lloyd und die Junkers-Luftverkehrs-AG gerieten so durch Subventionen immer mehr in ein Abhängigkeitsverhältnis zum Staat. Nun versuchte die deutsche Regierung gegen den Widerstand von Junkers, der selbständig bleiben wollte, mehr Einfluß auf den Luftverkehr zu gewinnen.
Junkers kam in eine Zwangslage, als er die Verluste aus dem mißglückten Rußland-Unternehmen dem Reich gegenüber als Forderung angemeldet hatte. Die Schlichtung dieses Streites durch die Übernahme der Schulden machte das Reich von der Abtretung der Aktien der Junkers-Luftverkehrs-AG abhängig. Junkers mußte diese Forderungen erfüllen.
Junkers begann bereits 1923 mit der Konstruktion der 3motorigen G 24 für 10 Passagiere. Eine Weiterentwicklung stellte die G 31 für 15 Passagiere dar – beide Flugzeuge für damalige Verhältnisse Riesenmaschinen modernster aerodynamischer Auslegung. Sie blieben auch bei Ausfall eines Triebwerkes voll flugfähig.
1926 entstanden aus der einmotorigen F 13 die W 33/34, bis kurz vor dem Zweiten Weltkrieg in über 2000 Stück gebaut. Sie wurde in verschiedenen Auslegungen als Trainingsflugzeug für den Blindflug, als Sanitätsflugzeug, in der Land- und Forstwirtschaft und zur Schäd-

Links: 1923 entwarf Junkers die zehnsitzige G 24 (unten in der späteren Ausführung mit modifiziertem Seitenleitwerk). Das obere Foto zeigt die G 24 S-AAAK »Rotterdam« (Werk-Nr. 843) mit der späteren Zulassung D-1019. Umgebaut zur F 24, flog sie dann als »Helios« unter Luft-Hansa-Flagge. Diese Flugzeuge waren für damalige Verhältnisse wahre Riesen.
Rechts oben und Mitte: Noch größere Abmessungen hatte die G 38, die am 1. Juli 1931 erstmals für die Strecke Berlin-Amsterdam-London eingesetzt wurde. Sie war damals das größte und bequemste Verkehrsflugzeug der Welt. Sie hatte ein Abfluggewicht von 24 Tonnen, und ihre vier Jumo-204-Dieselmotoren leisteten zusammen 3000 PS. Nächste Doppelseite: Eins der letzten noch flugfähigen Exemplare der berühmten Ju 52/3m, heute im Besitz der Firma Air Classic, Echterdingen

Junkers G 38

Antrieb: vier 750-PS-Junkers-Jumo-204-Dieselmotoren mit je einem Vierblatt-Propeller
Spannweite: 44 m
Länge: 23,20 m
Flügelfläche: 300 m²
Gesamtgewicht: 24 000 kg
Reisegeschwindigkeit: 208 km/h
Fassungsvermögen: 7 Mann Besatzung und 34 Passagiere
Erster Flug: 6. November 1929
Dr. Hugo Junkers glaubte fest an den Typ des »Nurflügelflugzeugs«, das den größten Teil des Treibstoffs und der Nutzlast innerhalb der Tragflächenstruktur tragen konnte. Mit der G 38, bei der sechs der 34 Passagiere im Flügelmittelstück saßen und durch die in der Flügelnase befindlichen Fenster hinausschauen konnten, kam er der Realisierung dieses Zieles am nächsten. Es wurden nur zwei G 38 gebaut, diese waren jedoch mehrere Jahre lang bei der Deutschen Lufthansa im Einsatz. Eine stürzte 1936 ab, die andere wurde 1940 von Bombern der RAF zerstört.

KURFISS AVIATIO

lingsbekämpfung eingesetzt. Bei der chilenischen Luftwaffe wurde sie zum Kampfflugzeug. Sie hat zahlreiche Weltrekorde geflogen, auch als erste den Atlantik von Ost nach West mit Köhl, Fitzmaurice und von Hünefeld am 12.–13. April 1928 überquert.
Mit der viermotorigen G 38 baute Junkers 1931 das damals größte Ganzmetall-Landflugzeug der Welt.
Zum größten Erfolg für Hugo Junkers aber wurde die 1929/30 in seinem Auftrag und in Abstimmung mit der Deutschen Luft-Hansa von Dipl.-Ing. Ernst Zindel zunächst einmotorig entworfene, später dreimotorige Ju 52, von der über 4000 Stück gebaut und von vielen Fluggesellschaften im internationalen Luftverkehr eingesetzt waren. Bis 1945 war sie das Standardflugzeug der Deutschen Lufthansa. Mit ihr gelang die Überquerung des Pamir-Gebirges. Sie wurde zum ersten allwettertauglichen Flugzeug. Über die Robustheit der Ju 52 gibt es zahllose Geschichten:
Ein Lufthansa-Flugkapitän stieß mit einem Sportflugzeug in der Luft zusammen und landete seine Ju 52 trotzdem glatt. Während des Zweiten Weltkriegs verlor eine Ju 52 fast die Hälfte der linken Tragfläche und wurde in diesem Zustand von ihrer Besatzung noch bis zur Reparaturwerft überführt. Obgleich offiziell nur für 17 Passagiere oder in der militärischen Version für 20 Soldaten zugelassen, startete eine Ju 52 im Jahre 1943 mit 52 Personen an Bord aus einem »Kessel« (so wurden eingeschlossene Truppenteile bezeichnet) und erreichte ohne Zwischenfall ihr Ziel. Ein anderer Ju-52-Pilot, dem ein Reifen des Hauptfahrwerks zerschossen wurde, landete und startete auf der Felge. In Norwegen flog die Ju 52 als Schwimmerflugzeug. In Kanada war die einzige dorthin gelieferte einmotorige Ju 52 über 20 Jahre lang als Frachter eingesetzt, und noch heute (bis Ende 1976) fliegen zwei Exemplare in der Bundesrepublik Deutschland, drei in der Schweiz und eins in den USA.
Die ausgehenden zwanziger Jahre mit der weltweiten Wirtschaftskrise 1929 und die Rezessionen in den frühen dreißiger Jahren brachten Junkers erneut in wirtschaftliche Schwierigkeiten. 1932 verkaufte er, um den drohenden Konkurs abzuwenden, das an sich gesunde Kaloriferwerk, die damals selbständige Firma Junkers & Co. in Dessau, mit allen Fertigungsrechten für industrielle Zwecke an Bosch. Das Fertigungsprogramm wird heute noch von Bosch unter dem Namen Junkers in Wernau weitergeführt.
1934 kam in das Firmengeschehen eine entscheidende Wende. Professor Hugo Junkers mußte – unter politischen Druck gesetzt – aus seinem Unternehmen ausscheiden. Das Flugzeugwerk und das Motorenwerk Jumo wurden vom Staat übernommen. Die Junkers-Erben – Professor Junkers starb am 3. 2. 1935 in München – behielten nach dem Reichsvertrag die Fertigungsrechte aller Produkte außerhalb des Flugwesens und gründeten mit der Abfindungssumme von 9 Mio. RM die noch heute in München bestehende Firma Junkers Maschinen- und Metallbau GmbH in Allach.
1942 waren die Junkers Flugzeug- und Motorenwerke AG mit ihren 18 Zweigwerken und 140 000 Mitarbeitern eine der größten Luftfahrtfirmen der Welt.

Cockpit der Ju 52/3 m

Eine Vielzahl von Flugzeugtypen entstand neben der in Großserie für den zivilen und militärischen Bedarf gebauten Ju 52: das Schnellverkehrsflugzeug Ju 160 als erste Junkers-Glattblechmaschine, die Ju 86 (Erstflug am 4. 11. 1936), die sowohl als Zivilversion an die Lufthansa, nach Schweden und nach Südafrika geliefert, aber auch als Bombenflugzeug verwendet wurde, und die Ju 90, 289 und 290. Als Höhenaufklärer in Flughöhen von 12 km Höhe konnte die Ju 86 P weder von Jagdflugzeugen noch von der Flak erreicht werden. Ein großer Wurf war wieder die von Dipl.-Ing. Pohlmann entwickelte Ju 87 als Sturzkampfbomber (Erstflug 1935) und die in vielfachen Modifikationen von Gassner konstruierte Ju 88 (Erstflug 21. 12. 1936), von der insgesamt 15 000 Stück gebaut wurden, sowie die Ju 287 als erster Strahlbomber der Welt.

Neben diesen Entwicklungen im Flugzeugbau wurden im Motorenwerk Hochleistungs-Flugmotoren gebaut: vom 6-Zylinder-Doppelkolben-Flugdieselmotor Jumo 205 über den in großer Stückzahl gebauten 12-Zylinder-4-Takt-Einspritzermotor Jumo 211 bis zum 24-Zylinder-Reihen-Sternmotor Jumo 222 mit 2500 PS. Neben der Entwicklung von Kolbenmotoren wurde schon 1938 mit Arbeiten an Strahltriebwerken begonnen, die schließlich unter Leitung von Dipl.-Ing. Anselm Franz mit dem ersten einsatzfähigen Triebwerk Jumo 004 zur Großserie führten und größtenteils in die Me 262, den ersten Turbojäger der Welt, eingebaut wurden.

Das Kriegsende brachte den völligen Zusammenbruch des Werkes. Die Ent-

Oben: Junkers Ju 160 Schnellverkehrsflugzeug mit luftgekühltem BMW-Motor 132 von 660 PS Leistung. Die Höchstgeschwindigkeit betrug 340 km/h. Mitte: Die Ju 86 wurde sowohl als Militärflugzeug wie auch als Schnellverkehrsmaschine eingesetzt. Mit ihren Jumo-205-Motoren war sie das erste in Serie gebaute Verkehrsflugzeug der Welt mit Dieselmotoren. Als militärischer Höhenaufklärer schaffte die Ju 86 eine Höhe von 12 000 m und war somit weder von Jagdflugzeugen noch von der Luftabwehr erreichbar. Unten: Die Junkers Ju 88 war ein Kampf-, Aufklärungs- und Nachtjagdflugzeug mit hervorragenden Flugeigenschaften. Hier eine Auslegung mit 3,7-cm-Bordkanone zur Panzerbekämpfung. Triebwerke: 2 x Jumo 211 Zwölfzylinder-Einspritzmotoren von je 1250 PS.

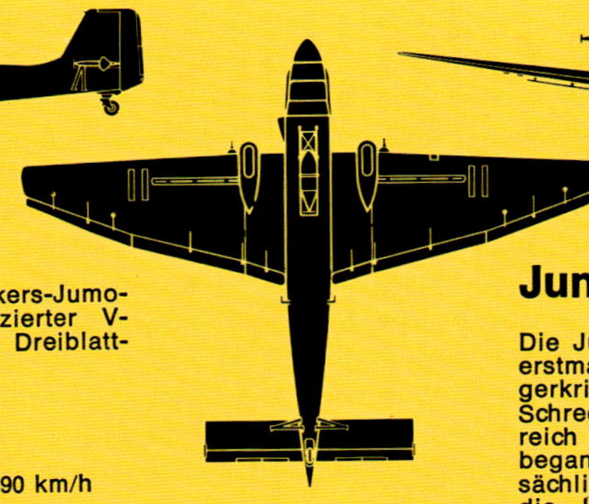

Antrieb: ein 1200-PS-Junkers-Jumo-211Da-Motor als modifizierter V-Zwölfzylinder mit einem Dreiblatt-Propeller
Spannweite: 13,80 m
Länge: 11,10 m
Flügelfläche: 31,90 m²
Gesamtgewicht: 4250 kg
Höchstgeschwindigkeit: 390 km/h in 4400 m Höhe
Reichweite: 550 km
Bewaffnung: je ein 7,9-mm-Maschinengewehr in jeder Tragfläche und im hinteren Cockpit; 500 kg Bomben
Besatzung: 2 Mann
Erster Flug: Anfang 1935

Junkers Ju 87

Die Ju 87 wurde von der Luftwaffe erstmals 1937 im Spanischen Bürgerkrieg eingesetzt, bevor sie ihre Schreckensangriffe in Polen, Frankreich und den Niederlanden 1939/40 begann. Die zu dieser Zeit hauptsächlich eingesetzte Version war die Ju 87 B-1, auf die sich die Daten beziehen. Aber nach schweren Verlusten während der Schlacht um England wurden diese und auch spätere Versionen in den Mittelmeer-Kriegsschauplatz abgestellt und schließlich nur noch als Schulflugzeug eingesetzt.

wicklungs- und Fertigungsstätten wurden demontiert. Ein Stamm von 700 hochqualifizierten Ingenieuren wurde nach Rußland transportiert, ein Teil der im Westen verbliebenen Ingenieure für Strahltriebwerke sammelte sich in Riekenbach und war später in Frankreich an der Entwicklung von Strahltriebwerken maßgeblich beteiligt.
Ein Wiederaufbau der Junkers Flugzeug- und Motorenwerke AG mit öffentlichen Mitteln wurde nach dem Kriege unmöglich gemacht. Damit war der Weg frei für die Re-Privatisierung eines Unternehmens, dessen Gründer Hugo Junkers maßgeblichen Anteil an der technologischen Entwicklung des modernen Flugzeugs hatte.
Zunächst interessierten sich zwei Unternehmensgruppen: die Flugzeug-Union-Süd mit 50 % Heinkel- und Messerschmitt-Anteilen und die Liebherr-Gruppe. Den Zuschlag erhielt 1958 von der Bundesregierung die Flugzeug-Union-Süd. Sie übernahm das Essener Büro der Junkers Flugmotoren GmbH (JFM) und fusionierte sie mit den Triebwerkabteilungen von Heinkel und Messerschmitt, um sich nach Umwandlung der Junkers Flugmotoren GmbH in eine Aktiengesellschaft mit der Entwicklung moderner Strahltriebwerke zu befassen.
Am 28. August 1969 wurde die Junkers Flugmotoren AG als hundertprozentige Tochter in die Messerschmitt-Bölkow-Blohm GmbH eingebracht und ist seitdem ein Glied dieses bedeutenden europäischen Luft- und Raumfahrtkonzerns.

Linke Spalte oben: Eines der berühmten und beim Feind gefürchteten Sturzkampfflugzeuge Ju 87, hier im Dienst der italienischen Luftwaffe. Mitte: Vierstrahliger schwerer Bomber Ju 287 mit nach vorn gepfeilten Flügeln. Nach dem Zweiten Weltkrieg wurde diese Konfiguration bei dem Geschäftsreiseflugzeug »Hansa-Jet« wieder aufgegriffen. Darunter: Ju 287 mit abwerfbaren Starthilfsraketen vom Typ Walter 501. Dieser als »fliegender Prüfstand« dienende Prototyp war mit festem Fahrwerk ausgerüstet. Ganz unten: 1938 präsentierte Junkers die viermotorige Ju 90, die unter dem Beinamen »Der große Dessauer« bekannt wurde. Die Spannweite betrug 35,20 m, das Abfluggewicht 23 Tonnen. Rechte Seite oben: Die Ju 290, eine direkte Fortentwicklung der Ju 90 zum Transportflugzeug und Langstreckenaufklärer. Darunter: Die sechsmotorige Ju 390 läßt schon die Entwicklung des weltumspannenden Luftverkehrs nach dem Kriege ahnen.

D-A

Über die Pole und um die Welt

Amundsen, Byrd und Nobile

Die Polarforschung zog seit eh und je mutige Männer in ihren Bann. Es ist jedoch kaum bekannt, daß die ersten ernsthaften Versuche, den Nordpol zu erreichen, auf dem Luftweg unternommen wurden. Salomon August Andrée, der Chefingenieur des schwedischen Patentamtes, stieg, begleitet von Nils Strindberg und Knut Fraenkel, am 11. Juli 1897 um 1 Uhr 50 nachmittags von Danes Island, Spitzbergen, in einem Ballon auf. Ausgerüstet für einen dreißigtägigen Flug über die Arktis, sollten günstige Winde die Ballonfahrer zum Nordpol bringen. Es war ein optimistischer Versuch. Er endete mit einer Katastrophe: Drei Tage nach dem Aufstieg gingen die Ballonfahrer bei 82° 55′ Nord, 29° 52′ Ost nieder und gaben den Ballon auf. Dreiunddreißig Jahre vergingen, ehe ihr Schicksal bekannt wurde: Ein Schiff lief am 6. August 1930 die Weiße Insel bei Spitzbergen an und fand die Leichen von Andrée und Strindberg. Ihre Tagebücher berichteten von schrecklichen Erlebnissen. Inzwischen hatten Polarforscher bis zum Jahre 1911 beide Pole zu Fuß erreicht. Aber das Verlangen, dorthin zu fliegen, war geblieben. Roald Amundsen, der Captain Scott am Südpol um ein paar Wochen zuvorgekommen war, unternahm mehrere Versuche, den Nordpol mit dem Flugzeug zu erreichen. Er schaffte es bis auf 290 km. 1925 verlor er eines seiner beiden Dornier-Wal-Flugboote. Lincoln Ellsworth, sein amerikanischer Gönner, und zwei berühmte Piloten, Hjalmar Riiser-Larsen und Oskar Omdal, begleiteten ihn. Kaum war Amundsen von seinem fehlgeschlagenen – und kostspieligen – Flug zurückgekehrt, beschloß er, es wieder zu versuchen, nun mit einem Luftschiff. Dank seiner größeren Reichweite und seinem besseren Komfort schien es günstigere Erfolgschancen zu bieten. Ellsworth gab das Geld und Riiser-Larsen – später mit Bernt Balchen einer der Begründer des Polar-Luftverkehrs – fuhr nach Italien, um über die Verwendung eines halbstarren Luftschiffes, das von Umberto Nobile gebaut worden war, zu verhandeln. Die Bedingungen schienen annehmbar. Aber die italienische Regierung ergänzte den Vertrag durch eine Klausel, die darauf bestand, daß wenigstens fünf Besatzungsmitglieder Italiener sein mußten und Nobile das Kommando haben sollte. Bezogen auf das Luftschiff war dies kein Nachteil, die Italiener besaßen jedoch keine Arktis-Erfahrung und würden unter gefährlichen Umständen zweifellos eher eine Belastung bedeuten. Riiser-Larsen mußte schließlich akzeptieren.
An der Kings Bay auf Spitzbergen wurde ein Stützpunkt errichtet. Am 7. Mai 1926 kam die »Norge«, so von Frau Riiser-Larsen getauft, in Spitzbergen an. Sie war 18 000 km in 103 Stunden geflogen.
Mittlerweile war der Amerikaner Commander Richard E. Byrd am Steuer seiner dreimotorigen Fokker, der »Josephine Ford«, mit der er als erster den Nordpol zu erreichen hoffte, an der Kings Bay angekommen. Er wollte auf Kufen statt auf Schwimmern oder Rädern starten und hatte eine Menge Schwierigkeiten. Amundsen, großzügig wie immer, bat Bernt Balchen, Byrd beim Bau der Flugzeugkufen zu helfen. So begann eine Freundschaft, die viele Jahre bestehen sollte.
Byrd und sein Co-Pilot Floyd Bennett zeigten Risikofreude und Optimismus. Sie starteten – während Nobile und Amundsen auf besseres Wetter warteten – am 9. Mai 1926 um 1 Uhr

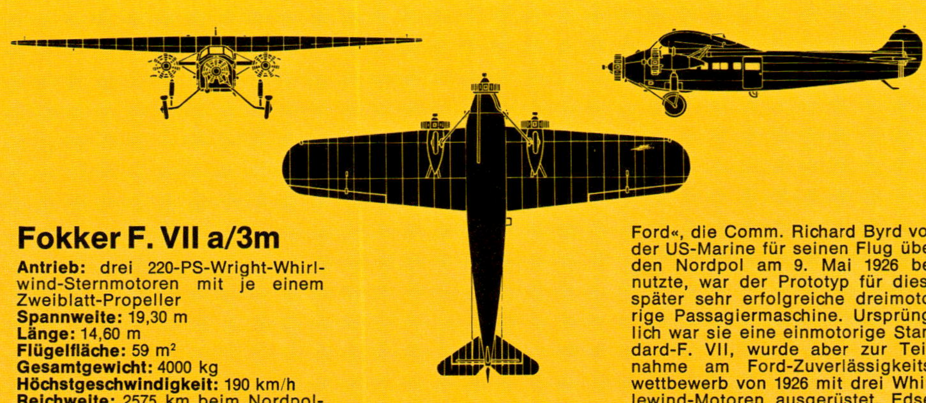

Fokker F. VII a/3m

Antrieb: drei 220-PS-Wright-Whirlwind-Sternmotoren mit je einem Zweiblatt-Propeller
Spannweite: 19,30 m
Länge: 14,60 m
Flügelfläche: 59 m²
Gesamtgewicht: 4000 kg
Höchstgeschwindigkeit: 190 km/h
Reichweite: 2575 km beim Nordpol-Flug
Besatzung: 2 Mann beim Nordpol-Flug
Erster Flug: 1926

Die dreimotorige Fokker »Josephine Ford«, die Comm. Richard Byrd von der US-Marine für seinen Flug über den Nordpol am 9. Mai 1926 benutzte, war der Prototyp für diese später sehr erfolgreiche dreimotorige Passagiermaschine. Ursprünglich war sie eine einmotorige Standard-F. VII, wurde aber zur Teilnahme am Ford-Zuverlässigkeitswettbewerb von 1926 mit drei Whirlewind-Motoren ausgerüstet. Edsel Ford erwarb die Maschine dann für Byrds Polarexpedition. Für die Überfliegung des Nordpols wurde Byrd mit der Verdienstmedaille ausgezeichnet.

Linke Seite außen: Die Fokker F VIIa/3m, mit der Byrd am 9. Mai 1926 den Nordpol überquerte. Mitte: Admiral Richard E. Byrd. — Oben: Das Luftschiff »Norge« schaffte die erste Arktis-Überquerung am 11./12. Mai 1926. Unser Bild zeigt die »Norge« bei einem Freundschaftsbesuch Großbritanniens in Pulham. Das Luftschiff war mit drei Maybach-Motoren von je 230 PS ausgestattet und hatte eine Gesamtlänge von 106 m.

morgens und nahmen Kurs auf den Nordpol.
Eine Stunde vor der geschätzten Ankunft verlor einer der drei Motoren Öl. Im Falle einer Notlandung bestand kaum Hoffnung auf Rettung. Trotzdem flogen sie weiter. Um 9 Uhr 02 morgens waren sie über dem Nordpol. Eine Viertelstunde kreisten sie und bestimmten ihren Standort. Dann flogen sie zur Kings Bay zurück, die sie nach einem Flug über 2575 Kilometer um 4 Uhr 30 morgens erreichten.
Amerika konnte damit den Ruhm für sich in Anspruch nehmen, die ersten erfolgreichen Versuche zur Erreichung des Nordpols auf der Erde (Peary 1909) und durch die Luft gemacht zu haben. Amundsen, Nobile und Ellsworth, die kurz vor dem Ziel geschlagen worden waren, erwarteten Byrd und Bennett bei ihrer Rückkehr mit herzlichen Glückwünschen.
Zwei Tage später, am 11. Mai 1926, stieg die »Norge« auf und überflog den Pol um 1 Uhr 30 morgens nach Spitzbergen-Zeit. Die Flaggen der drei beteiligten Nationen wurden abgeworfen. Die »Norge« flog weiter bis zu ihrer Landung bei Teller in Alaska. Sie blieb dreieinhalb Tage in der Luft. Wenn es Amundsen und seinen Begleitern auch nicht geglückt war, den ersten Flug über den Nordpol zu machen, so flogen sie doch als erste über die Arktis. Amundsen gelang es darüber hinaus als erstem Menschen, beide Pole zu besuchen, den Nordpol und den Südpol.
Kaum war Byrd in die Vereinigten Staaten zurückgekehrt, als er schon Pläne schmiedete, um zum Südpol zu fliegen, ein weitaus schwierigeres Unternehmen als der soeben abgeschlossene Arktisflug. Im Umkreis von mehr als 1600 km vom Südpol existierte keine menschliche Siedlung. Also mußte in der Antarktis zunächst ein großer Stützpunkt errichtet werden.
Die Antarktisexpedition bestand aus zwei Schiffen, 60 Männern und vier Flugzeugen, einschlielich einer Ford Trimotor namens »Floyd Bennett«. In der Bucht von Wales, nicht weit von Amundsens altem Stützpunkt Framheim, wurde kurz nach Weihnachten 1928 eine Station erbaut, die den Namen »Little America« erhielt. Solange es die Jahreszeit erlaubte, wurden Flüge in die nähere Umgebung unternommen, dann richtete sich die Expedition auf einen langen Winteraufenthalt in der antarktischen Dunkelheit ein.
Die Ford Trimotor war für den Südpolflug vorgesehen. Sie konnte jedoch eine vierköpfige Besatzung und genügend Treibstoff für Hin- und Rückflug ohne

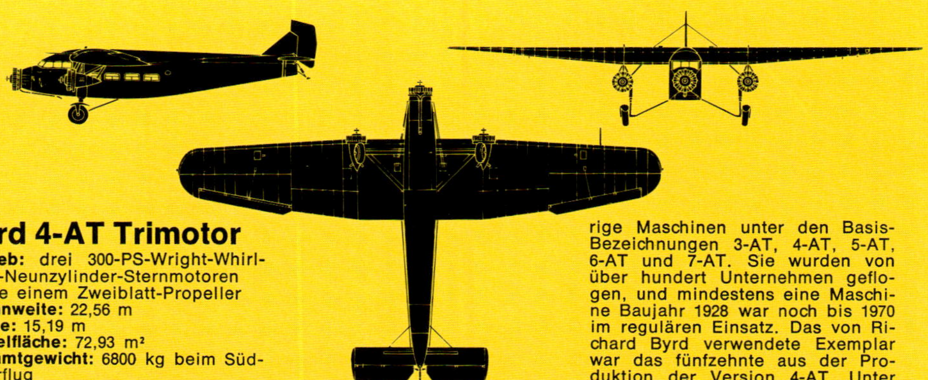

Ford 4-AT Trimotor
Antrieb: drei 300-PS-Wright-Whirlwind-Neunzylinder-Sternmotoren mit je einem Zweiblatt-Propeller
Spannweite: 22,56 m
Länge: 15,19 m
Flügelfläche: 72,93 m²
Gesamtgewicht: 6800 kg beim Südpolarflug
Höchstgeschwindigkeit: 210 km/h
Reichweite: 1835 km
Besatzung: 4 Mann beim Südpolarflug
Erster Flug: 11. Juni 1926
Von 1926 bis 1933 baute die Ford Motor Company über 200 dreimotorige Maschinen unter den Basis-Bezeichnungen 3-AT, 4-AT, 5-AT, 6-AT und 7-AT. Sie wurden von über hundert Unternehmen geflogen, und mindestens eine Maschine Baujahr 1928 war noch bis 1970 im regulären Einsatz. Das von Richard Byrd verwendete Exemplar war das fünfzehnte aus der Produktion der Version 4-AT. Unter dem Namen »Floyd Bennett« trug diese Maschine Byrd und seine drei Gefährten — drei Jahre nach seinem Nordpolflug — am 29. November 1929 über den Südpol, wofür Byrd mit dem Marinekreuz ausgezeichnet wurde.

Zwischenlandung nicht tragen. So wurde von Byrd, Dean Smith, Harold June und Ashley McKinley 700 km südlich von Little America ein Tanklager eingerichtet. Dieses Tanklager sollte auf dem Rückweg angeflogen werden.
Am 28. November 1929 startete die Trimotor kurz vor 4 Uhr nachmittags in Little America. Das Startgewicht betrug 6800 kg, und die Besatzung bestand aus Balchen (Pilot), Byrd (Navigator), June (Funker) und McKinley (Beobachter). Sie führten Material mit sich, das bei einem Vermessungstrupp auf einer vorgeschobenen Station abgeworfen werden sollte. Nach dem Abwurf näherten sie sich dem Queen-Maud-Gebirge. Sie konnten nicht genügend Höhe gewinnen, um die Berge zu überfliegen. Eine schwere Entscheidung mußte getroffen werden. Verpflegung ging über Bord, um das Flugzeug zu erleichtern – Lebensmittel, die Leben oder Tod hätten bedeuten können, wenn etwas schiefgegangen wäre. Nun stieg das Flugzeug bis knapp über den Gebirgskamm mit Kurs Südpol. Es erreichte sein Ziel nach nicht ganz zehn Stunden Flugzeit. Eine amerikanische Flagge wurde abgeworfen. Byrd hatte damit beide Pole als erster überflogen.
Einen Antarktisflug als ereignislos zu bezeichnen, mag lächerlich klingen, aber der Rückflug verdiente diese Beschreibung. Die Zwischenlandung zum Auftanken war Routine, und das Flugzeug landete nach 19stündiger Abwesenheit wieder in Little America. Nobile flog später mit dem Luftschiff »Italia« noch einmal zum Nordpol und strandete. Amundsen fand bei der Suche nach den Vermißten den Tod.

betrug 175 Tage, davon 15 Tage, 11 Stunden und 7 Minuten reine Flugzeit. Der Flug wurde von der amerikanischen Armee finanziert.
Am 20. November 1924 startete Alan Cobham, begleitet von dem englischen Direktor für Zivilluftfahrt, Sir Sefton Brancker, an Bord einer de Havilland D.H.50 mit 230-PS-Siddeley-Puma-Motor von London nach Rangun. Sie flogen 27 360 km und kehrten am 18. März 1925 nach London zurück. Das war einer der vielen von Alan Cobham unternommenen Pionierflüge, die den Weg für die späteren Empire-Strecken der Imperial Airways bahnten.
Ein Jahr nach seinem Rangun-Flug startete Cobham, diesmal begleitet von A. B. Elliott und B. W. G. Emmott, mit einer D.H.50 von London über Ägypten und Ostafrika nach Kapstadt und zurück. Er kam am 13. März 1926 wieder nach Hause. Drei Monate danach flog er mit demselben Flugzeug, nun mit Schwimmern ausgerüstet, nach Melbourne. Am 29. August trat er den Rückflug an und landete am 1. Oktober auf der Themse gegenüber den Houses of Parliament. Er hatte seine Ankunftszeit bereits vor dem Abflug in Australien genannt. Jedermann war erstaunt, daß ein Pilot 20 900 km fliegen und planmäßig landen konnte. Nach dieser Reise wurde Cobham geadelt. Leider starb sein

Luftbrücken

Der Erstflug über den Südatlantik gelang 1922. Am 13. März flogen die Portugiesen Gago Coutinho und Sacadura Cabral an Bord eines Fairey-III-C-Schwimmerflugzeugs von Lissabon nach Las Palmas, dann nach Porto Praia auf den Kapverdischen Inseln. Von schlechtem Wetter behindert, starteten sie erst am 18. April zur wirklichen Ozeanüberquerung. Ihr Ziel: Fernando de Noronha, etwa 320 km vor der brasilianischen Küste. Sie erreichten dieses Ziel nicht, sondern machten auf St. Pauls Fels eine Notlandung, bei der das Flugzeug schwer beschädigt wurde.
Ein portugiesischer Kreuzer lag in der Nähe. Die Piloten blieben an Bord dieses Schiffes. Ein zweites Fairey-Schwimmerflugzeug wurde nach St. Pauls Fels überführt und übernommen. Sie flogen weiter bis Fernando de Noronha. Dort zerstörte ein Sturm ihre Maschine. Schließlich erreichten sie Brasilien am 16. Juni 1922 mit einem dritten Wasserflugzeug.
1923 wurde der erste Nonstop-Flug über den nordamerikanischen Kontinent von Küste zu Küste unternommen. Leutnant O. G. Kelly und Leutnant J. A. McReady flogen mit einer Fokker T.2 am 2. Mai in 26 Stunden, 50 Minuten und 3 Sekunden von New York nach Rockwell Field bei San Diego.
Der erste Flug rund um die Welt gelang 1924. Vier Douglas »World Cruisers« mit austauschbarem Rad- und Schwimmerfahrwerk starteten am 6. April in Seattle und flogen nach Westen über die Aleuten, Japan, Indien, Europa, Island, Grönland in die USA zurück. Nur drei Flugzeuge erreichten am 28. September 1924 das Ziel. Die für 44 312 km benötigte Zeit

Linke Seite unten: Das Luftschiff »Italia« an der Kings Bay im Mai 1928 vor dem Start zu seinem unglücklichen Nordpolarflug unter General Nobile. Links oben: Das Fairy-III-D-Wasserflugzeug »Santa Cruz«, mit dem Sacadura Cabral und Gago Coutinho im März 1922 ihre Erstüberquerung des Südatlantik vollendeten. Dieses Bild wurde im Jahre 1928 aufgenommen und zeigt die »Santa Cruz« auf Macao an der Südküste Chinas. Unten: John A. MacReady und Oakley G. Kelly, die am 2. Mai 1923 zum erstenmal den amerikanischen Kontinent von Küste zu Küste überflogen. In New York gestartet, landeten sie nach 26 Stunden und 50 Minuten in San Diego mit einer Fokker T.2.

Sir Alan Cobham im offenen Cockpit der D.H. 50J mit Jaguar-Motor, die er für einige seiner Pionierflüge für die Imperial Airways Mitte der zwanziger Jahre benutzte

de Havilland D. H. 50

Antrieb: ein 230-PS-Siddeley-Puma-Sechszylinder-Reihenmotor mit einem Zweiblatt-Propeller
Spannweite: 13,03 m
Länge: 9,07 m
Flügelfläche: 40,32 m²
Gesamtgewicht: 1905 kg
Höchstgeschwindigkeit: 180 km/h
Reichweite: 610 km
Fassungsvermögen: 1 Mann Besatzung und 4 Passagiere
Erster Flug: August 1923
Obgleich sie nur in geringer Stückzahl gebaut wurde, hat die D. H. 50 mindestens zwei gewichtige Merkmale, die ihr Anspruch auf einen Platz in der Geschichte der Luftfahrt verleihen. 1925/26 wurde eines dieser Flugzeuge, das mit einem 385-PS-Jaguar-Umlaufmotor versehen wurde, von Sir Alan Cobham für seine berühmten Vermessungsflüge im Auftrag der Imperial Airways nach Kapstadt und Australien verwendet. Ein weiteres, das 1924 an die QANTAS verkauft wurde, war später das erste Flugzeug, das für den »Australian Flying Doctor Service« eingesetzt wurde.

Bordingenieur Elliot durch eine Kugel aus einem Beduinengewehr über der Wüste zwischen Bagdad und Basra.
Das Jahr 1927 erlebte die erste Nonstop-Überquerung des Südatlantik. Captain Dieudonné Costes und Joseph Le Brix flogen am 14. Oktober 1927 in 19 Stunden und 50 Minuten mit einer Breguet XIX (600-PS-Hispano-Suiza-Motor) von St. Louis/Senegal nach Natal/Brasilien über eine Strecke von 3420 km. Dieser Flug, der ohne Zwischenfall verlief, war Teil eines sechs Monate dauernden Fluges um die Welt.
Der erste Flug von England nach Indien mit einem Leichtflugzeug begann am 15. November 1927 in Stag Lane bei London. Die beiden de Havilland D. H. »Moth« (mit Cirrus-Motoren) unter Nevil Stack und B. M. Leete erreichten Karatschi (damals Indien) am 8. Januar 1928.
Leichtflugzeuge jener Tage verfügten über so gut wie keine Instrumente. Ein Kompaß, ein Fahrtmesser und ein Höhenmesser, das war alles. Damit allein gelang es jenen Piloten, ihren Weg über Ozeane und Kontinente zu finden, manchmal mit Hilfe von Karten, die bestenfalls Skizzen waren. Oft gab es auch keine Karten. Schätzungen der Windstärke und der Windrichtung stellten das einzige Navigationsmittel dar.
Der Engländer Bert Hinkler flog vom 7. bis 22. Februar 1928 mit einer Avro »Avian« von England nach Australien in nur 15 Tagen. Während Hinkler unterwegs war, flog Lady Heath, ebenfalls in einer Avro »Avian«, von Südafrika nach London. Sie startete am 12. Februar 1928 und kam am 17. Mai an. Es war der erste Flug auf dieser Strecke, der von einer Frau geplant wurde. Während Lady Heath nach Norden flog, flog Lady Bailey mit einer D.H. »Moth« von England nach Südafrika und später zurück. Der Hinflug begann am 9. März 1928. Sie landete am 30. April in Kapstadt. Der Rückflug über die Westafrika-Route dauerte vom 21. September 1928 bis 16. Januar 1929.

Charles Kingsford Smith

Der Australier Charles Kingsford Smith zählt zu den größten Luftverkehrspionieren der Erde. Während der zwanziger Jahre hielt er zeitweise bis zu elf Langstreckenflug-Weltrekorde. So gehört seine 1928 mit einer alten, umgerüsteten Ford-Trimotor, einer unter Lizenzvertrag nachgebauten Fokker F. VIIb/3m, gelungene Überquerung des Pazifischen Ozeans zu den Glanzleistungen aller von ihm unternommenen Flüge. Von Freunden Smithy genannt, schien er alles andere als ein Abenteurer. Seine Leidenschaft gehörte den Naturwissenschaften und dem Fliegen. Als erfahrener Pilot strebte er nach vollkommener Harmonie zwischen Maschine und Mensch.
Im Jahre 1919 erlebte der junge Kriegsflieger Kingsford Smith in England den ersten Atlantikflug. Ursprünglich hatte er gehofft, selbst an dem Wettbewerb teilnehmen zu können. Aber es gelang ihm nicht, rechtzeitig ein geeignetes Flugzeug aufzutreiben, und dann waren ihm Alcock und Brown zuvorgekommen. Enttäuscht reiste er nach Hollywood. Der Job als Kunstflieger und Stuntman in zahlreichen Filmen wurde hervorragend bezahlt, aber befriedigte ihn wenig.
1921 kehrte er nach Australien zurück. In seiner Heimat sammelte er erste und –

Links oben: Die Avro »Avian« erreichte zwar nicht die Berühmtheit der de Havilland »Moth«, wurde aber dennoch in großen Stückzahlen gebaut und unter anderem auch von Charles Kingsford Smith geflogen. Darunter: De Havilland D.H. 60 »Moth«, eines der bekanntesten englischen Flugzeuge nach dem Ersten Weltkrieg, wird gelegentlich heute noch geflogen. Die abgebildete Maschine ist im Besitz der Firma Hawker-Siddeley. Unten: Charles Kingsford Smith in der typischen Montur der Flieger im offenen Cockpit

de Havilland D. H. 60 »Moth«

Antrieb: ein 60-PS-ADC-Cirrus-I-Vierzylinder-Reihenmotor mit einem Zweiblatt-Propeller von 1,93 m Durchmesser
Spannweite: 9,14 m
Länge: 7,23 m
Flügelfläche: 22,58 m²
Gesamtgewicht: 562 kg
Reisegeschwindigkeit: 130 km/h
Reichweite: 515 km
Fassungsvermögen: 1 Mann Besatzung und 1 Passagier
Erster Flug: 22. Februar 1925
Obwohl sich die D. H. »Moth« mit vielen Rennerfolgen und epochemachenden Flügen auszeichnete, lag doch ihr wirklicher Wert darin, daß sie das Fliegen in finanzielle Reichweite breiterer Schichten brachte. Bald nachdem sie erschienen war, subventionierte das Luftfahrtministerium fünf Fliegervereine in England und stattete sie mit Moth-Maschinen aus. Die Flugzeuge dieses Typs spielten eine überragende Rolle bei der Verbreitung der »Flying-Club«-Bewegung über die ganze Welt. Verschiedene Versionen der D. H. 60 mit Motoren bis zu 105 PS erschienen, und ihnen wiederum folgte eine ganze »Familie« späterer Moth-Varianten.

wie er später berichtete – entscheidende Erfahrungen als Zivilpilot.
Während seiner vielen Flüge im australischen Busch träumte er von der Besiegung des Pazifik. Geldgeber zu finden, war die größte Schwierigkeit. Charles Ulm, ebenfalls ein australischer Kriegsflieger, teilte die Begeisterung an dem Pazifikflug. Sie wurden ein großartiges, unzertrennliches Paar – Kingsford Smith, der geborene Pilot, voller Mut, starker Energie und einer Passion zur Gründlichkeit bei der Vorbereitung des Fluges, und Ulm, der Organisator und Geschäftsmann.
1927 flogen beide ihren ersten Rekord: rund um Australien in 10 Tagen und 6 Stunden. Dann machten sie sich auf nach Amerika, um von dort aus zum Flug über den Pazifik zu starten. Erst 18 Monate später flogen sie. 11 265 km in einer Trimotor-Fokker, der »Southern Cross«, gekauft ohne Motoren und Instrumente von dem australischen Polarforscher Sir Hubert Wilkins. Sie hatten das Flugzeug für Langstreckenflüge umgebaut und mit der damals modernsten Radio- und Navigationsanlage ausgerüstet. Die finanzielle Unterstützung des reichen Kaliforniers Allen Hancock gab ihnen den nötigen Rückhalt.
Am 31. Mai 1928 startete die »Southern Cross« in San Francisco. Siebenundzwanzig Stunden später landete sie nach einem Flug über 3875 km in Honolulu. Der nächste Abschnitt bis Fidschi über 5070 km dauerte 34 1/2 Stunden. Dann flogen sie weiter nach Brisbane, das sie am 10. Juni erreichten. Auch der Pazifik hatte sich dem Flugzeug gebeugt.

In Australien glücklich gelandet, waren »Smithy« und seine Besatzung gefeierte Helden des Tages. Trotz dem Ruhm und dem Ehrenrang eines Majors der Royal Australian Airforce war Kingsford Smith der Beweis die größte Befriedigung, daß ein solcher Flug nicht nur möglich war, sondern auch richtungweisend sein könnte für eine regelmäßige Verbindung zwischen seinem Land und den USA.
Jeder weitere Pionierflug zeigte deutlicher als zuvor, welch großartiger Pilot er war. Zwischenfälle gab es wenige: Sein größter Feind schien immer das Wetter. Blindflug kannte man noch nicht. Als die »Southern Cross« im Nonstop-Flug von Australien nach Neuseeland flog, regnete es unterwegs so stark, daß Kingsford Smith neue Propeller anbringen lassen mußte, bevor er Christchurch verlassen konnte. Die Regierung von Neuseeland überreichte ihm dafür 2000 Pfund. Er bemerkte trocken: »Wir sind nicht hierher geflogen, um 2000 Pfund zu kassieren; wir flogen hierher, um eine Brücke zu schlagen zwischen zwei bis heute nicht verbundenen Außenposten des Empires.«
Dieser Trans-Tasman-Flug lehrte Kingsford Smith und seinen Copiloten Ulm, daß der regelmäßige Luftverkehr zwischen den beiden Ländern eröffnet werden könnte, sobald leistungsfähigere und zuverlässigere Flugzeuge entwickelt wären. Im Dezember 1928 gründeten beide die Australian National Airways Ltd. Sie flogen nach England und bestellten vier Avro-Ten-Eindecker. Während Ulm nach Australien zurückkehrte und ihre zivile Fluglinie aufbaute, plante Kingsford Smith zwei weitere gewagte Unternehmen: eine Ost–West-Überquerung des Atlantiks mit der »Southern Cross« und einen Solo-Flug von England nach Australien.
Nach einem kurzen Aufenthalt in Australien kehrte er nach Holland zurück, wo die »Southern Cross« von den Fokker-Werken überholt wurde. Mit dem KLM-Copilot Evert van Dyke verließ er Portmarnock Strand in Südirland zum Nonstop-Flug nach New York. Wind und Wetter waren gegen ihn. Die Maschine landete in Harbour Grace, Neufundland, nach 31½stündigem Flug. Aber New York gab ihm den traditionellen Konfettiregen zum Empfang.
Die folgenden Jahre bescherten »Smithy« viele Rekorde in kleinen, einmotorigen Flugzeugen. In der »Southern Cross Junior«, einem Avro-Doppeldecker, flog er von England nach Australien in weniger als 10 Tagen. Kingsford Smith war nun 34 Jahre alt. Seine und Ulms Fluglinie war gegründet. Die »Southern Cross« wurde von Kalifornien nach Australien geholt, um die Luftflotte der Australian National Airways (ANA) zu ergänzen. Aber dann kam das Unglück: Eines der ANA-Flugzeuge, die »Southern Cloud«, ging in den Schneebergen zwischen Sydney und Melbourne verloren. Man fand sie erst 27 Jahre später wieder.
Ungebrochen durch den damals schweren Verlust, baute Kingsford Smith nach einer Serie von Versuchsflügen zusammen mit der Imperial Airways den Luftpostdienst zwischen London und Australien auf. 1932 wurde er zum Ritter geschlagen. Im Oktober 1933 flog er in sieben Tagen von England nach Australien, um nochmals einen Rekord aufzustellen. Doch dann, bei einem weiteren Rekordversuch, verschwand er über Burma spurlos. Das Geheimnis wurde erst 1937 gelüftet. Man fand ein Rad seiner Lockheed »Altair« in der Andamanen-See nahe der burmesischen Küste.
Man erinnert sich an Kingsford Smith noch heute in vielen Ländern. Besonders in seiner Heimat Australien blieb er unvergessen. Sydney benannte seinen internationalen Flughafen nach ihm. Die australischen 20-Dollar-Noten tragen sein Porträt ebenso wie viele Briefmarken, die von der australischen Post herausgegeben wurden.

Lockheed »Altair 8D«

Antrieb: ein 450-PS-Pratt & Whitney-R-1340-SE-Wasp-Neunzylinder-Umlaufmotor mit einem Zweiblatt-Propeller von 2,74 m Durchmesser
Spannweite: 13,04 m
Länge: 8,25 m
Flügelfläche: 27,32 m²
Gesamtgewicht: 2088 kg
Höchstgeschwindigkeit: 365 km/h
Besatzung: 2 Mann
Erster Flug: 1930 (als »Sirius«); 1934 (als »Altair«)
Im Laufe der Jahre 1929 bis 1932 baute Lockheed eine Serie von 25 eleganten einmotorigen Eindeckern mit den Namen »Explorer«, »Sirius« und »Altair«. Fünf »Sirius« wurden später zu »Altairs« umgebaut, und mit einem von diesen – bekannt als »Altair 8D« – machten Charles Kingsford Smith und P. G. Taylor im Oktober/November 1934 ihren Transpazifikflug von Brisbane nach San Francisco. Der längste Teilabschnitt ging von Fidschi nach Honolulu.

Oben: Die Fokker F.VII b/3 m »Southern Cross«, mit der Charles Kingsford Smith und Charles Ulm 1928 den Pazifik von San Francisco über Honolulu und die Fidschi-Inseln nach Brisbane überquerten. Das gleiche Muster, als »Avro-Ten« in Lizenz gebaut, diente in vier Exemplaren der Ende 1928 gegründeten Australian National Airways als Grundstock für die Eröffnung des Luftverkehrs.
Rechte Seite: Mit diesem Dornier-Wal-Flugboot genannt »Amundsen-Wal« versuchte der berühmte norwegische Forscher Roald Amundsen 1925 den Nordpol zu erreichen, aber nach dramatischem Flugverlauf kam ihm der Amerikaner Byrd zuvor. Später wurde der »Amundsen-Wal« von der Deutschen Verkehrsfliegerschule erworben und von Wolfgang von Gronau zu seinem Flug nach New York benützt.

Wolfgang von Gronau – der »fliegende Prinz von Homburg«

Die luftverkehrsmäßige Erschließung des Nordatlantik wurde von einem Mann in Angriff genommen, der sich schon kurz nach Beendigung des Ersten Weltkriegs in den Kopf gesetzt hatte, nach New York zu fliegen: Wolfgang von Gronau! Als Seeflieger und erfahrenem Seemann war ihm von Anfang an klar, daß die technische Entwicklung für reine Landflugzeuge die Überbrückung von Ozeanen zu risikoreichen Unternehmungen machte. Gar an regelmäßige Atlantikflüge mit Landflugzeugen wagte gegen Ende der zwanziger Jahre niemand zu denken. Trotz der gelungenen Pionierflüge eines Charles Lindbergh oder Hermann Köhl.
Aber mit einem Wasserflugzeug, einem Flugboot wie etwa dem von Claude Dornier geschaffenen Dornier »Wal«, dem man nachsagte, daß er sogar Seegang 3 bis 4 standhielte, also fast hochseetauglich war, dachte Wolfgang von Gronau, müßte es gehen.
Es ergab sich, daß der in Polarzonen bereits erprobte und berühmte »Amundsen-Wal« zum Verkauf stand und von der Deutschen Verkehrsfliegerschule in List auf Sylt erworben werden konnte. Direktor dieser Fliegerschule aber war Wolfgang von Gronau.
Da hatte er nun das gewünschte Flugzeug als Staatseigentum zur Verfügung, aber nicht anders als Hermann Köhl auch noch 1929 und 1930 die öffentliche Meinung und damit alle zuständigen Behörden gegen sich und seinen Plan. Das hatten vorsichtige Gespräche eindeutig ergeben. Was blieb, war wiederum nur die Möglichkeit der geheimen Vorbereitung des großen Fluges. Niemand durfte etwas erfahren, nicht einmal die eigene Besatzung.
Das freilich war um so schwieriger, als Wolfgang von Gronau nicht daran dachte, den Atlantik im Nonstopflug nach New York zu überqueren. Es ging ihm

Links: Wolfgang von Gronau in seinem »Amundsen-Wal« D-1422 mit seinem Co-Piloten Eduard Zimmer in Warnemünde vor einem Probeflug. Rechts: Wolfgang von Gronau landet am 26. August 1930 mit dem ehemaligen »Amundsen-Wal« im Hafen von New York.

vielmehr darum, endlich einmal zu beweisen, daß dieser Flug entlang der Größtkreisstrecke über die Färöer-Inseln, Island, Grönland und Neufundland unter erstmaliger Verwendung der damals im Luftverkehr noch neuen Funknavigation nicht viel risikoreicher war als eine Atlantiküberquerung mit dem Schiff oder die ja schon regelmäßig von der Luft-Hansa beflogene Strecke von Berlin nach München. Zwischenlandungen aber bedeuteten eine dem Flug vorausgehende perfekte Planung. Nicht nur die anzufliegenden Häfen mußten vorher feststehen und soweit irgend möglich auf ihre Eignung hin geprüft sein; dort war auch schon vor Beginn des Fluges Treibstoff zu lagern, der nur über sehr große Entfernungen herbeigeschafft werden konnte. Also blieb nichts anderes übrig, als die damals größte internationale Treibstoff-Firma Shell einzuweihen und gleichzeitig um Verschwiegenheit zu bitten. Die Shell sagte zu. Und damit schien eines der schwierigsten Probleme gelöst.

Am Montag, dem 18. August 1930, war es endlich soweit. Tagelanger Sturm wich einem Zwischenhoch. Wolfgang von Gronau meldete seinen Flug an: über die Färöer-Inseln nach Norwegen und zurück nach List auf Sylt. Einer der Routineflüge der Verkehrsfliegerschule, so sah es jedenfalls offiziell aus. Mit flogen einer der begabtesten Schüler Wolfgang von Gronaus, Eduard Zimmer als Copilot, Fritz Albrecht, der Funklehrer der Schule, und Franzl Hack als Bordmonteur. Zimmer, Albrecht und Hack hatten keine Ahnung, wohin die Reise in Wirklichkeit ging, und Wolfgang von Gronau fühlte sich nach dem gelungenen Start als das, was er ja in Wirklichkeit auch war, als Ausreißer.

Das schlechte Wetter von der norwegischen Westküste genügte, um eine Änderung des Flugplans verständlich zu machen: Statt nach Norwegen wurde der Flug nach Island vorbereitet. Auch die Landung in Reykjavik verlief problemlos. Der »Wal« und seine Crew waren nicht zum erstenmal in diesem Hafen. Doch nun wurde es kritisch. Isländische Journalisten hatten Wind von der Treibstoffverschiffung nach Frederikshaab auf Grönland bekommen. »Sicher wollen Sie nach Amerika fliegen?« fragten sie von Gronau. Der lachte. »Mit einem so alten Flugboot? Unmöglich.« Dann hielten sie sich an die übrige Besatzung. Die aber wußte in der Tat nichts.

Sie wußte nichts bis nach dem Start am darauffolgenden Tag, als Hack den Sonnenstand skeptisch betrachtete und Wolfgang von Gronau seinen Bordfunker Albrecht damit beauftragte, folgenden Funkspruch an das Verkehrsministerium in Berlin abzusetzen: »Fliege dortiges Einverständnis voraussetzend über Grönland nach USA. Bitte in beiden Ländern telegraphisch Einfluggenehmigung beantragen – D-1422 Gronau.«

In Berlin schlug diese Funkbotschaft wie eine Bombe ein. Referenten verlangten Gronaus Kopf, seine sofortige Entlassung als Direktor der Verkehrsfliegerschule. Der damalige Leiter der Abteilung Luftfahrt, er trug den Namen Brandenburg, jedoch besänftigte seine Mitarbeiter und meinte: »Wollen wir doch erst einmal abwarten, wie die Sache ausgeht.«

Vor der grönländischen Ostküste wurde das Wetter miserabel. Die Südspitze der Insel konnte nicht überflogen, sie mußte umflogen werden. Doch dann klarte es auf. Aber nur eine halbe Stunde Flugzeit vor Frederikshaab verlor der hintere Motor Leistung. Jedenfalls ging die Drehzahl zurück. Was war los? Fehlmeldung. Es lag nicht am Motor, sondern an der Drehzahlwelle, die sich gelockert hatte. Aufatmen an Bord des »Wals«. Glatte Landung – die Hälfte der Strecke nach New York war geschafft.

Am 23. August Nebel über der Davis-Straße. Auf dem Weg nach Labrador mußte er durch- oder überflogen werden. Kein Problem. Start. Aber kaum war die D-1422 in der Luft, leuchtete die rote Warnlampe auf. Kehrt, Landung. Der Generator für die Funkanlage hatte sich losgerissen und war über Bord gegangen. Albrecht schloß Kabel kurz und isolierte. Der Notsender an Bord funktionierte – es war ein Glück. Triebwerke anlassen – erneuter Start nach Cartwright Harbour. Stundenlanger Flug ohne Bodensicht. Zweifel über den richtigen Kurs. Keine Funkstation. Endlich voraus

Grady Island und damit Kanada. Der Atlantik war bezwungen.
Kurs Süd am nächsten Tag. Ziel Halifax. Sauwetter mit Regen und Wolken, die bis aufs Wasser hängen. Kurz vor Halifax Notlandung in einer unbekannten Bucht. Queensport! Am nächsten Morgen Start und wieder Nebel vor Halifax. Erneute Landung. Der Küstenplatz heißt Maria und Joseph. Stundenlanges Warten. Endlich meldet Halifax brauchbare Sicht. Eine halbe Stunde später liegt der »Wal« im Hafen von Halifax. Letzte Station vor New York.
Am 26. August um 10 Uhr 45 Start nach New York. Langsame Besserung des Wetters. Die Sonne kommt durch. Flug über geschlossener Wolkendecke. Um 13 Uhr 20 reißen die Wolken auf. Die See ist glatt. Drei Stunden später, um 16 Uhr 35, setzt der »Wal« vor der Battery im Hafen von New York auf.
Es war, so berichtete Wolfgang von Gronau später, die »schlechteste Landung des ganzen Fluges« – aber außer uns hat das niemand bemerkt.
Die Besatzung geht von Bord. Mikrophone tauchen auf. »The dream of my life is realized – Der Traum meines Lebens ist verwirklicht«, sagte Wolfgang von Gronau. Als erster Europäer erreichte er auf dem Luftweg New York.
Telegramme nach Berlin. Dort hatte sich Brandenburgs Rat, erst einmal abzuwarten, als richtig erwiesen. Die Entlassung von Gronaus wäre zur Blamage geworden. So sandte der Verkehrsminister seinen Glückwunsch nach New York und kündigte als Geschenk eine Prachtausgabe des »Prinzen von Homburg« von Heinrich von Kleist an. Was war mit dem Prinzen von Homburg? Natürlich: In der Schlacht von Fehrbellin griff er an ohne Befehl und entschied so den Kampf zugunsten des Großen Kurfürsten. Er wurde vor Gericht gestellt, zum Tode verurteilt und dann vom Großen Kurfürsten begnadigt. – Von nun an sollte von Gronau der »fliegende Prinz von Homburg« sein.
Die D-1422, der »Amundsen Wal«, der als erstes Flugzeug aus Europa in New York gelandet war, kehrte an Bord eines Schiffes zurück nach Deutschland und wurde dem Deutschen Museum in München übergeben, wo Bomben ihn während des Zweiten Weltkriegs völlig zerstörten.
Die Verkehrsfliegerschule List erhielt einen neuen Dornier »Wal«. Gegenüber dem »Amundsen-Wal« hatte er eine ganze Reihe Verbesserungen. Größeres Tankvolumen erhöhte seine Reichweite um 2000 Kilometer. Stärkere Motoren gaben ihm eine höhere Reisegeschwindigkeit, der Innenraum war komfortabler, das – noch immer offene – Cockpit besser gegen Wasser geschützt und die Instrumentierung verfeinert. Wolfgang von Gronau war nach den

ersten Probeflügen über dem Bodensee von dem Flugboot begeistert, und sein neuer Plan, damit um die Erde zu fliegen, stand fest.
Am 8. August 1931 ging's los. Diesmal mit offizieller Genehmigung des Verkehrsministeriums, wenigstens bis Chicago »zur Erkundung der Flugstrecke über das grönländische Inlandeis im Auftrag der Luft-Hansa«. Über die Absicht, von Chicago aus weiter nach Westen zu fliegen, hatte man in Berlin nichts gesagt. Und das war gut so. Denn einmal wäre das offiziell doch nicht erlaubt worden, und zum anderen endete dieser Flug nach manchen Zwischenfällen mit den neuen Motoren tatsächlich in Chicago. Es hatte keinen Sinn, weiterzufliegen. Aber bei der ersten Überquerung des bis auf 3000 Meter hoch reichenden grönländischen Inlandeises entdeckte Wolfgang von Gronau ein bisher in keiner Karte verzeichnetes Gebirge. Es erhielt den Namen »Gronau Nunantacker«.
Deutschland steckte bis zum Hals in der Wirtschaftskrise. Noch einmal mußte der Weltflug um ein Jahr verschoben werden. Am 22. Juli 1932 endlich lag der »Wal« D-2053 voll betankt, mit genügend Proviant und Seenotausrüstung beladen, in List startbereit an der Mole. Als Copilot flog nun Gerth von Roth mit. Hack und Albrecht blieben an Bord. Mit ihrer Amerika-Erfahrung waren sie unersetzlich. Diesmal lag das größte Problem nicht in der Überquerung des Atlantik, sondern im ersten Versuch, den nordamerikanischen Kontinent mit einem Flugboot von der Ost- zur Westküste zu überfliegen. Jede Notlandung »auf Land« mußte hier das Ende der Reise bedeuten.
Reykjavik–Ivigtut–Cartwright–Montreal–Ottawa–Detroit, ohne schwerwiegende Zwischenfälle verlief der Flug, aber dann landete der »Wal« mit Wasserrohrbruch und drei Kolbenfressern auf dem Michigansee. Wolfgang von Gronau kabelte um Ersatzteile. Es konnte Wochen dauern, ehe sie eintrafen. Also Reparatur mit Bordmitteln. Dann weiter nach Chicago–Milwaukee–Minneapolis–Winnipeg–Edmonton und schließlich über die Rocky Mountains nach Prince Rupert. Die Triebwerke liefen wie eine Uhr. Über Alaska und die Aleuten wurde Tokio am 4. September erreicht. Am 17. September ging es weiter über Nagoya–Kagishima–Schanghai–Hongkong und über Manila nach Surabaja. Dann mit Kurs Nordwest nach Rangun. Auf der Etappe Mergui–Rangun kam es zum schwersten Zwischenfall des Fluges. Ein Funkbericht aus Manila ging in alle Welt:
»Manila, den 10. Oktober 1932: Die hiesige Funkstation hat Notsignale des Weltfliegers Wolfgang von Gronau aufgefangen. Sie besagen, daß er wegen eines Motordefekts auf dem Indischen Ozean nordwestlich von Mergui notwassern mußte. Er gibt seine Position mit 14 Grad 20 Minuten Nord, 97 Grad 10 Minuten Ost an.«
Was war geschehen? – Über dem Golf von Martaban begann der vordere Motor zu kochen. Wolfgang von Gronau mußte ihn abstellen. In der heißen Tropenluft aber war der »Wal« mit nur einem Motor nicht zu halten. Also Notwasserung. Das Meer unter dem »Wal« kochte. Es gab eine harte Wasserung. Hack meldete, daß die Kühlwasserpumpe des vorderen Triebwerks zerstört war. Reparatur auf See? Unmöglich! Es gab keine Ersatzpumpe an Bord. Vom Süden nahte ein Taifun. Er überrollte den »Wal«. Endlich glättete Regen die Wogen. Der Antennenmast wurde ausgefahren. Albrecht sendete den Notruf. Schiffe meldeten sich. Am nächsten – 8 Stunden Fahrzeit entfernt – lag die britische »Caragola«. Sie wurde durch Peilzeichen herangeführt und schleppte schließlich den »Wal« nach Rangun. Dort wurde mit Hilfe der Shell ein neues Pumpenrad gegossen. Dann lief der vordere Motor wieder.
Am 17. Oktober lag der »Wal« erneut startbereit auf der Reede von Rangun. Der Kreis begann sich zu schließen. Ohne Zwischenfall ging es über Akjab–Chilka–Lake–Cocanada–Colombo–Mangalore und Bombay nach Karatschi. Je näher Europa kam, desto besser wurde die Stimmung an Bord. Mit nur vier Zwischenlandungen – darunter die lange Überlandstrecke von Bagdad nach Limassol – landete der »Wal« am 3. November in Athen. Schon am nächsten Tag ging es weiter nach Rom, und am 10. November um 14 Uhr 30 landete Wolfgang von Gronau auf dem Bodensee, direkt vor der Dornier-Werft in Manzell. Der Flug um die Erde war beendet. Eine der größten Pionierleistungen für die weitere Entwicklung des Weltluftverkehrs war vollbracht. Das Flugboot, mit dem wenig später der regelmäßige Luftpostdienst, erst über den Südatlantik, dann über den Nordatlantik aufgenommen wurde, hatte sich bewährt.

Links: Wolfgang von Gronau kehrt von seinem Weltflug mit dem Dornier »Wal« zurück. Rechte Seite: Luftfahrtmotive waren schon immer beliebt bei der Gestaltung von Briefmarken.

BAILIWICK OF GUERNSEY
1923-1973
SUPERMARINE SEA EAGLE 2½p
BAILIWICK OF GUERNSEY
1923-1973
WESTLAND WESSEX 3p
BAILIWICK OF GUERNSEY
1923-1973
DE HAVILLAND RAPIDE 5p
BAILIWICK OF GUERNSEY
1923-1973
DOUGLAS DAKOTA 7½p
BAILIWICK OF GUERNSEY
1923-1973
VICKERS VISCOUNT 9p
AVIATION HISTORY
L'ARMEE DE LA LOIRE
1870
JERSEY 3p
AVIATION HISTORY
ASTRA
1912
JERSEY 5p
AVIATION HISTORY
SUPERMARINE SEA EAGLE
1923
JERSEY 7½p
AVIATION HISTORY
DE HAVILLAND EXPRESS
1935
JERSEY 9p
S 2
REPUBLIK ÖSTERREICH
INAUGURATION DE LA LIGNE AERIENNE NATIONALE «AIR TOGO» 1964
POSTES
REPUBLIQUE TOGOLAISE 5F
AERIENNE NATIONALE «AIR TOGO» 1964
INAUGURATION DE LA LIGNE
POSTES
REPUBLIQUE TOGOLAISE 25F
7,5
UPU 1874-1974
MALTA
S 3 50
REPUBLIK ÖSTERREICH
1874 MONACO 1974
HENRI FARMAN 0,30
S 5
REPUBLIK ÖSTERREICH
AERIENNE NATIONALE «AIR TOGO» 1964
INAUGURATION DE LA LIGNE
POSTE AERIENNE
REPUBLIQUE TOGOLAISE 100F
AERIENNE NATIONALE «AIR TOGO» 1964
INAUGURATION DE LA LIGNE
POSTES
REPUBLIQUE TOGOLAISE 45F
1773 MONACO 1973
Sir GEORGE CAYLEY
INVENTEUR DE L'AEROPLANE
0,90
MONACO
Biplan VICKERS-VIMY
0,20
LONDRES-PORT-DARWIN 1919
MONACO
0,25
1er TOUR DU MONDE AERIEN-1924
Biplans DOUGLAS LIBERTY
MONACO
Hydravion SAVOIA S.16ter
0,30
ROME-AUSTRALIE-JAPON-ROME 1925
MONACO
SURVOL DU POLE NORD-1926
0,45
Monoplan FOKKER F.7
MONACO
NEW-YORK-PARIS 21 MAI 1927
0,50
Monoplan RYAN
Spirit of St Louis
MONACO
0,65
Biplan BREGUET 19 "Point d'interrogation"
PARIS-NEW-YORK 1er SEPTEMBRE 1930
MONACO
0,95
DAKAR-NATAL 12 MAI 1930
Hydravion LATE 28
MONACO
1,00
CROISIERE ATLANTIQUE 1930
Hydravion DORNIER-DO X

Große Konstrukteure und ihr Werk:

Claude Dornier

Links: Professor Dr. Claude Dornier. Rechte Seite oben und Mitte: Die Dornier-Riesenflugboote RS I und RS II, die 1915 bzw. 1916 gebaut wurden. Rechte Seite unten: Dornier-D-1-Jagdeinsitzer mit 185-PS-BMW-Motor. Erster Flug am 4. Juni 1918

Claude Dornier stammt aus französischem Geschlecht, das im Departement Isére ansässig war. Im Jahre 1862 kommt sein Vater Dauphin Dornier als junger Professor für Sprachen nach Kempten, wo er sich nach dem Krieg 1870/71 für dauernd niederläßt und eine Kemptener Bürgerstochter heiratet. Am 14. Mai 1884 wird als erster Sohn Claude Dornier in Kempten geboren. Im Jahre 1900 geht er nach München und studiert an der Technischen Hochschule, die wenige Jahre zuvor aus dem Polytechnikum hervorgegangen ist.

1907 legt Claude Dornier sein Examen ab. Der junge Diplom-Ingenieur arbeitet zunächst als Statiker in der Maschinenfabrik Nagel in Karlsruhe, dann bei Luig in Illingen und im Eisenwerk Kaiserslautern. 1910 tritt Claude Dornier in den Luftschiffbau Zeppelin ein und erregt durch seine Fähigkeiten bald die Aufmerksamkeit des alten Grafen. 1911 beginnen Untersuchungen über die Erhöhung der Festigkeit bei Metallprofilen. Im Mai gelingt es Claude Dornier, im Versuch die festigkeitserhöhende Wirkung der Bördelung an einem Aluminium-Winkelprofil nachzuweisen. Daneben laufen zahlreiche andere Untersuchungen über die Entwicklungsmöglichkeit starrer Luftschiffe.

1913 hat Graf Zeppelin solches Zutrauen zum Können Dorniers gewonnen, daß er ihn als persönlichen wissenschaftlichen Berater heranzieht. In enger Zusammenarbeit mit dem alten Grafen beginnt Claude Dornier mit den Vorarbeiten für ein riesiges Stahl-Luftschiff für den Transozean-Dienst. Um die Jahreswende 1913/14 entsteht im Rahmen des Luftschiffbau Zeppelin die Abteilung »Do«. Claude Dornier beschäftigt sich weiter mit den Möglichkeiten der Starrluftschiffe. Tief beeindruckt vom Besuch der Weltausstellung in Paris, wendet sich sein Interesse aber immer mehr der Technik des Flugzeugbaus zu.

Mit Kriegsbeginn im Herbst 1914 entschließt sich Graf Zeppelin, den Bau von Flugzeugen aufzunehmen. Er gründet die Werft Seemoos bei Manzell und gibt Claude Dornier die Möglichkeit, seine Erfindungen und neuen konstruktiven Ideen für den Bau von Flugzeugen zu verwerten. Wo man einst die erste schwimmende Halle des Grafen Zeppelin auf dem Bodensee sehen konnte, entstehen für die damalige Zeit großzügige Versuchsanlagen.

Bisher waren Holz, Klavierdraht und Leinwand die bevorzugten Konstruktionselemente der Flugzeugbauer. Aber der Weitblick des Grafen Zeppelin und das Vertrauen in seinen Mitarbeiter führen ihn zu einem folgenschweren Entschluß: Er beauftragt Claude Dornier, in der neuen Werft metallene Riesenflugboote zu bauen.

Am 12. Oktober 1915 schwimmt die RS I auf dem Wasser des Bodensees. Nach längeren Rollversuchen werden die Vorkehrungen für den ersten Flug getroffen. Drei 240-PS-Maybach-Motoren sollen den Giganten, mit 43,5 m Spannweite das größte bis dahin gebaute Flugzeug, in die Luft heben. Da macht am 22. Dezember 1915 ein Weststurm alle Erwartungen zunichte. Im fahlen Licht des Morgengrauens reißt sich die RS I von der Boje los, läuft auf einen Felsen, wird leckgeschlagen und vom Seegang vollends zerstört. Aber die Entwürfe für die RS II sind schon fertig. Trotz des Rückschlages wird sogleich mit dem Bau begonnen, und am 30. Juni 1916 erhebt sich das erste Dornier-Flugzeug in die Luft, auch als erstes eigenstabiles Boot von historischer Bedeutung. Nach gründlicher Erprobung wird es auf vier Motoren umgebaut und zeigt 1917 erstmals die Tandem-Triebwerksanordnung, die für viele Entwicklungen Claude Dorniers zum markanten Kennzeichen werden wird.

Die Metallbauweise wird in den Kriegsjahren auch in einer Reihe von kleineren Dornier-Flugzeugen angewandt und weiterentwickelt. Am 3. November 1917 startet eine Maschine ganz neuer Bauart: Die äußere Haut des kleinen zweisitzigen Doppeldeckers C II trägt mit. Die Schalenbauweise ist geboren. Diese von Claude Dornier entwickelte Bauart – Rahmenspanten in Verbindung mit glatter Blechhaut – wird später zur Standardbauweise.

Die RS III, im Herbst 1917 fertiggestellt, soll nach Norderney überführt und an die Marine abgeliefert werden. Noch nie hat ein Seeflugzeug eine solche Strecke über Land zurückgelegt. In einen diesigen Himmel hinein startet am 19. Februar 1918 die RS III um 9 Uhr 40 Minuten. Bald klart es auf, und

nach siebenstündigem Flug wassert das riesige Flugboot in der Nordsee, querab der Flugstation Norderney. Alle fliegerischen Anforderungen sind glänzend erfüllt. Doch eine Frage ist noch offen: Wie wird sich das Boot im Seegang verhalten, unter den vom Bodensee ganz verschiedenen Verhältnissen in Nord- und Ostsee? Das Typen-Urteil der Marine gibt die Antwort: »Das Flugzeug bestand eine Seeprüfung bei Seegang 3–4, 10–11 m/s Wind mit einer Zuladung von 2000 kg ...«

Am 4. Juni 1918 zeigt der Erstflug der D 1 die vollkommene Beherrschung des Schalenbaus. Nicht nur die Rumpfhaut trägt, wie schon bei der C II, sondern auch der Flügel ist freitragend mit tragender Blechhaut.

Weitere Projekte sind in Vorbereitung. Ein achtmotoriges Flugboot soll gebaut werden. Da setzt der Schluß des Ersten Weltkrieges allen großen Plänen ein Ende. RS IV, das letzte fertiggestellte Riesenflugboot, verwandelt sich unter der Begleitmusik von Hammerschlägen und dem Fauchen der Schneidbrenner in einen Trümmerhaufen. Es bot eine für die Entwicklung der Flugboote grundlegende Neuerung: »Dornier-Flossenstummel«.

1919 scheint die deutsche Luftfahrt am Ende. Fast alle Mitarbeiter müssen entlassen werden. Die Werke des Zeppelin-Konzerns in Reutin und Zech bei Lindau sind geschlossen.

Trotz der trüben Aussichten, die nach dem Zusammenbruch bestanden, arbeitet Claude Dornier weiter. Das bei Kriegsende im Bau befindliche zweimotorige Flugboot GS I wird in ein Zivilflugboot umgeändert. In kurzer Zeit entsteht mit der GS I, dem Vorläufer der berühmten Wal-Familie, das erste Verkehrsflugboot. Ausgerüstet mit zweimal 240-PS-Maybach-Motoren, stellt es beim probeweisen Einsatz im Dienste der Schweizer Luftverkehrsgesellschaft Ad Astra seine Zuverlässigkeit unter Beweis. Nun erwacht auch in den Niederlanden und Schweden Interesse. Die Vorführung der GS I in Amsterdam wird ein voller Erfolg. Da kommt ein neuer Schlag: Wegen der politischen Situation muß Weisung gegeben werden, das Boot, gerade auf dem Weg nach Stockholm, zu versenken. Am 25. April 1920 sinkt es auf den Grund der Kieler Bucht.

»Delphin« fliegt im Herbst 1920 und »Komet I« im Sommer 1921. GS II ist im Bau. Im Reihenbau werden Flugzeugschwimmer aus Duraluminium hergestellt. Es scheint, als solle in bescheidenem Umfang die Weiterführung des Dornier-Flugzeugbaus möglich sein.

Da kommt das vollständige Bauverbot. Die Werft Seemoos wird stillgelegt, zwei halbfertige GS II werden zerstört. In dieser Situation beschließt Claude Dornier, seine Tätigkeit in der Schweiz fortzusetzen.

Am anderen Ufer des Bodensees, in Rorschach, liegt eine Holzhalle mit Rampe zum See. Sie wird gemietet, und an einem Sommertag bringt die Segeljolle eines Mitarbeiters die Teile der »Libelle« hinüber. Der Flugzeugbau kann weitergehen. Am 16. August 1921 zieht die kleine »Libelle« ihre ersten Kreise.

Die engsten Mitarbeiter Dorniers arbeiten zu Hause weiter. Auf ihren Zeichenbrettern nimmt inzwischen der »Wal« Gestalt an. Ihn kann man in Rorschach nicht bauen, das Gelände ist zu klein. Nun unternimmt Claude Dornier einen neuen kühnen Schritt. In Italien, am linken Ufer der Arnomündung, wird in Marina di Pisa die Costruzione Meccaniche Aeronautiche S. A. gegründet und die dort vorhandene kleine Werft unter großen wirtschaftlichen und technischen Schwierigkeiten ausgebaut.

Es ist ein Risiko ohnegleichen, das der junge Unternehmer eingeht. Aber das Glück steht ihm zur Seite. Die spanische Heeresverwaltung hat als erste die besondere Eignung des Musters erkannt und bestellt 1922, ohne mehr als Zeichnungen gesehen zu haben, sechs Wal-Flugboote.

Mit dem langsam einsetzenden Luftverkehr bessern sich die Verhältnisse. In Deutschland wird 1922 die Dornier-Metallbauten GmbH gegründet. 1923 werden die benachbarten Anlagen der Flugzeugbau Friedrichshafen GmbH in Manzell erworben und die kleine Werft in Seemoos endgültig geschlossen. Im gleichen Jahr entsteht der Deutsche Aero-Lloyd. 1924 nimmt die Kawasaki Dockyard Company Ltd. in Kobe eine Lizenz auf den Nachbau von Dornier-Flugzeugen. Claude Dornier selbst hält Vorlesungen an der Universität Tokio.

Schon am 6. November 1922 kann der Jungfernflug des ersten »Wal« erfolgen. Bald darauf fliegt er bei schwerem Sturm zur Ablieferung nach Cartagena. Kurz vorher ist in Dübendorf erstmals der »Falke« gestartet. Der »Komet II« landet Silvester 1922 als erstes deutsches Verkehrsflugzeug auf dem Londoner Flughafen. Dieser Erfolg führt zur Einrichtung der ersten planmäßigen Luftverkehrsverbindung Berlin–London am 3. Mai 1923. Kurz darauf befliegt »Komet II« auch die Strecke Moskau–Odessa. Das Jahr 1924 sieht die ersten Fernflüge der »Wale«: Im Januar unternimmt der spanische Hauptmann Franco Erkundungsflüge von Spanien zu den Kanarischen Inseln, im August fliegt Locatelli von Marina di Pisa nach Reykjavik.

Im Februar 1925 fliegt der »Wal« 20 Weltrekorde. Im gleichen Monat fliegt »Merkur« zum ersten Mal. Der April 1925 sieht den ersten Verkehrsflug über die Alpen — ausgeführt von einem »Komet III«. »Wale« bringen regelmäßig Passagiere, Post und Fracht von Genua über Rom nach Palermo; das neugegründete Condor-Syndikat setzt die »Wale« »Atlantico« und »Pacifico« über Süd- und Mittelamerika ein. Gleichzeitig werden in Kings Bay auf Spitzbergen bei — 25° C zwei »Wale« montiert. Amundsen will einen Flug in die Nähe des Pols unternehmen. Bei klirrender Kälte rutschen die beiden Boote am 21. Mai auf das Eis — der Start gelingt. Nach 9 Stunden erfolgt auf 87° 44′ nördlicher Breite die Landung. Und am 15. Juni kehrt Amundsen nach dramatischem Überlebenskampf mit nur noch einem »Wal« und zwei Besatzungen an Bord nach Spitzbergen zurück.

Bei Kawasaki in Kobe wird Do N gebaut, ein zweimotoriges Landgroßflugzeug. In Friedrichshafen sind hierfür alle Konstruktions- und Fertigungsunterlagen entstanden, 20 000 km östlich erfolgt der Bau. Und ohne geringste Änderung erfüllt das Flugzeug bei der Abnahme die geforderten Leistungen.

In der zweiten Hälfte der zwanziger Jahre setzt sich die Erfolgsserie der Dornier-Flugzeuge fort:

Februar 1926: Ramón Franco bezwingt mit einem »Wal« den Südatlantik in Ost–West-Richtung.

Juni 1926: »Merkur« erringt 7 Weltrekorde.

Dezember 1926: Mittelholzer startet auf einem »Merkur« mit Schwimmern in Zürich zum Flug nach Kapstadt.

Rechte Seite von oben nach unten: Riesenflugboot Dornier RS IV; zweimotoriges Flugboot Dornier GS I; Flugboot Dornier »Delphin«

DORNIER

Oben: Modell des Dornier Merkur »Switzerland«. Mit dem Original-Merkur flog der berühmte Schweizer Pilot Walter Mittelholzer 1926/27 von Zürich nach Kapstadt. Rechte Seite oben: Dornier-Eindecker »Komet«. Rechte Seite Mitte: Dornier »Wal« D-2069 der Lufthansa mit zwei BMW-VI-Triebwerken, hier auf dem Rangiergleis des Flugstützpunkts »Westfalen« auf dem Wege zum Katapult über dem Vorschiff. Rechte Seite unten: Dornier R 2 »Superwal 1«

Immer neue Fluggesellschaften stellen Dornier-Flugzeuge in den Dienst und wollen schnell beliefert werden. Die Entfernung der Entwicklungsbüros in Friedrichshafen zu der Werft in Marina di Pisa hemmt die Arbeit. Dornier findet in Altenrhein auf dem Schweizer Ufer des Bodensees ein passendes Gelände. Dort gründet er im Sommer 1926 die Aktiengesellschaft für Dornier-Flugzeuge. Sie wird in der Folge die Rolle von Marina di Pisa übernehmen; die dortige Werft kann nach einer Übergangszeit verkauft werden. In Altenrhein sollen, der Zeit weit vorauseilend, die Pläne für ein fliegendes Schiff Gestalt annehmen.
Die Deutsche Luft-Hansa entsteht 1926, und das erste Flugzeug, das unter ihrer Flagge zu einem planmäßigen Flug startet, ist ein »Komet III«. Daneben fliegt der »Merkur« im Dienste der Deruluft, der Deutsch-Russischen Luftverkehrsgesellschaft. Er fliegt für japanische und südamerikanische Gesellschaften. Mittelholzer landet nach 20 000 Flugkilometern mit der Schwimmerversion glücklich in Kapstadt. Lizenzabkommen mit den spanischen Werken der Construcciones Aeronauticas S. A. in Madrid und Cadiz und mit der Aviolanda Maatschappij voor Vliegtuigbouw in Papendrecht bei Dordrecht zeigen die internationale Anerkennung der Dornier-Konstruktion.
Das Jahr 1928 bringt dem zweimotorigen »Superwal« 12 Weltrekorde, am 1. August 1928 kann sein viermotoriger, größerer Bruder – 15 t schwer – den Erstflug unternehmen.
12. Juli 1929. Auf dem Wasser des Bodensees, vor der Werft Altenrhein, schwimmt ein Flugboot von bisher nicht gesehenen Ausmaßen: Do X. Es beginnen unter dem Dröhnen der zwölf Motoren die Rollversuche. Eine intensive Erprobung erfolgt. Am 20. Oktober 1929 unternimmt Do X mit 170 Personen an Bord einen einstündigen Rundflug über dem Bodensee. Nach sechzehn Monaten hat Do X in mehr als 318 Starts und Landungen seine Funktionstüchtigkeit nachgewiesen. Im Herbst 1930 werden Vorbereitungen für einen Flug über vier Erdteile getroffen.
Am 5. November ist es soweit. 11 Uhr 30. Mit langer, weißer Heckwelle jagt Do X über das Wasser, hebt ab. In wenigen hundert Meter Höhe geht es den Rhein hinab. 17 Uhr 05 – Do X hat die erste Etappe geschafft, ankert auf der Zuiderzee in der Nähe von Amsterdam.
Hier geht Dr. Dornier mit seiner Frau an Bord. Auf den nächsten Etappen will er dabei sein. Über Calshot, Bordeaux, La Coruña geht es in den nächsten Tagen nach Lissabon. Am 31. Januar 1931 Start zu den Kanarischen Inseln – dann weiter an Afrikas Küste entlang. Der 20. Juni 1931 sieht Do X über dem Zuckerhut von Rio de Janeiro, der Südatlantik ist glücklich überquert. Von dort geht es weiter nach New York, das am 27. August erreicht wird. Dort bleibt Do X im Winterquartier, in den folgenden Monaten bestaunt von Tausenden. Im Mai 1932 beginnt

KOMET

D-2069

der Rückflug, und am 24. Mai um 18 Uhr 27 setzt Do X auf dem Müggelsee bei Berlin auf. Eine Reise über 45 000 km mit zweimaliger Überquerung des Atlantik ist beendet.
Während das erste Flugschiff für deutsche Rechnung gebaut wurde, werden zwei weitere an Italien geliefert. Die Lieferung weiterer Flugschiffe muß wegen der Weltwirtschaftskrise unterbleiben.
Inzwischen haben andere Dornier-Flugzeuge, allen voran der »Wal«, weitere große Leistungen vollbracht. Immer wieder verbessert – durch stärkere Motoren ist auch eine Erhöhung des Abfluggewichts möglich geworden –, zeigen sie sich rauhestem Einsatz gewachsen. Im Juni 1929 startet Major Ramón Franco auf einem »Wal« zu seiner zweiten Atlantiküberquerung. Wegen Brennstoffmangels muß er auf dem Ozean südwestlich der Azoren notwassern. Nach acht Sturmtagen endlich wird der »Wal« vom englischen Flugzeugträger »Eagle« gefunden. Man nimmt ihn an Bord, er ist völlig unbeschädigt. Ein glänzendes Zeugnis der Seetüchtigkeit des Flugbootes.
Wolfgang von Gronau startet 1930 zu seinem ersten, 1931 zu seinem zweiten Flug über Grönland nach den USA. Beide Flüge sind erfolgreich. Neben diesen Pionierflügen steht die tägliche Bewährung im planmäßigen Verkehr. Im regelmäßigen Dienst haben die »Wale« – sie stehen im Einsatz bei zahlreichen Luftlinien – bis zum 31. Dezember 1930 fünf Millionen Flugkilometer zurückgelegt.
Die Weltwirtschaftskrise wirft nun ihre Schatten auch auf das Werk. Das Interesse am Flugzeugbau ist im Zeppelin-Konzern nicht mehr groß. 1932 kann Dr. Dornier die noch in der Hand des Luftschiffbaus Zeppelin befindlichen Anteile der Dornier Metallbauten GmbH erwerben. Damit ist der Weg frei geworden für neue Projekte. Als die Auftragslage sich bessert, kann an die Gründung von Zweigwerken gedacht werden. Die Norddeutsche Dornier-Werke GmbH, Wismar, ein Werk am offenen Meer, werden ins Leben gerufen.
Seit 1931 entstehen auf der Werft in Altenrhein das dreimotorige Transportflugzeug Do Y, das für die Schweiz und Jugoslawien gebaut wird, und die schnellen Kampf- und Aufklärungsflugzeuge Do C 1, Do C 2, Do C 3 und Do 22, von denen das letztere Spitzenleistungen für Flugzeuge dieser Klasse erreicht.
In Deutschland entstehen 1930 das Großflugboot Do S, eine Weiterentwicklung des »Superwal«, und 1932 das kleine Amphibien-Sportflugzeug Do 12.
Im Sommer 1932 startet Wolfgang von Gronau zum ersten Flug um die Erde mit einem Flugboot, natürlich auf Dornier »Wal«. Sylt, Island, Grönland sind die ersten Stationen. Weiter geht's über Montreal, Chicago, die menschenleeren Weiten Kanadas, die Spitzen der Rocky Mountains. Der Pazifik, Tokio, Schanghai, Manila. Weiter nach Westen, Burma, Indien, Arabien, das Mittelmeer. Und am 10. November liegt der »Grönland-Wal« vor Manzell. Nach 44 000 km ohne Schaden an der Zelle.
Für den regelmäßigen Luftpostdienst über den Atlantik hat die Lufthansa Erkundungsflüge auf dem Südatlantik durchgeführt. Auch hat man den Passagierdampfern die letzte Post nachgebracht und auf hoher See übergeben, ein Meisterstück an Präzisionsarbeit der »Wale«. Jetzt aber beginnt ein neuer Abschnitt. Im Südatlantik sollen von einem Flugzeug-Mutterschiff die »Wale« durch Katapult gestartet werden. Am 29. Mai 1933 jagt das Katapult der »Westfalen« den Wal »Monsun« in die Luft; der erste Schleuderstart im Südatlantik ist gelungen. Nun werden alle Vorbereitungen für den planmäßigen Dienst getroffen. Dornier »Wale« übernehmen die schwerste Strecke, die Atlantiküberquerung. Am 3. Februar 1934 wird der regelmäßige Postverkehr eröffnet. Nach einem Jahr haben die Dornier-Flugboote 47 Transozeanflüge durchgeführt. Es hat nie eine »Verspätung« gegeben. Der 25. August 1935 sieht die 100., der 12. Dezember 1936 die 200. planmäßige Überquerung des Südatlantiks. Bis zum Ausbruch des Zweiten Weltkriegs sollen es 419 werden.
1934 fliegen drei Versuchsmuster vom Typ Do 17. Erfolgreicher wird zunächst die Do 18. Im Aufbau unverkennbar noch der Wal-Familie zugehörig, hat dieses Flugboot durch aerodynamische Verfeinerung an Geschwindigkeit erheblich gewonnen. Es scheint wie dazu geschaffen, die Erfahrungen im Südatlantikverkehr auf dem Nordatlantik anzuwenden. Der Erprobung im Jahre 1935 folgt 1936 der Versuch, die Lücke im Luftverkehrsnetz der Erde zu schließen. Das größte Verkehrsbedürfnis besteht zwischen Europa und den USA. Ist Do 18 ein Flugzeug, das auf dieser schwierigen Strecke bestehen kann? Plötzlich auftretende Stürme, weite Nebelfelder, niedrige Wolkendecken machen jeden Versuch einer Überquerung noch zu einem Wagnis. Am 10. September 1936 startet Do 18 »Zephyr« bei den Azoren und fliegt in 22 Stunden 12 Minuten nach New York. In der Folge führen zwei Do-18-Boote noch acht planmäßige Flüge zwischen den Azoren und New York durch. Sie erschließen den Nordatlantik für den Luftverkehr. Dann stoßen sie zu den »Walen« und befliegen die Südatlantikroute.
Der 3. Juli 1937 sieht den Erstflug eines neuen Flugbootes, Do 24. Die Aviolanda in Papendrecht hat als Lizenznehmer Dorniers in den vergangenen Jahren ganze Geschwader von »Walen« für die niederländische Regierung gebaut. Der Erfolg dieser Boote in Indonesien fand weltweites Echo. So erhält Dr. Dornier den Auftrag, ein Flugboot speziell für die Verwendung in tropischen Meeren zu entwickeln. Auch Do 24 wird ein voller Erfolg. Im September 1937 legt sie unter schwierigsten Bedingungen in der Nordsee ihre Seeprüfung ab, wenige Monate später beginnt bei Aviolanda der Serienbau.
Schon steht die viermotorige Do 26 in Entwicklung. Im Auftrage der Lufthansa entsteht ein Flugboot, das speziell auf die Bedingungen des Direktfluges Lissabon–New York abgestellt ist. Beste aerodynamische Auslegung zeichnet das Flugboot aus. Die seitlichen Stützschwimmer können vollständig in den Flügel eingefahren werden.
Vor dem Erstflug der Do 26 liegt noch eine Meisterleistung der Do 18. Sie fliegt im März 1938 ohne Zwischenlandung von England nach Brasilien und stellt damit einen neuen Rekord auf. Der Sommer 1938 sieht die Erprobung der Do 26. Im Februar 1939 legt sie dann in 36 Flugstunden die Strecke Travemünde–Rio de Janeiro zurück, mit Medikamenten für die Opfer einer Erdbebenkatastrophe in Chile an Bord. Noch im Juni 1939 beginnt versuchsmäßig der planmäßige Einsatz.

Blick in die Montagehalle der Dornier-Werke Friedrichshafen am Bodensee vor dem Zweiten Weltkrieg. Vorne im Bild eine Do 26, hinten eine Do 24

Oben: Dornier Do 18 – Unten: Do 23 – Ganz unten: Do 17 M. Rechte Seite oben: Do 24 im Flug. Rechte Seite unten: Cockpit der Do 24. Die Do 24 war ein hochseefähiges Seenotrettungs- und Transportflugzeug, das 1937 erstmals in Dienst gestellt wurde und noch bis 1970 beim spanischen Seenotdienst SAR (Search and Rescue) auf Mallorca im Einsatz war. Die Spannweite betrug 27 m, die Länge 22,05 m, das Startgewicht lag bei 13 700 kg, die Reisegeschwindigkeit bei 250 km/h, die Reichweite betrug 4700 km. Die Do 24 war mit drei Bramo-323-Fafnir-Motoren von je 1000 PS ausgerüstet.

War die Do 23 ein konventionelles Flugzeug jener Jahre, so trägt in der Do 17 die konsequente Anwendung der neueren Erkenntnisse aus Aerodynamik und Versuchstechnik ihre Früchte. Mit einem Schlage ist eine Erhöhung der Geschwindigkeit auf fast das Doppelte Wirklichkeit geworden. 26. Juli 1937: IV. Internationales Flugmeeting in Zürich. Die modernsten Flugzeuge aus aller Welt geben sich ein Stelldichein. Ein internationales Publikum erwartet die Ergebnisse des Alpenrundflugs. Sieger wird nicht ein Jagdflugzeug, wie jeder Fachmann angenommen hat, sondern die Do 17, der »Fliegende Bleistift«. Sie ist fast fünf Minuten eher am Ziel als der beste teilnehmende Jäger. Eine aerodynamisch ideal geformte Zelle, kombiniert mit leistungsstarken Triebwerken, hat das unmöglich Erscheinende möglich gemacht. Bald beginnt der Serienbau. Immer größere Stückzahlen verlassen das 1937 in Dornier-Werke GmbH umbenannte Unternehmen. Dann bricht der Zweite Weltkrieg aus. Fast die gesamte Kapazität muß in den Dienst des Krieges gestellt werden. Neue Versionen der Do 17 entstehen, später als Do 215 und Do 217 bezeichnet. Mehrere tausend dieser Maschinen werden abgeliefert, als Aufklärer, Kampfflugzeuge und Nachtjäger.

Daneben laufen die Arbeiten an der Do 214. 1938 hatte Dr. Dornier die Lufthansa an der Entwicklung eines großen, schnellen Flugschiffes für den Passagierdienst über den Nordatlantik interessieren können. Im Sommer 1939 wurde der Vorbescheid für die Entwicklung erteilt. Ein gigantisches Flugzeug mit einem Abfluggewicht von fast 150 Tonnen entsteht. Nach Kriegsbeginn werden die Arbeiten vorübergehend eingestellt, dann wieder unter Dringlichkeit weitergeführt und schließlich 1943, als das Flugboot im Rohbau teilweise bereits fertig ist, auf Anordnung der Regierung endgültig aufgegeben. Das Flugboot, mit dem höhere Flugsicherheit, größerer Komfort und niedrigere Transportkosten erreicht werden sollten, das größte Nutzlasten über die offenen Meere hinweg befördern sollte, muß verschrottet werden.

Am 26. Oktober 1943 fliegt zum ersten Mal die Do 335, ein Kampfflugzeug von ganz neuartiger Linienführung. Ausgerüstet ist es mit zwei Motoren, von denen der eine eine Zugschraube im Bug, der andere eine Druckschraube im Heck antreibt. Die jahrzehntelang bewährte Tandemanordnung ist in diesem Flugzeug zur letzten Konsequenz entwickelt

worden. In einer Höhe von 7,1 km erreicht die Do 335 eine Geschwindigkeit von 732 km/h. Damit ist sie eines der schnellsten durch Kolbenmotoren angetriebenen Flugzeuge des Zweiten Weltkriegs.
In einer fast aussichtslosen Situation beginnt Prof. Dr. Dornier 1945 erneut den Wiederaufbau aus dem Nichts. Dabei kann er auf die Mitwirkung seiner Söhne und langjähriger Mitarbeiter, die ihm auch in schwerster Zeit die Treue halten, rechnen.
In Deutschland gelingt es, die Werke Lindau-Rickenbach und Pfronten freizubekommen. Aber noch ist nicht abzusehen, ob und wann das Verbot des Flugzeugbaus aufgehoben wird. Da entschließt sich Prof. Dr. Dornier, Entwicklungen auf einem ganz neuen Gebiet zu beginnen. 1950 gründet er zum Bau von Textilmaschinen die Lindauer-Dornier-Gesellschaft mbH. Die Leitung überträgt er seinem Sohn Peter. Die Einarbeitung auf das neue Gebiet gelingt.
Für den Flugzeugbau bleibt vorerst wieder, wie nach dem Ersten Weltkrieg, nur im Ausland eine Betätigungsmöglichkeit. Parallel zum Aufbau der Lindauer-Dornier-Gesellschaft wird in Madrid ein technisches Büro, die Oficinas Técnicas Dornier, eröffnet. Hier beginnt eine kleine Gruppe von erfahrenen Mitarbeitern unter Leitung des ältesten Sohnes von Prof. Dr. Dornier, Dipl.-Ing. Claudius Dornier jr., im Februar 1951 wieder mit der Entwicklung von Flugzeugen. Schon bald ergibt sich die erste Möglichkeit zur Bewährung. Das spanische Luftfahrtministerium gibt eine Ausschreibung für ein Verbindungsflugzeug mit Kurzstarteigenschaften heraus. Es entsteht das Projekt Do 25. Der Auftrag auf Fertigentwicklung und Bau von Prototypen folgt. Nach einem halben Jahr sind Berechnung und Konstruktion beendet. Gebaut wird bei der befreundeten CASA, und am 25. Juni 1954 erfolgt der erste Flug.
In einem Büro in Romanshorn beginnt mittlerweile eine kleine Gruppe von Ingenieuren, nach den Richtlinien von Prof. Dr. Dornier die ersten Flugzeugprojekte für extremen Kurz- und Senkrechtstart aufzuzeichnen.
Das Problem der Verkürzung von Start- und Landestrecke hat Prof. Dr. Dornier schon Jahrzehnte vorher beschäftigt. 1920 hatte er hierzu die ersten Patente für schwenkbare Luftschraubenanordnung erhalten.
In Deutschland ist ein Teil des Werkes in München-Neuaubing freigeworden. Um für eine kommende Produktion die Voraussetzung zu schaffen, läßt er hier eine Leichtmetallverarbeitung einrichten. Prof. Dr. Dornier regt eine Zusammenarbeit der alten deutschen Luftfahrtfirmen an. Auf seine Initiative schließen sich 1953 unter Aufrechterhaltung ihrer Rechtspersönlichkeit die Firmen Daimler-Benz, Dornier-Werke GmbH, Focke-Wulf, Heinkel, Junkers und Messerschmitt in der Aero-Union zusammen. In den Oficinas Técnicas Dornier arbeitet man unterdessen an der Weiterentwicklung der Do 25. Am 17. Oktober 1956 fliegt die Do 27, ein ausgesprochenes Kurzstartflugzeug, erstmals in Oberpfaffenhofen.
Als nach zehn Jahren Unterbrechung das

Bauverbot in Deutschland aufgehoben wird, ermöglicht ein Auftrag der jungen deutschen Bundeswehr die Serienproduktion der Do 27.
1957 wird für den zivilen Absatz mit dem Aufbau einer Vertriebsorganisation begonnen. Zum ersten Mal sind in diesem Jahr auch die Dornier-Werke wieder als Aussteller auf dem Pariser Luftfahrtsalon vertreten. 1958 läuft in Spanien der Lizenzbau von 50 Do 27 bei der CASA an. Die erfolgreiche Kurzstarttechnik leitet über zur Entwicklung von Flugzeugen für den Senkrechtstart. Als Versuchsflugzeug entsteht die Do 29. Ihre zwei schwenkbaren Propeller befähigen sie zur direkten Auftriebserzeugung. Kurz vor Weihnachten 1958 startet sie zum ersten Mal. Schon im April 1959 folgt der erste Flug der Do 28. In ihr findet die Entwicklung, die von der Do 25 zur Do 27 führte, ihre Fortsetzung. 1960 geht das zweimotorige Flugzeug in Produktion. Aufbauend auf den bewährten Kurzstart-Konstruktionsprinzipien der Do 27 und Do 28, von denen fast 800 Maschinen in mehr als 35 Länder exportiert wurden, entwickelt Dornier die zweimotorige »Skyservant«. Der Prototyp fliegt zum ersten Mal am 23. Februar 1966.
Die »Skyservant«, ein robustes, wartungsarmes Arbeitsflugzeug, faßt bis zu 14 Personen und braucht bei einem Fluggewicht von 3650 kg nur etwa 200 m Startrollstrecke.
Flüge, die einst Geschichte wurden, werden wiederholt. Jahrzehnte nach dem Afrikaflug Mittelholzers mit dem Schwimmer-Merkur »Switzerland« fliegt im Februar 1959 eine Do 27 von München nach Johannesburg in Südafrika. Im Oktober 1961 startet eine Do 28 von Oberpfaffenhofen nach Milwaukee/USA über Narsarssuak, Grönland und Goose Bay/Labrador. An die traditionelle Pionierrolle auf der Südatlantikroute knüpft Dornier im Oktober 1968 mit dem Überführungsflug einer »Skyservant« nach Rio de Janeiro an. Es ist die erste Südatlantiküberquerung eines deutschen Flugzeuges nach dem Zweiten Weltkrieg.
Nach grundlegenden Forschungsarbeiten auf dem Kurzstartgebiet konzentriert sich seit dem Jahre 1959 ein großer Teil der Entwicklungsarbeiten auf das senkrecht startende und landende, leichte Strahl-Transportflugzeug Do 31, das im Auftrag des Bundesministeriums der Verteidigung entwickelt wird. Die beiden Experimentierflugzeuge Do 31 E-1 und E-3 stehen 1967 in Flugerprobung. Mit den Experimentier-Fluggeräten des Do 31-Programms können bis Anfang 1970 insgesamt 521 Flüge,

Linke Seite oben: Do-335-Kampfflugzeug in der einsitzigen Version. Interessant die Luftschrauben-Anordnung: ein Zugpropeller am Bug und ein Druckpropeller am Heck der Maschine, angetrieben von zwei Daimler-Benz-DB-603-Triebwerken von je 1350 PS. Links unten: Blick in die Werkshallen der Dornier-Werke in Oberpfaffenhofen, nachdem die Produktionsstätten in alliierte Hand fielen. Hier besichtigt eine amerikanische Kommission eine zweisitzige Version der Do 335.

davon rund 500 Schwebeflüge einschließlich Start- und Landetransitionen, unfallfrei durchgeführt werden. Der Senkrechtstarter Do 31 E-3 absolviert mehr als 140 Flüge mit zum Teil mehrmaliger Start- und Landetransition pro Flug. Im Rahmen des NASA-Programms wird das Experimentierflugzeug Do 31 E-3 bei insgesamt 30 Flügen mit 70 Start- und Landetransitionen sowie Schwebeflügen eingesetzt.
Aufbauend auf diesen Ergebnissen der Do-31-Flugerprobung projektiert Dornier nach gemeinsamen Richtlinien der Luftwaffe und der Deutschen Lufthansa die Do 231 V-Jet, einen operationellen, militärisch/zivilen VSTOL-Strahltransporter, für die späten siebziger Jahre. Mit der Do 231 stellt Dornier ein Projekt für den künftigen Luftverkehr vor – ein senkrechtstartendes Verkehrsflugzeug, ausgelegt für 100 Passagiere und eine Reisegeschwindigkeit von 900 km/h.
Mit den Problemen einer modernen Ausbildung von Strahl-Piloten beschäftigt sich Dornier seit 1966. Nachdem sich sehr bald sowohl bei der französischen als auch bei der deutschen Luftwaffe ähnliche Forderungen für ein modernes zweistrahliges Schulflugzeug ergaben, entwickelt Dornier zusammen mit der französischen Firmengruppe Dassault/Breguet den Strahltrainer Alpha-Jet. Der Alpha-Jet ist als zweisitziger Trainer mit zwei Strahltriebwerken von je 1100 bis 1300 kp Schub ausgerüstet, seine Geschwindigkeit liegt nur wenig unter der Schallgrenze.

Oben: Die Nachkriegsentwicklung Do 27. Mitte: Das kurzstartende Arbeitsflugzeug Dornier »Skyservant«. Unten: Senkrechtstartendes und -landendes Experimentalflugzeug mit Strahlantrieb Do 31 E. Rechte Seite: In Zusammenarbeit mit der französischen Gruppe Dassault/Breguet entwickelte Dornier den zweisitzigen Strahltrainer »Alpha-Jet«.

Die Geburt des Leichtflugzeugs

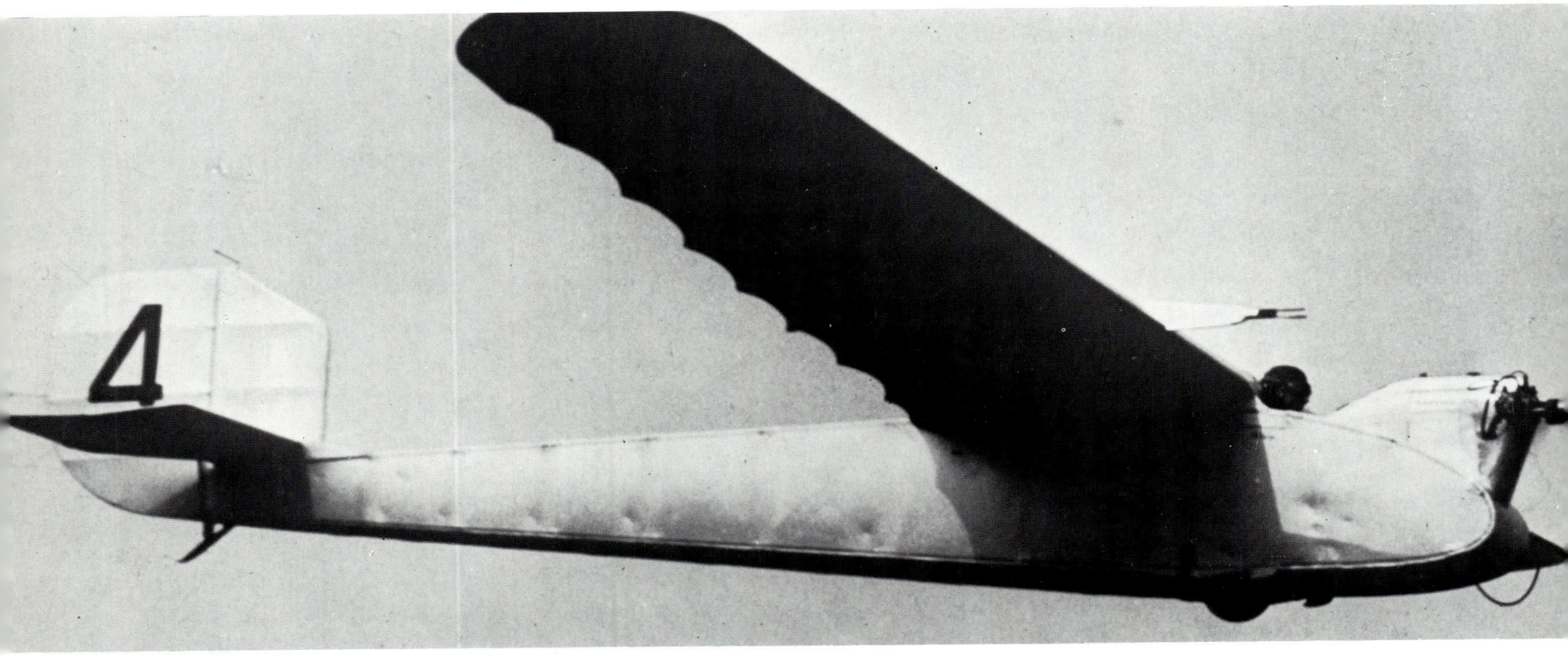

Wo findet sich in der Luftfahrtgeschichte das erste selbstgebaute Leichtflugzeug der Welt? Sicher bei den Gebrüdern Wright – deren Motoren allerdings noch ein relativ hohes Leistungsgewicht hatten –, mehr noch aber gilt Santos-Dumonts »Demoiselle« als unmittelbarer Vorfahre jener leichten Sportflugzeuge, die wir heute auch als Motorsegler bezeichnen. Entwickelt 1907 aus der berühmten Nr. 19, wurde die »Demoiselle« von Santos-Dumont zwar kein großer geschäftlicher Erfolg, denn sie war instabil und deshalb schwer zu fliegen. Aber die Faszination der Fliegerei war damals schon so groß, daß viele Hobby-Piloten, die es sich leisten konnten, Blériot-Eindecker, Farman-Doppeldecker und ähnliche Flugzeuge kauften oder aus Einzelteilen selbst zusammenbauten. Dann begannen sie damit über Land zu fliegen und landeten bei Freunden »auf der grünen Wiese« zum Nachmittagskaffee. Luftfahrtgesetze gab es noch nicht. Die meisten jener Flugzeuge verfügten bereits über Kurzlande- und -starteigenschaften, heute STOL (= Short Take-off and Landing) genannt. Sie flogen sehr langsam, ihre Tragflächenbelastung war gering. Manche dieser Piloten versuchten geschlossene Cockpits zu bauen und ihren Vögeln durch mancherlei Änderungen eine freilich wissenschaftlich nicht untermauerte bessere aerodynamische Auslegung zu geben. Erste Gedanken zum Serienbau von leichten Sportflugzeugen tauchten auf. Sie sollten einfach konstruiert und billig sein.

English Electric »Wren«

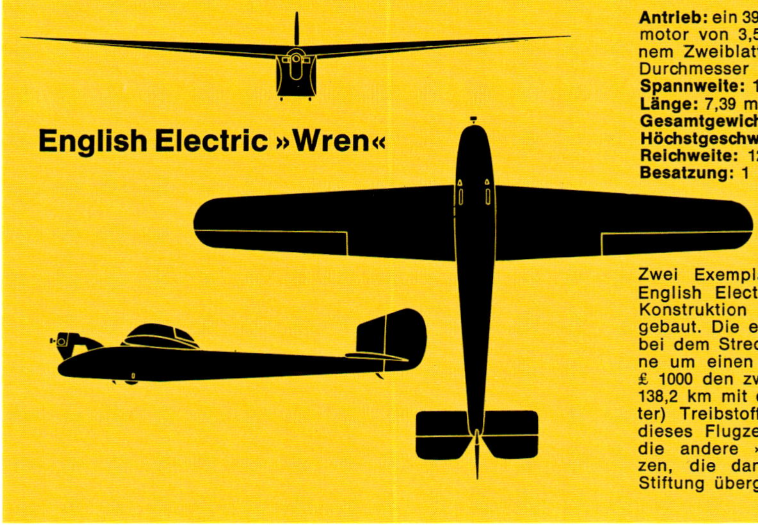

Antrieb: ein 398-ccm-ABC-Motorradmotor von 3,5 PS Leistung mit einem Zweiblatt-Propeller von 1,07 m Durchmesser
Spannweite: 11,28 m
Länge: 7,39 m
Gesamtgewicht: 190 kg
Höchstgeschwindigkeit: 80 km/h
Reichweite: 120 km mit 66 km/h
Besatzung: 1 Mann
Erster Flug: 1923

Zwei Exemplare wurden von der English Electric »Wren« nach der Konstruktion von W. O. Manning gebaut. Die eine Maschine belegte bei dem Streckenwettflug in Lympne um einen Daily-Mail-Preis von £ 1000 den zweiten Platz. Sie flog 138,2 km mit einer Gallone (4,5 Liter) Treibstoff. 1957 wurden Teile dieses Flugzeugs dazu verwendet, die andere »Wren« instandzusetzen, die dann der Shuttleworth-Stiftung übergeben wurde.

Aber dann brach 1914 der Erste Weltkrieg aus, die Militärs riefen nach immer stärkeren Motoren – das Leichtflugzeug wurde für vier Jahre vergessen.
Nach dem Waffenstillstand 1918 waren verständlicherweise viele Europäer nicht nur des Krieges, sondern auch des Flugzeugs müde, das sich ja nicht gerade als Segen für die Menschheit erwiesen hatte. Aber die Möglichkeiten der Luftfahrttechnik, die gerade im Kriege eine rasante Entwicklung erfahren hatte, waren einfach viel zu groß, als daß man sie hätte ignorieren können. Neben den ersten Versuchsflugzeugen zur Passagier- und Postbeförderung auf kommerzieller Basis konzentrierten sich zahlreiche Konstrukteure vor allem in England auf den Bau von Leichtflugzeugen. Sopwith brachte die »Dove« heraus, eine zweisitzige Weiterentwicklung der kleinen »Pup«, die von britischen Piloten damals als das schönste aller Jagdflugzeuge angesehen wurde, das je geflogen war.
Die ebenfalls britische Firma Blackburn suchte nach einer unkomplizierten und preisgünstigen Sportflugzeug-Auslegung. 1919 stellte sie einen winzigen Eindecker vor, den sie »Sidecar« nannte, weil die beiden Insassen nebeneinander saßen. Sie wurde, wie die ebenfalls 1919 gebaute Bristol »Babe«, von einem 40-PS-Motor angetrieben. Beide zeigten hervorragende Flugeigenschaften. Im gleichen Jahr erschien die Avro »Baby« mit nur 35-PS-Triebwerk. Von den acht gebauten Exemplaren flog eine nach Australien, eine andere nach Rußland. Weitere Leichtflugzeuge des Jahres 1919 waren

die Grahame-White »Bantam«, die Boulton & Paul P.9 und die Central »Centaur IV«, die mit 80-, 90- und 100-PS-Motoren ausgerüstet wurden. Zu den besten Leichtflugzeugen jener Zeit jedoch gehörte zweifellos die Austin »Whippet«.
Die »Daily Mail« schrieb 1922 die »Daily Mail Gliding Competition« (den Daily-Mail-Gleitflugwettbewerb) in Itford Hill aus. Er weckte in England nach dem deutschen Vorbild des ersten Rhön-Segelflugwettbewerbs das Interesse am motorlosen Flug und führte unmittelbar zu einer neuen Klasse britischer Leichtflugzeuge, die allgemein als Motor-Gleiter bezeichnet wurden. Für den besten Motor-Gleiter stiftete der Duke of Sutherland im April 1923 einen Geldpreis in Höhe von 500 Pfund Sterling zusätzlich zu dem 1000-Pfund-Preis der »Daily Mail«.
In der Woche vom 8. bis 15. Oktober 1923 fand dann tatsächlich auf dem Flugplatz Lympne in Kent der erste Motor-Gleiter-Wettbewerb der Geschichte statt. Zwar meinten einige teilnehmende Piloten, daß es sich schon deswegen um eine falsche Wettbewerbsbezeichnung handele, weil ein Gleiter mit einem Motor eben ein ganz normales Motorflugzeug sei. Aber die Bezeichnung setzte sich dann doch durch, zumal der erste Preis über 1500 Pfund Sterling für den niedrigsten Treibstoffverbrauch im Streckenflug ausgeschrieben wurde.
Unter den 27 Wettbewerbsteilnehmern, darunter vier französische und drei belgische Piloten, befanden sich kaum unerfahrene Piloten. Die meisten waren schon während des Krieges geflogen. Die Flugzeugkonstruktionen jedoch waren alle, nach dem damaligen Stand der Luftfahrttechnik und des Motorenbaus, höchst modern. Unter ihnen befanden sich jene beiden Wren-Eindecker, die von der English Electric Company, noch bevor die Wettbewerbsausschreibung bekannt war, im Auftrag des Luftfahrtministeriums gebaut worden waren. Sie wurden von je einem ABC-Motorradmotor angetrieben, der bei 398 Kubikzentimeter nur 3,5 PS Leistung benötigte, um die 190 kg (Fluggewicht) schwere »Wren« im Horizontalflug zu halten. Sie war von Anfang an Favorit. Ihr Tragwerk war freitragend, die Laufräder zur Hälfte in den Rumpf eingelassen.
Aber auch die »Gnosspelius Gull« flog vor Bekanntgabe der Wettbewerbsbedingungen. Ihr Mittelmotor trieb über Ketten zwei Luftschrauben. Bei der »ANEC« saß der Pilot unter dem Tragwerk in einem völlig geschlossenen Cockpit. Captain Geoffrey de Havillands »Humming Bird« zählte zu den schönsten Flugzeugen, und als einfallsreichste Konstruktion galt die »Parnall Pixie« mit auswechselbaren Tragflächen je nach Wettbewerbsausschreibung einmal für langsamen Reiseflug und zum anderen für schnellen Reiseflug. Der Luftfahrtpionier A. V. Roe meldete seinen Typ 560, einen Eindecker von angeblich »ausgeklügelter Aerodynamik«. Roy Chadwick meldete den Doppeldecker 558: Jahre später entwarf Roy den berühmten Lancaster-Bomber. Das kleinste teilnehmende Flugzeug war ein Gloster-Gannet-Doppeldecker von nur 5,5 m Spannweite. »Vigent« hieß ein Doppeldecker, den Vickers gemeldet hatte. Captain W. H. Sayers, der während des Krieges den winzigen Grain-Kitten-Jäger (5 m Spannweite!) konstruiert hatte, erschien mit drei von Handley Page in seinem Auftrag gebauten Eindeckern. »Hurricane« hieß der Aero-Club-Eindecker des Royal Aircraft Establishment in Farnborough. Sein Pilot P. W. Pulman sollte später als Einflieger einer weit berühmteren »Hurricane« Karriere machen.
Alle diese einsitzigen Leichtflugzeuge erbrachten erstaunliche Leistungen. Bei der Verbrauchsbewertung erreichte eine der beiden »Wrens« 139 Kilometer geflogene Strecke bei knapp 5 Liter Kraftstoffverbrauch. Eine der beiden ANEC flog 130 Kilometer mit ebenfalls nur

Linke Seite, oben: Der Motorsegler vom Typ English Electric »Wren« flog bei einem Wettbewerb 1923 nahezu 140 Kilometer mit nur einer Gallone (= 4,546 Liter) Benzin. Unten: Amerikanisches Leichtflugzeug Gallaudet »Chummy Flyabout« mit zwei Druckpropellern von Motorradmotoren angetrieben. Rechts: Englisches Leichtflugzeug Supermarine »Sparrow« des Konstrukteurs R. J. Mitchell, der später durch den Bau der berühmten »Spitfire« bekannt wurde.

de Havilland »Queen Bee«

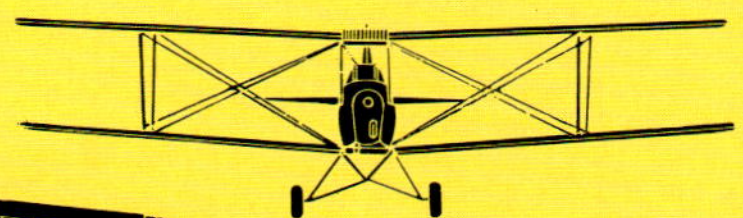

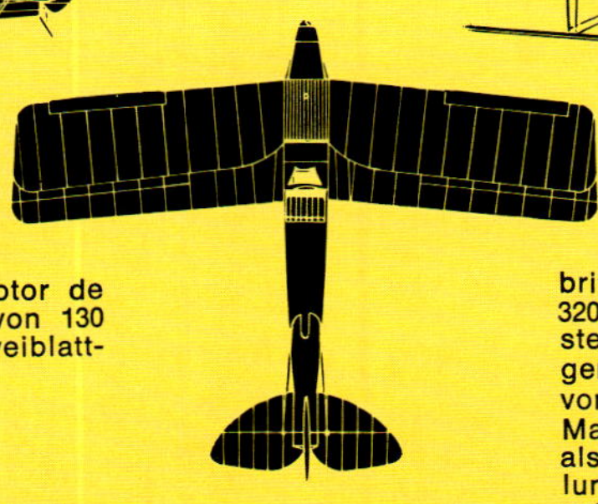

Antrieb: ein Vierzylinder-Motor de Havilland Gipsy Major 1 von 130 PS Leistung mit einem Zweiblatt-Propeller
Spannweite: 8,94 m
Länge: 7,29 m
Flügelfläche: 22,20 m²
Abfluggewicht: 828 kg
Höchstgeschwindigkeit: 175 km/h in 300 m Höhe
Dienstgipfelhöhe: 4145 m
Besatzung: unbemannt
Erstflug: 5. Januar 1935
In der zweiten Hälfte der dreißiger Jahre baute de Havilland für die britische Luftwaffe und die Marine 320 Exemplare einer funkferngesteuerten Version der D. H. 82 »Tiger Moth«. Weitere hundert wurden von Scottish Aviation gefertigt. Die Maschinen wurden als Land- und als Wasserflugzeug zur Zieldarstellung für Flugabwehrkanonen benutzt. Mit Ausnahme der Funkfernsteuerung und der Tatsache, daß die Struktur aus Holz bestand, waren die Flugzeuge mit der Standardausführung der »Tiger Moth« identisch, die für die Schulung verwendet wurde.

5 Liter Kraftstoff. Der Wettbewerb brachte aus heutiger Sicht als erster Motorgleiter-Wettbewerb der Welt eine Fülle von Anregungen und Erfahrungen.
1924 wurde die Ausschreibung auf Doppelsitzer erweitert, das Hubraumvolumen des Motors auf 1100 Kubikzentimeter begrenzt; er durfte außerdem nicht schwerer als 77 kg (Trockengewicht) sein. Bristol schickte zu diesem Wettbewerb zwei Brownie-Eindecker, davon einen mit Holz-, den anderen mit Metalltragflächen; die Firma Westland schickte ihren Woodpigeon-Doppeldecker und den Widgeon-Eindecker; Blackburn erschien mit dem Bluebird-Doppeldecker, der nebeneinanderliegende Sitze hatte. Avro und Vickers schickten Weiterentwicklungen des Typs 558 der »Vigent-Avis« und der »Vagabond«. Parnall übertraf sein vorjähriges System von auswechselbaren Tragflächen mit einer neuen Auslegung der »Pixie« als Eindecker oder als Doppeldecker. Sydney Camm bot mit seinem Cygnet-Doppeldecker ein Musterbeispiel an leichter Konstruktion. Als erste Ganzmetall-

Oben links: de Havilland »Tiger Moth«, eines der bekanntesten Schulflugzeuge. Unten: Avro Typ 560. Rechte Seite: Das waren noch Zeiten! Der Prototyp der de Havilland »Moth« wird mit einem Morris-Wagen zum Flugplatz geschleppt.

maschine erschien die Short »Satellite«. Favorit war der Doppeldecker Supermarine »Sparrow«, aber Wettbewerbssieger wurde schließlich die Beardmore »Wee Bee«, geflogen von W. S. Shackleton – ein Eindecker.
Diese beiden Wettbewerbe beeinflußten die Leicht- und Sportflugzeugentwicklung in vielen Ländern der Erde.

Der erste Aero-Club

Die Geschichte des ersten Aero-Clubs – der heute noch besteht – verdient festgehalten zu werden, weil sich nach seinem Vorbild Parallelentwicklungen in fast allen Ländern ergaben, in denen Luftsport betrieben wurde.
Nach großen Schwierigkeiten während der ersten Jahre seines Bestehens erhielt der Aero Club of the United Kingdom am 15. Februar 1910 vom britischen Königshaus das Recht, sich Royal Aero Club zu nennen. An diesem Tag zählte er schon mehr als eintausend Mitglieder. Zu Beginn des Ersten Weltkriegs verlor der Club an Bedeutung und Einfluß. Die Luftfahrt war nun eine ausschließlich militärische Aufgabe geworden, mit allen negativen und positiven Konsequenzen: Die bislang durch private Initiative getragene Luftfahrtentwicklung erfuhr praktisch von einem Tag zum anderen technologische Impulse, die weit in die Zukunft wiesen. Eine völlig neue Industrie entstand. Überall wurden Flugplätze angelegt. Tausenden von jungen Leuten wurde die Kunst des Fliegens beigebracht.
Sie kehrten 1918 als »erfahrene Piloten« vom Kriegsschauplatz in Frankreich nach England zurück und hatten den begreiflichen Wunsch, nun privat weiterzufliegen. So schlossen sie sich dem Royal Aero Club an oder gründeten private Flieger-Clubs. Die Geldbeschaffung wurde für sie zum Hauptproblem, denn wie heute noch war Fliegen schon damals das kostspieligste Hobby. Zwar standen Tausende von Jagd- und Kampfflugzeugen auf den Flugplätzen herum, die für wenig Geld zu kaufen waren, aber ihr Unterhalt verschlang große Summen, Ersatzteile wurden nicht mehr hergestellt, und der Kraftstoffverbrauch ihrer damals schon hochgezüchteten Motoren ließ jeden Traum vom billigen Fliegen zum Wunschtraum werden.
Erst nach der Ausschreibung des Daily-Mail-Preises über 1000 Pfund Sterling zu einem Wettbewerb für Motor-Gleiter begann das Interesse an leichten Sportflugzeugen zu wachsen. Etwa zur gleichen Zeit schlug der Generaldirektor der Zivilen Luftfahrtverwaltung im Luftfahrtministerium, Sir Sefton Brancker, vor, den Royal Aero Club und die ihm angeschlossenen Flieger-Clubs finanziell zu unterstützen. Dieser weitblickende Mann wollte erreichen, daß jeder Luftfahrtbegeisterte fliegen lernen und fliegen konnte. Er überredete seinen Minister dazu, ab 1. September 1924 ein Zuschußprogramm für Flugsport unter Federführung des Royal Aero Clubs zu erlassen. Demnach erhielten zehn Flieger-Clubs einen jährlichen Zuschuß von 2000 Pfund unter der Voraussetzung, daß dieselbe Summe noch einmal von den Clubmitgliedern aufgebracht und Flugausbildung betrieben wurde. Für jeden erworbenen Club-Pilotenschein wurde außerdem eine Prämie von 10 Pfund bezahlt.
Das war – aus heutiger Sicht – nicht viel Geld. Aber in jenen Jahren kostete ein Sportflugzeug nicht mehr als 800 Pfund Sterling. Im Durchschnitt flog ein Flugschüler nach nur zwanzig Starts und Landungen allein, und nach nur drei Solo-Stunden erhielt er die Lizenz.
Was der Royal Aero Club aber am dringendsten brauchte, war ein robustes, doppelsitziges Schulflugzeug, das als Standardmuster bei allen Flieger-Clubs eingeführt werden konnte. Der einzige Flugzeugtyp, der den Ansprüchen des Royal Aero Clubs gerecht und von zahlreichen Testpiloten als ideal für Schulung und Sport beurteilt wurde, war die von de Havilland entwickelte »Moth«. Sie flog im Februar 1925 zum ersten Mal und wurde im April 1925 den Flieger-Clubs zum Kauf empfohlen. Die »Moth« war als Doppeldecker ausgelegt und leicht zu fliegen. Ihre Landegeschwindigkeit lag um die 70 km/h. Sie war mit Doppelsteuer ausgerüstet – der Lehrer saß vorn –, kunstflugtauglich und trotzdem in kritischen Flugsituationen gutmütig und beherrschbar. Ihr Treibstoffverbrauch lag weit unter dem der Militärflugzeuge, und die technische Wartung war einfach. Das Flugzeug schien schlechthin vollkommen. Eine etwas modifizierte Version, die »Tiger Moth«, wurde später das klassische Anfänger-Schulflugzeug auch der Royal Air Force. Niemand weiß mehr genau, wie viele »Tiger Moth« bei de Havilland und in Lizenz-Werken gebaut wurden, aber es waren sicher einige Zehntausend. Sie wurden in alle Welt exportiert, und viele fliegen noch heute.

Große Konstrukteure und ihr Werk:

Hanns Klemm

1917 arbeitete Hanns Klemm als Baudirigent für Hoch- und Tiefbau bei der kaiserlichen Werft in Danzig. Der Flugzeugbau suchte damals mit Vorliebe Bauingenieure wegen ihrer besonders guten Ausbildung als Statiker. So trat Hanns Klemm nach einer halbjährigen Tätigkeit in der Versuchsabteilung Do (Dornier) beim Luftschiffbau Zeppelin im Oktober 1917 als Statiker bei den Hansa-Brandenburgischen Flugzeugwerken in Briest ein. Nach diesem Wanderjahr hatte der Bauingenieur seine Kenntnisse im Flugzeugbau so vertieft, daß er von der Daimler Motorengesellschaft in Sindelfingen als Chefkonstrukteur für den neu gegründeten Daimler-Flugzeugbau verpflichtet wurde. Dort entwickelte er die beiden abgestrebten Hochdecker L 11 und L 14, einsitzige bzw. zweisitzige Kampfflugzeuge, die zwar wegen ihrer guten Flugeigenschaften Aufsehen erregten, jedoch nicht mehr in Serie gebaut wurden.

Nach dem Kriege leitete Klemm das Karosseriewerk der Daimler Motorengesellschaft. Seine Lieblingsidee aber war die Konstruktion eines Leichtflugzeugs mit einem Höchstmaß an Flugsicherheit. Auf Schnelligkeit legte er weniger Wert zugunsten der Wirtschaftlichkeit. Nur mit diesem Konzept konnte das Flugzeug bei den entstehenden Flugsportvereinen Anklang finden.

Ungewollt kamen diesem Konzept auch die Bestimmungen des Versailler Vertrags entgegen. Deutschland sollte verboten werden, in Zukunft Militärflugzeuge zu bauen. Auch für Zivilflugzeuge war die Motorleistung nach den Begriffsbestimmungen erheblich eingeschränkt. Das führte zwangsläufig zur Entwicklung des schwachmotorigen Flugzeugs, das Klemm anstrebte. Es mußten neue Wege gesucht werden, zum Beispiel durch die Verfeinerung der Aerodynamik, um mit geringen Motorleistungen auszukommen. Hanns Klemm blieben Enttäuschungen nicht erspart. Gegner des Projekts saßen in der Daimler Motorengesellschaft. Als 1919 das erste Klemm-Leichtflugzeug, der Hochdecker L 15, mit einem 8,1 PS starken Indian-Motorradmotor auf dem Sindelfinger Flugplatz erschien, machte es schon beim Start Bruch. Hanns Klemm erhielt kein Geld mehr von seiner Firma. Die Segelflugerfolge 1922 in der Rhön gaben jedoch auch bei Daimler den Anstoß zur Fortsetzung der begonnenen Arbeiten im Flugzeugbau.

1923 entstand die L 15 A. Sie wurde zunächst motorlos geflogen. Schon die ersten Gleitflüge an der Teck, einem guten Segelfluggelände auf der Schwäbischen Alb, befriedigten in jeder Hinsicht. In vielen Flügen konnten die guten aerodynamischen Eigenschaften des Flugzeugs nachgewiesen werden. Nun ging man auf die Suche nach einem geeigneten Triebwerk. Wieder wurde ein Motorradmotor, ein Harley-Davidson von 12,5 PS Leistung, mit Untersetzungsgetriebe eingebaut. Damit war das erste schwachmotorige Kleinflugzeug geschaffen, das Klemm zum Durchbruch verhalf.

1923/24 entstand dann das später sehr bekannt gewordene Leichtflugzeug Klemm-Daimler L 20. Es war naheliegend, daß Hanns Klemm sich darum bemühte, von seiner Firma einen eigenen Motor zu bekommen. Schließlich konnte er den Chefkonstrukteur von Daimler, Ferdinand Porsche, dazu gewinnen, einen 20-PS-Flugmotor zu bauen. Daraus wurde der Mercedes-Flugmotor F 7502, ein luftgekühlter Zweizylinder-Boxermotor mit einer Leistung von 20 PS bei 3000 U/Min. Die L 20 leitete den internationalen Siegeszug der Klemm-Flugzeuge ein.

Nach dem Zusammenschluß der beiden Motorenwerke zur Daimler-Benz AG gründete Klemm am 15. Dezember 1926 die Firma Leichtflugzeugbau Klemm in Böblingen als Einzelfirma. Im Sommer 1927 erfolgte die Umwandlung in eine GmbH unter Beteiligung des Landes Württemberg und Fritz Siebels. 1933 wurde Klemm die Auflage gemacht, seine Flugzeugfirma von Böblingen nach Mitteldeutschland zu verlegen und Militärflugzeuge zu bauen. Als Vater des zivilen Leichtflugzeugs konnte er sich aber für die Militärluftfahrt nicht erwärmen. Er verstand es, seine alte Firma in Böblingen weiter zu erhalten, und gründete zusammen mit Fritz Siebel in Halle an der Saale eine Tochtergesellschaft unter dem Namen Klemm Flugzeugwerke Halle GmbH. Die in der Folgezeit immer drängender werdenden Wünsche der Regierung nach wesentlicher Erweiterung des Betriebs in Halle veranlaßten Klemm, sich von der

dortigen Firma ganz zu lösen. Der Betrieb wurde von Fritz Siebel als international bekanntem Sportflieger übernommen und unter dem Namen Siebel Flugzeugwerke GmbH weitergeführt.
In Böblingen konnte sich Klemm nun ganz dem Sportflugzeugbau widmen. Von guten Mitarbeitern unterstützt, verfeinerte er die Holzbauweise, entwickelte Schalenkonstruktionen, die sogenannte Halbschalenbauweise, hochwertige Leime und Verleimungsarten.
Aus der L 20, die nach ihrem Konstruktionskonzept die Urform aller späteren Klemm-Flugzeuge war, wurden bis 1939 mehr als 20 Flugzeugtypen entwickelt. Bis auf wenige Ausnahmen wurde die Tiefdeckeranordnung der Tragflügel beibehalten. Die Gründe dafür lagen im einfachen konstruktiven Aufbau, den guten Sichtverhältnissen, der bequemen Zugänglichkeit der Sitze sowie dem relativen Schutz der Besatzung bei Bruchlandungen. Die Tragflügel waren leicht abnehmbar, in zweiholmiger Bauart mit Sperrholzbeplankung ausgeführt. Die Auslegung der Rümpfe erfolgte überwiegend in Holz, ebenfalls mit Sperrholzbeplankung, später auch als Stahlrohrgerüst mit Stoffbespannung und in Schalenkonstruktion als Halbschalen. Die Höhenflosse war auf dem Rumpfrücken freitragend aufgebaut und verstellbar, die Ruder stoffbespannt; das Fahrwerk achslos, gegen das Flügel-Mittelstück abgestützt, später mit Niederdruckreifen. Die Schwimmer als Holzkonstruktion waren in kurzer Zeit austauschbar gegen das Räderfahrwerk. Der Verwendungszweck war je nach Zuladung: Schulung, Reise, Sport und Kunstflug.
Aus der L 20, die in großer Stückzahl gebaut wurde, entwickelte Klemm die L 25 und die L 26.
Die L 27 war eine etwas verbesserte L 26.
Die L 28 wurde nur als Einzelexemplar für Kunstflug im Auftrag von Lisel Bach gebaut. Sie hatte einen 130/150-PS-Siemens-Sh-14a-Motor mit NACA-Haube.

Linke Seite außen: Dr. Hanns Klemm, der »Vater des Leichtflugzeugbaus«. Innen: Klemm L 15 von 1920, mit einem 12,5-PS-Harley-Davidson-Motorradmotor ausgerüstet
Rechte Seite oben: Klemmn L 20 c1, ein Sporteinsitzer aus dem Jahre 1924 mit 20-PS-Daimler-F-7502-Motor. Mitte: L 25a VI von 1930 mit 40/55-PS-BMW-X-Motor. Unten: Kl 31 V aus dem Jahre 1930, ein Kabinen-Reiseflugzeug mit 120-PS-Argus-As-8a-Motor

Klemm Kl 32

Antrieb: ein 160-PS-BMW-Bramo-(Siemens)-Sh-14a-Siebenzylinder-Umlaufmotor mit einem Zweiblatt-Propeller
Spannweite: 12 m
Länge: 7,20 m
Flügelfläche: 17 m²
Gesamtgewicht: 950 kg
Höchstgeschwindigkeit: 210 km/h in Meereshöhe
Reichweite: 800 km
Fassungsvermögen: 1 Mann Besatzung und 2 Passagiere

Die Klemm Kl 32, eine typische Vertreterin der Tiefdecker mit geschlossener Kabine, die die Fliegervereine Mitte und Ende der dreißiger Jahre verwendeten, erschienen in zwei Grundversionen: der A XII mit 150-PS-Hirth-HM-150-Reihenmotor und der B XIV mit Sh-14a-Umlaufmotor, auf die sich die nebenstehenden technischen Daten beziehen. Eine von G. H. Handasyde umkonstruierte Version wurde in England von der British-Klemm Aeroplane Co (später zur British Aircraft Manufacturing Co umbenannt) unter dem Namen »Eagle« gebaut. Sie war mit einem 130-PS-de-Havilland-Gipsy-Major-Motor versehen.

Die L 22 wurde speziell für den ersten Österreichischen Alpenflug 1933 entwickelt. Mit dem 70/82-PS-Hirth-Motor HM 60 R belegte sie bei diesem Wettbewerb den ersten Platz.
Die L 30 mit Hirth-Motor HM 60 wurde aus der L 25 entwickelt und sollte ein preiswertes Sportflugzeug werden. Die Leistungen waren aber nicht sehr befriedigend.
Die L 33 war ein freitragender, einsitziger Hochdecker mit 20-PS-DKW- oder 40-PS-Argus-As-16-Motor. Auch hier wurde der Serienbau nicht aufgenommen.
Dagegen wurden die beiden Kabinen-Reiseflugzeuge Kl 31 mit einem viersitzigen Stahlrohrrumpf und Kl 32 mit dreisitzigem Rumpf in Holzbauweise ein voller Erfolg. Sie waren den Ausschreibungen des Europarundflugs 1932 angepaßt und gingen in Serie. Als Triebwerk wurde bei der Kl 31 der 120 PS Argus As 8 oder der 150/160 PS Siemens Sh 14a und bei der Kl 32 außer anderen Motoren der 165 PS Hirth HM 150 eingebaut. Beide Flugzeuge wurden in viele Länder exportiert.
Der Sport-Zweisitzer Kl 35 mit 80 PS, später mit 105-PS-Hirth-Motor war eine Weiterentwicklung des offenen Sportflugzeugs. Es war ein sehr schnittiges Flugzeug mit Knickflügeln und Einbein-Fahrwerk. Der Rumpf bestand aus einem tragenden Stahlrohrgerüst und einem formgebenden Holzgerüst mit Stoffbespannung. Eine Variante als Kabinenflugzeug hatte ein Schiebedach. Mit der Kl 35 (160-PS-Hirth-HM-506-Motor) wurden von Klemm-Chefpilot Kalkstein im Jahre 1938 fünf internationale Rekorde für Geschwindigkeit und Höhe erflogen.
Aus dem Wettbewerbsflugzeug Kl 36 des Europarundflugs 1934 entstand die viersitzige Kl 36A mit 150–240-PS-Motoren von Siemens, Argus und Hirth.
1938 kamen zwei neue Typen heraus, die Kl 105 und die Kl 107. Beide Muster stimmten in Aufbau und Konstruktion grundsätzlich überein. Die Kl 105 sollte mit 50-PS-Zündapp-Motor ein preiswertes und wirtschaftliches Flugzeug werden. Bei einer Reisegeschwindigkeit von 135 km/h hatte sie einen Kraftstoffverbrauch von nur 11 Liter/100 km. Kennzeichnend für diese beiden Typen war die Anordnung der Sitze nebeneinander. Die Kl 107 mit dem 105-PS-Hirth-HM-504-Motor hatte eine besonders bequem ausgestattete Kabine. Wegen ihrer guten Flug-

leistungen und Flugeigenschaften schien sie besonders für die Anfängerschulung und die Kunstflugausbildung geeignet. Von diesem Flugzeug wurden 1939 nur der Prototyp und einige Flugzeuge der Null-Serie hergestellt.
Während des Zweiten Weltkriegs wurde eine Reparaturabteilung für Arado eingerichtet. Auch die Fertigung des Raketenjägers Me 163 mußte aufgenommen werden, entgegen dem Willen Klemms, was dann 1943 zur Zwangsverwaltung des Werkes führte. Gegen Kriegsende wurde das Werk durch Bombenangriffe fast vollständig zerstört.
Der gute Ruf der Klemm-Flugzeuge blieb aber auch nach dem Krieg in aller Welt erhalten. Ludwig Bölkow bildete mit der Vermögensverwaltung Hanns Klemm Flugzeugbau eine Arbeitsgemeinschaft, um gemeinsam das Kl-107-Projekt weiterzuführen.
Als dreisitzige Kl 107 B/C bei gleicher Zelle in verbesserter Ausführung mit einem verkleideten Fahrwerk und 150 PS Lycoming 0 320 2A wurde sie bei der Bölkow-Apparatebau GmbH, Nabern (Teck), gebaut. Eine viersitzige Version mit 180-PS-Lycoming-Vierzylinder-Boxermotor entstand als Klemm Kl 107 D, aus der später die Bölkow 207 mit 180-PS-Lycoming-Triebwerk entwickelt wurde.

Linke Seite oben: Kl 32, ein Sport- und Reiseflugzeug mit 100/125-PS-de-Havilland-Motor. Linke Seite unten: Kl 36 B, ein Reiseflugzeug mit 150-PS-Siemens-Sh-14a-Motor. Diese Seite oben: Kl 35a, ein Schul- und Sportflugzeug aus dem Jahre 1935 mit 70/80-PS-Hirth-HM-60/R-Motor, eine direkte Weiterentwicklung der L 25. Diese Seite unten: Kl 107 C, Nachkriegsentwicklung als Reiseflugzeug, 3sitzig, mit 150-PS-Lycoming-0-320-A2A-Triebwerk

Luftverkehr international

Kurz nach dem Ersten Weltkrieg richteten die wichtigsten europäischen Länder Fluglinien ein. Einige der Gesellschaften befaßten sich hauptsächlich mit inländischen oder sehr begrenzten regionalen Flügen. Andere beflogen ein ausgedehntes europäisches Liniennetz. Wieder andere, wie die Imperial Airways in England, die KLM in den Niederlanden, die Aeroportales in Frankreich, die Sabena in Belgien und – später – mehrere italienische Fluggesellschaften, waren an der Schaffung von Luftverbindungen zwischen den Heimatländern und ihren überseeischen Kolonien interessiert.

Die meisten Flüge blieben auf das Tageslicht beschränkt. Viele Strecken wurden in den Wintermonaten eingestellt. Die Navigation, noch primitiv, verlangte lediglich, daß der Pilot seine Strecke nach der Karte kannte. Zu seiner Unterstützung standen die Namen der Städte oft mit großen Buchstaben auf Dächern von Bahnhöfen und Flugzeugschuppen.
England und Deutschland begannen bald in ihre Flugzeuge Sende- und Empfangsanlagen einzubauen und entwickelten so ein einfaches System der Flugverkehrskontrolle. Bei dem noch verhältnismäßig kleinen Luftverkehrs-

Die Deutsche Luft-Reederei begann wie auch die anderen Luftverkehrsgesellschaften 1919 ihren Liniendienst mit mehr oder weniger umgebauten Kriegsflugzeugen. Der bei dieser AEG J II noch offene hintere Sitz des MG-Schützen wurde später in eine relativ sehr komfortable geschlossene zweisitzige Passagierkabine umgewandelt. Rechte Seite: Moderne Flugplatzbefeuerung eines Großflughafens. Bis zur Entwicklung solch perfekter Landehilfen war es allerdings ein langer Weg.

volumen schien auch das Kollisionsrisiko gering. 1922 jedoch stießen eine französische Farman »Goliath« und eine britische D.H. 18 über Nordfrankreich frontal zusammen, als beide Piloten bei schlechtem Wetter mit Gegenkurs einer Straße folgten.
Das anfängliche System der Funkortung bestand aus drei Bodenstationen, die ein Flugzeug auf dessen Sendefrequenz anpeilten und die Standlinien auf einer Karte fixierten. Die Fäden überschnitten sich nicht alle an der gleichen Stelle, sondern bildeten ein kleines Dreieck. So zeigte sich die freilich ungenaue Position des Flugzeugs. Den meisten Fluggesellschaften mangelte es an betriebssicheren und wirtschaftlichen Flugzeugen. Schwierigkeiten verursachte der wassergekühlte Motor mit seinem schweren Kühler und unberechenbaren Rohrsystem. Notlandungen, die häufig vorkamen, wurden im allgemeinen durch Motorschäden und durch schlechtes Wetter verursacht.
Die kurzen Tage des langen europäischen Winters zwangen die Fluggesellschaften, Mittel und Wege zu finden, um bei Nacht fliegen zu können. Das führte zu Luftstraßen mit »Leuchtfeuern« in Abständen entlang der Strecke und zur Entwicklung der Flugplatzbefeuerung. In Deutschland und in Skandinavien ermöglichten Leuchtfeuer-Systeme die Einführung von Nachtpostlinien.
Das Bild des Luftverkehrs wandelte sich Schritt für Schritt von einer Art Kriegsszenerie mit zivilem Charakter zum kommerziellen Transportsystem. Bereits im Oktober 1919 führte die Handley Page Transport auf ihren Linien Lunch-Körbe ein, und 1922 begann die Daimler Airways, »cabin boys« (Kabinenjungen) an Bord zu nehmen. In den dreißiger Jahren wurden die ersten befestigten Rollbahnen gebaut, in Europa zunächst in Amsterdam, Stockholm, Oslo und Helsinki. Bis zu einem gewissen

Grad hatten sie bei schlechtem Wetter einen negativen Einfluß. Denn bei schlechter Sicht war es leichter, auf einer größeren Grasfläche zu landen als auf einer schmalen Rollbahn.
Eine Besonderheit der zwanziger und dreißiger Jahre waren die Notlandegelände. Sie wurden entlang den Flugstrecken freigehalten und oft von Flugzeugen benutzt, die Motorschaden hatten, in schlechte Sicht gerieten oder denen wegen starker Gegenwinde der Treibstoff ausgegangen war. Ein Linienflugzeug soll auf der Strecke London–Paris einmal 14 Zwischenlandungen gemacht haben.
Jene Jahre waren auch entscheidend für die Entwicklung des Luftverkehrs in Deutschland. Im grenzüberschreitenden Verkehr, seit 1926 von der Deutschen Luft-Hansa getragen, soll ihr Beitrag zur Einrichtung eines weltumspannenden Streckennetzes in den folgenden Kapiteln gewürdigt werden.

Die deutsche Lufthansa

Mit umgebauten Kriegsflugzeugen hatte die 1917 gegründete Deutsche Luft-Reederei (DLR) am 6. Februar 1919 den Luftverkehr zwischen Berlin und der Goethe-Stadt Weimar, damals Tagungsort der Nationalversammlung, aufgenommen. Die Erfolge der DLR führten bald zur Gründung zahlreicher deutscher Luftverkehrsunternehmen. Der unfruchtbare Konkurrenzkampf von vorübergehend mehr als 30 Gesellschaften in Deutschland erzwang jedoch schon 1923 Zusammenschlüsse. Auf der einen Seite entstand der von Banken und Schiffahrtgesellschaften getragene Deutsche Aero Lloyd, auf der anderen die Junkers Luftverkehr A.G. (vormals Junkers, Abteilung Luftverkehr).
Junkers hatte 1919 mit dem einmotorigen Tiefdecker F 13 das erste, ganz aus Metall gebaute Verkehrsflugzeug der Welt mit Passagierkabine geschaffen. Das Nebeneinander der beiden Gesellschaften und die ständige Erweiterung ihres Streckennetzes innerhalb Deutschlands und in Europa brachten jedoch weitere finanzielle und verkehrsbetriebliche Nachteile. So kam es am 6. Januar 1926 zur Gründung der Deutschen Luft-Hansa Aktien-Gesellschaft in Berlin. Die Reichsregierung übernahm 26 % des Aktienkapitals, die deutschen Länder beteiligten sich mit 19 %, die regionalen Gesellschaften mit 27,5 % und die Privatwirtschaft ebenfalls mit 27,5 %. Das Grundkapital von anfangs nur 50 000 Reichsmark wurde in der konstituierenden Hauptversammlung auf 25 Millionen Reichsmark erhöht.
Die Aufgaben der Luft-Hansa (die sich bis 31. Dezember 1933 noch in zwei Wörtern schrieb) wurden in einem Drei-Punkte-Programm festgelegt:

1. Deutschland mit den wichtigsten europäischen Wirtschaftszentren zu verbinden, und zwar auf der Basis internationaler Zusammenarbeit mit den ausländischen Luftverkehrsgesellschaften;
2. den bedeutendsten Städten Deutschlands Anschluß an das europäische Luftverkehrsnetz zu schaffen;
3. Deutschland mit denjenigen außereuropäischen Ländern zu verbinden, zu denen es besondere Handelsbeziehungen unterhält. Es sind dies in der Hauptsache Nord- und Südamerika und der Ferne Osten.

Da der Luftverkehr während des Winters 1925/26 ruhte, begann der planmäßige Passagier-, Fracht- und Luftpostverkehr der Luft-Hansa erst am 6. April 1926. Über sechs Millionen Kilometer flog sie in den ersten neun Monaten des Jahres 1926, und die erste Nachtflugstrecke mit Personenbeförderung zwischen Berlin und Königsberg wurde als Anschluß an

die Luftverkehrsverbindung Königsberg –Moskau der Deruluft (Deutsch-Russische Luftverkehrsgesellschaft mbH.) eröffnet.
Ebenfalls schon im ersten Betriebsjahr 1926 erkundete die Luft-Hansa den Luftweg nach dem Fernen Osten. Zwei Junkers G 24 (D-901 und D-903) starteten am 23. Juli in Berlin und landeten nach dem Flug über Rußland und China (rd. 20 000 km) am 30. August 1926 in Peking. Zur Erforschung der Vorbedingungen für den Transozeanverkehr wurde ein Dornier-Wal-Flug-

Linke Seite: Ein Dornier »Komet III« vor dem ersten Start der Luft-Hansa zum regelmäßigen Linienverkehr am 6. April 1926. Rechts oben: Verkehrsflugzeug LFG V-130 mit viersitziger Kabine. Der Rumpf war aus Holz und die Flügel noch stoffbespannt. Rechts Mitte: Diese Albatros L 73 der Deutschen Luft-Hansa wurde mit dem Beinamen »fliegender Schlafwagen« bedacht, da die Maschine vornehmlich auf Nachtflügen eingesetzt war. Die vier Passagiersitze ließen sich in Liegen verwandeln. Unten: Fokker F. II der Deutschen Luft-Hansa

Links: Die Heinkel He 70 »Blitz« war bei ihrem Erscheinen 1932 den Konkurrenzmaschinen um Jahre voraus. Von der Deutschen Luft-Hansa wurde sie als Schnellverkehrsflugzeug eingesetzt und erreichte eine Reisegeschwindigkeit von rund 300 km/h. Sie war das erste europäische Verkehrsflugzeug mit einziehbarem Fahrwerk.
Unten: Der Flughafen Berlin-Tempelhof in den dreißiger Jahren
Rechte Seite: Die 1935 entwickelte Heinkel He 111 wurde zunächst in ihrer zivilen Version von der Lufthansa eingesetzt, ehe sie in modifizierter Ausführung zum bekanntesten deutschen Bomber des Zweiten Weltkriegs wurde. Auf dieser Abbildung aus dem Jahre 1936 wird in eine He 111 Post in die Nase der Maschine verladen.

boot nach Brasilien entsandt. Gleichzeitig wurden befeuerte Nachtflugstrecken ausgebaut und Versuche im regelmäßigen Nachtflug unternommen. Ende 1926 verfügte die Luft-Hansa über eine Flotte von 152 Flugzeugen.
Der Ausbau des Streckennetzes ins europäische Ausland, die Überwindung der Alpen, der Pyrenäen und des Balkans sowie die Einrichtung von Verbindungen über die Ostsee nach Skandinavien waren Marksteine auf dem Weg zu einem weltweiten Flugnetz. Über den Nahen Osten hinaus trieb die Lufthansa ihre Flugdienste bis nach Bangkok vor, das Ende Juli 1939 in den regelmäßigen Liniendienst einbezogen wurde. Die ersten Probeflüge nach Tokio fanden ab April 1939 statt.
Am 5. Februar 1934 richtete die Lufthansa mit Hilfe des Flugsicherungsschiffes »Westfalen« den ersten planmäßigen Transozean-Luftpostdienst der Welt zwischen Deutschland und Südamerika ein. Erst ab etwa 1935 gelang es, den Südatlantik zwischen Bathurst (Gambia) und Fernando de Noronha (Brasilien) mit verbesserten Dornier-Wal-Flugbooten ohne Zwischenwasserung zu überfliegen.
Im Herbst 1936 begannen mit den Dornier-Do-18-Flugbooten »Aeolus« und »Zephyr« sowie dem schwimmenden Flugstützpunkt MS »Schwabenland« die ersten Versuche für die Aufnahme eines regelmäßigen Luftverkehrs über den Nordatlantik. Die »Schwabenland« pendelte dabei zwischen den Azoren und New York, um den Flugbooten für Wasserungen und Katapultstarts zu dienen.
Bei der Fortsetzung der Versuche im Jahr 1937 unter Verwendung der von Blohm & Voss gebauten viermotorigen Langstrecken-Schwimmerflugzeuge Ha 139 wurde das inzwischen fertiggestellte Motorschiff »Friesenland« als zweiter Flugstützpunkt im Nordatlantik verwendet. So gelang es dann 1938, 26 planmäßige Flüge über den Nordatlantik zwischen den Azoren und New York mit der gleichen Pünktlichkeit wie im europäischen Flugdienst auszuführen. 1938 bewies die Focke-Wulf Fw 200 »Condor« in einem Rekordflug Berlin–NewYork–Berlin, daß ein Landflugzeug imstande war, die Nordatlantikroute nonstop zu durchfliegen.
Verbesserte Flugzeugtypen, so die dreimotorige Junkers Ju 52/3m, die von 1932 bis 1945 das Standardmuster des deutschen Luftverkehrs war und eine Reisegeschwindigkeit von 240 km/h besaß, oder die Heinkel He 70 mit einer Reisegeschwindigkeit von über 300 km/h sowie die Ju 86 und die He 111 gaben dem Luftverkehr ein neues Gesicht. Die viermotorigen Verkehrsflugzeuge Focke-Wulf Fw 200 und Junkers Ju 90 (»Der große Dessauer«) mit 40 Sitzplätzen ließen die heutige Entwicklung ahnen. Die Vorläufer Junkers G 31 und G 38 waren für lange Zeit die größten Landflugzeuge der Welt.
Die ständige Aufwärtsentwicklung der Lufthansa, die 1938 287 633 Fluggäste und 1939 5,9 Millionen Kilogramm Luftpost im In- und Ausland beförderte, wurde durch den Zweiten Weltkrieg unterbrochen. Als letztes Flugzeug der alten Deutschen Lufthansa startete am 22. April 1945 in Berlin-Tempelhof eine Ju 52 nach Warnemünde.
Von einer Flotte von über 150 Flugzeugen, die ein Weltstreckennetz von fast 80 000 Kilometer Länge beflogen hatte, blieb nichts mehr übrig. Die deutsche zivile Luftfahrt war scheinbar tot. Der Wunsch, Deutschland wieder in den internationalen Luftverkehr einzugliedern, blieb jedoch nicht nur bei den Lufthanseaten lebendig. Dem Wiederbeginn standen freilich zunächst außerordentlich ungünstige Voraussetzungen entgegen.
In Bitburg (Eifel) wurde unter der Leitung von Hans M. Bongers die Wiedergeburt der deutschen Verkehrsluftfahrt geplant und ein Stamm erfahrener Lufthanseaten wieder zusammengebracht. 1949 nahm der erste Bundesverkehrsminister Hans-Christoph Seebohm die Verbindung mit dem »Büro Bongers« (Köln) auf und erteilte ihm Anfang 1951, knapp zwei Jahre nach Gründung der Bundesrepublik, den Auftrag, ihn »in Fragen eines zukünftigen deutschen Luftverkehrs zu beraten und als Gutachter auf diesem Gebiet tätig zu sein«. Dipl.-Ing. Gerhard Höltje, der schon im Juli 1945 wieder für die Luftfahrt in Berlin-Tempelhof gearbeitet hatte, wurde im Mai 1951 erster Mitarbeiter des »Büro Bongers«.
Am 9. November 1951 beauftragte Seebohm den Vorbereitungsausschuß für Luftverkehr (VAL) mit der aktiven Vorbereitung. Am 6. Januar 1953 erfolgte dann die Gründung der Aktiengesellschaft für Luftverkehrsbedarf (Luftag) in Köln, und am 6. August 1954 wurde dieses Unternehmen in Deutsche Lufthansa Aktiengesellschaft umbenannt.
Zu den ersten Mitarbeitern gehörten Wolfgang A. Kittel, der die Verkaufsorganisation in Nord- und Mittelamerika aufbaute und 1959 in den Vorstand des Unternehmens berufen wurde, sowie die heutigen Mitglieder dieses Gremiums Herbert Culmann (seit 9. Juni 1970 Sprecher des Vorstandes), Hans Süssenguth und Flugkapitän Werner Utter neben dem schon erwähnten ersten Mitarbeiter von Bongers, Gerhard Höltje.
Am 1. April 1955 endlich konnte der

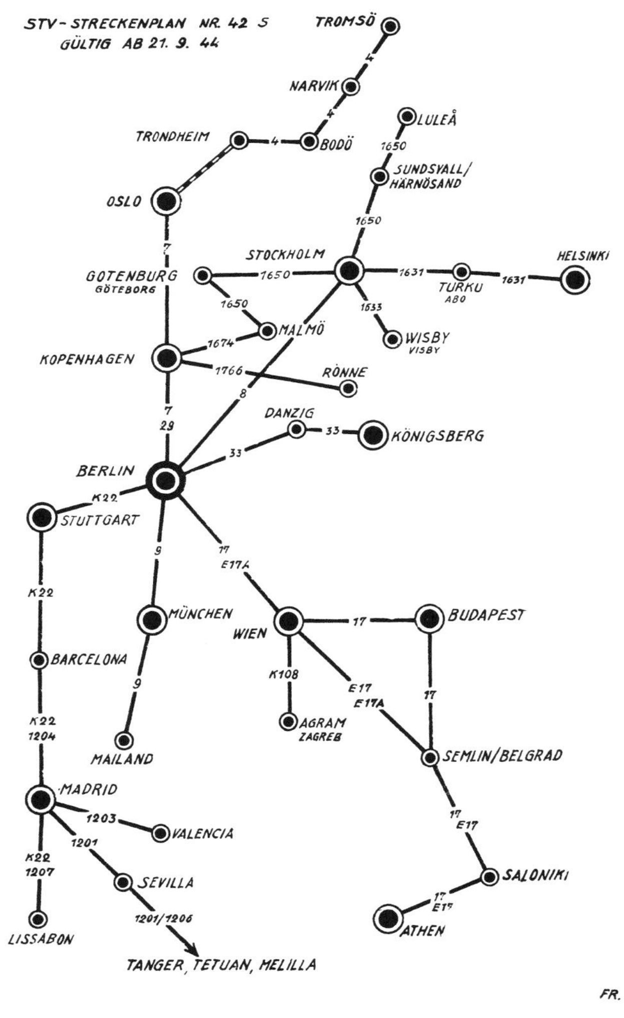

planmäßige Passagier-, Post- und Frachtverkehr innerhalb der Bundesrepublik aufgenommen werden. Erst nach Rückgabe der Lufthoheit an die Bundesregierung wurde am 15. Mai des gleichen Jahres der Flugverkehr innerhalb Europas und am 8. Juni 1955 der Flugdienst über den Nordatlantik nach den USA eingerichtet.
Bereits im Verlauf ihres ersten Jahres dehnte die neue Lufthansa ihr Streckennetz auf 13 000 Kilometer aus, und im fünfzehnten Betriebsjahr beflogen ihre Flugzeuge ein alle sechs Kontinente umfassendes Streckennetz.
Der Flugzeugpark, der 1955 aus drei zweimotorigen Propellerflugzeugen Douglas DC-3, vier Convair CV-340/440 und vier Flugzeugen vom Typ Lockheed L-1049 G »Super Constellation« bestand, wurde Jahr für Jahr vergrößert. Durch die Anschaffung von Strahlturbinenflugzeugen Boeing 707 »Intercontinental Jet« paßte sich die Lufthansa dem modernen Weltluftverkehr an. Sie konnte am 17. März 1960 ihren planmäßigen Nonstop-Düsenverkehr auf der 6200 km langen Strecke von Frankfurt nach New York aufnehmen.
Die weitesten Strecken der Lufthansa sind die 15 065 Kilometer lange südliche Route über den Nahen und Mittleren Osten nach Hongkong und Tokio sowie die über Singapur nach Sydney bzw. Djakarta führenden Fluglinien.

Linke Seite oben: Die Ju 90 war vor dem Zweiten Weltkrieg mit 40 Sitzen das größte Passagierflugzeug und ließ die spätere Entwicklung zu Großverkehrsflugzeugen ahnen. Ihre vier Neunzylinder-BMW-Sternmotoren leisteten je 820 PS, die Spannweite betrug 35,02 m, die Länge 26,3 m. Sie erreichte eine maximale Geschwindigkeit von 350 km/h und hatte bei voller Nutzlast eine Reichweite von 2000 Kilometer. Linke Seite unten: Archivarischen Seltenheitswert besitzt einer der letzten Flugpläne, den die alte Deutsche Lufthansa am 21. September 1944 herausgab. Tromsö, Helsinki, Königsberg, Budapest, Athen und Lissabon heißen kurz vor Torschluß die Endziele. Rechts: Blick in das Cockpit einer Lockheed L-1049 G »Super-Constellation«. Bei Wiederaufnahme des Flugverkehrs durch die neue Deutsche Lufthansa im Jahre 1955 wurden vier Maschinen dieses Typs eingesetzt. Unten: Diese Boeing 707-330 B »Stuttgart« der Lufthansa wird in Köln zum Start vorbereitet.

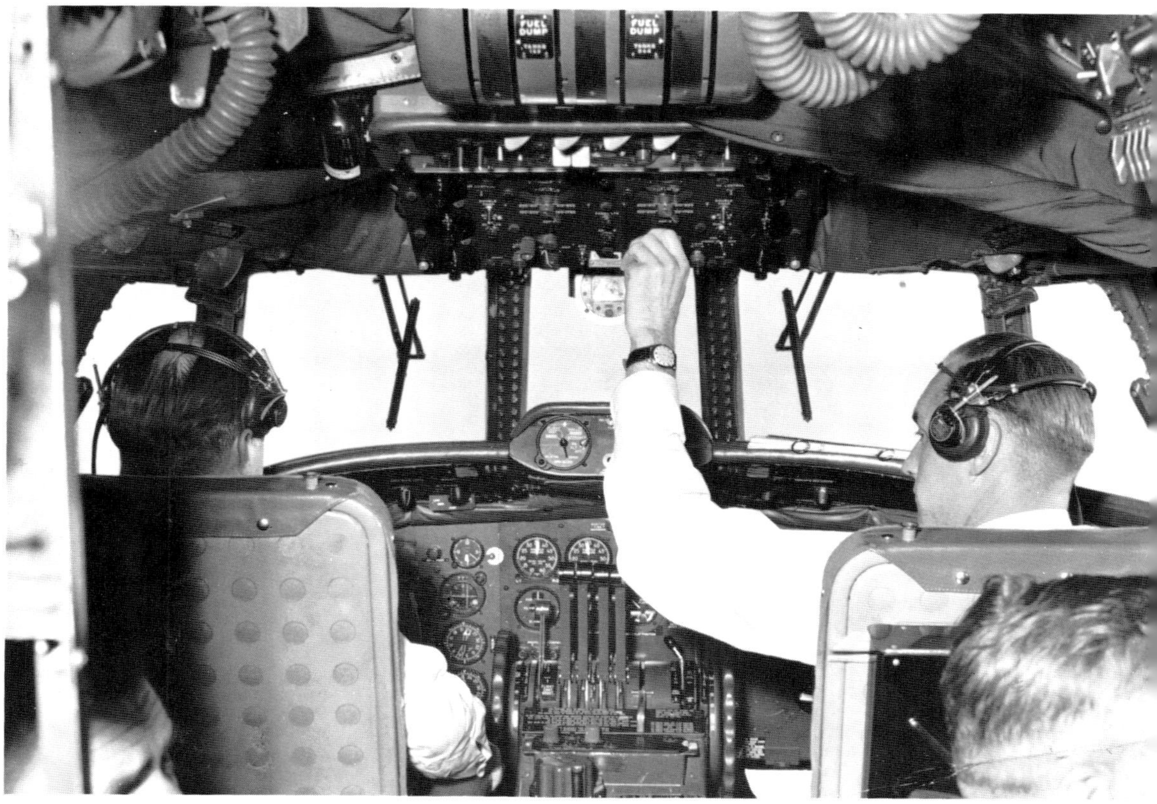

Die Ausbildung der Flugzeugführer erfolgt in der Lufthansa Verkehrsfliegerschule in Bremen und in den USA (Tucson/Arizona). Die im Mai 1956 errichtete Schule hat bisher über 1200 Piloten für die Bedürfnisse des eigenen Unternehmens ausgebildet. Die fliegerische Grundausbildung beginnt auf einmotorigen Beechcraft-C-33-Debonair-Flugzeugen und setzt sich später für die Instrumentenschulung auf zweimotorigen Beechcraft »King Air« fort. Die Schüler erhalten ihr fliegerisches Rüstzeug in einer zweijährigen Ausbildung. Sie umfaßt 300 Stunden Flugtraining, 1300 Stunden Theorieunterricht und 70 Stunden Simulatortraining. Nach der Ausbildung fliegt der junge Flugzeugführer fünf bis sechs Jahre als Copilot, ehe er als Flugkapitän ein Verkehrsflugzeug selbst voll verantwortlich führen darf.
Die Flugtouristik wurde durch Einzelpauschalreisen und Sondertarife sowie durch die Gründung der Condor Flugdienst GmbH., Frankfurt, gefördert. Die Condor ist eine hundertprozentige Tochtergesellschaft der Lufthansa. Zum Einsatz gelangen die gleichen Boeing-Flugzeugmuster, auch die B-747 »Jumbo-Jet«, wie bei der Muttergesellschaft.

»Weißer Mann kann fliegen wie Vogel«

Am 9. Februar 1911 reichten der Luftschiffer-Hauptmann Alfred Hildebrandt, der alte Afrikaner Dr. E. Weiss und der Telegrafen-Assistent Willy Lenk den zuständigen deutschen Behörden eine Denkschrift ein, die Vorschläge zur Verbesserung der Verbindungen in Deutsch-Ostafrika mit Hilfe von Flugzeugen enthielt.
Der 26jährige Berliner Willy Lenk hatte sich seit dem Jahre 1910 mit dem Gedanken beschäftigt, Flugzeuge für den Postdienst in den deutschen Schutzgebieten einzusetzen. Die »Aeroplane« waren zwar zu jener Zeit noch längst nicht brauchbar für die Verwirklichung dieser Idee. Das tat jedoch der Begeisterung des Telegrafen-Assistenten keinen Abbruch, er wollte vielmehr selbst der erste Postflieger in Afrika werden. Das Reichspostministerium gab ihm Urlaub für seine Pilotenausbildung in Leipzig-Lindenthal. Am 3. Dezember 1912 erhielt Lenk die Pilotenlizenz mit der Nummer 338. Zwei Monate später, im Februar 1913, stürzte Lenk jedoch auf dem Flugplatz Lindenthal tödlich ab.
Die Anregung, die Lenk zusammen mit Hildebrandt und Weiss gegeben hatte, wirkte sich erst ein Jahr nach seinem Tode aus. 1914 bildete sich ein Komitee mit Staatsminister a. D. von Podbielski an der Spitze, das sich die Einrichtung von Flugstützpunkten in Deutsch-Ostafrika, Südwest-Afrika und in Kamerun zum Ziel setzte. Die hier stationierten Flugzeuge sollten für die Schutztruppe, jedoch vor allem für die Postbeförderung zur Verfügung stehen. Schon nach kurzer Zeit stellten die Nationalflugspende 100 000 Mark und das preußische Kriegsministerium Offizierspiloten für die Verwirklichung des Planes zur Verfügung.
Als erster Fliegeroffizier wurde der 27jährige Leutnant Alexander von Scheele nach Deutsch-Südwest entsandt. Er hatte am 14. März 1912 den Pilotenschein Nr. 169 auf Albatros-Doppeldecker in Berlin-Johannisthal erworben. Zur gleichen Zeit trafen ein Roland-Stahl-Doppeldecker, ein Pfalz- und ein Aviatik-Zweidecker und drei weitere Flieger in Südwest ein. Es waren der ehemalige Radrennfahrer Bruno Büchner, der im Februar 1911 das Flugzeugführerpatent Nr. 53 erwarb, der österreichische Leutnant d. R. Fiedler und der Monteur und Werkpilot Willy Trück, dessen Pilotenschein Nr. 658 erst vom 9. Februar 1914 datierte.
»Weißer Mann kann fliegen wie Vogel«, gestanden staunend die Afrikaner, als sich die deutschen Flieger mit ihren »Apparaten« zum ersten Mal zeigten. Die Unvollkommenheit des Fluggeräts und der Motoren brachten jedoch zahlreiche Brüche mit sich, zumal den Piloten anfangs auch jegliche fliegerische Erfahrung in den Tropen fehlte. Glücklicherweise gingen die meisten Unfälle jedoch ohne nennenswerte Verletzungen für die »Aviateure« selbst ab, und die Beschädigungen an den Maschinen wurden in langwieriger Arbeit durch geschickte Handwerker wieder behoben.
Ein Plan von Bruno Büchner, auf dem Luftwege von Südwest nach Deutsch-Ostafrika zu gelangen, wurde durch ein Überflugverbot der Kapkolonie zunichte gemacht. Als sein Flugzeug auf dem Wasserweg in Sansibar anlangte und

Eine Boeing 747 »Jumbo-Jet« rollt in die Wartungshalle der Lufthansa in Frankfurt.

entladen wurde, war der Erste Weltkrieg ausgebrochen.
Nach Beendigung der teilweise durch die deutschen Flieger unterstützten Kämpfe verging nahezu ein Jahrzehnt, ehe sich wieder ein deutsches Flugzeug über dem Schwarzen Erdteil zeigte. Der bekannte Schweizer Pilot Walter Mittelholzer flog Anfang Dezember 1926 bis Ende Februar 1927 mit einem auf Schwimmer gesetzten Dornier »Merkur« mit BMW-Motor von Zürich zum Victoria-See und nach Kapstadt.
Es dauerte aber noch einige Jahre, ehe deutsche Flieger und Fliegerinnen ihre Fernflüge über den afrikanischen Kontinent ausdehnten und ihre Sportflugzeuge zwischen Kairo und Kapstadt in Erscheinung traten. Elly Beinhorn, die mit einem Klemm-Reiseflugzeug nach Bolama-Timbuktu flog, Karl Schwabe, der den Erdteil dreimal mit seiner Sportmaschine aufsuchte, der Gewinner des Hindenburg-Pokals 1931 August Lau, der Breslauer Sportflieger Edgar Gotthold, der dem ehemaligen Deutsch-Ostafrika einen ausgedehnten Besuch mit der Junkers »Junior« abstattete: sie alle legten auch über diesem Kontinent wieder Zeugnis dafür ab, daß »weißer Mann kann alles – kann fliegen wie Vogel!«
Ernst Udet und sein Fliegerfreund und Adlatus Claus von Suchocky begleiteten mit einer Klemm Kl 25 eine Expedition des Großindustriellen Gontard in die Serengeti-Steppe. Suchocky war wohl der erste deutsche Flieger, der seine Afrikaflüge mit dem Leben bezahlte: Drei Monate nach seiner Heimkehr erlag er den Folgen eines Unfalls, bei dem ihn die Klemm auf einem Termitenhügel unter sich begraben hatte.
Aber auch die Deutsche Luft-Hansa blieb nicht abseits. Sie hatte 1930 ihren Brückenkopf für den Luftpostdienst über den Südatlantik auf europäischer Seite bis zu den Kanarischen Inseln ausgebaut.
Im Herbst 1931 ging die Luft-Hansa einen Schritt weiter: Mit Dornier-Wal-Flugbooten wurden auf der Strecke Las Palmas und Britisch-Gambia (1750 km) über Rio de Oro Versuchsflüge durchgeführt. Als Sicherungs-/Wetterdienst- und Funkübermittlungsfahrzeug wurde der von der DLH angekaufte ehemalige Lotsenschoner »Orion« auf dem Südatlantik zwischen den Kanarischen Inseln und Bathurst stationiert. Zwei der Versuchsflüge wurden ohne Zwischenlandung ausgeführt, beim dritten Flug landete der »Wal« in Rio de Oro sowohl auf dem Hin- als auch auf dem Rückflug. Die Reisegeschwindigkeit der Flugboote lag bei 180 km/h.
Mit den Landungen und Starts in Bathurst (Britisch-Gambia) tauchten zum ersten Mal deutsche Verkehrsflugzeuge an der Westküste Afrikas auf.
Im gleichen Jahr 1931 stellte Junkers auf der Industrieausstellung in Johannesburg ein Verkehrsflugzeug, eine F 13, aus.
Schon 1930 hatte der Junkers-Vertreter für Südafrika, Hoepfner, einen Luftpostvertrag mit der Mandatsregierung des ehemaligen deutschen Schutzgebietes Südwest abgeschlossen.
Von der daraufhin gegründeten South-West-African Airways wurden Ganzmetallflugzeuge Junkers »Junior«, ein Baby-Flugzeug für zwei Personen, zur Post- und gelegentlichen Passagierbeförderung eingesetzt. Aufgabe dieser Postflugzeuge war die Verbindung zwischen dem ehemaligen Deutsch-Südwest und der großen, transkontinentalen Luftverkehrsroute der Imperial Airways vom Kap nach Kairo, die am 20. Januar 1932 eröffnet wurde und für die 13 000 km lange Strecke von London nach Kapstadt elf Tage benötigte.
Die Flüge zwischen Windhuk und dem Anschlußhafen an die Imperial Airways, Imberley (1300 km), wurden von den kleinen Junkers-Maschinen dank der überaus günstigen meteorologischen Bedingungen mit absoluter Regelmäßigkeit zurückgelegt. 1932 wurden außer der Post noch 93 Passagiere im planmäßigen Dienst zwischen den beiden Orten befördert, obgleich die »Junior« außer dem Flugzeugführer nur einen Gast mitnehmen konnte. Der Erfolg war so groß, daß die South-West-African Airways am 8. Juli 1932 eine viersitzige Verkehrsmaschine Junkers F 13 in Dienst stellte.
Auch Kaiser Haile Selassie hatte zu jener Zeit in Addis Abeba neben anderen ausländischen Flugzeugen eine Junkers F 13 sowie einen deutschen Flugberater, Dr. Fritz Hansen, und einen deutschen Piloten.
Im Herbst 1934 starteten von den Junkers-Werken in Dessau drei Ju 52 zum Flug nach Johannesburg. Sie waren für die Luftverkehrsgesellschaft South African Airways der damaligen Südafrikanischen Union bestimmt, die auf den Strecken Johannesburg–Durban (dem Sitz der SAA), 500 km, East London–Port Elizabeth–Kapstadt (1200 km) bereits gute Erfahrungen mit Junkers-Flugzeugen gemacht hatte. Die drei Ju 52 flogen nach Afrika unter Führung der Flugkapitäne Fry (South African Airways), Willi Polte (Deutsche Lufthansa) und Neuenhofen (Junkers-Werke). Die Flugroute führte von Dessau aus wieder über Athen nach Kairo.
Von dort flogen die Maschinen über Khartum–Kisumu–Salisbury nach Johannesburg. Die 9800 Kilometer wurden innerhalb von sieben Reisetagen mit 43 reinen Flugstunden zurückgelegt.
Außer gelegentlichen Post- oder Zubringerflügen nach Kairo für Reisende zu Ostasiendampfern gab es jedoch bis zum Ausbruch des Zweiten Weltkriegs keine regelmäßigen Verkehrsflüge der Lufthansa nach Ost- oder Südafrika.
Bathurst hingegen wurde 481 mal flugplanmäßig im Südatlantikverkehr angeflogen, ehe die Postflüge nach Südamerika 1939 bei Ausbruch des Zweiten Weltkriegs eingestellt wurden.

Luftfahrt-Pioniere in Südamerika

Am 5. Dezember 1919 wurde in Kolumbien von Deutschen und Kolumbianern die erste und damit älteste Luftverkehrsgesellschaft in der Neuen Welt gegründet. Sie erhielt den Namen Sociedad Colombo Alemana de Transportes Aereos (SCADTA), Sitz in Barranquilla. Im Januar 1920 nahm die SCADTA den Luftverkehr mit zwei Junkers F 13 zwischen den Hauptstädten Bogotá und Barranquilla auf. Die Ganzmetallflugzeuge – das Baumuster hatte erst am 22. Juni 1919 die Zulassung zum Luftverkehr erhalten – bewährten sich in dem tropischen Klima Kolumbiens ganz hervorragend. Durch den Einsatz der beiden Flugzeuge wurde die Reisezeit zwischen den zwei Orten von bisher drei bis vier Wochen auf ebenso viele Stunden herabgesetzt.
Im November 1920 überflog eine F 13 der SCADTA zum ersten Mal die Cordilleren in 5200 Meter Höhe, eine Pionierleistung, die großes Aufsehen in allen südamerikanischen Staaten erregte.
Mitte November 1922 wurden im Hafen von Havanna Rumpf, Tragflächen, Leitwerk, Schwimmer und Motor von zwei F 13 (D-217 und D-218) aus einem Frachter entladen. Aber es vergingen Wochen, ehe die Flugzeuge montiert und startklar waren. Es fehlten alle Vorrichtungen für eine solche Montage. Doch als dann die Schwimmerflugzeuge in ihr Element kamen und als erstes das Karibische Meer überflogen, da brachte die süd- und nord-

Ein Dornier-Wal-Flugboot des Condor-Syndikats über Rio de Janeiro. Diese 1924 gegründete Gesellschaft gehörte neben dem von Junkers gestützten Lloyd Aereo Boliviano zu den beiden ersten Luftfahrtunternehmen Südamerikas.

amerikanische Presse diese Sensation in dicken Schlagzeilen. Damit war der Weg für die Versuchsflüge der Maschine, die sie ein Vierteljahr lang über alle größeren Orte an der südamerikanischen Westküste führten, gut vorbereitet. Im Frühjahr 1923 traf das Flugzeug in Buenos Aires ein.
1924 wurden in Marina di Pisa die ersten beiden Verkehrsflugboote Do J »Wal« der Dornier-Werke – »Pacifico« und »Atlantico« – nach Curaçao verladen.
Im Gegensatz zu der bisherigen militärischen Ausrüstung hatten die beiden nach Curaçao verladenen »Wale« eine Kabine für zehn Passagiere, Toilette und eine komplett ausgestattete Funkkabine, die nur den einen Nachteil hatte, daß in Mittel- und Südamerika kein Funkverkehr zustande kam.
Wieder bedurfte es wochenlanger Improvisationen und angestrengter Arbeit beim Zusammenbau der beiden Flugboote, da auch in Curaçao selbst die primitivsten Vorrichtungen für die Montage fehlten. Die Vorführungsflüge der beiden »Wale« im Jahre 1925 in Havanna und den mittelamerikanischen Staaten wurden zu einem Triumphzug. Weitere Flüge längs der südamerikanischen Westküste schlossen sich an; dabei mußten die Flugboote häufig mehrstündige Flüge über hohe Gebirgszüge unternehmen.
Im Sommer 1924 traf eine neue F 13 in Argentinien ein. Sie flog noch im gleichen Jahr über die Anden nach Chile und besuchte sodann bis zum Frühjahr 1925 von Bueonos Aires aus weitere südamerikanische Staaten. Dabei wurde zum ersten Mal die Strecke Buenos Aires–La Paz beflogen und in 4000 Meter Höhe auf dem Flugplatz der bolivianischen Hauptstadt, einem der höchsten Flugplätze der Welt, gelandet.
1924 wurde in Kolumbien mit Zweigstelle in Berlin eine Studiengesellschaft für den Transozean-Luftverkehr nach Südamerika, das Syndicato Condor Ltda., gegründet, die ihren Sitz ein Jahr später von Bogotá nach Rio de Janeiro verlegte.
Ein weiteres Luftverkehrsunternehmen, die Lloyd Aereo Boliviano, wurde von Deutschen (Junkers) und Bolivianern in Cochabamba 1925 ins Leben gerufen. Die neue Gesellschaft setzte Junkers F 13 auf ihren Strecken ein, stellte durch die Route La Paz–Arica auch eine Flugverbindung mit Peru her und konnte einen einzigartigen Erfolg verbuchen: Infolge der langen und schwierigen Transportwege der erdgebundenen Verkehrsmittel waren die Junkers-Flugzeuge in den ersten fünf Jahren ständig ausverkauft.
Am 27. November 1926 erreichte die Direktion der Luft-Hansa in Berlin folgender Funkspruch: »Glückab vom

Ein Katapultflugzeug He 58 aus dem Jahre 1928 an Bord des Schnelldampfers »Europa« des Norddeutschen Lloyd zum Einsatz im Postvorausflug auf der Nordamerika-Route

fliegenden Atlantico – Luther!« Der Funkspruch war an Bord eines Dornier-Wal-Flugbootes zwischen Santos und Rio de Janeiro aufgegeben worden.
Die Luft-Hansa hatte einen der beiden in Südamerika stationierten »Wale« dem ehemaligen Reichskanzler und späteren deutschen Botschafter in den USA Dr. Luther für den Flug nach Brasilien zur Verfügung gestellt. Am 17. November 1926 hatte der »Atlantico« unter Führung von Fritz Hammer mit Dr. Luther an Bord Buenos Aires verlassen und traf nach Zwischenlandungen und längeren Besprechungen in Montevideo, Rio Grande do Sul, Pelotas, Porto Alegre, Florianopolis auf der Insel San Francisco und Santos am 27. November am Ziel Rio de Janeiro ein.
Sowohl von Deutschland als auch von Südamerika aus wurden die Vorbereitungen für den Bau einer Luftbrücke über den Südatlantik in der Folgezeit systematisch vorangetrieben. Zur Erprobung einer Zusammenarbeit zwischen Schiff und Flugzeug wurde den beiden Passagierdampfern »Lützow« und »Stuttgart« des Norddeutschen Lloyd von April bis zum Frühsommer 1927 je eine F 13 auf Schwimmmern mit an Bord gegeben. Sie flogen über dem Mittelmeer und nach den karibischen Inseln auch mit Passagieren. Die Flugzeuge wurden anschließend mittels Bordkran wieder an Deck genommen. Diese Versuche entsprachen jedoch nicht den Erwartungen.
Dagegen konnten in Südamerika bereits die ersten Grundsteine für einen künftigen Brückenpfeiler gelegt werden. Am 27. Januar 1927 erhielt das nach Rio verlegte Condor-Syndikat als erste Luftverkehrsgesellschaft in Brasilien die Genehmigung für den Personen- und Postflugdienst auf der Küstenstrecke zwischen Rio und Porto Alegre. Im September 1927 wurde diese Konzession auf den Betrieb einer von Rio de Janeiro nach Norden bis Natal führenden Flugroute und den Einsatz der Condor-Flugboote zwischen der Küste und der Insel Fernando de Noronha ausgedehnt.
In Porto Alegre, der Hauptstadt des brasilianischen Staates Rio Grande do Sul, wurde mit deutscher Hilfe nach mehr als einjähriger Vorbereitung am 7. Mai 1927 die Sociedad Anonima Empresa de Viacão Aerea Rio Grandense (VARIG) gegründet.
Da es in Porto Alegre noch keine Flugplatzanlage gab, mußte die VARIG sich auf den Einsatz von Wasserflugzeugen beschränken. Sie eröffnete die Strecke Porto Alegre–Pelotas zunächst mit dem Dornier-Merkur-Schwimmerflugzeug und setzte später den Dornier Wal »Atlantico« auf der Route ein.

Nur Wasserflugzeuge für Überseestrecken

Am 23. und 24. April 1928 führte die Luft-Hansa der Presse auf dem Wannsee bei Berlin ihre Flugboote vor: neben dem zweimotorigen »Wal« waren es hier der viermotorige Dornier »Super-Wal« und das Rohrbach-Flugboot »Rocco«, die zum ersten Mal einer breiteren Öffentlichkeit vorgestellt wurden.
Der technische Direktor der Luft-Hansa wies besonders darauf hin, daß in dem Streit »Land- oder Seeflugzeug« nur das Wasserflugzeug in Zukunft einmal

Aussicht auf die Bezwingung der Weltmeere haben werde!
Im Juli des gleichen Jahres unternahm dann der Luft-Hansa-Wal »Lübeck« von Marina di Pisa aus den ersten Erkundungsflug über Cadiz nach Las Palmas auf den Kanarischen Inseln und kehrte nach Travemünde zurück. Auch die am 22. Juli 1929 begonnenen Katapultflüge von Bord des Passagierdampfers »Bremen«, im darauffolgenden Jahr auch von deren Schwesterschiff »Europa« (Vorausflüge auf der Nordamerika-Route) brachten wertvolle Erfahrungen für die Luftbrücke über den Atlantik. Die auf den Passagierschiffen verwendeten Katapulte waren für Fluggewichte von nur 3,5 t gebaut. In den nächsten Jahren schon wurden Katapulte für den Start von 8- und 10-Tonnen-Walen und schließlich für Fluggewichte bis 17,5 t von Heinkel entwickelt.
Im September 1929 startete der Luft-Hansa-Prokurist Joachim von Schröder mit Flugkapitän Albrecht und Bordmechaniker Eichentopf mit einer Arado V 1 zu einem Schnellflug von Berlin über Sevilla und Teneriffa nach Las Palmas, machte Erkundungsflüge über den Kanarischen Inseln und kehrte über Kap Juby und Marseille zurück. Am 19. Dezember wurde das Flugzeug auf diesem Heimflug im Nebel bei Neuruppin zerstört; nur Eichentopf kam mit dem Leben davon.

Brückenbau von beiden Seiten

Am 22. März 1930 brachte zum ersten Mal ein Dornier »Wal« des Condor-Syndikats dem Hamburg-Süd Dampfer »Cap Polonio« Post bis zur Insel Fernando de Noronha nach; der erzielte Zeitgewinn betrug zwei volle Tage.
Vier Wochen später, am 18. April, holte der Condor-Wal die Europa-Post von der »Cap Arcona« und brachte sie nach Bahia. Von Anfang Juni 1930 an wurden die Post-Nachbringer- bzw. Vorausbringer-Flüge bis und von Las Palmas und von und bis zu der Brasilien vorgelagerten Insel Fernando de Noronha von den Passagierschiffen der Hamburg-Süd zu einer festen Einrichtung. Der damit erzielte Zeitgewinn für Postsendungen zwischen Berlin und Rio de Janeiro belief sich auf rund zehn Tage. Je 14 dieser Postflüge wurden auf beiden Seiten des Atlantik durchgeführt. Zudem fuhr am 18. Mai 1930 zum ersten Mal das Luftschiff »Graf Zeppelin« von Friedrichshafen nach Recife. Die Post wurde dem LZ 127 durch ein Luft-Hansa-Flugzeug nach Sevilla nachgebracht; ihre Beförderung von Recife nach Buenos Aires übernahm das Condor-Syndikat, das inzwischen die Konzession der argentinischen Regierung für die Flüge erhalten hatte.
1931 wurden 12 Flüge nach Las Palmas geführt und drei weitere bis Bathurst (Britisch-Gambia) ausgedehnt. Hinzu kamen je sieben Anschlußflüge an Hamburg-Süd-Schnelldampfer auf beiden Seiten des Atlantik, drei Fahrten des Zeppelin-Luftschiffs Sevilla–Recife und der Südamerikaflug des Dornier-Flugschiffs Do X.
Die Erprobung neuer Großflugboote, des Dornier »Super-Wal« und der Rohrbach »Romar«, hatte 1929 erwiesen, daß ihre Reichweite für Flüge über den Südatlantik in keiner Weise ausreichte. Der Gedanke, »schwimmende Flugstützpunkte« zu schaffen und die Flugboote katapultfähig zu bauen, hatte bei der Luft-Hansa feste Formen angenommen. In Zusammenarbeit mit der Luft-Hansa wurden bei den Heinkel-Flugzeugwerken Flugzeug-Schleuderanlagen für höhere Startgewichte gebaut und auf Ost- und Nordsee erprobt. Auch das der Luft-Hansa von dem deutsch-baltischen Ingenieur Kiwull angebotene »Stausegel« wurde hier eingehenden Erprobungen unterzogen. Es war dazu bestimmt, die an den Flugstützpunkt heranrollenden und auf Stausegel aufrollenden Flugboote auch bei ungünstigem Seegang in halbstarre Verbindung mit dem Dampfer zu bringen und damit das Anbordnehmen mit dem Kran zu erleichtern.
Nachdem die ersten 15 Flugkapitäne am 22. März 1929 einen Kursus an der Seefahrtschule in Lübeck beendet und ihre Prüfung für »Große Fahrt« erfolgreich bestanden hatten, erwarb die Luft-Hansa zur weiteren seemännischen Ausbildung für das auf Flugbooten oder Schwimmerflugzeugen eingesetzte Personal den 80-t-Schoner »Orion«. Kapitän Ludolf Dettmering, der später das Kommando auf dem ersten Flugstützpunkt »Westfalen« übernahm, und zehn Seeleute bildeten die Besatzung des Schiffes, das in den nächsten Jahren als Wetter- und Funkstation bei den Kanarischen Inseln und vor der afrikanischen Küste stationiert war.
Das Jahr 1932 brachte von März bis Oktober neun Südamerikafahrten des »Graf Zeppelin« im Gemeinschaftsdienst von Delag (Deutsche Luftschiffahrts-AG), Luft-Hansa und Condor-Syndikat. Das für den Bau der Luftbrücke nach Südamerika wichtigste Ereignis in diesem Jahr war jedoch die Charterung eines 5367 BRT großen Frachtdampfers vom Norddeutschen Lloyd. Der Um- und Ausbau des nahezu 30jährigen Veteranen zum schwimmenden Flugstützpunkt begann sofort. Im April 1933 konnte die »Westfalen«, wie der ehemalige Frachtdampfer nach beendetem Umbau hieß, als Flugstützpunkt und erster »Pfeiler der Luftbrücke« über den Südatlantik der Öffentlichkeit vorgestellt werden. Anfang Mai befand sich die »Westfalen« auf der Fahrt nach der Gambia-Mündung, nach Bathurst. Da für Dakar als Absprungbasis der Südatlantikstrecke keine Genehmigung zu erhalten war, hatte Großbritannien Bathurst in Britisch-Gambia der Luft-Hansa zur Verfügung gestellt. Auf der Fahrt nahm die »Westfalen« in Cadiz die beiden »Wale« »Monsun« und »Passat« mit ihren Besatzungen an Bord; sie traf am 19. Mai in Bathurst ein.
Am Pfingstsonntag, dem 29. Mai 1933, startete der »Monsun« mit der Besatzung Jobst von Studnitz, der 1929 bereits den ersten Katapultflug von Bord der »Bremen« nach New York ausführte, Gruschwitz, Ernst und Fechner in der Gambia-Mündung vom Katapult der »Westfalen« zum ersten Versuchsflug.
Am 6. Juni folgte der Flug des »Passat« mit Flugkapitän Blankenburg nach Wasserstart in der Gambia-Mündung bei Bathurst und Wasserung neben der mitten im Südatlantik postierten »Westfalen«, die das Flugboot an Bord hievte.
Am 7. Juni traf der »Passat« in Natal ein, der Rückflug nach Bathurst erfolgte am 23. Juni.
Damit waren die ersten Versuchsflüge unter Zuhilfenahme eines Flugstützpunktes zunächst abgeschlossen. Die »Westfalen« kehrte nach Deutschland zurück. Erst am 6. Oktober 1933 trat sie die zweite Ausfahrt nach der Gambia-Mündung an, traf Ende Oktober dort ein und bezog wieder ihre Position im Südatlantik. Am 9. November startete wieder ein »Wal« in Bathurst, wurde dann von der »Westfalen« an Bord geholt und seine Post in den auf dem Katapult stehenden zweiten »Wal« umgeladen, der damit nach Natal flog. Die reine Flugzeit zwischen beiden Kontinenten wurde mit diesem Flug auf 15 Stunden 15 Minuten herabgesetzt.
Schon die ersten Erfahrungen mit dem Flugstützpunkt »Westfalen« hatten sich als derart gut erwiesen, daß die Luft-Hansa noch im Herbst 1933 das 8188 BRT

große Motorschiff »Schwarzenfels« erwarb und es zum zweiten Flugstützpunkt ausbaute, der den Namen »Schwabenland« erhielt.
1934 war die Luftbrücke nach Südamerika betriebsfertig: Am 3. Februar startete in Berlin-Tempelhof eine Heinkel He 70 »Blitz« mit der Besatzung Flugkapitän Untucht und Funkermaschinist Kirchhoff zum Flug nach Sevilla. Hier wurde die Post mit einer Junkers Ju 52 über Las Palmas nach Bathurst weiterbefördert und von dort aus mit dem Wal »Taifun« (Besatzung Blankenburg, Blume, Gruschwitz und Fechner) via »Westfalen« nach Natal geflogen. Maschinen des Condor-Syndikats brachten die Post weiter nach Rio und Buenos Aires. Die erste Luftpost aus Südamerika traf aus der Gegenrichtung nach einer Laufzeit von drei Tagen, acht Stunden und vierzig Minuten am 11. Februar 1934 in Berlin ein. Die Flüge wurden zunächst alle 14 Tage in jeder Richtung, später wöchentlich durchgeführt. Die Laufzeit von Berlin nach Südamerika betrug für Luftpostsendungen vier, in umgekehrter Richtung nur drei Tage.
Als Ende Mai 1934 die »Westfalen« für sechs Wochen ausfiel, da sie zur Überholung nach Deutschland ins Dock mußte, übernahm das Luftschiff »Graf Zeppelin« allein die Beförderung der Luftpost nach Südamerika. Am 7. Juli 1934 nahm die »Westfalen« ihre Position Mitte Südatlantik wieder ein. Im November 1934 erhielt sie Unterstützung durch die inzwischen mit Schleuderanlage, Flugzeugkran und Stausegel ausgerüstete »Schwabenland«, die ihre Position vor Bathurst erhielt, während die »Westfalen« vor Fernando de Noronha stationiert wurde. Die Dornier-Werke hatten inzwischen anstelle des bisher eingesetzten 8-t-Wals einen 10-t-Wal herausgebracht, der mit 3000 km eine um 35 % größere Reichweite bot als sein Vorgänger. Insgesamt wurden 1934 24 Hin- und 23 Rückflüge über den Südatlantik planmäßig durchgeführt und dabei 400 000 Kilometer zurückgelegt.
Durch Aufnahme des Nachtflugverkehrs über den Südatlantik im Jahr 1935 wurde die Postlaufzeit Berlin–Rio auf drei und Berlin–Buenos Aires auf dreieinhalb Tage verringert. Am 1. Juli 1935 trat zudem ein Pool-Abkommen zwischen Lufthansa und Air France für die Südamerika-Route in Kraft, nach dem von diesem Zeitpunkt an je ein wöchentlicher Dienst in beiden Richtungen aufgenommen wurde.
Bereits am 25. August 1935 konnte die Lufthansa ihren hundertsten Postflug über den Südatlantik mit insgesamt 1,4 Mio Flugkilometern und vier Millionen Luftpostbriefen verbuchen. Sie hatte für diesen Südatlantikdienst besonders leichte Luftpostbriefe herausgebracht: zwei Briefbogen, Kuvert und Briefmarken, die zusammen das vorgeschriebene Gewicht von fünf Gramm nicht überstiegen. Das Porto für einen solchen Luftpostbrief nach Südamerika: 1,75 Reichsmark.
Am 6. Oktober 1935 eröffnete das Condor-Syndikat als letzten Streckenabschnitt der Südatlantikroute die Strecke Buenos Aires–Mendoza–Santiago de Chile. Sie wurde in den beiden folgenden Jahren, 1936 und 1937, einmal wöchentlich mit Post und Passagieren in beiden Richtungen beflogen und führte in den Anden über eine Paßhöhe von 4050 m, die auf beiden Seiten von Siebentausendern flankiert wurde. Bei schlechter Sicht mußten die eingesetzten Junkers Ju 52 aufgrund ihrer unzureichenden Gipfelhöhe 200 Kilometer südlich der üblichen Route über die Cordilleren gesteuert werden, da dort die Berge nur eine Höhe von 3000 bis 4000 m haben.
Zur Eigenpeilung der Flugzeuge dienten Rundfunksender in Argentinien und Chile, die vertraglich verpflichtet waren, ihre Sender auch außerhalb der üblichen Sendezeit weiterlaufen zu lassen, solange sich die Ju 52 auf dem Flug über die Cordilleren befand. Da sich aber bei den Blindflug-Überquerungen 200 Kilometer südlich des üblichen Flugwegs keine Rundfunkstation in der Nähe befand, die für die Eigenpeilung in Frage kam, wurde eine Abmachung mit einem Schneidermeister in dem Dorf Curio getroffen. Der stellte seinen 20-Watt-Amateur-

sender zur Verfügung und gab während der Dauer eines solchen Ausweich-Fluges ständig Schallplattenmusik durch.
Die Flugzeit von Mendoza nach Santiago betrug zu jener Zeit rund 70 Minuten. Für eine Blindüberquerung waren jedoch meist infolge des großen Umweges vier bis fünf Stunden erforderlich.
An Europa-Post nahmen die Maschinen bei jedem Flug etwa 100 kg mit, während sich um die Weihnachtszeit die Luftpostladung auf über 400 kg erhöhte.
Aufgrund des großen Vertrauens der breiten Öffentlichkeit in die Zuverlässigkeit und Pünktlichkeit der Lufthansa-Flüge wurden die meisten Luftpostbriefe von und nach Südamerika mit dem zu jener Zeit zulässigen Vermerk »via Lufthansa« versehen.
Noch 1937 hatte das Condor-Syndikat den Expreßverkehr der Route Rio–Porto Alegre bis Buenos Aires verlängert und die Strecke Parnahyba–Floriano bis nach Urussuhy ausgedehnt.
Auf der Südatlantikstrecke setzte die Lufthansa 1937 Do-18-Flugboote ein, 1938 die viermotorigen Ha-139-Schwimmerflugzeuge, die eine größere Zuladung mitnehmen konnten. Schließlich übernahm die Lufthansa 1937 und 1938 auch die Strecken Buenos Aires–Santiago und Natal–Buenos Aires vom Condor-Syndikat, die Länge der Strecke von Berlin nach Santiago de Chile belief sich damit auf rund 15 000 km.
Doch es gab noch eine zweite transkontinentale 4200 km lange Strecke, die von der Lufthansa zusammen mit befreundeten südamerikanischen Luftverkehrsgesellschaften im Jahre 1938 vom Pazifik zum Atlantik und weiter nach Europa bedient wurde. Die Deutsche Lufthansa hatte 1938 eine Niederlassung in Lima (Peru) eröffnet, der zwei Junkers Ju 52 zur Verfügung standen. Mit diesen Flugzeugen beflog sie die neue Strecke Lima–Arequipa–La Paz (Bolivien). Von dort aus übernahm der Lloyd Aereo Boliviano die Weiterbeförderung von Passagieren, Post und Fracht nach der brasilianischen Grenzstadt Corumba. Hier erfolgte der weitere Flug mit einer Ju 52 des Condor-Syndikats über Sao Paulo nach Rio de Janeiro; die Europa-Post wurde anschließend im Nachtflug nach Natal oder Recife gebracht. Dort übernahmen sie die Südatlantik-Postflugzeuge der Lufthansa zur Auslieferung in Europa, das heißt, im Endflughafen der Südamerikastrecke, dem Rhein-Main-Flughafen Frankfurt.
Im April 1939 wurde im Südatlantikverkehr die Dornier Do 26 eingesetzt, die bis zum Kriegsausbruch noch 15 Atlantiküberquerungen fliegen konnte. Insgesamt hatten Lufthansa-Flugzeuge bei ihren Erprobungs- und den planmäßigen Postflügen den Südatlantik bis Ende August 1939 nicht weniger als 481 mal überquert.
Erst 17 Jahre später baute die neue

Linke Seite: Flugstützpunkt »Westfalen« mit einem Dornier »Wal« an Bord.
Unten: Ab 1933 stationierte die Lufthansa schwimmende Flugstützpunkte im Atlantik, um ihren Flugbooten eine Zwischenlandung zu ermöglichen. Die Postlaufzeit zwischen Berlin und Südamerika verkürzte sich so auf drei bis vier Tage. Ganz unten: Eine Dornier Do 18, die Nachfolgerin des »Wal«

Im Auftrag der Deutschen Lufthansa entwickelte die Hamburger Flugzeugbau GmbH das Transatlantik-Postflugzeug Ha 139 A. Mit drei Flugzeugen dieses Typs wurden der Nord- und Südatlantik von 1937 bis 1939 einhundertmal überquert. Die Maschinen waren katapultfähig und mit vier Jumo-205-C-Motoren von je 660 PS Leistung ausgestattet.

Deutsche Lufthansa die Brücke nach Südamerika wieder auf. Am 15. August 1956 startete das erste Flugzeug in Hamburg nach Buenos Aires, eine viermotorige »Super-Constellation«, ein Landflugzeug, das keinen schwimmenden Flugstützpunkt als Pfeiler der Luftbrücke auf beiden Seiten des Atlantik mehr benötigte, sondern vom afrikanischen Absprung-Flughafen Dakar aus direkt nach Rio de Janeiro startete.

Pionier- und Rekordflüge der Deutschen Lufthansa

23. 7.–26. 9. 1926: Berlin–Peking–Berlin über Sibirien mit Junkers G 24 unter Expeditionsleiter Dr. Knauss (20 000 km)

13. 4. 1927: München–Mailand–München über die Alpen mit einer dreimotorigen Rohrbach »Roland«

12./13. 4.1928: Erste Ost-West-Überquerung des Nordatlantik durch Hermann Köhl, Nachtflugleiter der Luft-Hansa, mit Junkers W 33 »Bremen« von Irland nach Labrador in ca. 36 1/2 Stunden (auf eigene Initiative, ohne Unterstützung der Luft-Hansa)

27. 8.–2. 9. 1928: Berlin–Irkutsk–Berlin durch v. Schrieder und Albrecht mit Junkers W 33 in 76 Std. 15 Min. (12 300 km)

22. 7. 1929: Erster Postvorausflug vom Katapult des Passagierdampfers »Bremen« 400 km vor der amerikanischen Küste mit Heinkel He 12 D-1717 »New York«

7./8. 9. 1929: Berlin–Marseille–Sevilla mit Schnellpostflugzeug Arado V 1 in 15 Stunden (2591 km)

25. 10. 1929: Erster Postexpreßflug nach Konstantinopel mit Arado V 1 in 10 Std. 35 Min., Rückflug in 10 Std. 10 Min. (je 1820 km)

25.–31. 3. 1930: Travemünde–Las Palmas durch v. Bertram und Kiessner mit Dornier »Wal« in 25 Std. 45 Min. (4500 km)

27. 7. 1932: Sieg einer Ju 52 der Luft-Hansa im Züricher Alpenrundflug auf der Strecke Zürich–Genf–Mailand–Zürich (715 km) im Rahmen des Wettbewerbs um den Chavez-Bider-Pokal

29. 5. 1933: Erster Flug eines Dornier »Wal« von Bathurst aus zum schwimmenden Flugstützpunkt »Westfalen« im Südatlantik, anschließend Start vom Katapult der »Westfalen« zum Weiterflug nach Natal/Brasilien. Dies war der Auftakt zur Überwindung des Südatlantik mit Hilfe von schwimmenden Flugstützpunkten.

Ab 31. 5. 1933: Zwei Junkers W 34 werden von Berlin nach Schanghai überführt zur Verstärkung des Flugzeugparks der deutsch-chinesischen Luftverkehrsgesellschaft Eurasia. Flugkapitän Polte; Route Berlin–Moskau–Kasan–Swerdlowsk–Omsk–Sergiopol–Tschugutschak–Urumtschi–Wüste Gobi (800 km)–Sutschou–Lantschou–Sianfu–Nanking–Schanghai

4.–8. 9. 1933: Eine dritte W 34 fliegt zur Verstärkung des Eurasia-Flugzeugparks von Berlin nach Schanghai und erreicht bereits am zweiten Tag Urumtschi, am 5. Tag Schanghai.

9. 11. 1933: Erster durchgehender Flug eines Dornier »Wal« von Bathurst nach Natal unter Verwendung des schwimmenden Flugstützpunkts »Westfalen« in 15 Std. 5 Min. Flugzeit

Rechts: Eine der letzten Aufnahmen von Antoine de Saint-Exupéry zeigt ihn im Cockpit eines P-38-Lightning-Jägers, mit dem er seit dem 31. Juli 1944 verschollen ist. Außen: Jean Mermoz

5.–7. 2. 1934: Erster regelmäßiger Luftpostflug auf der ersten Transozeanstrecke der Welt zwischen Bathurst und Natal mit Dornier »Wal«

6. 10. 1935: Erster regelmäßiger Flug auf der Strecke Buenos Aires–Santiago de Chile über die Anden, wodurch der Transozean-Luftpostdienst von Deutschland bis nach Chile verlängert wird. Damit erste und lange Zeit schnellste Luftpostverbindung zwischen Europa und Chile

9./10. 9. 1936: Erster Flug mit Do 18 »Zephyr« auf der Strecke Azoren–New York (3850 km) zur Erprobung der Nordatlantikroute

24. 8.–3. 10. 1937: Flug der Ju 52 D-ANOY von Kabul über den Pamir nach China und – nach Notlandung und Gefangennahme – zurück nach Kabul und Berlin

24. 5. 1938: Eröffnung des ersten durchgehenden Postdienstes zwischen Peru (Lima) und Deutschland (ca. 16 000 km) über Bolivien, Brasilien und den Südatlantik mit Ju 52 und Flugbooten

10. 8. 1938: Nonstopflug Berlin–New York mit Focke-Wulf Fw 200 »Condor« D-ACON in 24 Std. 54 Min. Rückflug am 13. 8. 1938 in 19 Std. 54 Min.

28.–30. 11. 1938: Berlin–Basra–Karatschi–Hanoi–Tokio mit Fw 200 »Condor« in 46 Std. 15 Min., reine Flugzeit 42 Std. (13 650 km)

Ab 22. 4. 1939: Erkundungsflug Berlin–Tokio–Berlin mit Ju 52 (34 000 km)

27./28. 6. 1939: Erster Flug eines Landflugzeugs, der Fw 200 D-AXFO »Pommern«, von Deutschland nach Südamerika (11 100 km, Flugzeit 34 Std. 48 Min.)

Mermoz und Saint-Ex

1917 dachte auch der französische Flugzeugfabrikant Pierre Latécoère – wie Hugo Junkers in Deutschland und Holt Thomas in England – an eine friedliche Verwendung des Flugzeugs. Sein Blick war nach Marokko gerichtet. Er betrachtete dieses Land als ersten Meilenstein einer Strecke nach Südamerika und war davon überzeugt, daß das Flugzeug eines Tages eine schnelle und sichere Reise zu diesem fernen Land, wo Frankreichs Prestige in hohem Ansehen stand, ermöglichen könnte. Damals dauerte es fast zwei Monate, bis man auf einen von Paris nach Buenos Aires gesandten Brief Antwort erwarten konnte. Latécoère schätzte, daß die Luftpost den Empfang einer Antwort innerhalb einer einzigen Woche ermöglichen könnte, was für einen Unternehmer mit Initiative beträchtliche Möglichkeiten bot.
So kam es, daß 1919 in Montaudran bei Toulouse die Lignes Aériennes Latécoère entstand. Piloten, die sich darum bewarben, die Flugzeuge dieser Pionier-Fluggesellschaft zu fliegen, waren kurz zuvor aus dem Militärdienst entlassen worden und nun glücklich, eine Aufgabe – wenn auch nicht die beste – übernehmen zu können. Ihr Enthusiasmus trug viel zur Sicherung des Erfolges der neuen Gesellschaft bei. Didier Daurat, der Manager der Fluggesellschaft, machte aus ihnen ein diszipliniertes Team, für das die Beförderung der Post beinahe zu einer heiligen Mission wurde. Für diese »Bruderschaft« wurde der langatmige Titel Lignes Aériennes Latécoère zu der einfachen – mit Stolz gebrauchten – Abkürzung »la Ligne – die Linie«.
Diese »Linie« war es, bei der sich Ende 1926 ein junger Mann namens Antoine de Saint-Exupéry um eine Anstellung als Pilot bewarb. Eines Tages stand er dem scharfsichtigen Didier Daurat von Angesicht zu Angesicht gegenüber. Saint-Ex, wie man ihn bald nannte, versicherte Daurat, daß er vor allem zu fliegen wünsche. »Sie müssen das gleiche tun wie die andern«, brummte der Manager, »nämlich Ihren Platz in der Fluggesellschaft ausfüllen.« Das bedeutete, ohne Widerspruch auch die »Hausarbeiten« des frühen Luftverkehrs auf sich zu nehmen: in kalten Hangars zu arbeiten, Meteorologie und Navigation zu lernen, Flugzeuge zu putzen und den Mechanikern zu helfen.
Daurat war der Meinung, daß diese Verpflichtung zu einem gemeinschaftlichen Leben, das Teilhaben an harter Arbeit und den Aufgaben des täglichen Lebens einen unentbehrlichen Abschnitt der Lehrzeit in der »Linie« darstellte. Für Saint-Ex, ein verwöhntes Kind der Aristokratie, stellte das eine ausgesprochene Herausforderung dar. In der französischen Luftwaffe war er durch seinen Offiziersrang auf Rosen gebettet gewesen, und von ihm war nur verlangt worden, zu lernen, wie er am besten mit seinem Flugzeug umging. Die anderen Arbeiten verrichtete das Bodenpersonal.
In seinem Buch »Wind, Sand und Sterne«, das zu einem Klassiker der Luftfahrt wurde, erzählt Saint-Exupéry von dem Stolz, seinen Ängsten und seinen Gedanken, nachdem ihm Daurat Anweisungen gegeben hatte; wie er mit einem Gefühl der Unzulänglichkeit den erfahrenen Guillaumet bat, ihm jenes Wissen, das kein Lehrbuch vermitteln kann, zur Verfügung zu stellen. Guillaumet sollte sein engster Freund

werden, einer der echten Pioniere der Luftfahrt, dessen Rettung bei einer Notlandung in den Anden ein Epos des persönlichen Triumphes darstellte, der von Saint-Exupérys Feder anschaulich beschrieben wurde. Aber in jener Nacht des Jahres 1926 saß der unerfahrene Pilot neben Guillaumet ». . . Und dort, über das Lampenlicht gebeugt, Schulter an Schulter mit dem Veteranen, fühlte ich so etwas wie den Frieden eines Schuljungen.«

Die Anforderungen der »Linie« gaben ihm bald jenes Selbstvertrauen, das er brauchte, um die Leitung der Tankstation in Kap Juby an der Küste von Rio de Oro an der Casablanca–Dakar-Strecke zu übernehmen.

Als im Juli 1928 die Piloten Riguelle und Dumesnil etwa 30 Kilometer südlich von Juby notlanden mußten, barg Saint-Ex ihr Flugzeug. Innerhalb von zwei Tagen hatte er eine Karawane aus Pferden, Eseln und Kamelen organisiert. Sie trugen Mechaniker und Proviant. Er baute einen vierrädrigen Karren aus Holz und Flugzeugrädern, der von einem einzelnen Kamel gezogen wurde und den Ersatzmotor und den Flaschenzug trug.

Als diese Expedition beim Flugzeug ankam, hatten Angehörige eines feindlichen Stammes, die das Gebiet des öfteren durchstreiften, alles Brauchbare gestohlen

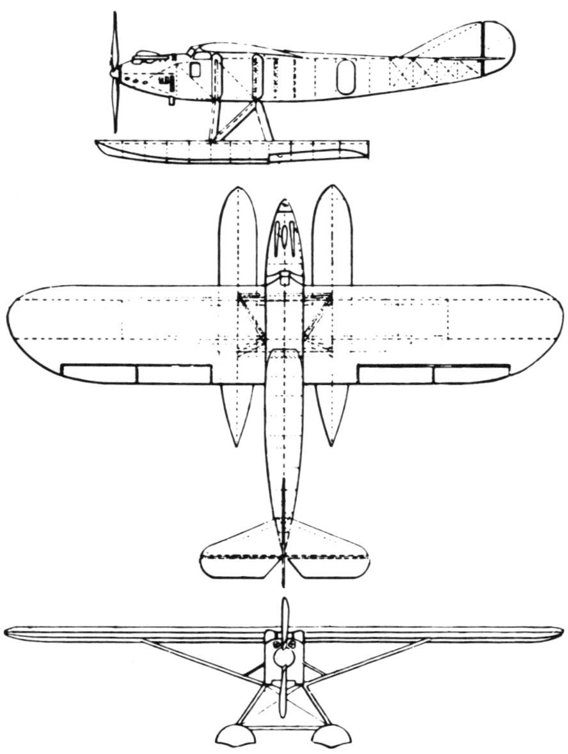

Latécoère 300

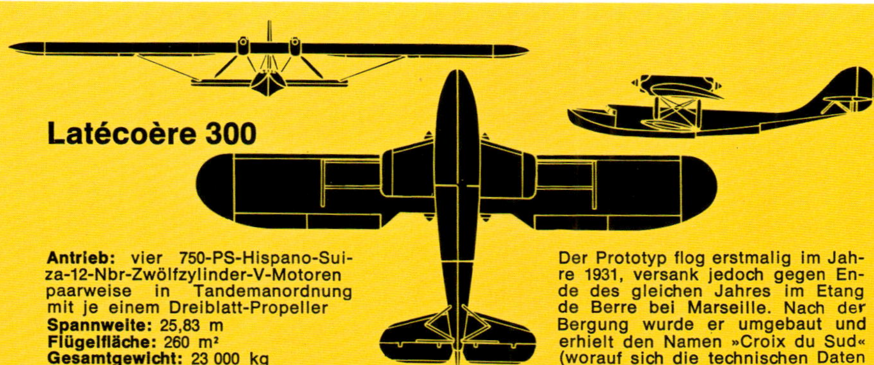

Antrieb: vier 750-PS-Hispano-Suiza-12-Nbr-Zwölfzylinder-V-Motoren paarweise in Tandemanordnung mit je einem Dreiblatt-Propeller
Spannweite: 25,83 m
Flügelfläche: 260 m²
Gesamtgewicht: 23 000 kg
Höchstgeschwindigkeit: 210 km/h in Meereshöhe
Reichweite: 4800 km (mit Reserve)
Fassungsvermögen: 4 Mann Besatzung und Passagier/Postnutzlast von 1320 kg
Erster Flug (als »Croix du Sud«): 7. Oktober 1932

Der Prototyp flog erstmalig im Jahre 1931, versank jedoch gegen Ende des gleichen Jahres im Etang de Berre bei Marseille. Nach der Bergung wurde er umgebaut und erhielt den Namen »Croix du Sud« (worauf sich die technischen Daten beziehen), und am 31. Dezember 1933 stellte er mit einem Flug über 3679 km von Berre nach St. Louis/Senegal in knapp 24 Stunden einen Klassenrekord auf. Drei Jahre später kehrte er von einem Flug mit dem berühmten französischen Piloten Jean Mermoz nicht zurück.

Übergehendes Bild: Ein Latécoère-300-Flugboot. Ende 1931 sank diese Maschine bei Marseille, wurde geborgen und zur F-AKGF »Croix du Sud« umgebaut. Linke Seite: Latécoère-28-Wasserflugzeug. Dieser Typ wurde ebenfalls von Jean Mermoz geflogen, hatte einen 750-PS-Hispano-Suiza-Motor und eine Reichweite von über 5000 Kilometer. Die Spannweite betrug 19,25 m, die Höchstgeschwindigkeit 237 km/h.

und Flügelholme durchschlagen. Das bedeutete, daß von Juby ein Tragwerk geholt – eine Zweitagereise – und daß während dieser Zeit eine Startbahn von etwa 7 mal 200 m in der Wüste geebnet werden mußte, von der das reparierte Flugzeug abheben konnte.
Saint-Exupéry erfuhr, daß eine Gruppe bewaffneter Stammesangehöriger wahrscheinlich angreifen würde. Die Reparatur gelang unter dem Schutz von sechs befreundeten Mauren, die mehrere Male Schußwechsel mit den Plünderern hatten, aber jeden Angriff erfolgreich abwehrten. Dann flog Saint-Ex das Flugzeug nach Juby zurück.
In Juby traf Saint-Ex seine »Brüder« der Linie: Guillaumet, Lécrivain, Riguelle, Joly und Mermoz, die der von ihnen gewählten Aufgabe zuliebe die Gefahren der Wüste auf sich nahmen. Und das nicht ohne Angst, denn viele ihrer Kameraden, die durch die Anfälligkeit ihrer Flugzeuge zur Landung gezwungen wurden, waren von den Mauren gefangengenommen worden. Einige waren gefoltert worden, andere hatte man kurzerhand ermordet.
Jean Mermoz wurde bei seinem vierten Wüstenflug im Mai 1926 zur Landung gezwungen. Erschöpft von einem Marsch über den heißen Sand, schlief er ein. Als er erwachte, stellte er fest, daß er der Gefangene einer Bande von Wilden war. Sie waren schlauer als andere und handelten ein Lösegeld von 50 000 Francs aus, bevor sie ihn freiließen. So war Mermoz dem Tod entronnen, um einer der berühmtesten Piloten Frankreichs zu werden.
Pierre Latécoère träumte von einer Luftpostlinie, die Frankreich mit Südamerika verbinden sollte. Ein Traum, der den Flugzeugen, die man zu jener Zeit bauen konnte, weit voraus war. Aber es gab keinen Grund, warum das südamerikanische Ende der Route nicht ausgebaut werden sollte, bis es Flugzeuge gab, die eines Tages dazu in der Lage waren, die Überquerung des Südatlantik zu ermöglichen.
1927 schiffte sich Jean Mermoz nach Rio ein, um neue Luftpostlinien zu erkunden. Mermoz, ein wagemutiger Pilot, hatte die Disziplin von Daurat gelernt und war der »Linie« treu ergeben. Er verlor keine Zeit: Bis Oktober 1929 waren die schwierigsten Routen eröffnet. Er hatte die Entfernungen und die undurchdringlichen tropischen Wälder überwunden, flog triumphierend über sie hinweg nach Bolivien; zusammen mit seinem Mechaniker Collenot hatte er die unwirtlichen Höhen der Anden erklommen und auf dem Flug nach Chile überquert.
Der erste Abschnitt der französischen Südamerika-Strecke von Toulouse-Montaudran nach Dakar wurde bis 1925 eingerichtet. 1927 kam der südamerikanische Abschnitt von Natal nach Buenos Aires dazu. Bis zum darauffolgenden Jahr wurde die Post über die ganze Route befördert, wobei schnelle Schiffe die Verbindung zwischen Dakar und Natal herstellten. Inzwischen vereinigte sich die Lignes Aériennes Latécoère mit der Cie Générale Aéropostale.
Die Töchter dieser Gesellschaft, Cia Aeropostal Brasileira und Cia Aeropostal Argentina, vervollständigten die südamerikanischen Routen.
Am 12. Mai 1930 erhob sich ein Latécoère-28-Schwimmerflugzeug, die F-AJNQ »Comte de la Vaulx«, in St. Louis, Senegal, mit 130 kg Post an Bord aus dem Wasser. Mermoz war am

Steuer, begleitet von L. Gimié und J. Dabry als Besatzung. Der Flug verlief nicht ganz ereignislos. Saint-Ex berichtete von dem Augenblick, als das Flugzeug aus den Wolken kam und in eine phantastische Kulisse eintauchte. Vor ihnen lagen riesige schwarze Wasserhosen, fast wie Säulen eines Tempels, die bis zu den Wolken hinaufreichten und diese zu tragen schienen. Es war Nacht, der Vollmond sandte Strahlen eines unwirklichen Lichtes zwischen die fast unbeweglichen Säulen. Mermoz, fasziniert von diesem Augenblick und dem Erlebnis, flog »... durch diese Korridore aus Mondlicht zum Ausgang des Tempels«. Als das Schwimmerflugzeug in Natal landete, 21 Stunden nach dem Start, war Pierre Latécoères Traum Wirklichkeit geworden.

Am 16. Januar 1933 vollendete Mermoz – mit einem Couzinet-70-Landflugzeug, der F-AMBV namens »Arc-en-Ciel« – die St. Louis-Natal-Überquerung in 14 Stunden 27 Minuten. Bis 1936 hatte er 23 Südatlantikflüge geschafft. Man flog die Strecke nun gemeinsam mit den Dornier-Flugbooten der Lufthansa. Aber dann, am 7. Dezember 1936 – Mermoz flog das Latécoère-300-Flugboot »Croix du Sud« – gab er vier Stunden von Dakar entfernt per Funk durch, daß er einen Motor stillege. Man hörte kein weiteres Wort mehr von ihm, und trotz ausgedehnter Luft- und Seesuchaktionen wurde nie eine Spur von dem Flugboot oder seiner Besatzung gefunden.

Auch Antoine de Saint-Exupéry verschwand, ohne eine Spur zu hinterlassen: am 31. Juli 1944, als er mit einer P-38 »Lightning« in großer Höhe östlich von Lyon flog.

Beiden gebührt ein Platz in der Geschichte der Luftfahrt, der nie in Vergessenheit geraten wird.

Oben links: Das unglückliche Luftschiff R.101 an seinem Ankermast in Cardington, Bedforshire, im Oktober 1929. Das Luftschiff stürzte 1930 bei einem Flug nach Indien ab und wurde zerstört. Oben rechts: Die »City of Arundel« der Armstrong Whitworth Argosy auf einem typisch afrikanischen »Flughafen« im März 1931. Unten: Als die Imperial Airways in den zwanziger Jahren begannen, ihre Empire-Route zu planen, wurde klar, daß der Mittelmeerabschnitt nur mit Flugbooten sicher beflogen werden könnte. Dies führte zur Herstellung der Short S. 8 »Calcutta« für 15 Passagiere.

England

Die britische Luftverkehrsgesellschaft Aircraft Transport and Travel (AT and T) flog ab 25. August 1919 die erste internationale Linie nach Flugplan von London nach Paris. Bald danach beflogen französische Gesellschaften und die Handley Page Transport die gleiche Strecke.

Die AT and T nahm im Mai 1920 in Zusammenarbeit mit der KLM den Luftverkehr nach Amsterdam auf, aber Ende des Jahres stellte sie sämtliche Flüge wegen finanzieller Schwierigkeiten ein. Die Handley Page Transport und die

Instone setzten den Kampf fort, aber auch sie mußten Anfang 1921 den Verkehr einstellen, bis ihnen eine Subvention gewährt wurde. Ab April 1922 flog Daimler Airways die Strecke London–Paris, und bis März 1924 verfügten die drei überlebenden englischen Gesellschaften, die Linienflüge zum Kontinent unterhielten, über ein Streckennetz zwischen London und Paris, Brüssel, Köln, Amsterdam, Berlin, Basel und Zürich. Die British Marine Air Navigation unterhielt zusätzlich eine Flugbootlinie zwischen Southampton und der Kanalinsel Guernsey.
Wegen der unwirtschaftlichen Flugzeuge, des schlechten Wetters und der Notwendigkeit, hauptsächlich bei Tageslicht zu fliegen, hatten alle ersten Luftverkehrsgesellschaften, soweit sie nicht subventioniert wurden, mit ernsten finanziellen Schwierigkeiten zu kämpfen. Sicher wurden verschiedene Arten staatlicher Subventionen erwogen, aber schließlich beschloß man, die vier britischen Gesellschaften zu einer subventionierten staatlichen Luftverkehrsgesellschaft zu verschmelzen. Sie wurde am 31. März 1924 als Imperial Airways gegründet und übernahm den größten Teil der früheren Europalinien. Ihre Hauptaufgabe bestand jedoch in der Erschließung von Langstrecken, die das Vereinigte Königreich mit den britischen Territorien in Übersee verbinden sollten.
Der Vorrang wurde der Eröffnung einer Strecke zwischen England und Indien gegeben. Es dauerte bis 1927, ehe sie regelmäßig beflogen werden konnte. Die erste Stufe der heutigen Rund-um-die-Welt-Strecke der British Airways war die Eröffnung einer Linie von Basra nach Kairo via Bagdad und Gaza am 7. Januar 1927. Sie stellte gleichzeitig eine Verbindung zu Postschiffen dar, die zwischen Port Said und Marseilles verkehrten.
Dies war der erste Abschnitt des britischen Übersee-Luftverkehrssystems, der von einem kommerziellen Unternehmen beflogen wurde. Seit Juni 1921 flog bereits die Royal Air Force den Abschnitt Kairo–Bagdad unter der legendären Bezeichnung »Desert Air Mail« (Wüstenluftpost).
1929 wurde die Kairo–Bagdad–Basra-Strecke nach beiden Richtungen verlängert, um eine durchgehende Strecke zwischen London und Karatschi herzustellen. Dabei hatten die Passagiere auf dem Abschnitt Basel–Genua mit dem Zug zu reisen. Noch war die Alpenüberquerung zu gefährlich. Bis Dezember 1934 war dann die gesamte Strecke nach Australien für den Postverkehr frei, und ab April 1935 wurden auch Passagiere befördert. Vom Februar 1931 an wurde die Afrika-Strecke etappenweise eröffnet. Ab Januar 1932 flog Imperial Airways regelmäßig nach Kapstadt.
Es ist interessant festzustellen, daß es damals, als diese Pionierarbeit für die Hauptstrecken des britischen Luftverkehrs geleistet wurde, keineswegs sicher war, ob sich Flugzeug oder Luftschiff als das hauptsächliche Langstrecken-Luftverkehrsmittel durchsetzen würde. Diese Streitfrage entschied sich jedoch für England, als das Luftschiff R.101 auf seinem ersten Flug nach Indien im Jahre 1930 abstürzte und zerstört wurde.

Frankreich-Rußland

Im Laufe der zwanziger Jahre, als Deutschland in der europäischen Luftverkehrsentwicklung bereits führend war, wurde ein ausgedehntes Netz weiterer europäischer Flugstrecken eingerichtet. Zwei sind als Kernstrecken anzusehen: 1920 hatte die in Frankreich gegründete Compagnie Franco-Roumaine de Navigation Aérienne eine Strecke von Paris nach Prag eröffnet. Warschau wurde ab April 1921 angeflogen, Budapest im Mai 1922, Belgrad und Bukarest im September des gleichen Jahres und Konstantinopel (heute Istanbul) im darauffolgenden Monat. Auf einigen Teilstrecken fanden bereits 1923 Nachtflüge statt. Die andere Hauptstrecke führte ab Mai 1922, von der deutsch–russischen Luftverkehrsgesellschaft Deruluft beflogen, von Königsberg über Kowno und Smolensk nach Moskau.
Die europäischen Strecken wurden, von ganz wenigen Ausnahmen abgesehen, nur bei Tag beflogen, und auf vielen wurde der Verkehr im Winter eingestellt. Die meisten eingesetzten Flugzeuge waren einmotorig und für weniger als zehn Passagiere eingerichtet. Navigationshilfen gab es kaum, die Regelmäßigkeit der Flüge war jedoch überraschend hoch. Notlandungen waren zwar an der Tagesordnung, aber niedrige Landegeschwindigkeiten und kurze Start- und Landestrecken des damals eingesetzten Fluggeräts boten die Gewähr dafür, daß solchen »Vorfällen« lediglich der Charakter eines »Zwischenfalls« anhaftete.

Kongo-Luftverkehr der Belgier

Ein risikoreiches Unternehmen, an das sich Anfang der zwanziger Jahre eine europäische Fluggsellschaft wagte, war die Einrichtung einer Flugbootlinie im belgischen Kongo durch die SNETA. Es war die erste Fluglinie in Äquatorial-Afrika. Der Anfang wurde im Juli 1920 mit Flügen zwischen Léopoldville (Kinshasa) und N' Gombé gemacht, und ab Juli 1921 wurde die entlang dem Kongo-Fluß verlaufende Strecke zwischen Léopoldville und Stanleyville beflogen. Zwar wurden die Flüge im Juni 1922 eingestellt, aber die Nachfolgerin der SNETA, die Sabena, entwickelte ein großes Liniennetz in Belgisch-Kongo und verband es später mit Europa.

Australien

Ebenfalls in den zwanziger Jahren wurde der Grundstein für das heute umfangreiche australische Luftverkehrsnetz gelegt. Ab Dezember 1921 flog die West Australian Airways eine Postlinie von Geraldton nach Derby. Im November 1922 begann die QANTAS mit dem Passagierverkehr zwischen Charleville und Cloncurry. Beide Gesellschaften setzten einmotorige Doppeldecker aus Restkriegsbeständen ein.
Ab Dezember 1928 flog dann auch die von Charles Kingsford Smith gegründete Australian National Airways.

Südamerika

In Südamerika wurde die erste, nur kurze Zeit existierende Fluggesellschaft 1919 in Französisch-Guyana ins Leben gerufen. Von großer Bedeutung wurde jedoch die von Prof. Junkers 1919 gegründete SCADTA in Kolumbien. Sie nahm den Verkehr 1921 mit einer Flotte von Junkers-F-13-Wasserflugzeugen auf. Aus ihr entstand während des Zweiten Weltkriegs die Avianca. Sie kann mit Recht von sich behaupten, die älteste Luftverkehrsgesellschaft in Amerika zu sein.

Vereinigte Staaten von Amerika

In den Vereinigten Staaten galt zunächst das Hauptinteresse der Post- und nicht der Passagierbeförderung. Ziel war die Schaffung einer transkontinentalen Postlinie, bei der tatsächlich alle Flüge von posteigenen Flugzeugen durchgeführt wurden.
Am 15. Mai 1918 wurde eine Postlinie Washington–Philadelphia–New York ins Leben gerufen, die bis Ende Mai 1921 bestand. Ein Jahr nach der Eröffnung der Strecke Washington–New York wurde der erste Teilabschnitt der transkontinentalen Strecke von Chicago nach Cleveland freigegeben und am 1. Juli 1919 bis New York verlängert. Der kurze Abschnitt zwischen San Francisco und Sacramento wurde am 31. Juli 1919 eröffnet. Die Strecke Chicago–Omaha kam am 15. Mai 1920 dazu. Am 8. September 1920 schließlich konnte die transkontinentale Luftpostroute mit Eröffnung der Strecke Omaha–Sacramento vollendet werden. Da die Flüge jedoch nur bei Tageslicht stattfanden, wurden einige Abschnitte mit der Eisenbahn überbrückt. Die amerikanische Post eröffnete auch – im Jahre 1920 – für kurze Zeit zwei »berittene« Luftpostlinien (die Post wurde zu Pferd ans Flugzeug gebracht und ebenso abgeholt): Chicago–St. Louis und Chicago–Minneapolis/St. Paul.
Ab Februar 1921 wurden Versuchsflüge bei Tag und Nacht über die gesamte transkontinentale Strecke unternommen. Die Flugzeit von San Francisco nach New York betrug durchschnittlich 35 Stunden. Um den Flug zu beschleunigen, wurden 1923 zwischen Chicago und Cheyenne zur Markierung der Flugstrecke Leuchtfeuer installiert. Ab 1. Juli 1924 begannen regelmäßige Nachtflüge über die ganze Strecke.
Die US-Post benutzte vielerlei Flugzeugmuster, meist jedoch in den USA unter Lizenz gebaute, einmotorige D.H. 4 – Doppeldecker mit offenem Cockpit. 1926 endlich begannen private Fluggesellschaften unter Vertrag mit dem Postministerium die Postlinien zu fliegen. Bis zum Ende des Jahres wurden elf verschiedene Strecken beflogen. Auf einigen wurden auch Passagiere befördert. Dann erhielt die Boeing Air Transport 1927 einen Vertrag zur Postbeförderung zwischen San Francisco und Salt Lake City–Omaha–Chicago. Die Strecke wurde ab 1. Juli 1927 mit Boeing-40-Flugzeugen beflogen. Auf dem Abschnitt Chicago–New York wurde die Post noch mit der Eisenbahn befördert. Erst ab 1. September 1927 übernahm die National Air Transport den Abschnitt Chicago–New York. Die Flugzeit von Küste zu Küste wurde damit auf 32 Stunden herabgesetzt.
Aus diesen ersten amerikanischen kommerziellen Postlinien der Jahre 1926 und 1927 entwickelten sich einige der größten Fluggesellschaften der Gegenwart. Dazu gehören die United Air Lines (UAL), die Trans World Airlines (TWA), die Western Airlines und die Northwest Orient Airlines.

Nordatlantik-Luftverkehr

Erst die gelungenen Atlantikflüge Charles Lindberghs und Hermann Köhls »weckten« Amerika als kommende große Luftverkehrsnation. Juan T. Trippe gründete 1927 als Pilot die erste große amerikanische Übersee-Luftverkehrsgesellschaft Pan American Airways (PAA) – heute PanAm. Noch jedoch forderte der Atlantik Opfer. Prinzessin Löwenstein-Wertheim und deren englische Besatzungsmitglieder Minchin und Hamilton gehörten ebenso dazu wie Captain Hinchcliffe und Elsie Mackay, um nur diese zu nennen.
Obwohl sich die Zahl der Versuchsflüge von nun an ständig steigerte, sollte die Überquerung des Nordatlantik mit dem Flugzeug ein Wagnis bleiben, bis 1937 die Lufthansa, die Imperial Airways und die Pan American die ersten kommerziellen Versuchsstrecken für die Postbeförderung einrichteten.

Unten: Ein Stück Geschichte bedeutete der Bau dieses Swallow-Doppeldeckers, dessen Pilot Leon Cuddeback war, der hier am 6. April 1926 zum Start von Pasco, Washington, zum Einweihungsflug der Varney Air Lines bereitsteht. Der Flug von Pasco nach Elko in Nevada bedeutete den Start des kommerziellen Lufttransportes in den USA nach dem Krieg. Die Varney Air Lines wurden später zu einem Teil der United Air Lines.

Glanz und Ende der Luftschiffahrt

In der Zwischenzeit war man in Deutschland bei den Bemühungen um die Überbrückung des Atlantik von zwei verschiedenen Konzeptionen ausgegangen. Die eine beruhte auf der Verwendung von schwimmenden Flugstützpunkten, von denen Wasserflugzeuge vom Katapult aus starteten. Diese Entwicklung ist an anderer Stelle ausführlich beschrieben. Die zweite Konzeption ging vom Einsatz großer Luftschiffe, in Deutschland allgemein Zeppeline genannt, aus. Durch den Versailler Vertrag unterlag der Luftschiffbau Beschränkungen, die die Leistungsfähigkeit der Zeppeline stark verminderten. Dennoch gelang es Dr. Hugo Eckener, die Delag neu aufzubauen und mit den beiden Luftschiffen »Bodensee« und »Nordstern« einen regelmäßigen Luftverkehr durchzuführen. Doch da beanspruchten die

Oben: Das Reparationsschiff LZ 126 (ZR III) nach seiner Landung in Lakehurst. Rechts: Die Weltkarte zeigt die bekanntesten Fahrten des LZ 127 »Graf Zeppelin«: die Weltfahrt von 1929, die Linienfahrten nach Lakehurst und Recife sowie die Ägyptenfahrt von 1931 und die Arktisfahrt von 1931. Besonders auf der Arktisfahrt wurden zahlreiche wissenschaftliche Erkenntnisse gewonnen, die dieses Unternehmen zu einem der bemerkenswertesten in der Luftschiffahrt machten.

Siegermächte beide Schiffe als Reparationsleistung. Nun wollten auch die Vereinigten Staaten ein solches Reparationsschiff, und kurioserweise ergab sich gerade dadurch für den Luftschiffbau Zeppelin in Friedrichshafen eine neue Chance, die Werksanlagen zu erhalten und einem neuen Höhepunkt entgegenzugehen, denn der Bau und die Überführung des Reparationsschiffes nach Amerika erforderte technische Voraussetzungen, die über die Beschränkungen des Versailler Vertrages hinausgehen mußten. So wurde LZ 126 gebaut, bekannt geworden unter der Bezeichnung ZR III und später in Amerika auf den Namen »Los Angeles« getauft. Am 12. Oktober 1924 stieg LZ 126 unter der Führung von Dr. Eckener und der Assistenz der Kapitäne Lehmann und Flemming zu seiner denkwürdigen Atlantikreise auf. Nach 81 Stunden und 17 Minuten landete LZ 126 am 15. Oktober 1924 auf dem amerikanischen Marineflughafen Lakehurst. Diese glänzende Leistung brachte einen unschätzbaren Prestigegewinn für den deutschen Luftschiffbau, und als 1926 die Beschränkungen des Versailler Vertrags ganz aufgehoben wurden, war der Weg frei zur Verwertung einer 25jährigen Erfahrung im Bau von Luftschiffen.

Durch die Zeppelin-Eckener-Spende wurde der Bau des wohl berühmtesten Zeppelins, des LZ 127 mit dem Namen »Graf Zeppelin«, ermöglicht. Ausgestattet mit fünf Maybach-Motoren von zusammen 2750 PS, startete das Schiff am 15. August 1929 von Friedrichshafen aus zu einer Weltfahrt. Über Sibirien, Tokio, den Pazifik, San Francisco, Lakehurst und zurück führte die Strecke über rd. 35 000 km, und als LZ 127 nach 20 Tagen und 4 Stunden wieder in Friedrichshafen landete, war seine Leistungsfähigkeit eindrucksvoll unter Beweis gestellt.

Es folgte die Einrichtung eines regelmäßigen Linienverkehrs nach Südamerika. Ab März 1932 fuhr LZ 127 »Graf Zeppelin« alle 14 Tage von Friedrichshafen nach Pernambuco (Recife),

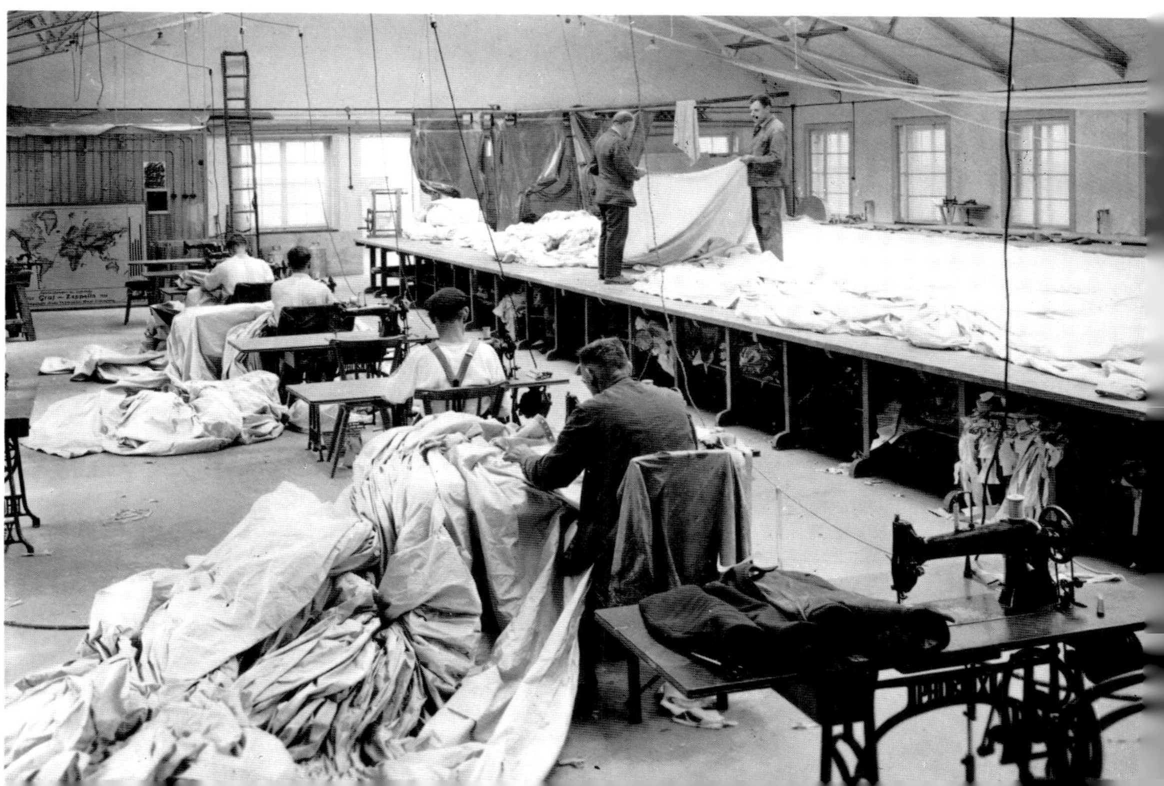

Linke Seite: Gerippe des LZ 127 im Bau. Das Bild veranschaulicht deutlich die riesigen Ausmaße eines solchen Luftschiffes. Oben: Blick in den Führerraum des LZ 127 »Graf Zeppelin«. Mitte: Abfangen der Gondel des LZ 127 durch die Haltemannschaft. Unten: Nähen der Hülle des LZ 129 »Hindenburg«. Mehr als 30 000 Meter Stoff wurden für diesen Luftriesen verarbeitet.

LZ 127 »Graf Zeppelin« über Friedrichshafen. Der LZ 127 war das erfolgreichste Luftschiff. Zwischen 1928 und 1937 legte er auf 590 Fahrten insgesamt 1 695 272 km zurück.

LZ 127 »Graf Zeppelin«

Antrieb: fünf 550-PS-Maybach-VLII-Zwölfzylinder-V-Motoren mit je einem Zweiblatt- (später Vierblatt-) Propeller
Gaskapazität: 105 000 m³ einschließlich Treibgas
Länge: 236,60 m
Größter Durchmesser: 30,5 m
Reisegeschwindigkeit: 115 km/h
Höchste Fahrtdauer: 118 Std. mit 13 411 kg Nutzlast
Fassungsvermögen: 45 bis 50 Mann Besatzung und 20 Passagiere
Erster Flug: 18. September 1928
Als erfolgreichstes von allen deutschen Passagierluftschiffen machte der »Graf Zeppelin« in den dreißiger Jahren einige hundert Fahrten, davon über hundert zwischen Friedrichshafen und Pernambuco über den Südatlantik. Alleine 1935 machte er 82 Fahrten über insgesamt 357 000 km in mehr als 3500 Flugstunden und beförderte 1429 Passagiere und 14 Tonnen Post und Fracht. Statt mit Benzin arbeiteten die Motoren mit sogenanntem Blaugas, das über ein Drittel der gesamten Gaskapazität ausmachte. Die Hauptgasbehälter waren mit Wasserstoff gefüllt.

wo es am Dienstag in den Abendstunden vor Anker ging. Donnerstags wurde Rio de Janeiro erreicht, dann ging es zurück nach Friedrichshafen.
1935 wurde vom Luftschiffbau Zeppelin in Zusammenarbeit mit der Deutschen Lufthansa die Deutsche Zeppelin Reederei GmbH in Frankfurt gegründet, die ab März dieses Jahres den Fahrbetrieb der Luftschiffe übernahm.
Dem LZ 127 »Graf Zeppelin« wurde im März 1936 der LZ 129 »Hindenburg« beigestellt. Die »Hindenburg« war ein fliegendes Luxushotel mit 245 m Länge, einem größten Durchmesser von 41,20 m, einem maximalen Fahrbereich von 14 000 km bei einer Reisegeschwindigkeit von 125 km/h. Eine weitere regelmäßig befahrene Linie wurde 1936 und 1937 zwischen Frankfurt und Lakehurst eingerichtet. Am 7. Mai 1937 kam es dann in Lakehurst zur Katastrophe

Rechts oben: Besonders amüsant mutet uns heute das Hinweisschild für die Südamerikafahrten des LZ 127 an: »Fahrscheine hier beim Pförtner«! Mitte und unten: Geradezu luxuriös waren die Fahrgäste der Zeppelin-Luftschiffe LZ 127 »Graf Zeppelin« und LZ 129 »Hindenburg« untergebracht. Hier Gesellschaftsraum und Promenadendeck der »Hindenburg«. Ein solch großzügiger Komfort findet sich nicht einmal in den heutigen Jumbo-Jets.

Oben: LZ 127 über der Werft und LZ 129 »Hindenburg« in Halle I im Bau. Unten: LZ 129 fährt in Löwental aus (16. 9. 1936).
Wenngleich mancher sich wehmütig an die majestätisch und elegant dahinziehenden silbernen Zeppeline erinnert und möglicherweise insgeheim eine Renaissance herbeisehnt, so ist doch unbestreitbar, daß die Flugzeuge eine solche Entwicklung genommen haben, daß für Luftschiffe kein wirtschaftlich vertretbarer Einsatz mehr möglich erscheint.

der »Hindenburg«. Wegen einer heraufziehenden Gewitterfront wurde eine beschleunigte Landung befohlen. Die Ankertaue waren schon ausgeworfen, da erschütterte ein dumpfer Knall im Heck das Schiff, das in Sekundenschnelle ein loderndes Flammenmeer war.
35 Menschen kamen ums Leben. Die Ursache dieses Unglücks ist nie ganz geklärt worden. Man vermutete schließlich, daß eine elektrische Entladung in der Atmosphäre schuld war. Jedenfalls war damit das Ende der Zeppelin-Luftschiffahrt gekommen. Ein in Bau befindliches Schwesterschiff der »Hindenburg«, der LZ 130, wiederum mit dem Namen »Graf Zeppelin«, wurde in aller Eile auf den Betrieb mit ungefährlichem Heliumgas umkonstruiert. Da jedoch in dieser Zeit die USA die Ausfuhr von Helium aus politischen Motiven sperrten, wurde LZ 130 wieder auf Wasserstoff umgestellt und zu flugfunktechnischen Versuchsfahrten eingesetzt.
Aufgrund eines Befehls des Reichsministers für Luftfahrt wurden LZ 127 und LZ 130 im März 1940 gesprengt. Damit ging ein glanzvolles Kapitel deutscher Luftfahrtgeschichte zu Ende. Allein LZ 127 hatte zwischen 1928 und 1937 auf 590 Fahrten insgesamt 1 695 272 km zurückgelegt. Eine stolze Leistung, die trotz der Katastrophe von Lakehurst die Zeppeline als eines der sichersten Verkehrsmittel ausweist.

Die Erschließung Chinas für den Luftverkehr

Schon in ihrem Gründungsjahr 1926 befaßte sich die Deutsche Luft-Hansa mit dem Gedanken, eine Luftverkehrsverbindung Europa–Ostasien zu schaffen. Trotz außergewöhnlicher geographischer, meteorologischer, politischer und technischer Schwierigkeiten, die der Verwirklichung entgegenstanden, haben die Luft-Hansa und die 1930 gegründete, ihr nahestehende deutsch-chinesische Luftverkehrsgesellschaft Eurasia Pionierarbeit für die Erschließung des ostasiatischen Luftverkehrsraumes geleistet.
Die Erkundung des Luftweges Europa–China begann mit dem Flug von zwei Großverkehrsflugzeugen Junkers G 24, die am 23. Juli 1926 von Berlin-Tempelhof über Rußland nach Peking flogen. Die Leitung dieser Ostasienexpedition war Dr. Robert Knauss anvertraut, der mit den beiden Flugzeugen D-901 und D-903 nach einem 10 000-km-Flug, der ohne jeden Zwischenfall verlief, am 30. August 1926 in Peking eintraf. Auch der Rückflug über die gleiche Strecke vom 4. bis 26. September verlief glatt. Damit war zunächst einmal der flugtechnische Beweis für die Durchführbarkeit des Planes erbracht.
Der Vorbereitung der Ostasienstrecke dienten auch zwei Erkundungssonderflüge, die vom 27. August bis 2. September und vom 8. bis 24. September mit einer Junkers W 33 »Ural« (Ju-L-5-Motor) von Berlin nach Irkutsk (6500 km) führten. Der bekannte Flieger Hünefeld erkundete im Herbst 1928 die südliche Flugroute nach Tokio.
Gemeinsame deutsch-chinesische Luftverkehrsinteressen führten endlich am 19. September 1930 zur Gründung der Luftverkehrsgesellschaft Eurasia, an deren Anfangskapital in Höhe von 6 Millionen Reichsmark die Luft-Hansa mit einem Drittel beteiligt war. In dem mit dem chinesischen Verkehrsminister Chen Ming Haü ausgearbeiteten Vertrag war vereinbart, daß die Kapitaleinbringung der DLH vorwiegend aus der Stellung des Flugzeugparks und der Besatzungen bestand.
Die Eurasia nahm den planmäßigen Verkehr bereits am 31. Mai 1931 auf der ca. 2500 km langen Strecke Schanghai–Nanking–Tsinanfu–Peking–Linsi–Mandschuli auf. In Mandschuli übernahm der Sibirien-Expreß die für Europa bestimmten Postsendungen zur Weiterleitung bis nach Irkutsk (ca. 1000 km), und dort ging die Post auf die von der neuen russischen Luftverkehrsgesellschaft WOGWF geflogene Linie nach Moskau über, wo sie wiederum unmittelbaren Anschluß nach Berlin über die von der Deruluft beflogene Strecke Moskau–Königsberg–Berlin fand. Die Postlaufzeit konnte auf dieser Linienführung auf 9 Tage gesenkt werden.
Anfang Juli allerdings mußte der Betrieb auf der Linie Schanghai–Mandschuli wegen des Mongolei-Zwischenfalls eingestellt werden. Das Eurasia-Flugzeug Junkers W 33 mit der Besatzung Rathje wurde über der Äußeren Mongolei beschossen und zur Notlandung gezwungen. Die Besatzung wurde verhaftet und mit dem schwerverwundeten Besatzungsmitglied Kölber sogar in Urga (heute Ulan Bator) von einem Volksgerichtshof zum Tode verurteilt. Die Vollstreckung dieses Urteils konnte indessen durch politische Interventionen verhindert werden.
Der Verkehr der Eurasia mit den beiden Junkers F 13 und W 33 hielt sich daher in den Entwicklungsmonaten in engen Grenzen, zumal das Vorgehen der Japaner in der Mandschurei und in der Inneren Mongolei die Wiederaufnahme des Betriebs auf der Strecke Peking–Mand-

Das erste Flugzeug der Eurasia, eine Junkers F 13. Die Junkers-Verkehrsflugzeuge mit ihrer charakteristischen Wellblechhaut bewährten sich auch im Reich der Mitte glänzend.

schuli in Frage stellte. Auch die geplante Errichtung einer Linie im Anschluß von Peking und Schanghai über Urga war wegen des Streites um die Äußere Mongolei in Frage gestellt. Die sogenannte Sinkiang-Strecke besaß hingegen alle luftverkehrsmäßigen Vorteile, da diese Strecke nach Urumtschi nicht über politisch umstrittenes Gebiet führte und außerdem auch die kürzeste Verbindung war.
Daher wurde in der Zeit vom 20. Dezember 1931 bis zum 10. Januar 1932 von der Eurasia ein Probeflug von Peking nach Urumtschi unternommen, dem die chinesische Öffentlichkeit größtes Interesse entgegenbrachte und der zu dem Ergebnis führte, daß die Sinkiang-Strecke auch hinsichtlich der geographischen, meteorologischen und bodenorganisatorischen Verhältnisse keine allzu großen Schwierigkeiten bieten dürfte. Der erste Versuchsflug vom 20. bis 22. Dezember 1931 führte mit einer Junkers W 33 mit je einer Zwischenlandung in Kweihwachöng und im Gebiet Edsingol von Peking nach Urumtschi. Der Rückflug auf dieser 2600 km langen Strecke erfolgte am 8./9. Januar 1932. Die Flugzeit betrug 18 Stunden.
Der einmal wöchentliche planmäßige Verkehr konnte am 18. Mai 1932 aufgenommen werden und führte zunächst bis Lanchowfu (ca. 1800 km).
Die neue Linienführung durch die Mitte Zentralasiens zur chinesischen Grenzstadt Tschugutschak, die von Schanghai ausgehend über Nanking–Loyang–Sianfu–Lanchow–Soochow–Hami und Urumtschi (Tihwa) führte, war 1932 rund 1800 km länger als die im Jahre 1931 beflogene Strecke Schanghai–Peking–Mandschuli. Der Gesamtweg Schanghai–Berlin verkürzte sich jedoch um rund 600 km. Das war vom chinesischen Standpunkt aus gesehen wesentlich wertvoller, da die neue Linie die wichtigsten Punkte Innerchinas mit reichen Handelsbeziehungen verband und den schnellen Luftweg ermöglichte, im Gegensatz zu den damals trostlosen erdgebundenen Beförderungsmöglichkeiten.
Die Strecke Schanghai bzw. Peking bis Lanchow wurde unterdessen bereits mit guter Regelmäßigkeit und ebensolchem Verkehrserfolg beflogen. Trotz der Tatsache, daß der Flughafen Schanghai infolge der kriegerischen Auseinandersetzungen zerstört wurde, was eine Verlegung des Flugparks und der Hauptverwaltung nach Loyang notwendig machte, konnte die erste Etappe der neuen Linie Schanghai–Tschugutschak schon am 1. April 1932 eröffnet werden. Die Linie Nanking–Loyang–Sianfu wurde mit einer Anschlußlinie von Peiping nach Loyang einmal wöchentlich regelmäßig beflogen.
Mitte Mai erfolgte dann die Verlängerung der Linie bis Lanchow (Schanghai–Lanchow 1900 km, Loyang–Peking 680 km). Der Betrieb auf der Strecke bis Lanchow wurde während des ganzen Jahres mit Erfolg durchgeführt. Bei einem Erkundungsflug nach Urumtschi konnte auf dem Rückflug zu einem günstigen Frachtsatz Gold mitgenommen werden.
1933 beeinflußte die politische Lage in China den Luftverkehr der Eurasia wesentlich. Trotzdem entwickelte sich das Verkehrsergebnis gut. Der durchgehende Luftverkehr nach Europa konnte aber nicht aufgenommen werden. Nur in den Monaten Juni bis September war es möglich, auf chinesischem Hoheitsgebiet die Ost-West-Strecke in ihrer ganzen Länge zu befliegen. Ab November 1933 konnten die einmal wöchentlichen Flüge nicht über Soochow bzw. Lanchow hinaus geführt werden.
Die Nord-Süd-Strecke (Peking–Kanton 2250 km) mußte ebenfalls vorübergehend eingestellt werden, da mit der Besetzung Pekings durch die Japaner zu rechnen war. Aus dem gleichen Grunde mußte die Reparaturwerkstatt der Eurasia von Peking nach Schanghai verlegt werden. Fehlende Funkberatungsorganisation, die eine Funkpeilung bei den vorherrschenden schlechten Witterungsverhältnissen unmög-

Linke Seite: Auf eine Flotte von sechssitzigen Dornier »Merkur« mit BMW-VI-Triebwerk stützten sich die Luft-Hansa und die deutsch-russische Deruluft bis Anfang der dreißiger Jahre. Dank seiner sehr kurzen Start- und Landestrecke war das Flugzeug ideal für den Einsatz auf kleinen Flughäfen.
Rechts: Eine Junkers F 13. Unten: Eine Junkers Ju 52 der Eurasia

lich machte, wirkte sich ungünstig aus. Auch die Kraftstoffversorgung auf den innerasiatischen Flughäfen bereitete Schwierigkeiten, da der Ausbau der Flugplatzanlagen noch nicht abgeschlossen war.
Da die Herstellung der Flugverbindung von Europa nach Ostasien auch im Jahre 1934 politisch behindert war, startete am 28./29. August eine Junkers Ju 52 der DLH in Berlin zum Flug über Belgrad–Kairo–Bagdad–Djask–Bangkok–Kanton nach Schanghai. In 9 Tagen und mit einer reinen Flugzeit von 69 Stunden und 15 Minuten erreichte die Ju 52 ihr Ziel. Das Flugzeug, das in mehreren chinesischen Städten vorgeführt wurde, fand starke Beachtung. Besonders die erstmalig in China durchgeführten Nachtflüge machten Eindruck und dürften nicht unwesentlich zur Stärkung des deutschen Ansehens und damit auch der Stellung der Eurasia beigetragen haben.
Da sich die unmittelbare Streckenführung einer deutschen Luftverkehrsverbindung nach dem Fernen Osten immer noch nicht verwirklichen ließ, unternahm die Deutsche Lufthansa praktische Vorarbeiten zur Erschließung eines anderen Flugweges. Die Hoffnung, den Luftverkehr über Rußland leiten zu können, wurde aufgegeben. Es wurde eine Flugexpedition zur Erkundung des südlichen Weges nach dem Fernen Osten ausgerüstet.
Die unter Führung von Flugkapitän Drechsel stehende Junkers Ju 52 D-AVUP führte in Begleitung afghanischer Fliegeroffiziere den ersten Erkundungsflug über die hohen Gebirgsmassive des Hindukusch und des Pamir aus. Drechsel überwand den Hindukusch, der schon 50 bis 60 Kilometer hinter Kabul Höhen von 4000 bis 5000 m aufweist. Dem Amjuman-Paß folgend, bezwang er sodann den Pamir über den Wachan-Paß. Als er China erreicht hatte, kehrte das Flugzeug auftragsgemäß nach Kabul zurück.
Die Eurasia baute 1936 ihr innerchinesisches Flugnetz weiter aus. Sie verlängerte die Strecke Sian-Chengtu nach Süden über die indochinesische Grenze hinaus bis Yünnanfu. Zwar zwangen Unruhen in China im Dezember zur Aufgabe des Flughafens Sian, aber die Verbindung nach Paoto und Ningsia wurde über Peking aufrechterhalten. 75 % der Flugleistung wurde von dem Flugzeugmuster Junkers Ju 52 unfallfrei bestritten.

Der Pamir-Flug der Deutschen Lufthansa 1937

Bei ihren Bemühungen, die Luftbrücke zwischen Europa und dem Fernen Osten zu schlagen, unternahm die Deutsche Lufthansa einen weltweit Aufsehen erregenden Pamir-Flug.
Am 14. August 1937 startete das Junkers-Flugzeug Ju 52/3m D-ANOY »Rudolf von Thüna« (3 BMW-Hornet 132/L) in Berlin-Tempelhof, um über Rhodos–Damaskus–Teheran–Herat nach kurzen Aufenthalten am 19. August in Kabul/Afghanistan einzutreffen.
Bereits am 24. August gegen Mitternacht verließ die Ju 52 mit der Besatzung Carl August Frhr. v. Gablenz, Flugkapitän Robert Untucht und Oberfunkermaschinist Karl Kirchhoff den Flugplatz Kabul zum Flug nach dem rund 2500 km entfernten Anschi in China, wobei zum erstenmal das Pamir-Hochgebirge, der nördliche Teil des Himalaja-Gebirges, bekannt als das »Dach der Welt«, überflogen wurde. Der Flug führte nach Chotan (Hotien) über Jarkend. Nach einstündiger Zwischenlandung flog die Maschine nach Soochow weiter. Am nächsten Tag, dem 25. August 1937, startete die D-ANOY von hier, um nach fünfstündigem Flug über Lanchow den Zielhafen Sianfu zu erreichen.
Der Rückflug der D-ANOY erfolgte am 29. August mit einer Zwischenlandung in Soochow nach Anschi (Ansifan). Am nächsten Tage wurde die Besatzung, als sie sich von Anschi aus auf dem Rückflug nach Kabul befand, bei der Oase Lob Bazar unweit der Karawanenstadt Chotan (im südlichen Teil der Provinz Sinkiang) wegen Triebwerkstörung zu einer Notlandung gezwungen, anschließend überfallen und in der Zitadelle von Chotan gefangen gehalten. Die D-ANOY galt als vermißt. Eine intensive Suche nach dem anscheinend abgestürzten Flugzeug begann. Am 27. September durch einen Aufstand befreit, konnte die Besatzung von Chotan aus den Weiterflug nach Kabul antreten, wobei zum zweitenmal Pamir, Karakorum und Hindukusch überflogen wurden. Am 30. September startete die D-ANOY nach Teheran, am 1. Oktober von dort nach Bagdad, um dann nach verschiedenen Flugunterbrechungen am 3. Oktober wieder in Berlin-Tempelhof einzutreffen.
Der Flug mit der Überwindung der mittelasiatischen Gebirgssperre erbrachte den Beweis, daß der Weg nach dem Fernen Osten für den Luftverkehr über Afghanistan ausbaufähig war. Die Luft-

Linke Seite: Die Boeing Modell 80 war eines der ersten großen Flugzeuge, die im Jahre 1928 für den Linienverkehr eingesetzt wurden. Sie beförderte 12 Passagiere und war vergleichsweise komfortabel eingerichtet. Rechts: Spartanisch ausgestattete Kabine einer Handley-Page-Maschine. Die Fluggäste konnten die Route zwischen London und Paris auf einer Karte an der Decke verfolgen. Heute würden wir das zweifellos als einen etwas fragwürdigen Service bezeichnen.

hansa beflog daher ab 29. Oktober 1937 das erste Teilstück der geplanten Asienstrecke regelmäßig. Der Flugdienst zwischen Berlin und Bagdad, dem vorläufigen Ende der Strecke, war zunächst für die Beförderung von Post und Fracht vorgesehen. Die Strecke wurde zur schnellsten Verbindung nach Vorder- und Mittelasien.

Der chinesisch-japanische Krieg zwang 1937 zur vollkommenen Umstellung des Streckennetzes und Verlegung der Hauptverwaltung der Eurasia von Schanghai nach Sian am 16. August und im Oktober weiter nach Kunming. Peking, Schanghai, Nanking, Tschenetschan, Taiyuan, Kanton, Ningsia, Suayan, Lanchow und Hanchow mußten aus dem Streckennetz ausscheiden. Dagegen konnte durch die Verlängerung der Strecke Sian–Kunming (Flugplatz in 2000 m Höhe) nach Hanoi im Dezember der Anschluß an die Fernoststrecke der Air France hergestellt werden.

Die Strecke Berlin–Teheran wurde 1939 bis Ende August mit Junkers-Ju-52-Flugzeugen wöchentlich regelmäßig beflogen. Sie war bereits ab 1. April 1938 auch auf den Fluggastverkehr ausgedehnt worden. Das Buchungsaufkommen für diesen Dienst war so beträchtlich, daß die planmäßigen Flugzeuge bereits Wochen im voraus belegt waren und wiederholt Verdichtungsflugzeuge eingesetzt werden mußten.

Am 25. Juli 1939 eröffnete die Lufthansa den planmäßigen Dienst Berlin–Bangkok. Der Flugweg führte über Beirut, Karatschi, Kalkutta und Rangun. Im Anschluß an den zweiten Planflug wurde ein weiterer Sonderflug von Bangkok nach Tokio und zurück ausgeführt.

Der Beginn des Zweiten Weltkriegs zwang die Deutsche Lufthansa dann in den letzten Augusttagen zur Einstellung des gesamten Luftverkehrs nach dem Nahen und Fernen Osten. Die deutsch-chinesische Luftverkehrsgesellschaft jedoch operierte weiter. Sie mußte fast ausschließlich zu Nachtflügen übergehen. Trotzdem wurde eine Ju 52 unter Flugkapitän Lutz 1940 auf dem Weg von Hanoi nach China auf indochinesischem Gebiet abgeschossen. Noch bis 1942 aber flogen die deutschen Besatzungen der Eurasia in China. Dann übernahmen die chinesischen Piloten allein den Flugbetrieb.

Komfort in der Luft

Viele der ersten Flugpassagiere flogen in offenen Cockpits. Die Fluggesellschaften liehen ihnen warme Flugbekleidung. Komfort in der Luft? Es gab ihn nicht. Der Fahrtwind war kalt, der Motor dröhnte. Wer flog und dafür auch noch bezahlte, galt als Abenteurer mit viel Mut. Dann kam die Junkers F 13 im Jahre 1919 als erstes Verkehrsflugzeug mit geschlossener Passagierkabine. Warmluft zur Kabinenbeheizung wurde vom Auspuffsystem entnommen, aber bis die Passagierkabinen geräuscharm wurden, vergingen viele Jahre. Die ersten Flug-

Oben: Diese acht jungen Damen, alles ausgebildete Krankenschwestern, waren die ersten Stewardessen der Welt. Sie wurden 1930 von der Boeing Air Transport angeheuert. Unten: Schlafkabinen in einer Fokker F. XXXVI von 1934 der KLM. Es wurde nur eine solche Maschine gebaut, da die KLM auf die Douglas DC-2 umrüstete.

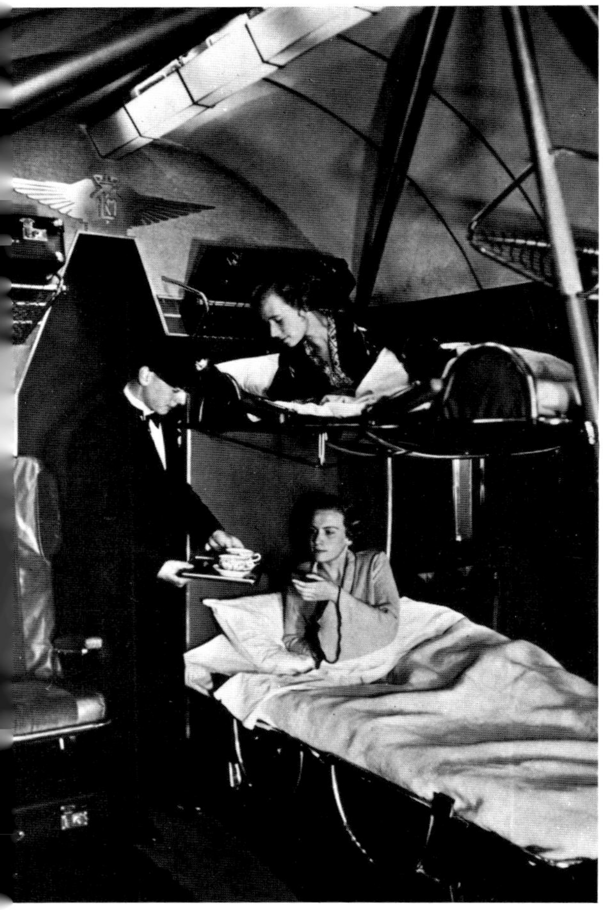

zeuge hatten Kabinenverkleidungen aus Stoff, und der innere Lärmpegel unterschied sich kaum vom äußeren. Bei dreimotorigen Mustern verursachte besonders der mittlere Motor beträchtlichen Lärm und Vibration.

Die Belüftung schien während der ersten Luftverkehrsjahre kein Problem. Die meisten Flugzeuge hatten Fenster, die geöffnet werden konnten. Als die Geschwindigkeiten höher wurden, traten an Stelle der zu öffnenden Fenster Frischluftventile über den Sitzen. Damit wurde auch die Sicherheit erhöht. In einem britischen Flugzeugtyp war es zum Beispiel möglich gewesen, das Fenster aufzuschieben und die Hand in den laufenden Propeller zu strecken. In einem französischen Flugzeug gab es Hinweisschilder, auf denen stand: »Es ist absolut verboten, etwas aus dem Fenster zu werfen«.

In den zwanziger und dreißiger Jahren waren die meisten Flugzeugkabinen im Grunde genommen rechteckige Boxen mit Fenstern an jeder Seite, zwei Sitzreihen, einem leichten Gepäcknetz, möglicherweise einer Landkarte an der Zwischenwand zum Cockpit, einem oder zwei Instrumenten und Näpfen für Luftkranke unter den Sitzen. Hinter der Kabine befand sich manchmal eine Toilette. Die Sitzgestaltung war nicht besonders bequem. Nur wenige Maschinen waren mit Teppichen ausgelegt, und die Junkers-Flugzeuge boten viele Jahre lang so ungefähr als einzige Sitzgurte.

Als großer Fortschritt wurde es 1931 in England angesehen, daß Imperial Airways die viermotorigen Handley-Page-Heracles- und Hannibal-Doppeldecker mit bequemen gepolsterten Sitzen und festen Tischen zwischen jedem (schwenkbaren) Sitzpaar ausrüsteten. Zwischen den vorderen und den hinteren Kabinen

Rechte Seite innen, von oben nach unten: Raucherecke im Gesellschaftsraum des LZ 127 »Graf Zeppelin«. Der Blick in die Bordküche einer Short »Scylla/Syrinx« zeugt vom Niveau des Services in den dreißiger Jahren. Kabine in einer Handley Page »Hannibal«. Kabine der C-Klasse-Flugboote im Jahre 1936. Rechts oben: Schlafkabine der Short-C-Klasse 1936. Unten: Short-Kent-C-Klasse-Flugboot der Imperial Airways. Es war damals das größte Flugboot, das von den Imperial Airways eingesetzt wurde, und mit vier 555-PS-Bristol-Jupiter-Motoren ausgestattet. Es konnte 16 Passagiere befördern.

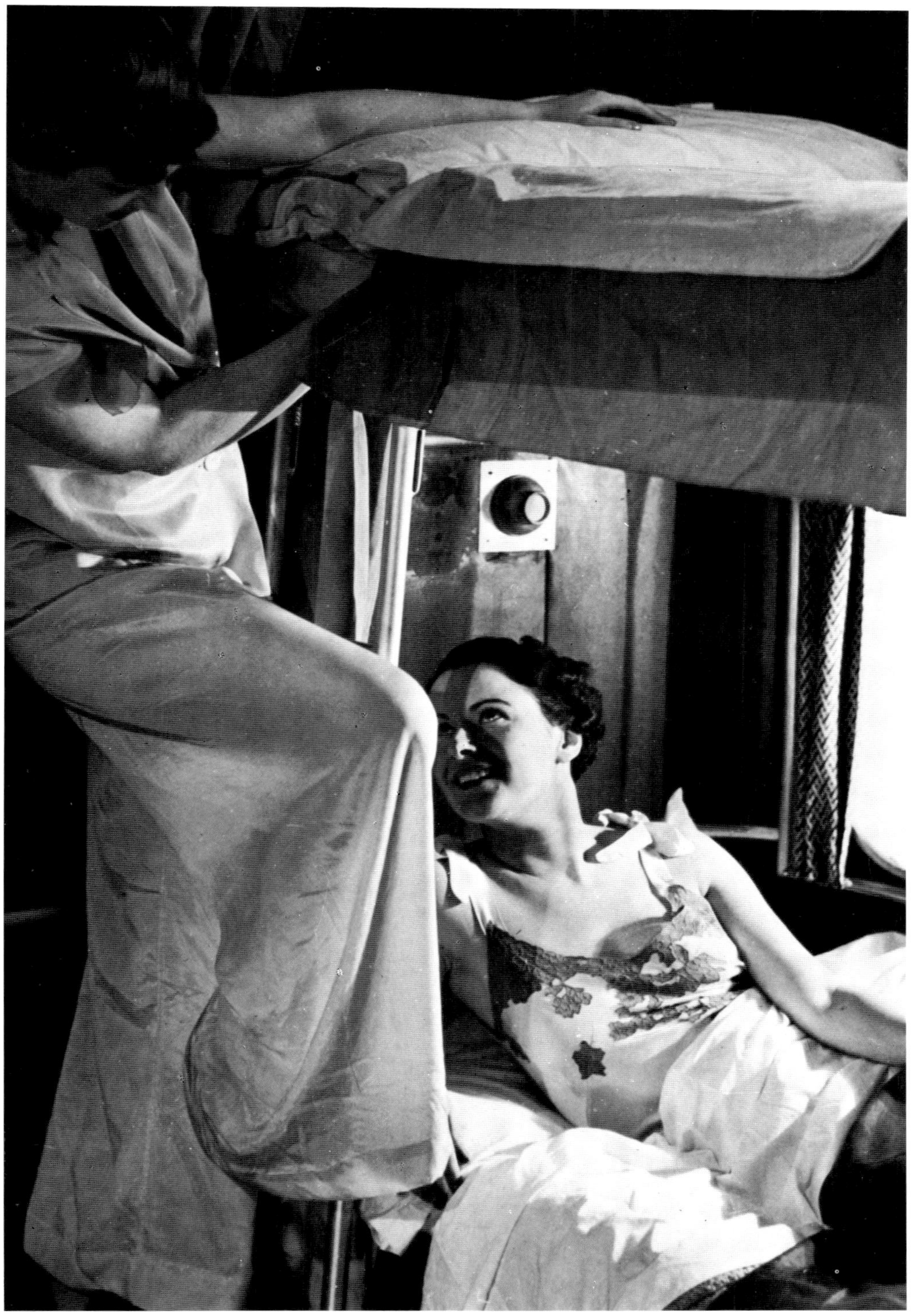

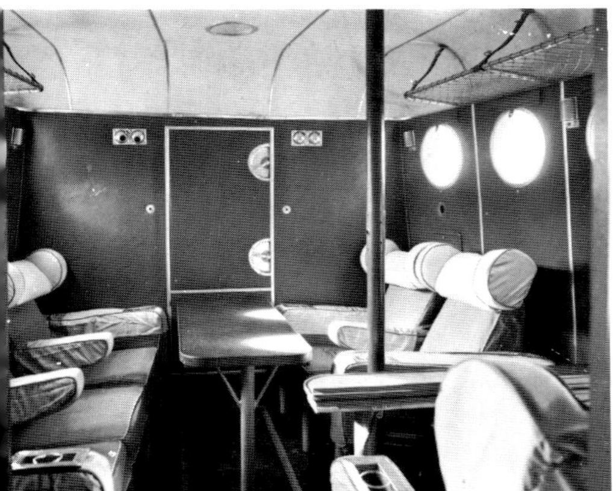

G-ABFB

befanden sich zwei Toiletten und eine Bordküche. Auf den europäischen Routen wurden von zwei Stewards Mahlzeiten mit mehreren Gängen serviert. Die Kabinen waren recht gut beheizt.
Bordservice war vor dem Ersten Weltkrieg bereits in einigen der deutschen Zeppelin-Luftschiffe geboten worden. Kabinen-Boys wurden auch von den Daimler Airways im Jahre 1922 eingesetzt. Die Imperial Airways boten vom Mai 1927 an einen Steward-Service auf den London–Paris-Flügen in der Argosy »Silver Wing«, und die Air Union führte 1928 den »Restaurant-Service« ein. Stewardessen traten am 15. Mai 1930 zum erstenmal in den USA in Erscheinung. Sie flogen an Bord von Flugzeugen der Boeing Air Transport mit. Bedingung war eine Ausbildung als Krankenschwester, denn noch waren Luftkranke an Bord zahlreicher als solche Passagiere, die verpflegt sein wollten. In Europa begann die Swissair mit dem Einsatz von Stewardessen, es folgte die KLM, und schließlich schloß sich auch die Luft-Hansa an.
Das Rauchen war vor dem Zweiten Weltkrieg in Flugzeugen im allgemeinen nicht gestattet. Die Junkers G 38 und die Heinkel He 111 der Deutschen Lufthansa boten als erste Flugzeuge der Welt dem Passagier ein Raucherabteil. Die Focke-Wulf 200 Condor und die Junkers Ju 90 der Jahre 1938/39 verfügten über ein neunsitziges Raucherabteil. In den vorn liegenden Kabinen der Armstrong-Whitworth-Ensign-Landflugzeuge und der Short-C-Klasse-Flugboote der Imperial Airways war das Rauchen ab 1939 gestattet.
Die C-Klasse-Flugboote stellten einen weiteren großen Schritt nach vorn dar. Sie hatten vier separate Kabinen, von denen eine über ein »Promenadendeck« verfügte, auf dem die Passagiere stehen und die Aussicht bewundern konnten. Eine ähnliche, nur nicht so komfortable Einrichtung hatte schon früher die Passagierversion von Sikorskys »Ilya Muurometz«: Die Fluggäste konnten während des Fluges auf dem mit Geländer versehenen hinteren Rumpfteil promenieren! Große Aufmerksamkeit wurde der Schalldämpfung, dem Teppichbelag und der Beleuchtung gewidmet.
Die Deutsche Lufthansa und American Airlines boten als erste Luftverkehrsgesellschaften Betten an Bord ihrer Flugzeuge an. Die erste DC-3 der American Airlines wurde 1936 tatsächlich DST (Douglas Sleeper Transport) genannt. Das Bettenangebot an Bord stellte sich jedoch recht bald als unwirtschaftlich heraus. An seine Stelle traten Liegesitze mit verstellbarer Rückenlehne.
Die Schwierigkeiten, angemessenen Passagierkomfort zu bieten, waren auf den internationalen Strecken über große Entfernungen mit unterschiedlichen klimatischen Bedingungen am größten. Die Probleme zwangen – wegen der niedrigen Reisegeschwindigkeiten der damals verfügbaren Flugzeuge, der fehlenden Druckkabine und dem Flug im »unteren Luftraum« bei oft sehr unruhigen Luftverhältnissen – zu Kompromissen, die weit davon entfernt waren, dem Passagier durch exzellenten Service über die abenteuerliche Seite der Luftreise hinwegzuhelfen.
Die Afrika- und Indien-Routen der Imperial Airways zum Beispiel veranschaulichen gut die unternommenen Anstrengungen. Die hier eingesetzten Flugzeuge de Havilland »Hercules«, Short Calcutta-Land- und Flugboot-Doppeldecker mußten alle 400 bis 600 Kilometer zum Auftanken landen. Sie flogen mit einer Reisegeschwindigkeit von nur 145 bis 160 km/h. Herrschte starker Gegenwind, kamen sie kaum von der Stelle.
Ende der zwanziger und Anfang der dreißiger Jahre glaubte man, daß Passagiere nur eine Flugstrecke von maximal etwa 1600 km pro Tag durchstehen konnten. Sogar diese Abschnitte bedeuteten, daß sie bis 10 Stunden pro Tag in

Oben: Die Handley Page H.P. 42 »Hanno« vor einem befestigten Rasthaus in Sarjah am Persischen Golf. Solche Szenen gab es also schon in den dreißiger Jahren! Unten: Obwohl die de Havilland »Flamingo« aus dem Jahre 1938 relativ klein erschien, bot sie ihren 12 bis 17 Passagieren doch angenehm viel Platz und hatte verstellbare Sitze.

der Luft verbrachten, mit drei oder vier Landungen unterwegs zum Auftanken, welche die Reise um weitere 3 oder 4 Stunden verlängerten. Man startete bei Sonnenaufgang, und erst mit dem letzten Licht des Tages war das Etappenziel erreicht. Oft auch nicht – wegen Motorschadens oder schlechten Wetters.
Das setzte den Bau von kleinen Hotels in Flugplatznähe voraus. An manchen Orten mußten wegen unsicherer Verhältnisse die Hotels innerhalb von Forts mit bewaffneten Wachen eingerichtet werden. Beispiele dafür gab es in Rutbah Wells, inmitten der Wüste zwischen Damaskus und Bagdad, sowie in Sharjah auf der Halbinsel Oman.
Die Unbequemlichkeiten solcher Reisen konnten nur nach und nach durch Erhöhung der Fluggeschwindigkeit und der Reichweite, durch bessere Motoren und die allmähliche Einführung des Blindfluges überwunden werden.
Dann endlich – erst nach dem Zweiten Weltkrieg – kam die Druckkabine. Sie ermöglichte in größeren Höhen zu fliegen und damit die Turbulenzzonen und einen Großteil des schlechtesten Wetters zu überfliegen. Das erste druckbelüftete Verkehrsflugzeug war die Boeing 307 »Stratoliner«, von TWA und Pan American Airways ab Mitte 1940 eingesetzt.
Heute sind Druckkabine, Klimaanlage, Schalldämpfung, individueller Bordservice, auf Langstreckenflugzeugen Stereoempfang und Kino Selbstverständlichkeiten.

Oben: Mit dem für 33 Passagiere konzipierten Boeing »Stratoliner« des Jahres 1939 wurde der Komfort für die Fluggäste revolutioniert. Das Flugzeug wurde aus dem B-17C-Flying-Fortress-Bomber entwickelt und hatte eine Druckkabine mit Klimaanlage. Die Maschine konnte damit sehr hoch fliegen und schlechtem Wetter ausweichen, was wir heute als selbstverständlich empfinden. Unten links: Die Lufthansa führte als erste Luftverkehrsgesellschaft in ihren Maschinen der Typen G 38 und He 111 (Bild) Raucherabteile ein. Unten rechts: Mit der Fw 200 »Condor« unternahm die Lufthansa 1938 den ersten Transatlantik-Versuchsflug eines Landverkehrsflugzeugs nonstop von Berlin nach New York.

Große Konstrukteure und ihr Werk:

William E. Boeing

William E. Boeing war nur 18 Jahre aktiv in der Luftfahrtindustrie tätig, aber kaum ein anderer Mann in der Geschichte Amerikas hat so viel zur Entwicklung eines einzelnen Industriezweigs beigetragen wie er.
Als William E. Boeing am 28. September 1956 im Alter von 74 Jahren starb, hinterließ er das Unternehmen, das noch heute seinen Namen trägt. Zu dieser Zeit war die Boeing Company einer der führenden Hersteller der Welt von mehrmotorigen Flugzeugen; sie war dabei, sich das Gebiet des kommerziellen Düsenflugverkehrs zu erschließen, und stand an der Schwelle des Raumfahrtzeitalters.
William E. Boeing konnte noch die Früchte seiner bahnbrechenden Bemühungen erleben. Am 15. Mai 1954 verließ die erste Boeing 707, genannt »Dash Eighty«, die Werkshalle der Boeing-Niederlassung in Renton im Staate Washington. Als Ehrengast sah er zu, wie seine Frau die Maschine taufte, die für Amerika das »Jet-Age«, das Düsenzeitalter, einleitete.
William E. Boeing gründete sein Flugzeugwerk 1916 in Seattle. 1934 legte er sein Mandat als Aufsichtsratvorsitzender des Unternehmens nieder. Im Zweiten Weltkrieg kehrte er als Berater zurück.
Neben der Boeing Company schuf William E. Boeing – ganz ähnlich wie Hugo Junkers in Deutschland – aus eigener Initiative eine Gruppe von Luftverkehrsunternehmen.
Während der relativ kurzen 18jährigen Verbindung zur Luftfahrt vereinigte und straffte er die verschiedenen Unternehmen dieser Branche. Er handelte in der Überzeugung, daß diese Industrie nur durch engere Zusammenarbeit schnellere und bessere Entwicklungsmöglichkeiten haben könnte.
William E. Boeing wurde am 1. Oktober 1881 in Detroit als Sohn eines aus

Oben: William E. Boeing. Darunter: Boeing 40 B-4 der Boeing Air Transport aus dem Jahre 1930 mit 525-PS-Pratt & Whitney-Hornet-Motor
Rechte Seite: Zwei Flugzeuge, die Luftfahrtgeschichte machten: der Prototyp der Boeing 707 und die Nachbildung eines Curtiss-Flugzeuges aus dem Jahre 1912

Deutschland eingewanderten Holzkaufmanns geboren. Er erhielt seine Schulausbildung in den USA und in der Schweiz und trat 1904 in die Yale-Universität ein. Danach verbrachte er fünf Jahre in Grays Harbor im Staat Washington, um das Holzhandelsgeschäft zu erlernen. Nachdem das Holz- und Minengeschäft lief, widmete er sich seinem Hobby, der Fliegerei.
Boeing hatte seine Liebe zur Fliegerei entdeckt, als er 1914 am Washington-See in Seattle zum ersten Mal in einem Flugzeug saß. Zusammen mit einem in Seattle wohnenden Marineoffizier namens Conrad Westervelt plante er, ein besseres Flugzeug zu konstruieren als irgendein ihnen bisher bekanntes. Sie pachteten einen Schuppen und bauten mit einer Belegschaft von nur 21 Mann zwei Doppeldecker aus Holz, Segeltuch und Klavierdraht. William E. Boeing lernte 1915 fliegen und flog sie beide selbst ein.
Kurz danach, am 15. Juli 1916, ließ er seinen kleinen Betrieb als Pacific Aero Products mit einem Stammkapital von 100 000 Dollar handelsgerichtlich eintragen, änderte den Namen aber einige Monate später in Boeing Airplane Company.
Unter den ersten Mitarbeitern Boeings befanden sich zwei vielversprechende Ingenieure der Universität von Washington. Der eine, Philip G. Johnson, verfügte über ein unglaubliches Organisationstalent. Der andere hieß Claire L. Egtvedt und war ein Mann mit Ideen. Johnson und Egtvedt nahmen unter der Leitung von William E. Boeing bereits an den ersten Entwicklungen teil.
Mit Eintritt der USA in den Ersten Weltkrieg expandierte die Boeing Company rasch. Sie baute 50 Übungsflugzeuge für die US-Marine. Während der Wirtschaftsflaute der Nachkriegsjahre hielt Boeing seine Firma durch die Herstellung von Schlafzimmermöbeln und Rennbooten über Wasser.
In Vorausahnung der kommenden Entwicklung beförderten Boeing und Eddie Hubbard an Bord eines Boeing-C-700-Wasserflugzeugs am 3. März 1919 den ersten Sack mit internationaler Luftpost von Vancouver in Kanada nach Seattle. Dieser Flug führte zum Eintritt der Firma ins Luftpostgeschäft. Als die Postbehörden Angebote für eine Chicago–San Francisco-Route einholten, gab Boeing ein so knapp kalkuliertes Angebot ab, daß die Post seine Erfolgschancen bezweifelte und die Konkurrenz sich über ihn lustig machte. Aber er erhielt den Auftrag, und am 15. Oktober 1920 bekam er den ersten Vertrag für eine internationale Luftpostroute, die Seattle mit Victoria, B. C., in Kanada verband. Für diesen Service wurde das Boeing-B-1-Wasserflugzeug eingesetzt.
Ein Jahr später erhielt das Unternehmen seinen ersten bedeutenden Nachkriegsauftrag zum Bau von 111 Beobachtungs-

flugzeugen, dem im nächsten Jahr ein weiterer zum Bau von 200 MB-3-A-Jagdflugzeugen folgte.
Bis 1927 beschränkte das Unternehmen die Flugzeugproduktion in erster Linie auf Militärmaschinen. Insgesamt wurden 268 Übungsflugzeuge, Jäger, Aufklärer, Torpedoflugzeuge und Jagdbomber für Armee und Marine sowie die Regierungen von Peru und Kuba hergestellt. Zwei Ausnahmen in dieser Rüstungsproduktion waren ein Postflugzeug im Jahre 1924 (als Abwandlung eines Heeres-Beobachtungstyps) und ein weiteres 1925 – das Boeing-Modell 40.
1927 wurde ein Auftrag über 27 Jagdflugzeuge für die Marine erteilt, der kennzeichnend für die Schnelligkeit ist, mit der damals produziert wurde. Boeing baute und lieferte die 27 Flugzeuge vom Typ FB-51 innerhalb von 15 Tagen.
Als 1926 die Regierung der Vereinigten Staaten unter Präsident Coolidge in ihrem Wirtschaftsprogramm darauf verzichtete, selbst Luftpost zu befördern, bewarb sich Boeing mit Erfolg um den transkontinentalen Luftposttransport. Für die Boeing Air Transport, Inc., 1926 gegründet, wurden innerhalb von fünf Monaten – von Januar bis Juni 1927 – 25 Transportmaschinen des Typs Boeing 40-A gebaut und auf der Strecke Chicago–San Francisco eingesetzt.
Das Modell 40-A war so ausgelegt, daß es neben dem Piloten zwei Personen und 544 kg Post befördern konnte. Es eröffnete den regulären Personenluftverkehr über größere Entfernungen und wurde 1930 auch für den ersten planmäßigen Passagier- und Post-Nachtluftverkehr Amerikas eingesetzt. Die 40-B-Postmaschine erhielt als erste eine Funksprechanlage.
1928 war die Boeing Company bereits einer der größten Flugzeughersteller Amerikas mit 800 Beschäftigten. Boeing sah das weitere Wachstum seines Unternehmens voraus und gab einen Teil der Aktien seiner Firma für die Börse frei. Sie waren rasch vergriffen.
Fasziniert von den Möglichkeiten der Luftfahrtindustrie, gründete er 1928 die United Aircraft and Transport Corporation. Die neue Gesellschaft umfaßte die Boeing Airplane Company, Pratt & Whitney, Chance Vought, Hamilton Propeller Co., die Pacific Air Transport und die Boeing Air Transport. Boeing war der erste Präsident der Unternehmensgruppe. 1931 schlossen sich die Boeing Air Transport, National Air Transport, Pacific Air Transport und Varney Air Lines unter dem Namen United Air Lines zusammen.
1933/34 wurde nach einer ausführlichen Debatte der Regierung ein Gesetz verabschiedet, das allen vertraglich gebundenen Luftpostgesellschaften jegliche Zugehörigkeit zu einem Unternehmen der Flugzeugindustrie untersagte. Als Folge davon mußten die United Air Lines aus dem Unternehmensverband ausscheiden. Auch hier Parallelen zu Hugo Junkers in Deutschland. Am 26. September 1934 wurde die Gruppe in drei neue Firmen aufgeteilt: United Air Lines, die den gesamten Lufttransport übernahm; United Aircraft Corporation, in der alle östlichen Werke zusammengefaßt wurden; und Boeing Airplane Company für die verbleibenden Flugzeugwerke des Westens.
1934 wurde Boeing mit der Daniel-Guggenheim-Medaille für erfolgreiche Pionierarbeit und Leistungen auf dem Gebiet des Flugzeugsbaus und des Luftverkehrs ausgezeichnet. Er war der sechste Preisträger aus der Luftfahrt.
In der Verleihungsurkunde stand: »Die von Mr. Boeing geleiteten Luftverkehrsgesellschaften waren die ersten, die in den Vereinigten Staaten nachts Passagierflüge über größere Entfernungen und nach einem genauen Flugplan durchführten, ebenso die ersten, die in ständiger Funkverbindung zur Erde standen.
Er verdient besondere Anerkennung für den Aufbau einer hervorragenden Flugzeugproduktion und einer Luftverkehrsorganisation in den Vereinigten Staaten. Es waren seine Vorstellungskraft und die Bereitschaft, sein eigenes Vermögen einzusetzen, die zur Gründung einer der besten Produktions- und Verkehrsorganisationen der Welt führten.«
Einen großen Teil seines Erfolgs verdankte Boeing seiner Fähigkeit, sich mit einsatzfreudigen Mitarbeitern zu umgeben. Bereits während der Ausbildungszeit an der Yale Sheffield School of Science hatte er die Bedeutung der Forschung im Zusammenhang mit praktischen Versuchen erkannt.
»Meine Einstellung war von Anfang an, daß Wissenschaft und harte Arbeit auch unüberwindlich scheinende Schwierigkeiten bezwingen können«, sagte er. »Ich habe versucht, den Männern um mich das gleiche Gefühl zu geben, das auch ich habe, nämlich, daß wir Wegbereiter einer neuen Wissenschaft und Industrie sind, in welcher wir so völlig neuen und ungewohnten Problemen gegenüberstehen, daß niemand eine Idee zu etwas Neuem mit der Feststellung beiseite schieben darf, daß dies ›undurchführbar‹ sei.«
Bei der Boeing Company begann erst mit der »Monomail« zu Beginn des Jahres 1930 die Zeit der Ganzmetall-Tiefdecker. Die »Monomail« hatte bereits einziehbares Fahrwerk, eine glatte, aerodynamisch saubere Außenhaut, Öl-Stoßdämpfer und eine in Schalenbauweise gefertigte Zelle. Sie wurde mit einem 575-PS-P. & W.-Hornet-Motor ausgerüstet.
Ursprünglich als reines Frachtflugzeug konzipiert, konnte sie sowohl sechs bis acht Passagiere als auch Post und Fracht befördern. Eine Weiterentwicklung dieses Flugzeugtyps, der B-9-Bomber, flog allen Jagdflugzeugen seiner Zeit davon.
1933 entstand die Boeing 247 aus der »Monomail« und der B-9 als das erste zweimotorige Ganzmetall-Verkehrsflugzeug in den USA. Eingerichtet für zehn Passagiere, eine Zwei-Mann-Besatzung und eine Stewardess, revolutionierte sie den Luftverkehr der Vereinigten Staaten. Mit nur 7 Zwischenlandungen flog sie in 20 Stunden von Küste zu Küste. Von 75 gebauten Boeing 247 flogen einige bis zum Ende der sechziger Jahre.
1934 startete im Zweigwerk Wichita der Prototyp des Schulflugzeugs Boeing »Kadett«. Alles in allem baute Boeing von diesem Flugzeug für die Armee und für die Marine 10 346 Maschinen.
1934 kündigte die Armee Vergleichstests für einen »mehrmotorigen« Bomber an. Andere Flugzeugwerke sahen »mehrmotorig« als gleichbedeutend mit »zweimotorig« an. Boeing aber konzentrierte sich auf vier Triebwerke.
So wurde die Boeing 299 geboren, die den Luftkrieg revolutionieren sollte. Der Prototyp stürzte ab und brannte aus, als ein Armeepilot versehentlich mit blockierten Rudern startete. Aber die Armee hatte genug gesehen. Sie bestellte dieses Flugzeug und erprobte es. Die Boeing 299 erhielt die militärische Bezeichnung B-17, wobei B diesmal nicht für »Boeing«, sondern für »Bomber« stand, mit dem Zusatz »Flying Fortress«.
Die »Fliegende Festung« war das erste amerikanische Flugzeug, das eine große Reichweite (4844 km) mit großer Nutzlast (8 Mann Besatzung, 2177 kg Bombenlast plus 5 Bordkanonen) und der Schnelligkeit eines Jagdflugzeugs (maximal 380 km/h) verband.

Die Boeing 247 kann als Stammvater aller modernen amerikanischen Verkehrsflugzeuge angesehen werden. Die hier gezeigte Maschine wurde im Jahre 1933 gebaut.

Boeing B-247

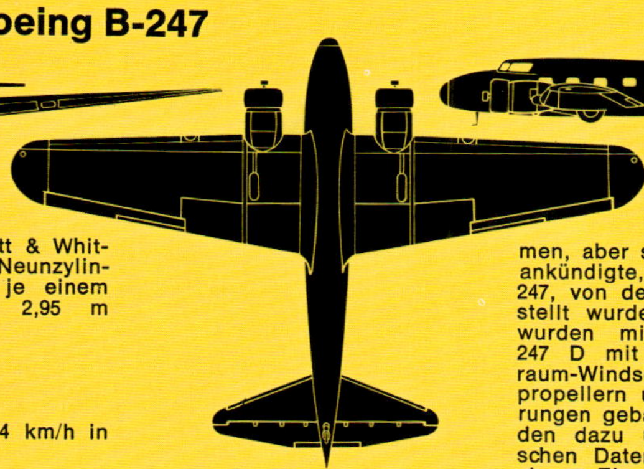

Antrieb: zwei 550-PS-Pratt & Whitney-R-1340-S1H1G-Wasp-Neunzylinder-Umlaufmotoren mit je einem Dreiblatt-Propeller von 2,95 m Durchmesser
Spannweite: 22,56 m
Länge: 15,72 m
Flügelfläche: 167,90 m²
Gesamtgewicht: 6192 kg
Reisegeschwindigkeit: 304 km/h in 3700 m Höhe
Reichweite: 1200 km
Fassungsvermögen: 2 Mann Besatzung, 10 Passagiere und 181 kg Post
Erster Flug: 8. Februar 1933
Der große Umschwung in der Konstruktion der Verkehrsmaschinen, der das Ende der Ära der »langsamen, aber sicheren« Doppeldecker ankündigte, begann mit der Boeing 247, von der 75 Exemplare hergestellt wurden. Die meisten davon wurden mit dem Standard der 247 D mit abgeänderter Führerraum-Windschutzscheibe, Verstellpropellern und anderen Verbesserungen gebaut, oder aber sie wurden dazu umgebaut. Die technischen Daten betreffen diese Version. Eine speziell umgebaute 247 D wurde in der Transportflugzeugklasse des MacRobertson-Rennens des Jahres 1934 von London nach Melbourne Zweite und in den Gesamtplazierungen für die Geschwindigkeit Dritte.

Sie schien jedoch nicht für den Einsatz in großer Höhe geeignet. Es galt also, ein Flugzeug mit konstantem, einigermaßen normalem Luftdruck im Innern zu bauen. Die Boeing-Ingenieure hatten dies bereits beim »Stratoliner« erreicht, dem ersten Passagierflugzeug, in dem mit Erfolg ein Druckausgleich vorgenommen wurde. Eine kleine Anzahl von Flugzeugen mit Druckausgleich in der Kabine war gebaut worden, darunter das große Boeing-314-Flugboot für 72 Passagiere, als der Krieg die gesamte Boeing Company zwang, sich auf die Produktion der B-17 ohne Druckkabine umzustellen. Bis Kriegsende verließen 12 731 B-17 die Serienproduktion.
Im September 1942 wurde die B-29 »Superfortress« fertiggestellt. Sie war schließlich der erste Bomber mit Druckkabine, der in großer Stückzahl produziert wurde, und zugleich der erste mit einem ferngesteuerten System von Bordgeschützen.
Bis Kriegsende wurden 3970 dieser 60-Tonnen-Bomber produziert, davon 2766 in den Boeing-Werken. Die »Superfortress« erreichte mit vier 2200-PS-Wright-Motoren eine Reisegeschwindigkeit von 402 km/h, die bis auf 592 km/h gesteigert werden konnte. Sie hatte eine Reichweite von über 7242 km und konnte 9071 kg Bomben laden. Aus ihr wurden 1945 die ersten Atombomben auf Japan abgeworfen.
Eine Nachkriegsentwicklung der B-29 hieß B-50. Obwohl äußerlich kaum von der B-29 zu unterscheiden, war sie dennoch zu 75 Prozent ein neues Flugzeug.
Die Reichweite der B-50 lag bei 9600 km. Mit Auftankmöglichkeiten in der Luft schien ihre Reichweite praktisch unbegrenzt. Die B-50 »Lucky Lady II« bewies dies im Frühjahr 1949 mit einem Nonstop-Flug rund um die Erde. Sie bewältigte die 37 742 km lange Strecke mit Hilfe von vier fliegenden Tankern in 94 Stunden und 1 Minute.
Als erstes kommerzielles Nachkriegsflugzeug des Unternehmens wurde der 72 t »Stratocruiser« aus der B-50 entwickelt. Er beförderte normalerweise 75 Passagiere und hatte im unteren Deck eine Bar.
Die B-47, der erste sechsstrahlige Atombomber mit Pfeilflügeln, flog als XB-47 (wobei X »Prototyp« bedeutet) am 17. Dezember 1947. Sie stellte für ihre Zeit spektakuläre Rekorde auf, darunter ein Flug im Jahre 1949, bei dem die Maschine 3683 km von Larson Air Force Base im Staate Washington nach Andrews AFB in 3 Stunden 46 Minuten mit einer Durchschnittsgeschwindigkeit von 987 km/h zurücklegte.
Die XB-52 und YB-52, Prototypen der

Boeing B-17 »Flying Fortress«

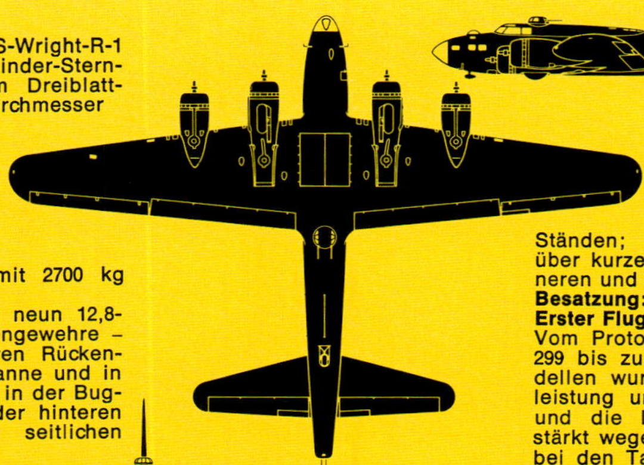

Antrieb: vier 1200-PS-Wright-R-1 820-97-Cyclone-Neunzylinder-Sternmotoren mit je einem Dreiblatt-Propeller von 3,53 m Durchmesser
Spannweite: 22,78 m

Länge: 22,78 m
Flügelfläche: 131,92 m²
Startgewicht: 24 950 kg
Reichweite: 4090 km mit 2700 kg Bombenlast
Bewaffnung: acht oder neun 12,8-mm-Browning-Maschinengewehre – je zwei in der vorderen Rückenkanzel, in der Bodenwanne und in der Heckkanzel, je eins in der Bugkanzel, wahlweise in der hinteren Rückenkanzel und in seitlichen Ständen; maximale Bombenlast über kurze Strecken 5800 kg im Inneren und 3630 kg außerhalb
Besatzung: 10 Mann
Erster Flug: 28. Juli 1935
Vom Prototyp des Originalmodells 299 bis zu den letzten Einsatzmodellen wurde die gesamte Motorleistung um 60 Prozent gesteigert und die Defensivbewaffnung verstärkt wegen der schweren Verluste bei den Tagangriffen über Europa, bevor ein ausreichender Jagdschutz bestand. Die Daten beziehen sich auf die B-17F.

mit 8 Strahltriebwerken ausgerüsteten »Stratofortress«, flogen 1952. Während die Mustermaschine, ähnlich der B-47, Tandemsitze für Pilot und Copilot aufwies, zeigte die Serienausführung mit der Bezeichnung von A bis H eine Anordnung nebeneinander. Alles in allem wurden 744 gebaut, die letzte B-52 verließ im Juni 1962 das Werk Wichita. Drei der großen Flugzeuge landeten im Januar 1957 nach einem Nonstop-Verbandsflug rund um die Erde auf der March Air Force Base (AFB) in Kalifornien. Sie waren in Castle AFB in Kalifornien gestartet und hatten die 39 147 km in 45 Stunden 19 Minuten bei einer Durchschnittsgeschwindigkeit von 852 km/h zurückgelegt. Das war weniger als die halbe Zeit des früheren Rund-um-die-Welt-Rekords der B-50 »Lucky Lady II«. Im Januar 1962 flog eine B-52 H nonstop 20 147 km von Okinawa nach Spanien, ohne aufzutanken, und brach dabei 11 Entfernungs- und Geschwindigkeitsrekorde.
Alle Baureihen der B-52 sind äußerlich ähnlich. Die Entwürfe der Serien G und H sahen große Reichweiten vor und die Möglichkeit zum Abschuß von Überschall-Raketen. Zu den Atombombern B-47 und der B-52 gehörten der KC-97 »Flying Boom Tanker« und der KC-135 »Jet-Stratotanker« (entwickelt aus der B-707).
Mitte 1964 lieferte Boeing das erste einer neuen Flotte von Tankflugzeugen an das Strategic Air Command aus. Speziell für diese Einheit entworfen und gebaut, konnte die EC-135 C sowohl als Tanker

Linke Seite oben: Boeing B-17 G »Fliegende Festung«. Dieser Bomber-Typ bildete das Rückgrat der amerikanischen Verbände. Insgesamt 8680 Exemplare dieses Typs wurden bei Boeing, Douglas und Lockheed während des Zweiten Weltkriegs produziert. Linke Seite unten: Ein Boeing-Flugboot 314 »Clipper«. Diese Seite unten: Die Boeing B-29 »Superfestung« brachte mit ihrer vernichtenden Bombenlast das Ende des Krieges im Pazifik. Mit Maschinen dieses Typs wurden auch die Atombomben über Hiroshima und Nagasaki abgeworfen.

Boeing »Stratojet«

Antrieb: sechs General-Electric-J47-GE-23-Turbostrahltriebwerke mit je 2630 kp Schub unter den Tragflächen
Spannweite: 35,36 m
Länge: 32,92 m
Flügelfläche: 132,66 m²
Höchstgeschwindigkeit: 993 km/h in 3230 m Höhe
Reichweite: über 4800 km
Bewaffnung: zwei 12,8-mm-Maschinengewehre in RADAR-gesteuerter Heckmontierung; bis zu 9072 kg Bomben im Innern
Besatzung: 3 Mann
Erster Flug: 17. Dezember 1947 (XB-47); 26. April 1951 (B-47B)

Ein Aspekt des Flugzeugantriebs Ende des Zweiten Weltkriegs war JATO (Jet-Assisted Take-Off, Strahl-Starthilfe), die Kampfflugzeugen den Start auf kleinen Flugplätzen oder mit größerem Startgewicht ermöglichte. Die relativ schwachen Strahltriebwerke der ersten Nachkriegsjahre verursachten eine weitere Anwendung dieser Technik in Verbindung mit Großflugzeugen, und Amerikas erster Pfeilflügel-Jet-Bomber, die B-47 »Stratojet«, gehört mit seinen ersten Versionen zu den Konstruktionen mit eingebauten JATO-Aggregaten. Die B-47B, auf die sich Daten und Schemazeichnung beziehen, war mit achtzehn 454-kp-Raketen im Heck ausgerüstet.

dienen als auch während des Fluges Treibstoff von anderen Tankflugzeugen übernehmen.
Im August 1952 gab Boeing bekannt, man werde 16 Millionen Dollar in die Entwicklung eines Düsenverkehrsflugzeugs investieren. Durch den Bau der B-47 verfügte das Unternehmen über große Erfahrungen. Aber der Vorläufer aller Boeing-Flugzeuge, die nun folgen sollten – mit der Musterbezeichnung 367-80 »the Dash Eighty« genannt –, war zugleich die Abkehr von den Bombenflugzeugen.
Der Prototyp der Boeing 707, die »Dash Eighty«, verließ im Mai 1954 das Werk Renton und machte seinen ersten Flug am 15. Juli, dem 38. Jahrestag der Gründung der Boeing-Werke. Im Oktober 1955 erteilten die Pan American World Airways den ersten Auftrag und stellten am 26. Oktober 1958 die erste Boeing 707 in Dienst.
Anfang 1960 flogen die 707-120-B- und 720-B-Flugzeuge, mit verbesserten Pratt & Whitney-JT3D-3B-Turbo-Fan-Triebwerken ausgerüstet, deren Treibstoffverbrauch niedriger lag.
Anfang 1961 wurde dann der Bau der 707-320 B »Intercontinental« für besonders lange Flugstrecken bekanntgegeben. Die 707-320 C, ein umwandelbares Fracht/Passagier-Flugzeug, behielt das Grundkonzept und die Systeme der »Intercontinental« bei.
Jene Versionen der 707-120 B und der 707-320 B »Intercontinental«, die für die Luftwaffe gebaut wurden, tragen die militärische Bezeichnung VC-137 B bzw. VC-137 C.
Die B-727 unterscheidet sich wesentlich von der B-707-Serie. Ursprünglich für Kurz- und Mittelstrecken und für etwa 130 Passagiere entworfen, hat das dreistrahlige Flugzeug nacheinander mehrere Stadien der Verbesserung durchlaufen.
Boeing stellte die 727-30-Serie erstmals im Dezember 1960 vor. Der Jungfernflug fand am 9. Februar 1963 statt, und am 26. Dezember des gleichen Jahres gab das amerikanische Bundesluftfahrtamt (FAA) sie für den Verkehr frei.
Die erste Lieferung einer 727-30 ging im Oktober 1963 an die United Air Lines. United und Eastern Air Lines stellten die neue Boeing mit ihrem charakteristischen T-Leitwerk im Februar 1964 in Dienst. Die Frachtmo-

delle (alles in allem 11 verschiedene Ausführungen) haben eine vordere Ladeluke von der gleichen Größe wie bei der 707-320 C und auch den gleichen Laderaum. Die QC (Quick-Change) läßt sich in weniger als 30 Minuten von einem Passagierflugzeug in eine Frachtmaschine oder umgekehrt verwandeln.
Der 727-30 folgten die 727-100 mit größerer Reichweite und wenig später die gestreckte 727-200 mit größerer Nutzlast von bis zu 189 Passagieren. Bis 1975 wurden über 1200 B-727-Flugzeuge produziert und verkauft.
Die kleinste der Boeing-Jet-Familie ist die zweistrahlige B-737. Zwei Versionen dieses Kurzstreckenflugzeugs werden im Werk Renton, Wash., hergestellt: die kleinere 737-100 und die gestreckte 737-200. Je nach Kabinenausrüstung kann die 737-200 bis zu 130 Passagiere befördern. Die Reichweite konnte auf 3980 km gesteigert werden.
Die erste Serienmaschine der B-737 startete am 9. April 1967 und wurde gegen Ende des gleichen Jahres bereits an die Deutsche Lufthansa ausgeliefert.
Der jüngste Sproß aus der Boeing-Jet-Familie, der B-747 »Jumbo Jet«, ist zugleich der Welt größtes Verkehrsflugzeug.

Linke Seite oben: Blick in das Cockpit einer Boeing 747 »Jumbo-Jet«. Linke Seite unten: Montagehalle der Boeing-Werke in Seattle. In der Endfertigung befinden sich auf diesem Bild Maschinen des Typs 727. Diese Seite oben: Ein Boeing 747 »Jumbo-Jet« im Gegenlicht der Sonne

Die 747-Planung begann im Jahre 1960. Im April 1966 gab Pan American World Airways den Kauf von 33 Maschinen des Typs 747 bekannt. Innerhalb weniger Monate erreichten die Aufträge für den Großraum-Jet eine Summe von 1,8 Milliarden Dollar – die größte Vorausbestellung in der Geschichte des Verkehrsflugzeugbaus. Eine 200-Millionen-Dollar-Fabrikanlage wurde 30 km nördlich von Seattle, in Everett, Wash., gebaut und genau ein Jahr später in Betrieb genommen.
Am 8. Februar 1969 flog die erste Boeing 747-100. Die Flugtests ergaben, daß sowohl die 747-100 Standard als auch die weiterentwickelte 747-200 B und der 747-200 F Frachter für ein höheres Abfluggewicht zugelassen werden konnten als berechnet, vorausgesetzt, die dazu notwendige Triebwerksleistung stand zur Verfügung.
Im August 1973 gab Boeing den Bau einer kürzeren und leichteren 747 bekannt – die 747 SP (Special Performance) – mit einer maximalen Reichweite von 14 000 km. Die 747 SP hat den gleichen Tragflächengrundriß, ist jedoch 14 m kürzer als die Standard 747. 322 Tonnen schwer (Abfluggewicht), befördert die Standardausführung der Boeing 747-100 bei voller Nutzlast maximal 485 Passagiere mit Gepäck.
Seit jenem Tag im Jahre 1958, als eine Boeing 707 das Düsenzeitalter für den amerikanischen Luftverkehr eröffnete, hat Boeing rund 3000 Strahlverkehrsflugzeuge an die Fluggesellschaften in aller Welt ausgeliefert. Boeing ist damit der bedeutendste Verkehrsflugzeughersteller – und scheiterte trotzdem, nicht durch eigenes Verschulden – mit seinem ehrgeizigsten Projekt. Zunächst wenigstens: 1969 empfahl die amerikanische Regierung die Konstruktion von zwei Flugzeugmustern für den Überschall-Luftverkehr. Der Kongreß stimmte dieser Empfehlung zu. Die Kosten sollten zwischen der Regierung und der Industrie aufgeteilt werden.
Boeing begann mit der Arbeit an einer Überschall-Attrappe, der B-733: 87,17 m lang, mit einer Spannweite von 43,28 m und einer möglichen Ausrüstung für die Beförderung von 250 Passagieren.
Es wurde berechnet, daß die Serienmaschine, die in den späteren siebziger Jahren in Dienst gestellt werden sollte, bei einer Länge von etwa 90 m 300 Passagiere aufnehmen und mit einer Reisegeschwindigkeit von 2,5 Mach, also zweieinhalbfacher Schallgeschwindigkeit, fliegen könnte.
Die technischen Arbeiten waren praktisch abgeschlossen, das Programm lief planmäßig und im Rahmen des Kostenvoranschlages weiter. Die wichtigsten Probleme waren gelöst, die Metallteile zugeschnitten und etwa 15 Prozent der ersten Zelle fertiggestellt – als die Regierung am 24. März 1971 beschloß, die Arbeit auf unbestimmte Zeit einzustellen. Doch irgendwann wird es auch ein Überschallverkehrsflugzeug von Boeing geben.

Rotierende Flügel

Die englischsprechende Welt nennt den Hubschrauber »Helikopter«, ein Wort, das aus dem Griechischen »helix« (Spirale) und »pteron« (Flügel) abgeleitet ist. Leonardo da Vinci und George Cayley hatten die ersten Ideen für den Helikopter. Von Anfang an hatte der Mensch nicht nur den Wunsch fliegen zu können. Er wollte sich auch senkrecht vom Erdboden in die Luft erheben und ebenso zur Erde zurückkehren.
Cayleys Entwurf basierte auf Zeichnungen der Franzosen Launoy und Bienvenu aus dem Jahre 1784. Sie zeigten die einfachste Form eines »senkrecht startenden« Flugkörpers, ähnlich einer alten chinesischen Darstellung von zwei Schrauben, die sich an den Enden einer Welle befanden und mit Hilfe einer Bogensehne in gegenläufige Umdrehung gebracht wurden.
1828 entwarf der Italiener Vittorio Sarti eine weitere gegenläufige Schraubenanordnung, und etwa zur gleichen Zeit baute ein Engländer namens Mayer tatsächlich ein Helikoptermodell, das mit Muskelkraft betrieben werden sollte, allerdings nicht flog.
Erfolgreicher waren die Versuche von W. H. Phillips, dessen Hubschraubermodell sich 1842 tatsächlich in die Luft erhob. Das Rotieren der Rotorblätter wurde durch den Strahl eines Gases bewirkt, das aus den Spitzen der Blätter ausströmte. Etwa ein Jahr später experimentierte der Engländer Borne mit kleinen Helikoptermodellen, deren Rotorblätter aus Hühnerfedern bestanden und von Uhrenfedern angetrieben wurden.
Aus der Zeit der fünfziger und sechziger Jahre des 19. Jahrhunderts sind weitere Helikopter-Vorschläge bekannt. Ein Engländer namens Henry Bright versuchte ebenfalls einen Muskelkraft-Hubschrauber zu bauen. Der Franzose Gabriel de La Landelle legte 1863 Entwürfe für einen Passagier-Helikopter vor, und im gleichen Jahr baute sein Landsmann, der Vicomte de Ponton d'Amécourt, ein dampfbetriebenes Modell, das jedoch keinen Erfolg brachte. Zu weit besseren Ergebnissen gelangte er bei Modellen mit Uhrwerkantrieb. Wenn die Feder abgelaufen war, ging das kleine Luftfahrzeug am Fallschirm nieder.
Bekannter wurde Alphonse Pénaud, der 1870 neben zahlreichen Erfindungen auch jenen Gummiantrieb entwickelte, den wir heute noch in vielen Flugmodellen finden. Diesen Gummimotor verwendete er mit Erfolg bei Helikoptermodellen. Der Amerikaner J. B. Ward konstruierte 1876 ein Luftfahrzeug, das als »Helikopter und Luftkissenfahrzeug« einzustufen ist. Da es jedoch den Boden nie verließ, blieb es bei der Theorie.
Zu den Antriebsformen, die die hartnäckigen »Helikopteristen« der siebziger

Jahre des 19. Jahrhunderts im Sinn hatten, gehörten Gewehrpulver, eine Gasturbine und Druckluft. Den größten Erfolg jedoch erzielte der Italiener Enrico Forlanini (der später Luftschiffe und Wassertragflügel-Boote konstruierte) mit dampfbetriebenen Modellen.
Erst vor wenigen Jahren fand das Werk S. Robertson Posters Anerkennung. Er gilt als Erfinder einer »Turbinenflugmaschine« und eines »Drehflügelfallschirmes« (1908). In seinem Buch »The Helicopter Flying-Machine«, das 1911 in London herauskam, sagte er: »Die Turbinenflugmaschine ist ein Spätkömmling. Ihr wurde nur wenig Forschungsarbeit gewidmet. Man könnte sie als eine verbesserte Hubschrauberauslegung beschreiben, da die Luft von oben angesogen und nach unten ausgeblasen wird, was zu einer ähnlichen Wirkung führt.« Diese bemerkenswerte Konstruktion wurde leider nie vollendet, sie fand jedoch in den modernen Konzeptionen von senkrecht startenden Strahlflugzeugen der sechziger Jahre wie der Hawker »Harrier«, der Dornier Do 31, der VJ 101 und der VFW 191 ihre Bestätigung.
Ein großer Teil der frühen Helikopter-Entwicklungsarbeit fand im Dunkeln und unter dem Siegel der Verschwiegenheit statt. Sie wurde nie richtig aufgezeichnet. So ist es nicht leicht, die konstruktiven Leistungen einzuordnen. Die Funktion moderner Hubschrauber beruht wesentlich auf dem Prinzip der zyklischen Blattverstellung. Sie wurde 1906 zum erstenmal von dem Italiener G. A. Crocco vorgeschlagen und 1912 von Jacob Ellehammer, einem Dänen, dessen Beitrag zur Entwicklung von Starrflügel- und Drehflügelflugzeugen bisher nicht genügend anerkannt wurde, demonstriert.
1917 baute der später weltberühmte ungarische Aerodynamiker Theodore von Kármán zusammen mit von Asboth und Zurovec im Auftrag der österreichischen Armee den ersten Fesselhubschrauber der Welt. Drei Motoren trieben zwei gegenläufige, senkrecht montierte Luftschrauben. Dieser Fesselhubschrauber steht heute im italienischen Luftfahrtmuseum in Rom.
Erst in den zwanziger Jahren zeigten sich neue Fortschritte in der Hubschrauberforschung. Der Marquis de Pescara, ein Argentinier, konstruierte und baute in Frankreich und Spanien einige Versuchsträger. Pescara verwandte nicht nur die zyklische Blattverstellung; er fand auch die Vorteile der Autorotation. Am 18. April 1924 flog er einen Weltrekord: 600 Meter weit vor dem Wind.
Die ersten Helikopter hatten fast ohne Ausnahme ein groteskes und komisches Aussehen oder zeigten irgendwelche ausgefallenen Merkmale. Der Isacco »helicogyre«, der 1926 in Frankreich entwickelt wurde, war ganz gewiß keine Ausnahme: Kleine Motoren mit Luftschrauben waren an den Spitzen der Rotorblätter angebracht!

Der erste vollsteuerbare Hubschrauber

Am 25. Oktober 1933 stellte Nicolas Florine, ein Belgier russischer Abstammung, vom Belgischen Nationalfonds für wissenschaftliche Forschung finanziell unterstützt, einen Dauerflugrekord auf. Er blieb knapp 10 Minuten in der Luft. Aber der Fortschritt vollzog sich weiterhin langsam. Bis Ende 1934 betrugen die Höhen- und Streckenrekorde nur 17 m bzw. 1100 m.
Bis in die dreißiger Jahre hinein blieb die Steuerung das Hauptproblem. Zum

Linke Seite: Der Helikopter, der 1912 von dem dänischen Luftfahrtpionier J. H. C. Ellehammer gebaut und getestet wurde.
Oben: Der Focke-Wulf Fw 61 war der erste voll steuerbare Hubschrauber der Welt.
Unten: Mit dem R-4-Hubschrauber machten die alliierten Streitkräfte ihre ersten Erfahrungen. Die RAF nannte ihn »Howerfly I«. Gebaut wurde er von Sikorsky im Werk Bridgeport/Connecticut im Jahre 1944.

Oben: Oftmals kippten die Autogiros schon beim Start kopfüber auf die Piste, wie hier dieser Parnall C.10 aus dem Jahre 1928. Unten: Dieser Cierva C.8L Mk II war der erste Drehflügler, der den Kanal überquerte. Er wurde am 18. September 1928 von Cierva selbst von Croydon nach Le Bourget geflogen. Rechts unten: Breguet-Dorand »Gyroplane Laboratoire«. Rechte Seite: Mikhail Mil konstruierte diesen größten Hubschrauber der Welt mit über 40 t Tragkraft. Die Rotoren des V-12 hatten einen Durchmesser von 35 Meter!

ersten wirklich lenkbaren Hubschrauber wurde der deutsche Focke Fw 61. Zwischen 1937 und 1939 erzielte er den Durchbruch zum stabilen Flug mit sicherem Senkrechtstart und sicherer Senkrechtlandung. Beide Rotoren dieses Einsitzers wurden von Auslegern getragen und von einem Motor angetrieben. Die volle technische Bedeutung der Konstruktion wird aus den im nachfolgenden Kapitel gewürdigten Leistungen Professor H. Fockes ersichtlich. Die Lenkbarkeit der Fw 61 wurde von der berühmten deutschen Fliegerin Hanna Reitsch in der Berliner Deutschlandhalle demonstriert. Als erste Hubschrauberpilotin der Welt flog sie im Schwebeflug, machte 360-Grad-Wendungen, bewegte sich rückwärts, vorwärts und seitwärts.

Igor Sikorsky beantragte 1931 die Erteilung eines Patentes, das, wie er sagte, »fast alle Hauptmerkmale des lenkbaren Hubschraubers enthält«. Ein besonders wichtiges Charakteristikum war die konstruktive Auslegung mit einem einzelnen Hauptrotor und einem vertikal angeordneten kleinen Heckrotor zum Drehmomentausgleich. Ein ähnliches System war Ende der zwanziger Jahre in den Niederlanden von A. G. von Baumhauer entwickelt worden.

Das Hubschrauber-Schreckgespenst, seine Instabilität bei Verwendung von nur einem Hauptrotor, verfolgte Sikorsky jahrelang.

Aus dem ersten Sikorsky-Hubschrauber VS-300, der 1943 im Edison-Museum, Dearborn/Michigan, seinen Platz erhielt, wurde der R-4 entwickelt, von dem über 400 Exemplare im Zweiten Weltkrieg und danach in China, Burma, Indien, dem Pazifik, Europa und Alaska eingesetzt wurden.

Cierva C.8L

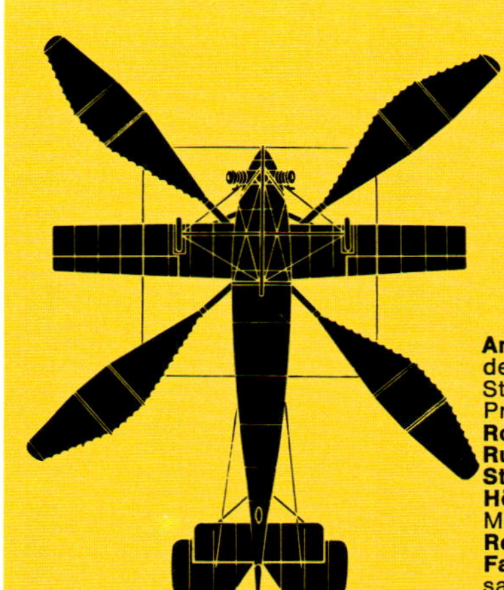

Antrieb: ein 200-PS-Armstrong-Siddeley-Lynx-IVC-Siebenzylinder-Sternmotor mit einem Zweiblatt-Propeller
Rotor-Durchmesser: 12,09 m
Rumpflänge: 8,69 m
Startgewicht: 1120 kg
Höchstgeschwindigkeit: 160 km/h in Meereshöhe
Reichweite: 410 km
Fassungsvermögen: 1 Mann Besatzung und 1 Passagier
Erster Flug: 1928

Der erste erfolgreiche Cierva-Autogiro war der C.4, der am 9. Januar 1923 bei Madrid erstmals flog. Er wurde von einem 110-PS-Le-Rhône-Umlaufmotor angetrieben, und sein Erfolg beruhte auf Gelenken, mit deren Hilfe der Anstellwinkel der Rotorblätter verändert werden konnte, um einen besseren Hub zu erzielen. Vom Typ C.8L wurden drei gebaut, und einer von ihnen – heute im Luftfahrtmuseum Paris – flog die erste Kanalüberquerung als Drehflügler am 18. September 1928.

CCCP-21142
H-833

Der Autogiro

Auch jetzt ist die Geschichte der anfänglichen Drehflügler-Entwicklung längst nicht komplett. Es muß noch ein junger spanischer Ingenieur namens Juan de la Cierva genannt werden. Er beschäftigte sich mit einer Flugzeugkonstruktion konservativer Auslegung, die jedoch statt der starren Tragflächen einen Rotor über dem Rumpf trug. Der wichtigste Unterschied zwischen dem »Autogiro«, wie Cierva seine Erfindung nannte, und dem Helikopter bestand darin, daß der Rotor nicht von einem Motor angetrieben wurde, sondern selbst rotierte (Autorotation!), wenn das Luftfahrzeug durch die Luftschraube in Bewegung versetzt wurde. Er erzielte auf diese Weise extrem kurze Start- und Landestrecken. Der Autogiro konnte sich jedoch nicht seitlich bewegen oder bei Windstille einen Schwebeflug ausführen wie ein Helikopter.
Das erste Exemplar des Autogiros war zwar ein kompletter Fehlschlag, und der zweite und dritte Prototyp erwiesen sich als instabil, aber Cierva verwendete als erster Konstrukteur Schlaggelenke für die Rotorblätter. Auf Einladung des britischen Luftfahrtministeriums führte er seinen C.6A-Autogiro 1925 in Farnborough vor. Bis 1928 wurden die Autogiros in England und in den USA unter Lizenz gebaut. Im Januar 1930 kündigte The Cierva Autogiro Co Ltd London den C.19 Mark II an: ein zweisitziges leichtes Flugzeug aus Holz und Metall mit 100-PS-Armstrong-Siddeley-Genet-Major-Motor, Höchstgeschwindigkeit 153 km/h, Startstrecke 27 m, keine Landestrecke, Reichweite 483 km bei 113 km/h. Bei dem späteren Typ C.30 konnte der Motor auf den Rotor umgeschaltet werden, um diesen bereits vor dem Start in Bewegung zu setzen. Er wurde dann direkt vor dem Anrollen ausgekuppelt und so die Startstrecke weiter verkürzt. Diese Technik wurde als Sprungstart bekannt und verlieh dem Autogiro einen noch engeren Verwandtschaftsgrad mit dem Helikopter. Der Name Cierva gehört damit zur Geschichte der Drehflügler.
Erst dreißig Jahre nach dem Erstflug der legendären Fw 61 gelang Messerschmitt-Bölkow-Blohm (MBB) in München die Entwicklung einer neuen Hubschrauber-Technologie mit Einführung des gelenklosen Rotors. Er gibt dem 2-Tonnen-Mehrzweckhubschrauber BO 105/BO 106 eine bisher im Hubschrauberbau einmalige Wendigkeit, verbunden mit einer Stabilität, wie sie sonst nur vom Flugzeug mit starrem Tragwerk erreichbar ist.

Oben: Dieser Kellett-KD-18-Autogiro der Eastern Airlines war ab 6. Juli 1939 auf der ersten planmäßig von einem Drehflügelflugzeug beflogenen Linie zwischen Philadelphia und dem nahegelegenen Camden-Airport im Einsatz. Links oben: Cierva-Autogiro C.30 A mit verstellbaren Rotorblättern. Links unten: Bei der französischen Firma Aérocentre entstand Ende der vierziger Jahre nach deutschen Flettner-Patenten der Hubschrauber NC 2001 mit überlappenden Rotoren. Rechte Seite oben: Professor Henrich Focke mit dem Modell des ersten voll steuerbaren Hubschraubers Fw 61. Oben außen: A 7 »Storch«, rechts im Bild Georg Wulf. Mitte: Focke-Wulf A 16. Unten: F 19a »Ente«, ein für die zwanziger Jahre ganz ungewöhnliches Flugzeug mit vorne liegendem Höhenleitwerk. Mit diesem Typ stürzte Georg Wulf am 29. September 1927 tödlich ab. Im Bild stehen vor der »Ente« Henrich Focke und Conny Edzard (rechts).

Große Konstrukteure und ihr Werk:

Henrich Focke

Am 8. Oktober 1890 erblickte der eigentliche Vater unseres heutigen Hubschraubers, Henrich Focke, in Bremen das Licht der Welt. Er selber freilich erkannte dieses Attribut dem Universalgenie Leonardo da Vinci zu. Mit einem selbstgebauten Gleiter unternahm der 18jährige Henrich Focke am Bremer Osterdeich die ersten kurzen Luftsprünge. Ihn hatte – wie viele seiner Zeitgenossen – die Flugleidenschaft gepackt.
Stufenweise verwirklichte er gemeinsam mit seinem Bruder Wilhelm die Ikarus-Träume. Als er 1913 an der Technischen Hochschule Hannover seine Diplom-Vorprüfung im allgemeinen Maschinenbau ablegte, waren bereits mehrere Eigenkonstruktionen geflogen, darunter 1909 eine Gitterrumpf-Ente F IV mit 40-PS-ENV-Motor und 1912 der Eindecker A 5 mit einem billig beschafften 50-PS-Argus-Motor. 1921 beendete er das durch den Krieg unterbrochene Studium als Diplom-Ingenieur mit Auszeichnung. Sofort baute er in Bremen an einer neuen Konstruktion weiter, die 1921 als A 7 sein erstes amtlich geprüftes und zugelassenes Flugzeug wurde. Dabei unterstützte ihn sein Freund Georg Wulf, der als erfolgreicher Flieger aus dem Krieg zurückgekehrt war. Gemeinsam gründeten sie ein Unternehmen zur Herstellung von Flugzeugen.
Die Fabrik nahm am 1. 1. 1924 als Focke-Wulf Flugzeugbau AG die Produktion auf. Man begann ganz bescheiden: mit einer Belegschaft von neun Mann und einem Startkapital von 20 000 Reichsmark. Focke wurde die Konstruktion, Georg Wulf die technische Leitung

und das Einfliegen, Dr. Werner Naumann die kaufmännische Leitung übertragen.
In den ersten acht Jahren befaßte sich Henrich Focke mit dem Bau von Kleinverkehrs-, Schul- und Sportflugzeugen. Bereits das erste nach der Werksgründung gebaute Muster, der viersitzige Kabinenhochdecker A 16, wurde ein großer Erfolg. Mit einem Siemens-Motor von nur 75 PS ausgerüstet, erreichte das Flugzeug mit 400 kg Zuladung eine Höchstgeschwindigkeit von 135 km/h und 2500 m Gipfelhöhe. Das Flugzeugmuster verließ am 23. Juni 1924 das Werk und flog bereits drei Wochen später im regelmäßigen Luftverkehr. Eine für damalige Verhältnisse beachtliche Serie von über 20 Flugzeugen wurde aufgelegt und verkauft.
Dem Muster A 16 folgte eine Reihe von ein- und zweimotorigen Kleinverkehrsflugzeugen, darunter die aus dem Rahmen fallende F 19 »Ente« mit vornliegendem Höhenleitwerk. Am 29. 9. 1927 verunglückte Georg Wulf ausgerechnet mit diesem ungewöhnlichen Flugzeug. Die F 19 a flog Cornelius Edzard, der nach dem Tode Wulfs die Einfliegerei übernommen hatte, im In- und Ausland ohne Zwischenfälle. Das Entenflugzeug wurde bis weit in den Zweiten Weltkrieg hinein von der Deutschen Versuchsanstalt für Luftfahrt zu Forschungsflügen aller Art eingesetzt.
Weitere Flugzeugmuster folgten: die A 17 a und die A 38 »Möve« für 10 bis 12 Passagiere. Flugzeuge dieses Typs flogen bis 1937 bei der Deutschen Lufthansa, ferner das dreisitzige Schnellverkehrsflugzeug A 43 »Falke«, mit dem bereits 1932 eine Reisegeschwindigkeit von 260 km/h erreicht wurde. Es war damals das schnellste europäische Verkehrsflugzeug.
Typische Merkmale der Focke-Wulf-Flugzeuge jener Zeit waren der freitragende Hochdeckerflügel in Holzbauweise und die an den Zanonia-Samen erinnernde Formgebung. Diese von Henrich Focke in systematischer Arbeit entwickelte Tragflächenauslegung gewährleistete auch im Höchstauftriebsbereich volle Steuerbarkeit und machte die Focke-Wulf-Flugzeuge absolut trudelsicher.
Nun entstanden eine Reihe von Schulflugzeugen, wie z. B. die 1925 gebaute S 1 mit zwei nebeneinander liegenden Sitzen und deren Weiterentwicklung S 2, weiter der Doppeldecker S 24 »Kiebitz«, mit dem 1928 mehrere Weltbestleistungen aufgestellt wurden, darunter ein Welt-

rekord für Entfernung in geschlossener Bahn mit 1600 km.
Im Jahre 1931 erwarb Focke-Wulf die Lizenz zum Nachbau des Autogiros Cierva C.19, später auch eine weitere für das Modell C.30. Im gleichen Jahr ernannte der Bremer Senat Henrich Focke zum Professor.
Mit dem Jahre 1933 begannen bei Focke-Wulf einschneidende Änderungen. Prof. Henrich Focke trat Anfang des Jahres von seinem Vorstandsposten zurück und übernahm ein Mandat im Aufsichtsrat. Persönlich widmete er sich nun rein wissenschaftlichen Aufgaben mit der Zielprojektion zur Herstellung eines wirklich brauchbaren Hubschraubers. Sie führten zum Bau des Fw 61, des ersten voll flugfähigen Hubschraubers der Welt. Er flog am 26. Juni 1936 zum ersten Male und eroberte bereits ein Jahr später sämtliche Hubschrauberrekorde.
Diese Erfolge führten unmittelbar zur Gründung eines neuen Unternehmens, der Focke, Achgelis & Co. GmbH in Hoykenkamp, in der sich Focke fortan mit der Weiterentwicklung von Drehflüglern befaßte.
Der erste praktisch brauchbare und amtlich zugelassene Hubschrauber war keine Erfinderleistung schlechthin, sondern das Ergebnis systematischer wissenschaftlicher Arbeit. Die Erfolgsserie krönte die schon damals als Segelfliegerin bekannte Hanna Reitsch. Sie wurde zur begeisterten Vorkämpferin

Linke Seite oben: Focke-Wulf A 17a. Mitte: Schulflugzeug S 2. Unten: Focke-Wulf S 24 »Kiebitz«
Oben: In den dreißiger Jahren waren Autogiros groß in Mode. Die Drehflügel wurden nicht durch Motorkraft angetrieben, sondern durch die Vorwärtsbewegung des Flugzeugs mit einem normalen Propeller-Motor. Der Autogiro hatte nicht die damals noch unüberwindlichen Steuerprobleme des echten Hubschraubers. Hier im Bild ein bei Focke-Wulf in Lizenz gebauter Cierva C.30

Focke-Achgelis Fw 61

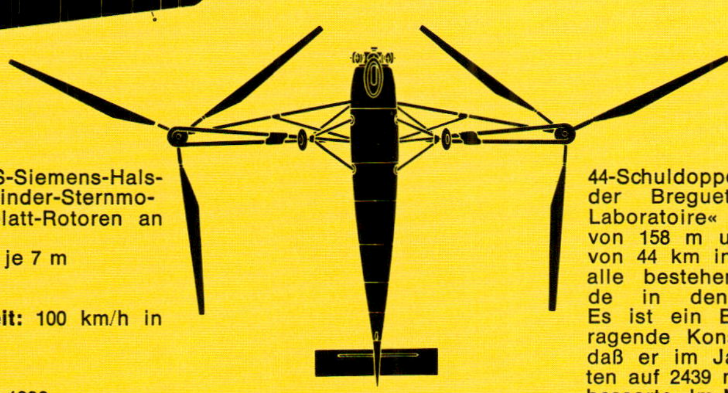

Antrieb: ein 160-PS-Siemens-Halske-Sh.14a-Siebenzylinder-Sternmotor mit zwei Dreiblatt-Rotoren an Auslegern
Rotor-Durchmesser: je 7 m
Rumpflänge: 7,29 m
Startgewicht: 953 kg
Reisegeschwindigkeit: 100 km/h in Meereshöhe
Reichweite: 230 km
Besatzung: 1 Mann
Erster Flug: 26. Juni 1936
Der erste wirklich erfolgreiche europäische Hubschrauber, der Fw 61, basierte auf dem Rumpf eines Fw-44-Schuldoppeldeckers. 1936 hatte der Breguet-Dorand »Gyroplane Laboratoire« mit einer Flughöhe von 158 m und einer Flugdistanz von 44 km in geschlossener Bahn alle bestehenden Leistungsrekorde in den Schatten gestellt. Es ist ein Beweis für die überragende Konstruktion des Fw 61, daß er im Jahr darauf diese Daten auf 2439 m bzw. 122,55 km verbesserte. Im Mai 1937 machte er die erste Landung mit Autorotation, und im Januar 1939 schraubte er seinen Höhenrekord auf 3427 m.

des Hubschraubers – nicht zuletzt durch ihren Rekordflug Bremen–Berlin im Oktober 1937 und ihre Vorführungsflüge. Mitte Februar 1938 flogen Flugkapitän Hanna Reitsch und Chefpilot H. Bode die Fw 61 bis unter die Kuppel der Berliner Deutschlandhalle. Diese sensationelle Schau bedeutete abermals einen neuen Weltrekord, denn noch nie war ein Hubschrauber in einer Halle gestartet.
Noch bessere Leistungen erzielte Focke mit dem Fw-61-Nachfolger Fa 223, einem Großhubschrauber, der 1940 seine Musterzulassung erhielt und zwei Jahre später in Serie ging. Vierzehn Jahre lang, bis 1954, blieb dieser zweimotorige Hubschrauber in seinen Leistungen unerreicht:

Nutzlast max.	1500 kg
Fluggewicht	3500 kg
Geschwindigkeit max.	180 km/h
Geschwindigkeit min.	0 km/h
Geschwindigkeit rückwärts	30 km/h
Geschwindigkeit Steigen ca.	6 m/sek.
Start- und Landestrecke als Hubschrauber	0 m

Die Maschine wurde zunächst als Versuchsträger gebaut und dann für folgende Zwecke projektiert:

a) Schulmaschine (Doppelsteuerung)
b) U-Boot-Abwehr
c) Artillerie-Beobachtung
d) Lastenträger (fliegender Kran und Zubringer im Gebirge)
e) Seenotmaschine (mit elektrischem Aufzug)
f) Ambulanzmaschine

Die ersten Versuchsflüge fanden bereits im Herbst 1939 statt. Der Hubschrauber wurde 1942 durch Luftangriff zerstört. Alle Materialien für den Serienbau, 70 Prozent der Bauunterlagen und alle Betriebsmittel wurden ebenfalls zerstört. In Laupheim bei Ulm wurde nun ein Zweigwerk eröffnet. Erst Ende 1943 gelang es, die Serienproduktion des Fa 223 dort aufzunehmen.
Der Fa 223 war äußerst leistungsfähig. Er konnte Volkswagen durch die Luft transportieren, beförderte am Lastenseil Pontons und Feldgeschütze und konnte beispielsweise anläßlich einer Gebirgserprobung in Mittenwald in 7 Minuten eine Last von 800 kg auf eine Höhe von 2000 m bringen und dort sicher absetzen. Nach dem Urteil der Militärs ersetzte ein einziger Fa 223 in seiner Lastenträgerversion eine ganze Gebirgsjäger-Trägerdivision. Das Muster wurde nach dem Krieg in Frankreich (als SE 3000) und in der ČSSR nachgebaut.
Bauaufwand und Kraftstoffverbrauch des Fa 223 ließen bereits 1937 den Wunsch aufkommen, einen doppelsitzigen Schul-Hubschrauber in Art des Fw 61, aber mit nebeneinanderliegenden Sitzen und stärkerem Motor zu bauen. Als Motor waren Triebwerke von 200 bis 240 bzw. 270 PS vorgesehen, in erster Linie der Argus As 10 E und der entsprechende Hirth-Motor. Der Fa 224 sollte eine Höchstgeschwindigkeit von 160 km/h erreichen. Bei Kriegsausbruch 1939 befanden sich 10 Maschinen im Bau.
Zur selben Zeit interessierten sich die Deutsche Lufthansa und private Kreise für eine Zivilversion des Fa 223. Ein weiterer Interessent war die UdSSR. Es sollte ein 5- bis 6sitziger Zubringer- und Rundflug-Hubschrauber werden. Bei Kriegsausbruch 1939 waren drei Musterflugzeuge nahezu fertig.
Der Fa 267 war aus dem Fa 223 als Lazarettmaschine entwickelt und speziell für den Transport von Rückgratverletzten konzipiert worden.
Während durch den Kriegsausbruch die Typen Fa 224, Fa 266 und Fa 267 zugunsten kriegswichtiger Arbeiten eingestellt werden mußten, entstand für den voraussichtlichen Kriegsablauf im Westen die Forderung nach einem Spezialjäger auf Hub- und Tragflügel-Basis. Er sollte ein Jäger mit den Leistungen der Me 109 werden, der etwa auch deren Abmessungen hatte und sich äußerlich von dieser Maschine dadurch unterschied, daß er zwei dreiflügelige Druckschrauben hatte, die für Start und Landung bis zu 80° nach unten, unter den Tragflügel, geschwenkt werden konnten und in dieser Phase als Hubschrauben arbeiteten.
Der Entwurf trug die Typenbezeichnung Fa 269. Die Maschine sollte im Reiseflug als Normalflugzeug fliegen und je nach Gelände als Hubschrauber starten und landen. Alle wichtigen und schwierigen Bauteile waren bereits Ende 1940 in Arbeit oder fertig. Der Kriegsablauf an der Westfront brachte wieder Umdispositionen. Die Teile wurden 1942 durch Luftangriff zerstört.
Die trotz aller Schwierigkeiten in Theorie und Praxis gesammelten Erfahrungen mit dem Fw 61 und dem Fa 223 sowie mit den Versuchen zu den übrigen geschilderten Typen ließen es endlich zu, einen Hubschrauber zu bauen, der nur einen Rotor hatte. Vorteile dieser Konstruktion sollten sein: vereinfachtes Triebwerk, geringerer Raumbedarf und von der psychologischen Seite her mehr Vertrauen, da einfacher im Aufbau und eleganter im Aussehen. Die Aufnahme des Drehmomentes aus dem Rotor wurde über ein »Blasheck« gelöst.
Der Fa 284 stellte einen vergrößerten Fa 223 dar. Er wurde für die Kriegsverhältnisse in Afrika gefordert und sollte bei etwa 14 000 kg Fluggewicht 4500 kg Nutzlast haben. Seine Einsatzbereiche waren vorgesehen als fliegender Kran, Sanitätsmaschine und Werkstattflugzeug. Neu an dieser Konstruktion war, daß sie außer zwei Rotoren zwei Motoren (BMW 821) besaß, die direkt mit je einem Rotor gekuppelt waren. Der Hubschrauber konnte jedoch auch mit nur einem Motor fliegen. Besondere Sorgfalt war auf die Erhaltung des Synchronlaufes beider Motoren verwandt.
Die Entwicklung dieses Musters war eilig. Sie wurde in Süddeutschland in Zusammenarbeit mit Breguet, Frankreich, betrieben. Dort sollte auch der Rumpf gebaut werden. Der Fa 284 wurde ebenfalls vor Kriegsende nicht fertig.
Alle Luftlandeunternehmungen des Zweiten Weltkriegs hatten gezeigt, daß Segelflugzeuge (Lastensegler) verhältnismäßig hohe Verluste wegen ihrer geringen Sinkgeschwindigkeit haben. Es entstand daraus der Entwicklungsauftrag nach einem Rotorsegler. Das Projekt wurde nach eingehender Untersuchung als unzweckmäßig abgelehnt, da es einfachere Mittel gab, den Gleitwinkel des Lastenseglers zu beeinflussen und damit seinen einfachen Aufbau beizubehalten, denn jeder Rotorsegler hätte einen Getriebekopf benötigt.
Nachdem das Luftfahrtministerium jedoch auf Lieferung mindestens eines Prototyps bestand, wurde ein Lastensegler DFS 230 genommen und sein Tragwerk durch einen Rotor des Fa 223 ersetzt. Die Flüge fanden sowohl im Windenstart als auch im Schleppflug statt. Nach eingehender Erprobung in Delmenhorst, Göttingen und Ainring wurde das Flugzeug zunächst abgestellt, dann aber doch ein einziges Mal eingesetzt, um anschließend gesprengt zu werden: 1944, bei der Befreiung Mussolinis auf dem Gran Sasso.
Der Tragschrauber Fa 330 »Bachstelze« war ebenfalls ein Rotorsegler.

Rüstgewicht	70 kg
Fluggewicht	170 kg
Mindestgeschwindigkeit	35 km/h

Er diente zur Erhöhung des Sicherheitsbereichs bei Land- und Seefahrzeugen,

also Panzern, U-Booten und anderen Kriegsschiffen. Einfliegen und Schulen erfolgte im Windkanal Chalais-Meudon, aber auch auf der Autobahn, sofern diese Abschnitte keine Brücken hatten. In diesem Fall war das Startgerüst auf einen Lastwagen montiert.
Von diesem Tragschrauber wurden ca. 200 produziert und abgeliefert, wovon etwa 50 bis 60 zum echten Einsatz gekommen sind.
Im Frühjahr 1944 wurde entschieden, daß die Firma Focke, Achgelis & Co. GmbH von der Weserflug übernommen werden sollte und letztere speziell im Werk Berlin den Großserienbau des Fa 223 vorzunehmen habe. Professor Focke blieb Vorstandsmitglied.
Weserflug (WFG) war bereits lange Zeit vorher mit Focke, Achgelis & Co. GmbH in Verbindung, da die nicht ausgelasteten Werkstätten bei Focke, Achgelis Arbeiten für die Serien Ju 87, Fw 200 und Fw 190 ausführen mußten.
Gleichzeitig hoffte Weserflug, sich durch diese Übernahme einen Stamm von Fachleuten und Arbeitern für ein eventuell kommendes Friedensprogramm zu sichern, weil sie selbst keine Entwicklung in diesen Jahren mehr betrieben hatte.

Oben: Gerd Achgelis vor einer Fw 44 »Stieglitz«, mit der er auch die Kunstflug-Weltmeisterschaft errang. Mitte: Fw 56 »Stösser«. Unten: Fw 58 »Weihe« in der Auslegung als Wasserflugzeug

Doch nun zurück zur Focke-Wulf AG in Bremen:
Die technische Leitung im Bremer Werk wurde 1933 Dipl.-Ing. Kurt Tank übertragen, der seine Tätigkeit bei Focke-Wulf zwei Jahre vorher als Chef des Entwurfsbüros und der Flugerprobung aufgenommen hatte.
Die Planungen sahen zu diesem Zeitpunkt für Focke-Wulf den Serienbau von Schul- und Übungsflugzeugen vor.
Der mit dem Sh-14a-Motor ausgerüstete Doppeldecker Fw 44 »Stieglitz« (Konstruktionsbeginn 1932) wurde zum Standardschulflugzeug in Deutschland. Der Bedarf für dieses hervorragende Flugzeug war so groß, daß ein Teil der Fertigung von anderen Flugzeugwerken übernommen werden mußte. Dank ihrer hervorragenden Flugeigenschaften gewann die Fw 44 zahlreiche in- und ausländische Kunstflug-Wettbewerbe. Mit einem Flugzeug dieses Typs errang Gerd Achgelis die Kunstflug-Weltmeisterschaft. Für die Ausbildung ihres fliegerischen Nachwuchses erwarben Österreich, Finnland, Bulgarien, Bolivien und Schweden den »Stieglitz« in großen Stückzahlen; die Länder Argentinien, Brasilien und Schweden bauten ihn außerdem in Lizenz.
Ein ähnlicher Erfolg wurde der 1933 entstandene Fw 56 »Stösser« (240-PS-Argus-As-10-C-Motor). Das sehr wendige Übungsflugzeug für den angehenden Jagdflieger wurde ebenfalls in Großserien gebaut. Neben der Deckung des großen Bedarfs der deutschen Luftwaffe exportierte man noch beträchtliche Stückzahlen nach Bulgarien und Ungarn.

Linke Spalte, von oben nach unten: Fw 55 W; Fw 57 V; Fw 159 V — drei nicht in Serie gegangene Prototypen. Unten: Ein zweimotoriger Jäger Fw 187 A-O im Rückenflug
Rechte Seite oben: Die Fw 200 Condor D-ACON erreicht nach geglückter Nonstop-Überquerung des Nordatlantik am 11. August 1938 amerikanisches Festland. Unten: Kampfflugzeug Ta 152 H-O, eine Weiterentwicklung der bewährten Fw 190

1934 wurde mit der Entwicklung eines zweimotorigen Mehrzweckflugzeugs mit der Typenbezeichnung Fw 58 »Weihe« begonnen, das als militärisches Übungs-, Sanitäts- und Reiseflugzeug sowie für Blindflugschulung und Fotozwecke benutzt wurde. Das neue Muster wurde bereits mit Einziehfahrwerk, Starthilfen und Landeklappen ausgerüstet, wies also die typischen Merkmale eines modernen Verkehrsflugzeugs auf. Der Rumpf bestand aus geschweißtem Stahlrohrfachwerk mit Stoffbespannung (»Leukoplast-Bomber«), während das zum Teil mit Blech beplankte Trag- und Leitwerk durch ein Leichtmetallgerippe gebildet wurde. Die Fw 58 wurde von den Fliegerschulen hauptsächlich für die Fortgeschrittenen-Schulung eingesetzt. Sie wurde vom Ausland in Lizenz gebaut und nach Argentinien, Bolivien, Bulgarien, China, Dänemark, Holland, Rumänien, Schweden und Ungarn exportiert. Stückzahlmäßig stand Focke-Wulf im Export von Flugzeugen zeitweilig an der Spitze aller deutschen Flugzeughersteller.

In den Jahren 1934 bis 1936 entstanden bei Focke-Wulf mehrere Prototypen für militärische Zwecke, wie die Fw 55, Fw 57 und Fw 159.

Mit dem 29. Juli 1937 wurde der Firmenname umgeändert in Focke-Wulf Flugzeugbau Gesellschaft mit beschränkter Haftung.

Zur bedeutendsten Vorkriegsschöpfung von Kurt Tank wurde das Ganzmetall-Großverkehrsflugzeug Fw 200 »Condor« für 4 Mann Besatzung und 26 Passagiere, das nach nur einjähriger Konstruktion

Focke-Wulf Fw 190

Antrieb: ein 1700-PS-BMW-801D-2-Vierzehnzylinder-Sternmotor mit einem Dreiblatt-Verstellpropeller
Spannweite: 10,50 m
Länge: 8,96 m
Flügelfläche: 18,30 m²
Startgewicht: 4900 kg
Höchstgeschwindigkeit: 656 km/h in 6300 m Höhe
Reichweite: 800 km
Bewaffnung: vier 20-mm-Kanonen in den Tragflächen, zwei 13-mm-Maschinengewehre im Rumpf; kleine Bomben unter den Tragflächen oder unter dem Rumpf
Besatzung: 1 Mann
Erster Flug: 1. Juni 1939

Was sowohl die Technik wie auch die Wirkung betrifft, war die Fw 190 eines der hervorstechendsten Kampfflugzeuge des Zweiten Weltkriegs, nachdem sie Ende 1940 in den Einsatz kam, und behauptete sich als führender Jäger- und Jagdbomber-Typ bis zum Kriegsende in Europa. Bis dahin wurden mehr als 20 000 Stück gebaut. Hauptversionen waren die Fw 190A (die Daten beziehen sich auf die A-8) und die langnasige Fw 190D mit Jumo-Motor. Gegen Ende des Krieges erschien die Ta 152 mit abermals verlängerter Nase und schlanken, weitspannenden Tragflächen als Abfangjäger für große Höhen.

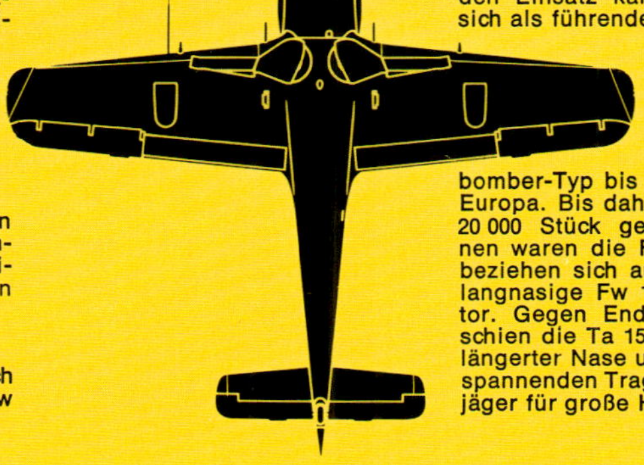

und Bauzeit im Juli 1937 unter der Führung von Prof. Tank zum ersten Probeflug startete. Der »Condor« war eine Spitzenleistung der Luftfahrttechnik und gilt als Standardtyp aller später entwickelten Großverkehrsflugzeuge der Welt. Langstreckenflüge mit der Fw 200 in den Jahren 1938 und 1939 brachten den Focke-Wulf-Werken Weltruf ein: nonstop Berlin–New York und zurück in der Rekordzeit von insgesamt 44 Stunden 31 Minuten am 10./14. 8. 1938, nonstop Berlin–Tokio (12 763 km) mit einer Gesamtflugzeit von 46 Stunden 18 Minuten am 27./28. 11. 1938 sowie die Überführung von zwei Condor-Flugzeugen auf dem Luftweg nach Südamerika im August 1939.
Im September 1939 wurden alle friedlichen Entwicklungsarbeiten durch den Bau reiner Militärflugzeuge abgelöst. Als bekannteste Muster sind hier zu nennen: der zum Fernaufklärer umgebaute »Condor«, die Fw 200 C, der Doppelrumpf-Nahaufklärer Fw 189, der zweimotorige Jäger Fw 187 und schließlich die Fw 190, die infolge ihrer unbestrittenen Überlegenheit jahrelang an der Spitze lag. Die Fw 190 wurde in zahlreichen Versionen bis zur Ta 152/153 gebaut. Die Gesamtstückzahl lag bei etwa 25 000. Gegen Ende des Zweiten Weltkriegs stand bei Focke-Wulf mit der Ta 183 ein Strahljäger in Entwicklung, dessen Entwurfsmerkmale richtungweisend für diese Flugzeuggattung werden sollten.
Mit Beendigung des Krieges schied Prof. Kurt Tank aus den Diensten der Firma Focke-Wulf aus. Tank war nicht nur ein ausgezeichneter Konstrukteur und Schöpfer bewährter Flugzeugtypen, sondern auch der geborene Flieger. Alle von ihm entworfenen und unter seiner Leitung entwickelten Muster wurden von ihm selbst eingeflogen. So konnte er sich am besten ein eigenes Urteil über die einzelnen Flugzeuge bilden.
1951 erfolgte unter schwierigsten wirtschaftlichen Verhältnissen der Wiederaufbau des zum Teil zerstörten Betriebes.
Sofort nach Freigabe des Segelfluges durch die Besatzungsmächte entschloß sich Focke-Wulf zur Herstellung von Hochleistungs-Segelflugzeugen. Gebaut wurden die einsitzige »Weihe« und der Doppelsitzer »Kranich III« nach Entwürfen des bekannten Ingenieurs Hans Jacobs. Das Debut des »Kranich III« verlief erfolgreich: Beim Internationalen Spanien-Wettbewerb 1952 in Madrid belegte das Flugzeug auf Anhieb den zweiten und dritten Platz. Unter anderem wurde mit dem Flugzeug ein Weltrekord im Dauerflug mit 57 Stunden 10 Minuten aufgestellt.
Im Mai 1955 traf Focke-Wulf Vorbereitungen für die Wiederaufnahme des Motorflugzeugbaus. Im Auftrag von Prof. Blume baute das Werk als erstes die zwei Prototypen des Schul-, Sport- und Reiseflugzeugs Bl.502 in Ganzmetallbauweise. Im Zuge des Wiederaufbaus der deutschen Luftfahrtindustrie wurde dem Werk im Jahre 1956 ein größerer Auftrag für den Lizenzbau des italienischen Musters Piaggio P. 149-D mit 270-PS-Lycoming-Motor als Schul- und Reiseflugzeug für die deutsche Bundeswehr erteilt. Ferner wurde Focke-Wulf mit der Betreuung von bei der Luftwaffe und Marine im Dienst befindlichen Flugzeuge beauftragt.
Nach dem Auslaufen der Fw P. 149-D-Fertigung beteiligte sich Focke-Wulf in einer Arbeitsgemeinschaft mit den Firmen Weser Flugzeugbau und Hamburger Flugzeugbau sowie zwei

holländischen Firmen am Lizenzbau des Hochleistungsjägers und -Jagdbombers Lockheed F-104 G »Starfighter«. Weiter arbeitete das Werk an den Prototypen und der Vorserie des Transporters »Transall« C-160, der anschließend in der Bundesrepublik Deutschland und in Frankreich in Serie ging.
Die Ende der fünfziger Jahre gegründete Entwicklungsabteilung befaßte sich unter Leitung von Prof. Eggers hauptsächlich mit der Lösung von Problemen des Senkrechtstarts. Die Beteiligung an der NATO-Ausschreibung NMBR 3 für ein V/STOL-Kampf- und -Aufklärungsflugzeug im Jahre 1962 war erfolgreich und führte später zur Entwicklung und Fertigung der VAK 191 B.
Mit dem 31. 12. 1963 fusionierte die Focke-Wulf GmbH mit ihrer etwa 2000 Mann starken Belegschaft mit der Weser Flugzeugbau GmbH. Das neue Unternehmen firmierte ab 1. 1. 1964 unter dem Namen Vereinigte Flugtechnische Werke GmbH (VFW), früher Weser Flugzeugbau/Focke-Wulf Bremen. Professor Fockes Erfahrungen konnten mit als geistiges Startkapital in die Vereinigte Flugtechnische Werke GmbH. eingebracht werden. Die zweite Fusion im Mai 1969 zwischen VFW und Fokker erlebte der Flugzeugprofessor bereits im Ruhestand. Gleichwohl bedeutete dieser Status für ihn nicht Zurückgezogenheit. Das nächste große Ziel, die Stabilisierungsprobleme beim Hubschrauber optimal zu lösen, hoffte er verwirklichen zu können. Dabei hatte er selbst niemals einen Pilotenschein erworben und doch, wie er verschmitzt hinter der vorgehaltenen Hand erzählte, mindestens 1200 Flugstunden am Steuerknüppel von Flugzeugen und Hubschraubern gesessen.

Linke Seite: Die doppelrumpfige Fw 189 V 1. Rechts oben: In Zusammenarbeit mit der französischen Firma Nord Aviation entwickelte VFW den Militärtransporter »Transall« C-160, der ab 1965 in Serie gefertigt wurde. Mitte: Die VFW 614 wurde von VFW-Fokker in Gemeinschaftsproduktion mit Partnern in mehreren europäischen Ländern entwickelt und ist das erste speziell für die Kurzstrecke konzipierte Düsenverkehrsflugzeug der Welt. Unten: Das in der Erprobung erfolgreiche VTOL-Kampfflugzeug VAK 191 B wurde in nur drei Exemplaren gebaut und scheiterte am Desinteresse der Bundeswehr.

Große Konstrukteure und ihr Werk:

Igor Sikorsky

Links: Der russisch-amerikanische Flugzeug- und Hubschrauberbauer Igor Sikorsky. Oben: Sikorsky am Steuer seines Doppeldeckers S-2 im Jahr 1910. Unten: Die Bomberversion IM-G3 von Sikorskys zweitem viermotorigem Flugzeug »Ilya Mourometz« hatte zwei 220-PS-Renault-Motoren innen und zwei 150-PS-RBZ-6-Motoren außen.

Man schrieb den 25. Mai 1889. Die Ärztin Zinaida Sikorsky gebar in der alten russischen Stadt Kiew ihren ersten Sohn, Igor Iwanowitsch. Die Familie war wohlhabend: der Vater Professor, einer der großen russischen Mediziner jener Epoche.

Igor Iwanowitsch Sikorsky verdankte seiner Mutter – wie er später in kleinem Kreise erzählte –, daß er sich schon in jungen Jahren zur Luftfahrt hingezogen fühlte. Sie erzählte ihm von Leonardo da Vinci, von seinen Flugmaschinen- und Hubschrauber-Ideen. So angeregt, baute Igor Sikorsky mit zwölf Jahren seinen ersten von Gummibändern angetriebenen Modell-Drehflügler. Und er flog wirklich! Zahllose berühmte Männer haben in ihren Memoiren berichtet, wieviel sie ihren Müttern verdankten. Igor Sikorsky gehört zu den wenigen, deren Lebenswerk direkt von der Mutter maßgeblich mitbeeinflußt wurde. Sie stärkte seine Phantasie. Sie ermutigte ihn, sich der damals grandiosen Ideenwelt des Menschenfluges mit Geräten schwerer als Luft zu verschreiben. Sie sagte zu ihm: »Du kannst es«, als er ihr von dem Versuch berichtete, ein Hubschraubermodell nach den Vorlagen Leonardo da Vincis zu bauen, und sie verschaffte ihm die Berichte über jene Flüge der Brüder Wright im entfernten Amerika. Sie ging in die Bibliothek der Stadt Kiew und holte für ihren Sohn die ersten ins Russische übertragenen Schriften über Aerodynamik des deutschen Flugpioniers Otto Lilienthal.

Igor Sikorskys scharfer technischer Verstand sagte ihm, daß es möglich sein müßte, an die Ideen Leonardo da Vincis anzuknüpfen, um sich einfacher von der Erde zu lösen, als gegen den Wind anzulaufen – wie Lilienthal – oder der Flugmaschine erst mit Hilfe eines Motors, der sie gegen den Wind beschleunigt, genügend Auftrieb zu vermitteln. Er dachte an den Senkrechtstart mit Hilfe einer oder mehrerer senkrecht montierter großer Luftschrauben.

1908 verließ er die Schule. Seine Eltern schickten ihn zum Studium der Ingenieurwissenschaften an die damals beste Universität der Welt – nach Paris. Dort traf Igor Sikorsky viele jener jungen, begeisterten Flugpioniere. Nächte hindurch diskutierte er mit ihnen die Probleme des Starrflüglers und die Möglichkeiten eines Drehflüglers. Aber jedermann bezweifelte, ob es jemals gelingen würde, nicht nur senkrecht zu starten, sondern auch stabil zu fliegen. Sikorsky lernte die Geheimnisse der Flugzeugkonstruktion. Er sah in Paris die Wrights mit ihren Maschinen fliegen.

1912 beendete er sein Studium, kaufte sich in Paris einen Anzani-Flugmotor (damals der beste der Welt) und fuhr zurück nach Kiew in der festen Absicht, der berühmteste Flugzeugkonstrukteur Rußlands zu werden.

Igor Sikorsky begann – wie hätte es

anders sein können – mit einem Hubschrauber. Er konstruierte und baute nach dem Vorbild Leonardo da Vincis. Ergebnis: ein Fehlschlag. Der Hubschrauber kam nicht vom Boden frei – er flog nicht. Vielleicht war der Motor zu schwach, vielleicht die Konstruktion zu schwer. Sikorsky meinte, seine Erfahrung reiche noch nicht aus, um gleich luftfahrttechnisches Neuland zu betreten. Also wandte er sich dem konventionellen Starrflügler zu. Ihn hatte er in Paris studiert, ihn hatte er dort fliegen sehen. So entstand die »Sikorsky 1« oder S-1. Aber der Fehlschlag wiederholte sich. Auch die S-1 war zu schwer und ihr Motor zu schwach. Sie rollte, aber hob nicht ab. Es folgte die S-2 unmittelbar, nun leichter. Sie flog mit Mühe, und schon ein paar Tage nach ihrem Jungfernflug zerbrach sie nach 49 Sekunden beim zweiten Versuch nach harter Landung. Das alles kostete immense Summen. Doch da war der Rückhalt durch die Familie. Es folgte die S-3, die S-4 und die S-5. Sie war der große Treffer. Ein Jahr nach dem ersten Luftsprung mit der S-2 flog die S-5 stabil und für damalige Verhältnisse sogar relativ sicher.
Mit der S-5 gewann er die ersten Preise. Er gab diesem Flugzeug eine immer bessere aerodynamische Verkleidung und nahm Passagiere mit. 1913 ernannte man ihn zum Flugzeugentwurfs- und Chefingenieur der Vereinigten Russisch-Baltischen Eisenbahnwagen-Fabriken. Dort begann er mit der Konstruktion und dem Bau des damals größten Flugzeuges der Welt – der »Le Grand«. Sie hatte bereits vier Motoren, und im Rumpf war Platz für 16 Passagiere. Sie wurde zur Vorläuferin des ersten viermotorigen Bombers »Ilya-Mourometz«, der während des Ersten Weltkriegs von der Kaiserlich Russischen Armee als Wunderwaffe angesehen wurde.
Igor Sikorsky schien sich auf dem Höhepunkt seiner Karriere als Flugzeugbauer in Rußland zu befinden. Doch dann kam 1917 der Zusammenbruch seines Heimatlandes, die Revolution; und wie viele seiner Landsleute entschloß sich auch Sikorsky zur Emigration – nach Amerika.
Sein Leben in New York begann. Er sprach nur Russisch und Französisch, kaum Englisch. Eine Stellung als Flugzeugkonstrukteur zu finden schien aussichtslos, denn die Entwicklung der Luftfahrt stagnierte Anfang der zwanziger Jahre in den Vereinigten Staaten fast völlig. Seine Freunde waren russische

Links: Sikorskys zweiter Hubschrauber von 1910, wie der erste auch noch ohne Erfolg. Rechts: Eine »Ilya Mourometz« im Flug. Unten: Mit der S-29-A begründete Sikorsky seinen Ruhm in den USA. Viele seiner ersten Mitarbeiter waren wie er emigrierte Russen.

Sikorsky S-64 »Skycrane«

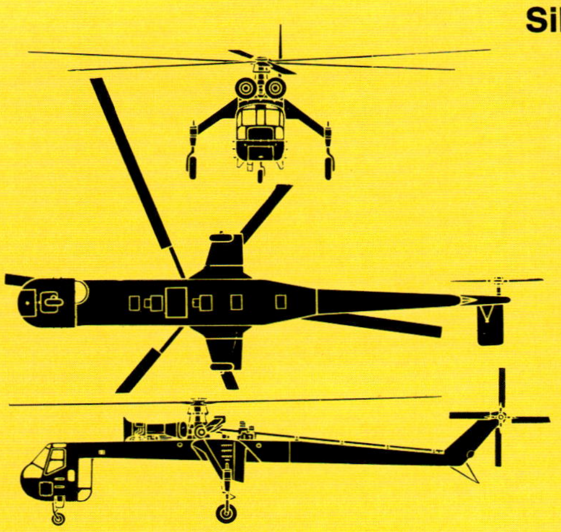

Antrieb: zwei 4500-PS-Pratt & Whitney-JFTD12-4A-Wellenturbinen
Rotor-Durchmesser: 21,95 m
Länge: 21,41 m
Startgewicht: 19 050 kg
Höchstgeschwindigkeit: 204 km/h in Meereshöhe
Reichweite: 400 km
Fassungsvermögen/Nutzlast: 2 oder 3 Mann Besatzung und bis zu 90 Personen oder 7940 kg Lasten in Containern oder 10 160 kg angehängte Lasten
Erster Flug: 9. Mai 1962
Der S-64 ist ein »Kran«-Hubschrauber, bestehend aus einem Basisgerippe, an das große Lastencontainer oder »Personenbehälter« zum Kurzstreckentransport angebracht werden können. Außer seiner Verwendung durch Zivilunternehmen für verschiedene Zwecke wird er auch bei der US-Armee eingesetzt und trägt dort die Bezeichnung CH-54.

Immigranten, wie er. Ihnen ging es so schlecht wie ihm, und mit ihnen faßte er schließlich den Entschluß zur Gründung der Sikorsky Aircraft Company. Produktionsstätte wurde ein Holzschuppen. 800 Dollar standen als Kapital zur Verfügung. Kredite waren zugesagt unter der Voraussetzung, daß das erste Flugzeug erfolgreich flog und sich verkaufen ließ. Es ging um Sein oder Nichtsein. So entstand die S-29-A, ein zweimotoriges Passagier- und Frachtflugzeug.
Während des Baus ging das Geld aus. Rachmaninoff, der große Komponist, gab 5000 Dollar Kredit, damit die S-29-A vollendet werden konnte. Ihre Motoren wurden aus Kriegsbeständen gekauft,

Sikorsky SH-3A »Sea King«

Antrieb: zwei 1250-PS-General-Electric-T58-GE-88-Wellenturbinen mit einem Fünfblatt-Hauptrotor und einem Fünfblatt-Heckrotor
Hauptrotor-Durchmesser: 18,90 m
Länge: 22,15 m
Hauptrotor-Kreisfläche: 280,50 m²
Startgewicht: 9300 kg
Reisegeschwindigkeit: 219 km/h
Reichweite: 1000 km
Besatzung: bei normalem Einsatz 4 Mann; bei Astronautenbergungen entsprechend der jeweiligen Aktion
Erster Flug: 11. März 1959
Vom Fernsehen her als der Hubschrauber bekannt, der bei der Durchführung und zum Filmen von Astronauten-Bergungsaktionen eingesetzt wird, ist der SH-3A nur eine von vielen Versionen des schon älteren Sikorsky-Basismodells S-61. Sie werden bei allen drei US-amerikanischen Teilstreitkräften eingesetzt, ebenso in den Armeen von Brasilien, Dänemark, Deutschland, Großbritannien, Italien, Japan und Kanada, und zwar hauptsächlich in der U-Boot-Abwehr.

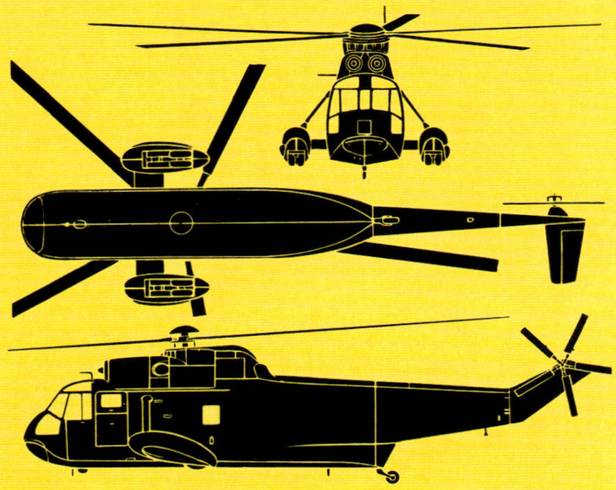

Zellenteile stammten von Schrottplätzen. Endlich, am 24. Mai 1924 der erste Startversuch. Sikorsky saß selbst am Steuer. Die S-29-A rollte an und flog besser als erwartet, doch bei der Landung brach das Fahrwerk.
Nun endlich kam mehr Geld. Sikorsky setzte die S-29-A wieder instand. Sie flog vorzüglich und begründete nun auch in den USA Sikorskys Ruf als großer Flugzeugkonstrukteur. Das Flugzeug wurde nach Hollywood verkauft, als Reiseflugzeug für eine große Filmgesellschaft. Dort beendete die S-29-A ihr Flugzeugleben als Filmstar: Umgebaut zu einem »deutschen Gotha-Bomber«, spielte sie eine Rolle in dem Film »Hells Angels« und stürzte ab.
Inzwischen gewannen Sikorsky-Flugzeuge erneut Weltruf. Es folgte eine großartige Serie von Flugbooten. Juan T. Trippe von Pan American Airways kaufte und beflog damit die ersten PAA-Strecken in der Karibik und entlang der pazifischen Küste.
Während all dieser Jahre des Erfolges hatte Igor Sikorsky seinen Jugendtraum nicht vergessen: die Konstruktion des eigenstabilen Hubschraubers. Nun hatte er endlich Geld und Zeit, um dieses Ziel zu verwirklichen. Am 14. September 1939 erhob sich der Versuchshubschrauber VS-300 senkrecht von der Erde, schwebte sicher, flog vorwärts, seitlich und rückwärts und landete ohne Zwischenfall. Der erste amerikanische Hubschrauber war geboren. Ihm folgten noch während des Zweiten Weltkriegs, weit mehr jedoch in den Jahren danach zahllose weitere Hubschrauberkonstruktionen, die alle die Handschrift Igor Sikorskys trugen und ihn zum bedeutendsten Hubschrauberkonstrukteur der Welt machen sollten.
Igor Sikorsky war ein brillanter Ingenieur, Konstrukteur und Pilot. Sein Beruf entsprach seiner Berufung. Wer das Glück hatte, ihm zu begegnen, war beeindruckt von seinem umfassenden Wissen, seiner Bereitschaft, es weiterzugeben und zu vertiefen.

Linke Seite oben: Mit Sikorsky am Steuer erhob sich der Hubschrauber VS-300 erstmals am 14. September 1939 einige Zoll vom Erdboden. Linke Seite unten und rechts: Wie der Name sagt, ist der S-64 »Skycrane« ein Lastenträger. Sikorsky (rechts im Bild) ließ es sich nicht nehmen, sich mit seinen engsten Mitarbeitern vom ersten »Skycrane« auf offener Plattform 450 m hoch heben zu lassen. Oben rechts: Mit dem SH-3A »Sea King« wurden viele Astronauten nach ihrer Mission aus dem Wasser geholt.

D-1929

DO-X
LUFT HANSA

Riesen am Himmel

Das dritte und vierte Jahrzehnt dieses Jahrhunderts bescherten dem Luftverkehr eine Reihe technologischer Impulse, die vor allem in der Konstruktion und im Bau von Großflugzeugen Ausdruck fanden. Die Erkenntnis, daß das Verhältnis der verfügbaren Zahl an Sitzplätzen (der Nutzlast) zu den Gesamtbetriebskosten eines Flugzeuges ausschlaggebend für dessen Wirtschaftlichkeit ist, hatte schon Professor Hugo Junkers im Jahre 1919 publiziert. Aber wenn es auch möglich schien, große Flugzeugzellen zu entwickeln, so war der Motorenbau doch noch weit zurück. Eine Lösung dieses Problems bot sich in der Verwendung »vieler« Motoren in einer Flugzeugzelle an. Was ursprünglich aus Gründen der Flugsicherheit für notwendig erachtet wurde, war nun rein technisch unumgänglich geworden. Daran hat sich bis heute nichts geändert.
Zum sicher bekanntesten Beispiel wurde das erste Flugschiff der Welt, die Dornier Do X. Schon 1926 von Professor Claude Dornier für den nach seiner

Meinung zweifelsfrei kommenden Atlantik-Luftverkehr mit Fluggerät schwerer als Luft entworfen, entstand das Flugschiff bei der schweizerischen Dornier AG in Altenrhein am Bodensee. Als »größtes Flugzeug der Welt« startete es am 25. Juli 1929 zum Jungfernflug. Schon am 21. Oktober desselben Jahres beförderte die Do X mit 158 Fluggästen und elf Besatzungsmitgliedern die bis dahin größte Zahl von Menschen an Bord eines einzigen Flugzeugs. Die nahezu 20 Meter lange Passagierkabine des mittleren Decks (das untere Deck war den Treibstoffbehältern vorbehalten, die 18 000 Liter aufnehmen konnten) war von Zwischenwänden unterteilt und elegant im Clubstil eingerichtet. Selbst echte Perserteppiche fehlten nicht.
Zwölf Motoren, in sechs Tandemgondeln über den Tragflächen untergebracht, sorgten für den Antrieb der Do X. Der Prototyp war zunächst mit 525-PS-Siemens-Jupiter-Sternmotoren ausgerüstet, die aus Holz gefertigte Vierblatt-Luftschrauben trieben. Da die verfügbare Gesamtleistung aber nicht befriedigte, wurden sie bald durch 600-PS-Curtiss-Conqueror-12-Zylinder-Triebwerke mit Flüssigkeitskühlung ersetzt. Nach Beendigung des Versuchsflugprogramms verließ die Do X den Bodensee am 2. November 1930 unter dem Kommando von Kapitän Friedrich Christiansen (»Krischan«) zu einem Flug »rund um den Atlantik«. Die im Hauptdeck über dem Passagierdeck untergebrachte Besatzung hatte neben dem eigentlichen Cockpit (auch Kommandobrücke in Anlehnung an die Schiffahrt genannt) noch vier weitere Räume zur Verfügung: einen Navigationsraum, eine Funkkabine, einen Triebwerküberwachungsraum und eine Kapitänskabine. Sämtliche Triebwerke waren über einen in der Tragflächennase verlegten Laufgang auch während des Fluges erreichbar.
Der in aller Welt Aufsehen erregende und naturgemäß auch von einigen Pannen begleitete Flug führte über Amsterdam, Calshot nach Lissabon (wo ein Tragflächenbrand ausbrach, der jedoch gelöscht werden konnte); dann weiter zu den Kanarischen Inseln und über die Kapverdischen Inseln nach Natal und Rio de Janeiro. Von dort flog die Do X über Antigua und Miami nach New York.
Nach seiner Rückkehr wurde das Flugschiff zwar von der Deutschen Lufthansa übernommen, jedoch nicht im Liniendienst eingesetzt. Es war dem Stand der damaligen Luftverkehrsentwicklung technologisch zu weit voraus. Schließlich kam die Do X zur Deutschen Versuchsanstalt für Luftfahrt (DVL) als Forschungsflugschiff und wurde später dem Luftfahrtmuseum in Berlin übergeben, wo sie während des Zweiten Weltkriegs bei einem Bombenangriff zerstört wurde. Die einzige unter deutscher Registrierung fliegende Do X trug das Kennzeichen D-1929. Zwei weitere Flugschiffe Do X wurden 1931 für Italien gebaut und mit je 12 Fiat-A-22 R-Triebwerken von je 550 PS ausgerüstet. Sie waren für den kommerziellen Einsatz auf der Strecke Triest–Venedig–Genua–Marseille–Barcelona–Cartagena–Gibraltar–Cadiz vorgesehen, wurden jedoch schließlich von der italienischen Luftwaffe übernommen. Zweifellos gehörte die Do X zu den technischen Glanzleistungen der Luftfahrtgeschichte.
An der gegebenen Luftverkehrsentwicklung ihrer Zeit gemessen, gehörte auch die von Professor Hugo Junkers schon 1921 als Nurflügelflugzeug geplante, dann aber nahezu konven-

Vorhergehende Doppelseite: Die 1929 gebaute Dornier Do X war damals das größte existierende Flugzeug überhaupt. Sie konnte 150 Passagiere aufnehmen und war mit zwölf 525-PS-Siemens-Jupiter-Motoren ausgerüstet, später mit 600-PS-Curtiss-Conqueror-Motoren. Links: Die 1929 in Dienst gestellte Junkers G 38 war das damals größte Landflugzeug. Unten: Handley Page H.P. 42, das größte Doppeldecker-Verkehrsflugzeug

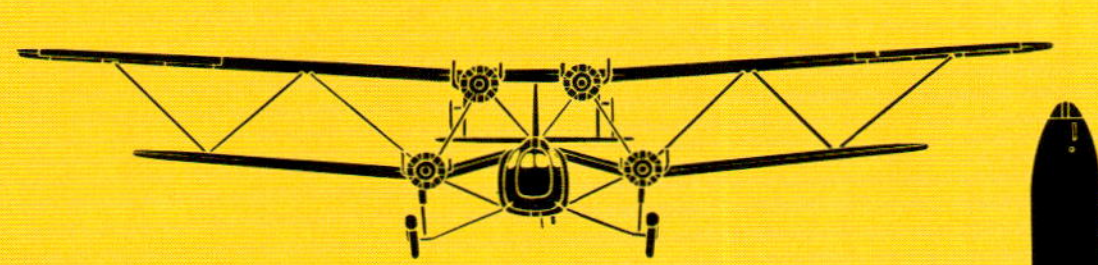

Handley Page H. P. 42

Antrieb: vier 550-PS-Bristol-Jupiter-X-(FBM)-Neunzylinder-Sternmotoren mit je einem Vierblatt-Propeller von 3,66 m Durchmesser
Spannweite: 39,62 m
Länge: 27,36 m
Flügelfläche: 278 m²
Gesamtgewicht: 13 150 kg
Nutzlast: 3850 kg
Reisegeschwindigkeit: 160 km/h
Reichweite: ca. 500 km
Fassungsvermögen: 3 Mann Besatzung und 38 Passagiere plus 7 m³ Gepäck
Erster Flug: 17. November 1930

Nur acht Handley Page 42 wurden gebaut; diese schufen sich jedoch einen besonderen Ruf im Hinblick auf Komfort, Betriebssicherheit und Lebensdauer. Die technischen Daten beziehen sich auf die H. P. 42 W, die auf den europäischen Abschnitten der Imperial-Airways-Routen im Einsatz war. Die Routen östlich von Kairo wurden von der H. P. 42E (Eastern) mit Jupiter-X-I(F)-Motoren und Zusatztreibstofftank beflogen, die eine Nutzlastkapazität von 3200 kg und ein Gesamtgewicht von 12 700 kg hatte.

tionell ausgelegte Junkers G 38 zu jenen Großflugzeugen, die fast zwanzig Jahre Luftverkehrsgeschichte vorwegnahmen. Sah das mit J 1000 bezeichnete Nurflügelprojekt des Jahres 1923 bei einer Spannweite von 80 Metern eine Passagierkapazität von 100 Fluggästen vor, so entstand daraus 1926 der G-38-Entwurf mit »nur« 44 Meter Spannweite und vier völlig in die Tragflächennase einbezogenen Triebwerken. Der G-38-Prototyp (Kennzeichen D-2000) startete am 6. November 1929 in Dessau zum ersten Flug. Er war – eine Seltenheit bei mehrmotorigen Flugzeugen – mit zwei verschiedenen Triebwerkmustern ausgerüstet: Die beiden Innenmotoren vom Typ Junkers L 88 (Zwölfzylinder) leisteten je 800 PS und trieben vierblättrige Holzluftschrauben; die beiden Außenmotoren vom Muster Junkers L 8 (Sechszylinder) leisteten je 400 PS auf Zweiblatt-Holzluftschrauben. Später wurden der Prototyp und die erste Serienmaschine (D-2500) nur mit Junkers-L-88-as-Triebwerken ausgerüstet. Erstmalig war bei der G 38 unter Einbeziehung sämtlicher Ruder konsequent der Junkers-Doppelflügel (auch Spalt- und Hilfsflügel genannt) angewandt. Der Flugzeugrumpf war für 34 Passagiere ausgelegt. Sie saßen auf zwei Ebenen durchgehend bis zum Rumpfbug und in beiden Flügelwurzelstücken, die verglast als Panoramaplätze angeboten wurden. Im hinteren Rumpfende befand sich ein Raucherabteil sowie die Bordküche und die Toilette mit Waschgelegenheit. Die Besatzung bestand aus sieben Mann: Flugkapitän, Erster Offizier, Bordfunker, Bordmechaniker und drei Stewards.
Die erste G 38 wurde im Juni 1930 an die Deutsche Luft-Hansa übergeben und am 1. Juli 1930 zum erstenmal auf der Strecke Berlin–London eingesetzt. 1934 wurden beide Großflugzeuge auf Jumo-204-Dieselmotoren von je 750 PS umgerüstet. Sie beflogen bis zum Ausbruch des Zweiten Weltkriegs die Strecken Berlin–Hannover–Amsterdam–London, Berlin–Kopenhagen–Malmö, Berlin–München–Venedig–Rom, Berlin–Danzig–Königsberg und Berlin–Frankfurt. Die D-2000 (später D-AZUR) ging 1936 in Dessau bei einem Probeflug zu Bruch. Die D-2500 (später D-APIS) wurde 1942 in Athen bei einem Luftangriff zerstört.
In Deutschland wurden nur zwei Junkers G 38 gebaut. Noch erschien die Kapazität der Flugzeuge als »zu groß« und deshalb »nicht verkaufbar«. Anfang der dreißiger Jahre glaubte man mit etwa 20 Fluggästen pro Flugzeug eine wirtschaftlich noch vertretbare maximale Größe verantworten zu können. Aber Mitsubishi in Japan erwarb die Lizenzrechte zum Bau der G 38 und baute sechs Exemplare unter der Typenbezeichnung Ki 20 – als Bomber.
Auch unter den englischen Flugzeugkonstruktionen der zwanziger und dreißiger Jahre gab es zwei interessante Auslegungen. Die dreimotorige »Inflexible« war von der Glasgower Firma William Beardmore & Sons (einem Schiffsbau-Unternehmen) in Anlehnung an einen deutschen Rohrbach-Entwurf verbessert und gebaut worden. Als sie am 5. März 1928 zum Erstflug abhob, berichteten die Tageszeitungen vom Jungfernflug des größten Landflugzeugs der Welt. Sie war das erste britische Ganzmetallverkehrsflugzeug und mit drei 650-PS-Rolls-Royce-Condor-II-Triebwerken ausgerüstet.
Zum vermutlich bekanntesten britischen Großflugzeug jener Zeit wurde jedoch die Handley Page H. P. 42. Sie flog von 1931 bis 1941 im Liniendienst als der größte Doppeldecker, der je von Luftverkehrsgesellschaften übernommen wurde. Acht H. P. 42, deren vier Triebwerke zu je 2 auf den unteren und oberen Tragflächen montiert waren, wurden allein für Imperial Airways in zwei verschiedenen Versionen gebaut. Die »Heracles« für 38 Passagiere flog auf dem europäischen Streckennetz, und die mit größeren Tanks ausgestattete »Hannibal« (24 Passagiere) auf den Langstrecken nach Kairo, Südafrika und Indien.
Wie in Deutschland waren in jenen Jahren auch britische Luftfahrtindustrie-Unternehmen mit der Entwicklung brauchbarer Flugboote beschäftigt. Auf Anregung des Technischen Leiters der Imperial Airways entstand eines der interessantesten Transatlantik-Flugzeugprojekte. Eine Trägerflugzeugkombination, bestehend aus dem »Maia« genannten Empire-Flugboot der C-Klasse, das im Huckepackverfahren ein ebenfalls viermotoriges kleines Mercury-Schwimmerflugzeug trug. Die »Mercury« hatte die zahlende Nutzlast an Bord, startete jedoch gemeinsam mit der »Maia« als Zwillingsflugzeug. Nachdem das »Mutterflugzeug Maia« die Hälfte des Kraftstoffs verbraucht hatte, wurde die »Mercury« ausgeklinkt und setzte den Atlantikflug alleine fort, während die »Maia« zum Heimathafen zurückflog. Der Erstflug mit erfolgreicher Trennung von Mutter- und Tochterflugzeug erfolgte am 6. Februar 1938 und fand weltweites Echo. Das Projekt setzte sich aber wegen der komplizierten und teuren Konzeption nicht durch. Erst während des Zweiten Weltkrieges wurde es in Deutschland unter der Bezeichnung »Vater und Sohn« als rein militärische Entwicklung wieder aufgenommen. Darüber wird in einem späteren Kapitel berichtet.
Zu den eindrucksvollsten Großflugzeugentwicklungen zählte 1934 die sowjetrussische ANT-20. Von ihren acht wassergekühlten 900-PS-Triebwerken waren zwei in einer Tandemgondel über dem Tragflächenmittelstück und sechs weitere zu je drei beiderseits des Rumpfes in der Tragflächennase angeordnet. Nach Verlust des »Maxim Gorki« genannten Prototyps wurde eine zweite Ausführung der ANT-20bis in sechsmotoriger Auslegung (1100-PS-M-100-, später 1250-PS-M-34 FRN-Triebwerke) gebaut. Sie trug das Kennzeichen SSSR-L 720 und flog bis 1941 die Aeroflot-Strecke Moskau–Mineral'nye Vody. Neben 8 Mann Besatzung beförderte sie

Oben links: Die Empire C + Mercury-Zwillingsauslegung stellte 1937 einen von vielen Versuchen dar, zu einer Transatlantik-Reichweite mit kommerzieller Nutzlastbeförderung zu kommen. Mitte: Die ANT-20bis wurde nach dem Verlust der »Maxim Gorki« mit Hilfe einer öffentlichen Aktienzeichnung finanziert. Sie hatte sechs Motoren, also zwei weniger als ihr Vorbild, eine Spannweite von 63 Metern, ein Gewicht von 46 700 kg und konnte 60 Passagiere befördern. Rechts: Die ANT-20 »Maxim Gorki« über Moskau, begleitet von zwei winzig aussehenden Jägern

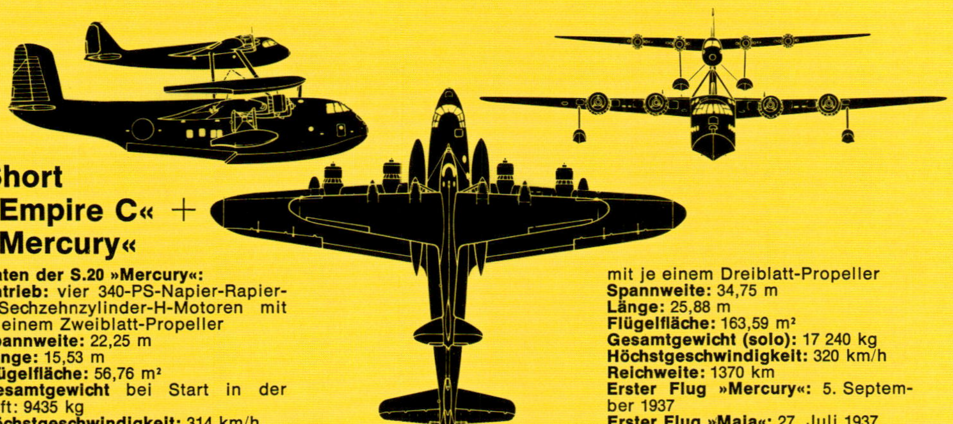

Short »Empire C« + »Mercury«

Daten der S.20 »Mercury«:
Antrieb: vier 340-PS-Napier-Rapier-V-Sechzehnzylinder-H-Motoren mit je einem Zweiblatt-Propeller
Spannweite: 22,25 m
Länge: 15,53 m
Flügelfläche: 56,76 m²
Gesamtgewicht bei Start in der Luft: 9435 kg
Höchstgeschwindigkeit: 314 km/h
Reichweite: 6275 km
Daten der S.21 »Empire C«:
Antrieb: Vier 910-PS-Bristol-Pegasus-XC-Neunzylinder-Sternmotoren mit je einem Dreiblatt-Propeller
Spannweite: 34,75 m
Länge: 25,88 m
Flügelfläche: 163,59 m²
Gesamtgewicht (solo): 17 240 kg
Höchstgeschwindigkeit: 320 km/h
Reichweite: 1370 km
Erster Flug »Mercury«: 5. September 1937
Erster Flug »Maia«: 27. Juli 1937
Erster Flug als Zwilling: 20. Januar 1938
Erste Trennung im Flug: 6. Februar 1938

ANT-20 »Maxim Gorki«

Antrieb: acht 900-PS-M-34FRN-Zwölfzylinder-V-Motoren, je drei in den Tragflächen und zwei hintereinander über dem Rumpf, mit je einem Zweiblatt-Propeller von 4,50 m Durchmesser
Spannweite: 63 m
Länge: 32,90 m
Flügelfläche: 486 m²
Gesamtgewicht: 42 000 kg
Reisegeschwindigkeit: 220 km/h
Reichweite: 1200 km
Fassungsvermögen: 23 Mann Besatzung und bis zu 40 Passagiere
Erster Flug: 19. Mai 1934
Die ANT-20, die von A. N. Tupolew konstruiert und vom TsAGI (Zentral-Aero- und Hydrodynamik-Institut) in Moskau gebaut wurde, kann vermutlich Anspruch darauf erheben, das größte Flugzeug zu sein, das man je für Reklameflüge gebaut hat. Unter den Tragflächen konnten elektrisch beleuchtete Zeichen und Slogans angebracht werden, und im Rumpf und in den Tragflächen befanden sich eine Druckerpresse, ein Rundfunksender und eine Kinoausstattung. Nach nur einem Flugjahr wurde die »Maxim Gorki« am 18. Mai 1935 bei einem Zusammenstoß mit einem anderen Flugzeug zerstört. Aber eine aus ihr entwickelte Version, die ANT-20bis, hat von 1940 an für kurze Zeit als herkömmliches Passagierflugzeug gedient.

60 Passagiere. Nach vorliegenden Zahlen aus der UdSSR betrug ihre Spannweite 63 Meter, ihre Länge 34 Meter. Bei einer Reisegeschwindigkeit von 300 Stundenkilometer hatte sie eine Reichweite von 1300 Kilometer und erreichte eine Gipfelhöhe von 7000 Meter. Ihr maximales Abfluggewicht betrug 46,7 Tonnen.
Schließlich verdient noch ein Projekt Erwähnung, das die italienische Flugzeugbaufirma Caproni im Jahre 1919 als Großverkehrsflugzeug der Zukunft vorstellte: die Ca 60. Sie war ein ganz und gar ungewöhnliches Flugzeug mit einem gigantischen Tragwerk in Dreideckerauslegung. Im Rumpf des Flugboots sollten 100 Passagiere untergebracht werden. Das Projekt wurde 1920 in die Tat umgesetzt, aber alle damals verfügbaren Triebwerke erwiesen sich als zu schwach, um den Giganten in die Luft zu bringen. Es blieb bei Rollversuchen auf dem Wasser.

Fliegende Flugzeugträger

Die Entwicklungsgeschichte der Jagdflugzeuge besteht aus einem ständigen Konflikt zwischen dem Wunsch nach höherer Geschwindigkeit, verbesserter Wendigkeit (was niedrige Flächenbelastungen erfordert) und dem Wunsch nach größerer Reichweite und besserer Bewaffnung (was hohe Flächenbelastungen mit sich bringt). Da die Flugzeuge immer schwerer und schneller wurden, verlängerten sich auch die Start- und Landestrecken.
Als Folge dessen sind im Laufe der Jahre viele Systeme entwickelt worden, um Jagdflugzeugen den Start zu erleichtern oder deren Reichweite zu vergrößern, ohne die Treibstoffkapazität zu erhöhen. Eine Gruppe dieser Systeme könnte man als »Parasiten-Jäger« kategorisieren. Sie alle basierten auf der Verwendung eines Mutterflugzeuges, das die Jäger in die

Luft bringt. Einige der ersten Versuche mit Parasiten waren kaum mehr als Kunstflugattraktionen. Bis 1918 hatten die drei bedeutenden Luftfahrt-Mächte – England, Deutschland und Amerika – Versuche durchgeführt, bei denen Flugzeuge in die Luft gehoben und dann freigegeben wurden. Bei dem deutschen Versuch wurde eine Albatros D.III von dem starren Luftschiff L 35 aus gestartet. Das Royal Flying Corps (RFC) verwendete eine »Camel«, die von der starren R.23 aus operierte, und in Amerika wurde eine Curtiss JN-4 des Army Air Service von dem unstarren Kleinluftschiff Navy C-1 abgesetzt.

1925 kam England für kurze Zeit auf die Luftschiff-Flugzeugträger-Idee zurück. Die R.33 wurde umgebaut und mit einem Trapez versehen, das es ermöglichte, daß Flugzeuge im Flug vom Luftschiff aufgenommen oder gestartet werden konnten. Bei den Versuchen mit der R.33 wurden abgeänderte D.H.-53-Eindecker eingesetzt. Die ersten Start- und Rückkehr-Tests vom und zum Träger gelangen

Oben: Vom Luftschiff R.33 wurden diese beiden Gloster-Grebes-Jäger erfolgreich gestartet. Unten links: Dramatischer Moment des Ausklinkens eines Sopwith-Camel-Jägers vom Luftschiff R.23. Unten rechts: Eine Curtiss F9C »Sparrowhawk« nähert sich dem Trapez des Luftschiffs »Macon«. Angesichts der Länge von 239 m des Luftschiffes nimmt sich der Jäger winzig aus. Rechte Seite: Diese mit Fanghaken ausgestattete Curtiss F9C »Sparrowhawk« wurde mit Erfolg vom Luftschiff »Macon« aus gestartet, bis die »Macon« 1935 abstürzte.

Curtiss F9C »Sparrowhawk«

Antrieb: ein 420-PS-Wright-R-975-22-Whirlwind-Neunzylinder-Umlaufmotor mit einem Zweiblatt-Propeller von 2,36 m Durchmesser
Spannweite: 7,77 m
Länge: 6,12 m
Flügelfläche: 16,07 m²
Gesamtgewicht: 1310 kg
Höchstgeschwindigkeit: 284 km/h in Meereshöhe
Reichweite: 589 km
Besatzung: 1 Mann
Bewaffnung: zwei Maschinengewehre Kal. 7,6 mm im Bug
Erster Flug: 12. Februar 1931

Die meisten Versuche mit »Parasiten«-Flugzeugen sind mit bereits vorhandenen Maschinen durchgeführt worden, die diesem Zweck entsprechend verändert wurden. Die Curtiss F9C wurde jedoch speziell für diese Aufgabe entwickelt. Acht Exemplare wurden 1931/32 für den Einsatz mit den Luftschiffen »Akron« und »Macon« der US Navy gebaut. Als jedoch diese beiden Luftschiffe im Jahre 1933 bzw. 1935 abstürzten, wurden in den USA keine weiteren Luftschiff/Flugzeug-Versuche mehr durchgeführt.

am 15. Oktober 1925. Weitere Startversuche wurden Ende 1926 mit zwei Gloster »Grebes« unternommen. Das britische R.-33-Parasiten-Programm wurde schließlich im Dezember 1926 abgeschlossen. Seit jener Zeit fanden in England keine weiteren militärischen Versuche mit fliegenden Flugzeugträgern mehr statt.
Die Anregung zu den R.-33-Versuchen erhielt die Royal Air Force durch das Interesse, das man in Amerika Luftschiffen mit Flugzeug-Auffangvorrichtungen entgegenbrachte. Bereits Anfang 1921 waren Offiziere des US Army Air Service von der Möglichkeit gefesselt gewesen, eine Technik zu entwickeln, mit deren Hilfe man Flugzeuge von Luftschiffen aus einsetzen und auf das Luftschiff wieder zurückholen konnte. Lawrence Sperry (der Sohn des Erfinders des Kreiselkompasses) konstruierte die erste derartige Zusatzausrüstung für Luftschiffe und Flugzeuge.
Bis Ende 1924 wurde in den Vereinigten Staaten ein brauchbares System entwickelt. Am 13. Dezember des gleichen Jahres erfolgte der erste Versuch: ein »link-up« zwischen einem mit Haken ausgestatteten Sperry-Messenger-Doppeldecker und dem unstarren amerikanischen Armee-Kleinluftschiff R-3.
Dieser erste Versuch schlug fehl. Die »Messenger« wurde von starken Luftwirbeln des Luftschiffes erfaßt und gegen die Trapezstange geworfen, auf der es hätte einhaken sollen. Der Propeller wurde zertrümmert. Der Armee-Pilot Clyde V. Finter mußte notlanden. Genau dasselbe geschah ein Jahr später, als der Engländer Rolls de Haga Haig den ersten Versuch unternahm, mit der D. H. 53 die R.33 anzufliegen. Finter gab jedoch nicht auf. Am 15. Dezember 1924 gelang ihm nach mehreren Versuchen ein erfolgreiches »hook-up«. Dann schwand jedoch das Interesse der amerikanischen Armee an diesen Versuchen. Es blieb der amerikanischen Marine überlassen, die Idee in den folgenden Jahren erneut aufzugreifen.
Im Oktober 1928 unterschrieb die US-Marine mit der Goodyear-Zeppelin-Corporation Verträge über zwei neue starre Luftschiffe, die in den Vereinigten Staaten nach deutschen Plänen gebaut werden sollten. Diese starren Luftschiffe erhielten die Namen »Akron« und »Macon«. Als sie bestellt wurden, hatte man gehofft, sie würden die ersten einer großen militärischen Luftschiff-Flotte sein. Um ihre Einsatzmöglichkeiten zu verbessern, wurden die Luftschiffe von Anfang an zur Beförderung von Flugzeugen ausgelegt.
Um sich auf den Einsatz der neuen Träger-Luftschiffe vorzubereiten, begann die Navy im Jahre 1929 mit Versuchsflügen der »Los Angeles«, die von der Zeppelin-Luftschiffbau in Deutschland unter der Musterbezeichnung LZ 126 als Kriegsreparation an die USA geliefert worden war. Ein Vought-VO-1-Doppeldecker

flog die ersten »hook-ons« am 3. Juli 1929. Aber der Pilot Lt. A. W. Gorton stieß auf die gleichen Turbulenz-Schwierigkeiten, denen auch Finter und de Haga Haig begegnet waren.

Für die »Akron«, die am 23. September 1931 ihre erste Fahrt absolvierte, mußte jedoch ein Spezialflugzeug gebaut werden, das genau in die T-förmige Öffnung, durch die der im Innern des Luftschiffes befindliche Hangar erreicht werden konnte, paßte. Das bedeutete eine Beschränkung der Spannweite auf 9 m und der Länge auf 7 m. Für Trainingszwecke wurden sechs Consolidated-N2Y-1-Doppeldecker mit der Hakenausrüstung versehen. Der Prototyp der F9C-1 »Sparrowhawk« wurde für Versuche an Bord der »Los Angeles« umgerüstet und sieben weitere »Sparrowhawks« in Auftrag gegeben.

Mitte 1932 begannen die Versuche an Bord der »Akron«. Die F9C-1 wurden von der »Akron« aus als Aufklärer eingesetzt, um den Suchbereich der Navy zu vergrößern. Die Technik, welche die Besatzung der »Akron« und die Mannschaften der einzigartigen HTA (Heavier-Than-Air) Unit, die zum Einsatz der »Sparrowhawks« geschaffen wurde, entwickelten, sah so aus, daß zwei Flugzeuge bis zu 160 km im Umkreis des Luftschiffes operierten, ehe sie zum Mutterschiff zurückkehrten.

Wie zu erwarten war, tauchten viele Probleme auf. Die Navigation mußte sehr genau sein, denn Funknavigation gab es für Flugzeuge noch nicht; aber die größten Bedenken bestanden darin, daß mechanisches Versagen es den bereits gestarteten Flugzeugen unmöglich machen könnte, zum Luftschiff zurückzukehren. Die »Akron« stürzte am 3. April 1933 während eines Sturmes in den Atlantik.

Zufällig befand sich beim Absturz kein Flugzeug an Bord der »Akron«, so daß die HTA-Staffel ihre Arbeit fast ohne Unterbrechung fortsetzen konnte. Die erste Fahrt des zweiten amerikanischen fliegenden Flugzeugträgers »Macon« erfolgte nur zwei Wochen später, am 21. April 1933. Die Operationstechniken wurden verfeinert. Das Interesse der Navy an dem ganzen Konzept verminderte sich zu jener Zeit jedoch sehr schnell. Die »Macon« wurde schließlich am 12. Februar 1935 über dem Pazifik als verschollen gemeldet. Vier der F9C-Maschinen stürzten mit ihr ab, und soweit bekannt ist, wurden seit jenem Datum keine weiteren Luftschiffe mehr für Flugzeug-»hook-ons« verwendet.

Andere Wege beschritt Rußland. Die Idee, »Mutterflugzeuge« zur Vergrößerung der Reichweite von Jagdflugzeugen zu verwenden, wurde dort 1931 untersucht. Rußland spielte bei der Entwicklung übergroßer Bomben-Flugzeuge seit jener Zeit eine führende Rolle, da die riesigen Ilya-Mourometz-Doppeldecker von Igor Sikorsky während des Ersten Weltkriegs konstruiert worden waren.

Bei den ersten russischen Versuchen wurden I-5-Doppeldecker-Jäger von TB-I-Bombern befördert. Einen größeren Erfolg erzielte man jedoch 1935 mit dem Einsatz von I-16-Eindeckern. Für die ersten I-16-Versuche wurde eine TB-3 mit Stahlrohrrahmen versehen, die unter jeder Tragfläche außerhalb der Motoren eine I-16 trugen. Der Erfolg ermutigte zu einem noch ehrgeizigeren Projekt, das am 20. November 1935 zum ersten Mal erprobt wurde: Dabei wurden die beiden I-16 unter den Tragflächen, zwei weitere I-5-Doppeldecker jedoch auf den Tragflächen befestigt und außerdem ein Trapez angebracht, an dem ein fünfter Jäger in der Luft unter dem Rumpf aufgenommen werden konnte.

Um starten zu können, brauchte diese schwerfällige Kombination neben der eigenen Motorleistung auch die Kraft der vier Jäger. Die Testflüge verliefen erfolgreich. 1937/38 unternahm die UdSSR weitere Versuche mit einem umgebauten TB-3 und zwei verbesserten I-16-Flugzeugen, die zur Beförderung von 250-kg-Bomben als Sturzkampfbomber vorgesehen waren. Nach erfolgreichen Flügen war diese Kombination für kurze Zeit in einigen Verbänden der sowjetischen Luftwaffe eingesetzt. Aus der Zeit des Zweiten Weltkriegs ist zumindest ein Feindflug bekannt, bei dem zwei solche Flugzeugkombinationen im August 1941 einen Angriff auf eine Brücke flogen.

Bei dem russischen Projekt schien nicht beabsichtigt, daß die Jäger nach dem Start wieder zum Mutterflugzeug zurückkehren sollten. Der Parasiten-Jäger-Entwurf, den die USAF 1942 entwickelte, setzte diese Fähigkeit jedoch voraus. Das Projekt war diesmal, einen Abwehrjäger in Langstreckenbombern mitzuführen. Der Pilot flog im »Mutterbomber« und begab sich erst unmittelbar vor dem Start in den Jäger. Dieser wiederum mußte klein genug sein, um in den Rumpf des Bombers zu passen, damit dessen Luftwiderstandsbeiwert und damit seine Leistungsfähigkeit nicht beeinträchtigt wurden.

Um diesen ungewöhnlichen Anforderungen gerecht zu werden, konstruierte die McDonnell-Aircraft Company die winzige XF-85 »Goblin«, einen kleinen Düsenjäger mit nach oben klappbaren

Tragflächen. In der Absicht, den »Goblin« als Standardausrüstung für die mächtigen B-36-Bomber einzuführen, die mit einem einziehbaren Trapez in ihren Bombenkammern versehen werden sollten, veranlaßte die USAF ein Prototypen-Entwicklungsprogramm. Zwei XF-85 wurden gebaut. Eine Boeing B-29B wurde für »hook-up«-Testflüge mit einem Tra-

McDonnell XF-85 »Goblin«

Antrieb: ein Westinghouse-J-34-WE7-TL-Motor mit 1361 kp Schubkraft
Spannweite: 4,53 m
Flügelfläche: 8,36 m²
Gesamtgewicht: 2064 kg
Höchstgeschwindigkeit: 583 km/h
Flugdauer: ca. 30 Min.
Besatzung: 1 Mann
Bewaffnung: vier Maschinengewehre Kal. 12,8 mm im Bug
Erster Flug: 23. August 1948
Von der XF-85, die während des Zweiten Weltkrieges konzipiert wurde, wurden zwei Exemplare gebaut. Eines dieser Flugzeuge befindet sich im USAF-Museum. Mit nur 1,64 m Breite und 3,25 m Höhe bei eingeklappten Tragflächen war sie als »Parasiten«-Abwehrjäger gedacht, der in der Bombenkammer der Convair B-36 befördert werden sollte. Die Versuchsflüge brachten eine Enttäuschung, da das Flugzeug weit unter der erwarteten Höchstgeschwindigkeit von 1000 km/h blieb. Zugunsten der Langstreckenversionen konventionellerer Jäger wurde die Weiterentwicklung eingestellt.

Linke Seite: Eines der häßlichsten Flugzeuge, das je geflogen ist, die McDonnell XF-85 »Goblin«, war so konstruiert, daß sie in die Bombenkammer des strategischen Bombers B-36 paßte.
Oben: Eine am Trapez befestigte Republic F-84F »Thunderstreak« wird in die Bombenkammer eines GRB-36-Bombers gehoben. Unten: Die X-1A der Bell Aircraft steht bereit, unter den Bauch des Mutterflugzeuges B-29 gehievt zu werden. Die X-1A startete aus großer Höhe zu Überschallflügen bis 2655 km/h. Mit Hilfe dieser Technik konnte erheblich Treibstoff für die eigentliche Überschallphase aufgespart werden.

pez ausgerüstet. Sie erfolgten vom August 1948 bis März 1949. Nur drei »hook-ons« gelangen. Angesichts der Schwierigkeiten, denen sich hochqualifizierte Testpiloten gegenübersahen, war es offensichtlich, daß das Konzept für den Einsatz in einer Staffel nicht geeignet war. Das Projekt wurde 1949 gestrichen.
In der USAF existierten jedoch kontroverse Meinungen über die Bereitstellung eines Jagdschutzes für die Langstrecken-Aufklärer-Version der B-36. Im Mai 1953 wurden erneut Versuchsflüge angesetzt. Etwa ein Dutzend B-36 wurden dann zu Trägern umgebaut und eine Staffel RF-84F-Aufklärer modifiziert und mit Haken zum Einsatz von und zu den Trägern versehen.
Zwischenzeitlich hatte sich das Konzept nochmals geändert. Der Schwerpunkt lag nun eher auf der Vergrößerung der Reichweite der Bordflugzeuge als in der Verteidigung der Träger. Zwar wurden mit den FICON-(Fighter-In-Convair)-Flugzeugen einige Einsätze geflogen, aber der letzte der Parasiten bis Ende der fünfziger Jahre aus dem Dienst genommen.

Giganten der Nachkriegszeit

Das Bestreben, große Flugzeuge zu bauen, ist nicht neu. Seit jener Zeit, da Menschen erstmals flogen, haben Konstrukteure einen großen Teil ihres schöpferischen Talents diesem Problem gewidmet. Jahrzehntelang übertraf an Größe jede Generation von Transport- und Bombenflugzeugen die vorhergehende. Die Boeing 747 und der Militärtransporter Lockheed C5A »Galaxy« sind mit einem Fassungsvermögen von 490 bis 550 Passagieren oder 100 Tonnen Fracht heute ein fast alltäglicher Anblick auf den Flughäfen der Welt. Flugzeugkonstrukteure sagen voraus, daß in den achtziger Jahren gestreckte Versionen dieser Muster bis zu 1000 Passagiere an Bord nehmen können.

Bei der Konstruktion von Großflugzeugen ging es jedoch niemals nur darum, zu zeigen, was die moderne Technologie vermag. Flugzeuge wie die Bristol »Brabazon« oder das Flugboot Saunders-Roe »Princess« waren als kommerzielle Projekte geplant. In den USA baute man große Bombenflugzeuge wie die Convair B-36 und die Boeing B-52, um den Arm des Strategic Air Command zu verlängern, also höhere Bombenlasten über mehr Kilometer befördern zu können.

Die Bristol »Brabazon« und das Princess-Flugboot erwiesen sich für die britische Flugzeugindustrie als Fehlschlag. Der Markt war für Flugzeuge dieser Kapazität noch nicht reif.

Als die Bristol »Brabazon« im September 1949 zum ersten Flug startete, war die Welt von ihren gewaltigen Ausmaßen beeindruckt. Die Spannweite betrug 70,10 m, die Gesamtlänge 53,95 m und die Höhe des Seitenleitwerks 15,24 m.

Die Lockheed C-5A »Galaxy« der amerikanischen Luftwaffe ist mit einer Nutzlast von 120 Tonnen das größte Transportflugzeug der Welt. Der Frachtraum allein ist 44 m lang, 5,79 m breit und 4,11 m hoch.

Die Bristol-Werke bauten für die Endmontage in Filton einen speziellen Hangar, und bevor die »Brabazon« flog, mußte die Rollbahn des Werkflugplatzes verlängert und beträchtlich verstärkt werden.
Die »Brabazon« brachte die Einführung einer ganzen Menge technischer Neuerungen, von denen später viele bei der Konstruktion anderer Transportflugzeuge übernommen wurden. Sie verfügte über eine ungewöhnliche Triebwerksanordnung: Acht Centaurus-Triebwerke waren zum Antrieb von gegenläufigen Luftschrauben paarweise gekoppelt. Das Flugzeug hatte ein Startgewicht von maximal 131 540 kg, flog 400 km/h Reisegeschwindigkeit und hatte mit vollen Tanks eine Reichweite von 8850 km.
Wegen ihrer Größe und des konstruktiven Neulands kostete die »Brabazon« ungeheure Summen. Politiker, die das Programm in seinem ersten Stadium unterstützt hatten, bekamen kalte Füße, und die einzige »Brabazon«, die je flog – sie verbrachte in vier Jahren nur 400 Stunden in der Luft – landete schließlich auf dem Schrotthaufen.
Ein ähnliches Schicksal ereilte die »Princess« als ein Projekt, das die britischen Erfahrungen auf dem Gebiet der Flugbootkonstruktion unter Beweis stellen sollte. Vielerlei Faktoren trugen zu ihrem Untergang bei: Entwicklungskosten, die das Budget weit überstiegen; Triebwerkschwierigkeiten und nicht zuletzt vermindertes Interesse der British Overseas Airways Corporation (BOAC).
Wie auch im Falle der »Brabazon« war die Idee zu dem Riesen-Flugboot während der Kriegsjahre geboren worden. 1946 schien das Interesse der BOAC an dem Projekt groß genug, um die Bestellung von drei Prototypen durch das Ministry of Supply zu garantieren. Alle drei dieser 145-Tonnen-Riesen wurden gebaut, aber nur einer von ihnen kam in die Luft. 10 Tonnen schwerer als die »Brabazon«, verfügte die »Princess« über zehn Proteus-Turboprop-Triebwerke. Das Tragwerk der »Princess« mit 66,90 m Spannweite hatte einziehbare Stützschwimmer und bot Platz für 65 915 Liter Treibstoff, der bei Windstille eine Reichweite von 8480 km ermöglichte – genug für die von der BOAC beabsichtigten Southampton–New York-Flüge bei voller Nutzlast von 105 Passagieren.
Die drei »Princess«-Flugboote wurden schließlich in Calshot und in Cocooned auf den Strand gesetzt. Sie blieben dort mehrere Jahre, als Denkmal der glorreichen Vergangenheit – aber unbestimmten Zukunft – des Flugbootes, ehe man sie verschrottete.

Der hölzerne Gigant des Mister Hughes

In den USA lag der Schwerpunkt bei der Entwicklung großer strategischer Bomber. Eine Ausnahme bildete ein riesiges hölzernes Flugboot, das von dem Multimillionär Howard Hughes gebaut

G-ALUN

Linke Seite oben: Die Saunders-Roe »Princess« war ein riesiges Flugboot, das jedoch bei seinem Erscheinen keinen Markt mehr fand. Jahrelang lagen die drei gebauten »Princess«-Boote eingemottet, ehe sie verschrottet wurden. Unten: Ein anderer erfolgloser Riese am Himmel war die Bristol »Brabazon«. Sie bot ihren Gästen ein Maximum an Komfort und Geräumigkeit, jedoch auf Kosten der Wirtschaftlichkeit.
Unten: So viel Fußfreiheit bot die »Brabazon«! Oben: Das größte jemals gebaute Flugzeug war der hölzerne Gigant Hughes »Hercules« mit fast 100 m Spannweite.

Saunders-Roe »Princess«

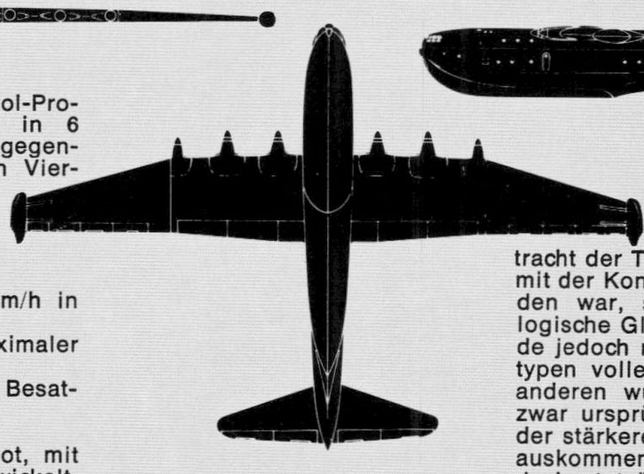

Antrieb: zehn 3780-PS-Bristol-Proteus-Series-600-TPL-Motoren in 6 Gondeln mit vier Paaren gegenläufiger und zwei einzelnen Vierblatt-Propellern
Spannweite: 66,90 m
Länge: 45,11 m
Flügelfläche: 488 m²
Gesamtgewicht: 149 690 kg
Reisegeschwindigkeit: 580 km/h in 11 280 m Höhe
Reichweite: 8480 km mit maximaler Nutzlast von 18 150 kg
Fassungsvermögen: 6 Mann Besatzung und 105 Passagiere
Erster Flug: 22. August 1952
Das riesige Princess-Flugboot, mit Unterstützung der BOAC entwickelt, die ein Langstrecken-Flugzeug für ihre Linie Southampton–New York wünschte, schien diesen Erwartungen voll zu entsprechen. In Anbetracht der Tatsache, daß bereits 1943 mit der Konstruktion begonnen worden war, stellte es eine technologische Glanzleistung dar; es wurde jedoch nur einer der drei Prototypen vollendet und geflogen. Die anderen wurden eingemottet, und zwar ursprünglich für die Zeit, bis der stärkere Proteus-705-Motor herauskommen sollte. Bis dieser jedoch tatsächlich verfügbar war, hatte sich der Trend auf der ganzen Welt zugunsten von Landflugzeugen für den Langstrecken-Verkehr gewandelt.

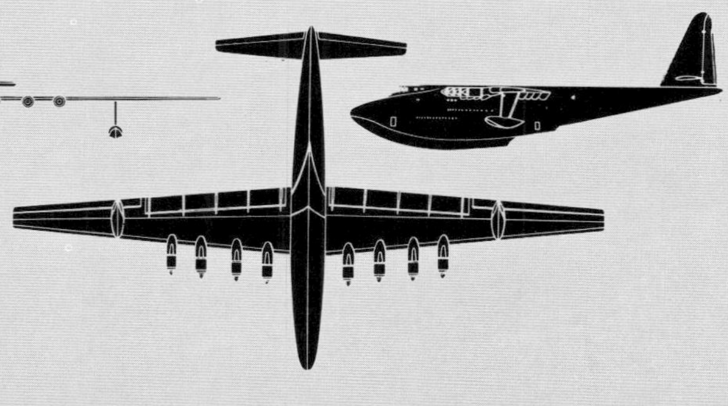

Hughes »Hercules«

Antrieb: acht 3000-PS-Pratt & Whitney-R-4360-Wasp-Major-28-Zylinder-Sternmotoren mit je einem Vierblatt-Propeller
Spannweite: 97,54 m
Länge: 66,75 m
Höhe: 9,14 m
Gesamtgewicht: ca. 181 440 kg
Geplante Reisegeschwindigkeit: über 320 km/h
Fassungsvermögen: Besatzung und bis zu 700 Passagiere oder entsprechende Fracht
Erster Flug: 2. November 1947
Das gigantische Hercules-Flugboot, das von dem amerikanischen Millionär Howard Hughes finanziert wurde, der bis zu dessen Fertigstellung angeblich 25 Millionen Dollar aufgewendet haben soll, wurde 1942 im Culver-City-Werk der Hughes-Aircraft Co begonnen und »per Achse« nach Long Beach in Kalifornien verbracht, wo im Juni 1946 der Zusammenbau erfolgte. Hughes selbst war der Pilot des Flugzeugs bei dessen erstem und einzigem Flug über etwa eine Meile, der über dem Hafen von Los Angeles stattfand. Obwohl die »Hercules« eine Nominalkapazität von 700 Passagieren hatte, war sie in erster Linie als Frachtflugzeug gedacht, und sie hatte keine Fenster für Passagiere.

Oben: Aus der sechsstrahligen Boeing B-47 wurde der strategische Atombombenträger B-52 mit 8 Triebwerken entwickelt. Beide Flugzeuge erflogen mehrere Weltrekorde bei Nonstopflügen um die Erde. Darunter und rechts: Aus der Convair B-36 (rechts) entstand als einziges Versuchsmuster das zweistöckige Transportflugzeug Convair XC-99. Mit über 70 m Spannweite war es 1955 für kurze Zeit das größte Transportflugzeug der Welt. Unten: Ebenfalls nur als Prototyp flog die Lockheed »Constitution« 1946.

wurde. Es stand bis vor kurzem in einem Spezial-Hangar an der Küste Kaliforniens. Geflogen ist es nur einmal. Convair und Boeing wurden die beiden wichtigsten amerikanischen Hersteller großer Flugzeuge in den frühen fünfziger Jahren. Die Convair XB-36, der Prototyp für Amerikas ersten interkontinentalen Bomber, wog 100 Tonnen und war, als sie am 8. August 1946 zum erstenmal flog, das größte und schwerste Flugzeug der Welt. In ihrem 49,40 m langen Rumpf befand sich eine Laufkatze auf Schienen, auf der die Besatzungsmitglieder zwischen dem Cockpit und den rückwärtigen Abwehrständen hin und her fahren konnten.
Nie zum Bombenabwurf eingesetzt, war die B-36 dazu in der Lage, über 30 Tonnen Bombenlast zu tragen. Flüge bis zu

30 Stunden Dauer waren möglich. Sie blieb bis Mai 1958 beim Strategic Air Command der USAF und wurde in verschiedenen Ausführungen gebaut. Eine der wesentlichsten Verbesserungen war die Ergänzung der sechs mit Druckschrauben versehenen Kolbenmotoren durch vier Hilfsstrahltriebwerke zur Erhöhung der Leistung. Die B-36 wurde damit der einzige jemals gebaute zehnmotorige Bomber.
Die endgültig produzierte Version B-36J trug mehr als das Zweifache des Prototyps XB-36. Ihre Kolbenmotoren hatten je 3800 PS Leistung. Vier General-Electric-J47-TL-Triebwerke lieferten zusätzlich je 2358 kp Schub.
Zu den Sonderausführungen dieses Flugzeugs gehörte die NB-36H. Sie flog im September 1955 versuchsweise mit dem ersten Flugzeug-Atomtriebwerk der Welt. Die GRB-36J flog als Mutterflugzeug für einen RF-84F-Aufklärungs-Jäger. Eine von der B-36 abgeleitete Version mit reinem Strahlantrieb wurde als YB-60 konstruiert. Die ersten Prototypen waren im April 1952 in der Luft. Es wurde jedoch kein Produktionsauftrag erteilt. Die bessere Boeing B-52 sollte die B-36 als schweren Bomber ablösen.
Im August 1952 flog die erste B-52 »Stratofortress«. Das letzte B-52H-Muster wurde im Juni 1962 fertiggestellt. Dazwischen erschienen verschiedene Varianten dieses Flugzeugs mit stärkeren Triebwerken, verbesserter Leistung und Bomben-Tragfähigkeit bei nur geringfügiger Veränderung der Grundkonstruktion.

Die Aera der »Jumbos«

Zu weiteren großen Flugzeugen amerikanischer Konstruktion, die Ende der vierziger und Anfang der fünfziger Jahre die Werkshallen verließen, gehörte die Lockheed »Constitution«, ein nicht ganz geglücktes Projekt für die US Navy. Heute fliegen Gloßflugzeuge wie die Boeing 747 »Jumbo-Jet«, die McDonnell Douglas DC-10, die Lockheed L 1011 »TriStar« und der europäische »Airbus« A300 erfolgreich auf dem Weltstreckennetz des Luftverkehrs. Die Bristol »Brabazon« und ihre Schwesterflugzeuge gehören einer vergangenen Epoche an – einer Zeit, die mehr Fehlschläge als Erfolge auswies, aber dennoch die Grundlage zur Konstruktion der »Jumbos« unserer Tage schuf.

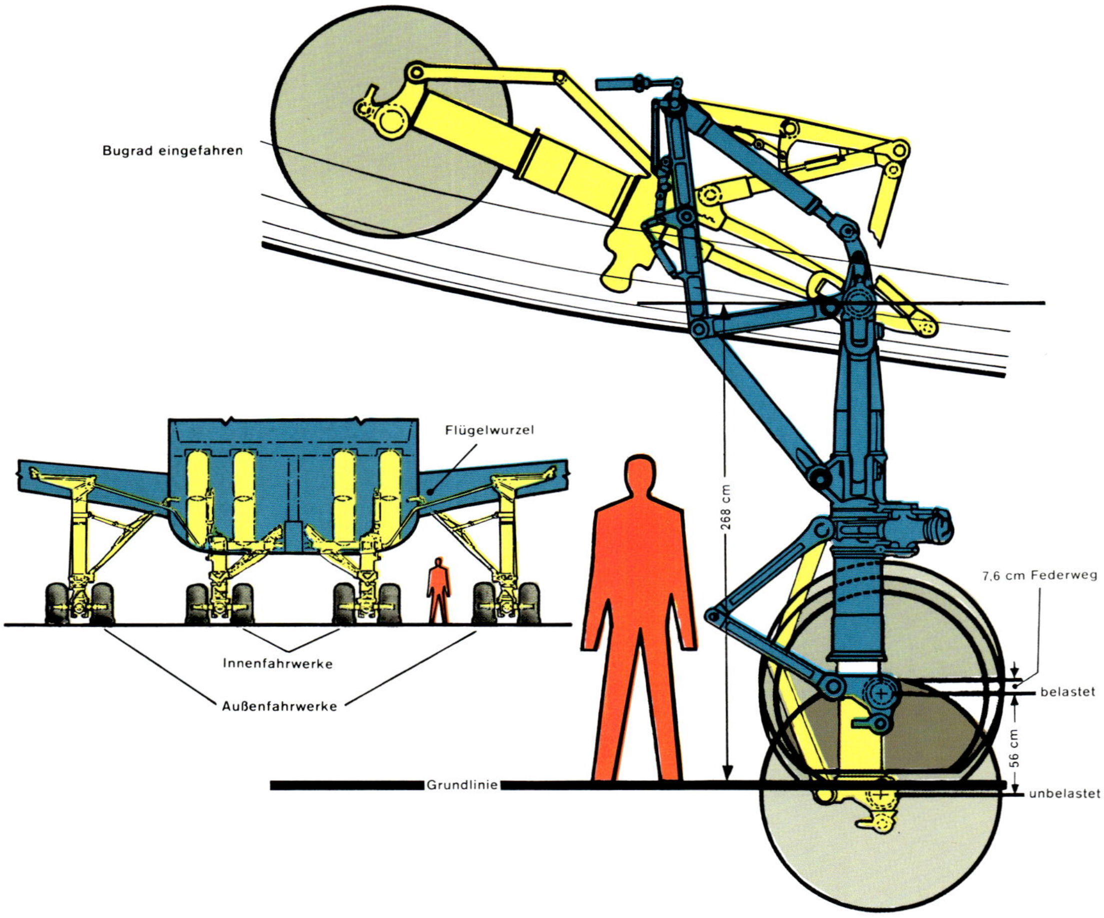

Links: Die Technik eines fliegenden Giganten umfaßt auch so scheinbar unwichtige Dinge wie das Fahrwerk und macht sie zu höchst komplizierten Produkten. Oben: Schemazeichnungen der Hauptfahrwerks-Anordnung und des Bugfahrwerks, darunter Foto des Hauptfahrwerks der Boeing 747 »Jumbo-Jet«. Bei der Konstruktion gelang es, die 322 Tonnen höchstzulässiges Abfluggewicht auf insgesamt 18 Räder so zu verteilen, daß die Flächenbelastung der Start- und Landebahn nicht größer ist als bei der nur halb so schweren B-707 330B. Alle 18 Räder sind mit elektronischen Antiblockier-Einrichtungen ausgestattet
Rechts oben: Die deutsch-französische Gemeinschaftsentwicklung »Airbus« A 300 B, das erste zweistrahlige Großraumflugzeug der Welt für Kurz- und Mittelstrecken, hier im Verbandsflug vor der winterlichen Kulisse der Pyrenäen südlich von Toulouse.
Darunter: Der »Airbus« A 300 B in der Endmontagehalle der Airbus Industrie in Toulouse
Nächste Doppelseite: Explorama einer Boeing 747 »Jumbo-Jet«

Germanair
Germanair
D-AMAX

Technische Daten

	747 A	747 B
Spannweite	59,56 m	
Länge	70,51 m	
Höhe	19,47 m	
Höchstzulässiges Fluggewicht	322 050 kg	347 500 kg
Höchstzulässiges Landegewicht	255 830 kg	
Mittlere Nutzlast	48 000 kg	
Maximales Kraftstoffvolumen	177670 l	
Reiseflugverbrauch	12 630 l/h	
Reichweite	9 000 km	10 600 km
Reisegeschwindigkeit	940 km/h	
Frachtraum	157 m^3	
Triebwerke	vier Pratt & Whitney JT9D-3 mit je 19 720 kp	vier Pratt & Whitney JT9D-7W mit je 21 300 kp

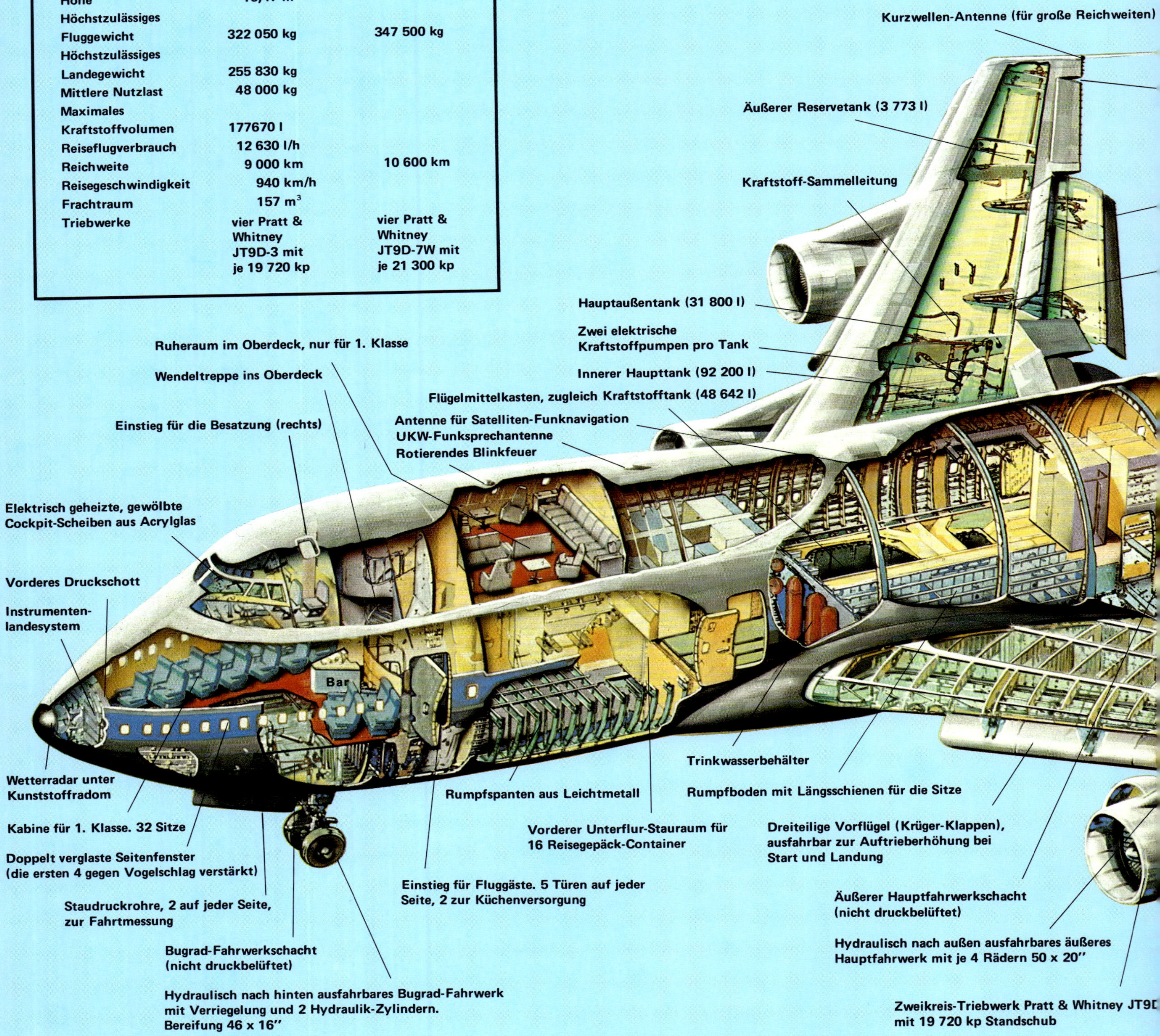

Lufthansa-Kabinen-Version

Ruheraum Oberdeck	10 Sitze, 1 Bar, 1 Speisen-Aufzug, 1 Toilette
Erster-Klasse-Kabine	32 Sitze, 1 Bar, 1 Küche, 2 Toiletten/Waschräume
Economy-Klasse-Kabine	333 Sitze in vier Kabinen, davon eine als Ruhekabine ohne Filmvorführung, 5 Küchen, 8 Toiletten
Gesamt-Sitzkapazität	365 Sitze
Kabinenmaße	Höhe 2,50 m, Breite (außer Bug und Heckteil) 6,20 m

Boeing 747 »Jumbo-Jet«

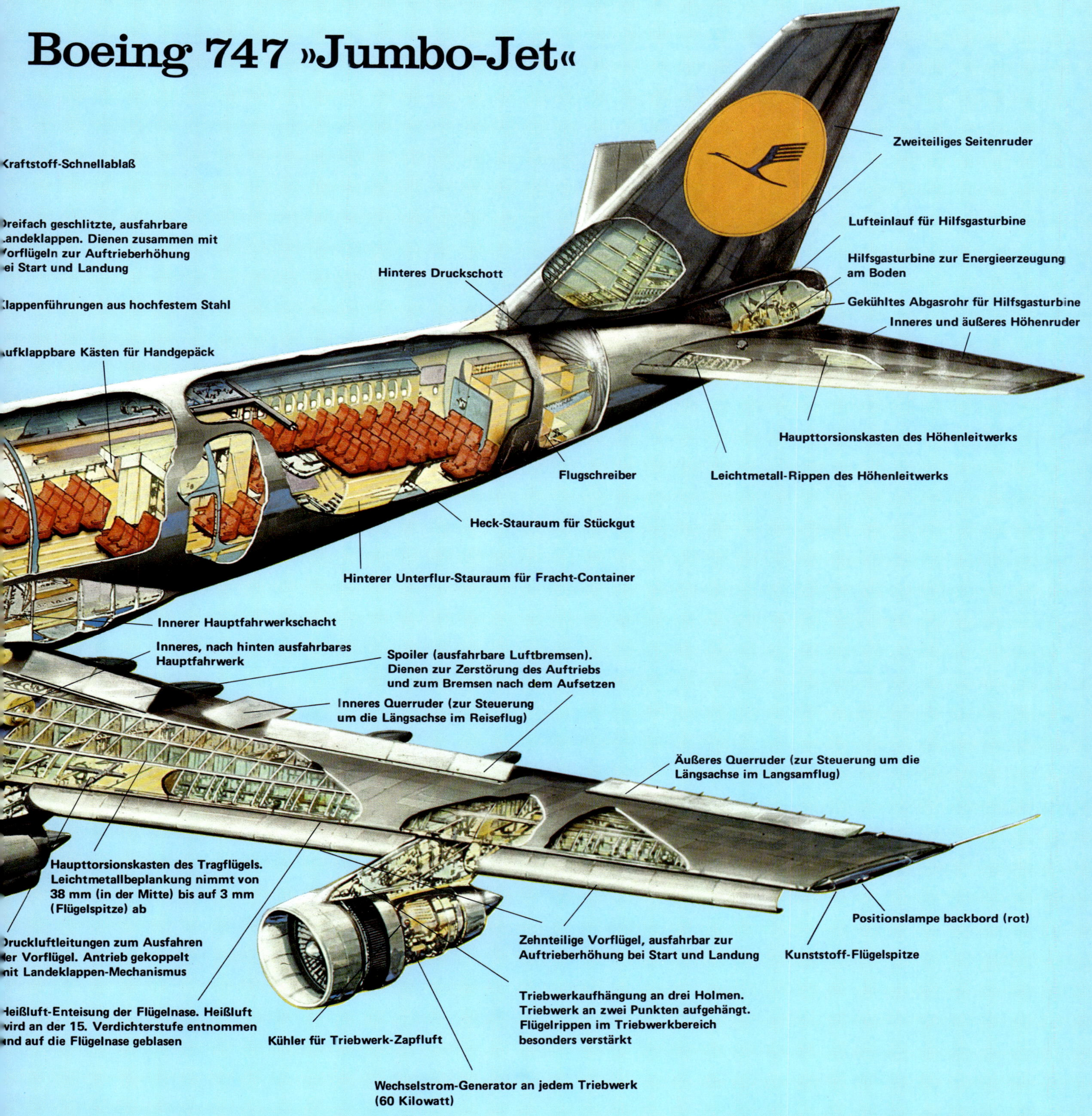

Große Konstrukteure und ihr Werk:

Frederick Handley Page

für kontinentale Flugstrecken eingesetzt.
Handley Page »Slots« (Schlitzflügel) wurden zuerst in einer umgebauten DH 9 vorgeführt. Da sie wesentlich zu einer Verbesserung der Flugsicherheit beitrugen, wurden »Slots« international eingeführt. Die H.P. 39 »Gugnunc«, gebaut 1929, nahm an der Guggenheim-Ausschreibung für Flugsicherheit in den USA teil.
Eines seiner herausragendsten Flugzeuge war die H.P. 42, ein sehr großer, viermotoriger Doppeldecker, der bis zu 38 Passagiere faßte. Das Flugzeug flog in acht Exemplaren auf den europäischen und östlichen Flugrouten der Imperial

Links: Sir Frederick Handley Page. Oben: Handley Page am Steuer der »Bluebird«. Darunter: Das erste wirklich erfolgreiche Handley-Page-Flugzeug war die H.P. 5 mit sichelförmigen Tragflächen, wie sie auch später in den fünfziger Jahren für die mächtigen Victor-Bomber charakteristisch waren. Unten: Dieser aus einer D.H.9A entwickelte Eindecker X4B weist zum erstenmal Handley-Page-Schlitzflügel auf. Ganz unten: Englands Gigant des Ersten Weltkriegs, der viermotorige H.P.V/1500-Bomber, sollte Berlin angreifen, kam aber nicht mehr zum Einsatz, Rechte Seite außen: Eine H.P.42 »Helena« vor dem Turm von Croydon. Rechte Seite unten: Der »fliegende Koffer« wurde die Handley Page »Hampden« genannt, Anfang des Zweiten Weltkriegs einer der Standardbomber der RAF.

Frederick Handley Page wurde am 15. November 1885 in Cheltenham geboren. Für ihn war ein Platz in der Geschichte der Luftfahrt reserviert, der die kühnsten Hoffnungen eines Menschen bei weitem übertraf. Sein erstes Flugzeug, die »Bluebird«, baute er 1909. Gleichzeitig gründete er die Handley Page Limited. Sie blieb bis 1970 eine der führenden Flugzeugfirmen Großbritanniens. Frederick Handley Page flog wie Heinkel und Anthony Fokker seine ersten Flugzeugtypen selbst, wurde aber als Pilot kaum bekannt. Die Flugzeugkonstruktionen und der Flugzeugbau machten ihn berühmt. Seine ersten Flugzeuge waren Eindecker, deren Tragflächen bereits Pfeilform hatten.
Seine zwei- und viermotorigen Bomber leiteten ein neues Konzept des strategischen Luftkriegs ein. Als der Krieg im November 1918 endete, flog eine V/1500 nach Neufundland, um für den Daily-Mail-Preis der ersten Überquerung des Atlantik zu starten. Nachdem aber einer Vickers »Vimy«, geflogen von Alcock und Brown, der Flug zuerst gelang, wurde das Flugzeug in Nordamerika vorgeführt.
Während der nächsten Jahre baute Handley Page, kurz H. P. genannt, Zivil- und Militärflugzeuge: Die W 8 – für 12 Passagiere – erschien 1920. Sie wurde

Airways. Sie legten über 16 Millionen Kilometer ohne Unfall zurück und wurden von 1930 bis kurz nach dem Beginn des Zweiten Weltkriegs eingesetzt. Die H.P. 42 »Heracles« beförderte mehr als 100 000 Fluggäste – fast ein Fünftel aller Passagiere, die Imperial Airways in den 16 Jahren ihrer Geschichte insgesamt transportierte.
Schon vor Beginn des Zweiten Weltkriegs produzierte Handley Page den Hampden-Bomber; Pläne für die »Halifax« bestanden bereits. Später spielte die »Halifax« eine große Rolle in der Bomberoffensive gegen Deutschland.
Sir Frederick Handley Page gab sich nie damit zufrieden, nur Gründer und Inhaber seines Unternehmens zu sein. Täglich griff er aktiv in das Firmengeschehen ein. Nach dem Zweiten Weltkrieg wiederholte er den Umbau von Bombenflugzeugen in Passagierflugzeuge. So entstand aus der »Halifax« die »Halton«.
Ein großer Erfolg wurde die Handley Page »Hermes«. Sie flog als einer der wertvollsten Lückenbüßer in der BOAC-Flotte (British Overseas Airways Corporation) zwischen 1954 und 1958, bis die »Comet« in Dienst genommen werden konnte. Später flog sie als Charterflugzeug Flugtouristen. Das militärische Gegenstück, die »Hastings«, diente der RAF lange Jahre als Transportflugzeug.
Das Jet-Zeitalter begann, als Handley Page nicht mehr einer der Giganten der Luftfahrtindustrie war. Aber lange vor der »Concorde« entwarf H. P. ein Überschall-Passagierflugzeug. Auf dem militärischen Sektor konstruierte Handley Page den Victor-Bomber, ein viermotoriges Strahlflugzeug, das nukleare Waffen über sehr große Entfernungen mit einer Geschwindigkeit knapp unter der Schallgrenze tragen konnte. Einige dieser Bomber wurden umgebaut und als Tankflugzeuge eingesetzt. Zahlreiche

Handley Page W 8b

Antrieb: zwei Zwölfzylinder-Reihenmotoren Rolls-Royce Eagle VIII von je 360 PS Leistung mit je einer Vierblatt-Luftschraube von 3,20 m Durchmesser
Spannweite: 22,87 m
Länge: 18,32 m
Flügelfläche: 135,26 m²
Abfluggewicht: 5670 kg
Höchstgeschwindigkeit: 167 km/h
Reichweite: rund 800 km
Fassungsvermögen: 2 Mann Besatzung und 12 Passagiere
Erster Flug: 4. Dezember 1919 (W 8)
Kurz nach Beendigung des Ersten Weltkriegs eröffnete das britische Unternehmen Handley Page Transport mit modifizierten Bombern des Typs 0/400 einen Luftverkehrsdienst. Später kamen zwei- und dreimotorige Weiterentwicklungen des Bombers mit den Bezeichnungen W 8, W 9 und W 10 dazu. Am bekanntesten wurden die drei W 8b »Princess Mary«, »Prince George« und »Prince Henry«, die vom Mai 1922 an regelmäßig die Strecke London –Paris beflogen.

Handley Page W 10

Antrieb: zwei wassergekühlte 450-PS-Zwölfzylinder-Napier-Lion-Motoren mit je einem Vierblatt-Propeller von 3,20 m Durchmesser
Spannweite: 22,87 m
Länge: 18,09 m
Flügelfläche: 135,26 m²
Abfluggewicht: 6250 kg
Höchstgeschwindigkeit: 180 km/h in Meereshöhe
Fassungsvermögen: 2 Mann Besatzung und 14 Passagiere
Erster Flug: 10. Februar 1926
Die späteren Versionen der W 8 wurden zur größeren Sicherheit und Zuverlässigkeit mit einem dritten Motor im Bug ausgerüstet: die W 8e und die W 8f »Hamilton«. Dieses Konzept wurde mit der W 9a »Hampstead« des Jahres 1925 weiterentwickelt, aber mit der W 10, die ein Jahr später für die Imperial Airways gebaut wurde, kehrte man zur zweimotorigen Konstruktion zurück – zu deren Nachteil, denn zwei von den vier Maschinen, die gebaut wurden, stürzten wegen Motorschadens über dem Kanal ab.

WIT 1

Linke Seite außen: Der Halifax-Bomber war neben der »Lancaster« das Rückgrat der englischen Bomberverbände im Zweiten Weltkrieg. Linke Seite innen: H.P.115-Forschungsflugzeug im Dienste der Concorde-Entwicklung. Unten: Der strahlgetriebene Victor-Bomber war als Träger für Englands Nuklearwaffen vorgesehen, konnte aber auch fünfunddreißig 450-kg-Bomben tragen. Rechts oben: Handley-Page-Hermes-Verkehrsflugzeug der BOAC. Rechts unten: Die »Herald« war eine der letzten H. P.-Konstruktionen mit Turboprop-Antrieb und ausgesprochenen STOL-Eigenschaften. Aber auch sie konnte die Selbständigkeit des Unternehmens nicht mehr erhalten.

weitere »Victors« haben strategische Aufgaben als Aufklärungsflugzeuge.
Die H. P. 115, ein Delta-Versuchsflugzeug, erprobte die Eigenschaften von Überschalltragflächen bei niedrigen Fluggeschwindigkeiten. Sie war ein Teil des Concorde-Entwicklungsprogramms.
Das letzte große Handley-Page-Wagnis war das Passagierflugzeug »Herald«, klein diesmal, mit nur 38 bis 56 Passagieren und zwei Propellerturbinen-Triebwerken. Es wurde in viele Teile der Welt exportiert. Als die drastische Zusammenlegung innerhalb der britischen Luftfahrtindustrie in den späteren fünfziger Jahren und den frühen sechziger Jahren stattfand, blieb Handley Page zunächst verbissener Individualist wie während seines ganzen Lebens. Gerade dann aber, als er endlich bereit war, mit einer anderen wichtigen britischen Flugzeugfirma zu fusionieren, führte die Streichung eines großen Regierungsauftrags zur Rücknahme des Fusionsangebots seitens der zweiten Firma. Die Gesellschaft konnte nicht mehr mit den zwei großen Konsortien Hawker Siddeley und British Aircraft Corporation konkurrieren. Nachdem das letzte Flugzeug, die »Jetstream«, auch nicht den Markt – militärisch oder zivil – fand, was der Entwurf eigentlich verdient hätte, mußte H. P. im März 1970 in Liquidation gehen. Handley Page als die erste und älteste Flugzeugbaufirma Großbritanniens verschwand damit vom Markt.
Sir Frederick starb am 21. April 1962. Es war ihm erspart geblieben, den Zusammenbruch seiner einst bedeutenden Firma zu erleben.

Rennen und Rekorde

Links: Jacques Schneider (zweiter von rechts) gratuliert Pixton nach dem Wettkampf von 1914 in Monaco. Rechte Seite oben: Eines von vielen Problemen, mit denen sich die Konstrukteure von Wasserflugzeugen in der Anfangszeit konfrontiert sahen, war das Abheben vom Wasser, vor allem bei ruhiger See. Nieuport versuchte dies bei der Schneider Trophy 1913 bei seinem Eindecker mit besonders geformten Schwimmern zu lösen. Rechte Seite unten: Howard Pixton auf dem Schwimmer seiner Sopwith »Tabloid«, mit der er die Trophy 1914 gewann

Der Schneider-Pokal

Versteckt in einer Nische des in der zweiten Etage gelegenen Royal Aero Club in Pall Mall befindet sich eine phantasiereiche Skulptur aus Bronze und Marmor, nach deren Besitz in den zwanziger Jahren Regierungen und Piloten strebten. Es handelt sich um den »Schneider-Pokal« (Schneider Trophy). Er wurde im Dezember 1912 dem Aéro Club de France von Jacques Schneider gestiftet und 1931 endgültig von England gewonnen.

Jacques Schneider, am 25. Januar 1879 bei Paris geboren, wandte sich als Bergbauingenieur nach den Flügen von Wilbur Wright in Le Mans im Jahre 1908 der Luftfahrt zu. Er erwarb die Piloten-Lizenz im März 1911, qualifizierte sich zwei Wochen später als Freiballonfahrer, und im Jahre 1913 stellte er mit 10 081 m den französischen Ballon-Höhenrekord ein. Er war aber auch ein leidenschaftlicher Autorennfahrer. Ein schwerer Unfall auf der Monte-Carlo-Rennstrecke zwang ihn zur Aufgabe seiner Piloten-Karriere. Nach dem Unfall widmete er sich der Organisation von Luftrennen mit Wasserflugzeugen.

Schneiders Wettbewerbsausschreibung verband sein Wunschbild vom maritimen Fliegen mit seiner Leidenschaft für Geschwindigkeit. Aber der damals oft vertretene Standpunkt, daß der Wettkampf als Test für Wasserflugzeuge begann und ganz einfach zu einem Geschwindigkeitstest degenerierte, war nicht richtig; es handelte sich von Anfang an um einen Geschwindigkeitswettbewerb, bei dem die Seetüchtigkeit eine notwendige, aber zweitrangige Rolle spielte.

Ein Wort dominierte bei Beschreibungen der ersten Schneider-Pokal-Rennen: »Farce«. Die Flugzeuge kamen entweder nicht vom Wasser weg oder – falls doch – stürzten ab. Denn die Renn-Wasserflugzeuge waren meist Landflugzeuge mit Schwimmern statt Rädern. Sie waren weder genau statisch berechnet noch hydrodynamisch oder gar im Windkanal vermessen. Ein solches Flugzeug, der französische Deperdussin-Eindecker, gewann 1913 den ersten Schneider-Pokal in Monaco.

1923 beteiligten sich erstmals die Amerikaner mit einem gut ausgebildeten und von Wissenschaftlern beratenen Team am Schneider-Pokal und siegten.

Verminderter Stirnwiderstand und andere Konstruktionsmerkmale wie die aerodynamisch günstige Motorverkleidung, Flügelflächenkühler, Metallpropeller und die Herabsetzung des Leistungsgewichts gehörten zu den vielen Lehren, die Europa durch den amerikanischen Sieg erteilt wurden. Dazu kam der überwältigende Eindruck einer gut funktionierenden Organisation und gründlichen Trainings. Sie verwandelten das Rennen schließlich zu einer technisch-taktischen Operation. Von nun an konnte kein Land mehr ohne großzügige Regierungshilfe auf den Schneider-Pokal hoffen.

Während Deutschland wegen der ihm auferlegten Leistungsbeschränkungen im Flugzeugbau nicht an den Schneider-Pokal-Rennen teilnehmen konnte, schickte England 1925 einen von R. J. Mitchell konstruierten Supermarine-S.4-Eindecker und einen von H. P. Folland konstruierten Gloster-Doppeldecker nach Baltimore. Beide wurden für das Rennen von der Regierung finanziert und an die Hersteller zurückverliehen. Die S.4 stürzte ab, die Gloster wurde mit Leichtigkeit geschlagen, aber auch ein italienischer

Teilnehmer blieb weit im Rückstand. Wenn die Amerikaner auf das Rennen des Jahres 1924 nicht mangels eines Herausforderers verzichtet hätten, wäre ihnen der Pokal nach dreimaligem Gewinn für immer sicher gewesen.
England, das für eine Zwei-Jahres-Folge der Rennen eintrat, bereitete sich auf 1927 vor und verzichtete 1926 auf die Meldung. Aber die Italiener nahmen 1926 die Herausforderung Amerikas an, konstruierten innerhalb von sechs Monaten einen M 23 genannten Renn-Eindecker und gewannen. Mit dieser Niederlage überließ Amerika das Feld wieder den Europäern. 1927 holte sich England den Schneider-Pokal in Venedig zurück.
Nach diesem zweiten Sieg plädierte die englische Regierung dafür, sich in Zukunft nicht mehr am Schneider-Pokal-Rennen zu beteiligen. Die öffentliche Meinung verlangte jedoch, sich darum zu bemühen, den Schneider-Pokal für immer nach England zu bringen. Dank einer Stiftung von 100 000 Pfund von Lady Houston gelang schließlich eine nochmalige Ausschreibung. Als die herausfordernden Nationen jedoch kurz vor Beginn des Rennens absagten, zögerte England nicht, das Rennen ganz einfach um des Sieges Willen unter sich auszutragen. So landete der Pokal im Royal Aero Club.

Der erste Sieger

Die beiden Rennen um den Schneider-Pokal vor Ausbruch des Ersten Weltkriegs waren keine Angelegenheit, bei der es nur um die Zeit zwischen Start und Landung ging, um das schnellste Flugzeug zu ermitteln: Sie waren auch ein recht guter Test für die Ausdauer eines Flugzeugs und verlangten die Vollendung von 28 Runden einer 10-Kilometer-Strecke. Im Jahre 1913 kam nur einer von neun Wettbewerbsteilnehmern und 1914 zwei von vierzehn über die gesamte Rennstrecke.
Der Deperdussin-Eindecker – 1913 Sieger – schaffte das mit einer offiziellen Durchschnittsgeschwindigkeit von 73,63 km/h. Auf den ersten Blick mag das bei einem Flugzeug mit 160-PS-Motor, das außerdem in seiner Auslegung als Landflugzeug bei anderen Wettbewerben mit mehr als 161 km/h geflogen war, ungewöhnlich langsam erscheinen. Die Begründung lag darin, daß der Pilot Maurice Prévost die Ziellinie ungenau überquerte. Die Schiedsrichter bestanden

darauf, daß er erneut startete und die letzte Runde nochmals flog. Bei den vorgeschriebenen 28 Runden lag seine tatsächliche Durchschnittsgeschwindigkeit bei 98 km/h.
Diese Geschwindigkeit wurde bei dem Rennen des Jahres 1914 von einem britischen Neuling, dem kleinen Sopwith-Tabloid-Doppeldecker, bei weitem übertroffen. Seine 139,66 km/h waren über 50 % besser als die der schweizerischen FBA, die Zweite wurde. Andere Piloten nahmen von der Teilnahme am Wettkampf Abstand, nachdem sie die Zeit erfuhren, die Howard Pixton mit der »Tabloid« geflogen war. Pixton unterstrich seinen Sieg dadurch, daß er noch zwei Extrarunden flog, um einen neuen Geschwindigkeitsweltrekord für Wasserflugzeuge von 148 km/h aufzustellen.
Die »Tabloid« war für ihre Zeit so etwas wie eine »radikale« Neukonstruktion, denn Druckpropeller-Doppeldecker, mit einem Labyrinth von Streben und Drähten getakelt und verspannt, waren noch immer die vorherrschende Doppeldeckerauslegung. Die »Tabloid« repräsentierte das Gegenteil: eine einfache Konstruktion mit einem Mindestaufwand an Verspannung und mit Zugpropeller. Der Name »Tabloid« wurde gewählt, um die kleinen Maße – die Maschine wog trocken anfangs nur 490 kg – und ihre kompakte Bauweise zu unterstreichen. Das brachte dem Flugzeug eine unerwartete Publicity, denn, wie Sir Thomas Sopwith später berichtete: »Tabloid war der eingetragene Handelsname einer Abführ-Tablette, die von der Firma Burroughs hergestellt wurde. Sie betrachtete die Namensgebung unseres Flugzeugs als Diebstahl eines Markennamens. Wir mußten also auf den Namen – offiziell – verzichten. Aber Tabloid hatte sich als Flugzeugbezeichnung bereits eingebürgert. Daraufhin wurden verschiedene kleine Flugzeuge anderer Firmen mit dem Spitznamen Tabloid bedacht, natürlich sehr zur Empörung von Burroughs Wellcome, die jedoch nichts dagegen unternehmen konnten – außer vielleicht ihre eigenen Tabloids als Beruhigungsmittel zu nehmen.«

Schnelligkeit ist Trumpf

In den 21 Jahren zwischen den beiden Weltkriegen nahm die Entwicklung der Flugzeuge einen ganz ungewöhnlichen Verlauf. Gewiß stand nur wenig Geld zur

Links oben: Reginald Mitchells Supermarine »Sea Lion« trat bei der Schneider Trophy 1919 in Bournemouth zum ersten Mal in Erscheinung. Nach einer Karambolage im Nebel sank das Flugzeug in der Nähe von Christchurch. 1922 jedoch gewann die »Sea Lion II« die Trophy. Mitte: Avro 539A mit 240-PS-Siddeley-Puma-Motor bei der Schneider Trophy 1919. Unten: Diese Gloster IV wurde für die Schneider Trophy 1927 konstruiert. Sie hatte einen 875-PS-Gloster-Motor, der sie auf 475 km/h brachte, was fast doppelt so schnell war wie die meisten Jagdflugzeuge jener Zeit. Rechts oben: Mitchells S.6B gewann 1931 den letzten Wettbewerb um die Schneider Trophy. Die Maschine hatte einen Rolls-Royce-Motor von 2600 PS Leistung und war damit 650 km/h schnell, was Weltrekord bedeutete. Unten: Jimmy Doolittle, weltberühmter amerikanischer Flieger, mit seinem Curtiss-R3C-2-Wasserflugzeug, mit dem er die Trophy 1925 gewann

Macchi M. C. 72

Antrieb: ein 2800-PS-24-Zylinder-V-Motor Fiat A. S. 6 (zwei Zwölfzylinder A. S. 5 in Tandemanordnung) mit zwei gegenläufigen Zweiblatt-Propellern
Spannweite: 9,48 m
Länge: 8,32 m
Flügelfläche: 15 m²
Abfluggewicht: 2907 kg
Höchstgeschwindigkeit: 709,209 km/h (Weltrekord im Oktober 1934)
Besatzung: 1 Mann
Erster Flug: 1931
Die M. C. (Macchi-Castoldi) 72, deren Geschwindigkeitsweltrekord für Wasserflugzeuge fast 30 Jahre nicht überboten wurde, war für die Schneider-Trophy 1931 gebaut worden. Dafür war sie jedoch noch nicht einsatzbereit, und zwar wegen Problemen bei der ungewöhnlichen Anordnung des Motors, dessen ungeheures Drehmoment das Flugzeug im Kreis auf dem Wasser herumtrieb und das Abheben verhinderte. Das Problem wurde schließlich dadurch gelöst, daß man gegenläufige Propeller verwendete.

Supermarine S. 4 und S. 6 B

Antrieb: ein 700-PS-Napier-Lion-Kolbenmotor Typ W
Spannweite: 9,30 m
Länge: 8,23 m
Abfluggewicht: 1429 kg
Höchstgeschwindigkeit: 385 km/h in Meereshöhe
Besatzung: 1 Mann
Reichweite bei voller Motorenkraft: 515 km
Erster Flug: 25. August 1925
Die S. 4, auf die sich die obigen technischen Daten beziehen, war das erste aus der Familie britischer Supermarine-»Schneider Trophy«-Wasserflugzeuge, und aus ihm wurden die S. 5, die S. 6 und die S. 6B entwickelt. Die Schemazeichnungen zeigen die S. 6B, die, als sie 1931 mit einer Durchschnittsgeschwindigkeit von 547,29 km/h die Trophy gewann, mit einem 2300-PS-Rolls-Royce-»R«-Motor ausgestattet war. Später, als sie mit einem 2550-PS-Motor versehen wurde, stellte sie mit 655,81 km/h einen neuen Geschwindigkeitsweltrekord für Wasserflugzeuge auf.

Unten: Typisch für die amerikanischen Flugzeugrennen war der im Verhältnis zur Flugzeugzelle riesenhafte Motor. Hier die Gee Bee »Super Sportster« mit einem 800-PS-Pratt & Whitney-Motor. Die beiden gebauten Exemplare stürzten jedoch ab und brachten den Piloten den Tod.

Verfügung. Chefkonstrukteure verdienten kaum mehr als 12 000 Reichsmark im Jahr, und ganze Flugzeug-Entwicklungsprogramme wurden für nicht mehr als 200 000 Mark durchgezogen. Da änderten Firmen mit »Groschenbudgets« die Konstruktion des Flugzeugs von Grund auf. 1919 bestanden – bis auf die Ganzmetallentwürfe von Hugo Junkers und Claude Dornier – so gut wie alle Flugzeuge aus Fichtenholz, Sperrholz, Stahlrohr, Draht und Stoff. Bis 1939 beherrschte der freitragende Eindecker mit Schalenrumpf und Beplankung aus Aluminiumlegierung und der von Heinkel entwickelten Versenk-Nietung, einziehbarem Fahrgestell, Landeklappen, Triebwerken mit Vorverdichtung (Lader) und verstellbaren Luftschrauben die Szene.
In den dreißiger Jahren veraltete der Doppeldecker rasch. Der Eindecker bescherte neue Möglichkeiten zur Steigerung der Leistung. Manche Fachleute lamentierten darüber, daß die Flugzeuge schwerer wurden und dennoch kleinere Tragflächen erhielten, also mit höherer Geschwindigkeit starten und landen mußten, trotz der Verwendung von Landeklappen. Man befürchtete, daß schon eine Flächenbelastung von 145 kg/m² und eine Landegeschwindigkeit von 100 km/h in höchstem Maße gefährlich sei. Heute fliegen Militärflugzeuge mit Flächenbelastungen von bis zu 700 kg/m². Sie haben Landegeschwindigkeiten von 290 km/h und darüber.
Zwischen den Kriegen bestand zunächst nur geringes Interesse zur Erhöhung der Fluggeschwindigkeit bei Verkehrsflugzeugen, aber die Luftwaffen in aller Welt verlangten stets schnellere, höher fliegende und ganz allgemein bessere Flugzeuge. Es gab aber auch noch andere Faktoren, die Konstrukteure zur Vergrößerung der Flugzeugleistung anspornten. Da die Flugplätze jener Tage klein waren, keine befestigten Bahnen und auch keine Befeuerung besaßen, boten sie schnellen Flugzeugen eine Menge Gefahren. Erst die geschützten Gewässer von Häfen und Flußmündungen in Küstennähe ermöglichten die Konstruktion sehr schneller Wasserflugzeuge. Einige der frühen Rennflugzeuge waren denn auch Flugboote, aus denen dann später Schwimmerflugzeuge wurden.
Bis 1923 waren die europäischen Flugboote von den Rennflugzeugen der amerikanischen Marine verdrängt worden, eine Serie kleiner Curtiss-Doppeldecker mit Curtiss-Motoren, die

Oben: Die Boeing P-26 verkörperte die Konstruktionsmerkmale zwischen den beiden Weltkriegen: auf der einen Seite offenes Cockpit, drahtverspannte Tragflächen und festes Fahrwerk, auf der anderen Seite Eindecker-Flügel und Ganzmetallkonstruktion.

mit bis zu 370 km/h über die Dreiecksrennstrecke jagten. Diese Maschinen wiederum wurden 1926 von den italienischen Macchi-Eindeckern geschlagen, und von da an wurden die Rennen zu einem Duell zwischen Italienern und Engländern. Ab 1927 nahm die Royal Air Force an Luftrennen teil, und eines ihrer blau und silbern lackierter Supermarine-S.5-Schwimmerflugzeuge wurde zum Favoriten. Es schlug die roten Macchis mit einer Geschwindigkeit von über 450 km/h. Im Jahre 1929 erreichte die S.6, eine weitgehend verbesserte S.5, eine Geschwindigkeit von 529,5 km/h, die sie 1931 auf 547 km/h verbesserte.

Die Bedeutung der von Reginald Mitchell konstruierten Supermarine-Wasserflugzeuge ist bereits an anderer Stelle erwähnt. Mitchell konstruierte später den Spitfire-Jäger, und Rolls-Royce entwickelte den berühmten Merlin-Motor.

In den Vereinigten Staaten bestand keine so eindeutige Verbindung zwischen Luftrennen und Jagdflugzeugen, wenn freilich auch nationale Luftrennen großen Einfluß auf Hochgeschwindigkeitskonstruktionen ausübten – vor allem auf Landflugzeuge. Die Überlegenheit der aerodynamisch günstig gestalteten Tiefdecker bestätigte das. Aber bis Anfang der dreißiger Jahre waren amerikanische Hochgeschwindigkeitsflugzeuge kaum mehr als überzüchtete Motoren mit einer winzigen Zelle dahinter. Ein solcher Renner war die Gee Bee »Super Sportster«, die »Jimmy« Doolittle – ehemaliger Schneider-Pilot und späterer berühmter General – benutzte, um 1932 den Landflugzeug-Geschwindigkeitsrekord mit 473 km/h einzustellen. Boeing

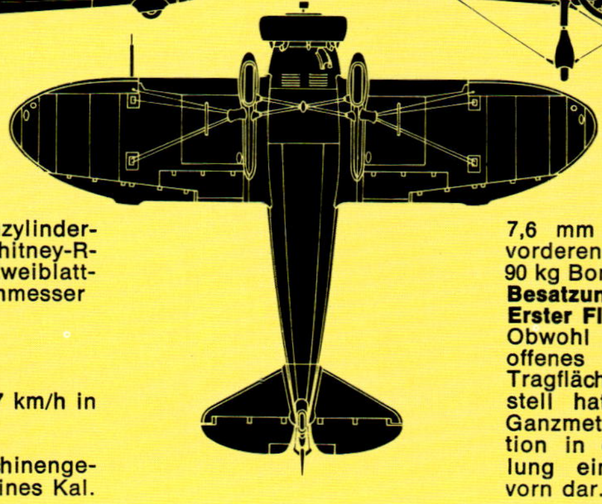

Boeing P-26A

Antrieb: ein 600-PS-Neunzylinder-Umlaufmotor Pratt & Whitney-R-1340-27 Wasp mit einem Zweiblatt-Propeller von 2,74 m Durchmesser
Spannweite: 8,52 m
Länge: 7,26 m
Flügelfläche: 13,89 m^2
Abfluggewicht: 1340 kg
Höchstgeschwindigkeit: 377 km/h in 1830 m Höhe
Reichweite: 1022 km
Bewaffnung: zwei Maschinengewehre Kal. 12,7 mm (oder eines Kal. 7,6 mm und eines 12,7 mm) im vorderen oberen Rumpfteil; bis zu 90 kg Bomben.
Besatzung: 1 Mann
Erster Flug: 20. März 1932
Obwohl die Boeing P-26 noch ein offenes Cockpit, drahtverspannte Tragflächen und ein festes Fahrgestell hatte, stellte sie mit ihrer Ganzmetall- und Eindecker-Konzeption in der Jagdflugzeug-Entwicklung einen großen Schritt nach vorn dar. Gebaut wurden 136 Stück.

Gee Bee R-1 »Super Sportster«

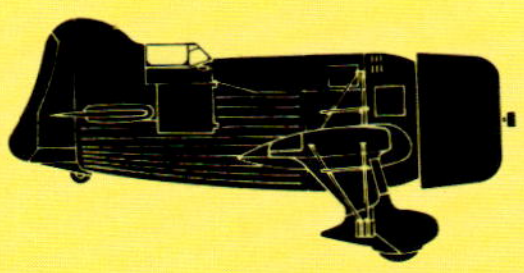

Antrieb: ein 800-PS-Pratt & Whitney-Wasp-Neunzylinder-Umlaufmotor mit einem Zweiblatt-Propeller
Spannweite: 7,62 m
Länge: 5,41 m
Eigengewicht: 835 kg
Abfluggewicht: 1395 kg
Höchstgeschwindigkeit: 476,741 km/h am 3. September 1932
Besatzung: 1 Mann
Erster Flug: 13. August 1932
Es wurden zwei »Super Sportster« gebaut. Die R-1, die den oben genannten Geschwindigkeitsrekord aufstellte, gewann zwei Tage nach diesem Rekord das Thompson-Trophy-Rennen des Jahres 1932, und zwar mit »Jimmy« Doolittle als Piloten. Die R-2 (siehe Schemazeichnung) hatte einen 550-PS-Wasp-Junior-Motor und einen Zusatztank. Beide wurden zum Bendix-Trophy-Wettbewerb des Jahres 1933 gemeldet, die R-1 mit einem 900-PS-Hornet-Motor; ihr Wasp-Motor wurde in die R-2 eingebaut. Nach dem Absturz der R-1 wurde die R-2 vom Rennen zurückgezogen; sie stürzte jedoch noch im gleichen Jahr ebenfalls ab.

hatte bis zu diesem Zeitpunkt mit der P-26 ein Jagdflugzeug entwickelt, das etwa ähnliche Leistungen zeigte. Das US Army Air Corps war somit eine der ersten Luftwaffen, die Tiefdecker-Jagdflugzeuge einsetzten. Nur wenig später baute ein exzentrischer, reicher junger Mann namens Howard Hughes ein Rennflugzeug, dessen Konstruktion alles in den Schatten stellte. Er flog damit 566 km/h.

Die schlanken, schmalflügligen französischen Caudron-Rennflugzeuge erzielten mit relativ schwachen Renault-Motoren, die hoch vorverdichtet waren, erstaunliche Ergebnisse. Die C.460 des Jahres 1934 hatte nur einen 8-Liter-Motor, aber seine 370 PS jagten sie zu einem Landflugzeug-Geschwindigkeitsrekord von 505 km/h. Dann jedoch übernahm Deutschland die Führung. Heinkel- und Messerschmitt-Entwicklungen von hoher aerodynamischer Güte erzielten Geschwindigkeiten von 747 km/h und 755,11 km/h. Den letzteren Weltrekord flog Flugkapitän Fritz Wendel mit einer Messerschmitt Me 209 V1 am 26. April 1939. Dieser Weltrekord für Kolbenmotor-Flugzeuge bestand dreißig Jahre bis 1969. Nach dem Krieg wurden Flugzeuge wie die »Mustang«, die »Bearcat« und die »Corsair« in den USA »frisiert«, und von der »Spiteful«, der Nachfolgerin der »Spitfire«, glaubte man, daß sie eine Geschwindigkeit von 795 km/h erreichen könnte. Aber bis Ende der sechziger Jahre gelang es bei sorgfältiger Beachtung der Rekord-Bedingungen niemandem, 755 km/h zu übertreffen.

Im Jahre 1934 wurde das MacRobertson-Rennen von Mildenhall nach Melbourne ausgeschrieben. Ein mörderischer Test für Mensch und Maschine zu einer Zeit, da allein die Überbrückung einer solchen Entfernung mit dem Flugzeug schon Schlagzeilen machte. Die Geschwindigkeitsregeln besagten ganz einfach, daß der schnellste Teilnehmer der Sieger war.

Die de Havilland Aircraft machte sich daran, eine Spezialmaschine zu konstruieren, die den Sieg holen sollte. Sie mußte nicht nur schneller sein, sondern auch eine größere Reichweite als ihre Rivalen haben. Schließlich wurde dann die D.H.88 »Comet« gerade rechtzeitig herausgebracht, um am Rennen teilzunehmen. Sie nahm sich unter den schwerfälligen Konkurrenten so futuristisch aus wie eine Weltraumrakete.

Sie hatte zwei 230-PS-Gipsy-Six-Motoren und einen aerodynamisch hochentwickelten Rumpf, der bis zu dem weit

hinten liegenden Cockpit, in dem zwei Personen Platz fanden, fast vollkommen mit Treibstoff gefüllt war. Eine »Comet«, von C. W. A. Scott und T. Campbell Black geflogen, gewann das Rennen in der erstaunlichen Zeit von 71 Stunden. Und von dieser schnellen hölzernen Maschine stammt die de Havilland-Idee zu einem hölzernen Bomber, der schneller sein sollte als sämtliche Jagdflugzeuge. Das Ergebnis: die berühmte »Mosquito« des Jahres 1940.
Den Sieg in der Handicap-Klasse dieses Langstreckenrennens holte sich eine Douglas DC-2. Während viele europäische Flugzeugfirmen weiterhin langsame Verkehrsmaschinen bauten, versuchten die Amerikaner ab 1933, auch zivilen Transportflugzeugen hohe Reisegeschwindigkeiten zu geben. Boeing, Douglas und Lockheed wurden sehr schnell drei große Namen, wie sie das auch heute noch sind. Die DC-2 des Jahres 1934 errang in Melbourne den zweiten Platz der Gesamtwertung.
1938 stellte die Firma Supermarine auf Anregung des Luftfahrtministeriums ein spezielles Spitfire-Rennflugzeug her, die »Speed Spitfire«. Sie hatte jedoch keine Chance, die deutsche Me 209 zu überbieten. Ein weiterer »nonstarter« war der weniger bekannte Napier-Heston-Racer. 1937 hatte Napier begonnen, einen bemerkenswerten 24-Zylinder-Motor, genannt »Sabre«, zu entwickeln, der in seiner ursprünglichen Auslegung eine Leistung von 2200 PS hatte, fast zweimal so viel wie ein Rolls-Royce-Merlin. Die Firma Heston Aircraft baute ein einziges, sehr kleines Rennflugzeug, das den Geschwindigkeitsweltrekord mit diesem Motor holen sollte. Es war sehr schön anzusehen und wurde von Experten für fähig gehalten, 830 km/h zu erreichen. Leider unterbrach der Krieg die Entwicklung dieses Flugzeugs.
Im Sommer des Jahres 1939 flog Flugkapitän Erich Warsitz zwei kleine Prototypen, die Luftfahrtgeschichte machten: Die Heinkel He 176 mit Walter-Raketenantrieb und die Heinkel He 178, das erste Strahlflugzeug der Welt. Damit begann eine neue Epoche in der Konstruktion von Hochgeschwindigkeitsflugzeugen.

Links: In welchem Ausmaß die de Havilland D.H.88 »Comet« die Konstruktionen der späten dreißiger Jahre beeinflußte, sieht man an dieser französischen Caudron C.641 »Typhon«, die als Postflugzeug eingesetzt wurde.

Der erste 1000-Stundenkilometer-Flug der Welt

Flugkapitän Heini Dittmar, in den dreißiger Jahren einer der erfolgreichsten Segelflieger der Welt, flog als erster Mensch schneller als 1000 Stundenkilometer. Der Flug gelang am 10. Oktober 1941 über dem Raketenversuchsgelände Peenemünde. Heini Dittmar flog als Testpilot die von Professor Dr. Alexander Lippisch konstruierte schwanzlose Me 163. Aus ihr wurde der erste raketengetriebene Abfangjäger der Welt entwickelt. Im nachfolgenden Kapitel berichtet Heini Dittmar über seinen Rekordflug:
»Die Flugzeiten der Me 163 A und B betrugen allgemein 20 bis 30 Minuten vom Start bis zur Landung. Fast täglich wurde geflogen, um sowohl das Triebwerk als auch die Flugzeugzelle bei Hochgeschwindigkeiten kennenzulernen. Obwohl die Starteigenschaften bei dem ungefederten Fahrwerk zu diesem Zeitpunkt noch äußerst schlecht waren, wurde zunächst trotz des vorhandenen hohen Risikos beim Start weitergeflogen, denn ein neues Fahrwerk *mit* Federung hätte einen längeren Ausfall der Maschine zur Folge gehabt. Stufenweise wurde das Flugzeug mit höheren Treibstoffmengen betankt, so daß bereits nach dem vierten Flug die bestehende Rekordgrenze von 755 km/h spielend überschritten wurde. Täglich wurde es spannender, da von einem Flug zum anderen sich die Geschwindigkeit vergrößerte. Von nun ab war bei jedem Start eine Meßbasis aufgebaut, so daß mit den drei Kinotheodolythen genauestens die jeweilige Fluggeschwindigkeit auch vom Boden aus gemessen werden konnte. Der nächste Flug wurde mit 880 km/h, der darauffolgende mit 920 km/h registriert. Bei dieser Geschwindigkeit flog mir einmal infolge Ruderflatterns das gesamte Seitenruder weg. Die Landung erfolgte trotzdem glatt.
Nun sollte es ernst werden. Noch drei bis vier weitere Flüge waren notwendig, um das gesteckte Ziel zu erreichen, da das Triebwerk immer, wenn ich an die 900-km/h-Grenze kam, aussetzte. Um Treibstoff zu sparen, ließ ich mich beim nächsten Start mit einer Me 210 auf 100 Meter Höhe schleppen, klinkte aus, stieg mit eigener Kraft auf 4000 Meter und flog mit Vollschub über die genau vorher festgelegte Meßstrecke. Der Geschwindigkeitsmesser zeigte bereits 910 km/h und stieg ständig weiter. 950, 970, 980 km/h waren erreicht. Das Triebwerk verließ mich diesmal nicht. Als ich wieder auf die Instrumente sah, mußte die Geschwindigkeit von 1000 km/h überschritten sein. Der Fahrtmesser schwankte, das linke Höhenruder fing zu vibrieren an, und im selben Moment ging das Flugzeug in eine steuerlose Absturzlage mit der dadurch verbundenen üblichen stark negativen Beschleunigung. Ich stellte das Triebwerk ab, und sofort war die Maschine wieder steuerfähig, nachdem ich in den wenigen Sekunden glaubte, daß ihr Ende gekommen sei. Aber wie gesagt, es geschah nichts. Ich wiederholte dieses Experiment bei den anderen Flügen nochmals. Somit war zum ersten Mal erfolgreich ein praktischer Beitrag zur Annäherung an die Schallgeschwindigkeit geleistet worden. Eine genaue Auswertung der durchgeführten Messung ergab eine Geschwindigkeit von 1004 km/h. Dies war am 10. Oktober 1941.
Als Anerkennung für die fliegerische Leistung bei der Ersterprobung dieses neuartigen, bahnbrechenden Flugzeugmusters erhielt ich die höchste Auszeichnung, die im Motorflug verliehen wurde – den Lilienthal-Preis für Luftfahrt-Forschung.
Da ich nun von 1934 bis 1941 die fliegerische Erprobung dieses Typs unter der maßgeblichen Leitung von Dr. Lippisch allein durchgeführt hatte, war es unbedingt erforderlich, noch weitere Piloten in die Erprobung mit einzubeziehen, da ja stets die Gefahr eines Unfalls bestand. So erreichte ich damals über Ernst Udet, daß mein Segelflugkamerad Rudolf Opitz ebenfalls als Versuchspilot der Firma Messerschmitt für die Me 163 zugeteilt wurde. Zunächst wurde nun die Maschine von einer Reihe bekannter Segelflieger nachgeflogen und begutachtet, an der Spitze Flugkapitän Hanna Reitsch und Wolfgang Späte. Eine Menge von Flügen wurden nun auch zum Zwecke von Triebwerksmessungen in Peenemünde von dem Piloten Hohmann und anderen durchgeführt.
Da die Starteigenschaften der Me 163 noch nicht zufriedenstellend waren, war meine dringendste Aufgabe, mich den Start- und Landeerprobungen sorgfältig zu widmen. Als diese Flüge so ziemlich zum Abschluß kamen, erlitt ich Ende 1942 durch Versagen der Federung an der Gleitkufe bei der Landung einen schweren Unfall. Das Flugzeug blieb zwar heil, aber mein fünfter Brustwirbel war gebrochen.«
Die Me 163 ging anschließend in Serie; insgesamt 364 Exemplare wurden gebaut.

Große Konstrukteure und ihr Werk:

Willy Messerschmitt

Am 26. Juni 1898 in Bamberg geboren, gehört Professor Willy Messerschmitt zu jenen wenigen Pionieren, welche die Entwicklungsgeschichte der modernen Luftfahrt maßgeblich beeinflußt haben. Sein Technikerleben brachte ihm Hunderte persönlicher Patente, die in rund 45 000 gebauten Messerschmitt-Flugzeugen Verwendung fanden. Der von der Konstruktion von Segelflugzeugen stammende Leichtbau blieb Grundlage von Messerschmitts Schaffen und machte ihn zum Exponenten der Ganzmetall-Leichtbauweise mit den besonderen Merkmalen

- kleinste Luftwiderstände
- niedrigste Baugewichte
- einfache Konstruktion

Am Anfang dieses Weges lag die Begegnung des fünfzehnjährigen Schülers Messerschmitt mit dem Segelflugpionier Friedrich Harth in Bamberg, dem er seit 1913 zunächst Helfer, bald aber gleichrangiger Mitarbeiter wurde. Von den 14 Segelflugzeug-Konstruktionen Harths hat Messerschmitt die meisten mitkonstruiert und -gebaut, einige davon ganz allein.
Trotz einiger Erfolge – so der 21-Minuten-Dauerrekord Harths auf der S 8 am 13. 9. 1921 – konnte sich das Flügelsteuerungsprinzip der Harth-Messerschmitt-Segelflugzeuge nicht durchsetzen. Es war für Messerschmitt klar, daß er andere Wege einschlagen mußte. Nach der Trennung von Harth und der Gründung seiner eigenen Firma, dem Flugzeugbau Messerschmitt, Bamberg, ging Messerschmitt 1923 in krisenhafter Zeit einen Weg, der immer

Linke Seite außen: Zu den berühmtesten deutschen Luftfahrtkonstrukteuren zählt Willy Messerschmitt. Sein Name lebt weiter in dem Luft- und Raumfahrtkonzern Messerschmitt-Bölkow-Blohm. Linke Seite von oben nach unten: Segelflugzeug Harth-Messerschmitt S 8; Ganzmetallflugzeug M 18d aus dem Jahre 1926; die zwölfsitzige Verkehrsmaschine M 20 und darunter eine M 17
Diese Seite von oben nach unten: M 19 aus dem Jahre 1927; zweisitziges Sportflugzeug M 23 mit anklappbaren Tragflächen; Kunstflug-Flugzeug M 35 aus dem Jahre 1933

wieder zu Höhepunkten führte, die richtungweisend für den Flugzeugbau werden sollten.
Nach zwei Motorseglern entstand 1925 sein erstes echtes Motorflugzeug, die M 17. Sie hatte ein Rüstgewicht von nur 186 kg und einen Motor von etwa 30 PS. Mit Flugzeugen dieses Musters gelangen einige Flüge, darunter die Überquerung der Zentralalpen durch E. v. Conta und W. v. Langsdorff, die den Namen Messerschmitt erstmals einer breiten Öffentlichkeit bekannt machten.
1926 folgte Messerschmitts erstes Ganzmetallflugzeug, die viersitzige M 18. Die hier sichtbar werdenden Linien des kleinen, schnellen Sportflugzeugs und des größeren Transportflugzeugs sollten für die nächsten zwei Jahrzehnte die Messerschmittschen Beiträge zur Luftfahrt bestimmen. Im ersteren Falle folgte der M 17 bald die M 19 (1927), deren Zuladung erstmals größer war als das Eigengewicht. Das Flugzeug wurde Sieger beim Sachsenflug 1927. Es war Messerschmitts erster Tiefdecker.
Weitere erfolgreiche Typen dieser Linie sind 1928 das zweisitzige Sportflugzeug M 23, 1932 das Wettbewerbsflugzeug M 29, das erstmals ein Federbein-Fahrwerk hatte, und 1933 das Kunstflug-Flugzeug M 35. Die Linie der Verkehrs- und Transportflugzeuge wurde 1928 fortgesetzt durch die zwölfsitzige M 20, die mit 220 km/h das schnellste Verkehrsflugzeug jener Jahre war und bis 1943 flog.
In den dreißiger Jahren entstanden jene Flugzeuge, die den Namen Messerschmitt weltweit bekannt machen sollten – als erstes in dieser Reihe 1934 die Me 108

D-1010

»Taifun«. In seiner Gesamtkonzeption mit Einziehfahrwerk, Landeklappen und Vorflügel gilt dieses viersitzige Reiseflugzeug noch heute als vorbildlich. Es war außerdem das erste Flugzeug in der von Messerschmitt verfeinerten Schalenbauweise. Mit dem leichten Jäger (BF) Me 109 in entsprechender Bauweise begann 1935 eine neue Epoche im Militärflugzeugbau und damit die endgültige Abkehr vom Doppeldecker-Jagdflugzeug. Mit rund 35 000 Me 109 aller Varianten, die von 1935 bis 1955 im In- und Ausland gebaut wurden, war dieses Muster das meistgebaute Flugzeug in der Geschichte der Luftfahrt. Der Me 109 folgten die Zerstörer Me 110, Me 210 und Me 410. Am Steuer der Sonderentwicklung Me 209 gelang es 1939 Flugkapitän Fritz Wendel, mit 755 km/h den Geschwindigkeits-Weltrekord für Flugzeuge mit Kolbenmotor zu holen. Der Rekord bestand bis 1969.
Die Messerschmittsche Jagdflugzeug-Entwicklung fand 1944 ihren Höhepunkt: Es begann der Serienbau des ersten Strahljägers Me 262, der sich seit 1938 in Entwicklung befand und von dem bis Kriegsende etwa 1500 Einheiten gebaut wurden. Das Jagdflugzeug Me 262 wurde damit zum ersten in Serie gebauten »Jet« der Welt.
Mit dem von Dr. Alexander Lippisch konstruierten und bei Messerschmitt gebauten Raketenjäger Me 163 flog Flugkapitän Heini Dittmar 1941 als erster Pilot der Erde schneller als 1000 km/h.
Nicht mehr abgeschlossen wurde die Entwicklung des Strahlflugzeugs P 1101, bei dem erstmals eine starke Flügelpfeilung angewendet wurde, die dann in den fünfziger Jahren international Eingang in den Flugzeugbau finden sollte.
Obwohl Messerschmitt im Krieg entwicklungs- und fertigungsmäßig weitgehend auf den Bau von Jagdflugzeugen und Zerstörern (Me 110, 210, 410) festgelegt war, konnte er einige vor-

Linke Seite oben: 1934 schuf Willy Messerschmitt mit der Me 108 »Taifun« ein viersitziges Reiseflugzeug, das in seiner Konzeption seiner Zeit um Jahre voraus war. Linke Seite unten: Das Jagdflugzeug Me 109 wurde mit 35 000 fertiggestellten Einheiten das meistgebaute Flugzeug in der Geschichte der Luftfahrt. Diese Seite von oben nach unten: Me 110; Me 210; Me 209 V1, mit der Fritz Wendel 1939 den 30 Jahre geltenden Geschwindigkeits-Weltrekord für Kolbenmotorflugzeuge von 755 km/h aufstellte

Feuer
F207

Linke Seite oben: Der von Dr. Alexander Lippisch konstruierte und in den Messerschmitt-Werken gefertigte erste Raketenjäger der Welt Me 163. Links außen: Cockpit der Me 163; innen: Cockpit der Me 262. Diese Seite oben: Das erste in Serie gebaute strahlgetriebene Kampfflugzeug der Welt, die Me 262, im Fluge. Darunter: Das Projekt des Strahlflugzeugs P 1101 mit starker Flügelpfeilung war Grundlage für spätere Entwicklungen in den USA und der Sowjetunion. Für die deutsche Luftwaffe kam der Jäger nicht mehr zum Einsatz.

Messerschmitt Me 262A

Antrieb: zwei Junkers-Jumo-004B-Strahltriebwerke von je 900 kp Standschub
Spannweite: 12,48 m
Länge: 10,60 m
Flügelfläche: 22,74 m²
Abfluggewicht: 6396 kg
Höchstgeschwindigkeit: 870 km/h in 6000 m Höhe
Reichweite: 1050 km
Bewaffnung: vier 30-mm-Kanonen MK 108 in der Bugnase
Besatzung: 1 Mann
Erster Flug: 18. Juli 1942 (mit Strahlantrieb allein)

Die Entwicklung der Me 262 begann zwar schon 1938, das Flugzeug wurde jedoch erst etwa ein Jahr vor Ende des Zweiten Weltkriegs in Dienst gestellt. Weil Hitler nicht auf den Rat der Fachleute hören wollte, wurde das Flugzeug unvernünftigerweise zunächst als Jagdbomber eingesetzt, so daß wertvolle Zeit verloren ging. Das Gewicht der Außenlasten des Jagdbombers hob den Vorteil der hohen Geschwindigkeit (infolge des Strahlantriebs) wieder auf.
Bis zum Mai 1945 baute die deutsche Luftfahrtindustrie mehr als 1600 Me 262. Weniger als ein Viertel davon kam jedoch noch zum Einsatz. Hauptvarianten waren der Abfangjäger Me 262A-1a, auf den sich die angegebenen Daten beziehen, und der Jagdbomber Me 262A-2a, die mit »Schwalbe« bzw. »Sturmvogel« benannt wurden.

Oben: Langstreckenflugzeug Me 264. Unten: Blick ins Innere des Rumpfes der Me 264, die als aerodynamische Meisterleistung galt. Rechte Seite oben: Aus dem Lastensegler Me 321 wurde die motorgetriebene Version Me 323 entwickelt. Scherzhaft nannte man diesen Typ das beste fünfmotorige Flugzeug der Welt, weil nicht selten einer der sechs Motoren ausfiel. Auf unserem Bild ist es gerade der rechte äußere! Unten: Der gigantische Lastensegler Me 321 im Schlepp einer He 111 Z, eines Zusammenbaus zweier He-111-Maschinen

bildliche Großflugzeuge schaffen, bei denen er seinen Konstruktionsgrundsätzen treu blieb. Die Langstreckenflugzeuge Me 261 und Me 264 waren 1940 und 1942 Beispiele aerodynamisch günstig gestalteter Großflugzeuge mit Reichweiten von 11 000 und 15 000 km. Der Lastensegler Me 321 »Gigant« war 1941 der größte Lastensegler der Welt und hatte eine Zuladung von 22 Tonnen. Die daraus entwickelte Motorversion Me 323 war ein Muster von Improvisationskunst innerhalb kürzester Zeit.

Die Ideenvielfalt Messerschmitts konnte durch das Flugzeugbauverbot von 1945 nicht gebremst werden. So entstanden in den Jahren 1948 bis 1955 eine neue Hausbautechnik, Motoren, Autos, Kabinenroller und Nähmaschinen.

Im Rahmen eines Beratungsvertrags mit Spanien baute Messerschmitt seit 1952 wieder Flugzeuge. Es entstanden die Schulflugzeuge HA (Me) 100 und 200 und das Überschall-Jagdflugzeug HA (Me) 300, das in Ägypten gebaut wurde.

In Gemeinschaftsarbeit mit den Firmen Bölkow und Heinkel im Entwicklungsring Süd war Prof. Messerschmitt maßgeblich an der Entwicklung des ersten senkrecht startenden Überschallflugzeugs VJ101 C beteiligt. Es ist heute ebenso wie die Me 109, die Me 262 und die Me 163 im Deutschen Museum in München zu sehen.

Geschichte des Segelflugs

Kein Sport verbindet so sehr moderne Technologie mit den Kräften der Natur wie der Segelflug. Die jungen Männer der ersten Stunde widmeten sich mit Begeisterung einem Problem, dessen Lösung für unmöglich gehalten wurde: dem Flug ohne Motor. Zum Mittelpunkt der Geschichte des Segelflugs aber wurde die Wasserkuppe in der Rhön.
In den Jahren 1911 bis 1913 zogen Darmstädter Gymnasiasten und Studenten unter Führung von Hans Gutermuth in die Rhön. Aus dieser Zeit ist ein motorloser Flug von einer Minute 52 Sekunden mit einer Strecke von 843 m bekannt. Mit Ausbruch des Krieges 1914 wurde diese Entwicklung unterbrochen. Die Fliegerei verlagerte sich zum Motorflug, der aber nach dem Krieg – für Deutschland – verboten wurde. Dies war die Geburtsstunde des Segelflugsports. Man begann dort, wo Otto Lilienthal geendet hatte.
Oskar Ursinus, der spätere »Rhönvater«, trat 1920 in seiner Zeitschrift »Flugsport« für den motorlosen Flug ein. In vielen Städten, insbesondere in Aachen, Darmstadt, Dresden und Stuttgart, entstanden Modell- und Gleitflugvereine.

Erster Rhön-Wettbewerb

Im gleichen Jahr wurde zu einem Wettbewerb auf der Wasserkuppe eingeladen. Zu diesem ersten Wettbewerb kamen 25 Teilnehmer mit selbstgebauten Gleitflugzeugen. Unter primitivsten Verhältnissen begann ein erstes Versuchen und Abtasten. Ohne Erfahrung oder gar Vorschulung startete man zu Gleitflügen. Am 6. 8. 1920 gelang Bruno Poelke der erste Flug von 8 Sekunden. Unvergeßlich bleiben die Hängegleiter-Flüge von Willi Pelzner, der es auf 500 m Strecke brachte. Klemperer flog auf der in Aachen von Professor Theodor von Kármán konstruierten »Blauen Maus« 2 Min. 22 Sek. und 1830 m Strecke. Außer den Organisatoren Oskar Ursinus, Erich Meyer aus Dresden, Gutermuth aus Darmstadt tauchen zum erstenmal die Namen Klemperer, von Loessl, Pelzner, Wolf Hirth, Harth, Messerschmitt, Espenlaub, Lippisch, Poelke und Spalinger sowie der des jüngsten Teilnehmers, Peter Riedel, auf, der mit 14 Jahren einen kleinen, selbstgebauten Doppel-Hängegleiter mitbrachte und vorsorglich seine Flüge nur an zwei vom Boden aus gehaltenen Leinen durch-

führen durfte. Bis zur 20. Rhön 1939 sollte die Wasserkuppe das Zentrum für die Verbreitung des Segelflugs in aller Welt bleiben.
Hier begann auch die Arbeit eines Mannes, der jahrzehntelang dem Segelflug die Grundkenntnisse der Meteorologie vermittelte und auf die Entstehung von Aufwinden und deren Ausnutzung hinwies: Professor Dr. Walter Georgii, der »Professor«.
Dieser erste Wettbewerb wurde zum Signal. An vielen Orten entstanden neue Flugsportvereine. Um dem Ansturm im folgenden Jahr 1921 gerecht zu werden, wurden erstmals Vorbedingungen geschaffen. Jedes Flugzeug und jeder Flugzeugführer mußte den Nachweis über einen motorlosen Flug von 300 m Strecke oder 30 Sekunden Dauer erbringen. Eine technische Kommission der Wissenschaftlichen Gesellschaft für Luftfahrt (WGL) übernahm die Überprüfung der Flugzeuge. Der Absturz Loessls am 9. August 1920 mahnte zur Vorsicht.
Von 33 Teilnehmern gelang 1921 Klemperer, wieder auf »Blaue Maus«, ein Flug von 13 Minuten und 5 km, Martens auf »Vampyr« einer von 15 Minuten und 7,5 km die Bestleistung. Aufsehen erregte das erste schwanzlose Flugzeug »Weltensegler« von Leusch. Später erhöhte Harth auf »Harth-Messerschmitt« die Flugdauer auf 21 Minuten. Zum erstenmal wurde mit Gummiseilen gestartet, eine Startart, die noch beim 20. Rhön-Wettbewerb angewandt wurde.

»Vampyr«, der Vorfahre aller modernen Segelflugzeuge

Richtungweisend in der Entwicklung des Segelflugzeugs blieb der »Vampyr«, mit dem Klemperer 1922 den ersten Stundenflug von 1 Std. 6 Min. flog. Neu hinzu kamen: der »Greif«, die »Edith« und der »Geheimrat«, alles Hochdecker mit Spannweiten zwischen 11,5 und 12,6 m. Im gleichen Wettbewerb gelang es Hentzen, den Dauerflugrekord auf 2 Std. 10 Min. und am 24. 8. 1922 schließlich auf 3 Std. 6 Min. zu erhöhen. Professor Georgii bezeichnete diese Tage als die Geburtsstunde des Segelflugs. Zum erstenmal gelang es, den Startplatz einwandfrei zu überhöhen und damit den Hangaufwind nachzuweisen. Der Hang-Segelflug war geboren, das Echo in der ganzen Welt groß.

Linke Seite: Diese Aufnahme eines Standard-Cirrus der Firma Schempp-Hirth veranschaulicht in eindrucksvoller Weise das motorlose Schweben in Sonne, Wind und Wolken, die Verbindung moderner Technologie mit den Kräften der Natur. Oben: Willi Pelzner mit seinem Hängegleiter in Rossitten 1924. Darunter: Peter Riedel über der Rhön im Jahre 1924. Riedel war beim ersten Rhön-Wettbewerb 1920 ganze 14 Jahre alt und erschien damals mit einem selbstgebauten Doppel-Hängegleiter. Die Organisatoren ließen ihn jedoch nur mit zwei vom Boden aus gehaltenen Leinen starten, da sie sicherlich mit Recht an die fehlende Erfahrung des Jungen dachten.

Oben links: Harth-Messerschmitt-Gleiter S-10. Links Mitte: Harth Messerschmitt S-14. Dieses Segelflugzeug wies 1921 bereits zukunftweisende Merkmale auf: Einholmflügel, leichte Bauweise und aerodynamische Durchbildung. Unten: Doppelsitzer »Margarete« über dem Kurischen Haff bei Rossitten im Jahre 1925. Oben: Klemperer auf der von Professor Kármán konstruierten »Blauen Maus« über der Rhön 1921. Rechte Seite oben: Als Vorfahre aller modernen Segelflugzeuge wird die 1921 entwickelte »Vampyr« bezeichnet.

Um die sich ausdehnende Segelflugbegeisterung besser organisieren zu können, wurde unter Vorsitz von Professor Georgii die Segelflug GmbH gegründet. Von ihr wurden die ersten Segelflieger-A- und B-Ausweise ausgestellt. Die Bedingungen für die »A«: ein Flug von 300 m Strecke oder 30 Sekunden, für die »B«: 2 Flüge mit 45 Sekunden und ein Flug von 60 Sekunden mit zwei 90° Kurven.
Erste Meldungen über Segelflüge kamen aus Frankreich (Vauville bei Cherbourg), von der Südküste Englands und sogar aus Afrika. Die Franzosen Maneyrol und Barbot flogen kurz hintereinander mit 8 Std. 5 Min. und 8 Std. 36 Min. neuen Weltrekord.
70 Teilnehmer meldeten sich zur 4. Rhön im Jahre 1923. 52 wurden zugelassen und schrumpften nach Prüfung durch die Technische Kommission – und durch Ausfälle – auf 31 zusammen. An Neukonstruktionen kamen hinzu: der »Konsul«, die »Hessen«, »Hol's der Teufel«, »Münchner Kindl«, die H 6 und

H 7, der »Strolch« und der Doppelsitzer »Margarete«. Die Leistungen blieben – bedingt durch die Wetterlage – hinter denen des Vorjahres zurück.

Ferdinand Schultz und sein »Besenstiel«

Am 18. 5. 1924 flog Ferdinand Schultz auf seinem berühmten »Besenstiel« an der Kurischen Nehrung einen Dauerflugweltrekord von 8 Std. 42 Min. Auf der Wasserkuppe wurde 1924 die erste Segelflugschule der Welt eröffnet, die 5. Rhön aber fiel ins Wasser. Ein Flug von Fuchs auf »Konsul« blieb mit 12 km Strecke die maximale Ausbeute. Zur gleichen Zeit lief ein Motorsegler-Wettbewerb, den Udet auf »Kolibri«, mit 500-ccm-18-PS-Motor, mit einer Flugdauer von 4 Std. 39 Min. gewann. Der Segelflug »klebte« aber weiter am Hangaufwind. Neu eingeführt wurde die C-Prüfung, für die eine Startüberhöhung mit einer Flugdauer von 5 Minuten verlangt wurde. Die Segelflug-Abzeichen »A«, »B« und »C« waren geschaffen. Sie fanden internationale Anerkennung.
Im Herbst 1924 folgten deutsche Segelflieger einer Einladung auf die Krim, wo Hesselbach auf »Margarete« mit Passagier am 1. Oktober einen neuen Weltrekord über 5 Std. 22 Min. aufstellte, Nehring auf »Konsul« 24,4 km sowie 435 m Höhe erreichte und Ferdinand Schultz seinen eigenen Weltrekord mit der »Moritz« auf 12 Std. 6 Min. verbessern konnte.

Gewitterflug und Thermik

1925 wurde ein Krisenjahr. Martens auf »Moritz« kam lediglich auf 3 Std. 5 Min., und Nehring auf »Konsul« schaffte 21 km und 310 m Höhe. Interessant wurde es wieder, als Max Kegel bei einem unfreiwilligen Gewitterflug am 12. 8. 1926 von der Wasserkuppe in die Nähe von Meiningen 55,2 km – und damit neuen Streckenweltrekord – flog. Interessant, weil es ein Flug in thermischen Aufwinden, losgelöst vom Hangaufwind, war. Ein neuer Weg für den freien Streckenflug! Der Flug von Nehring, mit einer Umrundung der Milsenburg – mit 2 x 5,5 km –, war ein weiterer Weg in diese Richtung. 1927 gelang auch ihm ein Streckenflug über 51,8 km. Die Segelflugschule Wasserkuppe meldete erste Erfolge mit 91 A-, 95 B- und 17 C-Prüfungen.
Mit den Flugzeugmustern »Luftikus«, »Württemberg«, »Rhöngeist« und »Westpreußen« tauchen 1928 bereits richtige Leistungsflugzeuge auf. Nehring auf »Darmstadt« erzielte mit 71,2 km neuen Streckenweltrekord, Edgar Dittmar auf »Albert« mit 775 m neuen Höhenweltrekord, und Kronfeld erhöhte den Rhön-Dauerrekord auf 7 Std. 54 Min. Zu den besseren Flugzeugen kamen die größeren Erfahrungen der Piloten, das Wissen über die Entstehung der thermischen Aufwinde und die Ausnutzung der Wolken- und Gewitter-Wetterlagen. Um diese Aufwinde optimal zu erfassen, brauchte man ein Instrument, das Variometer. Es zeigt dem Piloten jede Höhenveränderung – also Fallen oder Steigen – rasch an. Robert Kronfeld benutzte es als erster Segelflieger.
Im Herbst 1928 schrieb die »Grüne Post« einen Geldpreis für den ersten Streckenflug über 100 km aus. Am 25. 4. 1929 gelang Nehring, entlang der Bergstraße, ein Flug von 72,3 km. Den Preis holte sich aber Kronfeld auf der »Wien« am 15. 5. 1929 mit 102,2 km. Kronfeld setzte seine Rekordflüge mit 143 km und am 30. 7. 1929 mit 150 km fort, wobei er gleichzeitig mit 2025 m neuen Höhenweltrekord erreichte. Zu all diesen Flügen waren Thermik-Aufwinde und das Variometer Voraussetzung.
Am 16. 6. 1929 verlor der Segelflug mit Ferdinand Schultz einen seiner großen Pioniere.

Segelflug wird internationaler Sport

Den Rhön-Wettbewerb 1929 gewann Kronfeld mit einem neuen Weltrekordflug über 164 km und 2560 m Höhe. Wolf Hirth ging in die USA, flog im dortigen Segelflugzentrum Elmira und zeigte gewagten Segelflug am Hudson über New York. Mit einem sensationellen Schleppflug wartete der Amerikaner Hawsk auf, der sich von einem Motorflugzeug in 8 Tagen mit 20 Zwischenlandungen von San Diego nach New York – 4000 km über den Kontinent – schleppen ließ.
Am 14. 6. 1930 vereinbarten 7 Nationen: Belgien, Holland, Frankreich, Italien, Ungarn, Deutschland und die USA, die

Gründung einer internationalen Studienkommission für Segelflug, der ISTUS, deren Präsident bis zur Auflösung Ende 1945 Professor Walter Georgii wurde.
1931 erschienen mit der »Kassel«, der MS II mit 20 m Spannweite, dem »Kakadu«, dem »Professor«, dem »Fafnir« und der »Austria« (mit 30 m die bisher größte Spannweite eines Segelflugzeugs) neue Konstruktionen. Von München aus flog Grönhoff im Flugzeugschlepp an eine Gewitterfront und segelte in deren Aufwinden bis nach Kaden in die Tschechoslowakei 272 km. Im anschließenden Rhön-Wettbewerb konnte diese Leistung nicht überboten werden. Nach der Rhön zeigten Grönhoff, Wolf Hirth und Kronfeld beachtliche Thermikflüge über München, Breslau, Berlin und London. Robert Kronfeld gelang die Überfliegung des Ärmelkanals ohne Motor in beiden Richtungen.
Ein Markstein in der Geschichte des Segelflugs war die allgemeine Einführung des Flugzeugschlepp- und Autowindenstarts. Damit wurde der Segelflug unabhängig vom Hang und eröffnete auch im Flachland neue Möglichkeiten. Die ISTUS führte das internationale Leistungsabzeichen, die Silber-C, ein. Bedingungen: ein Dauerflug mit 5 Std., ein Höhengewinn von 1000 m sowie ein Streckenflug von 50 km. Bis zum Jahre 1936 wurden bereits über 300 Silber-C verliehen, davon allein 250 an deutsche Segelflieger.
Über Honolulu flog der Amerikaner William Cocke 1931 mit 22 Std. neuen Dauerweltrekord. In Rußland, Polen, Ungarn, Österreich, Italien, der Schweiz,

Frankreich, England, Schweden und in den USA entstanden Segelflugzentren, an denen geschult und Wettbewerbe ausgetragen wurden.
1932 traten die Dauerflieger in den Vordergrund. Heinz Peters holte sich den Rhönrekord mit 10 Std. 50 Min. Eine Gesamtflugzeit von 31 Std. erreichte Hakenjos während des Wettbewerbs. Die Streckenleistungen blieben zurück, Wolf Hirth wurde mit Flügen von 145 und 154 km Sieger. Am 22. 7. 1932 ließ sich Kronfeld mit seiner »Austria« in eine Gewitterwolke ziehen. Das Flugzeug wurde überbeansprucht, es kam zum Flügelbruch. Kronfeld konnte sich mit dem Fallschirm retten, die »Austria« wurde vollkommen zerstört.
Am 23. 7. 1932 startete Grönhoff erneut beim Aufzug einer Gewitterfront. Der

Linke Seite oben: Das Rekordsegelflugzeug »Besenstiel« von Ferdinand Schulz in Rossitten 1923. Linke Seite Mitte: Robert Kronfeld auf der »Wien« über der Rhön 1929. Linke Seite unten außen: Wolf Hirth und seine Schülerin Hanna Reitsch. Innen: Heini Dittmar auf »Fafnir II« auf der Rhön 1934. Diese Seite oben: Grunau »Baby«. Mitte: Rumpf der »Austria« von Robert Kronfeld. Unten: Günther Grönhoff vor dem Start mit einem »Fafnir I« 1931 vom Jungfraujoch

Gummiseilstart erfolgte zu spät, der Wind hatte bereits umgeschlagen, der »Fafnir« kam schlecht frei und schlug mit dem Rumpfende hart auf. Grönhoff riß die Maschine noch hoch, doch dann brach das Leitwerk, Grönhoff sprang zwar mit dem Fallschirm ab, die Höhe war jedoch für seine Entfaltung zu gering. Günter Grönhoff, einer der hoffnungsvollsten jungen Segelflug-Pioniere – kaum 24 Jahre alt –, war tot.

Hanna Reitsch fliegt Dauerflug-Weltrekord für Frauen

Der Schweizer Segelflieger Farner ließ sich mit einem Motorflugzeug über die Alpen nach Mailand und wieder zurück schleppen. Ein phantastischer Weltrekord gelang Kurt Schmidt vom 3. bis 4. 8. 1933 mit einem »Grunau Baby« am Korschenruher Hang mit 36 Std. 35 Min. Zum Rhön-Wettbewerb 1933 kamen mit »Windspiel« der Akaflieg

Darmstadt, dem »Rhönbussard« und »Rhönadler« von Jacobs, dem »Condor« von Dittmar, dem »Thermikus« und der »Fledermaus« aus Stuttgart sowie dem 20-m-»Moazagotl« von Wolf Hirth wieder neue Konstruktionen. Die Leistungen früherer Jahre konnten aber nicht erreicht werden. Nur Hanna Reitsch – Schülerin von Wolf Hirth und ein aufgehender Stern am Segelflughimmel – holte sich mit 10 Std. den Dauerflug-Weltrekord für Frauen.
Anfang 1934 ging eine Expedition unter Führung von Professor Georgii mit Wolf Hirth, Heini Dittmar, Peter Riedel und Hanna Reitsch nach Südamerika. Am 17. 2. 1934 gelang Heini Dittmar über Rio mit seinem »Condor« ein Wolkenflug auf 4350 m Höhe. Die junge Hanna Reitsch erreichte 2200 m. Nach Rückkehr in die Heimat gelang ihr ein Streckenflugrekord für Frauen von 160 km. Bessere Ergebnisse als im Vorjahr konnten in der Rhön sowohl durch Ludwig Hofmann mit Strecken von 225 und 310 km als auch durch Wolf Hirth auf »Moazagotl« mit 352 km erreicht werden. Diesen neuen Weltrekord verbesserte Heini Dittmar einen Tag später auf 376 km.
In den USA gelang Barringer im reinen Hangaufwind ein Streckenflug von 258 km. Der Ungar Rotter erhöhte den Landesrekord auf 265 km. Peter Riedel flog von Berlin nach Hamburg mit

Linke Seite oben: Ein von Dr. A. Lippisch konstruiertes Segelflugzeug vom Typ »Präsident« wird vom Luftschiff »Graf Zeppelin« hochgetragen und dann ausgeklinkt. Das war ein einmaliger Versuch. Linke Seite unten: »Rhönbussard«, aufgenommen in Backnang am 16. Juni 1974
Diese Seite oben: Die Wolf-Hirth-Konstruktion »Moazagotl« kurz nach einem Gummiseilstart beim Rhön-Wettbewerb 1933. Unten: Ein »Rhönsperber« umfliegt das Fliegerdenkmal auf der Wasserkuppe.

270 km neuen Zielstrecken-Weltrekord. Im Wettbewerb standen Strecken-, Zielstrecken- und Höhenflüge im Vordergrund. Dauerflüge wurden einstweilen nicht mehr gewertet. Ludwig Hofmann gelang bei schwacher Thermik ein 300-km-Flug nach Holland und Wolfgang Späte einige Tage später ein Flug über 474 km. Die 400-km-Grenze war überflogen.
Dann kam der 29. 7. 1935, der Tag, an dem Rudolf Oeltzschner auf einem »Condor«, Heinemann auf »Rhönsperber«, Johannes Steinhoff auf »Rhönadler« und Bräutigam auf einer »DB 10« den Flugplatz Brünn in der ČSR erreichten und mit 504 km einen neuen Weltrekord erflogen. Die größte Höhe erreichte der Darmstädter Schilling mit 2700 m. Leider sollte diese Freude nicht lange währen. Beim Rückschlepp wurde an Oeltzschners »Condor« die Rumpfvorderseite abgerissen. Er stürzte tödlich ab. Nach dem Wettbewerb gelang es Ziegler, einen neuen Streckenweltrekord im Doppelsitzer, von Hannover nach Cuxhaven, über 180 km aufzustellen. Erwin Kraft flog 330 km von der Segelflugschule Hornberg nach Köln neue Zielstrecken-Bestleistung.
Segelflugzeuge trugen 1936 am Rumpf die olympischen Ringe. Während der Olympiade trafen sich Segelflieger aus der Schweiz, Ungarn, Österreich, Italien, Jugoslawien und Deutschland zu einem internationalen Kunstflug-Wettbewerb

auf dem Flugplatz Staaken. Das von Jacobs neu konstruierte motorlose Kunstflugzeug »Habicht« wurde vorgestellt. Dem Ungarn Rotter gelang auf seiner Eigenkonstruktion »Nemere« ein beachtlicher Olympia-Zielflug von Berlin nach Hamburg. Um den Zielflug zu fördern, veranstaltete das Deutsche Forschungs-Institut für Segelflug einen Wandersegelflug-Wettbewerb, der von Darmstadt aus über 6 Etappen von insgesamt 700 km führte.

Segelflug über dem Großglockner

Der Zielflug dominierte auch 1936 in der Rhön. Kurt Schmidt wurde auf seiner Neukonstruktion Mü 13 mit erfolgreichen Zielflügen überlegener Sieger. Werner Blech holte sich die größte Höhe von 4480 m, und Hanna Reitsch als einzige weibliche Teilnehmerin belegte den 5. Platz in der Gesamtwertung.
Bei Erprobung der Segelflugmöglichkeiten im Hochgebirge gelang Heini Dittmar als erstem Segelflieger das Überfliegen des Großglockner-Massivs.
Eine neue Aera begann mit dem von Jacobs neu geschaffenen Doppelsitzer »Kranich«. Am 12. 4. 1937 flogen auf diesem Flugzeugmuster Max Beck und Rolf Knies 195 km vom Hornberg nach Bingen Doppelsitzer-Weltrekord.
Anläßlich der ISTUS-Tagung im Mai 1937 in Salzburg fand ein internationales Vergleichsfliegen statt, an dem sich 30 Segelflieger beteiligten. Dabei haben sechs Piloten die Alpen überquert. Die Zahl der segelflugtreibenden Länder wuchs von Jahr zu Jahr. Immer mehr schlossen sich der ISTUS an. Im Juli 1937 fand der erste internationale Segelflug-Wettbewerb auf der Wasserkuppe statt, an dem sich 6 Nationen mit 28 Flugzeugen und 38 Piloten beteiligten. Sieger wurde Heini Dittmar vor Hofmann, Späte und dem Schweizer Sandmaier. Dem Polen Mynarsky gelang ein polnischer Rekord mit 351 km, die Engländer Murra und Fox flogen Doppelsitzer-Weltrekord mit 9 Std. 48 Min. Hanna Reitsch gelang eine neue Frauenbestleistung von 351 km.
Im anschließenden nationalen Wettbewerb siegten in der Gesamtwertung Karch/Zimmermann auf »Milan« vor Bräutigam/Steinert auf »Kranich«. Sieger in der Einsitzer-Klasse und Dritter in der Gesamtwertung wurde Max Beck auf Mü-13.

Linke Seite oben: Die »Minimoa«, das erste serienmäßig hergestellte Segelflugzeug. 1936 bis 1939 wurden über einhundert Exemplare bei der Sportflugzeugbau Schempp-Hirth oHG gebaut. Linke Seite außen: »Kranich II« mit Wolf Hirth am Steuer bei einem Flug über der Schwäbischen Alb 1938. Linke Seite innen: Eine »Condor II« über Berlin. Diese Seite oben: Eine D 39 »Cirrus« der Akademischen Fliegervereinigung Darmstadt. Darunter: Die »Olympia-Meise« in einem französischen Nachbau

390 km Streckenflug im Doppelsitzer

Im Mai 1938 eröffnete Hanna Reitsch mit einem 220-km-Ziel-Rückkehrflug Darmstadt/Wasserkuppe die Saison. Ludwig Hofmann kam an die 400-km-Grenze, und der Darmstädter Student Flinsch flog auf D-30 Bremen–Lübeck–Bremen, kurz darauf Heinz Huth mit Passagier auf »Kranich« Hamburg–Hannover–Hamburg (258 km), beides Weltrekordflüge. Otto Bräutigam gelang in Bulgarien ein 390-km-Doppelsitzerflug von Sofia nach Varna. Ende Juni trafen sich 23 Teilnehmer zum Zielstrecken-Wettbewerb, der mit 810 km von Westerland auf Sylt über Flensburg, Altona, Hagenow, Wittenberge, Brandenburg, Rangsdorf, Kottbus, Sorau, Liegnitz nach Breslau führte. Trotz teilweise ungünstiger Wetterlage und starken Gegenwinden bewältigten alle Teilnehmer diese Strecke. Sieger wurde Hanna Reitsch auf »Reiher« vor Kurt Schmidt und Max Beck, die beide eine Mü-13 flogen.

Ohne Motor über 8000 Meter hoch

Die folgende 19. Rhön brachte 1938 bisher unerreichte Strecken- und Höhenleistungen. Sie wird mit Recht die

»Goldene Rhön« genannt. Die ISTUS hatte in diesem Jahr das goldene Leistungsabzeichen eingeführt. Bedingung: »Silber-C«, der Nachweis eines Streckenfluges über 300 km und ein Höhengewinn von 3000 m. Bei besten Wetterlagen, enormen Wolken- und Gewitterbildungen wurden von 60 Teilnehmern massenweise Zielflüge erflogen. So landeten an einem Tag 18 Piloten – nach 336 km – in Berlin, ein andermal kamen über 30 Piloten an das vorher genannte Ziel Nürnberg. Fünf Streckenflüge erreichten über 400 km. Einmalig waren jedoch die erflogenen Höhen. Reihenweise wurde der von Heini Dittmar über Rio im Jahre 1934 aufgestellte Rekord von 4350 m überboten: Günther Lemm 4980 m, Werner Fick 5550 m, der Lufthansa-Flugkapitän Walter Drechsel 6687 m. Einige Teilnehmer erreichten sogar eine absolute Höhe von über 8000 m. In schweren Gewitterflügen, bei denen Wolkengipfel über 12 000 m Höhe vermessen wurden, konnten Aufwindgeschwindigkeiten von 20 m/sec. festgestellt werden. Insgesamt wurden in diesem Wettbewerb 70 Höhenflüge über 3000 m registriert.
Es siegte Wolfgang Späte vor Kurt Schmidt und im Doppelsitzer die Piloten Romeis/Schillinger.
Diese »Rhön« zeigte aber auch deutlich Gefahren und Grenzen solcher Gewitterflüge. Die Beanspruchung der Segelflugzeuge und der Piloten in den starken Turbulenzen der Gewitterwolken, dazu Sauerstoffmangel, Kälte und Vereisung führten in einigen Fällen zu Leitwerks- und Tragflächenbrüchen und damit zu Notlagen, die das Verlassen der Flugzeuge mit dem Fallschirm erzwangen.
Tragischerweise und viel zu früh mußten dabei Werner Blech und Günther Lemm ihr Leben lassen. Neue Kriterien wurden erarbeitet und gaben den Konstrukteuren Hinweise zum Entwurf festerer Segelflugzeuge. Der Blindflug mußte ein Teil der Schulung für Leistungsflieger werden.

50 Stunden in der Luft

Eine weitere Verbesserung des Höhenweltrekordes gelang noch im gleichen Jahr Ziller aus Grunau. Er erreichte unter einer Moazagotl-Wolke (Lenticularis- oder Föhnwolke) 6840 m. Dann folgte ein Ansturm auf den Dauerflug-Weltrekord. Erst gelang Meyer/Schneider auf dem Hornberg ein 21-Stunden-Flug. Im September konnten ihn die Österreicher Kahlbacher/Tauschegg auf 23 Std. 43 Min. verbessern und einige Tage später Kahlbacher mit Führinger auf 40 Std. 51 Min. erhöhen. Vom 9. bis 11. 12. 1938 überboten diese Leistung die beiden Ostpreußen Boedecker/Zander über den Dünen von Rossitten mit einem Dauerflug von 50 Std. 15 Min. – ein bis 1952 nicht mehr erreichter Weltrekord!
Der Gedanke, daß der Segelflug olympische Disziplin werden könnte, veranlaßte die ISTUS zur Ausschreibung eines Konstruktionswettbewerbs für ein Olympia-Segelflugzeug. Man einigte sich auf eine Spannweite von 15 m und eine Bauweise, die es allen segelflugtreibenden Ländern ermöglichen sollte, dieses Flugzeug selbst zu bauen. Im Februar 1939 stellten sich in Italien 5 Flugzeuge zu einer technischen und fliegerischen Prüfung. Dabei zeigte sich die von Jacobs entwickelte »Meise« als das beste Flugzeug und wurde zum Olympia-Segelflugzeug gewählt. Es hat sich in vielen Exemplaren hervorragend bewährt. Der Wunsch, damit zu den Olympischen Spielen zugelassen zu werden, hat sich aber leider nicht erfüllt und wurde durch den Ausbruch des Krieges endgültig zerstört.

Die Erprobung des Wellenaufwindes

Die Flugsaison 1939 begann Otto Bräutigam mit einem 362-km-Flug von Großrückerswalde nach Wien. Pasewalk erreichte von der Wasserkuppe aus

Wolf Hirth setzt mit einer Grunau »Baby« über dem Segelfluggelände Hornberg zu einem Looping an.

474 km im Streckenflug, gleichzeitig eine Höhe von 4350 m und damit die Gold-C-Bedingungen in einem Flug. Erich Klöckner erzielte bei der Erprobung der Wellenaufwinde über dem Großglockner, unter der Leitung von Professor Georgii, 9200 m absolute Höhe. Hans Settgast erhöhte den Rhön-Dauerrekord auf 14 Std. 13 Min. Der Engländer Stevenson konnte den Kanal überqueren und landete nach 185 km in Frankreich.
Im Juni fuhren Hanna Reitsch, Ludwig Hofmann und Max Beck zur internationalen Luftfahrtschau nach Brüssel, um dort die Segelflugzeugmuster »Grunau Baby«, »Meise«, Mü-13, »Kranich« und das Kunstflugzeug »Habicht« vorzuführen sowie die belgischen Segelflieger zu schulen. In einem 5-Stunden-Thermikflug über der Stadt Brüssel demonstrierte Max Beck auf »Meise« die dortigen Leistungsmöglichkeiten.

Segelflug von Moskau nach Stalingrad

Aus Rußland kam die Nachricht, daß Olga Klepkowa am 7. 6. 1939 von Moskau nach Stalingrad mit 749 km einen neuen Streckenweltrekord für

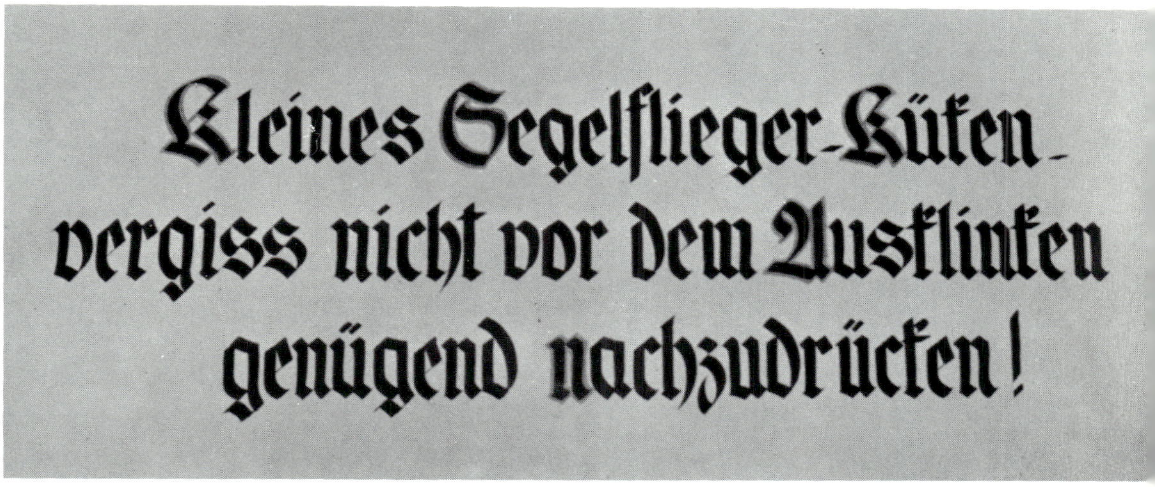

Oben: Schulgleiter, im Besitz von Gerhard Graf, Ingelfingen. Mitte und unten: Karikatur und Spruchweisheit in einer Segelfliegerschule

Frauen aufgestellt hatte, eine Leistung, die bis heute – nach über 35 Jahren – nicht überboten werden konnte. Die einmaligen Thermikverhältnisse in diesem Land bestätigte ihr Landsmann Savtzow, der am 31. 7. 1939 mit 602 km ebenfalls einen Weltrekord im Zielflug aufstellte. Er sollte bis 1952 bestehen bleiben.
Ein Höhepunkt, leider aber auch der vorläufig letzte Segelflug-Wettbewerb an dieser traditionsreichen Stätte wurde die 20. Rhön. In 14 Tagen flogen 72 Teilnehmer in 597 Flügen und 2175 Flugstunden insgesamt 75 000 km Strecke. Sieger wurde Erwin Kraft auf »Reiher« vor Kurt Schmidt auf »Condor II« und Treuter auf »Weihe«. Die Entwicklung der Segelflugzeuge, das Wissen und Können der Piloten hatten auf breiter Basis einen ausgereiften Leistungsstand erreicht.

Zahlreiche Segelflugschulen

In Deutschland wurde mit 1 500 000 Starts ein Jahresrekord erzielt. Neben der Wasserkuppe wurde an Segelflugschulen in Grunau, Rossitten, Laucha, Trebbin, Sylt sowie auf dem Hornberg, der unter Wolf Hirth Weltruf erlangte, Leistungs-Segelflug gelehrt.
Mit der Entwicklung von geeigneten Schul- und Leistungs-Segelflugzeugen, aufgrund der gewonnenen Erfahrungen in der Schulmethodik und mit Hilfe der ausgereiften Startarten, dem Gummiseil-, Auto-, Winden- und Flugzeugschlepp-Start sowie der gesammelten theoretischen Kenntnisse waren die Grundlagen für eine sorgfältige Segelflugausbildung geschaffen. Die Wettbewerbe trugen dazu bei, daß Leistungs-Segelflugzeuge entwickelt wurden, die vom »Vampyr« angefangen über eine große Zahl hervorragender Flugzeugmuster zu dem bis dahin wohl schönsten und mit einer Gleitzahl von 1 : 36 leistungsfähigsten Segelflugzeug, dem »Reiher«, führten. Die Anbringung von Sturzflugbremsen, die Ausrüstung mit besseren Instrumenten, mit Fallschirmen, mit Sauerstoff-Atemgeräten für Höhenflüge sowie schon damals in ersten Anfängen die Verwendung von Funksprechgeräten trugen erheblich zur Sicherheit und Leistungssteigerung bei. »Die Kraftquellen des Luftmeeres«, wie sie von Professor Georgii genannt wurden, der Hangaufwind, die Entstehung und praktische Ausnutzung der thermischen

Linke Seite oben: Eine DFS »Habicht« auf einem österreichischen Flugplatz. Im Hintergrund einige Ju 52. Linke Seite Mitte und unten: Segelflugzeug Gö 4 in der Produktion. Oben: Eine »Weihe« setzt zur Landung an.

Aufwinde im Wolken- und Gewitterflug sowie die Wellenaufwinde waren bekannt und erflogen. Bis zum Jahr 1939 wurden von der ISTUS über 1600 Silber-C und 33 Gold-C verliehen, eine großartige Entwicklung des Segelflugsports.

Das Ende einer Epoche

Sie sollte durch den Ausbruch des Zweiten Weltkriegs unterbrochen werden. Dem Franzosen Nessler gelang zwar im Juni 1942 ein Dauerflug von 38 Stunden und schließlich im September 1943 dem Deutschen Ernst Jachtmann eine neue Weltbestleistung von 55 Std. 55 Min. Gewiß physisch hervorragende Leistungen, aber keine Beiträge zu neuen Erkenntnissen.
Bei Kriegsende wurden fast alle noch in Deutschland, dem Pionierland des Segelflugs, verbliebenen Segelflugzeuge mutwillig und sinnlos zerstört. Nur wenige konnten gerettet werden. Während in Deutschland auch der Segelflug verboten wurde, ging die Entwicklung in anderen Ländern weiter. Besonders in Polen, Rußland, Frankreich, Südafrika und vor allem in den USA gelangen – begünstigt durch die dort bestehenden guten Gelände- und Wetterbedingungen – hervorragende Flüge. Überall wurden nach dem Vorbild der Rhön Wettbewerbe abgehalten.

Die Schweiz bittet zum ersten Segelflugwettbewerb nach dem Krieg

Nachdem das IOC die Zulassung des Segelflugsports zu den Olympischen Spielen abermals ablehnte, lud die Schweiz 1948 zu einem internationalen Segelflug-Wettbewerb nach Samedan, ins herrliche Bergland des Engadin, ein.
28 Teilnehmer aus acht Nationen (ohne Deutschland) erzielten beachtliche Strecken-, Zielstrecken- und Höhenflüge sowie erstmals 100-km-Dreiecksflüge. Sieger wurde der Schwede Axel Persson auf »Weihe«. Kurz vorher hatte er einen Höhenweltrekord von 8600 m erflogen.
Ein weiterer internationaler Wettbewerb folgte zwei Jahre später: Im Juli 1950 trafen sich 29 Piloten aus 11 Nationen (wiederum ohne Deutschland) in Orebro, Schweden, zu einem Leistungsvergleich. Sieger wurde der Schwede Bill Nilsson vor dem Amerikaner McCready, beide auf »Weihe«. Nun endlich entschloß man sich, alle zwei Jahre eigene Weltmeisterschaften durchzuführen und die Wettbewerbe 1937 auf der Wasserkuppe und 1948 in Samedan ebenfalls als Weltmeisterschaften zu führen.

Deutscher Aero-Club gegründet

Wolf Hirth sorgte für den Zusammenhalt der Segelflieger in Deutschland nach dem Kriege. Im August 1950 wurde in Gersfeld am Fuß der Wasserkuppe der

Deutsche Aero Club gegründet und Wolf Hirth zum Präsidenten gewählt. Ein Jahr später, im August 1951 – sechs Wochen nach Aufhebung des Segelflugverbots für Deutschland – trafen sich über 5000 Flugbegeisterte auf der Wasserkuppe. Ein neuer Anfang war gemacht. Das Interregnum von 12 Jahren im Geburtsland des Segelflugs von 1939 bis 1951 war vorüber.
Grandiose Höhenflüge wurden in den USA geflogen: Bei systematisch vorbereiteten Forschungsflügen im Wellenaufwind über den Bergen der Sierra Nevada/Kalifornien erreichte Bill Ivens 12 823 m, Ross/Deibert im Doppelsitzer am 27. 1. 1950 10 973 m, Saymont und Dr. Küttner am 5. 3. 1951 11 675 m und schließlich Edgar und Klieforth am 19. 3. 1952 mit 13 489 m absoluten Höhenrekord. Diese Flüge erreichten mit ihren unglaublich starken Turbulenzen bei großer Kälte, Vereisung, schwieriger Sauerstoffversorgung und den Druckverhältnissen die Grenze der Belastbarkeit von Mensch und motorlosem Flugzeug. Der finanzielle und technische Aufwand war enorm. Der Schwede Erik Oevgard mußte bei einem solchen Flug sein Leben lassen.
Am 5. 8. 1951 flog der Amerikaner Dick Johnson auf seiner selbstgebauten J-3 einen Streckenweltrekord von 861 km. Die Franzosen Carras/Brunswick flogen am 6. Februar 1952 Doppelsitzer-Dauer-Weltrekord mit 53 Stunden, den ihre Kameraden Dauvint/Couston am 10. April 1954 auf 57 Std. 10 Min. erhöhten. Am 4. April 1952 stellte dann Charles Atger, ein weiterer Franzose, mit 56 Std. 16 Min. den letzten anerkannten Dauerflug-Weltrekord für Segelflug-Einsitzer auf.

Weltmeisterschaften im Segelflug

An den Segelflug-Weltmeisterschaften 1952 in Madrid nahmen erstmals wieder

Deutsche teil. Unter den 59 Teilnehmern aus 19 Nationen konnten sich Hanna Reitsch, Haase, Kentsche, Dr. Frowein und Ziegler auf den neuen Flugzeugen »Kranich III«, »Condor IV« und Mü-13 mit zweiten und dritten Plätzen gut halten. In Deutschland selbst hatte man wieder Fuß gefaßt. Es gab bereits neue Segelflugschulen. Der Deutsche Aero Club schrieb im Sommer 1953 die ersten Segelflug-Meisterschaften in Oerlinghausen aus.

1950 führte die Fédération Aéronautique Internationale (FAI) das internationale Leistungsabzeichen F, die Gold-C mit drei Diamanten, ein. Erflogen werden mußten: ein Zielflug von 300 km, ein Streckenflug von 500 km sowie ein Höhenflug mit 5000 m Höhengewinn. Bis zum Herbst 1957 konnten 85 Segelflieger aus aller Welt diese Auszeichnung erwerben. Erst 1957 gelang es Max Beck als erstem Segelflieger in Deutschland, diese Bedingungen zu erfliegen.

Linke Seite außen, von oben nach unten: »Doppelraab«; »Bergfalke«; »Kranich III«.
Linke Seite innen: »Condor IV«
Diese Seite oben links: »Zugvogel III« beim Windenstart
Diese Seite oben rechts: Ka 6 CR. Mitte: Tragfläche der fs-24 »Phönix« der Akaflieg Stuttgart im Bau. Hier wurde erstmals glasfaserverstärkter Kunstharz (GFK), in einer Negativmulde geformt und innen mit einem Balsaholz-Sandwich versehen, im Segelflugzeugbau angewandt. Unten: »Phoebus« von Messerschmitt-Bölkow-Blohm

Luftfahrttechnik führt zu Spitzenleistungen

Der Leistungsanstieg im Segelflug war ohne die technische Weiterentwicklung der Flugzeuge undenkbar geworden. War die als Standardflugzeug Weltgeltung erlangende Ka-6 von Kaiser mit 15 m Spannweite und einer Gleitzahl von 1 : 33 (in herkömmlicher Bauweise) schon das Maximum des Erreichbaren, muß zunächst Dick Johnson, USA, genannt werden, der schon 1951 seine J-3 durch Herstellung eines profiltreuen Flügels mit guter Oberflächenbearbeitung zu einer ungeahnten Leistungssteigerung brachte und dafür mit einem Streckenflug-Weltrekord von 861 km belohnt wurde. In Deutschland gingen dann 1956/57 Haase, Kentsche und Schmetz mit der HKS-3 – erstmals unter Mitverwendung von Kunststoffen – diesen Weg konsequent weiter. Haase gewann mit diesem Flugzeug 1958 in Polen die Weltmeisterschaft.
Einen weiteren Fortschritt brachte die reine GFK-Bauweise (Glasfaser-Kunststoff). Mit Hilfe von glasfaserverstärkten Harzen konnten die gewünschten strömungstechnisch günstigen Formen erstmals mit bester Oberflächenqualität hergestellt werden. 1959 war es die Akaflieg Stuttgart mit Dr. Eppler und Nägele, die mit dem fs-24 »Phönix« ein reines GFK-Flugzeug herausbrachte, das dann mit dem von

Messerschmitt-Bölkow-Blohm (MBB) in Serie produzierten »Phöbus« seine Fortsetzung fand. Diesen Flugzeugmustern folgten die »Libelle« von Hänle, die BS-1 von Björn Stender und deren Weiterentwicklung, die »Kestrel« der Firma Glasflügel. Die Firma Schempp-Hirth brachte den »Cirrus« und den »Nimbus«, Schleicher die ASW-12, ASW-15 und ASW-17, Schneider die LS-1 und LS-2. Bei den Weltmeisterschaften 1970 in Marfa/USA flogen 80 Prozent aller Teilnehmer deutsche GFK-Konstruktionen. 1974 in Waikerie/Australien waren es schließlich von 67 Teilnehmern 61 Piloten – also 90 Prozent – die auf deutschen Flugzeugen flogen. Mit diesen Konstruktionen werden heute Gleitzahlen bis 1 : 50 erreicht und Höchstgeschwindigkeiten von 200 bis 250 km/h ermöglicht.

Linke Seite: D 36 V-2 der Akaflieg Darmstadt beim Flugzeugschleppstart. Aus den Ideen der D 36 sind »Standard-Cirrus«, ASW-12 und LS-1 entstanden. Darunter: »Libelle 301« von Hänle und BS-1 von Björn Stender
Diese Seite von oben nach unten: »Kestrel 401«; »Cirrus«; »Astir CS«, eines der modernsten GFK-Flugzeuge, entwickelt vom Burkhard Grob Flugzeugbau, Mindelheim. Nächste Doppelseite: Doppelsitzer »Janus« von Schempp-Hirth

SX

Streckenweltrekord fast 1500 Kilometer

Inzwischen versuchte man – vor allem in Amerika, Jugoslawien, Italien, Polen und der UdSSR – Metall-Segelflugzeuge zu bauen. Auf einer solchen Maschine flog am 31. 7. 1964 der Amerikaner Parker eine Strecke von 1041,5 km und eröffnete damit den »Club der 1000-km-Piloten«, dem am 15. 4. 1968 James E. Yates/USA auf der »Schweizer 2-32«, ebenfalls einer Metallkonstruktion, mit 1098 km folgte. Als drittem – und erstem Europäer – gelang dann am 4. 6. 1970 H. W. Grosse auf ASW-12 mit 1032 km ein Flug über die 1000-km-Marke. Bereits am 26. 7. 1970 konnten die beiden Amerikaner Greene und Scott – jeder auf einer deutschen ASW-12 – mit je 1152,8 km nachziehen. Knapp zwei Jahre später, am 25. April 1972, gelang dem Deutschen Klaus Tesch auf LS-1 ein Zielflug-Weltrekord von 1051,2 km und am gleichen Tag H. W. Grosse auf ASW-12 mit 1480,8 km ein neuer Weltrekord durch einen Flug von Lübeck nach Biarritz.
Ein Jahr später, am 5. Mai 1973, holte sich der Amerikaner Bill Holbrock auf »Libelle« mit 1260 km den Weltrekord im Zielflug mit Rückkehr. Bei Dreiecksflügen wurden Durchschnittsgeschwindigkeiten über 160 km/h erzielt.
Neben diesen Erfolgen soll ein Ereignis nicht unerwähnt bleiben. Zum Todestag von Otto Lilienthal – und gleichzeitig zum 50. Rhön-Jubiläum – fanden sich im

August 1970 Zehntausende Anhänger des Segelflugsports aus aller Welt auf der Wasserkuppe ein. Unter nicht enden wollendem Beifall zeigten sich dabei noch vier der ersten Segelflug-Pioniere von 1920: Gottlob Espenlaub, Willi Rebmann, Dr. Lippisch und Willi Peltzner – zusammen mit dem amerikanischen Astronauten Neil Armstrong, der als erster Mensch den Mond betreten hat.
Diese vier Männer haben 1920 auf der Wasserkuppe mit den Grundstein für den Segelflugsport gelegt, der heute Tausenden in aller Welt das herrliche Erlebnis des motorlosen Schwebens in Sonne, Wind und Wolken ermöglicht.

Linke Seite von oben nach unten: SB 10 der Akaflieg Braunschweig mit 26 Meter Spannweite, durch ein einsetzbares Mittelstück auf 29, 26 m zu vergrößern; »Nimbus 2«; H 101 »Salto« mit V-Leitwerk beim Start
Linke Seite innen: Instrumentierung der »Nimbus 2«
Rechts oben: fs-29 der Akaflieg Stuttgart mit Teleskopflügeln, bei der erstmalig während des Fluges die Spannweite verändert werden kann: von 19 m im Steigflug auf 13,30 m im schnellen Gleitflug. Rechts unten: Walter Schneider repariert vor dem Start auf der Hahnweide am 18. Mai 1974 das beschädigte Fahrwerk seiner LS-1 f. Unten links: Die Neukom AN 66-C ist die zweite Segelflugzeugkonstruktion mit einer Art »Fowler-Klappen« zur Tragflächenvergrößerung.

FAI-Segelflug-Weltmeisterschaften 1937-1974

Jahr	Austragungsort	Klasse	Meister	
1937	Rhön/Deutschland	Einsitzer	Heini Dittmar	Deutschland
1948	Samedan/Schweiz	Einsitzer	Axel Persson	Schweden
1950	Orebro/Schweden	Einsitzer	Billy Nilsson	Schweden
1952	Madrid/Spanien	Einsitzer	Philip Wills	England
		Doppels.	Luis Vic. Juez	Spanien
1954	Champhill/England	Einsitzer	Gerard Pierre	Frankreich
		Doppels.	Rain/Komac	Jugoslawien
1956	St. Yan/Frankreich	Einsitzer	Paul McCready	USA
		Doppels.	Goodhart/Foster	England
1958	Leszno/Polen	offene Kl.	E. G. Haase	Deutschland
		Standard	Adam Witek	Polen
1960	Köln/Deutschland	offene Kl.	Rud. Hossinger	Argentinien
		Standard	Heinz Huth	Deutschland
1963	Junin/Argentinien	offene Kl.	Edward Makula	Polen
		Standard	Heinz Huth	Deutschland
1965	South Cerney/Engl.	offene Kl.	Jan Wroblewski	Polen
		Standard	François Henry	Frankreich
1968	Leszno/Polen	offene Kl.	Harro Wödl	Österreich
		Standard	Andrew Smith	USA
1970	Marfa/USA	offene Kl.	George Moffat	USA
		Standard	Helmut Reichmann	Deutschland
1972	Vrsac/Jugoslawien	offene Kl.	Göran Ax	Schweden
		Standard	Jan Wroblewski	Polen
1974	Waikerie/Australien	offene Kl.	George Moffat	USA
		Standard	Helmut Reichmann	Deutschland

Aufteilung:

Deutschland	6
Polen und USA je	4
Schweden	3
Frankreich und Großbritannien je	2
Spanien, Jugoslawien, Argentinien und Österreich je	1

Entwicklung eines Looping, ausgeführt mit dem Ganzmetall-Kunstflug-Segelflugzeug Pilatus B-4

HB-1130

Das Flugzeug – eine kriegsentscheidende Waffe

Am 1. September 1939 um 4 Uhr 30 morgens fliegen drei Junkers Ju 87 Sturzkampfbomber des deutschen Stukageschwaders 1 ihren ersten Angriff auf polnische Truppen. Damit beginnt der Zweite Weltkrieg. Damit tritt die Luftfahrtgeschichte erneut innerhalb von nur zweieinhalb Jahrzehnten in eine Phase des Mißbrauchs moderner Technologien zur Vernichtung von Menschenleben und unschätzbaren Vermögenswerten. Der im friedlichen Wettstreit begonnene Brükkenschlag von Land zu Land und von Kontinent zu Kontinent durch Flugzeug und Luftschiff findet ein jähes Ende. Flugzeugwerke, die sich in aller Welt einen Namen gemacht haben durch die Entwicklung und den Bau hervorragender Verkehrsflugzeuge, konstruieren und fertigen nun erstmals in Großserien Bomben- und Jagdflugzeuge, Aufklärer, Sturzkampfflugzeuge und militärische Transportflugzeuge mit Motorleistungen zwischen eintausend und dreitausend PS. Die Übermacht der deutschen Luftwaffe entscheidet die Schlacht um Polen innerhalb von 14 Tagen. In Überraschungsangriffen werden weit mehr polnische Flugzeuge auf ihren Rollfeldern zerstört

als abgeschossen. Bombenangriffe unterbrechen Verkehrsverbindungen im Hinterland und damit den Nachschub. Hunderttausende von Brandbomben regnen aus deutschen Flugzeugen geworfen auf die polnische Hauptstadt Warschau. Sie wird damit schon kurz nach dem Ausbruch des Zweiten Weltkrieges zum leuchtenden Fanal einer politisch ausgelösten Luftfahrtfehlentwicklung zur Menschheitsgeißel. Nach nur fünf Jahren hinterläßt sie zahllose Trümmerstädte, Millionen Menschenopfer und zerstörte Industrien.
Was sich in Polen abspielt, wiederholt sich im Mai und Juni 1940 über Frankreich. Ein halbes Jahr später beginnt die bisher größte Luftschlacht der Geschichte, die »Luftschlacht um England«. Bomberverbände von bis zu 800 Flugzeugen der Muster Heinkel He 111, Dornier Do 217 und Junkers Ju 88 greifen Flugstützpunkte der Royal Air Force und zahlreiche Städte auf der britischen Insel an. Über eintausend auf beiden Seiten eingesetzte Jagdflugzeuge der Muster Messerschmitt Me 109 E/F, Supermarine »Spitfire« Mk I und Hawker »Hurricane« kämpfen um die Luftherrschaft. Zum erstenmal setzt die englische Luftverteidigung »Funkmeß-Strahlen«, abgekürzt RADAR (=*R*adio *D*etecting *a*nd *R*anging), ein, um angreifende deutsche Verbände bei Tag und bei Nacht und unabhängig von dem herrschenden Wetter schon über ihren Abflugbasen in Nordfrankreich orten zu können. Es ist der Beginn des elektronischen Krieges. Scharf gebündelte Funksignale werden in kurzen Zeitabständen in Richtung des vermuteten Angreifers ausgesandt und reflektiert, sobald sie auf die Metallhaut eines Flugzeuges treffen. Aus der Zeitspanne zwischen der Sendung des Impulses und dem Empfang des reflektierten Impulses läßt sich die Entfernung und Richtung anfliegender Flugzeuge auf einem Bildschirm ablesen. Ein revolutionierendes Verfahren! Es wird später – auch in deutsche Flugzeuge eingebaut – die Nachtjagd maßgeblich beeinflussen. Die angreifenden Bomberverbände wiederum fliegen während der Wintermonate 1940/41 ihre Ziele auch ohne Bodensicht »auf UKW-Leitstrahlen« an. Dennoch erleiden sie in der Luftschlacht um England hohe Verluste. Tausende deutscher Piloten und hochqualifizierter Besatzungsmitglieder geraten in Gefangenschaft. Sie sind nicht innerhalb kurzer Zeit zu ersetzen. Im Kampf der Jagdflugzeuge erweist sich die »Spitfire« der Messerschmitt Me 109 vor allem in Flughöhen über 6000 Meter als überlegen. Unter übermenschlichen Anstrengungen gelingt es der englischen Luftfahrtindustrie, die

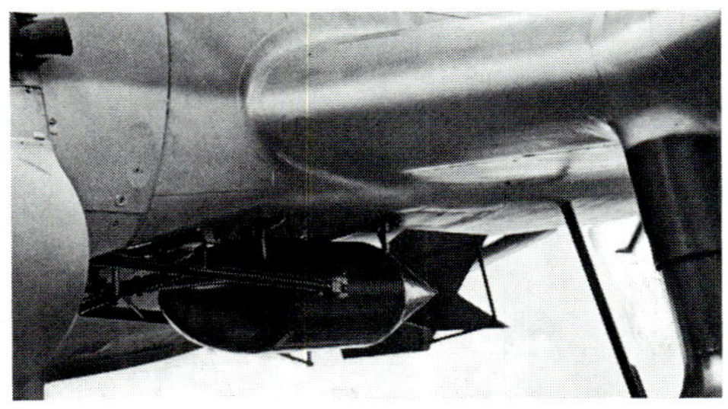

Linke Seite oben: Junkers Ju 88 Kampfflugzeuge im Verbandsflug zeigt dieses einzige existierende Farbfoto. Linke Seite unten: Die Messerschmitt Me 109 E war der Standardjäger der deutschen Luftwaffe in den ersten Jahren des Zweiten Weltkriegs. Mit den englischen »Spitfire« und »Hurricane« lieferten sich die Piloten der Me 109 erbitterte Duelle. Rechts oben: Die Junkers Ju 87 war ein gefürchteter Sturzkampfbomber (Stuka). Darunter: Unter dem Rumpf der Ju 87 angebrachte Bombe. Unten: Standard-Bomber der deutschen Luftwaffe war die Heinkel He 111. Die beiden hier abgebildeten Maschinen sind spanische Lizenzbauten mit 1280-PS-Rolls-Royce-Merlin-Triebwerken. Die Aufnahme wurde anläßlich der Dreharbeiten zu dem Film »Die Luftschlacht um England« gemacht.

Oben: Die zwei berühmtesten englischen Jagdflugzeuge des Zweiten Weltkriegs waren die Hawker »Hurricane« (links) und die Supermarine »Spitfire« (rechts). Die deutsche Me 109 war der »Hurricane« klar überlegen, der »Spitfire« bis 6000 m Flughöhe ebenbürtig, darüber jedoch im Kurvenkampf unterlegen. Unten: Eine riesenhafte 907-kg-Bombe, eine »Luftmine«, wird zur Verladung in einen englischen Bomber vom Typ Armstrong Whitworth »Whitley« vorbereitet. Die Royal Air Force war zu Beginn der Luftschlacht um England weit besser gerüstet, als die Deutschen vermuteten. Vor allem die Kapazität der englischen Rüstungsindustrie und ihre Vielfalt an Jägern und vor allem schweren Bombern führte zu einer verhängnisvollen Unterschätzung seitens der deutschen Luftwaffe, die durch schwere Verluste an Menschen und Material im Mai 1941 ihre Angriffe auf England abbrechen mußte.

eigenen Verluste an Jagdflugzeugen zu ersetzen. Im Mai 1941 bricht die deutsche Luftwaffe ihre Angriffe ab. Sieger bleibt die Royal Air Force.
Kreta, von griechischen und britischen Truppen verteidigt, wird im gleichen Monat als erste Insel in der Kriegsgeschichte »aus der Luft« erobert. Hunderte von Junkers Ju 52 Transportflugzeugen schleppen Fallschirmjäger und mit Gebirgstruppen beladene große Gleitflugzeuge über das Ägäische Meer heran und setzen sie ab. Auf dem Kriegsschauplatz in Nordafrika stehen sich mit wechselndem Erfolg auf der Erde und in der Luft starke Verbände gegenüber. Hier gibt es noch Legenden um Helden. Der junge deutsche Jagdflieger Hauptmann Hans Joachim Marseille besiegt im Luftkampf 158 Gegner. Auf dem 482. Feindflug beginnt der Motor seiner Me 109 zu brennen. Marseille legt das Flugzeug auf den Rücken und läßt sich herausfallen. Er wird vom Leitwerk seines eigenen Flugzeuges getroffen, der Fallschirm öffnet sich nicht. Bis heute gilt er bei den Jagdfliegern in aller Welt als der beste Jagdflieger, den es jemals gab. Seine Abschußzahl wurde später von dem vornehmlich gegen russische Piloten fliegenden und erfolgreichsten überlebenden Jagdflieger Erich Hartmann um ein Vielfaches übertroffen. Hartmann schoß 352 Gegner ab.
Der Angriff des Deutschen Reiches auf die UdSSR beginnt am 21. Juni 1941. Rund 2000 deutschen Flugzeugen stehen auf russischer Seite etwa die doppelte Zahl

Hawker »Hurricane I«

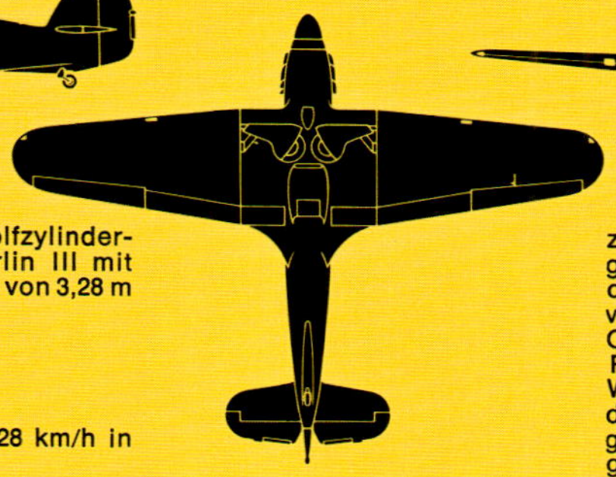

Antrieb: ein 1030-PS-Zwölfzylinder-V-Motor Rolls-Royce Merlin III mit einem Dreiblatt-Propeller von 3,28 m Durchmesser
Spannweite: 12,19 m
Länge: 9,55 m
Flügelfläche: 23,92 m²
Abfluggewicht: 2924 kg
Höchstgeschwindigkeit: 528 km/h in 6100 m Höhe
Reichweite: 813 km
Bewaffnung: vier 7,7-mm-Browning-Maschinengewehre in jeder Tragfläche
Besatzung: 1 Mann
Erster Flug: 6. November 1935
Drei Monate vor Erhalt eines offiziellen Auftrags auf Hurricane-Jäger begann die Firma Hawker mit den Vorbereitungen für den Bau von 1000 Maschinen für die RAF. Ohne diese Initiative hätten der RAF bei Ausbruch des Zweiten Weltkriegs sicher noch weniger als die etwa 300 bis dahin in Dienst gestellten Maschinen zur Verfügung gestanden. Hawkers Vertrauen in das von Sydney Camm konstruierte Jagdflugzeug war sehr berechtigt, denn die Produktion der Mark I erreichte 3954 Stück, und von allen Modellen der »Hurricane« zusammen wurden 14533 Maschinen gebaut.

Morane-Saulnier MS.406

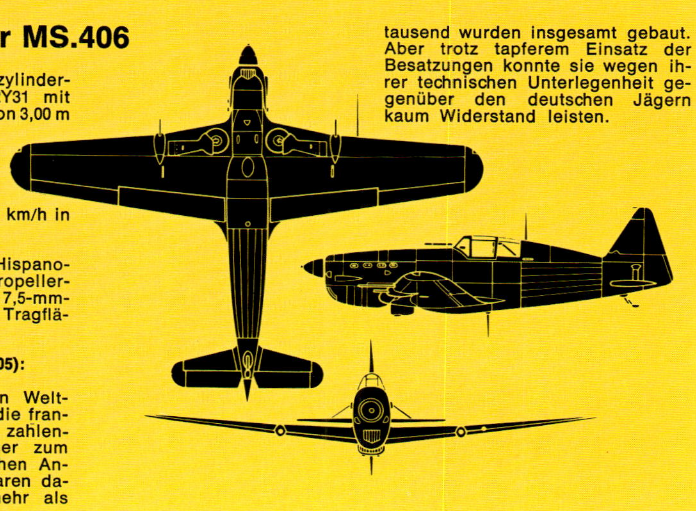

Antrieb: ein 860-PS-Zwölfzylinder-V-Motor Hispano-Suiza 12Y31 mit einem Dreiblatt-Propeller von 3,00 m Durchmesser
Spannweite: 10,61 m
Länge: 8,17 m
Flügelfläche: 16,00 m²
Abfluggewicht: 2540 kg
Höchstgeschwindigkeit: 490 km/h in 4500 m Höhe
Reichweite: 1100 km
Bewaffnung: eine 20-mm-Hispano-Suiza-Kanone durch die Propellernabe feuernd und je ein 7,5-mm-Maschinengewehr in den Tragflächen
Besatzung: 1 Mann
Erster Flug (Prototyp MS.405): 8. August 1935
Bei Ausbruch des Zweiten Weltkriegs war die MS.406 für die französischen Luftstreitkräfte zahlenmäßig der wichtigste Jäger zum Einsatz gegen den deutschen Angriff. Einige dreihundert waren damals einsatzfähig, und mehr als tausend wurden insgesamt gebaut. Aber trotz tapferem Einsatz der Besatzungen konnte sie wegen ihrer technischen Unterlegenheit gegenüber den deutschen Jägern kaum Widerstand leisten.

Geheim! **Zielstammkarte (L)**	**Ort:** Queensferry (Firth of Forth)	**Ziel-Nr.**	**G. B. 41 6**
Land: Großbritannien (N) Schottland (Fifeshire-West-Lothian).	(Nähere Lage)	Kartenbl.-Nr.	Sch. 27/1:100 000
	Geogr. Werte: 56° 00′ 00″ N. 3° 23′ 20″ W.	E. B. Nr.	Sch. 68/1:63 360

1. **Bezeichnung des Zieles:** Eisenbahnbrücke über den Firth of Forth.

Vgl. mit Ziel-Nr.

2. **Bedeutung:** Wichtige Nord-Süd-Verbindung.

3. **Beschreibung des Zieles:**

a) Verkehrsanschlüsse: Zweigleisige Eisenbahnstrecke Aberdeen—Edinburgh der London und N. E.-Railway.

b) Ausdehnung insgesamt: 2,5 km   Bebaute Fläche:

c) Art der Anlagen und Einrichtungen, Bauweise, Bauausführung, Luftempfindlichkeit, Brandgefahr:

2 große Stahlbrückenbogen für die Durchfahrt mit 520 m Spannweite ruhen auf 3 Hauptpfeilern in je 4 massiven Fundamentblöcken verankert.

Durchfahrtshöhe bei M.-Hochwasser 45 m.

Höhe der Pfeiler 110 m über M.-Hochwasser.

Viadukte verbinden die stählerne Durchfahrtsbrücke im N. und S. mit dem Festland.

Mittelpfeiler der Brücke ruht auf Insel Inch Garvie.

Baugrund felsig.

Einsturzgefahr.

d) Erzeugnisse:

e) Erzeugungsmenge im Monat:
Maximal und normal,
bei wieviel Schichten und Arbeitern?

f) Belegschaft:
Männer, Frauen, Volkszugehörigkeit,
politische Einstellung, Unterbringung.

g) Lebenswichtige Teile, Wasser- und Kraftversorgung, Sabotage:

Die Stahlbrückenbogen.

h) Rohstoffversorgung:

i) Lagerung: ca. 125 000 t.

k) Sonstiges: 4 km im N. O. liegen die Fliegerhorste Donibristle (Land und See). (G. B. 10 62 und 10 63)
5 km im S. S. O. liegt Fliegerhorst Turnhouse. (G. B. 10 231)

4. **Aktiver und passiver Luftschutz, örtl. Bewachung:**

Nördlich und südlich der Brücke schwere und leichte Flakstellungen.
Auf der Insel Inch Garvie, am Mittelpfeiler der Brücke, Befestigungen und Flakbatterie mit Scheinwerfern.
An der O.-Seite des nördlichsten Brückenpfeilers ein kleines Sperrfort.

5. **Orientierungspunkte zur Zielerkennung:**

Die Verengung des Firth of Forth westl. von Edinburgh bei Queensferry.

6. **Bild- und Kartenunterlagen vom Ziel und vom Zielraum:**

a) Anliegend:	b) Außerdem vom Zielraum vorhanden:
G. B. 41 6 a: Kartenausschnitt.	Z. K. 18
bc: Bildauswertg.	
G. B. 41 6 b: [illegible]tbild.	
G. B. 41 6 c: Lageplan.	

7. **Zielunterlagen hat:**

September 193[illegible]

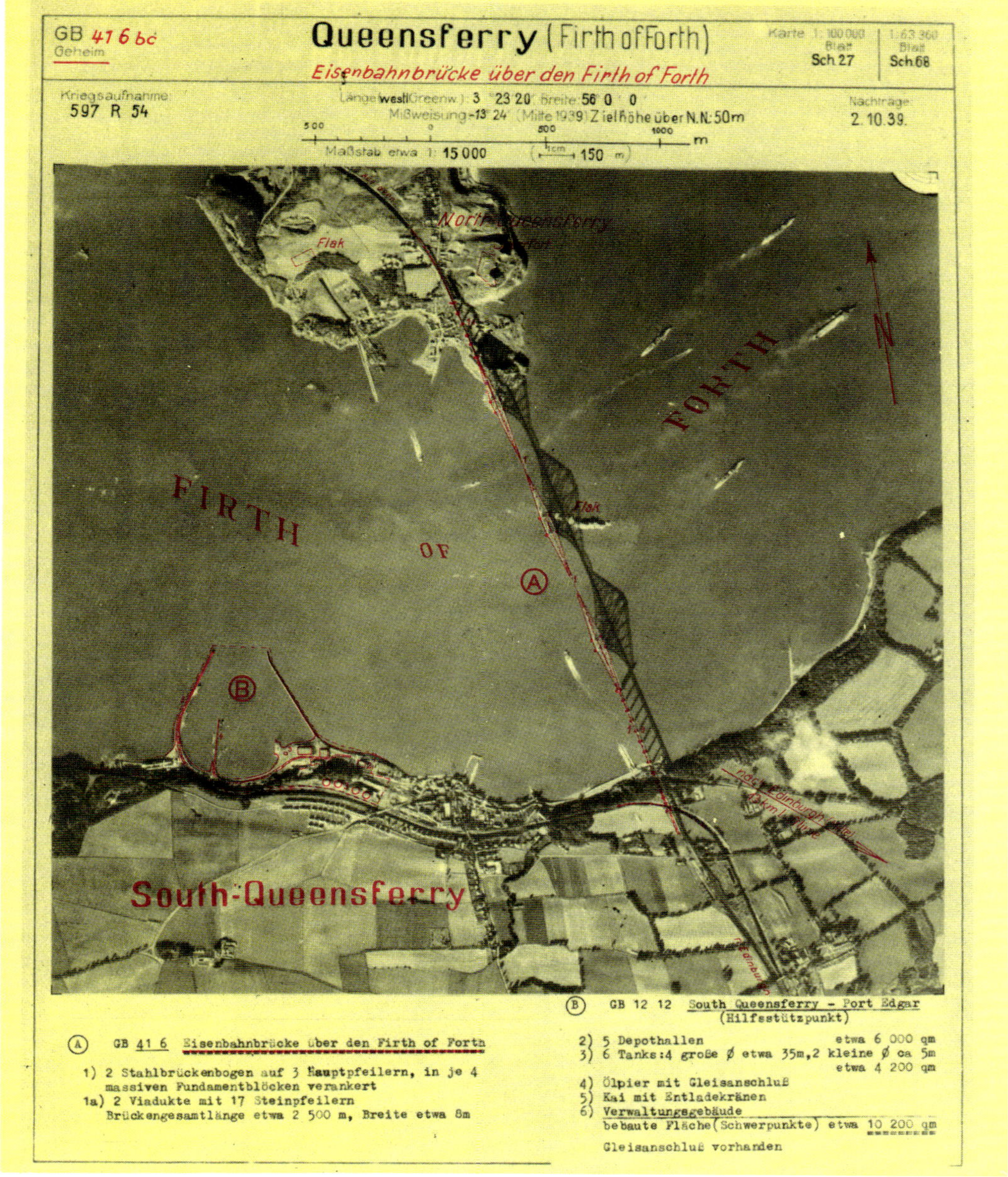

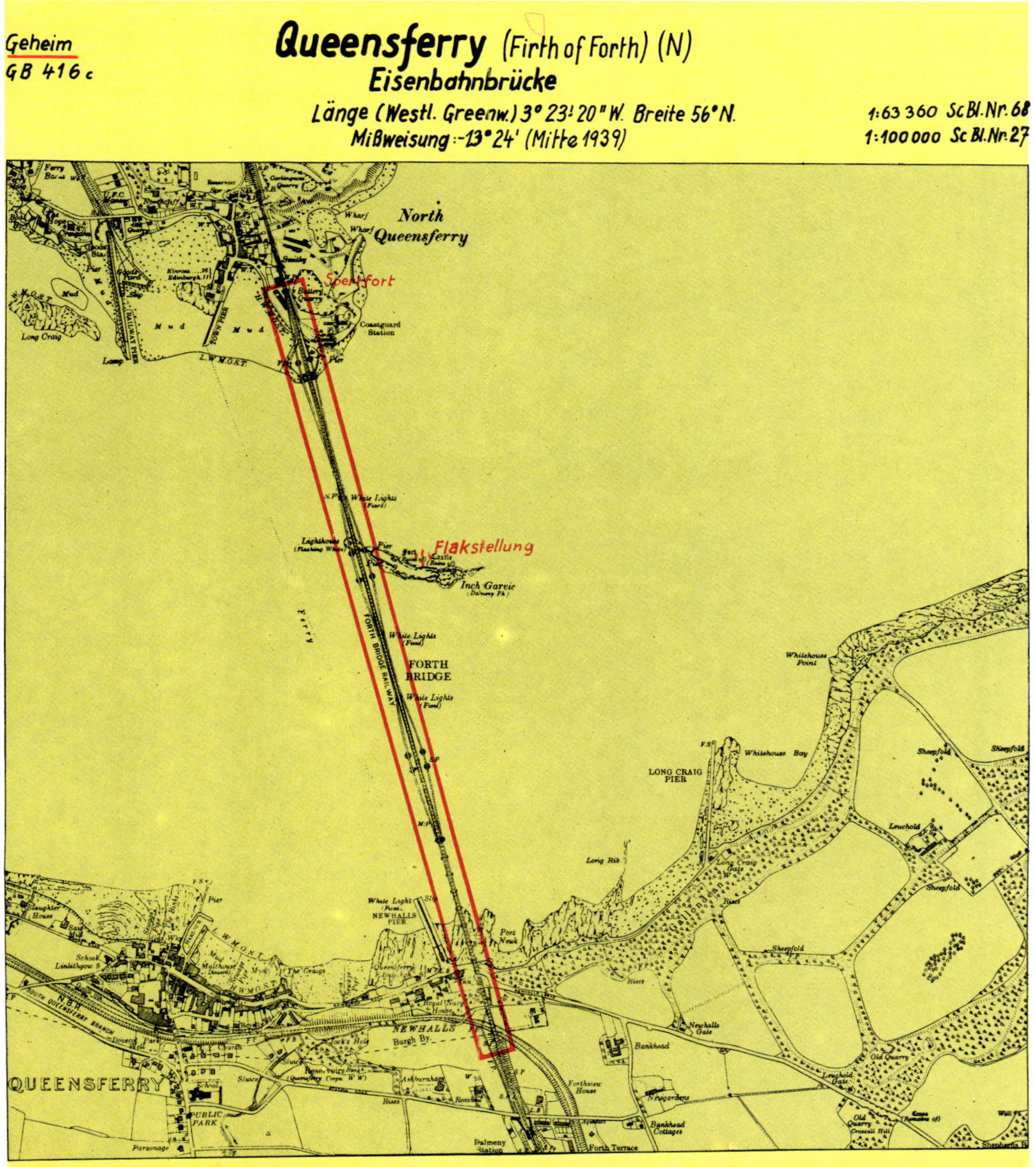

Linke Seite oben: Diese He 111 wurde am 28. Oktober 1939 in der Nähe von Edinburgh abgeschossen und war das erste feindliche Flugzeug, das von der englischen Luftabwehr über englischem Boden abgeschossen wurde. Die He 111 war ein Bomber mit hervorragender Leistung, die aber durch den immer schwächer werdenden Schutz durch deutsche Jagdflugzeuge mehr und mehr unterging. Linke Seite unten: Zielstammkarte der Luftwaffe vom Firth of Forth. Links oben: Aufklärungsphoto des Firth of Forth mit Auswertung. Darunter: Karte vom Gebiet um den Firth of Forth mit eingezeichnetem Bombenzielraum. Rechts oben: Heckkanzel eines Armstrong-Whitworth-Whitley-Bombers mit vier Nash-and-Thompson-Maschinengewehren. Darunter: Scheinwerfer einer englischen Flakstellung. Im Hintergrund ein Fesselballon, dessen Halteseil Tieffliegerangriffe verhindern sollte

Ganz oben: Vickers-Wellesley-Bomber, die im Ost-Afrika-Krieg Anfang 1940 eingesetzt wurden. Die Bombenlast war in den angehängten Behältern untergebracht. Oben: Das Wrack dieses Fiat-G.50-Kampfflugzeugs symbolisiert das Ende des Traumes von Mussolini vom triumphalen Einzug in Alexandria. Links Mitte: Dieser Fiat-C.R.42-Doppeldecker wurde von den Italienern bei einem schnellen Vorstoß der Engländer aufgegeben und war kurze Zeit später schon das Ziel von Souvenir-Jägern. Rechte Seite oben: North-American-B-25-Mitchell-Bomber der USAF über Tunesien. Dieser Bomber trug im Winter 1942/43 wesentlich dazu bei, die deutsch-italienische Luftherrschaft über Afrika zu brechen.

Fiat C.R.42

Antrieb: ein 840-PS-Vierzehnzylinder-Sternmotor Fiat A.74R.1C mit einem Dreiblatt-Propeller von 2,80 m Durchmesser
Spannweite: 9,70 m
Länge: 8,26 m
Flügelfläche: 22,40 m²
Abfluggewicht: 2283 kg
Höchstgeschwindigkeit: 430 km/h in 5330 m Höhe
Normale Reichweite: 775 km
Bewaffnung: zwei 12,7-mm-Maschinengewehre im Oberteil des Bugs; zwei entsprechende Maschinengewehre oder zwei 100-kg-Bomben unter den unteren Tragflächen

Besatzung: 1 Mann
Erster Flug: Anfang 1939
Der »Falco«, wie die C. R. 42 in der italienischen Luftwaffe hieß, war das letzte einer langen Reihe von Doppeldecker-Jagdflugzeugen, die Fiat herausbrachte. Obwohl die C. R. 42 in ihrer Art hervorragend war, wird der Kampfwert eines Doppeldecker-Jägers in einem Zeitalter der Eindecker durch folgende Zahlen dramatisch beleuchtet: Italien trat mit 143 Maschinen dieses Typs in den Krieg ein, insgesamt wurden 1781 gebaut, und als Italien im September 1943 kapitulierte, waren nur noch 113 vorhanden.

gegenüber. Wieder gelingt es der deutschen Luftwaffe durch »Blitzangriffe« schon in den ersten Wochen der Auseinandersetzung über eintausend sowjetische Flugzeuge zu zerstören, noch ehe sie in die Luft kommen. Bald jedoch erweist sich auf diesem Kriegsschauplatz ein funktionsfähiges Lufttransportsystem als notwendig. Im Dezember 1941 werden über 100 000 deutsche Soldaten südlich des Ilmensees bei Demjansk »eingekesselt«. Sie müssen über ein Jahr lang aus der Luft versorgt werden. Die Ju-52-Transportflugzeuge eines einzigen Verbandes, der Kampfgruppe z.b.V. 500 unter Major Beckmann, fliegen über 5000 Einsätze in diesen Kessel. Im November 1942 schließen sowjetische Truppen westlich der Stadt Stalingrad rund 330 000 deutsche Soldaten ein. Wieder wird die Versorgung durch die Luft versucht. Diesmal allerdings ohne Erfolg. Es fehlt an Transportflugzeugen. Das Wetter ist wochenlang so schlecht, daß kaum geflogen werden kann. Und trotz technischer Unterlegenheit der sowjetischen Luftwaffe werden zahlreiche deutsche Transportflugzeuge abgeschossen. Die Schlacht um Stalingrad entscheidet den Ausgang des Zweiten Weltkrieges in Europa.
Am 7. Dezember 1941 greifen 380 japanische Flugzeuge den amerikanischen Flottenstützpunkt Pearl Harbour an. Sie sind von sechs Flugzeugträgern in ihr Einsatzgebiet gebracht worden und haben innerhalb von nur drei Stunden nahezu die gesamte Pazifikflotte der Vereinigten Staaten vernichtet. Niemals zuvor gab es

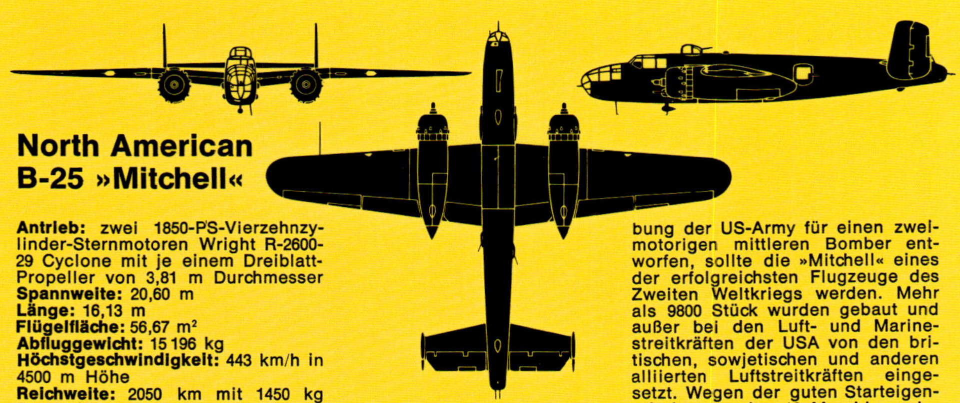

North American B-25 »Mitchell«

Antrieb: zwei 1850-PS-Vierzehnzylinder-Sternmotoren Wright R-2600-29 Cyclone mit je einem Dreiblatt-Propeller von 3,81 m Durchmesser
Spannweite: 20,60 m
Länge: 16,13 m
Flügelfläche: 56,67 m²
Abfluggewicht: 15 196 kg
Höchstgeschwindigkeit: 443 km/h in 4500 m Höhe
Reichweite: 2050 km mit 1450 kg Bombenlast
Bewaffnung: dreizehn 12,7-mm-Colt-Browning-Maschinengewehre und bis zu 1800 kg Bomben
Erster Flug (Prototyp): Januar 1939
1938 entsprechend einer Ausschreibung der US-Army für einen zweimotorigen mittleren Bomber entworfen, sollte die »Mitchell« eines der erfolgreichsten Flugzeuge des Zweiten Weltkriegs werden. Mehr als 9800 Stück wurden gebaut und außer bei den Luft- und Marinestreitkräften der USA von den britischen, sowjetischen und anderen alliierten Luftstreitkräften eingesetzt. Wegen der guten Starteigenschaften wurden 16 Maschinen der Version B-25B 1942 für einen Angriff auf Tokio von dem Flugzeugträger »Hornett« aus verwendet. Daten und Schemazeichnung beziehen sich auf die B-25J.

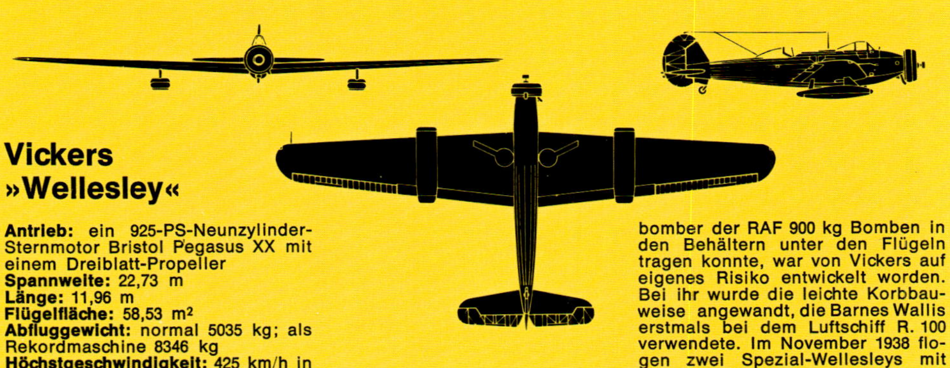

Vickers »Wellesley«

Antrieb: ein 925-PS-Neunzylinder-Sternmotor Bristol Pegasus XX mit einem Dreiblatt-Propeller
Spannweite: 22,73 m
Länge: 11,96 m
Flügelfläche: 58,53 m²
Abfluggewicht: normal 5035 kg; als Rekordmaschine 8346 kg
Höchstgeschwindigkeit: 425 km/h in 6000 m Höhe
Reichweite: normal 4170 km; Rekordflug 11 519 km
Besatzung: 2 Mann
Erster Flug: 19. Juni 1935
Die »Wellesley«, die als Standardbomber der RAF 900 kg Bomben in den Behältern unter den Flügeln tragen konnte, war von Vickers auf eigenes Risiko entwickelt worden. Bei ihr wurde die leichte Korbbauweise angewandt, die Barnes Wallis erstmals bei dem Luftschiff R. 100 verwendete. Im November 1938 flogen zwei Spezial-Wellesleys mit Pegasus-XXII-Motoren und 5864 Liter statt der normalen 1932 Liter im Tank nonstop von Ismailia/Ägypten nach Darwin/Australien und damit einen neuen Langstrecken-Weltrekord.

Oben: Vorzugsweise zu Nachtangriffen setzte die Royal Air Force 1943/44 die Avro »Lancaster«, ausgerüstet mit vier Rolls-Royce-XX-Triebwerken von je 1280 PS, ein. Das Flugzeug verfügte über hervorragende Eigenstabilität. Unten: Der Nachtjäger He 219 (hier einer der Prototypen) wurde – mit einem Radargerät großer Reichweite ausgerüstet – zum unbestritten besten Nachtjagdflugzeug des Zweiten Weltkriegs. Als erste Maschine war er serienmäßig mit einem Raketen-Schleudersitz ausgerüstet. Triebwerke: 2 x Jumo 213 von je 1600 PS. Rechte Seite unten: England baute die erste verfügbare Bord-Radaranlage (Airborne Interception AI Mark IV) in die Bristol »Beaufighter« Mark IV ein. Der Sendeimpuls wurde von den Antennen im Rumpfbug ausgestrahlt und von den Dipolantennen in der Tragflächennase empfangen. Die Reichweite des Geräts lag bei etwa 5 Kilometer. Darüber: Die zweimotorige amerikanische Martin B-10 wurde wesentlich zu Bombenangriffen über kurze Distanzen eingesetzt, aber wegen zu geringer Reisegeschwindigkeit bald aus dem Einsatz gezogen.

KM
B

einen derart massierten Einsatz von Trägerflugzeugen. Nur vier Tage später, am 11. Dezember 1941, erklären Deutschland und Italien den Vereinigten Staaten den Krieg. Der Weltbrand ist nun perfekt. Perfekt läuft aber auch die industrielle Planung der USA – des reichsten Landes der Welt –, um die Herausforderung zurückzuweisen und den verbündeten Nationen in Europa und Ostasien beizustehen. Wesentlich auf die Herstellung modernster Langstreckenbomber und Langstreckenjäger konzentriert, wenden die Vereinigten Staaten gemeinsam mit England binnen zwölf Monaten das Kriegsglück zu ihren Gunsten. Nun fliegen nicht mehr Hunderte, sondern Tausende von Bombern der berühmt gewordenen Muster B-17 »Flying Fortress« oder der britischen »Lancaster« – um nur diese beiden zu nennen – bei Tag und Nacht Angriffe gegen Ziele in dem von deutschen und italienischen Streitkräften beherrschten Mitteleuropa und gegen japanische Stützpunkte in Ostasien. Ab Mitte 1944 beherrschen sie die Lufträume über dem erbitterten Kampfgeschehen absolut, obwohl im gleichen Jahr allein die deutsche Luftfahrtindustrie mit über 45 000 ausgelieferten Flugzeugen aller Typen ihre höchste Produktionszahl erreicht. Doch der Zweite Weltkrieg ist entschieden. Auch die Perfektion der deutschen Nachtjagd mit dem Einsatz der Funkmeßlenkung (RADAR) von der Erde und von Bord vermag keine Wende mehr herbeizuführen.

Wie der Erste Weltkrieg so hat auch der Zweite Weltkrieg zwischen 1939 und 1945 die Forschungs- und Entwicklungsarbeiten auf den Gebieten der Aerodynamik im Hochgeschwindigkeitsbereich, des Triebwerkbaus und der Luftfahrtelektronik beschleunigt. Ferngelenkte Flugkörper, die Serienreife des Luftstrahlantriebes, der Bau perfekt arbeitender Flüssigkeits-Raketenantriebe, die allgemeine Anwendung moderner elektronischer Navigationsverfahren nach dem Prinzip der Eigen- und Fremdpeilung, die Einführung und praktische Erprobung der RADAR-Systeme und

Avro »Lancaster«

Antrieb: vier 1280-PS-Zwölfzylinder-V-Motoren Rolls Royce Merlin XX oder 22 mit je einem Dreiblatt-Propeller von 4,27 m Durchmesser
Spannweite: 31,09 m
Länge: 21,13 m
Flügelfläche: 119,49 m^2
Abfluggewicht: 30 844 kg
Höchstgeschwindigkeit: 462 km/h in 3500 m Höhe
Reichweite: 2785 km mit 5450 kg Bomben
Bewaffnung: acht 7,7-mm-Browning-Maschinengewehre (je zwei in der Bug- und Rückenkanzel, vier in der Heckkanzel); bis zu 8165 kg Bomben
Besatzung: 7 Mann
Erster Flug: 9. Januar 1941

Durch Vergrößern der mit Vulture-Twin-Motoren ausgerüsteten Avro »Manchester« entwickelt und mit Rolls-Royce-Merlin-Motoren versehen, wurde die »Lancaster« die Hauptstütze der Bomberoffensive gegen Deutschland im Zweiten Weltkrieg. Spätere Versionen (die Daten beziehen sich auf die Mark I) konnten jeweils eine Zehn-Tonnen-Luftmine »Grand Slam« zum Abwurf über Spezialziele tragen. Britische und kanadische Firmen montierten 7366 »Lancaster«.

Links: Magnetminen, die ab 1941 von deutschen Flugzeugen abgeworfen wurden und britische Hafeneinfahrten unpassierbar machen sollten, wurden von künstlich erzeugten Magnetfeldern aus der Luft zur Explosion gebracht. Hier eine Vickers »Wellington« mit montiertem Starkstromring. Die deutsche Luftwaffe setzte zu demselben Zweck Ju 52 und He 111 in der Deutschen Bucht und vor den französischen Häfen ein.

jener modernen Schlechtwetterlandeverfahren nach Leitstrahlen, wie sie heute noch angewendet werden, waren das technologische Ergebnis jener schrecklichen Jahre. Aber ist der Krieg der Vater aller Dinge? Er ist es nicht. Wer die Geschichte der Menschheit richtig analysiert – und die Geschichte der Luftfahrt ist nur ein winziger Ausschnitt dieses Gesamtbildes –, erkennt, daß durch kriegerische Auseinandersetzungen zum Beispiel technische Entwicklungen lediglich beschleunigt, keineswegs jedoch ursächlich ausgelöst wurden. So liefen auch die ersten Turbinenluftstrahltriebwerke ebenso wie die ersten Flüssigkeitsraketenmotoren schon vor dem Beginn des Zweiten Weltkrieges. Auch ohne ihn hätten wir heute den Luftverkehr mit Strahlflugzeugen, den »Jets«, auch ohne ihn würden wahrscheinlich die »Concorde« und die Tu 144 fliegen und wäre der erste Mensch bereits auf dem Mond gelandet.

Short »Sunderland III«

Antrieb: vier 1050-PS-Neunzylinder-Sternmotoren Bristol Pegasus XVIII mit je einem Dreiblatt-Propeller
Spannweite: 34,38 m
Länge: 26,01 m
Flügelfläche: 138,14 m²
Abfluggewicht: 26 308 kg
Höchstgeschwindigkeit: 330 km/h
Flugdauer: 13 Std. 30 Min.
Besatzung: 13 Mann
Erster Flug (Prototyp): 16. Oktober 1937

Bei Ausbruch des Zweiten Weltkriegs standen der RAF 40 »Sunderland I« zur Verfügung. Ende 1941 kam die verbesserte »Sunderland III« mit vorverdichteten Motoren, verstärkter Bewaffnung und einfachem ASV-Radar heraus. Hauptsächlich produzierte Version wurde dann die Mark III mit überarbeiteter glatter Oberfläche, neuem ASV-Radar und – bei vielen Exemplaren – so starker MG-Bewaffnung, daß sie von den Deutschen »fliegendes Stachelschwein« genannt wurde. Die »Sunderland« stand in verschiedenen Versionen von 1938 bis 1958 bei der RAF in Dienst, länger als irgendein anderer Typ.

Unten: Short-Sunderland-Flugboot mit vier Bristol-Pegasus-XVIII-Motoren von je 1050 PS. Wegen seiner schwerbewaffneten Gefechtstürme nannten die deutschen Piloten die Sunderland das »fliegende Stachelschwein«.

I-18

Linke Seite oben: Diese raketenbetriebene, bemannte »fliegende Bombe« vom Typ Yokosuka MXY-7 Ohka wurde als Kamikaze-Waffe von einer japanischen Mitsubishi G4M22 aus der Luft gestartet. Unten: Die Feuerwehr des britischen Flugzeugträgers »Formidable« im Einsatz gegen einen durch Kamikaze-Einschlag verursachten Brand. Das Stahldeck des Trägers widerstand diesem Angriff, während holzgedeckte Schiffe meist verloren waren. Diese Seite oben, innen: Der schwere Bomber Mitsubishi Ki-21 war der Standardbomber der japanischen Luftstreitkräfte und führte unter anderem die Angriffe auf Pearl Harbor aus. Darunter: Nakajima B6N1-Tenzan-Torpedobomber. Rechte Spalte von oben nach unten: Mitsubishi Ki-46-III; Kawasaki Ki-61; Mitsubishi Ki-57; Nakajima J8N1 »Kikka«, Japans erstes strahlgetriebenes Flugzeug, das am 7. August 1945 zum erstenmal flog

McDonnell Douglas »Phantom«

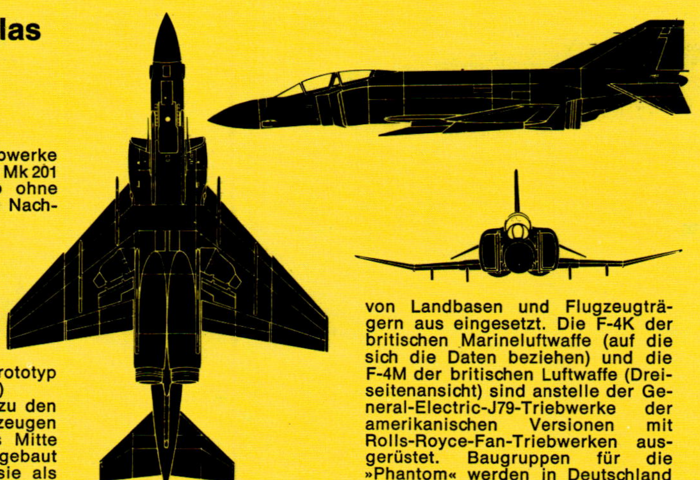

Antrieb: zwei Zweistromtriebwerke Rolls-Royce Spey RB 168-25R Mk 201 von je 5670 kp Standschub ohne beziehungsweise 9640 kp mit Nachverbrennung
Spannweite: 11,72 m
Länge: 17,66 m
Flügelfläche: 49,24 m^2
Abfluggewicht: 26 309 kg
Höchstgeschwindigkeit: 2230 km/h in 11 000 m Höhe
Eindringtiefe: 885 km
Besatzung: 2 Mann
Erstflüge: 27. Mai 1958 (Prototyp XF4M-1); 27. Juni 1966 (F-4K)

Die F-4 »Phantom II« gehört zu den meistgebauten Militärflugzeugen nach dem 2. Weltkrieg. Bis Mitte 1971 waren mehrere tausend gebaut worden. In Vietnam wurde sie als Jäger, Jagdbomber und Aufklärer von Landbasen und Flugzeugträgern aus eingesetzt. Die F-4K der britischen Marineluftwaffe (auf die sich die Daten beziehen) und die F-4M der britischen Luftwaffe (Dreiseitenansicht) sind anstelle der General-Electric-J79-Triebwerke der amerikanischen Versionen mit Rolls-Royce-Fan-Triebwerken ausgerüstet. Baugruppen für die »Phantom« werden in Deutschland und Japan in Lizenz gebaut.

Das Wettrüsten der Großmächte sorgte auch nach Beendigung des Zweiten Weltkriegs für eine ununterbrochene Weiterentwicklung des Flugzeugs als Waffe. Immer schneller, komplizierter und furchterregender wurden die Jäger und Bomber. Als Test für den Ernstfall dienten häufig die lokal begrenzten Kriege, wie die in Korea, Vietnam oder im Nahen Osten. Einige der modernen Entwicklungen zeigen die Bilder dieser Seiten.
Oben: McDonnel-Douglas »Phantom II«, darunter: Convair B-58 »Hustler«, der erste Überschallbomber der amerikanischen Luftwaffe. Rechts: Die französische Entwicklung Dassault »Mirage FI.E«

Große Konstrukteure und ihr Werk:

Geoffrey de Havilland

Geoffrey de Havilland, einer der berühmtesten und beliebtesten britischen Luftfahrt-Pioniere, wurde im Jahre 1883 als Sohn eines Geistlichen geboren. Seine bemerkenswerte Karriere umfaßte den Zeitraum bis zum Flug der »Comet I«, des ersten Düsenverkehrsflugzeugs der Welt. Er gehörte zu einer jener auserwählten Gruppen von Pionieren, die nicht nur ein Flugzeug entwarfen und bauten, sondern auch den Motor, und die dann lernten, damit zu fliegen.
»D. H.«, wie man ihn fast überall nannte, war von seiner Kindheit an technisch interessiert. 1908 baute er in Zusammenarbeit mit einem Freund, Frank Hearle, sein erstes Flugzeug. Diese kuriose Maschine, deren langer Rumpf sich in etwa gleicher Länge vor und hinter den Tragflächen erstreckte, wurde bei ihrem ersten Startversuch zerstört.
Unter Verwendung des gleichen Motors baute D. H. ein zweites Flugzeug. Es flog so gut, daß er damit fliegen lernte. Die Regierung, damals stets auf der Suche nach Talenten, bot den beiden jungen Männern Stellungen in der Royal Aircraft Factory an, die später zum Royal Aircraft Establishment in Farnborough wurde. Dort konstruierte D. H. die B. E. (Blériot Experimental) Nr. 1, den ersten aus einer Serie von Doppeldeckern mit Zugpropeller, die eine der Hauptstützen Englands zu Beginn des Ersten Weltkriegs werden sollten.
1912 zeichnete er als der Hauptverantwortliche beim Bau der B.S.1, des ersten schnellen und einsitzigen Aufklärers der Geschichte und des Vorfahren aller britischen Aufklärungs- und Jagdflugzeuge, die folgten. Dieses kleine Flugzeug hatte einen aerodynamisch sehr schönen Rumpf, der wesentlich zur Erlangung einer Spitzengeschwindigkeit von 148 km/h beitrug.
Da sich de Havilland für seine Arbeit einen größeren Aufgabenbereich wünschte, trat er 1914 als Konstrukteur und Testpilot in die Aircraft Manufacturing Co in Hendon ein. In der Zwischenzeit war er als Offizier in das Royal Flying Corps (RFC) berufen worden, aber seine besten Fähigkeiten entwickelte er am Zeichenbrett. So kam er bald wieder zurück nach Hendon, um die D. H. 1, 2, 4, 5, 6 und 9 zu konstruieren. Die D. H. 4 war eines der großen Kampfflugzeuge im Krieg 1914 bis 1918. Sie wurde von vielen für den besten Tagbomber ihrer Zeit gehalten und auch in Amerika nachgebaut, wo sie die Einrichtung der ersten Luftpostlinie dieses Landes ermöglichte.
1920 gründete de Havilland in Stag Lane, im nördlichen London, seine eigene Firma. Fast sofort prägten sich die

Links oben: Geoffrey de Havilland. Oben: De Havilland am Steuer seines »Biplane No. 2«, mit dem er am 10. September 1910 seinen ersten Flug über 400 m machte. Das Flugzeug wurde für 400 Pfund an die Regierung verkauft und später nach Farnborough geflogen, wo de Havilland seine Talente als Konstrukteur und Testpilot entwickelte. Links: Der erste Doppeldecker, den der junge Geoffrey de Havilland baute und der mit einem 45-PS-Iris-Motor eigener Konstruktion versehen war, wurde bei seinem ersten Hüpfer im Dezember 1909 zerstört.

Links oben: Die erste erfolgreiche D.H.-Konstruktion, die »Biplane No. 2«, im Jahre 1913 in Farnborough. Das Flugzeug wurde damals in »F.E.1« (Farman Experimental) umbenannt, da seine Konstruktion der des berühmten, in Frankreich gebauten Doppeldeckers allzusehr glich. Links Mitte: Die B.E.1 (Blériot Experimental) war das Flugzeug, das de Havillands Ruf in Farnborough begründete. Es wurde 1911 für einige der ersten Funksteuerversuche eingesetzt. Links unten: Eine D.H. 9A, die der Australian Air Force 1920 als »Imperial Gift« geliefert wurde. Diese Spalte oben: De Havillands B.S.1, ein Hochgeschwindigkeits-Aufklärer aus dem Jahre 1912 mit 100-PS-Gnôme-Umlauf-Motor und 147 km/h Geschwindigkeit. Darunter: Die D.H.2 mit Druckpropeller war einer der alliierten Jäger, die 1916 der Herrschaft der Fokker-Eindecker ein Ende setzten.

Oben: Ein berühmter de-Havilland-Typ der zwanziger Jahre, die D.H.66 »Hercules«, wurde von den Imperial Airways im Mittleren Osten eingesetzt. Unten: Die »Tiger Moth«, eines der beliebtesten Sportflugzeuge, ist die letzte einer langen Reihe von Moth-Versionen. Unten rechts: Die D.H.89 »Rapide« gehörte Mitte der dreißiger Jahre zu einer neuen Generation kompakter Transportflugzeuge. Rechte Seite oben: Der dreimotorige Bomber D.H.72 mit 28,95 m Spannweite neben einer winzigen Gloster »Gannet«. Rechte Seite Mitte: Die D.H.88 »Comet« reduzierte im McRobertson-Rennen 1934 die Flugzeit England—Australien auf drei Tage.

Merkmale seines Charakters, eine seltene Mischung von Zurückhaltung, trotziger Herausforderung und technischer Begabung, seiner Firma wie auch seinen Leuten auf. Er behauptete immer mit echter Aufrichtigkeit, daß die Firma de Havilland ein Team sei und nicht ein einzelner Mann. Er suchte sich gute junge Leute aus, war ihnen selbst ein Beispiel und ließ ihnen – wohlweislich – ihren Willen. Er hatte die seltene Gabe, anderen volle Verantwortung zu übertragen. Sein eigener technischer Einfluß und sein Urteil wurden eher erfragt, als daß er die ausübende Instanz gewesen wäre.

Das Ergebnis war eine bemerkenswerte Dynastie von Flugzeugen. Jedes Muster trug stolz das Präfix »D. H.«. Mehr als die Hälfte der 50 D. H.-Konstruktionen, die in dem halben Jahrhundert nach 1915

de Havilland D. H. 9A

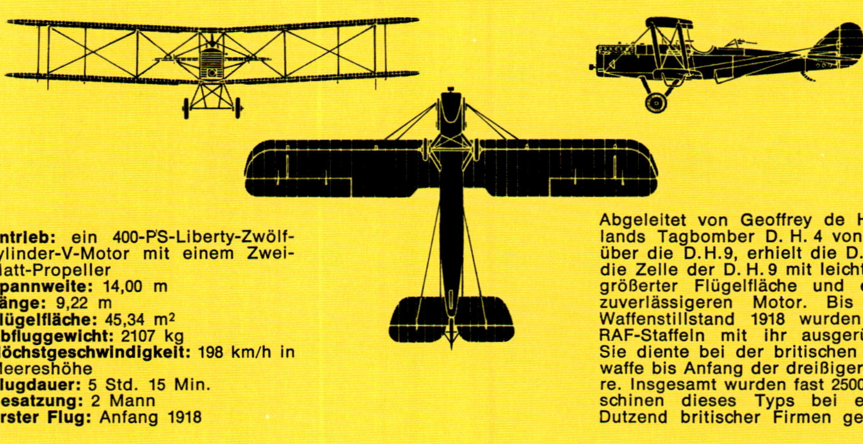

Antrieb: ein 400-PS-Liberty-Zwölfzylinder-V-Motor mit einem Zweiblatt-Propeller
Spannweite: 14,00 m
Länge: 9,22 m
Flügelfläche: 45,34 m^2
Abfluggewicht: 2107 kg
Höchstgeschwindigkeit: 198 km/h in Meereshöhe
Flugdauer: 5 Std. 15 Min.
Besatzung: 2 Mann
Erster Flug: Anfang 1918

Abgeleitet von Geoffrey de Havillands Tagbomber D. H. 4 von 1916 über die D. H. 9, erhielt die D. H. 9A die Zelle der D. H. 9 mit leicht vergrößerter Flügelfläche und einen zuverlässigeren Motor. Bis zum Waffenstillstand 1918 wurden vier RAF-Staffeln mit ihr ausgerüstet. Sie diente bei der britischen Luftwaffe bis Anfang der dreißiger Jahre. Insgesamt wurden fast 2500 Maschinen dieses Typs bei einem Dutzend britischer Firmen gebaut.

de Havilland D. H. 88 »Comet«

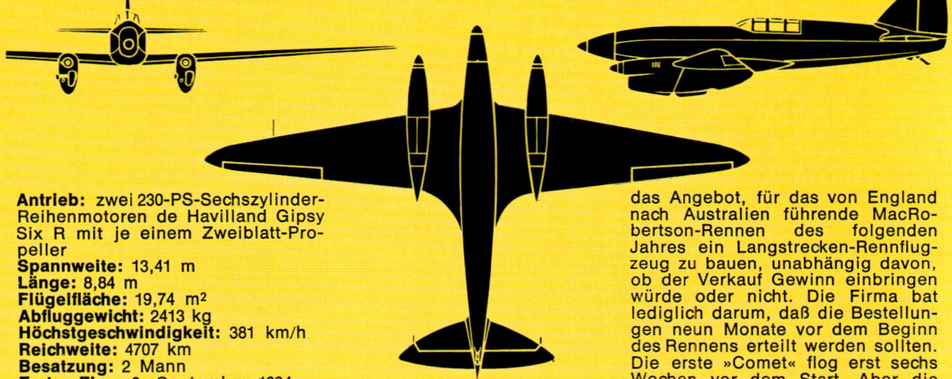

Antrieb: zwei 230-PS-Sechszylinder-Reihenmotoren de Havilland Gipsy Six R mit je einem Zweiblatt-Propeller
Spannweite: 13,41 m
Länge: 8,84 m
Flügelfläche: 19,74 m²
Abfluggewicht: 2413 kg
Höchstgeschwindigkeit: 381 km/h
Reichweite: 4707 km
Besatzung: 2 Mann
Erster Flug: 8. September 1934

In einer Geste, wie sie sich heute kein Hersteller erlauben könnte, machte de Havilland im Jahre 1933 das Angebot, für das von England nach Australien führende MacRobertson-Rennen des folgenden Jahres ein Langstrecken-Rennflugzeug zu bauen, unabhängig davon, ob der Verkauf Gewinn einbringen würde oder nicht. Die Firma bat lediglich darum, daß die Bestellungen neun Monate vor dem Beginn des Rennens erteilt werden sollten. Die erste »Comet« flog erst sechs Wochen vor dem Start. Aber die Bemühungen lohnten sich. Scott und Campbell Black's rot-weiße »Comet« gewann das Rennen.

flogen, wurden entweder wegen ihrer kommerziellen Vorzüge oder wegen der fortschrittlichen Art ihrer Konstruktion in aller Welt bekannt.
Im Jahre 1925 kam die »Moth« heraus. Sie wurde zum Rückgrat der Sportfliegerei in fast allen Ländern der Welt. Sie war das erfolgreichste Leichtflugzeug der Geschichte und trug so zur Etablierung der Firma de Havilland bei. In verschiedenen aufeinanderfolgenden Version – wie D. H. 60 »Gipsy Moth«, D. H. 61 »Giant Moth«, D. H. 80 »Puss Moth«, D. H. 82 »Tiger Moth« – blieb dieses Flugzeug mehr als 30 Jahre lang auf dem »Fließband«.
1933 erschien die D. H. 84 »Dragon«, das erste Produkt einer neuen Generation von kleinen, kompakten Transportflugzeugen. Aus ihr entwickelte sich die zweimotorige D. H. 89 »Rapide« sowie die viermotorige D. H. 86 »Express«. Diese Zubringer-Verkehrsflugzeuge wurden nach dem Krieg 1939–1945 von der »Dove« und der »Heron« ersetzt. Sie waren die letzten Maschinen mit dem charakteristischen geschwungenen Seitenleitwerk aller D. H.-Flugzeuge. Während des Zweiten Weltkrieges gelang D. H. einer seiner größten Konstruktionswürfe: die zweimotorige »Mosquito«. Ihre »Bewaffnung« war ihre Leistungsfähigkeit. Sie war aus Holz und damit von Funkmeßgeräten (RADAR) nicht erfaßbar. Zudem flog sie höher und schneller als die meisten Jagdflugzeuge. Ihre Flugeigenschaften waren hervorragend und ihre Vielseitigkeit so groß, daß sie nicht nur als Bomber eingesetzt wurde, sondern auch zur Aufklärung, für die Langstrecken-Tagjagd, als Nachtjäger und für den Angriff auf Erdziele.

de Havilland D. H. 98 »Mosquito« F. B. Mk VI

Antrieb: zwei 1635-PS-Zwölfzylinder-V-Motoren Rolls-Royce Merlin 25 mit je einem Dreiblatt-Propeller von 3,66 m Durchmesser
Spannweite: 16,51 m
Länge: 12,47 m
Flügelfläche: 42,18 m²
Abfluggewicht: 8845 kg
Höchstgeschwindigkeit: 612 km/h in 4000 m Höhe
Reichweite: 2655 km
Bewaffnung: vier 20-mm-Hispano-Kanonen Kal. 20 mm und vier 7,7-mm-Browning-Maschinengewehre im Bug; bis zu 900 kg Bomben
Besatzung: 2 Mann
Erster Flug (Prototyp): 25. November 1940
Die »Mosquito« war ein klassisches Beispiel einer Kombination von eleganter Konstruktion und funktioneller Leistungsfähigkeit. Ihre Vielseitigkeit führte dazu, daß während ihrer »militärischen Laufbahn« bei der RAF, den Luftstreitkräften des Commonwealth und anderer Länder fast 40 Varianten gebaut wurden. Insgesamt wurden 7781 »Mosquitos« hergestellt, 6710 davon während des Zweiten Weltkriegs.

DHA-3 »Drover«

Antrieb: drei 180-PS-Vierzylinder-Boxermotoren Lycoming 0-360-A1A mit je einem Zweiblatt-Propeller
Spannweite: 17,37 m
Länge: 11,12 m
Flügelfläche: 30,19 m²
Abfluggewicht: 2948 kg
Reisegeschwindigkeit: 225 km/h in 1525 m Höhe
Reichweite: 1450 km
Fassungsvermögen: 1 oder 2 Mann Besatzung und 2 Krankenbahren sowie 2 medizinische Begleitpersonen oder 9 Passagiere oder 680 kg Fracht
Erster Flug: 23. Januar 1948
Das erste Flugzeug, das von der australischen de-Havilland-Niederlassung konstruiert wurde, die Drover-Buschtransportmaschine, basierte weitgehend auf der D. H. 104 »Dove«, welche dreimotorig war. Ursprünglich war die »Drover« mit 145-PS-Motoren D. H. Gipsy Major 10 Mk 2 ausgerüstet, aber alle »Flying-Doctor«-Flugzeuge wurden 1960 zu Drover-3-Maschinen mit Lycoming-Motoren umgerüstet.

Linke Seite außen: Weltbekannt wurde de Havillands Name auch mit der »Mosquito«, die im Zweiten Weltkrieg als Jäger, Fotoaufklärer, Kampf- und Schulflugzeug eingesetzt wurde. Oben: Aus der D.H. 104 »Dove« wurde von der australischen Niederlassung de Havillands das Mehrzweckflugzeug DHA-3 »Drover« entwickelt. Unten: Das erste Strahl-Verkehrsflugzeug der Welt war die D.H.106 »Comet«. Nachdem in rascher Folge drei »Comet« in der Luft zerbrachen, wurden die Flüge verboten. Ganz unten: Obwohl das zweistrahlige Geschäftsflugzeug H.S.125 offiziell von der Hawker Siddeley Aviation hergestellt wurde, wurde es in den USA, wo der Name de Havillands noch immer einen hervorragenden Ruf genießt, als D.H.125 geliefert.

Nach dem Zweiten Weltkrieg leitete de Havilland mit der »Comet I« das Zeitalter des kommerziellen Düsenflugs ein. Diese erste Düsenverkehrsmaschine der Welt war zunächst mit de Havilland-Ghost-Strahltriebwerken ausgestattet und in ihrer Konstruktionsauslegung von einer Einfachheit, wie sie kaum je wieder erreicht und noch nicht wieder übertroffen wurde. (Über die Entwicklung der »Comet« wird in einem späteren Kapitel noch ausführlich berichtet.) Der »Comet« folgten die letzten Flugzeuge mit Sir Geoffreys Initialen: die dreistrahlige D. H. 121 »Trident« und die D. H. 125, ein kleines, zweistrahliges Geschäftsflugzeug. Anfang der siebziger Jahre flogen beide in vielen Ländern der Erde.

Der Trend zur Nationalisierung der britischen Luftfahrtindustrie führte dazu, daß die Firma de Havilland 1961 in die Hawker-Siddeley-Corporation eingegliedert wurde. Auch dann noch – im Alter von 78 Jahren – bis zu seinem Tode im Mai 1965, nahm D. H. aktiv Anteil am Schicksal des Unternehmens, das er gegründet hatte.

Heute steht der Name de Havilland in England nicht mehr im Blickpunkt der Öffentlichkeit. In Übersee ist er jedoch noch gegenwärtig in Australien mit der Firma Hawker de Havilland und in Kanada, wo die de Havilland of Canada weiter D. H.-Flugzeuge produziert.

Fliegende Bomben und Wunderwaffen

Die ersten Fernlenkwaffen

Fernlenkwaffen haben eine längere Geschichte, als allgemein angenommen wird. Versuche mit kleinen, unbemannten Flugzeugen waren in den Vereinigten Staaten und England bereits 1915 im Gange – 14 Jahre nachdem ein Mensch zum ersten Mal mit Motorkraft geflogen war.
Bei dem ersten amerikanischen Versuch handelte es sich um einen »Flugzeug-torpedo-Doppeldecker«, konstruiert und gebaut von den Firmen Sperry und Delco. Mit einem 40-PS-Ford-Motor als Antrieb startete das Gerät von einem vierrädrigen Wagen, der auf zwei Schienen lief. In der Luft erfolgte die Richtungskontrolle mit Hilfe eines einfachen Kreiselgeräts und die Höhenkontrolle über ein Aneroidbarometer.
Die Abschußmannschaft hatte vor dem Start die Entfernung bis zum Ziel und die Abtrift zu schätzen, den Bug in die Zielrichtung zu bringen und den Motor für die vorausberechnete Flugzeit einzustellen. Das unbemannte Fluggerät erreichte sein Ziel mit einer Bombenladung von etwa 130 kg, der Motor schaltete aus, ein damit verbundener Mechanismus zog vier Bolzen heraus, die Tragflächen fielen ab, und der »Torpedo« stürzte ins Ziel – oder daneben.
Zwar konnte mit dem Geschoß keine große Zielgenauigkeit erreicht werden, es flog jedoch 1915 recht eindrucksvoll vor Beobachtern der US Navy auf Long Island.
Die ersten bedeutungsvollen Versuche mit ferngelenkten Waffen gelangen in England einem von Professor A. M. Low, dem früheren Präsidenten der British Interplanetary Society, geführten Team. Die Idee, unbemannte Waffen einzusetzen, stammte von General Coddell und General Pitcher und wurde 1914 von Sir David Henderson, dem Generaldirektor der Military Aeronautics, aufgegriffen. Die streng geheim unternommenen Versuche liefen unter der Tarnbezeichnung »A T« (Aerial Target). Die Aufgabenstellung lautete: ein kleines unbemanntes Flugzeug zu entwickeln, das mit Funk zum Abwurf von Bomben über das Ziel gesteuert werden konnte.

Zunächst Fehlschläge

Die Versuche begannen in Brooklands, Surrey. Dann wurden sie nach Feltham in Middlessex verlegt, wo – nach vielen Mißerfolgen – die Konstruktion einer Funkanlage gelang, mit deren Hilfe die Steuerung eines kleinen, von Geoffrey de Havilland gebauten Hochdeckers betätigt wurde. Er hatte eine Flügelspannweite von 6,70 m, ein vierrädriges Fahrgestell und wurde von einem 35-PS-Motor angetrieben, den Granville Bradshaw entworfen hatte.
In der Flugschule des Royal Flying Corps in Upavon wurden im März 1917 Testflüge unternommen, aber zu Lows Bestürzung versagte der Motor beim ersten Start. Das ferngesteuerte Flugzeug fiel in einen Sumpf. Beim nächsten Versuch kam es in die Luft und blieb auch für kurze Zeit unter Kontrolle. Dann aber setzte nach einem Looping der Motor aus, das Flugzeug geriet ins Trudeln und zerschellte beinahe zu Füßen seines Konstrukteurs.
Obwohl die Arbeit an dem AT-Projekt nach dem Ersten Weltkrieg eingestellt wurde, ließ Lows Begeisterung für ferngesteuerte Flugzeuge nicht nach. Er schlug dem Royal Aircraft Establishment schließlich eine Fortführung des AT-Programms vor. Inzwischen stand freilich auch mehr Geld für die Grundlagenforschung zur Verfügung.
Das nächste ferngesteuerte Muster, ein Larynx-Eindecker, 1927 vom Royal Aircraft Establishment (RAE) entwickelt, wurde an Deck der »Stronghold« von einer Rampe gestartet und flog 322 km/h. Es war für eine Bombenlast von etwa 110 kg mit einer Reichweite von 480 km ausgelegt.
Es folgten bald weitere Entwicklungen: Die »Queen Bee« und die »Queen Wasp« der dreißiger und frühen vierziger Jahre stellten unbemannte Flugzeuge in natürlicher Größe dar. Sie wurden beide als Land- wie auch als Wasserflugzeuge geflogen. In der letzteren Auslegung

Oben: Flugzeug mit Selbststeueranlage der amerikanischen Firma Sperry Gyroscope Company. Rechts: Dieser winzige Doppeldecker war das erste von zwei Flugzeugen, die die Firma Sopwith für Professor Lows »AT«-Geschoß-Experimente im Ersten Weltkrieg baute. Die Antennen für die Funksteuerung sind um die Außenflügel und um das hintere Rumpfteil gewickelt.

Dieses Modell eines ferngesteuerten Geschosses des US Army Air Services, des Kettering »Bug«, ist im USAF-Museum zu sehen. Der fliegende Torpedo wog 254 kg und war dazu bestimmt, 82 kg Sprengstoff mit einer Geschwindigkeit von 88 km/h über rund 65 km zu tragen. Mit Ende des Ersten Weltkriegs wurden die Tests eingestellt.

Kettering »BUG«

Antrieb: ein 40-PS-de-Palma-Vierzylindermotor mit einem Zweiblatt-Propeller
Spannweite: 5,20 m
Länge: 3,70 m
Höhe: 1,40 m

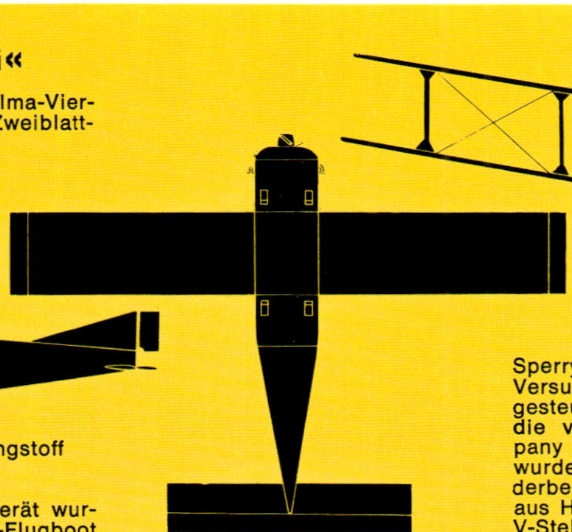

Leergewicht: 159 kg
Gefechtskopf: 82 kg Sprengstoff
Geschwindigkeit: 88 km/h
Reichweite: 64 km

Das erste Sperry-Kreiselgerät wurde 1912 in einem Curtiss-Flugboot im Hammondsport, New York, getestet. Bis 1915 wurde das Gerät im Rahmen geheimer Versuche in einem »Flugzeugtorpedo« verwendet, der für die US-Marine viele erfolgreiche Versuchsflüge absolvierte und vermutlich das erste wirkliche ferngelenkte Geschoß der Welt war. Im Jahre 1917 arbeitete Sperry mit Charles Kettering bei Versuchen mit einer anderen ferngesteuerten Maschine zusammen, die von der Dayton-Wright Company gebaut und als »Bug« bekannt wurde. Es handelte sich um einen derben Doppeldecker hauptsächlich aus Holz mit extremer Tragflächen-V-Stellung. Durch Schätzen der Entfernung bis zum Ziel konnte man ungefähr die Laufzeit des Motors errechnen, die zur Erlangung des Zielgebietes erforderlich war, und ihn entsprechend einstellen.

starteten sie per Katapult und landeten längsseits ihres Mutterschiffes. Eine Winde brachte sie an Bord zurück.

Versuche auch in Rußland

Weniger bekannt sind die Entwicklungen der UdSSR mit unbemannten Flugzeugen, die eine von Sergei P. Korolyev (dem späteren Konstrukteur sowjetischer Raumfahrzeuge) geführte Gruppe zwischen den Kriegen unternahm.
Von 1935 bis 1936 arbeitete Korolyev an dem geheimen Projekt 212, einem Entwurf zu einer kleinen fliegenden Bombe, die von einer Rampe gestartet 50 km weit mit 30-kg-Sprengkopf flog. Der winzige ferngesteuerte Flugkörper, nur 3,20 m lang mit einer Spannweite von 3 m, wurde schließlich 1939 getestet und von einem Raketenwagen gestartet. Der Flüssigkeitsraketenmotor ORM-65 im Heck lieferte angeblich einen variablen Schub von 49 bis 177 kp. Eine weit verbesserte Konstruktion, die 212A-Flugbombe, existierte auf dem Zeichenbrett, erreichte jedoch nie das Stadium der praktischen Erprobung.

Die fliegende Bombe V1

Trotz früherer erfolgreicher Arbeiten in den USA, in England und in der Sowjetunion war es Deutschland vorbehalten, das Konzept der »fliegenden Bombe« zu vervollkommnen – in Gestalt der V1, die in großen Stückzahlen während des Zweiten Weltkriegs eingesetzt wurde.
Konstruiert hatte den 7,90 m langen unbemannten Mitteldecker, der durch ein Pulso-Triebwerk angetrieben wurde, ein Team der Gerhard Fieseler Werke GmbH in Kassel unter Leitung von Dipl.-Ing. Robert Lüsser. Das Gerät wurde von einer Rampe aus gestartet und hatte eine Selbststeuerungsanlage, die es in etwa auf Kurs hielt. Das Startgewicht lag bei 2180 kg, von denen 850 kg auf den

Oben: Die »Larynx« war ein Fernkampfflugzeug, das vom RAE in Farnborough entworfen und in den Jahren 1927 bis 1929 getestet wurde. Zwölf Exemplare wurden gebaut. Hier im Bild eine »Larynx«, die von einem Katapult des Kriegsschiffs »Stronghold« aus gestartet wurde. Sie trug einen 113 kg schweren Sprengkopf und hatte eine Reichweite von rund 480 km. Links: Als Folge der früheren Arbeiten mit unbemannten Geschossen begannen die britischen Streitkräfte in den dreißiger Jahren, Flugzeuge in natürlicher Größe als unbemannte Zielkörper für Flugabwehrgeschütze zu verwenden. Der letzte Typ, der speziell zu diesem Zweck konstruiert wurde, war die Airspeed »Queen Wasp«, die als normales Flugzeug bemannt getestet und überführt werden konnte.

eigentlichen Gefechtskopf entfielen. Oberhalb des Rumpfes lag – wie ein »Ofenrohr« – das Argus-Pulso-Triebwerk. Es lieferte 300 kp Schub. Das Triebwerk entnahm vorn Stauluft, in der Brennkammer wurde intermittierend Kraftstoff eingespritzt und verbrannt. Ein Klappensystem sorgte dafür, daß die Verbrennungsgase nur durch das Schubrohr entweichen konnten und nach jeder Verbrennung Frischluft nachströmte. Der erste Versuchsabschuß einer V1 – kein Bodenstart, sondern Abwurf von einem Bomber Fw 200 »Condor« – fand im Dezember 1942 über Peenemünde statt. Mehr als 8600 Geschosse wurden allein zwischen dem 13. Juni und 4. September 1944 von Rampen in der Nähe von Calais in Richtung England gestartet. 1847 wurden von Jägern abgeschossen, 1866 durch Flakgeschütze und 232 durch Ballonsperren zum Absturz gebracht. Weitere 12 000 V1 wurden zwischen dem 5. September 1944 und dem 30. März 1945 gegen verschiedene Ziele eingesetzt.
Unter der Tarnbezeichnung »Reichenberg« erhielten etwa 175 V 1-Flugkörper eine Cockpitausrüstung. Sie

Oben: Insgesamt 420 unbemannte funkgesteuerte Queen-Bee-Versionen der »Tiger Moth« wurden von 1934 bis 1943 gebaut. Sie wurden in erster Linie als Zielobjekte für Marineabwehrgeschütze verwendet, jedoch auch von der Armee eingesetzt. Das Bild zeigt eine »Queen Bee«, die von dem Instrumentenpult im Vordergrund aus gesteuert wird. Rechts: Auch diese Fairey »Queen« diente als unbemanntes Ziel- und Übungsobjekt der Marine.

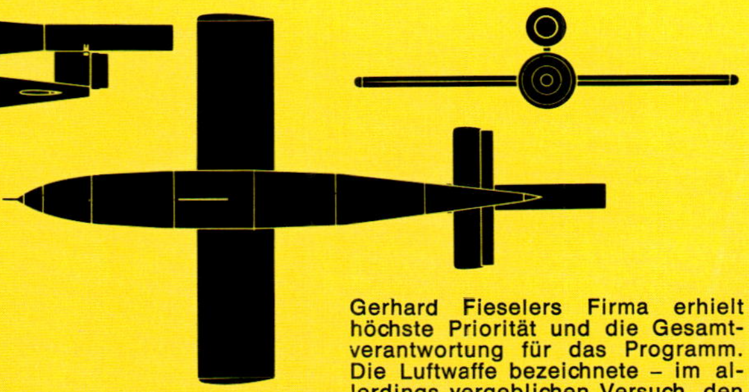

Fieseler Fi 103

Antrieb: ein Argus-As-014-Pulso-Triebwerk mit 300 kp Schub
Spannweite: 5,30 m
Länge: 7,90 m
Flügelfläche: 4,70 m²
Startgewicht: 2180 kg
Gefechtskopf: 850 kg Sprengstoff
Höchstgeschwindigkeit: 656 km/h in 3000 m Höhe
Reichweite: rund 330 km
Erster Flug: Anfang Dezember 1942 (Start vom Flugzeug); 24. Dezember 1942 (Bodenstart)
Die ersten Vorschläge, die zur V 1-Lenkwaffe führten, machten 1939 die Argus-Motorenwerke. Der Startschuß für das Projekt fiel 1942.

Gerhard Fieselers Firma erhielt höchste Priorität und die Gesamtverantwortung für das Programm. Die Luftwaffe bezeichnete – im allerdings vergeblichen Versuch, den wahren Zweck zu verbergen – das Fluggerät mit FZG (Flak-Ziel-Gerät) 76. Am vorherbestimmten Endpunkt des Fluges wurde die V 1 in den Sturzflug gebracht, indem der Kraftstoffzufluß und damit das Triebwerk gestoppt wurden; durch diese Art »Vorwarnung« konnte man manchmal wenige Sekunden vor der Explosion in Deckung gehen.

sollten von Bombern des Typs Heinkel He 111 gestartet werden; ihre Piloten sollten nach Ausrichtung der Bombe auf das Ziel abspringen oder sich mit der V 1 ins Ziel stürzen. Obgleich Versuche und auch Trainingsflüge stattfanden, wurde die bemannte V 1 nicht mehr eingesetzt. Der Start unbemannter Geschosse von Flugzeugen aus erfolgte bis Januar 1945. Damit erhöhte sich die Gesamtzahl der gestarteten V 1 auf etwa 21 500.

Oben: Nur wenig bekannt geworden ist die Tatsache, daß die »fliegende Bombe«, die von den Fieseler-Werken gebaute V 1, gegen Ende des Zweiten Weltkriegs mit einem Cockpit versehen wurde. Mit einer He 111 sollte das bemannte Geschoß durch den Piloten in größmögliche Zielnähe gesteuert werden. Kurz vor dem Einschlag sollte der Pilot mit dem Fallschirm abspringen. Es fanden zwar zahlreiche Testflüge statt, die V 1 wurde jedoch in dieser Form nicht mehr eingesetzt. Unten: Eine verirrte V 1 wird von kanadischen Soldaten im Pas de Calais untersucht.

Die V2 entsteht

Eine vollkommen neuartige unbemannte Langstreckenwaffe war demgegenüber die ballistische Rakete V 2, mit der London erstmals im Herbst 1944 beschossen wurde. Die V 2 wurde unter Dr. Wernher von Braun in der Deutschen Raketenversuchsanstalt Peenemünde entwickelt; sie war die erste große ballistische Rakete der Welt. Im Gegensatz zur V 1 konnte sie wegen ihrer enormen Geschwindigkeit und Flughöhe (sie verließ auf ihrem Wege zum Ziel teilweise die Erdatmosphäre) nicht abgefangen werden. Die einzige Verteidigungsmöglichkeit gegen sie bestand in der

Henschel Hs 293

Antrieb: ein Raketentriebwerk Walter 109–507 unter dem Rumpf
Spannweite: 2,90 m
Länge: 3,58 m
Größter Durchmesser: 0,48 m
Startgewicht: 902 kg
Gefechtskopf: 500 kg Sprengstoff
Höchstgeschwindigkeit: 600 km/h
Größte Reichweite: 16 km aus einer Starthöhe von 6000 m
Erster Flug: 16. Dezember 1940
Kurz nach Ausbruch des Zweiten Weltkriegs erhielten die Henschel-Flugzeugwerke aufgrund von Vorschlägen für eine funkferngesteuerte Bombe einen Entwicklungsauftrag; im Januar 1940 trat der von Junkers kommende Dr. Herbert Wagner in die Firma ein und übernahm die Leitung des Projekts.
Die Hs 293 war eine der ersten einsatzfähigen »Abstandswaffen«. Sie wurde von Flugzeugen der Typen Do 217, He 177 und Ju 290 eingesetzt, war mit Querrudern und Leitwerken versehen und konnte vom Trägerflugzeug aus über Funk gesteuert werden. Ihr erster Erfolg war die Versenkung der britischen Korvette »Egret« in der Biskaya am 27. August 1943 durch Flugzeuge des II/KG 100. Trotz Tag- und Nachteinsätzen im Mittelmeer und Atlantik gab es nicht allzu viele Erfolge, da die Alliierten die Funksteuerung störten und geschulte Bomberbesatzungen fehlten. Rund 1700 Exemplare wurden gebaut.

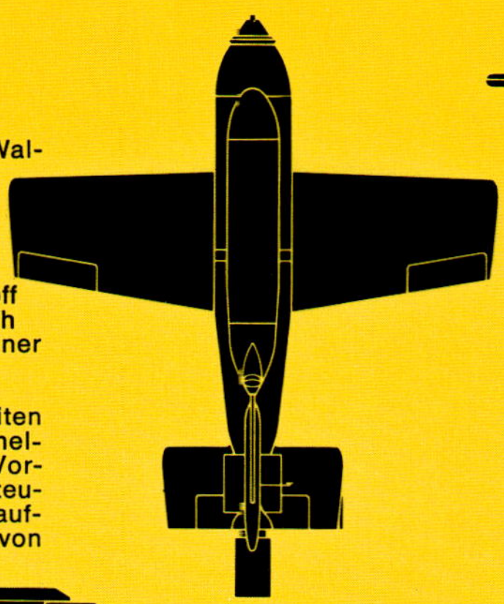

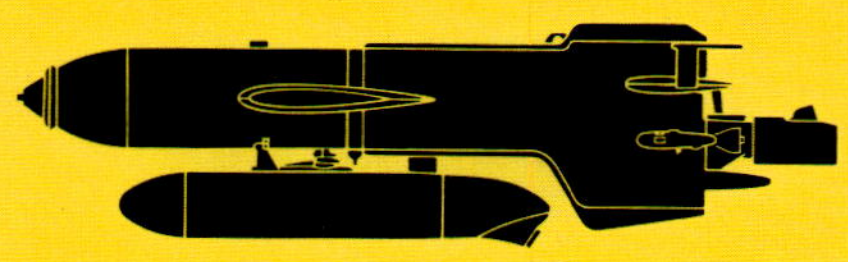

Unten: Die V 1 hatte eine Fluggeschwindigkeit, die es den englischen Abwehrgeschützen mitunter erlaubte, erfolgreiche Treffer und somit die Zerstörung der »fliegenden Bombe« zu erzielen. Gelegentlich gelang es auch Spitfire-Piloten, die V 1 mit den Tragflächen anzuwippen und somit vom Kurs abzubringen. Der V 2 war allerdings mit solchen Mitteln nicht mehr beizukommen. Unser Bild zeigt ein schachbrettartig bemaltes Versuchsmuster auf der mobilen Abschußrampe. Ganz unten: Soldaten der britischen Luftwaffe bergen im November 1944 die Reste eines Raketentriebwerks der V 2, nachdem der Flugkörper in Belgien auf ein Feld stürzte und explodierte. Die V 2, als »Wunderwaffe« propagiert, richtete vor allem in London erhebliche Zerstörungen an.

Zerstörung der Abschußeinrichtungen. Zwar arbeitete das Triebwerk der deutschen Rakete mit Flüssigtreibstoff, und die Logistik der V 2 erforderte demzufolge Tankwagen und andere Fahrzeuge, sie war jedoch von Anfang an als mobiles System ausgelegt. Die Raketen wurden auf einem von einer Zugmaschine gezogenen Anhänger zum Startplatz gebracht. Von ihrem Spezialanhänger konnte sie gleichzeitig in die vertikale Startposition gehoben werden. Der Start selbst erfolgte von einer einfachen Plattform aus. Große Aufmerksamkeit widmete man der Tarnung vor Luftangriffen. Einige der Raketen, die auf London fielen, wurden beispielsweise aus baumbepflanzten Alleen in der niederländischen Stadt Wassenaar in der Nähe von Den Haag heraus gestartet, die einen hervorragenden natürlichen Schutz vor Entdeckung boten.
Nach der Betankung der 14 m hohen Rakete mit Äthylalkohol und flüssigem Sauerstoff und der Überprüfung der Systeme startete der Batteriechef sie aus einem gepanzerten Fahrzeug.
Der erste erfolgreiche Versuchsstart einer V 2 erfolgte am 3. Oktober 1942. Die Rakete wurde durch eine Dreiachsen-Kreiselkurssteuerung mit Hilfe von Strahlrudern und aerodynamischen Rudern an den Heckflossen gelenkt. Ihre Reichweite betrug nahezu 320 km bei einer maximalen Flughöhe von über 96 km. Brennschluß des Raketentriebwerks war bei 5630 km/h; am Zielort waren sowohl ein Überschallknall wie die Gefechtskopfexplosion zu hören. Auch ohne Gefechtskopf hinterließ die V 2 bei Versuchen einen Krater von 13,7 m Tiefe und 36,6 m Durchmesser!
Alles in allem wurden vom 6. Dezember 1944 bis zum 27. März 1945 etwa 4320

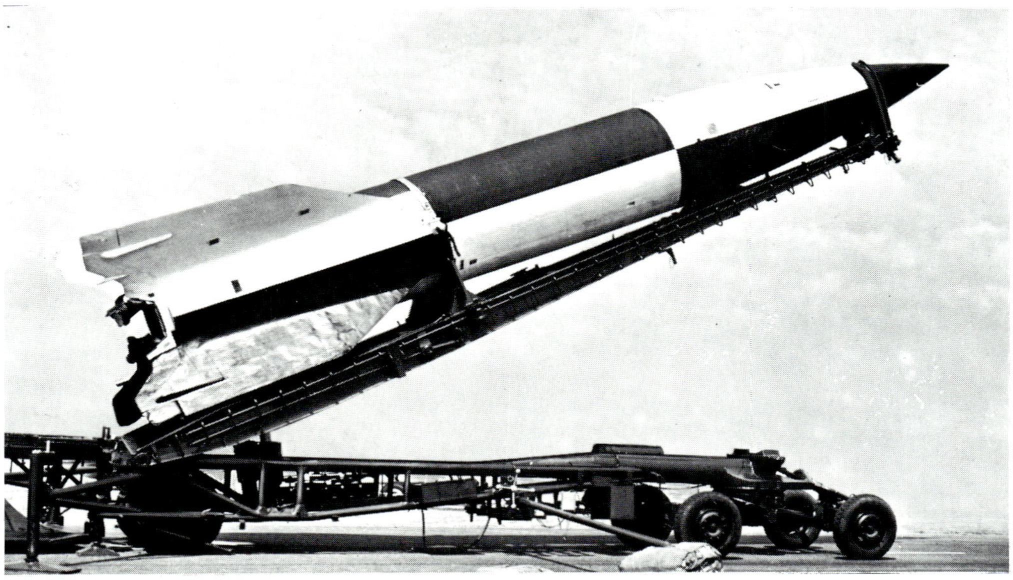

V 2 abgeschossen, davon 1120 gegen London und 2500 gegen Ziele auf dem Festland. Der Rest wurde für Trainings- und Versuchszwecke verwendet.

Maßstäbe für die Zukunft

Abgesehen von der Rakete selbst setzten viele der für die V 2 entwickelten Techniken Maßstäbe noch für mehrere Jahre nach dem Kriege. Die Konzeption des mobilen Transport/Start-Wagens für große Raketen wurde in Ost und West übernommen. Die Sowjetunion entwickelte eine ganze Familie hochmobiler Raketentransporter, die entlang der Grenze im Westen und an der Grenze zu China in Stellung gehen können. Auch die großen ballistischen Interkontinental-Raketen (ICBM), heute ein wichtiger Faktor des Gleichgewichts zwischen Ost und West, gehen auf das Entwicklungsteam von Peenemünde zurück. Schon Jahre bevor die V 2 gegen England eingesetzt wurde, planten von Braun und seine Mannschaft die Konstruktion einer Zweistufenrakete unter der Bezeichnung A-9/A-10 (die V 2 wurde technisch mit A-4 bezeichnet). Eine Zeichnung vom 10. Juni 1940 zeigt einen 24,4 m langen Flugkörper von 86 600 kg Startgewicht mit einer geflügelten V 2 als zweiter Stufe. Die geflügelte Rakete sollte nach Trennung von der ersten Stufe durch einen Gleitflug in der dünnen oberen Atmosphäre eine so große Reichweite erzielen, daß sie die Ostküste der USA erreicht hätte.

Oben links: Wernher von Braun war der Konstrukteur der V 2 und wurde später einer der führenden Männer in Amerikas Raumfahrt-Entwicklung. Darunter: Die Bildunterschrift zu diesem offiziellen Foto aus Moskau weist den gezeigten Flugkörper als »sowjetische ballistische Rakete« aus. In Wirklichkeit handelt es sich um nichts anderes als eine erbeutete V 2. Rechts: Eine geflügelte V 2 bei Versuchen in Peenemünde im Jahre 1945. Bereits im Juni 1940 wurde die Möglichkeit erwogen, New York unter Verwendung dieser Rakete als Zweitstufe der A-9/A-10 anzugreifen. Links unten: Unter Leitung von Sergei Koroljew bauten und erprobten Mitglieder der GIRD (Studiengruppe für Strahlantriebe) am 17. August 1933 erfolgreich diese erste sowjetische Flüssigkeitsrakete. Gegenüberliegende Seite: Die amerikanische »Regulus 2« mit J65-Triebwerk sieht aus wie ein Zwischending von Flugzeug und Rakete.

Phantastische Konstruktionen

Im März 1945, kurz vor Ende des Zweiten Weltkriegs, standen in der Nähe Stuttgarts merkwürdig aussehende, hochaufragende Fachwerkgebilde: Leitschienen für senkrechtstartende Raketenjäger. Sie gehörten damals zu den interessantesten Entwicklungen.
Die Flugzeuge, ausgelegt als kleine Einsitzer mit Walter-Raketentriebwerk, hatten nur rund 4 m Spannweite. Sie trugen den beziehungsreichen Namen »Natter«, denn sie sollten gegen angreifende Bomberverbände als bemanntes Verlustgerät eingesetzt werden. Bereits im Sommer 1939 hatte Wernher von Braun den Senkrechtstart von Jagdflugzeugen vorgeschlagen, jener Wernher von Braun, der später in der amerikanischen Raumfahrt eine so bedeutende Rolle spielte. In jener Form, wie sie schließlich realisiert wurde, ging die »Natter« allerdings auf Ideen des Ingenieurs Erich Bachem zurück. Der Start erfolgte aus dem Startturm heraus mit Hilfe von Feststoff-Zusatzraketen, die eine Brenndauer von zehn Sekunden hatten und anschließend abgeworfen wurden, worauf das Flugzeug mit seinem Walter-Marschtriebwerk weiterflog. Ein automatisches Bodenführungssystem brachte die »Natter« auf zwei bis drei Kilometer an einen Bomberverband heran. Danach sollte der Pilot selbst die Steuerung übernehmen, die Verkleidung der Rumpfspitze abwerfen und die dann freiliegenden Luft/Luft-Raketen in Salven abfeuern. Nach dem Angriff waren die Verbindungsbolzen zwischen Rumpfheck und Rumpfbug zu lösen, worauf sich ein Bremsfallschirm entfaltete. Der Pilot konnte sein Cockpit

verlassen und mit seinem eigenen Fallschirm die Erde erreichen. Auf diese Weise wäre der rückwärtige Rumpfteil einschließlich Raketentriebwerk wieder einsatzfähig gewesen.
Das waren zumindest die Vorstellungen der Konstrukteure. Der erste Versuch, eine bemannte »Natter« zu starten, endete allerdings mit dem Tod des Piloten. Er wurde von der Kabinenhaube erschlagen, deren Verriegelung offenbar nicht gesichert war. Noch weitere sieben Versuchsstarts wurden bis Kriegsende unternommen. Sie verliefen ohne bedeutende Zwischenfälle. Die »Natter« konnte jedoch keinen Einfluß mehr auf das Kriegsgeschehen nehmen. Mit 11 280 m/min verfügte sie über die beste Steigfähigkeit aller Abwehrjäger bis in die sechziger Jahre. Ein Exemplar der »Natter« wurde nach dem Krieg in das Deutsche Museum gebracht.
Aber unorthodoxe Flugzeuge wie die »Natter« waren keineswegs einzelnen begabten Konstrukteuren wie etwa Bachem vorbehalten: Auch die großen deutschen Luftfahrtindustrie-Unternehmen nahmen extrem fortschrittliche und ehrgeizige Projekte in Angriff, im Propagandastil jener Jahre wurden sie »Wunderwaffen« genannt. Bei Messerschmitt hätte die Vermutung nahegelegen, daß sein Unternehmen mit Entwicklung und Bau der Me 163, dem ersten Raketenjäger der Welt, sowie der Me 262, dem ersten in Großserie gebauten Strahlflugzeug der Welt und besten Strahljäger des Zweiten Weltkriegs, ausreichend ausgelastet gewesen sei. Das war aber keineswegs der Fall.
So ging unter anderen Versuchsmustern ein kleiner Einsitzer mit der Bezeichnung Me 328 in die Flugerprobung, der ebenfalls als Verlustgerät im Sinne einer »bemannten Lenkwaffe« gegen stark verteidigte Ziele hätte eingesetzt werden können. Der Pilot sollte kurz vor dem Rammstoß gegen das feindliche Flugzeug aussteigen. Die Me 328 war mit Pulso-Strahltriebwerken ähnlich jenen der V1 ausgerüstet. Zwei Prototypen gingen durch Zellenbrüche infolge von starken Triebwerkschwingungen verloren.

Reichweite 15000 Kilometer

Ein weiteres, weniger bekanntes Messerschmitt-Flugzeug war die Me 264. Ausgelegt als vier- bis sechsmotoriger

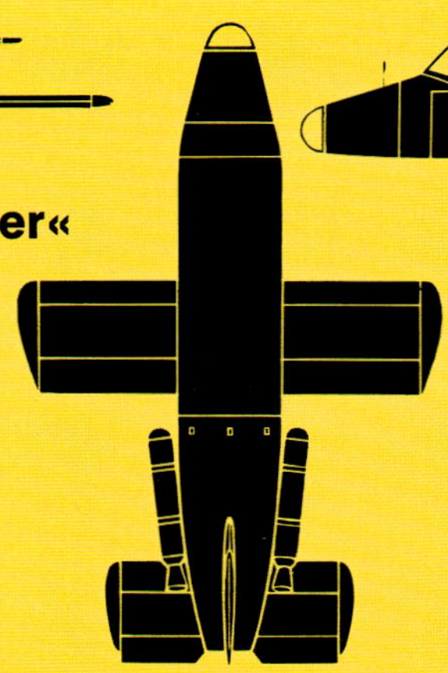

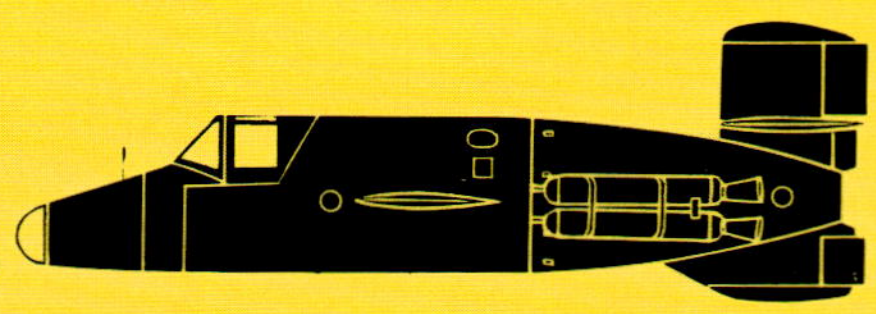

Bachem Ba 349 »Natter«

Antrieb: ein Walter-HWK-509 C-1-Zweistoff-Raketentriebwerk mit 2000 kp Schub plus vier 500-kp- oder zwei 2000-kp-Feststofftriebwerke
Spannweite: 4,00 m
Länge: 6,02 m
Flügelfläche: 4,70 m²
Startgewicht: 2232 kg
Höchstgeschwindigkeit: 1000 km/h in 5000 m Höhe
Größte Flugdauer: 4,5 Min.
Besatzung: 1 Mann
Erster Flug: 22. Dezember 1944 (unbemannt)
Der erste angetriebene Flug einer »Natter« folgte Versuchen mit dem Flugzeug ohne Antrieb im November 1944; am 28. Februar 1945 fand der erste bemannte Flug statt, bei dem der Pilot, Oberleutnant Lothar Siebert, getötet wurde. Die »Natter« ging auf einen Vorschlag von Dr. Wernher von Braun für einen Abfangjäger zurück, der die Marschflughöhe alliierter Bomber von rund 8000 m in weniger als einer Minute erreichen sollte. Zum Glück für die Alliierten kam die »Natter« nie zum Einsatz; nur zwei Drittel der 36 gebauten Maschinen wurden vor der Kapitulation noch flugerprobt, sieben davon mit Piloten. Die Daten beziehen sich auf die geplante Serienversion Ba 349 B-1.

Fernaufklärer oder Langstreckenbomber, flog ihr Prototyp im Dezember 1942 mit vier Jumo-211-Kolbenmotoren. Die Aufgabenstellung für die Entwicklung der Me 264 lautete: Mindestreichweite mit 1,8 Tonnen Nutzlast 15 000 Kilometer. Das hätte den Nonstopflug nach Tokio oder einen Luftangriff auf New York ermöglicht.

Liegender Pilot

Die Heinkel-Flugzeugwerke waren die eigentlichen Wegbereiter der Strahljägerentwicklung. Die zweimotorige He 280 flog als erstes mit Strahltriebwerk ausgerüstetes Jagdflugzeug der Welt, bei dem auch durch die Verwendung eines Schleudersitzes neue Wege beschritten wurden. Dieser Flugzeugtyp ging – wie schon berichtet – zwar nicht in Serie, doch lief die Massenproduktion für den einstrahligen Jäger He 162 an, bei dem die Forderung nach größter Einfachheit das Baukonzept bestimmte. Das BMW-003-Strahltriebwerk der He 162

Linke Seite oben: Eine der ungewöhnlichen deutschen Konstruktionen war die Bachem Ba 349 »Natter«, ein Kleinstabfangjäger mit 24 Luft/Luft-Raketen vom Typ Hs 217 »Föhn« in der Bugnase. Die Steigfähigkeit von 11 280 m/min war für damalige Verhältnisse geradezu phänomenal. Rechts: Der leichte Hubschrauber Flettner Fl 282 sollte als U-Boot-Abwehrwaffe eingesetzt werden. Der Plan, tausend Exemplare zu bauen, ließ sich nicht mehr verwirklichen. Lediglich 26 Versuchsmuster wurden fertiggestellt. Unten: Die He 280, erster Strahljäger der Welt, bei ihrem Erstflug am 2. April 1941 mit unverkleideten HeS-8A-Strahltriebwerken

lag auf dem Rumpf unmittelbar hinter dem Cockpit. Zwei weitere Versionen der He 162 mit ungewöhnlichen Antrieben wurden untersucht. Bei einer dieser Versionen war ein zusätzliches Raketentriebwerk vorgesehen, die andere sollte mit einem großen beziehungsweise zwei kleineren Staustrahltriebwerken ausgerüstet werden. Weitere Heinkel-Projekte waren strahlgetriebene Nurflügelflugzeuge, ein Kolbenmotorflugzeug mit Druckschrauben, ein Flugzeug mit einem Staustrahltriebwerk von über 5 m Länge und einziehbaren Landekufen sowie das Projekt eines sogenannten »Objektschutzjägers«, bei dem der Pilot nicht im Cockpit saß, sondern lag.

Dampfturbinenantrieb für Flugzeuge

Nun wurde bei Heinkel keineswegs der Bau von Bombern vernachlässigt, obgleich die He 177 – die mit vier auf zwei Luftschrauben arbeitenden Daimler-Benz-Doppeltriebwerken ausgerüstet war – wenig erfolgreich war. Eine geplante Weiterentwicklung dieses Baumusters hatte vier bis sechs Einzeltriebwerke. Nachdem das auch für Dampfturbinen-Erprobung vorgesehene Me-264-Programm eingestellt war, sah man eine He 177 für die Fortsetzung solcher Versuche vor.
Einige außergewöhnliche Heinkel-Flugzeuge waren nicht nur Papierprojekte. Dazu gehört zum Beispiel die fünfmotorige Schleppmaschine He 111 Z, die praktisch aus zwei an den Tragflächen zusammengebauten He-111-Bombern bestand. Auf Grund der guten Erfahrungen mit diesem bemerkenswerten Flugzeug nahm Heinkel das Projekt einer viermotorigen Doppelrumpfversion der Dornier Do 335 in Angriff, eines an sich schon ungewöhnlichen Flugzeuges.
Bei Dornier flog ab Ende 1944 der zweimotorige Jäger Do 335 in Erprobung. Ungewöhnlich an diesem Flugzeug war die Triebwerksanordnung: Ein Motor saß in der Zelle nahe dem Schwerpunkt und trieb über eine lange Welle eine Druckschraube am Heck an, der andere Motor war wie üblich im Bug (mit Zugschraube) angeordnet. Charakteristisch für die Trainerauslegung des Flugzeuges war das zweite Cockpit, das hinter dem Pilotensitz höher als dieser angeordnet war.
Wie Heinkel plante auch Dornier eine Weiterentwicklung dieses hervorragenden Flugzeugs als Doppelrumpfmaschine, widmete sich aber ebenso intensiv der Projektierung strahlgetriebener Jäger, von denen einer auf der Do 335 selbst basierte. Zum Einsatz von U-Booten aus wurde die Ar 231 entwickelt, deren Hauptkomponenten zerlegbar waren. Das Flugzeug konnte dadurch in einem zylindrischen Behälter verstaut und an Bord genommen werden.

Erster Strahlbomber der Welt

Arado war außerhalb Deutschlands wenig bekannt, baute aber zum Beispiel den ersten Strahlbomber der Welt, die Ar 234, ausgelegt für zwei bis vier BMW-003-Strahltriebwerke. Die

Oben: Wegen seiner großzügigen Rumpfverglasung wurde die Arado Ar 198 das »fliegende Aquarium« genannt. Unten: Sechs Exemplare des Aufklärers Ar 231 wurden 1941 flugerprobt. Sie sollten von U-Booten aus eingesetzt werden und konnten zur Unterbringung in einem Behälter von 2 m Durchmesser zerlegt werden. Dadurch ließen sie sich auch bei Tauchfahrt des U-Bootes mitführen. Rechte Seite oben: Der Aufklärer Ar 234 wurde zur Gewichtsersparnis anstelle eines herkömmlichen Fahrwerks mit einem abwerfbaren Startwagen ausgerüstet; die Landung erfolgte auf Kufen. Das Bild zeigt den Prototyp Ar 234C mit vier Strahltriebwerken. Rechte Seite Mitte und unten: Ein einmaliges Flugzeug war die Blohm & Voss BV 141 B in asymmetrischer Konstruktion als Aufklärer. Einschließlich der beiden Prototypen von 1938 wurden nur 12 Exemplare gebaut.

Prototypen starteten noch von einem Startwagen und landeten auf Kufen; die Serienausführung war dann allerdings mit einem Fahrwerk ausgestattet. Weiterentwicklungen wurden projektiert. Eine davon hätte eine fliegende Bombe des Typs V1 schleppen sollen, eine andere sollte eine dieser Waffen »huckepack« tragen. Ein weiteres Projekt sah vor, einen Kleinstjäger mit liegendem Piloten unter dem Rumpf zu befördern.
Der »Gleitjäger« war ein weiteres Projekt zum Einsatz gegen Bomberverbände. Er sollte von einer Me 109 geschleppt werden. In ihm war der Pilot ebenfalls liegend untergebracht; der Gleiter sollte im Flugzeugschlepp mit Hilfe eines abwerfbaren Fahrwerks in die Luft gebracht werden und auf einer Kufe landen. Der Schleppzug sollte sich einem Bomberverband auf Gegenkurs und aus größerer Flughöhe nähern. Der Gleiter wäre dann ausgeklinkt worden und hätte aus einem Stechflug von 20 Grad einen Frontalangriff geflogen.

Ein asymmetrisches Flugzeug

Dies war nur eins von vielen Projekten, die bei Blohm & Voss in Hamburg untersucht wurden. Dazu gehörten auch asymmetrische Projekte von ähnlicher Auslegung wie die BV 141. Sie erregte seinerzeit einiges Aufsehen, da Pilot und Bordschütze in einem Cockpit auf der Steuerbordseite des Flügels saßen, während sich das Triebwerk im Bug des

BV 222 »Wiking«

Antrieb: sechs 1000-PS-Jumo-207-C-Motoren mit je einem Dreiblatt-Propeller
Spannweite: 46,00 m
Flügelfläche: 255 m²
Leergewicht: 30 600 kg
Abfluggewicht: 49 000 kg
Höchstgeschwindigkeit: 390 km/h
Reichweite: 6100 km
Fassungsvermögen: 6–11 Mann Besatzung und 24 Passagiere oder 110 Soldaten
Erster Flug (Prototyp): 7. September 1940

Im September 1937 erteilte die Lufthansa einen Entwicklungsauftrag für ein Flugboot mit einem Platzangebot für 24 Passagiere, das im Nonstop-Verkehr über den Nordatlantik eingesetzt werden sollte. Der Prototyp V 1 flog am 7. September 1940, und im Dezember 1940 war die Flugerprobung abgeschlossen. Von der A-Reihe mit 1000-PS-BMW-323-Triebwerken wurden sechs weitere Flugzeuge gebaut und im Krieg – militärisch ausgerüstet BV 222 B genannt – als Transporter und Fernaufklärer eingesetzt. Sechs weitere Maschinen der C-Reihe erhielten als Triebwerk den Jumo 207 C mit gleichfalls 1000 PS.

eigentlichen Rumpfes befand, der zur rechten Seite des Flügels hin versetzt war und auch das Leitwerk trug. Bei einem anderen Projekt saßen Pilot und Bordschütze in einer Gondel auf dem linken Flügel, während zusätzliche Kanonen in einem entsprechenden Gehäuse auf dem rechten Außenflügel untergebracht waren. Das technisch ungewöhnlichste Blohm & Voss-Projekt war allerdings ein Jäger mit einer Tragfläche, die während des Fluges um die Vertikalachse geschwenkt werden konnte. Dadurch erhoffte man den gleichen Effekt, wie ihn ein Schwenkflügel der heute bekannten Bauart erzielt. Verglichen mit derartigen Plänen, erschien der Vorschlag, das riesige Flugboot BV 222 zu einem Landflugzeug umzubauen, nachgerade als konservativ.

Senkrechtstarter mit Staustrahlantrieb

Keineswegs herkömmlich war auch das Focke-Wulf-Projekt eines Jägers mit drei Triebflügeln, die jeweils von einem Staustrahltriebwerk an ihrer Spitze angetrieben wurden. Für den Start hätte das Flugzeug auf dem Heck gestanden, und die Triebflügel wären zunächst durch Raketentriebwerke in Bewegung versetzt worden, bis die Staustrahltriebwerke liefen. Unter den zahlreichen Focke-Wulf-Projekten war auch eine für den Schlepp vorgesehene sprengstoffbeladene Ta 154, die inmitten einer Bomberformation explodieren sollte. Focke-Wulf untersuchte außerdem einen mit zwei Staustrahltriebwerken von je 2,7 m Länge ausgerüsteten Jäger.
Die Junkers AG, durch die Einführung

Linke Seite: Riesige Ausmaße hatte das Flugboot BV 222 der Hamburger Flugzeugbau GmbH. Ganz unten: Die von Focke-Wulf entwickelte Ta 154 sollte unbemannt und sprengstoffbeladen im Schlepp an feindliche Bomberverbände herangeflogen werden und dort explodieren. Oben: Eine weitere phantastische Idee war das Verbundflugzeug als Erweiterung des Konzepts der »fliegenden Bombe«. Der Pilot saß in der Focke-Wulf Fw 190 (oben), angehängt war eine sprengstoffbeladene Ju 88. Zum Start liefen die Motoren beider Flugzeuge. Über dem Ziel klinkte der Pilot aus, und die Ju 88 stürzte ins Ziel. Unten: Ein Lippisch-Entwurf, der Deltaflügler »Delta VI«, im Windkanal. Diese wohl fortschrittlichste Konzeption der deutschen Kriegskonstruktionen sollte mit einem Staustrahltriebwerk zur Verbrennung von Kohlegranulat nach Entwurf von Dr. Sänger ausgestattet werden.

der Ganzmetallbauweise von Flugzeugen berühmt geworden, erwog während des Zweiten Weltkrieges auch die Verwendung von Holz für Flugzeugkonstruktionen. Eine zweistrahlig fliegende Bombe, als Bestandteil einer »Mistel«-Kombination gedacht, sollte aus Holz sein, und einen Holzflügel sollte auch ein einstrahliger Junkers-Jäger erhalten. Dieses Flugzeug wurde nie gebaut. Nicht weniger interessant war aber die Ju 287, von der noch zwei Prototypen fertiggestellt wurden. Dieser strahlgetriebene Bomber hatte nach vorn gepfeilte Tragflächen, und zwei der vier Strahltriebwerke waren zu beiden Seiten des Rumpfes angebracht.

Kohlenstaub als Treibstoff

Die deutschen Flugzeugprojekte jener Zeit waren keineswegs nur hinsichtlich ihrer zukunftsweisenden Aerodynamik bemerkenswert. Bei einem Lippisch-Jäger beispielsweise sollte nicht nur der Pilot in der Heckflosse sitzen, sondern es sollte auch fester Brennstoff verwendet werden, und zwar Kohle beziehungsweise Kohlenstaub-Granulat in einem zylindrischen, rotierenden Behälter. Der Ideenreichtum der deutschen Konstrukteure war phantastisch. Beispielhaft für ihr ungewöhnliches Maß an Phantasie und Erfindungsgabe ist die Tatsache, daß die fliegende Bombe des Typs V1 – als revolutionäre selbstgesteuerte Waffe konzipiert – auch in einer bemannten Version entwickelt, gebaut und geflogen wurde. Unter ihren Piloten befand sich eine der bekanntesten Fliegerinnen der Welt, Flugkapitän Hanna Reitsch.

Das Rückstoßprinzip – Beginn einer neuen Epoche

Unbemannte Versuchsflugzeuge und den raketengetriebenen Gleiter von Fritz von Opel aus dem Jahre 1927 einmal unberücksichtigt gelassen, ist auch heute noch das erste wirkliche Raketenflugzeug nur wenigen bekannt: die Heinkel He 176. Der Erstflug erfolgte mit Flugkapitän Erich Warsitz am Steuer am 20. Juni 1939 in Peenemünde. Das Walter-Flüssigkeitsraketentriebwerk mit 400 kg Schub brannte 50 Sekunden, der Flug selbst dauerte etwas über eine Minute. Die He 176 war eines der kleinsten Flugzeuge, die jemals gebaut wurden, um einen neuen Geschwindigkeitsweltrekord aufzustellen.

Nur wenige Wochen später, am 27. August 1939, startete Erich Warsitz mit dem ersten Strahlturbinenflugzeug der Welt, der Heinkel He 178. Am 5. April 1941 begann das Flugversuchsprogramm von Heinkels erstem zweistrahligem Jäger He 280. Am 10. Oktober 1941 flog Heini Dittmar mit der Me 163 schneller als 1000 km/h. Diese vier nach dem Rückstoßprinzip entworfenen und gebauten Flugzeuge flogen als erste der Welt vor allen vergleichbaren Maschinen.

In seinen Erinnerungen berichtet Ernst Heinkel über diese Pionierflüge, die Luftfahrtgeschichte gemacht haben: »Das Walter-Triebwerk, das wir in Abstimmung mit dem Technischen Amt in die He 176 eingebaut hatten, besaß eine Schubleistung von rund 400 kg und eine Laufzeit von rund 60 Sekunden. Diese Kraft war für das kleine Flugzeug jedoch so groß, daß es geradezu davonschoß, als Warsitz zum ersten Mal mit Raketenschub rollte. Er mußte das Triebwerk sofort wieder abschalten. Von jetzt an setzte er während des ganzen Winters 1938/39 die Rollversuche fort und ging zu den ersten Luftsprüngen über. Als sie immer größer wurden, reichte der Flugplatz Peenemünde nicht mehr aus. Die Startbahn mußte um rund einen Kilometer verlängert werden. Im Juni 1939 war das Flugzeug endlich soweit, daß Warsitz zum ersten Flug starten konnte. Am 20. Juni klingelte bei mir das Telefon. Warsitz meldete sich – und mitten in meine Ahnungslosigkeit hinein rief er: ›Herr Doktor, ich melde Ihnen den ersten reinen Raketenflug der Welt mit Ihrer He 176. Daß ich noch lebe, hören Sie an meiner Stimme . . .!‹«

Der mit 82 Luftsiegen größte überlebende Jagdflieger des Ersten Weltkriegs, Ernst Udet, kam am darauffolgenden Tag mit einigen hohen Offizieren des Reichsluftfahrtministeriums nach Peenemünde, um gemeinsam mit Ernst Heinkel den zweiten Raketenflug zu erleben. Sein Kommentar vor dem Start: »Damit wollt ihr fliegen? Da sind doch überhaupt keine Tragflächen dran, das sind Trittbretter!« Und weiter noch einmal: »Warsitz ist mir zu schade für diesen Vogel. Ich verbiete Warsitz, die He 176 weiter zu fliegen . . .«

Flugkapitän Warsitz versuchte zu erklären, warum das erste Raketenversuchsflugzeug so und nicht anders gebaut werden mußte und daß er davon überzeugt sei, damit ungeahnte Geschwindigkeiten zu erreichen, sobald das dem Walter-Triebwerk überlegene Wernher-von-Braun-Triebwerk da sei. Die Dinge gingen offenbar über das Vorstellungsvermögen vieler erfahrener Fachleute der damaligen Zeit hinaus. Es bedurfte mehrerer Besuche bei Udet in Berlin und heftiger Vorstellungen in der Richtung, daß weitere Flüge mit der He 176 unter Führung von Flugkapitän Warsitz und nicht durch Werkpiloten, die das Flugzeug nie gesehen hatten, unerläßlich seien, ehe er endlich sein Startverbot für Warsitz zurückzog und sagte: »Haut ab und macht, was ihr wollt!«

»Darin prägte sich zum ersten Mal Abneigung im Luftfahrtministerium aus, die ich von nun an während der gesamten Entwicklung meiner Raketen- und Strahlflugzeuge zu spüren bekam. Es war die Aversion gegen die Tatsache, daß ich meinem Wesen und Temperament gemäß auf eigene Faust gehandelt hatte«, sagte Ernst Heinkel später nicht ohne einen Unterton von Resignation.

Historisch richtig ist wohl, daß die Weiterentwicklung des ersten Raketenflugzeuges der Welt, der He 176, vor allem deshalb unterblieb, weil zu jener Zeit die offizielle Meinung innerhalb der deutschen Regierung an ein Kriegsende innerhalb eines Jahres glaubte und das Schwergewicht auf den Bau von Bombern (als Angriffswaffe), aber nicht auf die Neuentwicklung von Jagdflugzeugen (als Verteidigungswaffe) gelegt wurde.

Schließlich landete die He 176 im Berliner Luftfahrtmuseum. Dort wurde sie wie viele andere Pionierflugzeuge während eines Bombenangriffs zerstört.

Aber mittlerweile war auch die He 178 als erstes reines Turbinenstrahlflugzeug der Welt im Sommer 1939 fertig geworden. Über ihren ersten Flug erzählte Ernst Heinkel: »Der Morgen des 27. August 1939 war klar, als ich mit Ohain – dem Konstrukteur des Triebwerks – und einigen anderen zum Flugplatz fuhr. Das Flugzeug wurde an den Start gerollt. Warsitz schob sich hinein. Ich reichte ihm die Hand und wünschte ihm Hals- und Beinbruch. Dann lief die Turbine fauchend an. Fast im

Antrieb: 16 Sander-Feststoffraketen (zu je vier gebündelt) mit jeweils 25 kp Schub, die stufenweise gezündet wurden
Höchstgeschwindigkeit: 153 km/h
Flugstrecke: rund 1525 m
Besatzung: 1 Mann
Erster Flug: 30. September 1929
Diese und weitere Fluggeräte wurden Ende der zwanziger Jahre in Deutschland mit Geldspenden des VfR (Verein für Raumschiffahrt) gebaut, die der Publizität suchende Automobilindustrielle Fritz von Opel zur Verfügung stellte. Als erstes flog eine Entenkonstruktion, die Prof. A. M. Lippisch entworfen hatte; mit Fritz Stamer am Steuer machte sie am 11. Juni 1928 einen rund 1220 m langen raketengetriebenen Flug, der immerhin 70 Sekunden dauerte. Das Flugzeug war jedoch praktisch nicht steuerbar und machte nur noch zwei weitere Flugversuche. Die Rak. 1, die der Ingenieur Hatry konstruiert hatte und die v. Opel selbst flog, erwies sich etwa ein Jahr später als erfolgreicher.

Opel-Sander Rak. 1

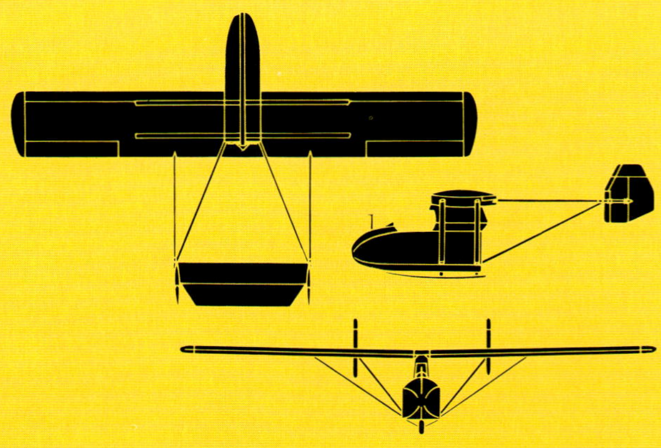

gleichen Augenblick begann der Start. Damals entstanden mehrere Aufnahmen, die leider verloren gingen. Die Maschine hob ab und stieg sehr schnell auf 300 und 400 Meter. Aber irgend etwas am Fahrgestell war nicht in Ordnung. Warsitz machte vergebliche Versuche, es einzuziehen. Dann gab er sein Bemühen auf und flog mit ausgefahrenen Rädern eine große Platzrunde. In Gottes Namen mit oder ohne Fahrgestell. Aber er flog! Er flog! Eine neue fliegerische Welt hatte begonnen. Warsitz flog wie selbstverständlich eine zweite Kurve, ruhig und elegant. Die Monteure begannen wie wild zu winken. In der sechsten Minute setzte er zur Landung an. Er schaltete das Triebwerk aus. Für Sekunden hielten wir den Atem an. Aber die He 178 setzte sicher auf und rollte aus. Alle Mühe und Zähigkeit waren nicht umsonst gewesen. Das erste Strahlflugzeug flog.«

Die Campini-Caproni-Entwicklung

Ein etwas sonderbares italienisches Flugzeug war im Grunde nur ein »Irrläufer«

Oben: Standlauf des Triebwerks der Campini-Caproni N 1. Dazu wurde das Heckteil einschließlich der Schubdüse abgenommen. Unten: Eine der attraktivsten Luftfahrtsammlungen besitzt das Deutsche Museum in München. Diese Galerie in der Luftfahrthalle schafft eine interessante Verbindung zwischen der an der Decke hängenden Nachbildung eines Wright-Doppeldeckers »Flyer 1« und der am Boden stehenden Me 262, des ersten operationellen Strahlflugzeugs der Welt. Linke Seite außen: Fritz von Opel finanzierte in den zwanziger Jahren eine Reihe experimenteller Raketenfahrzeuge. Dazu gehörte auch das Opel-Sander-Hatry-Flugzeug.

auf dem Wege zum Strahlflugzeug von heute: 1939 war es dem Ingenieur Secondo Campini gelungen, den bekannten italienischen Flugzeugkonstrukteur Caproni zu überzeugen, einen Prototyp zur Erprobung von Campinis Strahlantriebskonzept zu bauen: Ein normaler Kolbenmotor trieb einen dreistufigen Bläser mit verstellbaren Schaufeln an, die von diesem Bläser gelieferte Druckluft wiederum durchströmte ein Strahlrohr, in dem Kraftstoff zur Schubsteigerung verbrannt werden konnte, und trat dann an einer verstellbaren Schubdüse aus. Dieses Konzept war durchaus nicht unvernünftig, aber auch nicht gerade überzeugend, und die CC 2 (oder N 1, wie sie offiziell genannt wurde) war eine große, schwerfällige Maschine, die sich bei ihrem Erstflug mit Mario de Bernardi am Steuer am 28. August 1940 nur schwankend in die Luft erhob. Die Testbehörden der italienischen Versuchsanstalt in Guidonia hielten mit ihrem Spott nicht hinter dem Berg.

Die Me 262

Obgleich Ernst Heinkel der Wegbereiter des Strahlantriebes war, wurde er bis kurz vor Ende des Zweiten Weltkrieges von der Triebwerks- und Zellenentwicklung ausgeschaltet. Das mit Abstand wichtigste deutsche Strahlflugzeug wurde so die Me 262, mit zwei Jumo-004-Triebwerken von zuletzt 900 kp Schub ausgerüstet. Als einsitziger Jäger erreichte sie 850 km/h. Die Strahlturbinen waren unter den tief angesetzten Pfeilflügeln montiert. Ende 1943 ging die erste Version der Me 262 in die Produktion. Da sie eine beachtliche Bewaffnung aufwies (vier 30-mm-Kanonen) und rund 260 km/h schneller als jeder alliierte Jäger war, hätte sie damals den Luftkrieg entscheidend beeinflussen können. Hitler befahl jedoch den Umbau in einen Schnellbomber, der aber durch die Bombenlast nicht mehr leistungsfähig genug war. So kam es, daß die Me 262 erst ab September 1944 als Jäger eingesetzt werden konnte. Zum Kriegsende waren mehr als 1600 Me 262 fertiggestellt.

Neben anderen bedeutenden deutschen Strahlflugzeugen, die vor 1945 flogen, hätten noch zwei weitere, die Arado 234 und die Heinkel He 162, eine große Rolle im Kriegsgeschehen spielen können. Die Ar 234 war als Strahlbomber und Höhenaufklärer ausgelegt, von dem mehr als 200 als Einsitzer, mit zwei Jumo-004-Triebwerken ausgerüstet, gebaut wurden. Später folgten dann verschiedene Bomber- und Jägerversionen mit vier BMW-003-Triebwerken für 2 Mann Besatzung. Der Volksjäger He 162 gilt als Versuch der letzten Stunde, den Luftangriffen auf Deutschland entgegenzutreten. Er war ein kleiner einsitziger Jäger, als Schulterdecker ausgelegt, mit über dem Rumpf angeordnetem BMW-003-Triebwerk, aerodynamisch gut durchgebildeter Zelle und doppeltem Seitenleitwerk.

Das deutsche Erbe

Die Sieger einer militärischen Auseinandersetzung sind leicht geneigt, die technischen Errungenschaften des besiegten Gegners geringzuschätzen. So herrschte bis 1945 die allgemeine Tendenz, die unglaubliche Fülle und Bandbreite der deutschen Strahl- und Raketenflugzeugentwicklung als utopisch, nicht praktikabel und von allenfalls geringem technischem Interesse abzutun.

Das war zweifellos ein Fehler. Es erscheint heute unsinnig, tatsächlich gegebene revolutionäre Fortschritte zu leugnen. 1945 gab es in Deutschland bereits Prototypen von Strahlflugzeugen mit Deltaflügeln, mit Nachbrenner-Triebwerken, mit Staustrahlantrieben, mit Pfeilflügeln und sogar mit Flügeln variabler Geometrie. In allen anderen Ländern gab es im Gegensatz dazu nur mehr oder weniger konventionelle Jäger mit geraden Flächen, die für noch weitere zehn Jahre im Dienst blieben.

Es hätte auch leicht anders kommen können. Pabst von Ohain erprobte sein erstes Triebwerk bei Heinkel etwa zur gleichen Zeit wie Whittle. Aber die Entwicklung in England vollzog sich langsamer:

Englands erstes Strahlversuchsflugzeug trug die Musterbezeichnung Gloster E 28/39, eine einfach ausgelegte Maschine mit tonnenförmigem Rumpf. Sie flog am 15. Mai 1941 zum ersten Male. Heute ist sie im Naturwissenschaftlichen Museum in London zu sehen. Abgesehen von diesem Flugzeug brachte England bis 1945 nur zwei weitere Strahlflugzeuge heraus, während in Deutschland in der gleichen Zeit nicht weniger als 22 Baumuster – neben zahlreichen Projekten – entwickelt wurden.

In den Vereinigten Staaten gab es 1941 rege Forschungstätigkeit auf dem Gebiet der Strahltriebwerke. Der Durand-Ausschuß sichtete mögliche Konzeptionen und gab schließlich drei Firmen Aufträge: Westinghouse für ein kleines Axialtrieb-

werk, General Electric für eine Propellerturbine und Allis-Chalmers für ein Zweistromtriebwerk. Gleichzeitig begann Pratt & Whitney mit der Gasturbinenforschung, während Lockheed, Menasco und Northrop sich mit Strahltriebwerken und den entsprechenden Flugzeugen beschäftigten, ebenso die NACA und eine Reihe kleinerer Firmen. Auf persönliches Drängen von General »Hap« Arnold, dem Stabschef der Army Air Force, wurde aus England ein Whittle-Triebwerk beschafft. General Electric modifizierte das Whittle-Triebwerk und brachte eine eigene Strahlturbine nach nur 28 Wochen im März 1942 bereits zum Laufen. Zwei dieser Triebwerke rüsteten die erste Bell XP-59A »Airacomet« aus, die am 1. Oktober des gleichen Jahres zum Erstflug startete. Die P-59 brachte jedoch gegenüber der kolbenmotorgetriebenen »Mustang« kaum einen Fortschritt. Auf der anderen Seite baute Lockheed, ausgerüstet mit einer britischen de-Havilland-Goblin-Turbine, die XP-80 »Shooting Star«, einen schnellen Jäger. Die Serienversion F 80, mit dem leistungsstärkeren General-Electric-J-40-Triebwerk (später Allison J-33 genannt) ausgerüstet, wurde zu Beginn des Korea-Krieges eingesetzt und steht heute noch bei kleineren Luftwaffen im Dienst. Hinzu kamen später die F-84 »Thunderjet« und der aus deutschen Konstruktionsunterlagen gebaute Pfeilflügler F-86 »Sabre«. In der Tat war es die »Sabre«, die den Weg für das Jagdflugzeug der Zukunft bereitete.
In der Sowjetunion hatte man viel Arbeit in raketengetriebene Flugzeuge gesteckt; der Prototyp eines Raketenjägers flog 1942. Die Entwicklung von Strahljägern jedoch begann erst, nachdem 1945 deutsche und britische Technologie verfügbar wurde. Die BMW-, Junkers- und Heinkel-Hirth-Triebwerke wurden sorgfältig untersucht und die beiden ersteren in zwar etwas übereilt konstruierte, jedoch erfolgreiche Umbauten vorhandener Kolbenmotor-Jäger eingebaut. Aufsehen erregte die ebenfalls auf deutschen Konstruktionsunterlagen basierende sowjetische Strahljägerentwicklung MiG-15, die im Sommer 1947 mit einem Rolls-Royce-Nene-Triebwerk zum ersten Male flog, das die britische Regierung gerade zur richtigen Zeit geliefert hatte. Bei Klimow standen bald ähnliche und verbesserte Versionen der Nene im Bau, mit denen die Serienversionen der MiG-15 und des Bombers Il-28 ausgerüstet wurden.

Linke Seite: Der erste der beiden Prototypen der E.28/39, hier bei einem Start vom Flugplatz des Royal Aircraft Establishment in Farnborough im Jahr 1945. Diese Seite oben: Zum Teil aus deutschen Unterlagen wurden die Lockheed »Shooting Star« XP-80 und ihre Fortentwicklung, die T-33A (mittleres Bild), konstruiert. Unten: Auch die MiG-15 basierte auf deutschen Konstruktionsunterlagen. Angetrieben wurde die Maschine von einem Rolls-Royce-Nene-Triebwerk.

Noch viele andere Länder bemühten sich, bei der Entwicklung von Strahltriebwerken mitzuwirken. In Japan gelang es noch in den letzten Kriegstagen, einen einfachen, untermotorisierten zweistrahligen Jäger für immerhin elf Minuten in die Luft zu bringen. In Frankreich wurden zur Zeit der deutschen Besetzung ein Strahlversuchsflugzeug sowie verschiedene Strahl- und Propellerturbinen-Triebwerke entworfen. Die SO-6000 »Triton« flog mit einem Jumo 004 im November 1946. Die Schweden fanden heraus, daß die ausgezeichnete britische Goblin-Strahlturbine wie angegossen in die Triebwerksräume des mit Druckschrauben und Doppelleitwerksträger ausgerüsteten Jägers J 21 paßte. Sie bauten eines der Triebwerke an Stelle der Daimler-Benz-DB-605-Kolbenmotoren ein. Die daraus entstandene J 21R begann im März 1947 eine sehr erfolgreiche Laufbahn. Fünf Monate später flog der erste Strahljäger in Südamerika, von Professor Kurt Tank in Argentinien entworfen und gebaut: die von einer Rolls-Royce-Derwent angetriebene »Pulqui« (Pfeil).
So wurde der Strahlantrieb rasch in aller Welt eingeführt. Er revolutionierte den Flugzeugbau aller Kategorien und ermöglichte Reisegeschwindigkeiten, die 1939 noch als utopisch angesehen wurden.

Links: Sir Frank Whittle, der englische Pionier des Strahlantriebs. Oben: Russische Bomber des Typs Iljuschin Il-28 beim Abflug vom Flugplatz Oranienburg in der DDR. Darunter: Professor Kurt Tank, der frühere technische Leiter der Focke-Wulf AG, entwickelte in Argentinien die »Pulqui II«. Rechte Seite unten: Gloster E.28/39 mit Whittle-Triebwerk W.1

Sir Frank Whittle

Einer der großen englischen Erfinder und Konstrukteure war Frank Whittle, der von vielen als der Vater des Strahlantriebs angesehen wird, obwohl parallel zu seinen Entwicklungen ähnliche Projekte auf den Reißbrettern der Ingenieure von Junkers, Heinkel und BMW reiften.
Whittle wurde am 1. Juni 1907 in Coventry geboren. Schon als Junge interessierte er sich brennend für die Flugzeuge des Ersten Weltkriegs. 1923 trat er in die RAF ein und wurde Kadett im RAF-College in Cranwell.
Damals wie heute bekam ein Kadett in Cranwell eine breit angelegte theoretische und praktische Ausbildung. Whittle wurde bald klar, daß die Leistung eines Kolbenmotors in Verbindung mit einer Luftschraube Grenzen hat, die mit keinem auch noch so großen Entwicklungsaufwand zu überwinden sind. Der Kolbenmotor ist abhängig von der Luftmenge, die er »atmen« kann. Dieses Gesetz kommt natürlich um so mehr zum Tragen, je höher ein Flugzeug fliegt und je mehr die Dichte der Luft abnimmt.
Auch die Luftschraube unterliegt gewissen Beschränkungen. Der Winkel, mit dem ihre Blätter zur Luftströmung eingestellt sind (Steigung genannt), muß groß sein, wenn das Flugzeug schnell fliegen soll. Eine Luftschraube mit kleiner Steigung würde bei hohen Geschwindigkeiten »durchdrehen«, ohne das Flugzeug noch effektvoll ziehen zu können. Andererseits ist aber eine relativ geringe Steigung der Propellerblätter bei Start und Landung notwendig, um die Leistung des Motors voll zu übertragen. Eine weitere fundamentale Grenze ergibt sich dadurch, daß der Wirkungsgrad einer Luftschraube bei sehr hohen Geschwindigkeiten (und das waren Ende der zwanziger Jahre etwa 550 km/h) extrem schlecht wird. Die Spitzen der Propellerblätter drehen bei diesen Geschwindigkeiten bereits im Überschallbereich. Offiziell hieß es zu Zeiten Whittles in Cranwell, daß kein Flugzeug jemals mehr als 650 km/h fliegen würde.

Daß die Me 209 im April 1939 schneller als 755 km/h flog und daß dieser Rekord für Propellermaschinen dann 1969 noch einmal überboten wurde, ändert nichts an der elementaren Richtigkeit der damaligen Erkenntnisse.
Whittle nahm diese Erkenntnisse nicht als unabwendbar hin, sondern suchte nach einer anderen Art von Antrieb. In seiner Abschlußarbeit in Cranwell schrieb er über die Zukunftsvision eines Flugzeugantriebs: mit Hilfe eines Luftstrahls, der durch ein Triebwerk erzeugt werden sollte, das Luft ansaugte, sie aufheizte und mit hoher Geschwindigkeit durch eine Düse ausströmen ließ. Im RAF-College-Journal veröffentlichte er 1928 unter der Überschrift »Theorien« einen kurzen Artikel, in dem er die grundlegenden thermodynamischen Gleichungen eines solchen Antriebssystems entwickelte, wobei er als Reiseflughöhe unerhörte 35 000 Meter ansetzte.
Als Pilot kam dann Whittle von Cranwell zur Central Flying School der RAF, um dort zum Fluglehrer ausgebildet zu werden. Der Kommandeur der Fliegerschule ließ sich davon überzeugen, daß Whittles Idee des Strahlantriebes vernünftig war, und brachte ihn mit dem Luftfahrtministerium in Verbindung. Daß Whittles Ideen tatsächlich zu realisieren waren, ist heute allgemein bekannt.
1929 mochten sie jedoch so praktikabel erscheinen, als wenn man einen Mann zum Mond hätte schicken wollen. Whittle wurde mit den oft gehörten Einwänden abgespeist, es sei zu schwierig, es würde eine Menge Geld kosten, es sei nicht sicher, daß es funktioniere, und das ganze Konzept sei überhaupt zu fortschrittlich.
Eine ähnliche Einstellung von Regierung und Luftwaffe widerfuhr ja damals auch den deutschen Konstrukteuren, und daß am 27. August 1939 in Warnemünde das erste Düsenflugzeug der Welt, die Heinkel He 178 flog, war mehr den heimlichen Arbeiten und dem Eigensinn von Ernst Heinkel zu verdanken als dem Ansporn von offiziellen Stellen.
Der junge Whittle versuchte es in England dann bei verschiedenen Industriefirmen, stieß aber auch hier wiederum nur auf höfliche Ablehnung. Er ließ sich schließlich 1930, also im Alter von 23 Jahren, ein Patent auf seine Idee erteilen und bemühte sich im übrigen um eine ordentliche Karriere bei der RAF.
1935 änderten sich die Dinge dann allerdings rasch. Ein anderer früherer Cranwell-Kadett, R. D. Williams, sorgte über ein Bankenkonsortium für die Finanzierung einer neuen Firma mit dem Namen Power Jets Ltd., die Whittles Erfindung auswerten sollte. Im Juni konnte Whittle mit der Konstruktion eines Strahltriebwerks beginnen.
Nachdem er praktisch aus dem Nichts heraus angefangen hatte, wäre es richtig gewesen, zunächst praktische Grundlagenforschung zu treiben, um das Triebwerk dann zum Schluß aus erprobten Teilen zusammensetzen zu können. Zeit und Geld erlaubten ihm dieses Vorgehen jedoch nicht. Schließlich stellten Whittle und eine Handvoll Mitarbeiter von Power Jets Ltd. ihr erstes Triebwerk des Typs U fertig. Es lief am 12. April 1937 und war damit das erste funktionierende Strahltriebwerk der Welt.
Whittle war nun nicht etwa der erste Konstrukteur einer Gasturbine, aber er war der erste, der sie für den ausschließlichen Zweck des Flugzeugantriebs – durch den Rückstoß der heißen Abgase aus der Schubdüse – entwickelt hatte.
Als Beamte des Luftfahrtministeriums sein erstes Triebwerk laufen sahen, entschlossen sie sich – ein wenig widerwillig –, ihm doch noch finanzielle Unterstützung zu gewähren. Nach wie vor wurde diese revolutionär neue Triebwerksart aber als Langfristidee angesehen, so daß Eile zunächst nicht erforderlich schien.
Im März 1938 gab das Luftfahrtministerium Whittle den Auftrag, ein verbessertes Triebwerk für den Flugzeugantrieb zu entwickeln. Ein weiterer

Gloster E 28/39

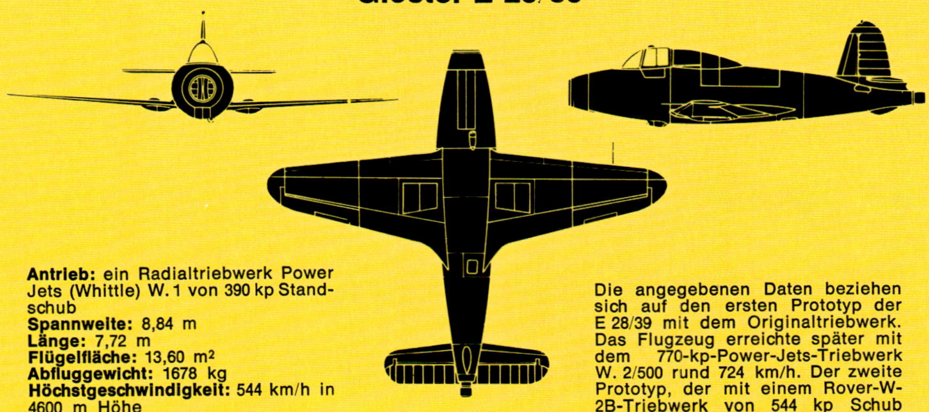

Antrieb: ein Radialtriebwerk Power Jets (Whittle) W. 1 von 390 kp Standschub
Spannweite: 8,84 m
Länge: 7,72 m
Flügelfläche: 13,60 m²
Abfluggewicht: 1678 kg
Höchstgeschwindigkeit: 544 km/h in 4600 m Höhe
Besatzung: 1 Mann
Erster Flug: 15. Mai 1941

Die angegebenen Daten beziehen sich auf den ersten Prototyp der E 28/39 mit dem Originaltriebwerk. Das Flugzeug erreichte später mit dem 770-kp-Power-Jets-Triebwerk W. 2/500 rund 724 km/h. Der zweite Prototyp, der mit einem Rover-W-2B-Triebwerk von 544 kp Schub ausgerüstet war, erreichte bei Versuchen 750 km/h.

Gloster »Meteor I«

Antrieb: zwei Strahltriebwerke Rolls-Royce W 2B/22 Welland Serie 1 von je 771 kp Standschub
Spannweite: 13,11 m
Länge: 12,57 m
Flügelfläche: 34,75 m²
Abfluggewicht: 5332 kg
Höchstgeschwindigkeit: 676 km/h in 9100 m Höhe
Flugdauer: 1 Std. 15 Min.
Bewaffnung: vier 20-mm-Hispano-Kanonen in der Bugnase
Besatzung: 1 Mann
Erster Flug: 5. März 1943

Die »Meteor« entstand aufgrund der Spezifikation F 9/40 des britischen Luftfahrtministeriums, der ersten britischen Ausschreibung für einen einsitzigen Strahljäger. Gloster baute zunächst acht Prototypen und dann weitere zwanig Exemplare des Typs Mk I, von denen 16 an die RAF geliefert wurden. Bei ihrem ersten Einsatzerfolg zerstörten »Meteors« der Staffel 616 am 4. August 1944 zwei fliegende Bomben des Typs V 1 über Südengland – die ersten von vielen, die durch die neuen Jäger abgeschossen wurden. Als Hauptversion während des Krieges wurde die Mark III mit 280 Stück gebaut, von denen die meisten die stärkeren Rolls-Royce-Derwent-Triebwerke hatten. Damit erreichten sie 793 km/h in 9150 m Höhe. Die Dreiseitenansicht zeigt die Mark III.

Oben: Das Whittle-Strahltriebwerk W.1 aus ungewöhnlicher Perspektive. Das heute im Naturwissenschaftlichen Museum in London ausgestellte Triebwerk hatte einen Radialverdichter und lieferte in seiner ursprünglichen Ausführung 390 kp Schub. Rechte Seite: Das Strahltriebwerk BMW-003, das erste in Serie gebaute Strahltriebwerk der Welt

Auftrag ging an Gloster Aircraft für die Entwicklung des Versuchsflugzeugs E 28/39. In der Abenddämmerung des 15. Mai 1941 startete Leutnant P. E. G. Sayer in Cranwell mit dem ersten britischen Strahlflugzeug. Noch während des Sommers 1944 wurden mehrere Staffeln mit zweistrahligen Jägern des Typs »Meteor« aufgestellt, die unbemannte fliegende Bomben des Typs V1 abfangen und zerstören sollten – das erste Mal übrigens, daß sich strahlgetriebene Fluggeräte gegenüberstanden, wenn auch nicht im Sinne eines Luftkampfes.

Zur selben Zeit war die Entwicklung der Strahlflugzeuge in Deutschland jedoch bedeutend weiter vorangeschritten, und die deutsche Luftwaffe verfügte ab September 1944 über den zweistrahligen Jäger Me 262, von dem bis Kriegsende mehr als 1600 Exemplare fertiggestellt wurden. Dieses damals überragende Flugzeug wurde noch einmal für kurze Zeit zum Schrecken der gegnerischen Luftwaffen, konnte aber keine Wende im Krieg mehr herbeiführen.

Während bei Kriegsende in Deutschland zahlreiche Baumuster mit Strahlantrieb vorlagen, stellte die RAF mit der »Vampire« erst nach dem Krieg ein zweites Strahlflugzeug in Dienst, und die amerikanische Lookheed »Shooting Star« ging mit einem von Whittle abgeleiteten Triebwerk in Serie. Im Mai 1952 leitete eine »Comet« der britischen Fluggesellschaft BOAC die Ära der Strahlflugzeuge in der Zivilluftfahrt ein, im April 1953 eine Vickers »Viscount« die der Propeller-Turbinen-Verkehrsflugzeuge.

Die Entwicklung des Strahltriebwerks BMW-003

Nachdem im Jahre 1936 Fluggeschwindigkeiten von 600 km/h und mehr erreicht waren, zeichneten sich für die Weiterentwicklung von Hochgeschwindigkeitsflugzeugen grundsätzliche Schwierigkeiten ab. An den Blattenden der Luftschrauben wurde bereits Überschallgeschwindigkeit erreicht. Ihr Wirkungsgrad verringerte sich. Diese Tatsache machte eine weitere erhebliche Steigerung der Geschwindigkeit unmöglich. Um aber Fluggeschwindigkeiten von 800 km/h und mehr zu erreichen, mußten für den Antrieb solcher Flugzeuge völlig neue Wege beschritten werden.

Als Vortriebsmittel kam deshalb ein nach hinten austretender Gasstrahl in Frage. Dieser schon viel früher vorgeschlagene Weg schien nunmehr gangbar zu sein, um so mehr, als die Voraussetzungen für die Schaffung von Strahltriebwerken durch die inzwischen vorliegenden Erkenntnisse der Aerodynamik, der Thermodynamik und der Metallurgie gegeben waren. Im Technischen Amt des Reichsluftfahrtministeriums in Berlin wurde daher Ende 1936 der Entschluß gefaßt, mit der Entwicklung solcher »Strahltriebwerke« zu beginnen.

Um die Probleme der Wirkungsgrade und der erreichbaren Schübe praktisch studieren zu können, bauten die BMW 1938 ein sogenanntes ML-(Motorluft-) Strahltriebwerk, das aus einem luftgekühlten Neunzylinder-Motor (Baumuster 323) und einem von diesem angetriebenen ummantelten Gebläserad bestand. Die Flugerprobung dieses Triebwerks ergab 1938 befriedigende Ergebnisse.

Die Vorteile des Gasturbinentriebwerks hinsichtlich seiner Einfachheit des Aufbaus, der kleinen Stirnfläche und des kleinen Gewichtes bedeuteten einen außerordentlichen Fortschritt. Schließlich wurde mit der genauen Projektierung eines solchen Triebwerks im Jahre 1938 begonnen. Ein wesentliches Merkmal des bei BMW verfolgten Projekts war, daß es mit einem Axialverdichter und einer Ringbrennkammer ausgestattet war. Die Auswahl des Axialverdichters für diesen Zweck war durch die grundlegenden Arbeiten der Aerodynamischen Versuchsanstalt Göttingen ermöglicht worden, die bei ihren Versuchen an Axialverdichtern kleiner Abmessungen Wirkungsgrade erreicht hatte, die über denen von Radialverdichtern lagen. Die in einer Stufe, d. h. mit einem Axialverdichterrad und dem zugehörigen Leitapparat erzielbare Förderhöhe (Druckerhöhung) war so groß, daß es möglich wurde, den in einem Gasturbinentriebwerk benötigten Druck mit nur wenigen Stufen zu erzielen. Der Axialverdichter war auch bei hohen Druckverhältnissen hinsichtlich seines Wirkungsgrades den Radialverdichtern überlegen. Ein weiterer Vorteil des Axialverdichters war sein wesentlich kleinerer Durchmesser gegenüber dem Radialverdichter. Grundlegende Vorberechnungen zeigten bereits, daß bei den zu erwartenden Wirkungsgraden von Verdichter und Turbine zur Erreichung günstigen Kraftstoffverbrauchs des Triebwerkes im Verdichter ein Gesamtdruckverhältnis von etwa 5 gewählt werden sollte.

Trotzdem wurde für die ersten zehn Versuchstriebwerke, die später die Bezeichnung P-3302 (V1-10) erhielten, ein Druckverhältnis von ca. 3 gewählt und erwartet, daß das Triebwerk dadurch gegen Wirkungsgradverluste unempfindlicher würde und es keine Anlaß-Schwierigkeiten gäbe. Diese Voraussagen bestätigten die späteren Versuche. Großer Wert wurde auf kleinstmögliches Gewicht und kleine Stirnfläche gelegt. Der wesentlich größere Kraftstoffverbrauch gegenüber Kolbenmotoren wirkte sich im Gesamtprojekt infolge der erreichbaren hohen Geschwindigkeiten nicht entscheidend nachteilig aus.
Der Weiterentwicklung war es vorbehalten, den Verbrauch herunterzudrücken. Im Vordergrund stand die Aufgabe, so schnell wie möglich hohe Fluggeschwindigkeiten zu erzielen.
Als Vorversuch für die Funktionserprobung einer Gasturbine, insbesondere aber um das Verhalten einer Brennkammer bereits vor Fertigstellung eines kompletten Triebwerks studieren zu können, wurde eine kleine Gasturbine, bestehend aus einem Flugmotorenlader des Motors BMW-323, einem Teilausschnitt der für das in Konstruktion befindliche Strahltriebwerk vorgesehenen Brennkammer und einer Abgasturbine, zusammengebaut. Die Versuchsläufe mit dieser Anlage zeigten 1939 besondere Schwierigkeiten bei der Brennkammer. Änderungen brachten Verbesserungen.
Das Jahr 1940 verging mit der Gesamtkonstruktion des Triebwerks, dem Anfertigen der ersten Versuchstriebwerke, dem Bau der zur Erprobung erforderlichen neuen Prüfstände, die sich in vielen Einzelheiten von den Kolbenmotorprüfständen unterschieden. Daneben wurden Vorversuche mit Einzelbauteilen unternommen.
Die Verdichterschaufeln wurden weitgehend den Vorschlägen der Aerodynamischen Versuchsanstalt Göttingen angepaßt. Die übrige Konstruktion, wie der Aufbau, die Brennkammergestaltung, die Turbine, Schubdüse, Kühlung der Bauteile, das Kraftstoff- und Schmiersystem sowie die Regelung, entstanden bei BMW.
Das erste Versuchstriebwerk kam zu Beginn des Jahres 1941 auf den Prüfstand. Es gelang nach einigen Vorversuchen mit einem Elektromotor, der als Anlasser diente, das Triebwerk zum Laufen zu bringen. Zunächst wurde nur ein Schub von 150 kp erreicht. Eine ganze Reihe von Schwierigkeiten stellten sich ein. Der BMW-Abgasturbine folgend, war eine Bauart des Turbinenrades übernommen worden, bei der auf einem zweiteiligen Radkörper Hohlschaufeln aufgeschweißt wurden, die von Kühlluft durchströmt waren. Die geschweißte Verbindung war in vielen Fällen nicht einwandfrei, so daß bereits bei 8000 U/min Schaufelbrüche auftraten, während 9000 U/min erreicht werden mußten, um auf die geforderte Leistung zu kommen. Die Brennkammer zeigte eine sehr ungleichmäßige Temperaturverteilung, die ein Verziehen der Brennkammermäntel, der Turbinendüse und eine viel zu hohe Temperatur in der Mitte der Turbinenschaufeln zur Folge hatte. Außerdem stellte sich heraus, daß ein nicht unerheblicher Teil des Kraftstoffs das Triebwerk unverbrannt verließ. Aus Mangel an Erfahrungen war die Brennkammer zu kurz geraten. Auch waren langwierige Entwicklungsarbeiten notwendig, um eine geeignete Brennkammerbauart zu finden. Ölfeuerungsbrenner und Gasbrenner für Industriefeuerungen arbeiteten bei wesentlich kleineren Strömungsgeschwindigkeiten und bei kleineren Brennkammerbelastungen. Sie waren also nicht verwendbar.
1941 endlich gelang der erste erfolgreiche Flug mit zwei Versuchstriebwerken P-3302 in einer Messerschmitt 262 mit zusätzlich eingebautem Mittelmotor.
Um die nun gewonnenen Erfahrungen auszunützen und die Leistungsforderungen, die in der Zwischenzeit auf 800 kp Schub erhöht worden waren, erfüllen zu können, wurde das Triebwerk 1942 umkonstruiert. Für den Verdichter wurde eine bei BMW entworfene Beschaufelung vorgesehen, die bei gleichen Abmessungen einen um 30 Prozent größeren Luftdurchsatz brachte. Zur Verbesserung des Verdichtungsverhältnisses wurde die Zahl der Verdichterstufen von 6 auf 7 erhöht. In die Brennkammer wurden Brenner neuester Konstruktion eingebaut und ein größeres Brennkammervolumen geschaffen. Die ersten Versuchsläufe mit diesem Triebwerk verliefen Ende 1942 zufriedenstellend.
Wenn auch bei den neuen Versuchstriebwerken eine wesentliche Verbesserung festzustellen war, so tauchten auch jetzt wieder Schwierigkeiten auf: Die Anlaßeigenschaften waren ungünstiger. Nach verhältnismäßig kurzen Laufzeiten traten regelmäßig Schaufelbrüche an den langen Schaufeln der ersten Verdichterstufe ein. Schaufelbrüche bei der Turbine waren durch Warmversprödung als Folge kurzzeitiger Überhitzung häufig, und an dem Axialdrucklager des Verdichters stellten sich insbesondere beim raschen Anfahren Lagerfresser ein.
Im ganzen war jedoch eine sehr große Steigerung der Leistung und eine Senkung des Kraftstoffverbrauchs meßbar, welche die Einsatzmöglichkeit des Triebwerks in greifbare Nähe rückten. Die aufgetretenen Störungen konnten durch Änderungen beseitigt werden.
Nach diesem Erfolg konnte endlich 1943 die Nullserie des nun BMW-003 genannten Triebwerks gebaut werden. Es wurde mit inzwischen weiter verbesserten

Brennkammern ausgerüstet. Im Oktober 1943 erfolgte der erste Flug in einer Ju-88-Zelle, unter dem Rumpf aufgehängt (fliegender Prüfstand).
Der Schub von 800 kp wurde nachgewiesen. Es folgten 50-Stunden-Dauerläufe. Die erste Verdichterstufe war zur Vermeidung von Schaufelbrüchen verstärkt worden, ein Axialwälzdrucklager an Stelle des Gleitdrucklagers eingebaut, Turbinenschaufeln aus Blech mit Hohlschaufelkühlung und Kühleinsätzen und eine regelbare Schubdüse mit Innenkühlung eingesetzt.
Im August 1944 wurde das hundertste Nullserien-Triebwerk ausgeliefert, im September ein Höhenflug von Hauptmann Bispink durchgeführt, bei dem mit einer zweimotorigen Arado 234 eine Höhe von 13 500 m erreicht wurde.
1944 erfolgte die Umstellung von dem bisher verwendeten teuren Kraftstoff B 4 (normales Flugbenzin) auf den billigeren J 2 (unraffinierter Dieselkraftstoff). Das Kraftstoffsystem wurde geändert und eine Anlaßzündeinrichtung eingebaut.
Inzwischen war die Serienproduktion angelaufen und im Dezember 1944 eine Monatsstückzahl von 100 erreicht.
Eingesetzt wurde das Triebwerk BMW-003 in dem zwei- oder viermotorigen Aufklärer und Bomber Arado 234 und später in der einmotorigen He 162, dem sogenannten »Volksjäger«. Insgesamt wurden 1300 Triebwerke BMW-003 gebaut.
Anfang 1945 wurde durch weitere Verbesserungen ein Schub von 900 kp erreicht. Es konnten 100-Stunden-Dauerläufe gefahren werden. Zur gleichen Zeit wurde das BMW-Entwicklungswerk von Spandau in ein Salzbergwerk bei Staßfurt (Unseburg) verlegt. Noch bevor das Werk fertig eingerichtet war, wurde die Weiterarbeit durch die Kriegsereignisse Anfang April 1945 beendet.
Neben den Arbeiten am Triebwerk BMW-003 standen bei BMW noch weitere Projekte in Entwicklung. Ausgehend von den gewonnenen Erfahrungen wurde ein Propeller-Gasturbinentriebwerk (PTL) bearbeitet, das die Typenbezeichnung 028 erhielt. Es sollte bei höchstmöglicher Leistung und kleinem spezifischem Kraftstoffverbrauch für Langstreckenflugzeuge geeignet sein.
Im Verlauf der Projektarbeiten an diesem Triebwerk zeigte es sich jedoch, daß für mittlere Reichweiten ein Triebwerk ohne Propelleranlage, die einen großen Aufwand an Gewicht und Fertigungskosten gebracht hätte, wirtschaftlicher war. Es wurde daher beschlossen, ein reines Turbinen-Luftstrahltriebwerk (TL) zu bauen, das sich vom PTL-Triebwerk 028 nur durch das Wegfallen der Propelleranlage und eine etwas andere Turbine unterschied. Es erhielt die Typenbezeichnung 018 und war für einen Startschub von 3400 kp ausgelegt. Die Teile für das erste Versuchstriebwerk 018 waren fast alle fertiggestellt, wurden jedoch bei einem Luftangriff im Herbst 1944 vernichtet.
Daneben stand bei BMW am Schluß der Entwicklung ein Kombinationstriebwerk BMW-003A mit BMW-Raketenzusatz im Vordergrund des Interesses. Unter der Bezeichnung BMW-003R sollte es später als Antrieb der Me 262-C2b eingesetzt werden. Sein Hauptvorteil lag weniger in der Erzielung kleiner Startstrecken als darin, Jagdflugzeuge mit sehr großen Steiggeschwindigkeiten (100–200 m/sec) fliegen zu können. Der erste Flug mit zwei dieser Triebwerke fand im März 1945 statt. Bei diesem Flug wurden die höchsten damals bekannten Steiggeschwindigkeiten erreicht. Bei einem verfügbaren Gesamtschub von über 3300 kp stieg das voll ausgerüstete Versuchsflugzeug nach sehr kurzem Start mit einem Steigwinkel von nahezu 90°.
Unter allen 1945 bekannt gewordenen konstruktiven Auslegungen von Turbinen-Luftstrahltriebwerken in England, den USA, Italien und Deutschland erhielt die BMW-Konzeption von internationalen Forschungsgremien die beste Bewertung. Während die Weiterentwicklung von Radialtriebwerken als wenig erfolgversprechend eingestellt wurde, arbeiteten bald nach Beendigung des Zweiten Weltkriegs zahlreiche BMW-Triebwerkingenieure in Frankreich, England und in den USA (General Electric) an der Vervollkommnung ihrer bei BMW zum erstenmal verwirklichten Ideen. Ein Schnittmodell des ersten BMW-Serien-Luftstrahlturbinentriebwerks ist heute im Deutschen Museum in München ausgestellt. Die von den Junkers Flugmotorenwerken etwa parallel betriebenen Entwicklungsarbeiten an dem »Sondertriebwerk Jumo 109.004« führten in enger Kooperation zu nahezu identischen Ergebnissen. Die Turbinenluftstrahltriebwerk-Entwicklung der Junkers Flugmotorenwerke wurden nach 1945 vornehmlich in der UdSSR mit zwangsverpflichteten deutschen Ingenieuren weitergeführt.

Linke Seite: Als »Versuch der letzten Stunde« galt die Entwicklung des »Volksjägers« He 162, der mit einem BMW-003-Strahltriebwerk ausgerüstet war und gegen Ende des Zweiten Weltkriegs noch in großen Stückzahlen produziert wurde. Die meisten Maschinen kamen jedoch nicht mehr zum Einsatz. Unten: Auszug aus der Original-Betriebsanleitung zum Triebwerk BMW-003

Anlassen des Triebwerkes

1. Am Boden
Der Bedienhebel wird auf Schnellschlußstellung gebracht, der Schubdüsenpilz auf Stellung (A) Anlassen gefahren, die Behälterpumpen werden eingeschaltet und das Drehzahlanzeigegerät auf den unteren Meßbereich eingeschaltet.
Dann wird der Riedelanlasser angelassen und mit ihm das Triebwerk auf 1200 U/min hochgefahren. Bei dieser Drehzahl ist der Brandhahn zu öffnen und die Anlaßeinspritzung und Zündung des Triebwerkes zu betätigen.
Nun den Bedienhebel voll öffnen. Nach dem Anspringen des Triebwerkes Anlaßeinspritzung und Zündung des Triebwerkes wieder ausschalten. Der Riedelanlasser, der zur Unterstützung des Hochfahrens bis 2000 U/min mitlaufen muß, ist jetzt wieder stillzusetzen.
Zwischen 2000 und 2500 U/min ist der Bedienhebel auf Leerlauf zurückzunehmen und langsam wieder so zu öffnen, daß die Verbrennungsgastemperatur am Ende der Schubdüse 750° C nicht überschreitet.
Bei 3000 U/min ist das Drehzahlanzeigegerät auf den großen Meßbereich umzuschalten.
Nun kann das Triebwerk auf 4000 bis 5000 U/min beschleunigt werden. Diese Drehzahl ist 2 Minuten lang beizubehalten. Anschließend Triebwerk bis auf die Nenndrehzahl von 9500 U/min beschleunigen.

2. Im Flug
Der Bedienhebel ist auf Schnellschlußstellung zu bringen, der Schubdüsenpilz auf Stellung (A) zu fahren, die Behälterpumpen einzuschalten und der Brandhahn zu öffnen.
Bei möglichst niedriger Drehzahl des Triebwerkes Anlaßeinspritzung und Zündung betätigen.
Bedienhebel voll öffnen. Nach dem Anspringen Anlaßeinspritzung und Zündung des Triebwerkes wieder ausschalten.
Nun ist der Bedienhebel auf die Höhenleerlaufdrehzahl von 6500 U/min zurückzunehmen und langsam wieder so zu öffnen, daß die Abgastemperatur 750° C nicht überschreitet.
Nach dem Anlassen kann der Schubdüsenpilz auf die Stellung (S) Steigflug geschaltet werden.

Stillsetzen
Zum Stillsetzen des Triebwerkes Brandhahn schließen und Behälterpumpen ausschalten.
Vor dem Stillsetzen nochmals auf 6000 U/min beschleunigen, um ein Verkoken der Düsen durch Rückstände an diesen zu vermeiden und ein einwandfreies Wiederanlassen zu gewährleisten. Dann ist der Bedienhebel auf Schnellschlußstellung zurückzunehmen.

Große Konstrukteure und ihr Werk:

Ernst Heinkel

Am 1. Dezember 1922 wurden in Warnemünde die Ernst Heinkel Flugzeugwerke G.m.b.H. gegründet. Damit rückte der Name eines Mannes in die Öffentlichkeit, der in Fachkreisen als Flugpionier und Konstrukteur längst Aufsehen erregt hatte: Ernst Heinkel, geboren am 24. 1. 1888 in Grunbach/Württ., baute bereits 1910–1911 sein erstes Flugzeug, einen Doppeldecker nach dem Farman-Vorbild, mit dem er am 19. 7. 1911, nach erfolgreichen Flügen, schwer verunglückte. Doch sein Ende als Pilot wurde für Heinkel der Anfang zu einem neuen Aufstieg ohnegleichen.
Im Oktober 1911 begann er bei der Luftverkehrsgesellschaft (LVG) in Berlin-Johannisthal seine ersten Flugzeuge zu konstruieren. Bereits 1913, erst 25jährig, entwarf er als Chefkonstrukteur der Albatros-Werke Ein- und Doppeldecker, die außer nationalen Wettbewerben auch Weltrekorde erflogen. Und von 1914 bis 1918 schuf Ernst Heinkel, nunmehr technischer Direktor bei den Hansa- und Brandenburgischen Flugzeugwerken, über 50 verschiedene Typen, darunter den revolutionären Seekampf-Tiefdecker W 29. Das Fluggerät der österreichisch-ungarischen Marine bestand bei Kriegsende zu 95 Prozent, das der Armee zu 70 Prozent aus Lizenzbauten nach Heinkel-Entwürfen.
1921 stellte Heinkel – nunmehr bei den Caspar-Werken in Travemünde – seine erste Neukonstruktion nach dem Kriege vor: die U 1, ein Spezial-U-Boot-Flugzeug für Amerika und Japan – in vier Exemplaren gebaut und als freitragender, zerlegbarer Doppeldecker ein voller Erfolg mit einem nur 50 PS starken Siemens-Motor.
Die große Chance aber kam für Heinkel im Mai 1922. Ernst Heinkel machte sich selbständig, zunächst mit einem kleinen Konstruktionsbüro in Travemünde. Für Schweden schuf man hier die Zweischwimmer-Tiefdecker S I und S II, die späteren HE 1 und HE 2, bis es Heinkel schließlich glückte, ein ideales Werksgelände zu pachten: die Halle 3 des ehemaligen Seeflugzeug-Versuchskommandos in Warnemünde, auf der schmalen Landzunge zwischen Breitling und der Ostsee. Wollte Ernst Heinkel erhalten und vergrößern, was er hier am 1. 12. 1922 – in wirtschaftlich schwerer Zeit und mit einer Belegschaft von nur fünf Mitarbeitern – begann, so gab es für ihn nur eine Alternative: Erfolg!
Unter diesen Voraussetzungen entstand die erste Konstruktion im Werk Warnemünde: die HE 3 für einen internationalen Sportflugzeug-Wettbewerb in Göteborg. Der kleine, formschöne Tiefdecker – vollkommen sperrholzbeplankt und mit damals sensationell neuem, elektrischem Anlasser für den Motor – gewann 1923 den 1. Preis und machte den Namen Heinkel mit einem Schlag in Schweden populär.
Von nun an reihte sich Erfolg an Erfolg, zeigten sich Heinkels Ideenreichtum und intensive Konstruktionstätigkeit in einer Vielzahl von Ein- und Doppel-

Links: Ernst Heinkel, ein in aller Welt bekanntgewordener deutscher Flugzeugkonstrukteur. Oben: Eine der frühen Heinkel-Entwicklungen war dieser W-12-Doppeldecker in der Auslegung als Wasserflugzeug, das er für die Firma Hansa Brandenburg baute. Durch die Anordnung des Seitenruders unter dem Höhenruder hatte der Heckschütze freies Schußfeld. Unten: Eine Heinkel HE 12 auf der Katapultanlage des Schnelldampfers »Bremen«

deckern für nahezu alle Zwecke, selbst für komplizierteste Sonderaufgaben. Um nur das Markanteste aus dieser Entwicklungsperiode zu nennen: Unter schwierigsten Bedingungen und gegen starke Konkurrenz errangen 1926 beim Seeflug-Wettbewerb in Warnemünde die HE 5a mit Wolfgang von Gronau am Steuer den 1. und die HD 24 den 3. Preis. Im November 1926 erzielten Wolfgang von Gronau und der schwedische Kapitän Tornberg mit der gleichen HE 5a zwei Höhenrekorde. Mit der HE 9a flog Rolf Starke 1929 mehrere Geschwindigkeits-Klassenrekorde. Der HD 27 »Nighthawk« – 1925 als Post- und Zeitungsflugzeug für die USA innerhalb von 6 Wochen (!) entwickelt und gebaut, Sieger eines dortigen Postflugzeug-Wettbewerbes – folgten 1926/27 für die »BZ am Mittag« die »Zeitungsflugzeuge« HD 39 und HD 40, die jahrelang ohne jeden Unfall flogen. Als im Juli 1929 der Turbinen-Schnelldampfer TS »Bremen IV« des Norddeutschen Lloyd auf seiner Jungfernfahrt das »Blaue Band« gewann, wurden auch die Heinkel-Werke weltberühmt: Ihr Zweischwimmer-Tiefdecker HE 12 startete am 22. 7. 1929 – noch ca. 400 km von New York entfernt – von Bord der »Bremen« und brachte eine umfangreiche Ladung Post lange vor dem Einlaufen des Schiffes ans Ziel. Diesem ersten deutschen Katapult-Post-Vorausflug folgten zahlreiche andere nach, später auch mit der verbesserten HE 58. Eine weitere Pionierleistung Heinkels war die Entwicklung der Katapultanlagen selbst. Wo immer sie Einsatz leisteten – ob an Bord der Lloyd-Schnelldampfer oder der schwimmenden Flugzeugstützpunkte der Deutschen Lufthansa im Atlantik, ob auf den Schiffen der deutschen oder japanischen Kriegsmarine –, überall bewährten sich Heinkel-Katapulte.

In der zweiten Hälfte der zwanziger Jahre wandte sich Heinkel dem Bau starkmotoriger, einsitziger Hochleistungs-Doppeldecker zu. Die Entwicklung begann 1926 mit der HD 23, erreichte einen markanten Punkt 1928 mit der HD 37 – damals mit 312 km/h das schnellste deutsche Flugzeug – und wurde konsequent fortgeführt über die HD 38 (1929), die HD 43 (1931) und die HD 49 (1932) zu der rassigen He 51 (1933), die bald danach als Jagdeinsitzer für die deutsche Luftwaffe in Serie ging. Übrigens: Ab Mai 1932 trat für die bisherigen Abkürzungen HD (Heinkel-Doppeldecker) und HE (Heinkel-Eindecker) das einheitliche »He«.

Inzwischen hatte Ernst Heinkel erkannt, daß wirklich entscheidende Leistungssteigerungen mit den derzeit verfügbaren Triebwerken nur durch neue aerodynamische Formen zu erreichen waren. Es gelang ihm mit den Zwillingsbrüdern Siegfried und Walter Günter, die als Schöpfer des Sporteindeckers Bäumer »Sausewind« bereits Aufsehen erregt hatten, die führenden Aerodynamiker ihrer Zeit für sein Werk zu gewinnen. Zusammen mit Karl Schwärzler (Konstruktion) und Ernst Heinkel selbst als Planer und »Motor« wurde dieses Team – an der Zahl

Oben: Mit großem Erfolg flog die Königlich Dänische Marine 22 Wasserflugzeuge des Typs He 8. Mehr als die Hälfte davon blieben bis zur deutschen Besetzung 1940 im Dienst. Mitte: Das erste Kampfflugzeug der wiedererstandenen deutschen Luftwaffe war Mitte der dreißiger Jahre die He 51, mit einem 750-PS-Motor von BMW ausgerüstet und 330 km/h schnell. Die He 51 flog als erstes Angriffe gegen Bodentruppen in Spanien. 38 Maschinen wurden in der Seeflugzeugversion He 518-2 für den Katapultstart von Kriegsschiffen aus gebaut. Unten: Die HE 58 flog transatlantische Post vom Schiff zum Land und erreichte das Ziel viele Stunden vor dem Schiff. Hier der Start von dem von Ernst Heinkel entwickelten Katapult

BLITZ
LUFT HANSA

D-ALUE
D-A
D-A
QYF
D-AFYS

technisch wegweisender Schöpfungen gemessen – das wohl erfolgreichste jener Epoche.
Sie begann mit der He 64, einem Sporteindecker, der als »Roter Teufel« den Europa-Rundflug 1932 und den Deutschlandflug 1933 nach geradezu sensationellen Etappensiegen gewann. Vorbild aber für den gesamten Flugzeugbau kommender Jahre wurde die He 70 »Blitz«, 1932 als Schnellverkehrsflugzeug für die Deutsche Lufthansa entwickelt. Schlagartig erhöhte sie die 180 km/h Reisegeschwindigkeit, die damals im deutschen Luftverkehr erreicht wurden, auf 300 km/h – und übertraf damit die schnellste amerikanische Konkurrenz, die Lockheed »Orion«, noch um 40 km/h. Im März und April 1933 erflog die He 70 acht internationale Rekorde, darunter 357,4 km/h mit 1000 kg Nutzlast über 500 km Strecke. Neben hervorragender aerodynamischer Form besaß die He 70 als erstes deutsches Flugzeug Einziehfahrwerk, einziehbaren Kühler, völlig glatte, gespachtelte Metallbeplankung, versenkte Nieten, Türgriffe und Beschläge sowie bündig eingesetzte Sichtscheiben. Am 1. Dezember 1932, dem Tag des Erstfluges der He 70, bestanden die Heinkel-Werke gerade zehn Jahre. Das internationale Vertrauen in die Fortschrittlichkeit der Heinkel-Konstruktionen war so groß, daß gerade diesem Werk bevorzugt die Lösung besonders problematischer Aufgaben übertragen wurde: Schweden, Norwegen, Dänemark, Japan, später auch Rußland, Ungarn und Jugoslawien erwarben Heinkel-Lizenzen.
Bald reichten die Anlagen in Warnemünde nicht mehr aus. Heinkel kaufte die Staatsdomäne Marienehe mit ihrem großen, an der Bahnlinie Rostock–Warnemünde liegenden Gelände. Hier entstand 1934/35 das neue Heinkel-Hauptwerk. Großzügig ausgestattet, wurde es zur Geburtsstätte fast aller späteren, berühmten Heinkel-Konstruktionen. Die günstige Lage am Unterlauf der Warnow ergab außerdem einen unmittelbar am Werk gelegenen Wasserflughafen.
Für die deutsche Luftwaffe lieferte Heinkel die He 42 und He 72 als See- und Land-Schulflugzeuge, die He 45 und He 46 als Landaufklärer, die He 50 als erstes deutsches Sturzkampfflugzeug, die He 51 als Land- und See-Jagdeinsitzer, die He 59 als zweimotoriges See-Mehrzweckflugzeug, die He 60 als See-Aufklärer und die schnelle He 70 als Aufklärer und leichtes

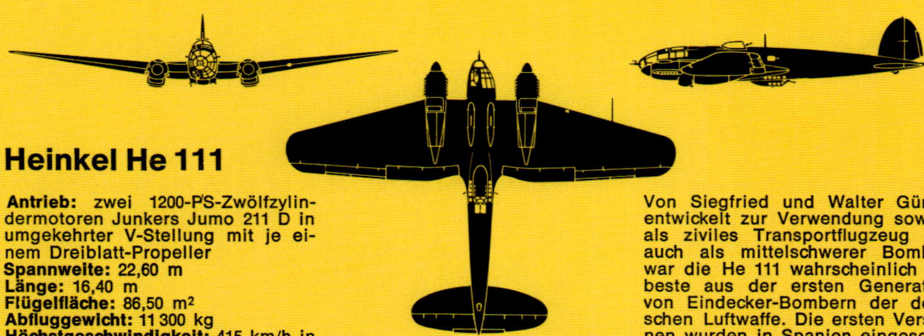

Heinkel He 111

Antrieb: zwei 1200-PS-Zwölfzylindermotoren Junkers Jumo 211 D in umgekehrter V-Stellung mit je einem Dreiblatt-Propeller
Spannweite: 22,60 m
Länge: 16,40 m
Flügelfläche: 86,50 m²
Abfluggewicht: 11 300 kg
Höchstgeschwindigkeit: 415 km/h in 5000 m Höhe
Reichweite: 1220 km mit maximaler Bombenlast
Bewaffnung: eine 20-mm-Kanone in der Bodenwanne und fünf 7,9-mm-Maschinengewehre in Bug-, Rükken-, Boden- und Seitenpositionen
Besatzung: 5 oder 6 Mann
Erster Flug: 24. Februar 1935

Von Siegfried und Walter Günter entwickelt zur Verwendung sowohl als ziviles Transportflugzeug wie auch als mittelschwerer Bomber, war die He 111 wahrscheinlich der beste aus der ersten Generation von Eindecker-Bombern der deutschen Luftwaffe. Die ersten Versionen wurden in Spanien eingesetzt, und ihre Leistungsfähigkeit machte dort einen Begleitschutz unnötig, aber die ersten Einsätze während des »Blitzkriegs« über den Britischen Inseln zeigten, daß man sich diesen Luxus nicht leisten konnte, und die Defensivbewaffnung wurde nach und nach verstärkt. Die Daten beziehen sich auf die He 111 H 3.

Linke Seite oben: Einen beispiellosen Standard setzte die He 70 »Blitz«, als sie 1932 als Schnellverkehrsflugzeug in Dienst genommen wurde. Rolls-Royce kaufte eine dieser Maschinen, die ihren Konkurrenten inTechnik und Leistung um Jahre voraus war, als fliegenden Prüfstand für den Motor Kestrel V. Linke Seite unten: Eine He 111C der Lufthansa Ende der dreißiger Jahre. Sie unterschied sich nur wenig von der Bomberversion und war insgesamt zu unwirtschaftlich, um bei der Lufthansa eine größere Rolle zu spielen. Oben: Ernst Heinkel beglückwünscht Ernst Udet nach dessen Weltrekordflug mit der He 100 V2 am 5. Juni 1938. Udet erreichte eine Geschwindigkeit von 634,73 km/h.

Oben: Langstreckenpostflugzeug He 116. Unten: Die He 115 war als Mehrzweckflugzeug nahezu »Mädchen für alles«. Sie trug Torpedos, flog fotografische Aufklärung und wurde zum Legen von Magnetminen eingesetzt.

Kampfflugzeug. Mit Ausnahme der He 70 und der He 46 waren alle noch als robuste Doppeldecker in konventioneller Bauweise ausgelegt.
Die He 111 – 1934/35 aus der He 70 entwickelt als zweimotoriges Schnellverkehrsflugzeug »Doppelblitz« für die Lufthansa und zugleich als Kampfflugzeug – war das wohl bekannteste Heinkel-Muster. Sie wurde bis Kriegsende in unzähligen Varianten und in einer Gesamtzahl von 6460 Stück gebaut, darunter auch die fünfmotorige He 111 (Zwilling) als Schleppflugzeug für schwere Lastensegler.
Ernst Heinkel hatte sich inzwischen, nach dem Erfolg mit der He 70, mehr und mehr der Idee des einmotorigen Hochgeschwindigkeits-Flugzeugs verschrieben. Als der 1935 entstandene Jäger He 112 zugunsten der Me 109 aufgegeben werden mußte, hieß für seinen neuen Jagdeinsitzer He 100 das Ziel: 700 km/h! Dank der widerstandsarmen Oberflächenkühlung sowie anderer Raffinessen konnte Ernst Udet am 5. Juni 1938 mit der He 100 V2 634,73 km/h erreichen und damit den Geschwindigkeits-Weltrekord für Landflugzeuge holen.
Am 30. März 1939 erzielte Flugkapitän Dieterle mit der He 100 V8, die einen

hochfrisierten DB 601 von 1800 PS Kurzleistung erhalten hatte, 746,6 km/h.
Aber auch auf anderen Gebieten erflogen Heinkel-Flugzeuge Bestleistungen: Mit dem zweimotorigen Schwimmerflugzeug He 115 V1 gelang es am 20. März 1938, acht internationale Geschwindigkeitsrekorde aufzustellen. Am 30. Juli 1938 folgte eines der viermotorigen Langstrecken-Postflugzeuge He 116, die D-ARFD »Rostock«, mit einem Streckenrekord auf geschlossener Bahn von 10 000 km in 46 Stunden 18 Min. bei einem Durchschnitt von 216 km/h.
Eine besonders kühne Konzeption wurde in dem Schnellbomber He 119 verwirklicht. Ein in Rumpfmitte liegender, 2600 PS starker Doppelmotor DB 606 trieb über eine Fernwelle, die durch die 2-Mann-Vollsichtkanzel führte, eine große vierflügelige Luftschraube vor dem Rumpfbug! Dazu kamen erstmals Oberflächenkühlung und die Verwendung der dichtgenieteten Tragflächen als Kraftstofftanks. Die He 119 V4 erzielte am 22. November 1937 internationale Rekorde von 504,988 km/h mit 500 und 1000 kg Nutzlast. Nach einem Unfall der V4 wurden weitere Rekordflüge verboten, auch mit der Zweischwimmer-Version V3, die damals schon 573 km/h erreichte. Die absolute Höchstgeschwindigkeit der He 119 (Landversion) lag 1937 bei über 600 km/h – eine Leistung, wie sie erst Jahre später im Krieg von der englischen »Mosquito« erreicht wurde!
Während all dieser großartigen Erfolge aber vollzogen sich bei Heinkel ganz im geheimen noch andere, weit faszinierendere Entwicklungen. Gleich zwei heiße Eisen hatte man im Feuer: den Raketen- und den Strahlantrieb! Nachdem Wernher von Braun Ernst Heinkel für seine Raketenversuche begeistert hatte und im Sommer 1937 Probeflüge einer He 112 mit zusätzlicher Flüssigkeitsrakete im Heck erfolgreich verlaufen waren, wurde noch Ende 1937 mit der Entwicklung eines reinen Raketen-Versuchsflugzeugs begonnen.
Die He 176, ein freitragender Ganzmetall-Tiefdecker von nur 5 m Spannweite, erhielt erstmals eine Kabine, die, als Rettungskapsel konstruiert, von der übrigen Zelle absprengbar war. Das von Professor Hellmuth Walter geschaffene Flüssigkeits-Raketentriebwerk R I-203 entwickelte 690 kp Schub. Mit der He 176 V1, dem ersten wirklich leistungsfähigen Raketenflugzeug der Welt, gelang Flugkapitän Warsitz am 20. Juni 1939 der erfolgreiche Erstflug.
Laienhafte Gutachter jedoch betrachteten diese revolutionäre Maschine mehr als technische Spielerei. So kam die He 176 V1 schließlich ins Berliner Luftfahrt-Museum, wo sie 1944 von Bomben zerstört wurde. Eine zweite He 176 mit einem wesentlich stärkeren von-Braun-Raketentriebwerk war bereits 1938/39 für Rekordflüge mit 1000 km/h und mehr geplant, konnte jedoch durch den Kriegsausbruch nicht mehr fertiggestellt werden.
Was später zum größten Fortschritt in der Geschichte des Flugzeugs führte, begann bei Heinkel bereits 1935. Der Physiker Dr. Pabst von Ohain, der sich seit 1933 mit der Theorie des Strahlantriebs befaßte, konnte zusammen mit seinem Assistenten Ober-Ing. Hahn bei Heinkel unter großzügiger Unterstützung seine Versuche fortsetzen. Im September 1937 wurde erstmals ein Strahltriebwerk zum Laufen gebracht! Ernst Heinkel ließ sofort von den Gebrüdern Günter und von Karl Schwärzler ein Spezial-Versuchsflugzeug entwickeln, die He 178. Der kleine, aerodynamisch hochwertige Schulterdecker mit zentralem Lufteinlauf erhielt die neue, wesentlich verbesserte Radial-Turbine HeS 38 von 495 kp Standschub.
Mit dieser He 178 V1, dem ersten Turbinen-Strahlflugzeug der Welt, startete Flugkapitän Warsitz am 27. August 1939 zum erfolgreichen Erstflug. Trotz weiterer, gelungener Vorführungsflüge zeigten die maßgebenden Stellen kaum Interesse. Erst später entsann man sich endlich der ungeheuren Möglichkeiten dieser neuen Technologie.
Der Prototyp des schweren, sturzflugfähigen Langstreckenbombers He 177 »Greif« flog erstmals am 19. November 1939 – eine schnelle, fliegerisch hervorragende Maschine, in die Professor Hertel viele technische Raffinessen einbezogen hatte. Die schweren Doppeltriebwerke DB 606 bzw. DB 610 führten jedoch zu ständigen Störungen und Ausfällen. Erst 1943 erhielten verschiedene Verbände mit der Version He 177 A-5 ein niemals ganz ausgereiftes Einsatzmuster.
Daraus wurde die He 177 mit 4 Einzeltriebwerken entwickelt; sie war nicht nur zuverlässiger, sondern sogar noch schneller. Weiter entstanden die He 277 (He 177 B), von der nur noch einige V-Muster flogen, und die He 274, ein schwerer Höhenbomber mit 580 km/h Höchstgeschwindigkeit, dessen Bau an Farman in Frankreich abgegeben werden mußte.
Mit der He 219 »Uhu« flog 1942 Deutschlands erstes speziell für die Nachtjagd entworfenes Hochleistungsflugzeug – eine überaus schnelle, schwerbewaffnete Maschine, welche endlich die erfolgreiche Bekämpfung der englischen Mosquito-Bomber ermöglichte. Die He 219 war ein zweisitziger Mitteldecker mit zwei 1750-PS-DB-603-Triebwerken und erhielt als erstes deutsches Serienmuster Bugradfahrwerk und Schleudersitze.
Nachdem Anfang 1939 auch BMW und Junkers erfolgreich an Strahlturbinen arbeiteten, erteilte das Technische Amt Entwicklungsaufträge für Turbo-Jagdeinsitzer an Heinkel und Messerschmitt. Die He 280 V1 flog bereits am 2. April 1941 und wurde damit das erste zweistrahlige Flugzeug der Welt. Sie erhielt zwei der neuen HeS-8B-Turbinen mit je 720 kp Schub, von vornherein ein Bugradfahrwerk und als erstes Flugzeug überhaupt einen Schleudersitz, mit dem sich – wiederum erstmals in der Geschichte der Luftfahrt – am 13. Januar 1942 der Testpilot Schenk retten konnte. Von der He 280 entstanden neun Versuchsmuster, von denen einige auch mit BMW-003- und Jumo-004-Turbinen sowie den Argus-AS-014-Schubrohren flogen.
Infolge der ständig wachsenden Luftangriffe mußten Entwurf und Konstruktion ab Oktober 1942 nach Wien verlegt werden. Und hier gelang dem Heinkel-Team Ende 1944 eine wohl einmalige Entwicklungsleistung in der Geschichte des Flugzeugbaus:
Am 8. September 1944 war im Rahmen des Jäger-Notprogramms eine Ausschreibung für einen einstrahligen Jagdeinsitzer an alle namhaften deutschen Flugzeugwerke ergangen.
Ende September fiel die Entscheidung zugunsten des Heinkel-Entwurfs P. 1073/II und wurde die sofortige Massenproduktion unter der Code-Bezeichnung »Salamander« freigegeben. Schon am 6. Dezember 1944 startete in Wien-Schwechat der erste sogenannte Volksjäger, die He 162 V1. Innerhalb von knapp drei Monaten hatte man – in Tag- und Nachtarbeit – ein für damalige Zeiten revolutionäres Strahlflugzeug vom Entwurf bis zum Erstflug gebracht! Erstmals auch in der Geschichte des Flugzeugbaus begannen Entwicklung, Vorserienbau und Massenproduktion fast gleichzeitig.

Oben: Das größte in Serie gebaute Flugzeug Ernst Heinkels war der schwere Bomber He 177, der mit zwei Doppeltriebwerken ausgerüstet war, die jeweils auf eine Luftschraube arbeiteten. Die Räder des Fahrwerks wurden links und rechts der Motorgondeln nach oben in die Tragflächen eingefahren. Die hier abgebildete He 177R-5 wurde von der Royal Air Force erbeutet und zu Testflügen benützt.
Linke Spalte oben: Ein He-100-D-02-Jagdeinsitzer. Die He 100 stellte im Juni 1938 einen neuen Geschwindigkeitsweltrekord von 634,73 km/h mit Ernst Udet am Steuer auf. Im März 1939 flog Flugkapitän Dieterle mit der He 100 V8 sogar 746,6 km/h.
Linke Spalte Mitte: Mit der He 112, hier das Muster V 9, konstruierte Heinkel einen Hochgeschwindigkeits-Einsitzer, dessen Weiterentwicklung aber zugunsten der Me 109 gestoppt wurde. Im Sommer 1937 benützte Heinkel jedoch die He 112 für Versuchsflüge mit einer zusätzlich angebrachten Flüssigkeitsrakete im Heck. Die erfolgreichen Tests führten dann zur Entwicklung des reinen Raketenflugzeugs He 176.
Linke Spalte unten: Ernst Heinkel befaßte sich mit Vorliebe mit neuartigen und ungewöhnlichen Konstruktionsideen. Dem Schnellbomber He 119 setzte er einen 2600 PS starken Daimler-Benz-606-Motor in die Rumpfmitte und ließ den großen Vierblattpropeller vor dem Bug über eine Fernwelle antreiben. Erstmals verwendete Heinkel bei diesem Flugzeug die dichtgenieteten Tragflächen als Kraftstofftanks.

Die He 162 war ein freitragender Schulterdecker mit doppeltem Seitenleitwerk und einer BMW-003-Strahlturbine von 800–900 kp Schub auf dem Metallrumpf. Der einteilige, dichtverleimte Holzflügel diente als Kraftstoffbehälter, die Kabine erhielt einen Schleudersitz. Von der 880 km/h schnellen He 162 A kamen noch ca. 170 Stück zum Einsatz. Mindestens 100 andere erwarteten bei Kriegsende den Abnahmeflug. 800 weitere standen halb oder fast fertig in vielen, zum Teil unterirdischen Werken.
Auch für weitere geplante Baureihen des Volksjägers, darunter solche mit positiv oder negativ gepfeilten Flächen und der neuen, bis Kriegsende stärksten Strahlturbine Heinkel-Hirth HeS 011, war es zu spät. Ebenso für eine Anzahl fortgeschrittener Projekte von Bombern und Jägern mit Strahl-, Staustrahl- oder Raketenantrieb – alle ihrer Zeit um viele Jahre voraus.
Als die Ernst Heinkel Flugzeugwerke G.m.b.H. am 1. April 1943 in die Ernst Heinkel AG umgewandelt wurde, waren zu den Stammwerken Rostock-Marienehe und Berlin-Oranienburg bereits die Werke in Wien und Jenbach (Tirol), die Hirth-Motoren-Werke G.m.b.H. in Stuttgart-Zuffenhausen und die Vereinigten Ostwerke G.m.b.H. in Krakau gekommen. Zu diesen 6 umfangreichen Hauptwerken gehörten außerdem 27 Zweigwerke, 12 Konstruktionsbüros und 3 Reparaturbetriebe. Gegen Ende 1944 wurden rund 50 000 Mitarbeiter beschäftigt, bis Kriegsende weit über 10 000 Flugzeuge produziert. Aus dem kleinen Betrieb des Jahres 1922 war ein Industrie-Unternehmen von imponierenden Ausmaßen geworden.

Die He 280 V1 flog zum erstenmal am 2. April 1941 und war somit das erste zweistrahlige Flugzeug der Welt, ausgerüstet mit zwei HeS-8B-Turbinen von je 720 kp Schub. Die He 280 war auch als erstes Flugzeug der Welt mit einem Schleudersitz ausgestattet, der prompt am 13. Januar 1942 dem Testpiloten Schenk das Leben rettete.

Heinkel He 176

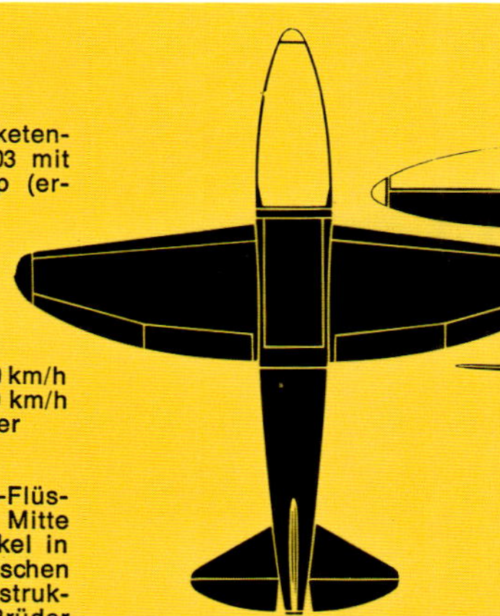

Antrieb: ein Flüssigkeits-Raketentriebwerk Walter HWK R I-203 mit einem Startschub von 600 kp (errechnet)
Spannweite: 5,00 m
Länge: 5,20 m
Flügelfläche: 5,40 m²
Abfluggewicht: 1600 kg
Höchstgeschwindigkeit: 750 bis 800 km/h (errechnet)
Anfluggeschwindigkeit: ca. 300 km/h
Landegeschwindigkeit: ca. 200 km/h
Flugdauer: 60 Sek. und darüber
Besatzung: 1 Mann
Erster Flug: 20. Juni 1939
Nach Erprobung der Walter-Flüssigkeits-Raketentriebwerke Mitte der dreißiger Jahre von Heinkel in Abstimmung mit dem Technischen Amt des RLM entwickelt. Konstruktion der Zelle: durch die Brüder Siegfried und Walter Günter. Das erste Versuchsmuster wurde genau nach den Konstruktionsunterlagen gebaut und so auch geflogen. Das zweite Versuchsmuster war zur Zeit der Flugversuche durch Flugkapitän Warsitz mit der V 1 so gut wie fertig. Die Zelle war fast völlig identisch. Für die He 176 V 2 war jedoch das stärkere von Braunsche Triebwerk mit 1000 kg Schub vorgesehen, womit eine Höchstgeschwindigkeit von 1000 km/h erreicht werden sollte. Bei Gefahr war das Cockpit vom Rumpf absprengbar. Die Tragflächen waren dichtgenietet und dienten als Treibstofftanks. Die He 176 wurde Anfang Juli 1939 Hitler, Göring und anderen hohen Militärs vorgeflogen.

Heinkel He 178

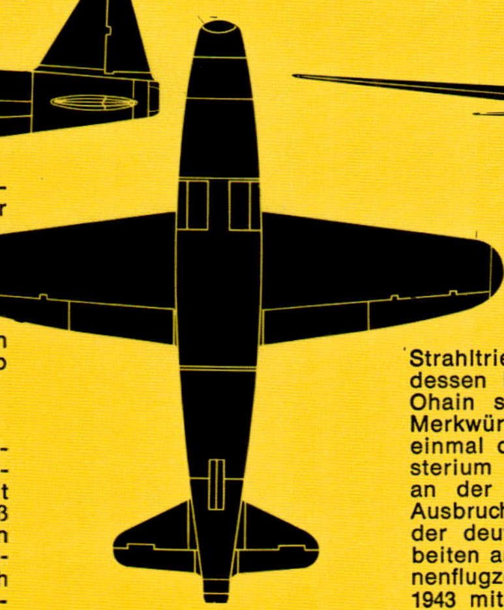

Antrieb: ein Heinkel-HeS-3-B-Strahltriebwerk mit 380 kp Schub (unter diesen Einbaubedingungen)
Spannweite: 7,20 m
Länge: 7,48 m
Flügelfläche: 9,10 m²
Abfluggewicht: 1998 kg
Höchstgeschwindigkeit: 700 km/h mit He-6-Strahltriebwerk von 590 kp Schub
Besatzung: 1 Mann
Erster Flug: 27. August 1939
1940 bzw. 1941 flogen strahlgetriebene Flugzeuge in Italien und Großbritannien. Doch die Öffentlichkeit erfuhr erst nach vier Jahren, daß diese beiden »Erstflüge« durch ein deutsches Flugzeug längst vorweggenommen waren, nämlich durch die He 178. Deren kleine und einfache Zelle war praktisch um ein Strahltriebwerk herumgebaut, an dessen Entwicklung Dr. Pabst von Ohain seit 1936 gearbeitet hatte. Merkwürdigerweise wußte nicht einmal das deutsche Luftfahrtministerium von den ersten Arbeiten an der He 178. Unmittelbar nach Ausbruch des Krieges wurden von der deutschen Regierung alle Arbeiten an Raketen- und Strahlturbinenflugzeugen gestoppt und erst 1943 mit höchster Priorität wiederaufgenommen.

Im Mai 1945 kam für Ernst Heinkel die totale Zerstörung, Demontage oder entschädigungslose Enteignung all seiner Werke bis auf jenes in Stuttgart-Zuffenhausen.
Erst ab 30. Januar 1950, nach fast fünf Jahren, durfte Heinkel sein Werk wieder betreten und in eigene Regie nehmen. Von den ehemals 3000 Mitarbeitern waren nur noch etwa 300 verblieben. Das war die schmale Basis für den wirtschaftlichen Wiederaufbau. Er begann unter widrigsten Verhältnissen mit der Produktion von Zahnrädern, Getrieben, Kurbelwellen und Fahrzeugmotoren. Dazu kam 1953 der Viertakt-Motorroller »Tourist«.
Unabhängig davon suchte Ernst Heinkel mit aller Energie nach neuen Möglichkeiten, wieder Anschluß an die fortschreitende Entwicklung der internationalen Luftfahrt zu bekommen, denn der Flugzeugbau war und blieb seine Lebensaufgabe.
Ende 1953 hatten seine Bemühungen Erfolg: Die ägyptische Regierung beauftragte Heinkel mit der Entwicklung eines modernen Strahljägers einschließlich des Triebwerks. Dadurch wurde es Heinkel möglich, so hervorragende ehemalige Mitarbeiter wie Karl Schwärzler und später auch Siegfried Günter, nach dessen Rückkehr von seinem Zwangsaufenthalt in der UdSSR, wieder zu sich zu holen.
Das neue, 150 Mann starke Heinkel-Entwurfsteam unter der Leitung von Siegfried Günter entwickelte 1954 die einstrahlige He 011, einen Delta-Jäger modernster Konzeption. Mit der für 6500 kp Standschub ausgelegten HeS 053 entstand gleichzeitig das erste deutsche Strahltriebwerk nach dem Krieg. Es wurde von Dr.-Ing. Gosslau in Stuttgart konstruiert und in Teilversuchen auf dem Prüfstand getestet. Die He 011 konnte noch in einer 1 : 1-Attrappe von deutschen Ingenieuren in Heluan gebaut werden, dann zog Ägypten seinen Auftrag wegen fehlender finanzieller Mittel zurück.
Bereits 1955 entstand dann bei Heinkel im Auftrag Spaniens ein zweiter Delta-Jäger in Leichtbauweise, die He 012 (C 101). Sie kam nicht über das Projektstadium hinaus.
Als im Mai 1955 in Deutschland die Fesseln für den Flugzeugbau fielen, folgte die Gründung der Ernst Heinkel Fahrzeugbau G.m.b.H. in Speyer (1958 in Ernst Heinkel Flugzeugbau G.m.b.H. umbenannt).
Schon 1956 begann in Speyer – gemeinsam mit Messerschmitt im Rahmen der Flugzeug-Union Süd (FUS) – der Lizenzbau von 210 französischen Strahl-Trainern Fouga C.M. »Magister«. Nachdem die Produktion zunächst gesichert war, konnte man sich wieder größeren, eigenen Entwicklungsaufgaben zuwenden und sich an einer Ausschreibung des Bundesministeriums für Verteidigung vom November 1956 beteiligen. Diese forderte einen deutschen Mach-2-Abfangjäger mit Mischantrieb. Der Entwurf Siegfried Günters, die He 021 »Florett«, war im Februar 1957 fertig und eine aerodynamische Meisterleistung. Sie erhielt einen deltaähnlichen Trapezflügel, eine de Havilland-Gyron J.-Strahlturbine plus ein D.H.-Spectre-Raketentriebwerk. Aufgrund ihrer zu erwartenden außergewöhnlichen Leistung gewann die »Florett« den Wettbewerb, blieb aber dennoch nur Projekt, weil man sich dem Senkrechtstarter zugewandt hatte.

Ernst Heinkel konnte den Wiederbeginn des deutschen Flugzeugbaus und die wachsende internationale Zusammenarbeit nur noch in ihren Anfängen erleben. Mit seinem Tod am 30. Januar 1958 verlor die Luftfahrt eine ihrer großen Persönlichkeiten.
Als erste über das Projektstadium hinausgehende Nachkriegsentwicklung war inzwischen, gemeinsam mit der französischen Firma Potez, die C.M. 191 geschaffen worden – ein zweistrahliger, aus der Fouga C.M. 170 R entstandener Reise- und Verbindungs-Viersitzer. Der Prototyp flog am 19. März 1962; zum Serienbau kam es nicht. Als weitere Entwicklungen aus dieser Zeit sind zu nennen der Hochleistungssegler Heinkel »Greif« 1a und dessen Variante »Greif« 1b, Deutschlands erster Turbinensegler.
Am 8. März 1962 erfuhr die Öffentlichkeit von dem Projekt eines neuen, vielversprechenden Heinkel-Kurz- und Mittelstrecken-Strahlverkehrsflugzeugs für 22 bis 24 Passagiere – der He 211 B-1 mit V-Leitwerk und 2 General-Elektric-Bläser-Triebwerken, die erstmals vollkommen versenkt im Rumpfheck eingebaut waren. Diese äußerst fortschrittliche und wissenschaftliche Konzeption Siegfried Günters hätte jede erdenkliche Förderung verdient gehabt – doch sie blieb aus.
Nachdem 1959 die Entwicklungsteams von Heinkel, Messerschmitt und Bölkow im Entwicklungsring Süd (EWR) zusammengefaßt worden waren, entstanden dort unter der Leitung Günters und Schwärzlers die Grundentwürfe für den ersten Senkrechtstarter mit Strahlantrieb, die VJ 101 C. Darin konnte Günter einen bisher für unlösbar gehaltenen Gedanken verwirklichen: Vertikalstart und -landung mit voll schwenkbaren Strahltriebwerken an den Flügelenden – durch das erstmalig angewandte System einer Steuerung mittels Schubmodulation anstatt durch Steuerdüsen. Von der VJ 101 C wurden zwei Prototypen gebaut, die X 1 ohne und die X 2 mit Nachverbrennung. Beide erreichten hervorragende Leistungen, die X 2 wurde darüber hinaus der Welt erstes VTOL-Überschallflugzeug (VTOL = *V*ertical *T*ake *O*ff and *L*anding).
Die letzte Schöpfung Günters wurde der Kippflügel-VTOL-Transporter He 212, ein zukunftsreicher Entwurf, der ab 1965 als VC-400 von den Vereinigten Flugtechnischen Werken weiterentwickelt wurde, jedoch Anfang 1971 infolge von Sparmaßnahmen vom Programm abgesetzt werden mußte.
Am 20. November 1964 wurde der Zusammenschluß der Firmen Ernst Heinkel Flugzeugbau GmbH (EHFG) Speyer und Vereinigte Flugtechnische Werke GmbH (VFW) Bremen vereinbart. VFW selbst war 1963 durch Fusion der Weser-Flugzeugbau GmbH mit der Focke-Wulf GmbH entstanden.

Linke Seite: Der »Volksjäger« He 162 mit BMW-003-Strahltriebwerk. Oben: Die Firma Heinkel war auch an der Entwicklung des VTOL-Überschallflugzeugs VJ 101 C beteiligt. Unten: Dreiseitenansicht der VJ 101 C X1 und der im Planungsstadium steckengebliebenen VJ 101 D

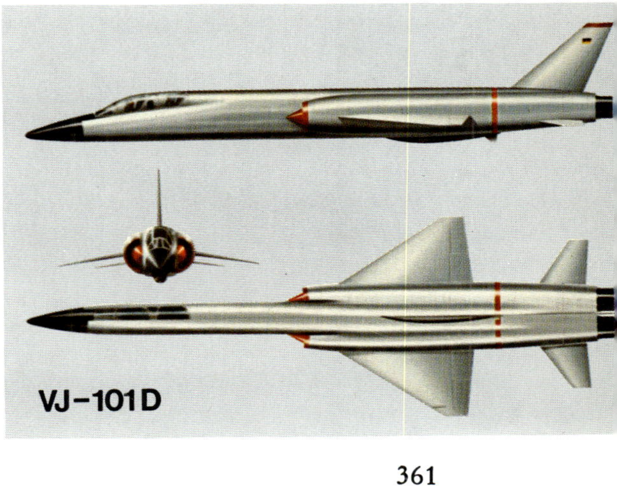

Die Luftfahrt in der Schweiz

Am Anfang war der Ballon

Bereits wenige Monate nach den ersten Aufstiegen von Aerostaten in Frankreich fanden auch Versuche in der Schweiz statt, allerdings mit unbemannten, kleineren Ballons, so am 12. Februar 1784 durch die Solothurner Jakob und Anton Tschannen und am 10. März durch Professor Breitlinger in Zürich. Der erste bemannte Aufstieg erfolgte am 5. Mai 1788 in Basel am damaligen markgräflichen Hofe, dem heutigen Bürgerspital, durch den bekannten französischen Aerostaten Jean-Pierre Blanchard. Dann verstrich allerdings ein halbes Jahrhundert, bis 1846 eine weitere Luftfahrt erfolgte, auch diesmal wieder von Basel aus. Beiträge zur Erschließung des Luftmeeres hatten Schweizer bis zu jenem Zeitpunkt nicht geleistet, sofern man von den Versuchen des in Oberwil bei Basel geborenen Uhrmachers Jakob Degen absieht, der 1808 in Wien – erfolglose – Flugversuche mit einem von ihm gebauten Schwingenflugzeug durchführte. Das Interesse der Öffentlichkeit lag bei den zu dieser Zeit aufkommenden Dampfschiffen und Eisenbahnen. Das Projekt einer Bergbahn auf die Rigi veranlaßte denn auch 1859 den Architekten Friedrich Albert zu einem phantastischen Vorschlag: eine Ballon-Seilbahn, bei der, nach den Angaben des Verfassers, in einem einzigen Zug 10 Ballons zu je 20 Personen auf den Berg hätten transportiert werden können. Aber erst gegen Ende des Jahrhunderts treten jene Männer auf, die der schweizerischen Luftfahrt Auftrieb gaben: Spelterini, Schaeck und Messmer. Eduard Spelterini – sein eigentlicher Name war Eduard Schweizer – führte zwischen 1880 und 1926 570 Aufstiege mit 1237 Passagieren aus, darunter eine große Zahl mit seinem wohl bekanntesten Ballon »Urania« (1500 m³). Als eigentlicher Pionier der Alpentraversierungen und der Luftphotographie trug er außerordentlich viel zur Popularisierung des Ballonsports bei. Darüber hinaus hat er zahlreichen mitfliegenden Wissenschaftlern die Durchführung von wertvollen Experimenten ermöglicht. 1901 entstand aus den Kreisen der Ballonfahrer der Schweizerische Aero-Club, dessen erster Sekretär der bekannte Aeronaut Victor de Beauclair wurde. Beim Gordon-Bennett-Wettfliegen in Berlin errangen am 11./12. Oktober 1908 Oberst Theodor Schaeck und sein Hilfspilot Oberleutnant Emil Messmer mit dem Ballon »Helvetia« unter 23 Konkurrenten aus acht Nationen den Sieg: In 73stündiger Fahrt legten sie 1250 km bis zum norwegischen Bergseth zurück und stellten dabei einen neuen Rekord auf. Traditionsgemäß fand dann 1909 erstmals in der Schweiz, dem vorjährigen Siegerland, in Schlieren das 4. Gordon-Bennett-Wettfliegen statt, dem zwei weitere folgten, 1922 in Genf und 1932 in Basel. 1897 wurde vom schweizerischen Parlament die Schaffung einer Ballontruppe beschlossen, und 1900 trat die »Luftschiffertruppe« erstmals zum Dienst an. Bei Ausbruch des Ersten Weltkriegs zählte die »Luftschifferabteilung« 330 Mann, die mit den Fesselballons Beobachtungsaufgaben erfüllten, bis das Flugzeug auch diese

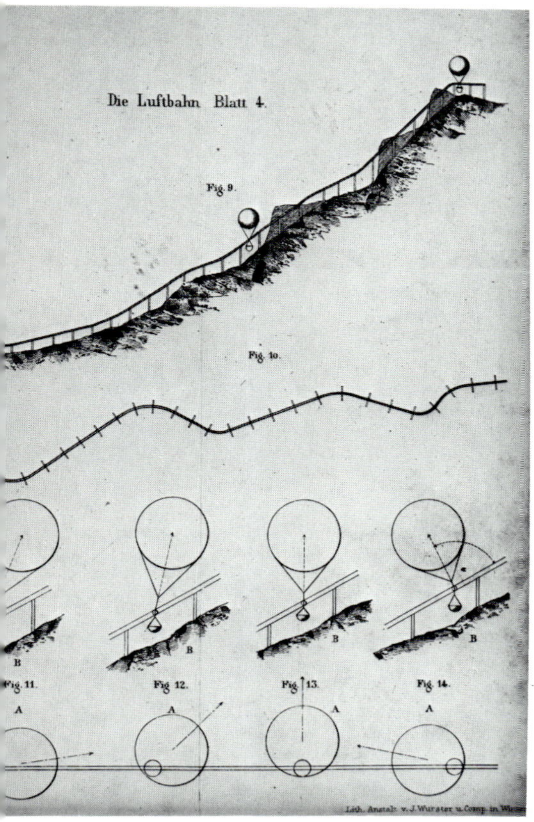

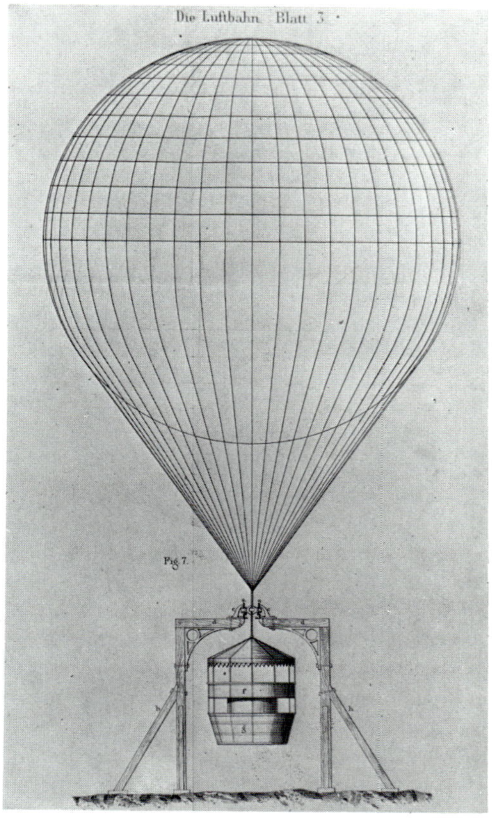

Im Jahre 1859 machte der Architekt Friedrich Albrecht den Vorschlag, eine »Luftbahn« auf die Rigi zu bauen. Er nannte seine Idee »ein System einer Communication mit Höhen, mit Anwendung der Luftballone als Lokomotive«. Die an Rollen aufgehängten und an Leitschienen geführten Gondeln sollten dabei allein durch den Auftrieb des Ballons bergwärts befördert werden, während die Talfahrt durch einfache Wasserballastaufnahme in der Bergstation erfolgen würde. Diese Bahn wurde zum Glück nie gebaut, denn sie wies schon in ihrem Konzept zu viele technische Schwierigkeiten auf.

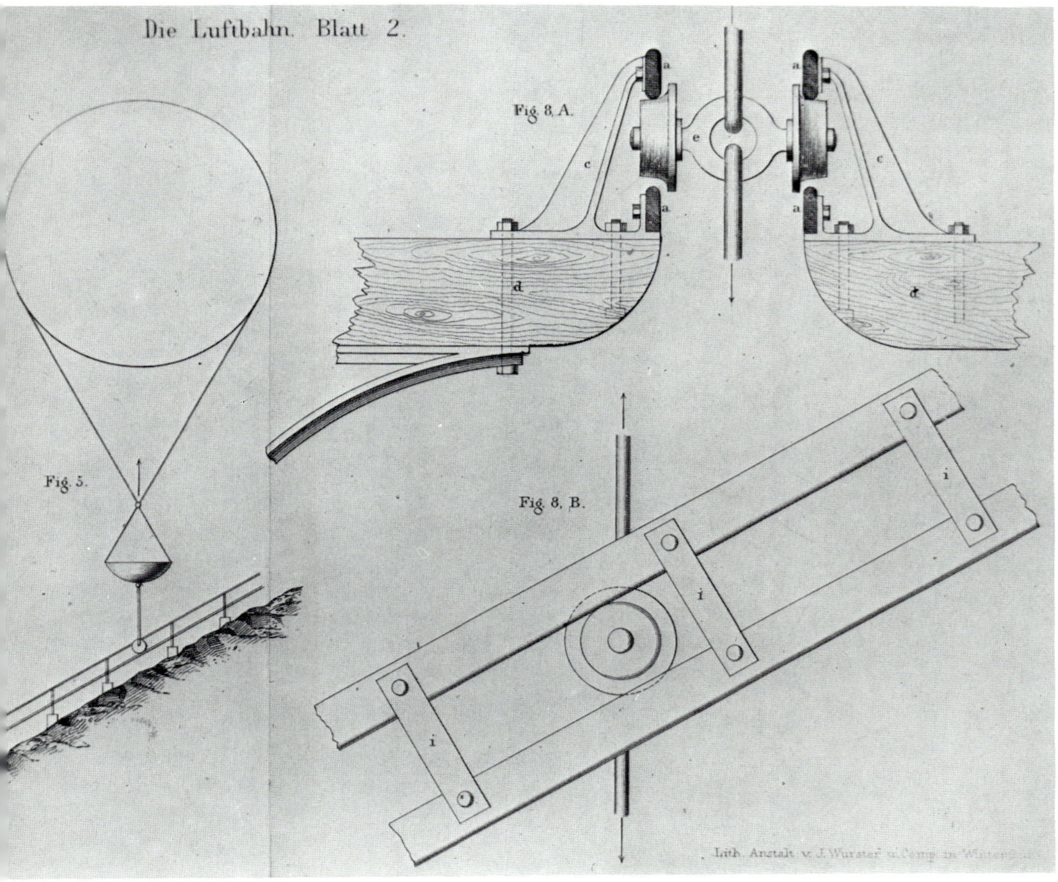

Aufgabe übernahm. Erst 1938 wurden die Ballontruppen aufgelöst, nachdem sie insgesamt 350 Freifahrten ausgeführt hatten. Das Ballonfahren fand in den Sektionen des Schweizerischen Aero-Clubs viele Freunde, obwohl der zunehmende Flugverkehr starke Einschränkungen mit sich brachte. Die seit 1962 in Mürren eingeführten hochalpinen Ballonwochen wurden zu einem Treffpunkt von Aeronauten aus aller Welt. Inzwischen hat auch der Heißluftballon eine Renaissance erfahren und wird in zunehmendem Maße für Sportzwecke eingesetzt.

Zu den großen Pionierleistungen der Schweiz auf dem Gebiete des Ballon- und Höhenflugs gehören die Aufstiege von Professor Auguste Piccard. Um die Höhenstrahlung zu erforschen, gab er, selbst Inhaber des Ballonbrevets, einen Ballon mit Spezialhülle sowie einer kugelförmigen Druckkabine in Auftrag. Der Aufstieg des 14 000 m³ messenden Ballons FNRS – benannt nach dem belgischen Fonds National de la Recherche Scientifique, der das Unternehmen finanzierte – erfolgte am 27. Mai 1931 von Augsburg, dem Standort der Ballonfabrik, aus. Dabei erreichte Piccard, in Begleitung des Ingenieurs Paul Kipfer, mit 15 781 m die größte bis dahin je erreichte Höhe; die Landung erfolgte nach 16stündigem Flug auf dem Gurgl-Gletscher im österreichischen Ötztal. Ein Jahr später, am 18. August, startete Piccard erneut, diesmal mit einer verbesserten Kabine, und landete, zusammen mit dem belgischen Physiker Dr. M. Cosyns, nach 12 Stunden bei Volta am Gardasee, nachdem er bis in eine Höhe von 16 201 m vordrang. Piccard konnte bei diesen Flügen erstmals wichtige Strahlenmessungen in der Stratosphäre vornehmen; darüber hinaus erbrachte er den Beweis für die Möglichkeit des Aufenthalts in großen Höhen und des künftigen Luftverkehrs mit Druckkabinen-Flugzeugen.

Das Luftschiff schafft das erste Luftfahrtunternehmen

Die Schweizer sahen zum ersten Mal ein Luftschiff, als am 1. Juli 1908 das bei den Zeppelinwerken in Friedrichshafen gebaute Marine-Luftschiff LZ 4 vom Bodensee zum Vierwaldstätter See flog. Der Eindruck auf die Bevölkerung war überwältigend und hat maßgeblich zum Bau der späteren Luftschiffstation Luzern beigetragen. Allerdings unternahm schon

1901 der Schweizer Johann Heinrich Suter am Bodensee Versuche mit einem 40 m langen Prall-Luftschiff, das durch eine von ihm über ein Pedal angetriebene Doppelschraube hätte in Bewegung versetzt werden sollen. Seit dem Besuch des LZ 4 haben Luftschiffe immer wieder die Schweiz überflogen; in besonders guter Erinnerung sind die Fahrten des LZ 127 »Graf Zeppelin«, der allein zwischen 1929 und 1934 76mal Friedrichshafen in Richtung Schweiz verließ und in Dübendorf, Bern und Genf je eine Landung ausführte.
Anfangs 1910 wurde in Luzern die Aero Genossenschaft Luzern gegründet. Am 24. Juli des gleichen Jahres fand die feierliche Eröffnung der ersten schweizerischen Luftschiffstation auf Tribschen in Luzern statt. Zum Einsatz gelangte vorerst ein französisches, 60 m langes, halbstarres Luftschiff. Zwei Jahre später wurde die »Ville de Lucerne«, die in einer Gondel 8 Passagiere aufzunehmen vermochte, durch ein in Deutschland hergestelltes, 73 m langes Prall-Luftschiff, »Parseval P-VI«, ersetzt. Mit beiden Luftschiffen konnten in 121 Flügen 441 Passagiere unfallfrei befördert werden, bis sie 1913 durch Wasserflugzeuge ersetzt wurden. Der Ausbruch des Ersten Weltkriegs setzte dem Betrieb der Aero Luzern ein Ende, die immerhin in Anspruch nehmen darf, das erste gewerbsmäßige Lufttransportunternehmen der Schweiz gewesen zu sein.

Schweizer Pioniere des Fliegens schwerer als Luft

Wenn auch das Fliegen mit Geräten schwerer als Luft in der Schweiz verhältnismäßig spät Fuß faßte, so hatten sich doch einige Schweizer schon sehr früh damit beschäftigt. Der bereits erwähnte Basel-Landschäftler Jakob Degen (1761–1848) widmete sich seit 1807 dem Bau eines »Schwingenfliegers«, der aus zwei mit Muskelkraft betätigten Flügeln von total 6,70 m Spannweite bestand. Wohl gelangen ihm in Wien einige kleine Sprünge, doch die ungenügende Muskelkraft verhinderte ein richtiges Fliegen. Ein anderer Schweizer, der bekannte Maler Arnold Böcklin, unternahm während der achtziger Jahre in Italien mit einem von ihm gebauten antrieblosen Apparat Flugversuche. Ebenfalls ein Maler, der Ostschweizer Carl Steiger, befaßte sich eingehend mit dem Vogelflug. Im Winter der Jahre 1890–1892 unternahm er in St. Gallen Gleitflugversuche mit einem 15 m² großen, frei tragenden Flächenapparat. Das 1891 erschienene Buch »Vogelflug und Flugmaschine« zeichnete in zahlreichen Skizzen in geradezu visionärer Weise die künftige Entwicklung auf.
Die ersten richtigen Flüge mit einem Motorflugzeug über Schweizer Boden führte der deutsche Hauptmann Paul Engelhardt aus: Am 10. Februar 1910 kreiste er mit seinem Wright-Doppel-

Linke Seite oben: Fesselballon der ehemaligen Ballontruppe während des Ersten Weltkriegs. Linke Seite Mitte: Mobile Gaserzeugungsanlage der Ballontruppe im Einsatz beim Auffüllen eines Ballons. Linke Seite unten: Der bekannte Schweizer Forscher Professor Auguste Piccard stieg als erster mit einem Ballon in die Stratosphäre auf; er erreichte 1931 eine Höhe von 15 781 m und 1932 eine solche von 16 201 m. Unser Bild zeigt ihn zusammen mit seinem Begleiter, dem belgischen Physiker Dr. M. Cosyns (in der Gondel), kurz vor dem Start zum zweiten Aufstieg am 18. August 1932. Diese Seite oben: Am 24. Juli 1910 wurde in Luzern die erste Luftschiffstation der Schweiz eingeweiht. Zum Einsatz gelangte ein aus Paris bezogenes halbstarres Parseval-Luftschiff, das auf den Namen »Ville de Lucerne« getauft wurde. Diese Seite unten: Versuchs-Pralluftschiff von Heinrich Suter aus dem Jahre 1901. Mit diesem Luftfahrzeug unternahm der Erfinder in der Nähe von Arbon am Bodensee einige, allerdings nicht besonders erfolgreiche, Flugexperimente.

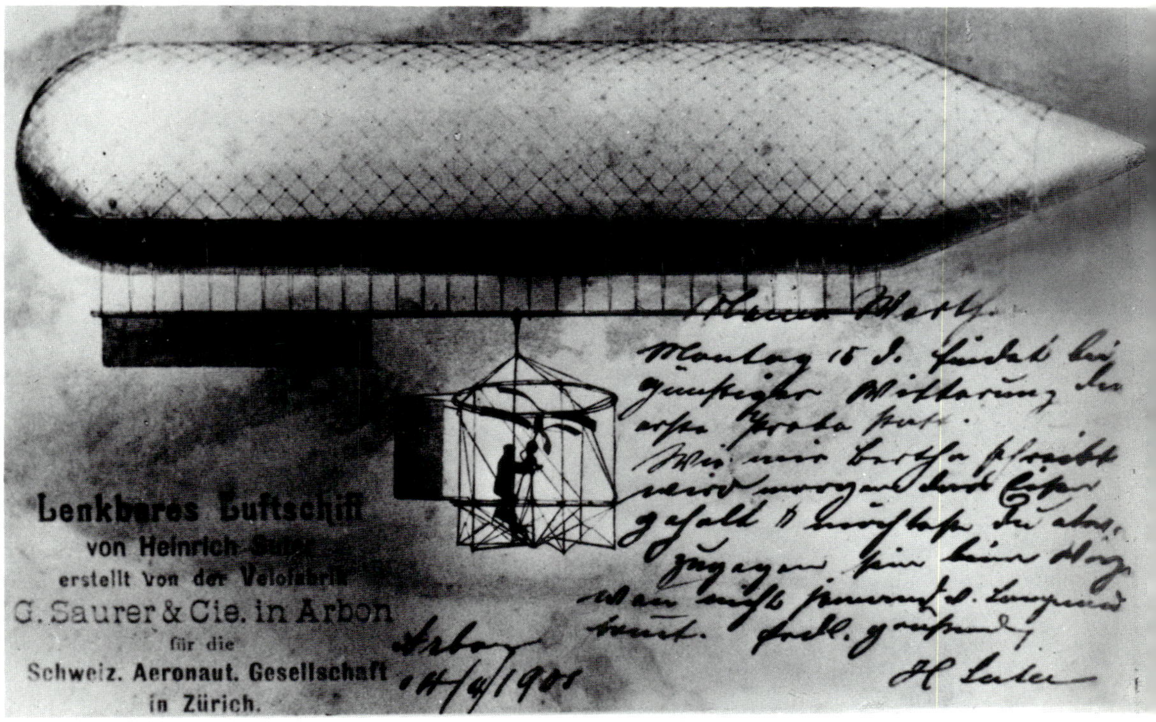

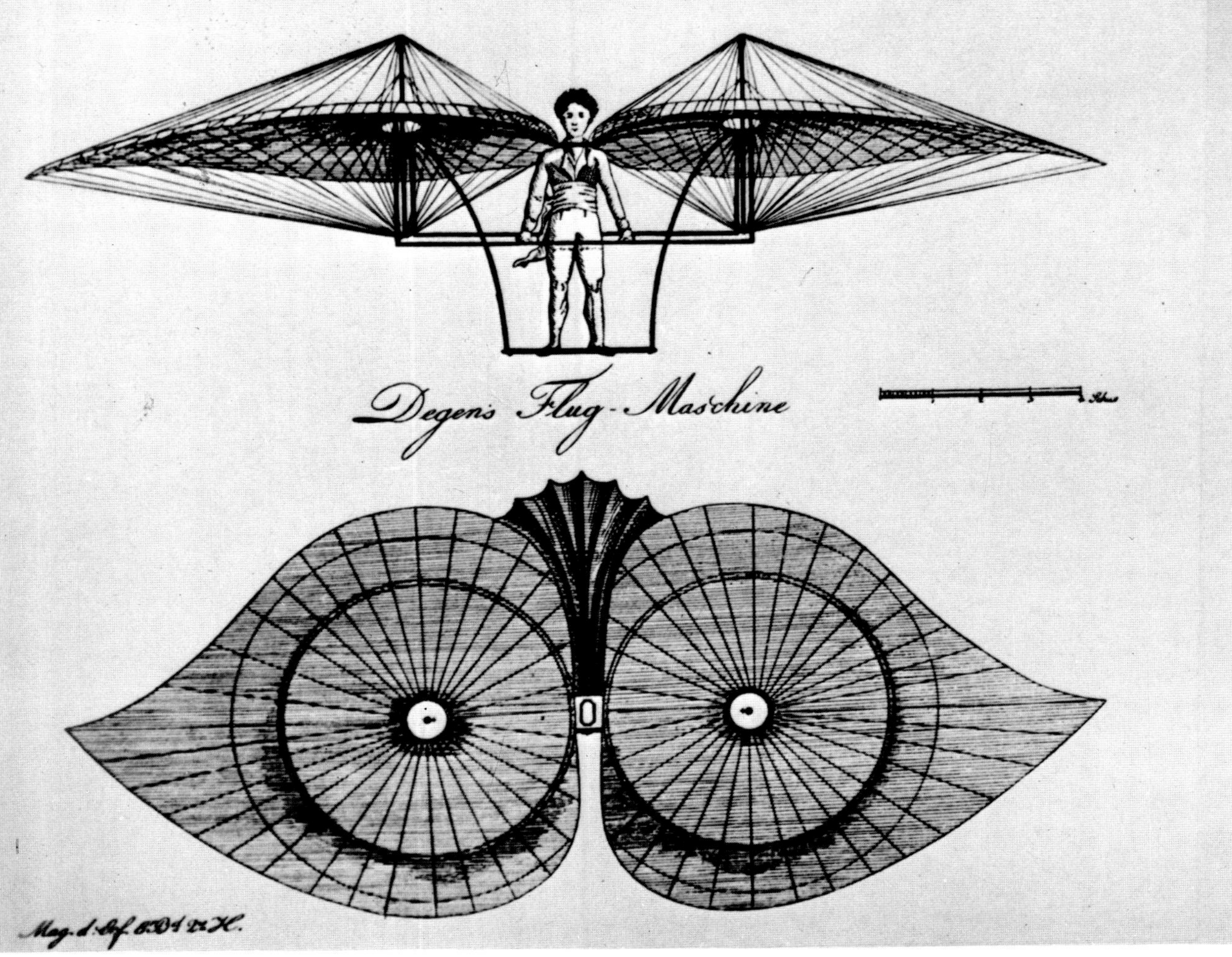

Oben: Schlagflügelapparat von Jacob Degen, der 1761 in Oberwil bei Basel geboren wurde und später in Wien lebte. Durch Anziehen und Strecken der Beine sollten die beiden Flügel in Bewegung versetzt werden. Seine Versuche von 1808 in Wien hatten aber keinen nachhaltigen Erfolg. Rechte Seite oben: Zeichnung des Schweizer Malers Arnold Böcklin zu seinem um 1880 entworfenen Flugapparat. Rechte Seite unten: Von einem anderen Schweizer Kunstmaler, Carl Steiger-Kirchhofer, stammt die Darstellung seines Fluggerätes aus dem Jahre 1892.

decker über dem St. Moritzer See, und am 15. März gewann er in einem 31 Minuten dauernden Flug den vom Kurverein St. Moritz gestifteten Preis von 2000 Franken.

Das Verdienst jedoch, im eigenen Land das Fliegen schwerer als Luft eingeleitet zu haben, kommt den Brüdern Armand und Henri Dufaux in Genf zu. Ihnen gelang im Dezember 1909 mit einem selbstgebauten Doppeldecker ein erster, kurzer Flug, der allerdings mit einem Absturz endete. Mehr Erfolg brachte ihnen der neue Doppeldecker, mit dem Armand Dufaux am 28. August 1910 in 55minütigem Flug den Genfer See der Länge nach überflog; dieses Flugzeug ist im Verkehrshaus der Schweiz in Luzern ausgestellt.

Zu jener Zeit führten bereits einige wagemutige Männer kleinere Flüge aus wie etwa Edmond Audemars, übrigens der erste Schweizer mit einem Pilotenbrevet, Emil Taddeoli, Ernst Failloubaz, René Grandjean und François Durafour.

Das mit Abstand bedeutendste fliegerische Ereignis des Jahres 1910 sowohl für die Schweiz als auch für das Ausland bildete aber der Flug des jungen Peruaners Geo Chavez. Im Rahmen der großen Mailänder Flugwochen startete er am 23. September in Brig mit seinem 50-PS-Blériot-Eindecker zum Aero-Rennen über den Simplon, um bereits nach 20 Minuten Simplon-Dorf zu überfliegen. Beim steilen Anflug auf Domodossola, nach dem dramatischen Durchqueren der Gondoschlucht, brachen die Flügel; Chavez, der beim Absturz schwer verletzt wurde, starb fünf Tage später.

Am 17. Oktober 1911 gelang dem Luzerner Hans Bucher der erste Nachtflug in der Schweiz; kurz darauf konnte René Grandjean mit dem von ihm gebauten Eindecker ein vorgeschriebenes Flugprogramm erfüllen. Im folgenden Jahr waren es Flüge im Kanton Graubünden, die Aufsehen erregten, so wiederum René Grandjean, der erstmals sein Flugzeug mit Skiern ausrüstete und auf dem zugefrorenen Davoser See startete und landete. Ein Jahr später versah er die gleiche Maschine mit Schwimmern und machte es damit zum ersten schweizerischen Wasserflugzeug.

Schweizer Flieger taten sich auch im Ausland hervor, so Edmond Audemars, der die 800 km lange Strecke Paris–Berlin mit sieben Zwischenlandungen zurücklegte; ebenso stellte Enrico Cobioni als Werkpilot der italienischen Caproni-Werke mehrere internationale Rekorde für Dauer, Distanz und Geschwindigkeit auf.

Pionierleistungen vollbrachte der Ingenieur Franz Schneider, der, zusammen mit Nieuport, einen Eindecker schuf, der bereits 1910 einen Geschwindigkeitsrekord mit über 100 km/h aufstellte. Später kam er als Chefkonstrukteur zur Luft-Verkehrs-Gesellschaft (L.V.G.) in Berlin-Johannisthal. Sein Doppeldecker gehörte zu den besten Militärflugzeugen seiner Zeit. Von besonderer Bedeutung war Schneiders Erfindung des Schießens durch den Propeller, für die er 1913 das Deutsche Reichspatent Nr. 276 396 erhielt und die später von Anthony Fokker generell ausgewertet wurde.

1913 tauchte ein neuer Name auf, der während fast sieben Jahren die Entwicklung der schweizerischen Fliegerei entscheidend bestimmen sollte: Oskar Bider. Der damals Einundzwanzigjährige hatte im Dezember 1912 in Frankreich das Pilotenbrevet erlangt und bezwang bereits am 8. Januar des folgenden Jahres die 3200 m hohen Pyrenäen auf einem 512 km langen Flug von Pau nach Madrid. In die Schweiz zurückgekehrt, führte er am 9. März 1913 den ersten Postflug zwischen Basel und Liestal, Ende des Monats Bern–Burgdorf–Bern, durch.

Biders Ziel war es jedoch, die Zentralalpen zu überfliegen. Ein erster Versuch am 2. Juli mißlang, doch 11 Tage später,

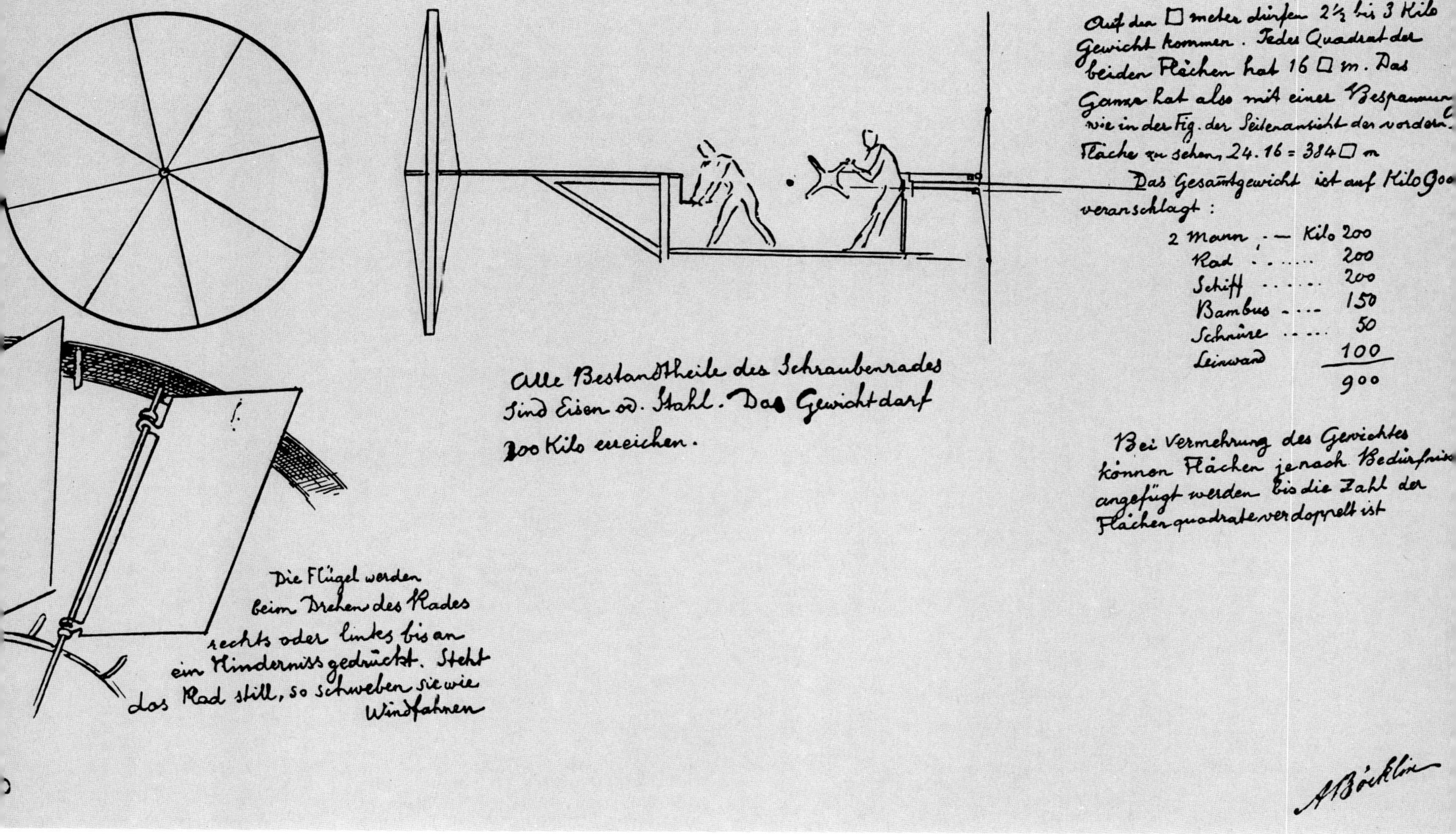
Auf den □ meter dürfen 2½ bis 3 Kilo Gewicht kommen. Jedes Quadrat der beiden Flächen hat 16 □ m. Das Ganze hat also mit einer Bespannung wie in der Fig. der Seitenansicht der vordern Fläche zu sehen, 24.16 = 384 □ m
Das Gesamtgewicht ist auf Kilo 900 veranschlagt:
2 Mann — Kilo 200
Rad 200
Schiff 200
Bambus 150
Schnüre 50
Leinwand 100
900
Alle Bestandtheile des Schraubenrades sind Eisen od. Stahl. Das Gewicht darf 300 Kilo erreichen.
Bei Vermehrung des Gewichtes können Flächen je nach Bedürfniss angefügt werden bis die Zahl der Flächenquadrate verdoppelt ist
Die Flügel werden beim Drehen des Rades rechts oder links bis an ein Hinderniss gedrückt. Steht das Rad still, so schweben sie wie Windfahnen
A Böcklin

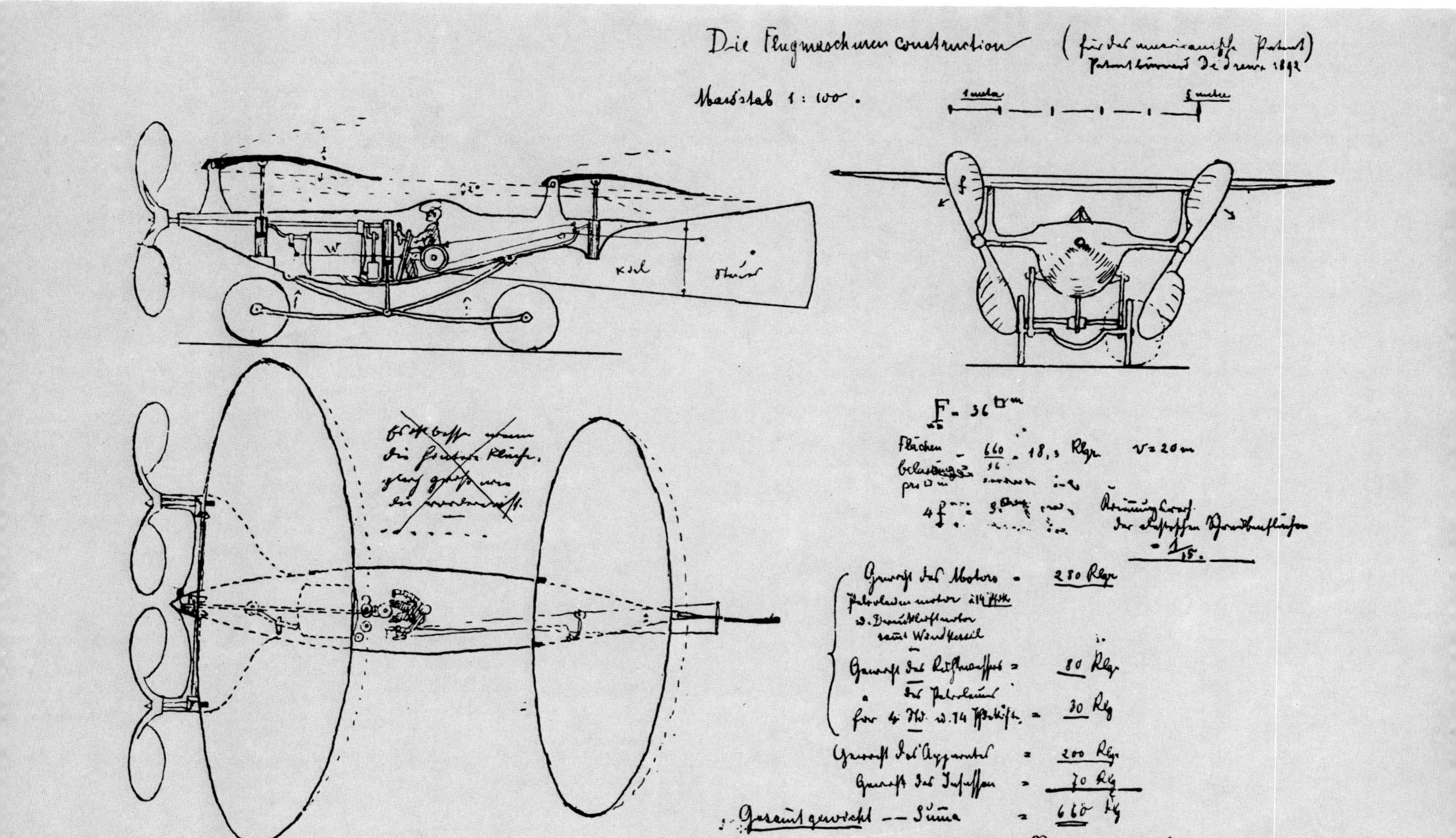
Die Flugmaschinen construction
Maasstab 1 : 100.
Kiel
Steuer
Gewicht des Motors = 280 Kgr
Gewicht des Apparates = 200 Kgr
Gewicht der Insassen = 70 Kg
Gesamtgewicht — Summe = 660 Kg

am 13. Juli 1913, stieg Bider bereits morgens um 4 Uhr vom damaligen Berner Flugplatz Beundenfeld auf und konnte nach $1^1/_2$ Stunden in 3600 m Höhe das Jungfraujoch überfliegen, um, nach kurzem Auftanken in Domodossola, um 8.44 Uhr in Mailand zu landen. Am 26. Juli flog er mit einer Zwischenlandung in Liestal nach Basel zurück. Als zwei weitere fliegerische Glanzleistungen sind die erste Überfliegung des Mont Blanc durch den Auslandschweizer Agrénor Parmélin zu erwähnen, der am 11. Februar 1914 eine Höhe von 5540 m erreichte, sowie die erste Alpentraversierung mit einem Passagier durch Oskar Bider am 22. April desselben Jahres von Bern nach Brig. Der Blériot-Eindecker von O. Bider ist ebenfalls im Verkehrshaus ausgestellt.

Linke Seite oben: Doppeldecker der Schweizer Luftfahrtpioniere Armand und Henri Dufaux aus dem Jahre 1910; mit diesem Flugzeug überflog Armand Dufaux am 28. August 1910 als erster den Genfer See. Linke Seite unten: Der Blériot-Eindecker vom Typ XI, mit dem der bekannte Schweizer Pilot Oskar Bider am 13. Juli 1913 erstmals die Zentralalpen überflog. Unten rechts: Oskar Bider vor einer Hanriod DH 1 im Jahre 1918, kurz vor dem Ende des Ersten Weltkriegs. Unten links: Der Peruaner Geo Chavez, dessen Versuch vom 23. September 1910, die Alpen von Brig aus zu überfliegen, kurz vor dem erfolgreichen Abschluß in Domodossola mit einem tödlichen Absturz endete. Oben: Modell des von dem Schweizer Flugingenieur Haefeli 1917 für die Armee konstruierten Doppeldeckers DH-3

Das Flugzeug in der Schweizer Armee

Als im Sommer 1914 der Erste Weltkrieg ausbrach, besaß die schweizerische Armee noch keine eigenen Flugzeuge. Zwar wurde schon bei den Herbstmanövern 1911 erstmals ein Flugzeug mit militärischen Aufgaben betraut, und bei den Manövern von 1913 kam es zu einem »systematischen« Einsatz von sogar zwei Flugzeugen. Im gleichen Jahr hatte eine von der Schweizerischen Offiziersgesellschaft durchgeführte nationale Sammlung

zur Schaffung einer Militäraviatik den Betrag von 1¾ Millionen Franken ergeben. Die einrückenden Piloten brachten ihre Flugzeuge selber mit; zudem beschlagnahmte der erste Kommandant der neu geschaffenen Fliegertruppe, Hauptmann Theodor Real, die an der Landesausstellung 1914 in Bern gezeigten ausländischen Flugzeuge. Im Dezember siedelte die Truppe vom Berner Beundenfeld nach Dübendorf über, das zum Zentrum der Militäraviatik werden sollte. Da aus dem Ausland keine weiteren Flugzeuge beschafft werden konnten, wurde von der kriegstechnischen Abteilung eine eigene Konstruktion nach den Plänen von Ingenieur Haefeli entwickelt; erst der Typ DH-3 (1917) sowie die von Ingenieur Wild gebauten Doppeldecker vermochten zu befriedigen. Später kamen noch die im Ausland gekauften Flugzeuge, wie die Nieuport, Zepp und L.V.G. sowie die bei Alfred Comte in Lizenz hergestellte Fokker D.VII, dazu. 1921 konnte erstmals eine Flieger-Rekrutenschule durchgeführt werden. Von diesem Zeitpunkt an kam der in Thun hergestellte DH-5-Doppeldecker zum Einsatz; dieser Zweisitzer für Aufklärung und Schulung erreichte mit einem 200 PS starken Motor eine Geschwindigkeit von 180 km/h und hatte bei einer Gipfelhöhe von 5000 m eine Reichweite von 480 km. Das Fluggewicht der in 60 Exemplaren hergestellten und bis zum Jahre 1940 eingesetzten Maschinen betrug 1270 kg.

Der Luftverkehr kommt

Nach Ende des Ersten Weltkriegs mußten sich auch die schweizerischen Militärflieger nach anderen Tätigkeitsgebieten umsehen. Der als Beobachter und Flugphotograph ausgebildete Walter Mittelholzer gründete 1919, zusammen mit dem Fliegerleutnant Alfred Comte, die Aero-Gesellschaft Comte, Mittelholzer & Co. in Zürich. Am 15. Dezember entstand, auf Initiative des am 7. Juli 1919 tödlich verunglückten Oskar Bider sowie der Piloten Fritz Rhyner, Ernst Frick und Henri Pillichody, die Ad Astra, Schweizerische Luftverkehrs AG. Sie übernahm kurz darauf die Firma Comte, Mittelholzer & Co. wie die neue Avion-Tourisme in Genf. Das Unternehmen zählte zu jenem Zeitpunkt 12 Wasser- und 4 Landflugzeuge, die innerhalb eines Jahres 4700 Flüge mit 7384 Passagieren ausführten. 1920 wurde das Eidgenössische Luftamt geschaffen.
Der Luftverkehr von damals kannte noch keinen Komfort. So gelangten z. B. auf der am 28. April 1919 eröffneten Luftpostlinie Zürich–Bern–Lausanne, später bis Genf, zweiplätzige Flugzeuge vom Typ Haefeli DH-3 zum Einsatz. Um die Einnahmen zu vermehren, gestattete man die Mitnahme von Passagieren; diese mußten sich im Beobachtersitz »einzwängen« und vor dem Start unterschriftlich verpflichten, bei einem Unfall keinerlei Schadenersatzansprüche zu stellen – und dies bei einem Flugpreis von 110 Franken von Zürich nach Genf! Technische Störungen traten häufig auf, und oft endete der Flug auf halber Strecke in einem Acker. Man reparierte, vermochte wieder zu starten oder marschierte halt zur nächsten Bahnstation und setzte die Reise mit dem Zug

Oben: Nieuport-Doppeldecker 28 C.1 »Bébé« aus dem Jahre 1917. Ein 160-PS-Gnôme-Umlaufmotor verlieh dem Flugzeug eine Höchstgeschwindigkeit von 210 km/h. Unten: Modell eines der berühmten Fokker-D-VII-Flugzeuge. Mit einem Daimler-Benz-Motor von 160 PS bei 1400 U/min war die Maschine 185 km/h schnell. Rechte Seite oben: Eine Schweizer Comte AC-4 »Gentleman« aus dem Jahre 1930 mit 120-PS-de-Havilland-Gipsy-Motor. Höchstgeschwindigkeit 170 km/h. Rechte Seite unten: Walter Mittelholzer (rechts) war einer der bekanntesten Schweizer Piloten und Mitbegründer der Swissair. Daneben hat er sich auch einen großen Namen als Forschungsflieger, Fotograf und Schriftsteller geschaffen.

fort. Daneben wurden aber auch beachtliche Leistungen vollbracht, wie der 1919 von Major Léon Progin mit 8100 m aufgestellte Höhenrekord sowie die im August von Oberleutnant Robert Ackermann ausgeführte erste Hochgebirgslandung auf dem Jungfraujoch. Zwei Jahre später, am 30. Juli 1921, gelang dem Genfer François Durafour sogar eine Landung in 4311 m Höhe unterhalb des Mont-Blanc-Gipfels. Am 1. Juli 1922 konnte die Ad Astra ihre erste Auslandstrecke von Genf über Zürich nach Nürnberg, später nach München, eröffnen. Zum Einsatz gelangten vier Junkers-F-13-Flugzeuge.
Das zunehmende Interesse am Flugverkehr führte am 2. September 1925 in Basel zur Gründung einer weiteren Fluggesellschaft, der Balair. Unter Balz Zimmermann erlebte die Gesellschaft, die einmotorige Fokker-Flugzeuge F.II und F.III einsetzte, einen raschen Aufschwung. Die Ad Astra ihrerseits nahm den bewährten Dornier »Merkur«, ein siebenplätziges Metallflugzeug, für ihren neuen Dienst nach Stuttgart in Betrieb.
Ein Jahr später erregte die Ad Astra Aufsehen, indem sie mit diesen Flugzeugen eine direkte Linie nach Berlin eröffnete, mit 700 km die größte Strecke, die damals in Europa flugplanmäßig ohne Zwischenlandung beflogen wurde. Mit der gleichen Maschine, der CH-157 »Switzerland«, führte Chefpilot und Ad-Astra-Direktor Walter Mittelholzer im Winter 1926/27 seinen ersten Afrikaflug durch, der ihn über eine Strecke von 15 000 km nach Kapstadt brachte. Diese erste Durchquerung des afrikanischen Kontinents stellte eine ganz außerordentliche fliegerische Leistung dar und erregte in der ganzen Welt Aufsehen. 1928 übernahm die Balair die größeren, zehnplätzigen Fokker-F.-VIIa-Flugzeuge, denen später die dreimotorigen F.VII/3m folgten. 1929 erfolgte in Bern die Gründung der Alpar. Zu einem Wendepunkt der Geschichte des schweizerischen Luftverkehrs wurde das Jahr 1931.
Ad Astra und Balair schlossen sich zur heutigen Swissair zusammen; der Flugzeugpark umfaßte sechs dreimotorige Fokker, zwei Dornier »Merkur«, eine einmotorige Fokker (die heute im Verkehrshaus der Schweiz steht), eine Messerschmitt M 18d und eine Comte AC-4. In diesem ersten Jahr legten die Swissair-Flugzeuge 724 000 km zurück bei einem Personalbestand von 64 Personen, darunter 9 Piloten, 4 Funker und 8 Mechaniker; 1974 waren es 14 000 Personen und nahezu 1 Milliarde ausgelastete Tonnenkilometer. Unter der Leitung der beiden Direktoren Balz Zimmermann und Walter Mittelholzer gewann das junge Unternehmen bald europäisches Ansehen. Als erste Fluggesellschaft auf unserem Kontinent bestellte die Swissair 1932 zwei amerikanische Flugzeuge vom Typ Lockheed »Orion«. Diese Maschine war erstmals mit einziehbarem Fahrwerk ausgerüstet und erreichte die für die damalige Zeit unerhörte Geschwindigkeit von 360 km/h, womit die Flugzeiten um die Hälfte gekürzt werden konnten. Sie bot vier Personen Platz und wurde auf der Expreß-Linie Zürich–München–Wien eingesetzt. Mit dieser Pioniertat leitete die Swissair den Schnellluftverkehr in Europa ein. Walter Mittelholzer, der bereits in den zwanziger Jahren durch seine großen Flüge – 1923 Spitzbergen, 1924/25 Persien, 1926/27 Afrikadurchquerung, 1928 Mittelmeer, 1929 Kilimandscharo – sowie als unübertrefflicher Flugphotograph von sich reden machte, unternahm weitere Flüge, die Staunen erregten, so 1930/31 mit seiner dreimotorigen Fokker nach dem Tschadsee: 16 900 km in 109 Flugstunden, am 20. Mai 1933 einen Schnellpostflug mit der Lockheed »Orion« nach Tunis: 2600 km in 8 Stunden 48 Minuten, 1934 nach Abessinien, wo er Kaiser Haile Selassie eine Fokker F.VII/3m ablieferte. Seine Flüge, Bücher und Vorträge haben wesentlich zur Verbreitung des Fluggedankens in weiten Kreisen beigetragen. 1937 verunglückte er tödlich auf einer Bergtour in Tirol, und im gleichen Jahr erlag Balz Zimmermann einer Krankheit, womit die Schweiz zwei der bedeutendsten Luftfahrtpioniere, die junge Swissair gleichzeitig ihre

beiden Direktoren verlor.
Inzwischen hatte die Swissair weitere amerikanische Flugzeuge eingesetzt, so die größere Clark GA-43, dann 1934 die 15plätzige Curtiss »Condor«, deren Absturz in Tuttlingen im gleichen Jahr den ersten schweren Unfall bildete. Die Swissair führte für dieses Flugzeug, wiederum als erste Gesellschaft in Europa, Stewardessen ein. 1935 erwarb die Swissair vier der soeben erschienenen zweimotorigen Ganzmetallflugzeuge vom Typ Douglas DC-2, die mit ihren vierzehn Passagieren hinsichtlich Komfort und Sicherheit ein Maximum boten. Sie wurden von der Swissair für die neu eröffnete Linie von Zürich über Basel nach London eingesetzt, während die englische Imperial Airways die Strecke mit der allerdings wesentlich langsameren, viermotorigen Handley-Page beflog. Die guten Erfahrungen mit den DC-2 ermöglichten der Swissair 1935/36 erstmals, im Winter regelmäßig zu fliegen. Für die Nachtpoststrecke Basel–Frankfurt–Amsterdam nahm die Swissair 1936 eine Maschine vom Typ Ju 86 in Betrieb, die mit zwei Dieselschwerölmotoren ausgerüstet waren. 1937 schaffte die Swissair die ersten DC-3-Maschinen an, die zum Rückgrat des Flugzeugparks der nationalen Luftverkehrsgesellschaft wurden. Der Ausbruch des Zweiten Weltkriegs setzte der erfreulichen Verkehrsentwicklung ein jähes Ende.

Der Flugsport wird populär

Mitte der zwanziger Jahre hatte der Segelflug auch in der Schweiz, nachdem bereits schon vor dem Ersten Weltkrieg vielerorts Gleiter gebaut wurden, einen Aufschwung erfahren. Zahlreiche Veranstaltungen, vor allem internationale und nationale Segelfluglager, trugen zur Verbreitung dieses Sports bei, der zudem eine hervorragende Vorbildung für die Motorfliegerei darstellt. Besonderen Auftrieb gaben die verschiedenen hochalpinen Forschungslager, insbesondere auf dem Jungfraujoch. Auch der Motorflug erfuhr als Folge der in allen Landesgegenden gegründeten Sektionen des Schweizerischen Aero-Clubs, der 1975 über 15 000 Mitglieder zählt, eine starke Ausbreitung. Einen großen Beitrag zur Popularisierung des Fliegens leisteten die internationalen Flugmeetings, vor allem diejenigen von Dübendorf in den Jahren 1922, 1927 und 1937. Der Flugsport hat nach dem Zweiten Weltkrieg eine weitere beachtliche Ausweitung erfahren. Hier ist auch die von Schweizern erstmals in größerem Umfange angewandte Gletscherfliegerei zu ewähnen, die anfangs der fünfziger Jahre von Fred Wissel eingeleitet und dann durch den Walliser Hermann Geiger entscheidende Impulse erfahren hat; ebenso im Dienste des Helfens und Rettens steht die 1952 gegründete Schweizerische Rettungsflugwacht, während die Heliswiss, die Schweizerische Helikopter AG, sich für Transporte aller Art zur Verfügung stellt.

Die Luftwaffe wächst

Die Luftwaffe, bis dahin in erster Linie für Aufklärung und den Luftkampf eingesetzt, erhielt 1936 mit der Schaffung der Abteilung für Flugwesen und Fliegerabwehr neue Aufgaben und erforderte auch neue Flugzeuge. Das Standard-Jagdflugzeug war zu Beginn der dreißiger Jahre die in Lizenz gebaute Dewoitine D-27, die mit einem 500 PS starken Hispano-Suiza-Motor die beachtliche Geschwindigkeit von 300 km/h erreichte. Für die neue Erdkampftaktik wurde die Fokker C-V eingesetzt sowie die Eigenentwicklungen C-35 und C-36; diese Flugzeuge eigneten sich sowohl für Erdkampf wie Aufklärung und waren erstmals in der Lage, Bomben mitzuführen. Die stürmische Entwicklung der Militärflugzeuge im Ausland veranlaßte die Schweiz, leistungsfähigere Maschinen

Oben: Weltbekannt wurde der Schweizer Hermann Geiger als »Gletscherpilot«. In mehr als 20 000 Hochgebirgseinsätzen rettete er rund 600 Menschenleben. Für seine Flüge benützte er meistens die für diesen Zweck entwickelte Pilatus »Porter« (unten) oder die Piper PA-18 (oben). Am 26. August 1966 verunglückte Hermann Geiger über Sitten tödlich. Linke Seite oben: Vom Verkehrsflugzeug Junkers Ju 52 sind nur noch wenige im Einsatz, darunter deren drei allein bei der Schweizerischen Fliegertruppe. Linke Seite Mitte: Nelly Diener war die erste Stewardess der Swissair und gleichzeitig die erste europäische Stewardess überhaupt. Linke Seite unten: Modell der Curtiss »Condor«, einem Verkehrsflugzeug für 14 bis 15 Passagiere, wie es von der Swissair benützt wurde

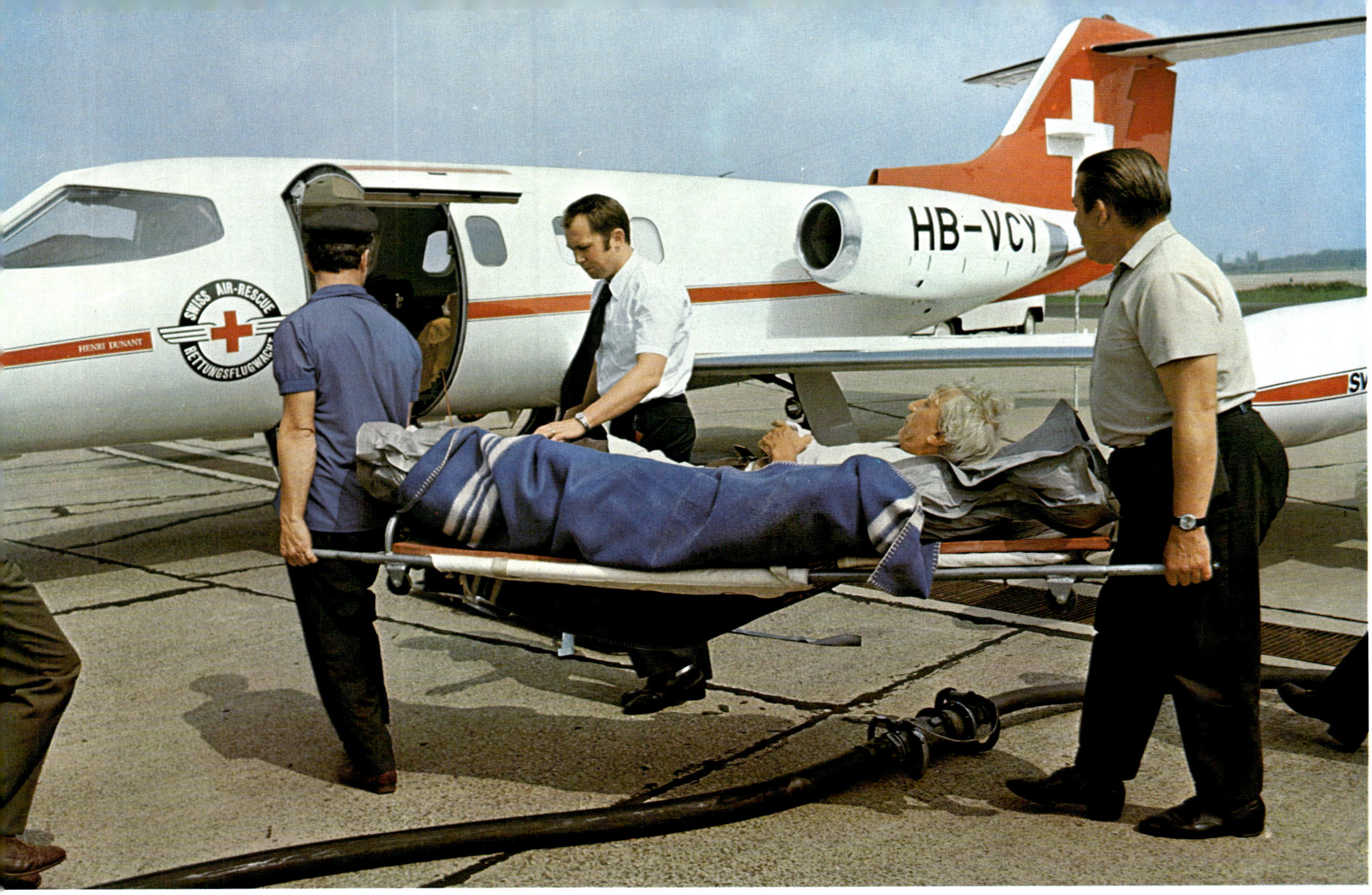

Oben: Die Schweizerische Rettungsflugwacht (SRFW) setzt für ihre Rettungsaktionen neben Hubschraubern auch modernste Flächenflugzeuge wie den Learjet 35 für Geschwindigkeiten bis Mach 0,88 ein.
Links: Die Heliswiss ist ein Unternehmen, das sich besonders auf verschiedenste Arbeiten mit Hubschraubern in der Schweiz, aber auch im ganzen Ausland spezialisiert hat. Im Bild wird der Einsatz einer Sikorsky S-58T im Gebirge gezeigt.

anzuschaffen, so den französischen Jäger Morane 406, in der Schweiz als Morane D-3800 in 301 Exemplaren hergestellt, sowie die hervorragende deutsche Messerschmitt Me 109, davon 10 Stück vom Typ D, 88 vom Typ E und 12 vom Typ G. Die Fliegertruppe, deren Aufgabe darin bestand, zusammen mit der Fliegerabwehrtruppe den Neutralitätsschutz durchzuführen und die Armee in ihrem Kampf zu unterstützen, zählte in ihren vier Regimentern und im Überwachungsgeschwader 500 Flugzeuge. Während des Zweiten Weltkriegs brachte die schweizerische Luftwaffe 254 fremde Militärflugzeuge zur Landung oder zum Absturz auf schweizerischem Hoheitsgebiet. Die Nachkriegszeit ist gekennzeichnet durch die Einführung von Strahlflugzeugen, nachdem vorerst noch aus amerikanischen Restbeständen 100 der bewährten Jäger vom Typ North American P-51 »Mustang« erworben wurden. Als erste Strahlflugzeuge gelangten 1947 die de Havilland D.H. 100 »Vampire« zum Einsatz, denen 1951 die D.H. 112 »Venom« und 1958 die Hawker »Hunter« folgten. 1965 kam das erste Überschall-Jagdflugzeug, die Dassault »Mirage III«, zum Einsatz.
Unter den von der Schweiz entwickelten Strahlflugzeugen verdienen die bei den Eidgenössischen Flugzeugwerken in Emmen gebaute N-20 und die von den Flug- und Fahrzeugwerken Altenrhein konstruierte P-16 besondere Erwähnung. Beide Typen hatten zukunftweisende Neuerungen, wurden aber aus verschiedenen Gründen, vornehmlich politischen, nicht in Serie gebaut.

Oben: Eine Schweizer Dewoitine D-27 aus dem Jahre 1930. Das Ganzmetallflugzeug besitzt einen 500-PS-Hispano-Suiza-Motor und erreichte eine Höchstgeschwindigkeit von 300 km/h. Mitte: Fokker C-V, 1933 in der Schweiz in Lizenz gebaut. Aus ihr wurde das schweizerische Mehrzweckflugzeug C-35 entwickelt. Unten: Das Doppeldecker-Mehrzweckflugzeug C-35, eine Entwicklung der eidgenössischen Konstruktionswerkstätte in Thun, stand von 1937 bis 1950 in Dienst. Mit einem Hispano-Suiza-Motor von 860 PS Leistung erreichte die Maschine eine Höchstgeschwindigkeit von 335 km/h.
Nächste Doppelseite: Convair CV-990 »Coronado«, Immatrikulationszeichen HB - ICC der Swissair, vor dem Matterhorn in den Walliser Alpen. Diese Maschine steht heute, wie übrigens einige der im Original abgebildeten einstigen Flugzeuge der schweizerischen Fliegertruppe, im Verkehrshaus der Schweiz in Luzern.

SWISSAIR
CORONADO

Die Swissair fliegt weltweit

Der regelmäßige Linienverkehr der Swissair mußte bei Ausbruch des Zweiten Weltkriegs eingestellt und konnte erst wieder im Sommer 1945 aufgenommen werden. Die in den Nachkriegsjahren anhaltend starke Nachfrage und die Ausweitung des Luftverkehrs zum weltweiten Linienverkehr eröffneten auch für die Swissair neue Perspektiven. Es galt nun, den Langstreckenverkehr auszubauen. Der Flugpark wurde durch die viermotorigen Douglas DC-4 erweitert, die auch, als erstes Swissair-Flugzeug, am 2. Mai 1947 auf dem Flug von Genf nach New York den Nordatlantik überquerte; der regelmäßige Liniendienst wurde allerdings erst zwei Jahre später aufgenommen. 1954 eröffnete die Swissair eine neue Linie über den Südatlantik, dann nach dem Fernen Osten und nach Afrika. Der DC-4 folgte 1951 die mit Druckkabine ausgerüstete DC-6B, 1957 die DC-7C; dem Kurzstreckenverkehr dienten seit 1949 die Convair CV-240 und 440 »Metropolitan«. 1960 setzte die Swissair erstmals Strahlflugzeuge ein, die mit zwei Triebwerken ausgerüstete »Caravelle« sowie die vierstrahlige DC-8, der zwei Jahre später das schnellste Verkehrsflugzeug überhaupt, die Convair CV-990 »Coronado« folgte. 1966 erschien, als Ablösung für die »Caravelle«, die DC-9-30. Zu diesem Zeitpunkt standen keine Kolbenflugzeuge mehr im Dienst. Das Zeitalter der Großflugzeuge leitete die Swissair 1971 mit zwei »Jumbo-Jets« vom Typ Boeing B-747 B ein, denen in der Zeit von 1972 bis 1975 eine Serie von acht dreistrahligen DC-10-30 folgte. Diese neue Generation von Verkehrsflugzeugen mit einem Fassungsvermögen von 350 bzw. 250 Personen ist gegenüber den früheren Typen wesentlich größer und dank der neuen Triebwerke überdies wesentlich umweltfreundlicher. 1975 setzte die Swissair im Kurzstreckenverkehr zudem die 150 Passagiere fassende DC-9-51 ein. Parallel zur Entwicklung der Flugzeuge erfolgte auch der Ausbau der der Radio Schweiz AG übertragenen Flugsicherung sowie der schweizerischen Flughäfen von Zürich, Genf-Cointrin und Basel-Mühlhausen, die, als Tore zur Welt, den Anschluß unseres Landes an das internationale Liniennetz ermöglichen.

Die Flugzeugindustrie

Die Entwicklung und Herstellung von Flugzeugen war in der Schweiz, abgesehen von der Pionierzeit und von den Jahren nach dem Ersten Weltkrieg, immer mit vielfältigen Schwierigkeiten verbunden. Hierzu mögen, obwohl die Schweiz mit einer leistungsfähigen metallverarbeitenden Industrie und einer vorzüglich wissenschaftlichen Grundlage an den Hochschulen die nötigen Voraussetzungen aufwies, zur Hauptsache die politischen, militärischen und wirtschaftlichen Aspekte eines neutralen Kleinstaates mitgespielt haben. Besonders eindrücklich zeigten sich diese Schwierigkeiten bei den Strahltriebwerken und Strahlflugzeugen, wo trotz zukunftweisender Konstruktionen sowohl beim Eidgenössischen Flugzeugwerk wie in den privaten Unternehmen ausgearbeitete Projekte nicht oder nur teilweise verwirklicht werden konnten.
Heute umfaßt die in der Interessengemeinschaft der schweizerischen Flugzeugindustrie zusammengeschlossenen Unternehmen, der ASIA, 40 Betriebe. Eindrücklich sind die Leistungen der schweizerischen Flugzeugindustrie für die Luftwaffe, wurden doch von den bis 1975 eingesetzten rund 2200 Militärflugzeugen dreiviertel als Eigen- und Weiterentwicklung oder in Lizenzbau in der Schweiz hergestellt. Unter den drei wichtigsten Herstellern nimmt das Eidgenössische Flugzeugwerk in Emmen eine Sonderstellung ein. Als Forschungs- und Entwicklungsstätte führte es mit seinen vier Windkanälen aerodynamische Messungen sowohl für Flugzeuge, Projektile und andere Einrichtungen durch, mit Meßbereich bis Mach 4.
Eine bedeutende Eigenentwicklung stellte das Kampfflugzeug N-20 dar, das als erstes Strahl-Deltaflugzeug der Welt 1948–1952 entwickelt wurde, jedoch nie zum Einsatz kam. Als Produktionswerkstätte übernimmt das Eidgenössische Flugzeugwerk einen Teil der Baugruppenfabrikation und besorgt, wie zum Beispiel bei den Mirage-Flugzeugen, die Fertigmontage. Darüber hinaus ist dem Eidgenössischen Flugzeugwerk sowohl bei der Lizenzfabrikation wie bei der Eigenproduktion die Aufgabe als Generalunternehmen übertragen. Die Flug- und Fahrzeugwerke Altenrhein, 1926 gegründet und bis 1947 als Aktien-

Kampfflugzeuge vom Typ »Mirage III-S« der schweizerischen Fliegertruppe im Flug vor imponierenden Wänden der Walliser Alpen

J-2303
J-2322

gesellschaft für Dornier-Flugzeuge bekannt, gehören mit ihren 1100 Mitarbeitern zu den bedeutendsten Unternehmen der Ostschweiz. In den Gründungsjahren war die Produktion auf die Entwicklung und Herstellung sowie Montage von Flugzeugen beschränkt, später wurde sie auf den Waggonbau ausgedehnt. Als eine der bedeutendsten Leistungen der früheren Dornier-Werke ist das zwölfmotorige Riesenflugboot Do X (1928 bis 1931) zu erwähnen. Unter den Eigenentwicklungen der heutigen Flug- und Fahrzeugwerke Altenrhein sind insbesondere das Kampfflugzeug P-16, das ganz aus Kunststoff gebaute Segelflugzeug »Diamant« sowie das Schul- und Reiseflugzeug AS-202 »Bravo« zu nennen. Neben den eigenen Konstruktionen entstanden auch mehrere Flugzeuge im Lizenzbau; außerdem führen die FFA Revisionen von Militär- und Privatflugzeugen durch.

Die in Stans niedergelassenen, 650 Mitarbeiter zählenden Pilatus-Flugzeugwerke wurden 1939 gegründet. Sie waren von Anfang an am Lizenzbau für die schweizerische Luftwaffe beteiligt, wie C-3603, Morane D-3801, D.H. 100, D.H. 112, »Mirage« und »Alouette III«. Die Entwicklungsabteilung brachte verschiedene Eigenkonstruktionen hervor, darunter die »Pelikan« SB-2, P-3, P-4; die bedeutendste Eigenentwicklung ist jedoch der Pilatus »Porter« PC-6. Dieses erstmals 1959 eingesetzte Flugzeug ist in der ganzen Welt wegen seiner Zuverlässigkeit, Robustheit und außergewöhnlichen Kurzstart- und Landeeigenschaften (STOL) bekannt. Als ebenfalls vielversprechende Eigenentwicklung ist der seit 1972 in Auslieferung stehende einsitzige Metallsegler B-4 zu erwähnen. Außerdem unterhalten die Pilatus-Flugzeugwerke einen eigenen Dienst für Bedarfs- und Gebirgsflüge.

Innerhalb eines Menschenalters haben sich auch in der Schweiz die »zerbrechlichen Kisten« von ehedem zum Verkehrsmittel für jedermann gewandelt. Das Flugzeug hat, wie kein anderes Transportmittel, die Welt in die Schweiz und die Schweiz in die Welt gebracht.

Pilatus »Turbo-Porter« PC-6/B 2-H2

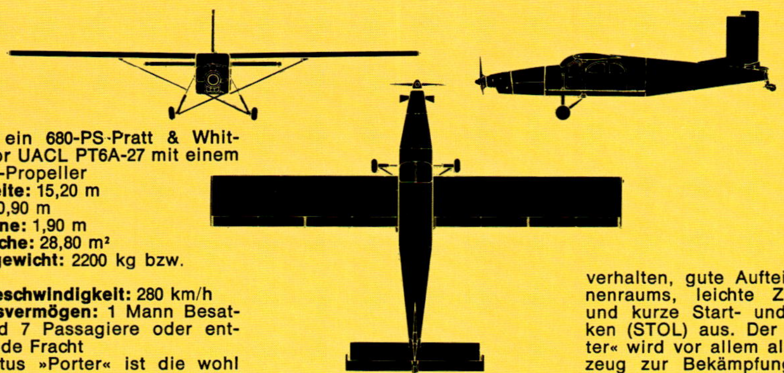

Antrieb: ein 680-PS-Pratt & Whitney-Motor UACL PT6A-27 mit einem Dreiblatt-Propeller
Spannweite: 15,20 m
Länge: 10,90 m
Profilsehne: 1,90 m
Flügelfläche: 28,80 m²
Gesamtgewicht: 2200 kg bzw. 2760 kg
Höchstgeschwindigkeit: 280 km/h
Fassungsvermögen: 1 Mann Besatzung und 7 Passagiere oder entsprechende Fracht

Der Pilatus »Porter« ist die wohl bekannteste Flugzeugkonstruktion der Schweiz nach dem Zweiten Weltkrieg. Mehr als 300 Exemplare wurden bis 1975 gebaut und in alle Welt geliefert. Er zeichnet sich durch ein sehr gutmütiges Flugverhalten, gute Aufteilung des Innenraums, leichte Zugänglichkeit und kurze Start- und Landestrekken (STOL) aus. Der Pilatus »Porter« wird vor allem als Arbeitsflugzeug zur Bekämpfung von Waldbränden, zum Pflanzenschutz, als Zielschlepp- und Fallschirmsport-Flugzeug verwendet. Weltbekannt wurde der »Porter« durch die Gletscherflüge des berühmten Schweizer Piloten Hermann Geiger.

Oben: Das Eidgenössische Flugzeugwerk in Emmen entwickelte und baute 1948 bis 1952 das erste Strahl-Deltaflugzeug der Welt mit durchströmten Innenflügeln und vier im Flügel versenkten Doppelstrom-Düsentriebwerken. Das zukunftweisende Kampfflugzeug scheiterte zunächst an ungenügender Leistung seiner Triebwerke, die spätere Weiterentwicklung aus politischen Motiven. Der Prototyp dieser interessanten Konstruktion, die N-20 »Aiguillon«, steht heute im Verkehrshaus der Schweiz. Rechts: Hochleistungssegelflugzeug »Diamant 18« der Flug- und Fahrzeugwerke in Altenrhein, voll in Kunststoff-Bauweise hergestellt

HB-915
HB-915

Die Luftfahrt in Österreich

Links: Zeitgenössischer Scherenschnitt des Aufstiegs von Georg Stuwer mit seinem Heißluftballon am 6. Juli 1784 im Prater in Wien. Rechts: Jakob Degens Schwingenflugapparat mit Ballon beim Aufstieg in Laxenburg 1810

Ballons und Luftschiffe

Acht Monate nach dem ersten Aufstieg einer bemannten Montgolfière in Annonay/Frankreich experimentierte in Wien Georg Stuwer mit seinem Sohn Caspar an einem Heißluftballon. Das Gebilde hatte waagerecht zylindrische Form und war an beiden Enden mit stumpfen Kegeln abgeschlossen. Sein Rauminhalt betrug 134 000 Wiener Kubikschuh, ca. 4000 m³. An der Unterseite war ein hölzernes Schiff befestigt, das vier Menschen aufnehmen konnte. Zur Warmlufterzeugung dienten zwei Heizstellen. Zur Sicherheit war der Heißluftballon mittels Seilen an einem Startturm befestigt. Der erste bemannte Flugversuch erfolgte am 6. Juli 1784 an Seilen, wobei der Ballon eine Höhe von 200 m erreichte. Am 28. August stieg er, von einer Windbö erfaßt, mit vier Luftfahrern frei auf, als die Verankerungen rissen.
Das erste in Österreich gebaute Luftschiff entstand in Wiener Neustadt, an dem Ort, an dem nach der Jahrhundertwende die österreichische Fliegerei ihren Anfang nahm. Am 1. April 1865 erhielt Paul Haenlein aus Mainz ein Patent auf ein Luftschiff, das durch eine Gaskraftmaschine betrieben werden sollte. Er baute zunächst ein sieben Meter langes Modell eines Lenkballons in Wien, das dem Kaiser im Februar 1872 im Redoutensaal vorgeführt wurde. Die Firma Reithofer in Wimpassing/Nieder-Österreich lieferte die Ballonhülle zu seinem Luftschiff. Länge: 50,4 m, Durchmesser 9,2 m und Inhalt 2408 m³. Das Fluggewicht betrug mit zwei Personen 1556 kg, seine Geschwindigkeit ca. 18 km/h. Die Erprobung und der Erstflug fanden in Brünn am 13. Dezember 1872 statt. Bei der Jungfernfahrt blieb Haenlein 4 Stunden in der Luft, der Lenoir-Gasmotor entnahm seinen Kraftstoff der Ballonfüllung. Ende Dezember sollte die Überführung nach Wien stattfinden, sie wurde jedoch von unkundiger Hand durchgeführt, und das Luftschiff kam während des Startvorganges zu Bruch.
In Berlin-Tempelhof erhob sich am 3. November 1897 das erste starre lenkbare Luftschiff. Es war von dem Angehörigen des deutschen Luftschifferbataillons Ernst Jagelo nach den Plänen des Österreichers David Schwarz gebaut worden. Der zylindrische Rumpf war vorne kegelförmig und hinten abgeplattet. Länge 47,5 Meter, Durchmesser ca. 14 m. Als Antrieb diente ein 12-PS-Daimler-Motor. Der Körper bestand aus einer Aluminiumgitterstruktur, die mit einem Alublech überzogen war. Jagelo steuerte auch das Luftschiff während seines Erstfluges. Nach kurzer Fahrt lösten sich die Antriebsriemen von den Scheiben, und während der steuerlosen Landung wurde der Apparat so schwer beschädigt, daß eine Reparatur sich nicht mehr lohnte. Am 10. Februar 1898 erwarb Graf Zeppelin die Schwarzschen Patente. Im Jahre 1909 entschloß sich das k.u.k.

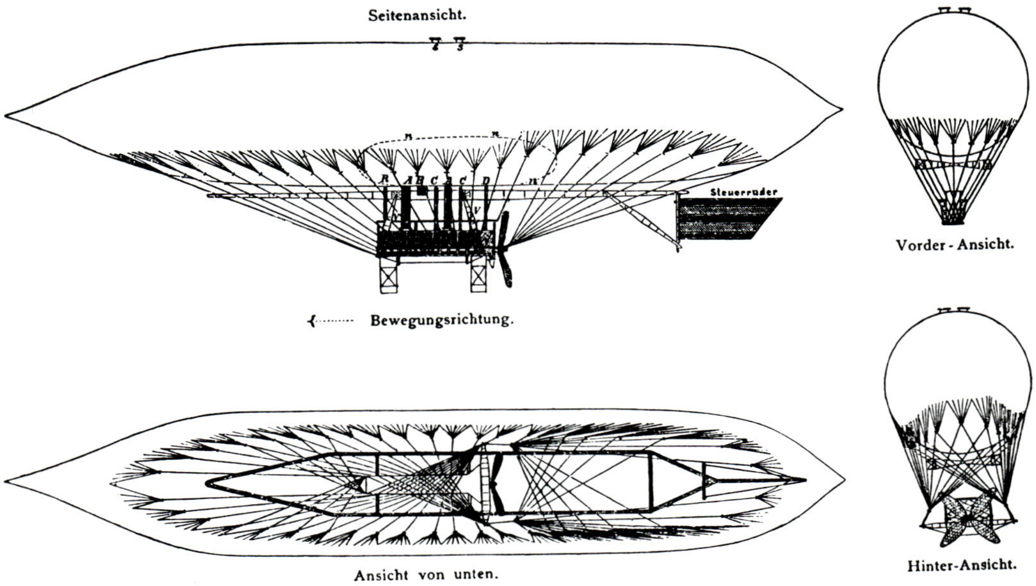

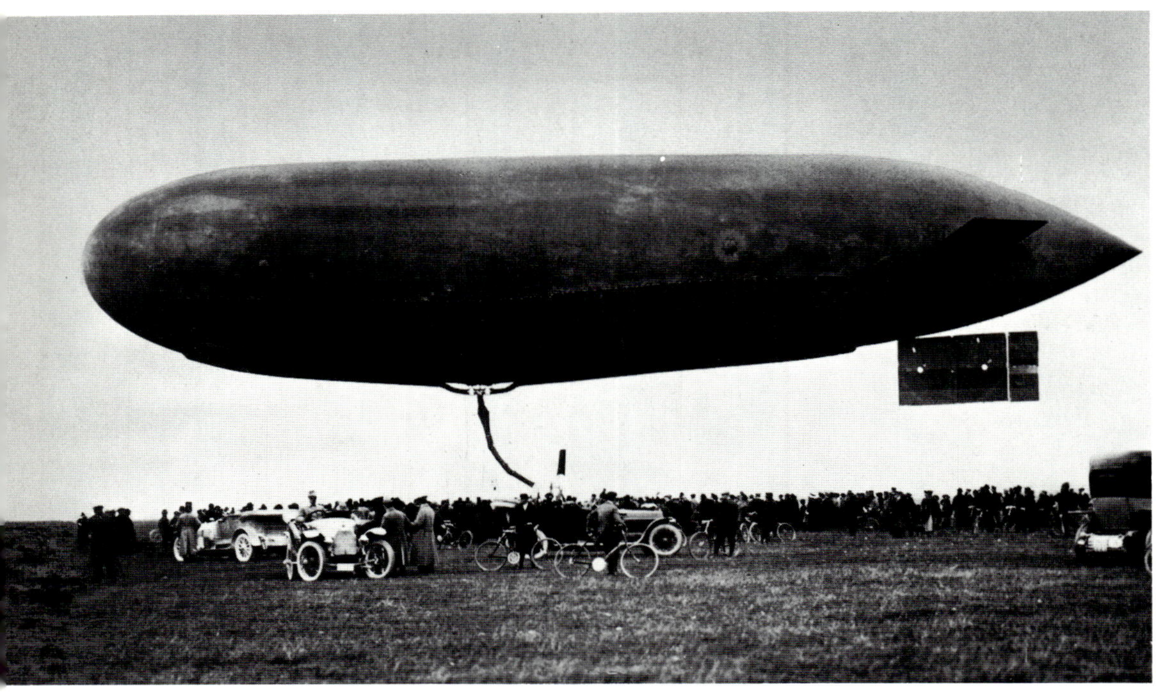

Kriegsministerium, auch Lenkballons in die österreichisch-ungarische Armee einzuführen. In Fischamend, östlich von Wien, entstand der Militär-Luftschiffhafen. Am 26. November 1909 fand die erste Probefahrt dieses Militärluftschiffes M I, ein in Lizenz gefertigter unstarrer Lenkballon System Parseval, statt. Mit an Bord war Ferdinand Porsche, damals Direktor der österreichischen Daimler-Motoren-Gesellschaft, der den 70-PS-Austro-Daimler-Motor persönlich überwachte. Der Tragkörper des Ballons hatte ein Volumen von 2400 m³ Wasserstoffgas, eine Länge von 49 Metern und einen größten Durchmesser von 8,9 Meter. Diesem erfolgreichen Start folgten zahlreiche Fahrten.

Schwerer als Luft

In Österreich erregte der gebürtige Schweizer Jakob Degen 1810 einiges Aufsehen, als er versuchte, sich mit einem Schwingenfluggerät durch die Lüfte zu bewegen. Da der nötige Auftrieb nicht zu erreichen war, versuchte er es zunächst über einen Seilzug mit Ausgleichsgewicht. Später ersetzte er die Last durch einen Kugelballon, der den nötigen Auftrieb lieferte. So startete Degen am 6. September 1810 in Laxenburg bei Wien in Anwesenheit von Kaiser Franz Josef I. und landete nach einstündigem Flug bei Vösendorf bei Wien.

1893 konstruierte Prof. Dr. Georg Wellner einen »Segelrad-Apparat«. Während seines ganzen Lebens beschäftigte er sich mit der Lösung von Flugproblemen. Sein Buch »Die Flugmaschinen« erschien jedoch erst nach seinem Tode im Jahre 1910.

In das Jahr 1901 fallen die Flugversuche von Wilhelm Kreß auf dem Tullnerbach-Stausee bei Wien. Am 29. Juli 1836 in St. Petersburg geboren, lernte er dort das Klaviermacherhandwerk. 1873 verließ er Rußland. Im Sommer 1877 gelang es ihm erstmals, ein Modell von 130 Zentimeter Spannweite zum Fliegen zu bringen. Mit der Hilfe des 1888 gegründeten Flugtechnischen Vereines stellte er im Mai 1899 einen großen Flugapparat am Ufer des Stausees fertig, einen Dreidecker auf Schwimmern von leichter Stahlkonstruktion. Der von Gottlieb Daimler gelieferte Motor leistete 7 PS bei einem Eigengewicht von 200 Kilogramm. Bei einem Startversuch am 3. Oktober 1901 mußte Kreß wegen des herannahenden Ufers rasch umkehren, dabei kippte der Apparat und versank in den Fluten. Einen weiteren Drachenflieger brachte er bis zum Rohbau, dann hatte er keine Geldmittel mehr. Oberst Quoika, von 1901 bis 1907 Lehrer der Militär-Aeronautischen Anstalt in Wien, erwarb 1909 einen Blériot-Flugapparat, mit dem er auf der Simmeringer Heide Versuchsflüge durchführte. Diese wurden ihm aber vom Kriegsministerium verboten und als »Akrobatik« bezeichnet.

Das Überschwemmungsgebiet der Donau bei Wien war in der Nähe der Stadt ein ideales Flugfeld. Hier flog der Franzose Georges Leganeux am 22. April 1909 als erster Mensch in Österreich mit einem Motorflugzeug (Farman-Apparat). In einer Höhe von 1,5–2 m legte er eine Strecke von 300 Meter zurück.

Am 20. Juli folgten die ersten Sprünge Igo Etrichs mit seinem »Praterspatz«, angetrieben von einem 24-PS-Antoinette-Motor. Ignaz Etrich, 1839–1927, der Vater Igo Etrichs, hatte seit Beginn die Flugversuche Otto Lilienthals aufmerksam verfolgt. Das Interesse war so groß, daß er nach dem Todessturz Lilienthals 1898 zwei Gleitapparate aus dessen Nachlaß kaufte und die Flüge damit fortsetzen wollte. Einer davon befindet sich heute im Technischen Museum in Wien. Zunächst bauten er und sein Sohn Igo Gleitmodelle.

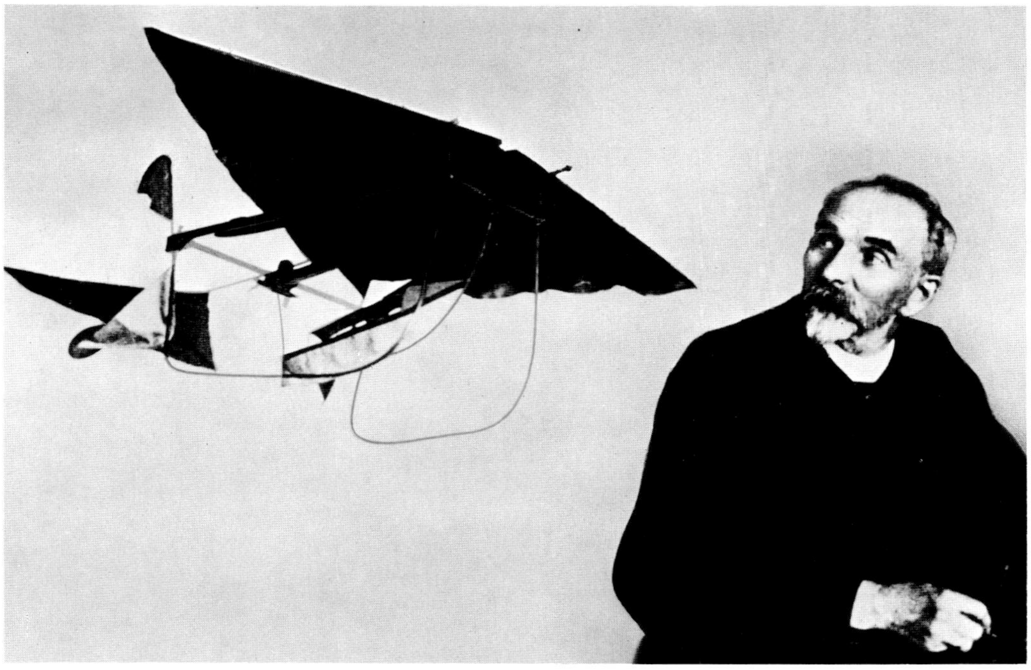

Linke Seite oben: Das durch einen Gasmotor angetriebene Luftschiff Paul Haenleins in Prag. Linke Seite Mitte: Das Aluminiumluftschiff des Österreichers David Schwarz. Linke Seite unten: Das erste Militärluftschiff M I, ein Lenkballon nach dem System Parseval, 1909 in Fischamed bei Wien

Oben: Wilhelm Kreß mit seinem ersten frei fliegenden Saalmodell im Jahre 1877. Unten: Gleitapparat Etrich-Wels, mit dem am 8. Oktober 1906 Wels als erster Österreicher einen Gleitflug durchführen konnte

Zu jener Zeit suchte Viktor Silberer einen jungen Piloten für Kreß, da meldete sich Franz Xaver Wels, und Kreß empfahl ihn den Etrichs weiter. Dort baute er mit ihnen weitere größere Flugdrachen. Am 3. März 1905 erhielten Etrich und Wels ein Patent auf ihre Flugmaschine. Schließlich bauten sie einen Gleiter, mit dem Wels als erster Österreicher am 8. Oktober 1906 in Neuhof bei Oberaltstadt flog. 250 Meter wurden in 20 m Höhe zurückgelegt. Um weitere Flugversuche bewältigen zu können, stellte Etrich Karl Illner als zusätzlichen Mitarbeiter ein. Die Arbeitsstätte wurde nach Wien verlegt und hier nach demselben Prinzip ein Motorflugzeug gebaut. Da es in Wien in der Nähe der Werkstätte kein geeignetes Flugfeld gab, übersiedelte Etrich nach Wiener Neustadt, dem späteren Paradies der Flieger. Mit dem Apparat »Etrich I« gelangen am 29. November die Flugversuche mit den gleiterähnlichen Apparaten, bevor sich Etrich entschloß, ein Flugzeug mit Schwanz zu bauen, seine so berühmt gewordene Etrich »Taube«.

Am 6. April 1910 gelangen Karl Illner mit dem neuen Monoplan Etrich II »Taube« die ersten Flüge. Das Flugzeug hatte eine Spannweite von 14 Meter, eine Länge von 10 Meter und war angetrieben von einem 50-PS-Clerget-Motor.

Endlich erhielt Etrich von Ferdinand Porsche die bestellten 65-PS-Austro-Daimler-Motoren. Sie waren um rund zwei Drittel leichter als die vergleichbaren Automobilmotoren und in der Dauerleistung den französischen Mustern dieser Zeit weit überlegen. Der Überlandflug Wien–Horn–Wien mit Etrich IV »Taube« und Daimler-Motor brachte Illner den Großen Preis der Stadt Wien – 20 000 Kronen – ein (10. Oktober 1910).

Etrich übergab die Erzeugungsrechte und den Vertrieb seiner »Tauben« an die Österreichische Motorluftfahrzeug-Gesellschaft, die auch die erste »Taube« am 2. April an die Heeresverwaltung lieferte.

Während dieser Zeit lernte Helmuth Hirth bei Illner auf der Etrich »Taube« fliegen und legte in Deutschland die Pilotenprüfung ab.

1910 ist für Österreich das Jahr, in dem die Luftfahrt mittels Flächenflugzeugen ihren großen Aufschwung nimmt. Die Hangars in Wiener Neustadt sind von Leben erfüllt, und es entstehen dort zahlreiche Neukonstruktionen.

Am 9. März 1910 startete Ing. Alfred Ritter v. Pischof mit seinem »Autoplan«, einer Eigenkonstruktion, zu seinem Erstflug. Dieser Apparat, gebaut bei der Firma Werner & Pfleiderer in Wien-Ottakring,

hatte zahlreiche Einzelteile aus dem Automobilbau. So war es u. a. durch eine Kupplung zwischen Motor und Luftschraube möglich, alleine zu starten.
Im April 1910 vollendete die Hofwagenfabrik Jakob Lohner & Co. in Wien ihr erstes Flugzeug. Gebaut war es nach den Plänen von Rudolf Simon und unter der Leitung des Ingenieurs Paulal vollendet. Der Apparat »Simon I« wurde in Schauflügen anschließend in Wiener Neustadt und Belgrad vorgeführt. Damit begann bei Lohner die Ära des Flugzeugbaues. Es folgten weitere Konstruktionen für das Heer und vor allem Wasserflugzeuge für die Marine.
Für die Vermessungstechnik entwickelte der Hauptmann und Kapitän Theodor Scheimpflug ein photogrammetrisches Verfahren, mit dem man aus Flugzeugen genaueste Landkarten herstellt.
Während dieser Epoche beschäftigte sich Professor Dipl.-Ing. Richard Knoller mit theoretischen Problemen des Flugzeugbaues und der Aerodynamik. 1909 war er zum Leiter der Lehrkanzel für Flugtechnik und Automobilwesen an der Technischen Hochschule in Wien ernannt worden. 1911 errichtete er im aerodynamischen Laboratorium der Hochschule einen Windkanal. Für die k.u.k. Fliegertruppe entwarf er einen zweisitzigen Doppeldecker, der unter der Bezeichnung Knoller B I in erheblicher Stückzahl gebaut wurde. Ende des Ersten Weltkrieges entstand unter seiner Leitung in Fischamend die erste Propeller-Prüfanlage der Welt. Professor Knoller gilt als Begründer der Flugwissenschaft in Österreich.
Im Februar 1911 stellte die Gemeinde Wien in Aspern ein Flugfeld zur Verfügung, und die Wiener Flugfeld-Gesellschaft wurde gegründet.
Zum europäischen Ereignis wurde der »Schicht-Flug« über Österreich-Ungarn mit 1158 km Streckenlänge. Der Fabrikant Schicht hatte zur Förderung des österreichischen Flugwesens 100 000 Kronen gestiftet. Der Wettbewerb dauerte vom 19. bis 26. April 1914. Den Zuverlässigkeitspreis gewann Ingenieur Wittmann auf einem Lohner-Daimler-Pfeilflieger mit 30 000 Kronen, den Schnelligkeitspreis mit 5000 Kronen errang Leopold Bereth, und zweiter wurde Mumb und Karl Banfield mit Lohner-Pfeilflieger, ausgerüstet mit dem ersten in Österreich gebauten 12-Zylinder-V-Motor der Austro-Daimler-Werke von 250 PS Leistung.
Als der Weltkrieg ausgebrochen war, begann man im April 1915 mit dem Bau einer eigenen Flugzeugfabrik in Wiener Neustadt, da dort daneben die Austro-Daimler-Werke gleich die Motoren dazu

Linke Seite oben: Der Pischof »Autoplan« flog am 9. März 1910 zum erstenmal und galt als das fortschrittlichste österreichische Flugzeug jener Zeit. Linke Seite Mitte: Etrich »Taube« mit 50-PS-Clerget-Motor. Eine Fortentwicklung, die Rumpler »Taube«, wurde auch in Deutschland sehr populär. Linke Seite unten: 65-PS-Austro-Daimler-Flugmotor aus dem Jahre 1910, der erste Serien-Aero-Daimler
Diese Seite oben: Prototyp des Jagdeinsitzers Aviatik-Berg D-I aus dem Jahre 1917. Darunter: Die ehemalige Propeller-Prüfanlage in Fischamed, konstruiert von Professsor Knoller

lieferten und am Flugfeld die Maschinen eingeflogen werden konnten.
Die Flugzeugproduktion in Österreich während des Krieges nimmt sich gegenüber den anderen Staaten eher bescheiden aus. Insgesamt verließen 5400 Stück die Fabrikhallen sämtlicher österreichisch-ungarischer Werke. Hauptsächlich waren Flugzeuge in Lizenz gebaut worden, an heimischen Entwürfen traten vor allem Wasserflugzeuge der Firma Lohner in den Vordergrund. Das erste Jagdflugzeug österreichischer Bauart, der Aviatik-Berg D I, entstand 1916. Der Erstflug fand am 24. Januar 1917 statt. Insgesamt wurden davon in fünf Flugzeugwerken 700 Stück hergestellt. Es war dies ein Doppeldecker aus Holz, die Flügel waren mit Stoff bespannt. Antriebsleistung 200–225 PS, Länge 7 m, Spannweite 8 m, Fluggewicht 878 kg, die Höchstgeschwindigkeit betrug 185 km/h.

Rund 30 Jahre später konstruierte der Österreicher Frhr. v. Doblhoff in der Niederlassung der Wiener Neustädter Flugzeugwerke in Zell am See den ersten Hubschrauber der Welt mit Strahlenantrieb aus den Rotorblattspitzen, den Doblhoff/WNF Wn 342. 1943 machte der Prototyp seinen erfolgreichen Erstflug.
Das Prinzip bestand darin, ein Brennstoff-Luft-Gemisch durch die hohlen Rotorblätter zu pressen und an deren Ende zu entzünden. Dabei wurde der Reaktionsstrahl tangential ausgeblasen.
Nach dem Zweiten Weltkrieg wurde mit dem Staatsvertrag vom 15. Mai 1955 die volle Lufthoheit in Österreich wiederhergestellt. Nun konnte wieder daran gedacht werden, Flugzeuge herzustellen. In Wiener Neustadt begann man mit dem Bau eines Motorflugzeuges, der ersten österreichischen Konstruktion seit 1937. Das Flugzeug war ein Entwurf des

Unten: Streckenführung des Schicht-Fluges. Rechte Seite oben: Segelflugzeug »Wien« des Wiener Automobil-Clubs. Rechte Seite Mitte: Doblhoff/WNF 342 V2, der erste Hubschrauber der Welt, der mit Reaktionsantrieb ausgestattet war und 1943 zum erstenmal flog. Rechte Seite unten: »Job 15« der Oberlerchner-Werke in Spittal

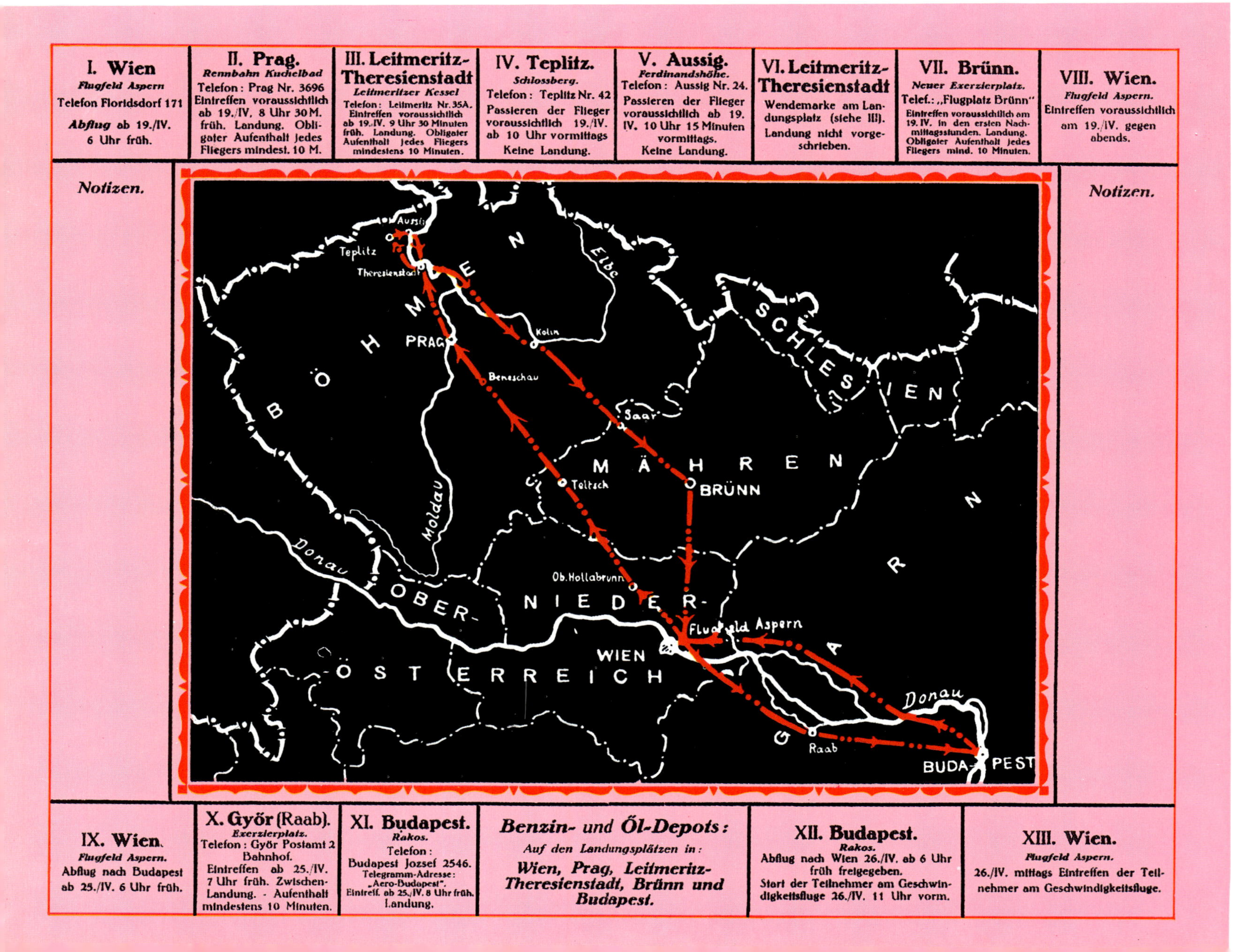

Ingenieurs Otto Kaubas. Die OK 15 startete am 16. Juli 1956 zum Probeflug.
Die Simmering-Graz-Pauker AG erprobte sich mit dem Bau eines zweimotorigen viersitzigen Reise- und Geschäftsflugzeuges. Konstruiert war es von Oberingenieur Erich Meindl. Er hatte bereits vor und während des Zweiten Weltkriegs einige Flugzeuge gebaut. Die M oder SGP 222 erhob sich am 16. November 1957 erstmals in die Luft. Nach dem Bau von vier Prototypen brach man die Weiterentwicklung jedoch ab.
Österreichs einzige private Firma im Segelflugzeugbau, die Firma Oberlerchner, Holzindustrie in Spittal an der Drau, Kärnten, brachte am 20. Oktober 1958 das erste nach dem Kriege fabrikmäßig hergestellte Motorflugzeug in Österreich, den Typ »Job 5«, heraus. Die »Job 15«, eine Weiterentwicklung, wurde in kleiner Serie gefertigt. Ein paar Jahre später mußte jedoch Josef Oberlerchner den Flugzeugbau mangels Förderung einstellen.

Der Segelflug

Am 13. Februar 1910 fand am Semmering die erste Gleitflugkonkurrenz in Österreich statt. Das war der Beginn des Segelflugsports in Österreich.
Einen weiteren Impuls brachte die erste österreichische Segelflugwoche vom 13. bis 21. Oktober 1923 auf dem

Waschberg bei Stockerau/Niederösterreich. Sieben österreichische und sechs deutsche Flugzeuge nahmen daran teil. Die Gäste hatten in der Rhön bereits Gelegenheit gehabt zu üben, für die heimischen Teilnehmer war das der erste Flugzeugstart mit einem Segelflugzeug überhaupt. Unter solchen Vorzeichen gewannen natürlich die deutschen Gäste sämtliche Preise. Unter den österreichischen Flugzeugen mit Piloten tat sich Ingenieur Ehrlich mit der »Wien« des Wiener Automobil-Clubs hervor.
Im Dezember 1927 absolvierte der später so berühmte Segelflieger Robert Kronfeld auf der Rhön die C-Prüfung. Am 6. August 1928 gewann er beim Rhönwettbewerb den Fernzielflug. Im Winter wurde eine Segelflugexpedition in die österreichischen Alpen gestartet, dabei gelang es Kronfeld am 25. Januar 1929, im Segelflugzeug die Rax zu überqueren. Insgesamt hatte er 1929/30 vier Strecken- und zwei Höhenweltrekorde aufgestellt, jeweils seinen eigenen überbietend. Am 17. November 1930 erhielt er die »Goldene Medaille« der Fédération Aéronautique Internationale verliehen, und schließlich gelang ihm am 20. Juni 1931 als erstem, an einem Tag zweimal den Kanal zu überqueren und gewann damit den großen Preis der »Daily Mail« von 1000 Pfund. Seine Flugzeuge waren unter anderen die »Austria« und »Austria II«.
Vom 20. Juli bis 4. August 1935 fand der erste alpine Gaisberg-Segelflugwettbewerb statt. Hier fielen alle bestehenden österreichischen Rekorde. Die Brüder Hütter hatten zu diesem Wettbewerb ein neues kleines Segelflugzeug konstruiert und gebaut, die H 17. Damit erflog Heinrich Hütter am Hundsheimer Kogel am 3. Juni 1936 einen neuen österreichi-

Oben: Der Motorsegler MB-E1, das erste mit Elektroantrieb ausgestattete Flugzeug der Welt, startete am 21. Oktober 1973 zu seinem Erstflug. Gebaut wurde die Maschine vom Flugzeugwerk H. W. Brditschka in Haid bei Linz nach Angaben von Fred Militky. Der Antrieb erfolgt über einen 13-PS-Bosch-Motor mit Varta-Nickel-Cadmium-Batterien. Mitte: Antriebseinheit der MB-E1. Der Elektromotor treibt über Keilriemen eine Druckschraube an. Unten: Prototyp der »Standard Austria« mit gepfeiltem V-Leitwerk

schen Rekord mit 15 Stunden und 32 Minuten.
Am 28. Juni 1936 konnte am Spitzerberg, Niederösterreich, ein eigenes Segelfliegerheim eröffnet werden.
Toni Kahlbacher setzte neue Maßstäbe im Dauersegelflug. Er erreichte mit Karl Tauschegg am 5. September 1938 mit 23 Stunden, 43 Minuten damaligen Weltrekord. Mit Josef Führinger an Bord einer Musger Mg 9, eines österreichischen Fabrikats, übertraf er drei Tage später wieder am Spitzerberg seine eigene Bestmarke. Er blieb 40 Stunden und 41 Minuten in der Luft.
Während des Zweiten Weltkrieges wurde die Luftfahrt in Österreich fast nur unter militärischer Sicht gefördert. So wurden die hölzernen Unterkünfte der heutigen Bundessportschule Spitzerberg großzügigst ausgebaut. Von dem Fluggelände in Zell am See, Salzburg, stieg 1940 erstmals ein Segelflugzeug in die Stratosphäre auf. 11 640 m konnten erreicht werden.
1960 erhielt Österreich für seine Neukonstruktion »Standard Austria« während der 8. Segelflugweltmeisterschaften in Köln-Butzweiler den OSTIV-Preis. Diese Hochleistungsmaschine konstruierte Ingenieur Rüdiger Kunz, der dabei teilweise gänzlich neue Wege im Segelflugzeugbau beschritt. In den Werkstätten des Österreichischen Aero-Clubs wurde sie in einer kleinen Serie gefertigt. Zwei Flugzeuge nahmen an den Weltmeisterschaften teil. Der Prototyp mit noch gepfeiltem V-Leitwerk befindet sich heute im Technischen Museum in Wien. Leider konnte sich in Österreich keine Firma finden, die diesen Entwurf in Serie hergestellt hätte, so erfolgte die Lizenzvergabe an die Firma Schempp-Hirth KG in Kirchheim/Teck. Zahlreiche internationale Weltrekorde konnten mit diesem Typ erflogen werden.
Am 21. Oktober 1973 gelang ein lang vorbereitetes Experiment: der erste Flug eines elektrisch betriebenen Flugzeugs der Welt. Die Maschine MB-E1, gebaut vom Flugzeugwerk H. W. Brditschka OHG in Haid bei Linz an der Donau, war ein für diesen Zweck umgerüsteter HB-3-Motorsegler derselben Firma. Er war mit einem Bosch-Gleichstrom-Elektromotor für ca. 10 kW Nennleistung (13 PS) ausgestattet und mit Varta-Nickel-Cadmium-Batterien von ca. 125 kg beladen. Die elektrische Ausrüstung beruhte im wesentlichen auf Plänen von Fred Militky.
Im Juli 1974 erfolgte der Erstflug des zweisitzigen Motorseglers AVo 60 »Samburo«, einer Konstruktion von Diplom-Ingenieur Werner Vogel. Gebaut wurde er in den ALPLA-Werken in Hard, Vorarlberg, und stellt zur Zeit den einzigen Flugzeugtyp dar, der in Österreich in Serie hergestellt wird.
Die ganz neue Disziplin im Flugsport, das Drachenfliegen, hat auf der gesamten Welt bereits zahlreiche Anhänger gefunden. Um aus diesem Sport Wettkampf zu machen, erfolgte die Ausschreibung einer Weltmeisterschaft. Die erste dieser Art fand vom 12. bis 22. März 1975 in Kössen in Tirol statt. Gestartet wurde vom Scheibenwald in 1200 m Seehöhe. Das Ziel befand sich auf 600 m Höhe bei der Talstation des Unterbergliftes. 293 Teilnehmer hatten sich angemeldet.

Schon früh Luftverkehr

Am 20. März 1918, noch während des Ersten Weltkriegs, startete das erste Postflugzeug der Welt, eine Hansa Brandenburg C I, zu seinem planmäßigen Flug von Wien nach Kiew, eine Strecke von 1200 km. Über Lemberg kehrte es am 23. März wieder nach Wien zurück. Später folgte eine zweite Flugpostlinie von Wien nach Budapest.
Nach dem Kriegsende war jede eigene Luftfahrt durch die sogenannten »Begriffsbestimmungen« von St. Germain stark beschränkt. Sämtliche Kriegsflugzeuge mußten ausgeliefert oder zerstört werden.
Aber bereits am 1. März 1919 begann in Wiener Neustadt der erste Bedarfsluftverkehr in Österreich. Diese Flüge wurden mit ehemaligen Militärflugzeugen ohne Konzession vom Wiener Neustädter Soldatenrat durchgeführt.
Mit den Junkers-Werken in Zusammenarbeit entstand am 3. Mai 1923 noch mitten in der Nachkriegszeit die »Österreichische Luftverkehrs AG«, kurz ÖLAG genannt. Sie erhielt durch das Bundesministerium für Handel und Verkehr unter der Zahl 13 711/1923 die Zulassungsurkunde. Mit einer Junkers F 13 eröffnete das Unternehmen den Dienst von Wien nach München. Die Austrian Airlines als Nachfolgelinie der ÖLAG sind somit die drittälteste Fluggesellschaft Europas.
Die ÖLAG vergrößerte ihre Luftflotte mit einem dreimotorigen Junkers-Verkehrsflugzeug G 24, Zulassungskennzeichen A-28. Diese Maschine landete am 17. März in Wien-Aspern. Sie war 1925 als G 23 gebaut worden und versah ihren Dienst in der »Trans-Europa-Union« mit der Schweiz. Weder Deutschland noch Österreich durften damals solche Flugzeuge bauen oder betreiben. So wurde diese G 23, später auf G 24 umgerüstet, in Schweden gebaut, in der Schweiz unter CH-134 eingetragen, von einem deutschen Piloten geflogen und auf den Namen »Österreich« getauft.
Ständig weitete die ÖLAG ihr Netz aus und beflog es bis 1938 ohne Passagierunfall. Während der 15 Jahre ihres Bestandes waren 7,5 Millionen Flugkilometer zurückgelegt, über 120 000 Passagiere, 912 000 kg Fracht und 260 000 kg Post transportiert worden. 1938 bestand der Flugzeugpark aus zwei ein- und sechs dreimotorigen Junkers-Maschinen.
Am 30. September 1957 fand in Wien die Gründung der Austrian Airlines statt. Österreich hatte damit wieder seine eigene Luftfahrtgesellschaft. Mit dem norwegischen Reeder Fred Olsen wurde am 1. Januar 1958 ein Chartervertrag über vier Vickers »Viscount« abgeschlossen, und am 31. März darauf startete erstmals eine dieser »Viscount 700« in den Farben der AUA von Schwechat nach London.
Die Austrian Airlines erwarteten 1975 ihre erste gestreckte Version des Kurzstreckenjet McDonnell-Douglas DC-9-50. Seit der Umrüstung auf ein einheitliches Muster befliegen seit Juni 1971 neun DC-9-32 die Strecken. Im März 1960 waren die vier Vickers »Viscount« 799 D durch die größeren »Viscounts« 837 ersetzt worden. Am 28. Februar 1963 kam der erste Jet, eine »Caravelle 6 R«, hinzu. Zur selben Zeit erfolgte die Einführung von Inlandlinien. Sie wurden bedient von Douglas DC-3 und später von modernen Hawker Siddeley 748. Der millionste Passagier konnte am 9. März 1965 begrüßt werden.
32 Städte in 20 Ländern werden heute angeflogen und 1976 Brüssel und Düsseldorf mit einbezogen. Europa und der Mittlere Osten gehören zum Streckennetz.

Verkehrsflugzeuge der Nachkriegsjahre

Mit dem Ende des Zweiten Weltkrieges begannen die Luftverkehrsgesellschaften in aller Welt wieder mit dem friedensmäßigen Flugbetrieb. Sie bauten ihre Streckennetze neu auf. Ihr Ziel war es, die kommerzielle Luftfahrt endlich zu einem weltweit anerkannten Bestandteil des öffentlichen Verkehrs zu machen. Deutschland, Italien und Japan waren von dieser Entwicklung zunächst ausgeschlossen. Später hatten allerdings die Luftverkehrsgesellschaften dieser Länder die größten Wachstumsraten.
Zum meistgeflogenen Verkehrsflugzeug unmittelbar nach dem Kriege wurde die Douglas DC-3, mehr oder weniger auf zivil getrimmte ehemalige Militärmaschinen. Auf längeren Strecken und dort, wo es das Verkehrsaufkommen verlangte, kamen bald die Douglas DC-4 und die Lockheed L-049 »Constellation« dazu.
Die DC-4 ging auf eine Ausschreibung fünf größerer US-Luftverkehrsgesellschaften aus dem Jahre 1935 zurück. Sie suchten ein viermotoriges Flugzeug, das nonstop von der US-Westküste zur Ostküste fliegen konnte. Der im Juni 1938 als DC-4 E herausgebrachte Prototyp stieß auf Ablehnung. Das Flugzeug wurde daraufhin radikal umkonstruiert. Die neue DC-4 flog im Februar 1942. Da Krieg herrschte, stellte man sie unter der Bezeichnung C-54 »Skymaster« als Militärtransporter in Dienst. Insgesamt wurden 1163 Stück gebaut, hinzu kamen nach dem Krieg noch 79 rein zivile DC-4. Die DC-4 und umgebaute »Skymaster« wurden bei Luftverkehrsgesellschaften in der ganzen Welt eingeführt. American Overseas Airlines flog damit im Oktober 1945, zuerst mit zwei Zwischenlandungen in Gander, Neufundland, und Shannon, Irland, über den Atlantik.
Die DC-4 war ein Ganzmetall-Tiefdecker mit Bugradfahrwerk, angetrieben von vier Pratt & Whitney-R-2000-Motoren von je 1450 PS. Ursprünglich war sie für 44 Fluggäste ausgelegt, spätere »High Density«-Versionen boten fast doppelt soviel Passagieren Platz. Die Reisegeschwindigkeit betrug 354 km/h und ihre größte Reichweite mehr als 4500 km.
Sie spielte bei der Entwicklung des

Oben links: Letztes Mitglied der so erfolgreichen Familie der Lockheed »Constellations« war die L-1649A »Starliner«. Rechts oben: Douglas DC-3 der peruanischen Luftverkehrsgesellschaft Faucett. Rechts Mitte: Mit der DC-4 nahmen die großen internationalen Fluggesellschaften nach dem Krieg die Transatlantikflüge wieder auf. Die DC-4 war in den ersten Jahren nach dem Krieg das meistgeflogene Langstreckenflugzeug der Welt. Rechts unten: Lockheed »Super-Constellation» der kolumbianischen Luftverkehrsgesellschaft Avianca

Lockheed »Constellation«

Antrieb: vier 2200-PS-Achtzehnzylinder-Sternmotoren Wright R-3350-C18-BA3 mit je einem Dreiblatt-Propeller von 4,62 m Durchmesser
Spannweite: 37,49 m
Länge: 29,00 m
Flügelfläche: 153,28 m²
Abfluggewicht: 44 452 kg
Reisegeschwindigkeit: 504 km/h in 6100 m Höhe
Reichweite: 3635 km mit der maximalen Nutzlast von 8257 kg
Erster Flug: 9. Januar 1943
Im Gegensatz zur DC-4, die sich bereits während des Zweiten Weltkrieges bei militärischen Transportaufgaben bewähren konnte, kam die »Constellation« erst nach Beendigung des Krieges auf den Markt. Nach Aufnahme des Liniendienstes Anfang 1946 zeigte sich die hervorragende Weiterentwicklungsmöglichkeit des Flugzeuges; schließlich wurden mehr als 500 »zivile« Mitglieder der Constellation/Super-Constellation/Starliner-Familie gebaut; hinzu kamen noch mehrere hundert für militärische Aufgaben verschiedenster Art. Die Daten beziehen sich auf das Baumuster 049; die Dreiseitenansicht zeigt die 749, die eine größere Reichweite hatte und 1947 in Serie ging.

Nachkriegs-Luftverkehrs eine große Rolle, hatte jedoch einen Nachteil: Sie war noch nicht mit Druckkabine ausgerüstet. Die von Lockheed konzipierte L-049 »Constellation« hatte dagegen nicht nur eine Druckkabine, sondern war auch rund 160 km/h schneller als die DC-4. Sie flog 1943 zum ersten Male. Dies gab Douglas den unmittelbaren Anstoß, aus der DC-4 die DC-6 und DC-7 mit Druckkabinen und besserer Reichweite zu entwickeln.

Die »Constellation« verfügte über ein aerodynamisch hervorragend gestaltetes Tragwerk von 37,5 m Spannweite, einen eleganten Rumpf und dreifaches Seitenleitwerk. Auch sie tat, wie die DC-4, zunächst als Militärflugzeug (C-69) Dienst. Ihr ziviler Einsatz begann im Februar 1946: Pan American Airways setzte die »Constellation« auf ihrer neuen Strecke New York–Bermudas ein. Bald flog das Flugzeug auf der PAA-Strecke »Rund um die Welt«. Die »Connie« wurde in 233 Exemplaren und zahlreichen Versionen gebaut; sie bot 44 bis 81 Fluggästen Platz.

Um mit der ersten »Constellation« konkurrieren zu können, bot Douglas die DC-6 mit Druckkabine und Pratt & Whitney-R-2800-Motoren mit je 2400 PS Leistung an. Zunächst war sie für 50 Fluggäste ausgelegt. American Airlines und United Air Lines stellten sie im April 1946 in Dienst. Mehr als 170 verließen das Werk in Long Beach, Kalifornien. Weiterentwicklungen waren der »gestreckte« Frachter DC-6A und die Passagierversion DC-6B.

Die DC-6B gehörte zu den zuverlässigsten Verkehrsflugzeugen der Welt. American Airlines flog sie ab April 1951 – zunächst mit 54 Sitzen – auf inneramerikanischen Strecken. Die Produktion endete erst 1958 mit der Werknummer 288.
Inzwischen hatte Lockheed die »Constellation« zur »Super-Constellation« L-1049 weiterentwickelt, mit 5,50 m längerem Rumpf und 2700-PS-Wright-Cyclone-Motoren; diese neue Version wurde Ende 1951 durch Eastern Airlines in Dienst gestellt. Ab der verbesserten L-1049C wurde die »Super-Constellation« mit 3400-PS-Wright-Turbolader-Motoren bestückt. Mehr als 600 verließen die Werkshallen in Burbank, zuletzt die Passagierversion L-1049G und die Passagier/Fracht-Version L-1049H. Die Flugzeuge hatten zunächst 66 Erste-Klasse-Sitze, in späteren High-Density-Konfigurationen konnten 102 Fluggäste befördert werden.
Zum Konkurrenzmuster der »Super-Constellation« wurde die Douglas DC-7. Sie hatte diesselben Triebwerke wie die L-1049C, 60 bis 95 Sitze und konnte amerikanische transkontinentale Strecken ohne Zwischenlandung überbrücken. Im November 1953 beflog sie erstmalig für American Airlines die Strecke New York–Los Angeles. Sie brauchte 8 Stunden in östlicher und 8 Stunden 40 Minuten in westlicher Richtung. Die DC-7B erschien als Version mit größerer Reichweite, und die DC-7C »Seven Seas« flog mit 60 bis 105 Fluggästen sogar nonstop über den Nordatlantik. Pan American World Airways eröffnete mit ihr am 1. Juni 1956 einen Nonstop-Dienst zwischen New York und London. Insgesamt baute Douglas 343 Flugzeuge der DC-7-Baureihe – die letzten Douglas-Verkehrsflugzeuge mit Kolbentriebwerken.
Als letztes Lockheed-Flugzeug mit Kolbenmotoren erschien die L-1649A »Starliner«, eine weiterentwickelte »Super-Constellation« mit einer neuen, einteiligen Tragfläche von 45,70 m Spannweite 1957 auf dem Markt. Die »Starliner« bot bis zu 99 Fluggästen Platz und flog bei maximaler Kraftstoffzuladung mehr als 8660 Kilometer. Genau ein Jahr nach der DC-7C wurde sie durch die TWA auf der Strecke New York–London in Dienst gestellt. Obgleich das Flugzeug hervorragende Leistungen erbrachte, kam es zu spät. Es wurden nur noch 43 ausgeliefert. Das Düsenzeitalter (Jet Age) warf seine Schatten voraus.
Die viermotorigen Flugzeuge von Douglas und Lockheed bildeten das Rückgrat des Mittel- und Langstreckenverkehrs der westlichen Welt, bis 1958 das Strahlflugzeug allgemein eingeführt wurde. Daneben flogen in geringen Stückzahlen die Canadair »Four« bei der BOAC und kanadischen Luftverkehrsgesellschaften als modifizierte, druckbelüftete DC-4 mit flüssigkeitsgekühlten Rolls-Royce-Merlin-Motoren.
Auch der aus dem Superfortress-Bomber entwickelte viermotorige Boeing »Stratocruiser« muß in diesem Zusammenhang erwähnt werden. Er bot 55 bis 100 Flug-

Linke Seite oben: Blick in die Montagehalle der Lockheed-Werke in Burbank, Kalifornien. Im Vordergrund eine »Super-Constellation« in der Endfertigung. Linke Seite unten: Die Iljuschin Il-12 weist eine verblüffende Ähnlichkeit mit der Douglas DC-3 auf! Unten: Die Canadair »Four« war der Versuch, die DC-4 mit einer Druckkabine und den bewährten Rolls-Royce-Merlin-Motoren auszustatten.

gästen Platz und hatte einen Aufenthaltsraum mit Bar im Unterdeck. Sein Einsatz begann 1949 mit der Pan American auf der Nordatlantik-Strecke.
Eine ähnliche Bedeutung, wie sie die erfolgreichen viermotorigen Flugzeuge von Douglas und Lockheed für den Langstrecken-Luftverkehr hatten, kam dem zweimotorigen Convair-Liner für die Kurzstrecken zu. Das erste Flugzeug dieser Familie, die Convair 240, flog ab Juni 1948 bei American Airlines. Sie war mit zwei Pratt & Whitney-R-2800-Motoren von je 2400 PS Leistung ausgerüstet und bot 40 Fluggästen in der Druckkabine Platz. Die verbesserte, verlängerte 44sitzige Convair 340 flog 1952 und die 56sitzige Convair 440 »Metropolitan« im Februar 1956, unter anderem auch bei der Swissair und der neuen Deutschen Lufthansa. Über 1000 Convair-Liner flogen in der ganzen Welt, wovon 200 später auf Propellerturbinen umgerüstet wurden und in den USA noch heute fliegen.
Sehr viel weniger erfolgreich als Convair war Martin mit den ähnlich ausgelegten Verkehrsflugzeugen 2-0-2 und 4-0-4. Die 42sitzige 2-0-2 nahm Ende 1947 bei Northwest Airlines in den USA und der LAN in Chile den Liniendienst auf; die Martin 4-0-4 flog ab Oktober 1951 hauptsächlich bei der TWA und Eastern Airlines.
Frankreich baute zwei Verkehrsflugzeuge mit Kolbenmotoren, die vor allem eine Rolle bei der Entwicklung des französischen Luftverkehrs nach dem Kriege spielten: die viermotorige 33- bis 44sitzige »Languedoc«, von der hundert Stück gebaut wurden, und die doppelstöckige Breguet »Deux-Ponts«. Air France flog 1953 die größte Languedoc-Flotte, doch wurde sie auch von Misrair, Air Liban, Tunis Air und der polnischen Fluggesellschaft Lot eingesetzt.
Erwähnung verdient noch die Saab »Scandia«, ein zweimotoriges 24- bis 36sitziges schwedisches Passagierflugzeug, das in Schweden und in Holland gebaut wurde. Die »Scandia« flog ab 1950 bei der SAS und stand in wenigen Exemplaren auch in Brasilien im Dienst.
Die beiden wichtigsten englischen Verkehrsflugzeuge mit Kolbenmotor nach dem Kriege – Wasserflugzeuge nicht gerechnet – waren die Vickers-Armstrong »Viking« und die Airspeed »Ambassador«. Die »Viking« entsprach in etwa der DC-3, beförderte 21 bis 38 Fluggäste, war mit zwei Bristol-Hercules-Motoren ausgerüstet und wurde von der British European Airways (BEA) im September 1946 in Dienst gestellt. Mehrere Jahre bildete sie den Kern der BEA-Flotte, wurde aber

Vickers »Viking«

Antrieb: zwei 1690-PS-Vierzehnzylinder-Sternmotoren Bristol Hercules 634 mit je einem Vierblatt-Propeller von 4,04 m Durchmesser
Spannweite: 27,20 m
Länge: 19,91 m
Flügelfläche: 81,94 m^2
Abfluggewicht: 15 442 kg
Größte Reisegeschwindigkeit: 338 km/h in 1830 m Höhe
Reichweite: 837 km mit der maximalen Nutzlast von 3284 kg
Fassungsvermögen: 2 Mann Besatzung und bis zu 38 Passagiere
Erster Flug: 22. Juni 1945

Die Vickers VC1 »Viking«, die nur rund sechs Wochen nach Beendigung der Feindseligkeiten in Europa ihren Erstflug hatte, war das erste Verkehrsflugzeug, das nach dem Krieg in England gebaut und in Dienst gestellt wurde. Die Prototypen und die ersten Serienmodelle »Viking 1A« hatten die Triebwerksgondeln, das Fahrgestell und die geodätischen Außenflügel der Wellington-Bomber; spätere Ausführungen waren in der üblichen Bauweise konstruiert. Insgesamt wurden knapp 200 Flugzeuge dieses Typs gebaut, von denen 1960 immerhin noch rund einhundert im Linien- oder Charterverkehr flogen. Das erste britische Verkehrsflugzeug, das am 6. April 1948 ausschließlich mit Strahlantrieb flog, war eine zu Versuchszwecken mit zwei Rolls-Royce-Nene-Strahltriebwerken ausgerüstete »Viking«. Daten und Dreiseitenansicht beziehen sich auf die »Viking 1B«.

auch von vielen anderen Luftverkehrsgesellschaften in der ganzen Welt verwendet, darunter von der Lufthansa-Tochtergesellschaft Condor Flugdienst.
Die »Ambassador«, ein eleganter Hochdecker mit Platz für 47 bis 55 Fluggäste, ausgerüstet mit zwei 2700-PS-Bristol-Centaurus-Motoren, flog unter der Bezeichnung »Elizabethan« ab 1952 bei der BEA. Ihre aus zwanzig Flugzeugen bestehende Ambassador-Flotte legte rund 50 Millionen Kilometer zurück und beförderte 2 430 000 Fluggäste, bis sie im Juli 1958 außer Dienst gestellt wurde. Auch danach noch flog die »Ambassador« bei verschiedenen unabhängigen Fluggesellschaften in aller Welt.

Die Comet-Tragödie am Anfang des »Jet-Age«

Im Dezember 1942 bestellte der britische Minister für Luftfahrtindustrie einen Ausschuß mit Lord Brabazon als Vorsitzendem zur Planung ziviler Verkehrsflugzeuge für die Nachkriegszeit. Zu den vorgesehenen Flugzeugtypen gehörte ein mit Druckkabine ausgerüstetes Transatlantik-Düsen-Postflugzeug,

Linke Seite oben: Diese Convair 240 flog für die »Central Air Transport« Nationalchinas. Linke Seite Mitte: Die amerikanische Firma Martin versuchte nach dem Kriege, mit der 4-0-4 ins Geschäft zu kommen. Oben: Vickers »Viking«. Unten Zahlreiche Verkehrsmaschinen der Nachkriegszeit wurden aus Bomberversionen entwickelt. Hier die Avro »York«, die vom Lancaster-Bomber abgeleitet wurde

Avro »York«

Antrieb: vier 1610-PS-Zwölfzylinder-V-Motoren Rolls-Royce Merlin 502 mit je einem Dreiblatt-Propeller von 3,96 m Durchmesser
Spannweite: 31,09 m
Länge: 23,92 m
Flügelfläche: 119,42 m²
Abfluggewicht: 31 750 kg
Reisegeschwindigkeit: 338 km/h in 3050 m Höhe
Reichweite: 2253 km mit der maximalen Nutzlast von 9027 kg
Fassungsvermögen: 4 bis 5 Mann Besatzung und 45 Fluggäste oder entsprechende Fracht
Erster Flug: 5. Juli 1942

Die »York« wurde als eine Art Interimslösung aus dem Lancaster-Bomber entwickelt. Die Serienfertigung begann 1945 und endete im April 1948. Die meisten der 256 gebauten »York« flogen für das Transportkommando der RAF. Einige wenige Frachtversionen, die zusätzlich bis zu 12 Fluggäste befördern konnten, wurden im März 1944 bei der BOAC in Dienst gestellt. Weitere flogen kurzzeitig bei British South American Airways, danach bei Skyways, Dan-Air und Hunting Clan. Mitte der sechziger Jahre wurde der größte Teil aus dem Verkehr gezogen.

das die Nutzlast von einer Tonne mit einer Geschwindigkeit von 645 km/h tragen sollte. Man kann die Kühnheit hinter diesem Vorschlag nur ermessen, wenn man weiß, daß zum Zeitpunkt jenes Berichtes nur ein einziges Düsenflugzeug in England geflogen war: der erste von zwei Prototypen der Gloster E. 28/39, und daß Druckkabinen erst im Anfangsstadium ihrer Entwicklung standen.
Die de Havilland Aircraft Company unternahm vor Ende 1943 eine Reihe von Konstruktionsstudien unter der internen Bezeichnung »Brabazon Typ 4«. Einige der ersten Entwürfe zeigten drei um das Rumpfheck gruppierte Strahltriebwerke in einer Auslegung, die 15 Jahre später in dem gleichen Konstruktionsbüro für die »Trident« in die Tat umgesetzt wurde. Die Konstruktion der »Brabazon 4« verlief jedoch anders als gedacht, denn bis Ende 1944 wurde klar, daß man etwas beträchtlich Größeres als das Eintonnen-Postflugzeug brauchte. Nun sollte daraus ein Passagier-Strahl-Verkehrsflugzeug für den regelmäßigen Einsatz auf den Atlantikstrecken werden – mit eher vier als drei Triebwerken, in den Tragflächenansätzen aufgehängt.
Als im Mai 1946 der Prototypenbau des D. H. 106-Entwurfes freigegeben wurde, hatte sich das Flugzeug zu einem Tiefdecker mit 40° Tragflächenpfeilung und einem gepfeilten Höhenleitwerk entwickelt, dessen Rumpf Platz für 24 Passagiere bot. Aber bis zum Erstflug am 27. Juli 1949 war die Flächenpfeilung auf die Hälfte reduziert worden. Die Nutzlast erhöhte sich auf 32 Passagiere. Die D. H. 106 erhielt den Namen »Comet«. Den Antrieb lieferten vier de-Havilland-Ghost-Strahltriebwerke von je 2018 kp Schub.
Während der Planungs- und Entwicklungszeit der »Comet« spielte die British Overseas Airways Corporation (BOAC) eine Schlüsselrolle. Sie setzte zu einem Zeitpunkt unerschütterliches Vertrauen in die neue Entwicklung, als keine andere Fluggesellschaft der Welt ein Turbinen-Strahlflugzeug in Auftrag gegeben hatte. Schon im Oktober 1946 bestellte die BOAC acht Comet-Jets. Daraus wurden wenig später neun. Sie beflogen ab Mai 1952 die ersten regelmäßigen Jet-Luftverkehrslinien der Welt. Noch schien die Reichweite der »Comet 1« jedoch für Nordatlantikflüge nicht ausreichend. Aber sie genügte zur Bedienung der sogenannten Empire-Routen und war ideal für die Strecke von London nach Johannesburg. Mit einer Reisegeschwindigkeit von 788 km/h verringerte die »Comet« alle Flugzeiten um etwa die Hälfte.
Der Erfolg, der die Einführung der 36sitzigen »Comet« begleitete, war ebenso spektakulär wie von kurzer Dauer. Während die BOAC eifrig neue Comet-Strecken plante, standen andere Fluggesellschaften bei de Havilland in Hatfield Schlange im Kampf um Lieferpositionen, darunter die Pan American World Airways, die Air France, die Canadian Pacific, die Air India und die UAT.
Aber völlig unerwartet zerbrachen zwischen Mai 1953 und April 1954 drei von neun Comet-Flugzeugen in der Luft. Mit dem dritten Unfall war die Karriere der »Comet 1« zu Ende. Zwar konnte einer der drei Unfälle von den äußerst stürmischen Monsunwinden vor Kalkutta verursacht worden sein, aber die anderen beiden, die sich über dem Mittelmeer ereigneten, wurden einwandfrei als Ermüdungsbrüche in der Druckkabinenstruktur ermittelt. Während der Unfalluntersuchung wurden zum ersten Mal Ermüdungserscheinun-

de Havilland »Comet 1«

Antrieb: vier Strahltriebwerke de Havilland Ghost 50 Mk 1 mit je 2018 kp Standschub
Spannweite: 35,07 m
Länge: 28,40 m
Flügelfläche: 187,20 m²
Abfluggewicht: 47 628 kg
Reisegeschwindigkeit: 788 km/h in 10 700 m Höhe
Reichweite: 2816 km mit 5443 kg Nutzlast
Fassungsvermögen: 4 Mann Besatzung und 36 Fluggäste
Erster Flug: 27. Juli 1949

Am 2. Mai 1952 stellte die BOAC als erste Fluggesellschaft der Welt ein Strahlverkehrsflugzeug in Dienst – zweifellos ein entscheidender Abschnitt in der Luftfahrtgeschichte. Befürchtungen, daß Strahlverkehrsflugzeuge unwirtschaftlich seien, erwiesen sich als grundlos: Im ersten Jahr erreichte die »Comet 1« eine durchschnittliche Auslastung von über 80 Prozent. Nachdem die Flugzeuge ziemlich genau ein Jahr in Dienst gestanden hatten, ereignete sich der erste katastrophale Unfall, dem weitere folgten. Das Flugzeug erhielt schließlich im April 1954 Startverbot. Erst viereinhalb Jahre später konnte die neukonstruierte »Comet 4« den Liniendienst wieder aufnehmen.

1952 setzte die British Overseas Airways Corporation mit der de Havilland »Comet 1« erstmals Strahlflugzeuge im Luftverkehr ein. 1958 kam die neue »Comet 4« mit längerem Rumpf hinzu. BOAC ersetzte die »Comet« Ende der sechziger Jahre durch die VC 10 und die Boeing 707. 1971 stand nur noch eine »Comet 4« im Dienste der BOAC, die in Heathrow, dem Hauptsitz der britischen Fluggesellschaft, zu Ausbildungszwecken verwendet wurde.

BOAC
BOAC APPRENTICE TRAINING

gen der Flugzeugzellen-Beplankung bei zunehmendem und abnehmendem Kabinendruck in einem Wassertank simuliert und exakt vermessen, ein Verfahren, das alle Flugzeugwerke der Welt übernahmen.
Inzwischen leistete England einen weiteren Beitrag zur technologischen Entwicklung des Verkehrsflugzeugs. Es entstand die Vickers »Viscount« mit vier Rolls-Royce-Dart-Turbinen-Motoren. Auch hinter diesem Projekt stand die Empfehlung des Brabazon-Ausschusses. Der 32sitzige Prototyp, die G-AHRF, wurde am 16. Juli 1948 zum ersten Mal geflogen. British European Airways (BEA) zeigte jedoch Interesse an einer 53sitzigen gestreckten Version der »Viscount«. Im Sommer 1950 lieh die BEA den Prototyp 630 für einen vierwöchigen Einsatz. Die positive Reaktion der Passagiere schlug sich alsbald in der Bestellung einer größeren Stückzahl nieder. Bis zum Ende des Jahres hatte die Fluggesellschaft 26 Exemplare der größeren »Viscount 701« in Auftrag gegeben und eine Lawine ins Rollen gebracht. Innerhalb von 10 Jahren wurden 444 »Viscount« verkauft und in alle Welt geliefert.
Es war jedoch eher das Turbinen-Luftstrahltriebwerk als die Propellerturbine, welches den Luftverkehr revolutionieren sollte. Die »Comet« bedeutete einen

Linke Seite oben: Das erste Strahlverkehrsflugzeug, das in Amerika flog, war die Avro C-102 »Jetliner«. Linke Seite Mitte: Die Vickers »Vanguard« wurde als Nachfolgerin der »Viscount« konzipiert. Linke Seite unten: Nach dem Flugverbot für die »Comet 1« war die Tupolew Tu-104 zeitweise der einzige Verkehrsjet. Oben: Antonow An-12, eine Frachtversion des Verkehrsflugzeugs An-10

Schritt ins Unbekannte. De Havilland, die BOAC – und zweifellos England – zahlten für die schöpferische Pionierarbeit zu Beginn des Düsenzeitalters einen hohen Preis. Die Entscheidung, die »Comet« zu entwickeln, war richtig. Obwohl die zu schwache Zellenauslegung bei der ursprünglichen Konstruktion für die Firma de Havilland ein schwerer Schlag war, erlangte die »Comet« nach völliger Umkonstruktion noch einen bescheidenen Markterfolg als »Comet 4«.
Zum Zeitpunkt, da die neue »Comet 4« fertig war, hatte sie jedoch bereits ihre führende Position zugunsten der amerikanischen Boeing 707 verloren. Es verblieb ihr noch eine einzige Schlagzeile, als am 4. Oktober 1958 zwei »Comet 4« der BOAC die ersten Transatlantik-Jet-Flüge für zahlende Passagiere ausführten und damit die 15 Jahre alten Vorstellungen des Brabazon-Ausschusses erfüllten. Die 75 produzierten »Comet 4« aber flogen von nun an lediglich über mittlere oder kurze Strecken.

Das erste Düsen-Verkehrsflugzeug auf dem amerikanischen Kontinent wurde von Avro Canada entworfen und gebaut. Avro begann 1946 mit der Arbeit an dem Avro C-102 »Jetliner«. Vier Rolls-Royce-Derwent-5-Motoren hingen paarweise in Gondeln unter den Tragflächen. Im kreisförmigen Rumpf fanden bis zu 50 Passagiere Platz. Der erste Flug gelang am 10. August 1949, nur zwei Wochen nach dem Jungfernflug der »Comet«. Während der Versuchsphase wurde ein Flug zur Postbeförderung nach New York unternommen.
Mit der Entscheidung, die Entwicklung der C-102 einzustellen, überließ Avro Canada Nordamerika den Flugzeugwerken Boeing, Douglas und Convair. Aber noch bevor hier die Serienfertigung der Boeing 707, der DC-8 und der Convair 880 anlief, trat in Europa ein weiteres Düsen-Verkehrsflugzeug in Erscheinung, und dieses kam, zur Überraschung aller, aus der Sowjetunion.
Die UdSSR hatte erkannt, daß die Entwicklung von Zivilflugzeugen ein Mittel darstellte, um die eigene Position in Übersee aufzuwerten. Die ersten Früchte zeigten sich mit dem Erscheinen der Tupolew Tu-104, die am 17. Juni 1955 zum ersten Mal geflogen wurde. Außerhalb der Grenzen Rußlands blieb sie unbekannt, bis der Prototyp am 22. März 1956 auf dem Londoner Flughafen landete. Das Flugzeug basierte auf der Konstruktion des Bombers Tu-16 mit praktisch identischen Tragflächen, Triebwerken und Leitwerk, jedoch mit einem neuen Rumpf und Platz für 50 Passagiere.
Am westlichen Standard gemessen, war die Tu-104 recht grob und unwirtschaftlich. Trotzdem wurde sie im September 1956 bei der Aeroflot in Dienst gestellt und somit zum zweiten Düsen-Verkehrsflugzeug der Welt; da die »Comet 1« zu diesem Zeitpunkt bereits aus dem Verkehr gezogen war, flog die Tu-104 als einziges Düsen-Verkehrsflugzeug bis zum Oktober 1958, als die »Comet 4« und auch die Boeing 707 ihre Flüge im kommerziellen Luftverkehr aufzunehmen begannen.

Große Konstrukteure und ihr Werk:

Donald Wills Douglas

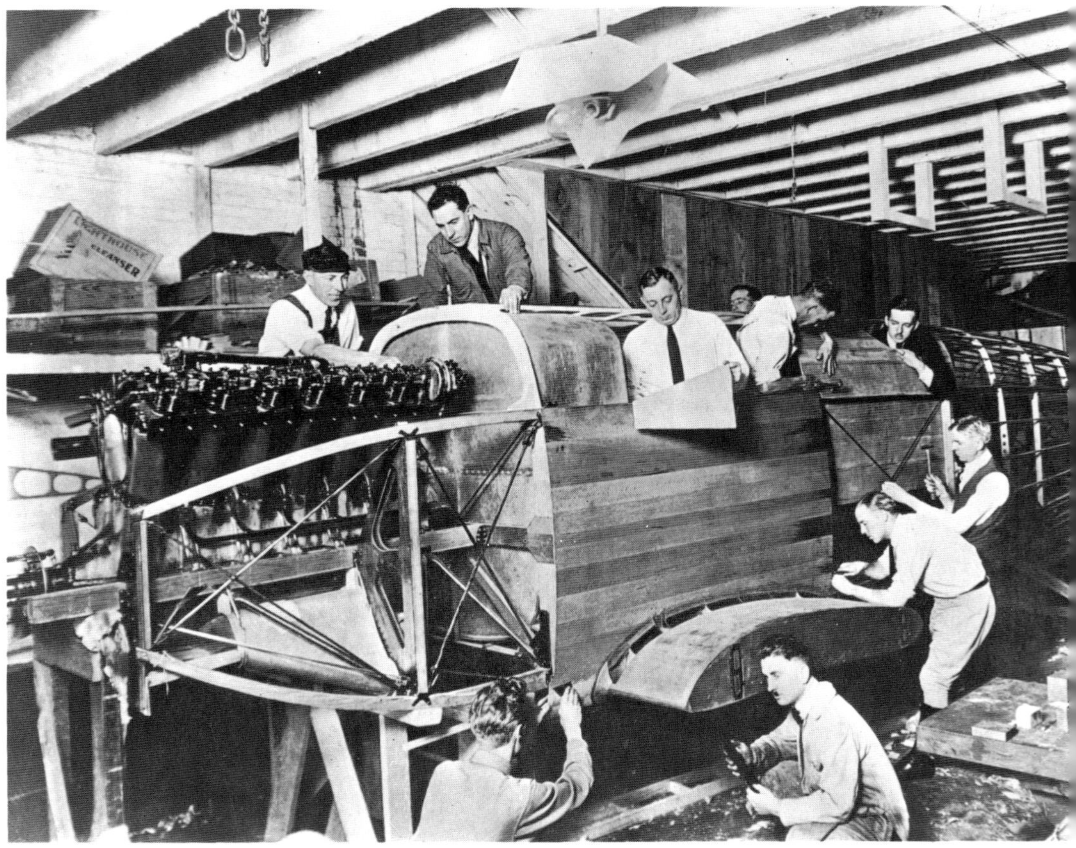

Die Lebensgeschichten bedeutender Flugzeugkonstrukteure in aller Welt weisen erstaunliche Parallelen auf. Kaum einer von ihnen konnte schon in jungen Jahren der Verlockung widerstehen, sich in ein Abenteuer zu stürzen, dessen Ausgang in jeder Hinsicht höchst zweifelhaft war. Allen gemein aber war die Vision, technisches Neuland schon deswegen betreten zu müssen, weil alle bislang bekannt gewordenen Konstruktionen mit ihren Unvollkommenheiten von den Leistungen des eigenen Entwurfes weit in den Schatten gestellt würden. Das eigene Flugzeug, es würde schneller fliegen, höher fliegen und weiter fliegen; es würde mehr Nutzlast an Bord nehmen können, leichter und doch fester gebaut sein als vergleichbare Muster, vielleicht auch sicherer fliegen. Aber wie oft war es schon technisch überholt, als es zum Jungfernflug startete. Wie viele Vermögen gingen vor Reißbrettern mit Flugzeugentwürfen verloren und wie viele Vermögen wurden damit verdient...

Zu den begabtesten Flugzeugkonstrukteuren Amerikas gehörte schon im zweiten Jahrzehnt dieses Jahrhunderts der 1892 als Sohn eines Bankangestellten im New Yorker Stadtteil Brooklyn geborene Donald Wills Douglas. In amerikanischen Marinekreisen kursiert heute noch die Geschichte, daß der Kadett Donald W. Douglas 1912 an der US. Marineakademie seinen Kommandeur, einen in Ehren ergrauten Seebären, beinahe ins Jenseits befördert hätte. Der hohe Offizier wurde von einem landenden Flugzeugmodell am Kopf gerammt und erheblich verletzt. Konstrukteur des Modells: Donald W. Douglas.

Donald Douglas selbst behauptete viele Jahre später freilich, die ganze Geschichte stimme nicht. Richtig sei vielmehr, daß der Admiral vor Schreck in Ohnmacht gefallen sei, als er das gewaltige Modell auf sich zufliegen sah, ehe es von selbst abstürzte und zerbrach. Jedenfalls sei er daraufhin von der Marineakademie gefeuert worden und schließlich beim Massachusetts Institute of Technology gelandet, wo man ihm eröffnet habe, daß seine Ausbildung zum Ingenieur vier Jahre beanspruche.

Douglas aber wettete mit seinen Lehrern, daß er sein Diplom in zwei Jahren habe – und er hatte es. Nur ein Jahr später bewarb er sich als Chefkonstrukteur bei Glenn L. Martin. Im August 1915 hatte er den Job und den Auftrag, ein Bombenflugzeug zu konstruieren, das alle bis dahin bekannten Kampfflugzeuge überträfe. Douglas konstruierte und baute ein zweimotoriges Doppeldecker-Riesen-

flugzeug, das als »Martin-Bomber« in die amerikanische Militärgeschichte des Ersten Weltkriegs einging.
Im März 1920 hatte Donald W. Douglas es satt, für andere Flugzeuge zu konstruieren. Jetzt wollte er seine eigene Fabrik. Mit 600 Dollar Gründungskapital ließ er in Los Angeles am 20. Juli 1920 stolz die Douglas Aircraft Company eintragen. Der erste Kunde stellte sich als vermögender Sportsmann vor, der unbedingt ein Flugzeug haben wollte, das nonstop von Los Angeles bis nach New York fliegen konnte. Douglas akzeptierte und baute zu einem Fixpreis von 40 000 Dollar das erste Muster einer langen Reihe von Douglas-Flugzeugen, die »Cloudster«. Zwar konnte der Vogel nicht nonstop nach New York fliegen, aber die »Cloudster« war das erste Flugzeug Amerikas, das nahezu ebensoviel Nutzlast trug wie sein eigenes Gewicht. Das imponierte vor allem der amerikanischen Marine, die auf der Grundlage »Cloudster« nun gleich drei Torpedoflugzeuge bei Douglas bestellte und damit vergessen hatte, was der gefeuerte Marinekadett einst einem ihrer Admirale angetan hatte. Der Marineauftrag stellte sich als Initialzündung für die weitere Entwicklung der Douglas Aircraft Company heraus, denn plötzlich fanden sich Kapitalgeber, die 150 000 Dollar auf den Tisch blätterten, und dem jungen Donald Douglas wurde klar, daß er mit diesem Hintergrund ein Unternehmen starten könnte, das seinen Namen mit einem Schlag weltbekannt machen sollte: Vier noch einmal verbesserte Torpedoflugzeuge, ausgerüstet mit 400-PS-Liberty-Triebwerk, wurden von ihm am St.-Patricks-Tag im März 1924 von Santa Monica aus nach Westen als Douglas »World Cruisers« (DWC) auf eine Reise rund um die Erde geschickt. Sechs Monate später kehrten drei davon nach Santa Monica zurück, eine Maschine war über Island verloren gegangen, die Besatzung jedoch wurde gerettet. Die Weltpresse berichtete über

Linke Seite außen: Donald Wills Douglas. Linke Seite oben und unten: Die »Cloudster« war die erste erfolgreiche Konstruktion von D. W. Douglas und gleichzeitig der Grundstein für den späteren Aufstieg des Unternehmens. Rechte Seite oben: Im März 1924 traten vier Douglas »World Cruisers« zum Flug rund um die Erde an. Drei Maschinen schafften dieses Vorhaben. Mitte: DT Torpedobomber. Unten: Douglas-Aufklärer vom Typ 02

Links: Ein Douglas-Flugboot im Dienste der amerikanischen Küstenwache. Mitte: Die DC-1 führte die Douglas-Werke aus der Weltwirtschaftskrise 1929/30, als mit diesem Entwurf ein entscheidender Auftrag der großen Fluggesellschaft TWA gebucht werden konnte. Unten: Eine Weiterentwicklung der DC-1 war die DC-2, die allerdings bald der Neuentwicklung DC-3 weichen mußte. Rechte Seite oben: Die DC-3 verschaffte Douglas endgültig Weltgeltung. Neben der Ju 52 war die DC-3 ohne Zweifel das bekannteste und meistgeflogene Propeller-Verkehrsflugzeug aller Zeiten. Rechte Seite unten: In der militärischen Version wurde die DC-3 mit C-47 bezeichnet.

Douglas, und der erste Exportauftrag kam von der norwegischen Marine: zwei Torpedoflugzeuge! 38 weitere Flugzeuge, alle auf der Basis der verbesserten »Cloudster«, gab die amerikanische Marine in Auftrag – die erste Serie bei Douglas lief, und neue Pläne gewannen Gestalt.

Es gab nicht nur den militärischen Markt. Zwar lag Amerika 1925 in der Luftverkehrsentwicklung weit hinter Europa zurück, aber Luftpostlinien gab es, und kein Postflugzeug verfügte über eine größere Reichweite als das zur M-2 (M = Mail) umgerüstete Douglas-Torpedoflugzeug. Auf Anhieb kaufte die Luftpostgesellschaft Western Air Express sechs M-2-Flugzeuge, und am 17. April 1926 startete das erste Douglas-Flugzeug zu einem kommerziellen Flug. Für Donald W. Douglas und sein Flugzeugwerk war dies der Beginn einer neuen Epoche.

Der Bau von Flugbooten – von der PD-1 wurden 25 Stück verkauft – blieb ein Intermezzo. Die Weltwirtschaftskrise

1929/30 bescherte auch Donald W. Douglas Auftragsrückgänge, finanzielle Sorgen und vielerlei Scherereien. Doch am 2. August 1932 erschien in Santa Monica bei Douglas der Vizepräsident einer Luftverkehrsgesellschaft, die sich Transcontinental and Western Air – TWA – (aus ihr ging später die Trans World Airlines hervor) nannte. Er überreichte Douglas die Spezifikationen eines Wunschflugzeuges, das drei Motoren haben sollte bei einer Reisegeschwindigkeit von wenigstens 220 Kilometer in der Stunde, in einer Reiseflughöhe von 3000 Meter bei einer angenommenen Gipfelhöhe von maximal 6000 Meter operieren und mit einer Nutzlast von wenigstens 12 Passagieren über eine Reichweite von mindestens 1600 Kilometer verfügen sollte. Lediglich nebenbei bemerkte der Gast, daß er diese Ausschreibung auch anderen Flugzeugherstellern übergeben habe – wer das beste Flugzeug baue, könne mit einem Sofortauftrag über zehn Maschinen rechnen.

Donald W. Douglas und sein Team hatten elf Monate Zeit. Aber schon vier Wochen nach ihrem ersten Kontakt mit der Douglas Aircraft Company hatten die verantwortlichen Leute der TWA ein Douglas-Angebot vor sich liegen, das allerdings überhaupt nicht mit dem zu vergleichen war, was die Ausschreibung verlangte. Aber dieses Papierflugzeug war ja viel besser: Es hatte nicht drei sondern nur zwei Triebwerke, und als eleganter, freitragender Tiefdecker ausgelegt, war sein Fahrwerk hydraulisch einziehbar, seine Leistungsdaten höher und der Stückpreis mit 65 000 Dollar mehr als akzeptabel. Douglas nannte dieses angebotene Flugzeug DC-1 (wobei C für Commercial stand) und erhielt am 20. September 1932 den TWA-Auftrag. Wie groß das Vertrauen in die Leistungsfähigkeit des Konstrukteurs und Flugzeugfabrikanten Douglas bereits war, dokumentiert die Tatsache, daß mit der DC-1 – die bald zur DC-2 und DC-3 modifiziert wurde – zum erstenmal ein Verkehrsflugzeug vom Reißbrett weg verkauft wurde.

Vom Jungfernflug der DC-1 am 22. Juni 1933 ist die Bemerkung eines damals schon recht erfahrenen Verkehrspiloten überliefert, der sagte: »Das Ding fliege ich nicht, es ist mir viel zu groß!« Nun, die dann folgende und in nur 25 Exemplaren verkaufte DC-2 war noch etwas größer, und die wiederum bessere DC-3 wurde neben der ja schon seit drei Jahren fliegenden Junkers Ju 52/3m zum legendärsten Verkehrs- und

Oben: Die DC-4 wurde nach dem Krieg zum Standardflugzeug vieler auf den Frachttransport spezialisierter Fluggesellschaften. Dieses Foto wurde 1965 aufgenommen, zeigt die DC-4 also immer noch im Dienst. Unten: Wie viele erfolgreiche Zivilmaschinen erhielt auch die DC-4 einen militärischen Zwillingsbruder als Transportflugzeug, die C-54. Rechte Seite oben: Eine DC-6 der Canadian Pacific Airlines. Rechte Seite unten: Eine DC-6B mit größerer Reichweite als die DC-6

Transportflugzeug bis zum heutigen Tage. Beide Flugzeuge, die ja völlig unabhängig voneinander entstanden waren, setzten neue Maßstäbe für die weltweite Luftverkehrsentwicklung. Ihre sprichwörtliche Zuverlässigkeit, die gegebene Möglichkeit, den Flug fortzusetzen, auch wenn ein Triebwerk ausgefallen war, ihre hervorragende Eigenstabilität ermöglichten überhaupt erst die tastenden Versuche, das Problem des Blindfluges, des Durchstoßens von Wolkendecken, der Landung auch bei schlechten Sichtverhältnissen in Angriff zu nehmen und damit den Luftverkehrsgesellschaften das zu geben, was der Kunde von ihnen verlangte: Sicherheit, Pünktlichkeit und Regelmäßigkeit.

Von der DC-3 (militärische Bezeichnung C-47), die in ihrer modernsten Auslegung mit 1000-PS-Pratt & Whitney-Triebwerken maximal 32 Passagiere oder 3,5 t Fracht beförderte, wurden bis 1945 weit über 12 000 Stück ausgeliefert. Noch 1975 flogen nach amerikanischen Schätzungen mehr als 500 DC-3 in aller Welt. Und einen wirklichen Nachfolger für dieses Flugzeug hat es eigentlich nie gegeben, obwohl viele moderne Entwürfe dieses Prädikat für sich in Anspruch nehmen.

Ebenso wie Hugo Junkers in Deutschland

Oben: Blick in die Werkhallen der Douglas Aircraft Company in Santa Monica im Jahre 1941. Darunter: Die DC-7 war das letzte kolbenmotorgetriebene Verkehrsflugzeug von Douglas. Das Zeitalter des Strahlantriebs warf seine Schatten voraus, und mit der vierstrahligen DC-8 bewies Douglas, daß er auch auf diesem Gebiet Hervorragendes zu leisten imstande war.

Douglas C-74 »Globemaster I«

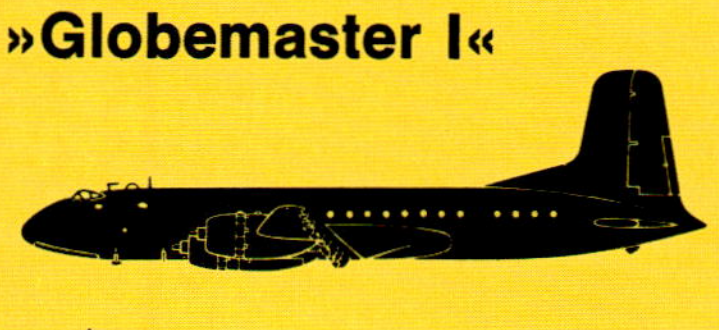

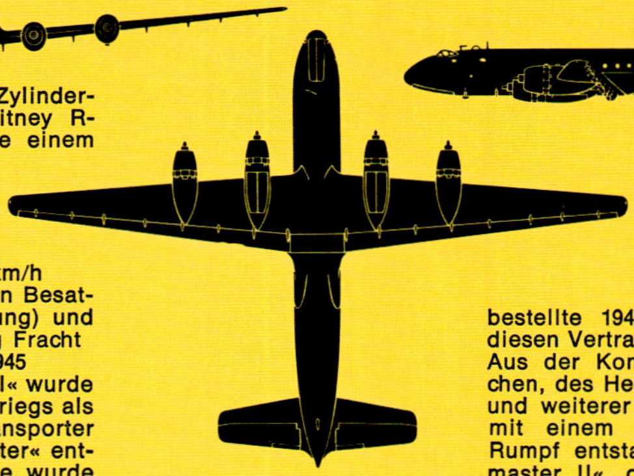

Antrieb: vier 3500-PS-28-Zylinder-Sternmotoren Pratt & Whitney R-4360-49 Wasp Major mit je einem Vierblatt-Propeller
Spannweite: 52,81 m
Länge: 37,83 m
Flügelfläche: 232,26 m²
Abfluggewicht: 74 840 kg
Reisegeschwindigkeit: 327 km/h
Fassungsvermögen: 13 Mann Besatzung (einschließlich Ablösung) und 125 Soldaten oder 25 200 kg Fracht
Erster Flug: 5. September 1945

Die Douglas »Globemaster I« wurde während des Zweiten Weltkriegs als schwerer Langstreckentransporter aus der DC-4/C-54 »Skymaster« entwickelt. Die erste Maschine wurde jedoch erst zwei Monate nach Kriegsende abgeliefert, der nur weitere 13 folgten. Pan American bestellte 1945 26 Stück, kündigte diesen Vertrag jedoch wenig später. Aus der Kombination der Tragflächen, des Heckteils, der Triebwerke und weiterer Baugruppen der C-74 mit einem neuen, geräumigeren Rumpf entstand die C-124 »Globemaster II«, die in größerer Stückzahl für die US Air Force gebaut wurde und noch zu Beginn der siebziger Jahre in Dienst stand.

Rechts: Zum erfolgreichsten Sturzkampfbomber der amerikanischen Marine im Zweiten Weltkrieg wurde die Douglas »Dauntless«. Sie fügte der japanischen Flotte bei den Schlachten in der Korallensee, bei den Midway- und Salomonen-Inseln lähmende Verluste zu.

fand nun auch Donald W. Douglas mit dem ersten Glied der DC-Familie seine konstruktive Kontinuität im Entwurf immer leistungsfähigerer Transportflugzeuge. Auf die DC-3 folgte zunächst die DC-5 als zweimotoriger Schulterdecker, ehe mit der viermotorigen DC-4 im Jahre 1941 der nächste große Wurf gelang. Als Militärtransportflugzeug C-54 mit einer Reichweite von 3400 Kilometer und einer Nutzlastkapazität von acht bis zehn Tonnen wurde sie während des Zweiten Weltkriegs zum Rückgrat des amerikanischen militärischen Lufttransport-Systems über den Atlantik und über den Pazifik. Noch die Berliner Luftbrücke nach Beendigung des Zweiten Weltkriegs stützte sich weitgehend auf die DC-3 »Dakota« und die DC-4 in ihren militärischen Frachtversionen. Die Weiterentwicklung der DC-4 zur DC-6 – mit stärkeren Triebwerken und Druckkabine –, zur DC-6B mit größerer Reichweite und schließlich zur weitgehend modifizierten DC-7A/B, die als erstes Verkehrsflugzeug so gut wie alle Luftverkehrsstrecken Europa–USA/Ostküste nonstop bedienen konnte, bot sich an. Zugleich aber wurde die DC-7 das letzte von Douglas konstruierte Verkehrsflugzeug mit Kolbenmotoren. Die Signale des Jet Age, des Düsenzeitalters, waren schon 1954, da die erste DC-7 als Prototyp flog, unübersehbar geworden.
Daneben aber blieb freilich auch für Donald W. Douglas die reine technologische Luftfahrtforschung ebenso aktuell wie die anhaltende Zusammenarbeit mit der amerikanischen Luftwaffe und der Marine. Mit dem National Advisory Committee for Aeronautics (NACA) wurden 1946 zur Erforschung der Schallgrenzgeschwindigkeiten die Douglas D-558-1 »Skystreak« und D-558-2 »Skyrocket« gebaut. Als erstes Flugzeug der Welt erreichte die »Skyrocket« 1948 Mach 2 oder die doppelte Schallgeschwindigkeit. Zur gleichen Zeit befaßte sich die Aerospace Division mit den verschiedensten Raketenprojekten. Auf der Basis der nach dem Kriege in Deutschland entdeckten Entwicklungsarbeiten entstand die Luftabwehrrakete »Nike-Zeuss«, die Luft-Luft-Rakete »Sparrow I«, die Raumfahrt-Forschungsrakete »Wac Corporal« und schließlich die für mittlere Reichweite ausgelegte und mit Atomsprengkopf ausgerüstete »Thor«.
Aber schon 1952 arbeiteten in einem geheimnisumwitterten Konstruktionsbüro, dem Special Project Office, ein Team von Aerodynamikern der Douglas Aircraft Company am ersten zivilen Jet, der DC-8. Nur wenige Wochen, nachdem Boeing den Luftverkehrsgesellschaften sein Modell B-707 im Entwurf vorgestellt hatte, präsentierte Douglas im Sommer 1955 seine DC-8, beide Flugzeuge mit vier Turbinenstrahltriebwerken ausgerüstet und für den Laien äußerlich kaum voneinander zu unterscheiden. Ohne die Entwurfsunterlagen des anderen zu kennen, waren wieder einmal Auslegungsformeln entstanden, die bei Berücksichtigung gegebener Daten nur so und nicht anders sein konnten. Die Verkaufserfolge der DC-8 wie der B-707 bestätigten nur die Zwangsläufigkeit

Douglas SBD »Dauntless«

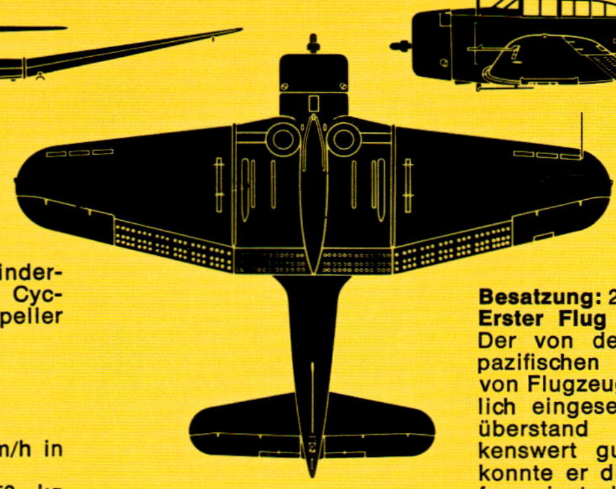

Antrieb: ein 1200-PS-Neunzylinder-Sternmotor Wright R-1820-60 Cyclone mit einem Dreiblatt-Propeller von 3,20 m Durchmesser
Spannweite: 12,65 m
Länge: 10,06 m
Flügelfläche: 30,14 m²
Abfluggewicht: 4853 kg
Höchstgeschwindigkeit: 406 km/h in 4200 m Höhe
Reichweite: 1800 km mit 450 kg Bombenlast
Bewaffnung: je zwei 12,7-mm-Maschinengewehre im Bug und im hinteren Cockpit; 450 kg Bomben

Besatzung: 2 Mann
Erster Flug (SB): 1940
Der von der US-Marine auf dem pazifischen Kriegsschauplatz auch von Flugzeugträgern aus hauptsächlich eingesetzte Sturzkampfbomber überstand Feindbeschuß bemerkenswert gut. Laut Time-Magazin konnte er die fürchterlichsten Treffer einstecken und auf Flügeln heimwanken, die manchmal wie eine Muskatreibe aussahen. Die Daten beziehen sich auf die Version SBD-5.

Links: Zweistrahlige Verkehrsmaschine DC-9 der Swissair über den Alpen. Rechts oben: Zwei DC-8 der CP Air und der Atlantis auf dem Athener Flughafen. Mitte: Mit stärkeren Fan-Triebwerken ausgestattet, wurde die DC-8 zur DC-8 Super 63. Unten: Die DC-10 gehört in die Klasse der »Jumbos«.

Douglas »Skyrocket«

Antrieb: ein Strahltriebwerk Westinghouse J34-WE-22 von 1451 kp Standschub im Rumpf (mit unter dem Rumpf liegender Schubdüse); ein Raketentriebwerk Reaction Motors XLR-8 von 2722 kp Standschub im Rumpfheck
Spannweite: 7,63 m
Länge: 14,80 m
Höchstgeschwindigkeit: siehe Text
Besatzung: 1 Mann
Erster Flug: 4. Februar 1948

Die D-558-II »Skyrocket« wurde aus der strahlgetriebenen, noch mit ungepfeilten Tragflächen versehenen »Skystreak« des Jahres 1947 entwickelt. Mit ihr sollten seinerzeit insbesondere die Eigenschaften von Pfeilflügeln im Hochgeschwindigkeitsflug untersucht werden. Die »Skyrocket« hatte ein zusätzliches Raketentriebwerk, da der Schub des Strahltriebwerks für die angestrebten hohen Geschwindigkeiten nicht ausreichte. Sie überschritt im Oktober 1947 Mach 1 und erreichte im November 1953, nachdem man das Strahltriebwerk entfernt und an seiner Stelle den Treibstofftank für das Raketentriebwerk vergrößert hatte, Mach 2,01 (2135 km/h) in einer Höhe von 19 800 m. Der Start war in der Luft von einem Mutterflugzeug des Typs »Superfortress« aus erfolgt. Drei Monate später erreichte sie nach einem weiteren »fliegenden Start« 25 387 m Flughöhe.

solcher Entwicklungsarbeiten. Wie stets, so wurde auch die DC-8 ständig verbessert und weiter verfeinert, bis sie als »gestreckte« DC-8-63 maximal 265 Passagiere mit einer Reisegeschwindigkeit von Mach 0,8 oder 8/10 der Schallgeschwindigkeit über 7000 Kilometer nonstop befördern konnte. Noch heute zählt die DC-8-63 zu den wirtschaftlichsten Verkehrsflugzeugen, die jemals konzipiert wurden.
1965 ergänzte Douglas das Langstrecken-DC-8-Angebot durch den Kurzstrecken-Jet DC-9, dessen letzte Version DC-9-50 zuerst 1975 im Europa-Streckennetz der Swissair flog. Der erste Douglas-Großraum-Jet DC-10 startete 1970. Er bietet bis zu 380 Passagieren Platz und hat in seiner Auslegung als DC-10-30 und DC-10-40 eine Reichweite von rund 10 000 Kilometer.
In seinem 75. Lebensjahr entschloß sich Donald W. Douglas zur Fusion seines Unternehmens mit einem der bedeutendsten Hersteller von Militärflugzeugen in den USA, der McDonnell Aircraft Corporation. Seit dem 28. April 1968 zeichnet die Firma als McDonnell Douglas Corporation und ist, gemessen am Umsatz, neben Boeing das größte Luft- und Raumfahrtunternehmen der Welt.

Oben: Bereits 1946 baute Douglas mit der »Skystreak« ein Experimentalflugzeug zur Erforschung der Schallgrenzgeschwindigkeiten. Links: Die »Skyrocket« erreichte 1948 als erstes Flugzeug der Welt Mach 2 oder doppelte Schallgeschwindigkeit. Rechte Seite: Die raketengetriebene X-15 der North American Aviation, mit der nach Änderungen im Oktober 1967 Mach 6,72 oder 7297 km/h geflogen wurde

USAF
U.S. AIR FORCE
U.S. AIR FORCE
LIQ. OXY
VENT
APU EXHAUST
APU EXHAUST

Technik und Fortschritt

Durchbrochene Grenzen

Für die Einwohner der Gegend Worthing und Portsmouth an der Südküste Englands war der 10. März 1956 ungewöhnlich laut. Ferne Explosionen und folgende Druckwellen ließen Gemäuer erzittern. Die Londoner Abendzeitungen berichteten von Flugversuchen über Südengland und dem Schallmauerknall als physikalischem Phänomen des Fluges schneller als der Schall. An jenem sonnigen Märztag wurde jedoch nicht nur die Schallmauer durchbrochen: Das Forschungsflugzeug Fairey »Delta 2« erflog einen neuen Geschwindigkeitsweltrekord von über 1600 km/h.

Die Schallmauergrenze existiert mehr in den Köpfen von Journalisten als in der Wirklichkeit. Es gibt keine technologisch unüberwindbare physikalische Grenze für die Fortbewegung des Menschen. Heute ist der Überschallflug etwas Alltägliches, nicht nur für Militärpiloten, sondern auch für die Passagiere der Überschall-Transportflugzeuge »Concorde« und Tu-144. Richtig ist, daß die »Schallgrenze« vorübergehend ein Hindernis zu sein schien. Flugzeuge wurden unstabil, sobald sich ihre Geschwindigkeit der des Schalls näherte. (Die Schallgeschwindigkeit wird nach ihrem Entdecker, Professor Ernst Mach, mit »Mach 1« bezeichnet. Sie variiert zwischen ca. 1223 km/h in Meereshöhe und 1062 km/h in 11 000 m Höhe. Über 11 000 m bleibt sie etwa konstant. Entsprechend bedeutet »Mach 2« die doppelte Schallgeschwindigkeit in jeder gegebenen Höhe.)

Bei Mach 1 verändert sich das Verhalten der Luftströmung um das Flugzeug. Sie verursacht eine Verdichtungswelle, die bei Flugzeugkonstruktionen herkömmlicher Auslegung Steuerlosigkeit bewirkt. Sobald man diese Erscheinung erst einmal vermessen hatte, wurde es verhältnismäßig einfach, Flugzeuge so zu konstruieren, daß die sogenannte »Schallmauer« sanft überwunden werden konnte.

Die Möglichkeit, daß dem Flug mit hoher

Miles M. 52

Antrieb: ein Strahltriebwerk Power Jets W2/700 von 907 kp Standschub; mit Nachbrenner sollten bei Höchstgeschwindigkeit 1860 kp Schub erzielt werden.
Spannweite: 8,23 m
Länge: 8,71 m
Flügelfläche: 13,28 m²
Abfluggewicht: 3497 kg
Höchstgeschwindigkeit: 1609 km/h in 11 000 m Höhe nach einem Stechflug aus 15 240 m Höhe
Besatzung: 1 Mann
Erster Flug: für 1946 geplant

Bereits ein Jahr nach Ende des Zweiten Weltkriegs hätte die Miles M.52 das erste Überschallflugzeug der Welt sein können. Sie sollte doppelt so schnell wie die bisherigen Flugzeuge sein. Auf der Miles »Gillette Falcon« konnten die extrem dünnen, trapezförmigen Flächen noch im Flug erprobt werden. Die M. 52 hatte einen ringförmigen Lufteinlauf, ein voll bewegliches Höhenruder und eine Rettungskapsel für den Piloten. Drei Prototypen wurden in Auftrag gegeben; der erste war zur Hälfte fertiggestellt, als das Projekt im Februar 1946 durch die britische Regierung abgesetzt wurde. Erst 1956 erreichte ein britisches Strahlflugzeug, die Fairey »Delta 2«, die schon für die M.52 projektierte Geschwindigkeit.

Die Fairey »Delta 2« war 1956 das erste Flugzeug der Welt, das einen Geschwindigkeitsrekord von über 1000 Meilen pro Stunde aufstellte. Sie war auch die erste Maschine, die mit einer »Kippnase« ausgestattet wurde, wie wir sie heute bei den Überschallverkehrsmaschinen Tu-144 und »Concorde« kennen. Zwar flog die amerikanische X-1A bereits 1954 bedeutend schneller, da sie aber von einer B-29 aus gestartet wurde, zählte diese Leistung nicht als Rekord.

Geschwindigkeit irgendeine Grenze gesetzt sein könnte, wurde während des Zweiten Weltkriegs zum erstenmal bemerkt. Piloten erlebten die Wirkungen der Kompressibilität (das bedeutet, daß die Luft vor dem schnell fliegenden Flugzeug verdichtet wird) erstmals bei Flugzeugen wie dem deutschen Raketenjäger Messerschmitt Me 163, der britischen Supermarine »Spitfire« und der Lockheed »Lightning«. Bei einem Vollgasflug konnten die damals modernsten Jagdflugzeuge bis zu etwa 9/10 der Schallgeschwindigkeit erreichen. Gleichzeitig wurde mit dem praktischen Einsatz des ersten deutschen Düsenflugzeuges Me 262 klar, daß das Erscheinen des Strahltriebwerks noch höhere Geschwindigkeiten ermöglichen würde. Damit begann die ernsthafte Erforschung der sogenannten »Schallmauer«.
Englands erstes Überschallflugzeug konstruierte die Firma Miles. Sie wurde 1943 von der Regierung beauftragt, ein Düsenflugzeug zu entwerfen und herzustellen, das mit 1609 km/h in 11 000 m Höhe fliegen konnte – mehr als doppelt so schnell wie das schnellste damals bekannte Flugzeug. Die Miles M.52 wurde bis 1946 entwickelt. Dann plötzlich strich man das ganze Programm unter dem fadenscheinigen Vorwand, daß der bemannte Flug mit einer so hohen Geschwindigkeit zu gefährlich sei. Das parallellaufende amerikanische Forschungsprogramm wurde ein Jahr nach der M.52 begonnen und führte zum Bau des ersten Überschallflugzeuges der Welt, der Bell X-1.
Die Konstruktion der X-1 – sie sollte ursprünglich nur wenig schneller als der Schall fliegen – glich in vielen grundsätzlichen Punkten der M.52. Sie hatte einen sehr dünnen Flügel ohne jede Pfeilung. Im Unterschied zur M.52 hatte die X-1 jedoch Raketenantrieb und mußte deshalb in der Luft gestartet werden, nachdem sie unter dem Rumpf einer B-29 »Superfortress« in großer Höhe ausgeklinkt worden war. Der erste Gleitflugversuch der X-1 wurde am 19. Januar 1946 unternommen. Erst am 9. Dezember wurden Flüge mit Raketenantrieb versucht. Fast ein ganzes Jahr verging, ehe der Überschallflug verwirk-

Oben: Die X-1B nach dem Start von einer B-29 aus. Mit diesem Flugzeug wurden insbesondere die thermischen Probleme des Hochgeschwindigkeitsfluges untersucht.
Unten: Die Überschallflugzeuge X-1A und X-1B. Die X-1A erreichte im Juni 1954 eine Geschwindigkeit von Mach 2,42.

licht wurde. Captain Charles »Chuck« Yeager flog am 14. Oktober 1947 schneller als Mach 1.
Die bei diesem historischen Flug von der X-1 erreichte Geschwindigkeit betrug 1078 km/h in einer Flughöhe von 12 800 m. Das entsprach einer Mach-Zahl von 1,015. Insgesamt wurden sechs Flugzeuge der X-1-Familie gebaut. Mit der X-1A erreichte Yeager am 4. Juni 1954 Mach 2,42. Dieser Flug unterstrich die Vermutung, daß keine weitere aerodynamische Grenze mehr bestand, sobald erst einmal Mach 1 überschritten war. Jedes Flugzeug, das zur Überwindung des Kompressibilitätseffekts bei einfacher Schallgeschwindigkeit konstruiert war, konnte über Mach 1 hinaus bis zu den Grenzen der verfügbaren Motorleistung und Zellenfestigkeit beschleunigt werden. Doch dann wurde eine weit schwierigere Grenze erreicht – die »Hitzegrenze«.
Wegen der Reibung zwischen Flugzeugoberfläche und Luftmolekülen wird die Wärme bei sehr hohen Geschwindigkeiten zum Problem. Diese Reibung hat zur Folge, daß sich die Beplankung und deshalb auch die Innenseite des Flugzeugs

Oben: Eine Bell X-2 wird unter den Rumpf einer B-29 »Superfortress« gehievt. Unten: Die B-29 trägt die X-2 zu einem Luftstart. Die X-2 erreichte 1956 eine Geschwindigkeit von 3457 km/h und eine Gipfelhöhe von 38 466 m.

aufheizt und für Flüge mit Geschwindigkeiten, die weit über Mach 2 liegen, besondere Vorsichtsmaßnahmen getroffen werden müssen. Die Temperaturen, die dabei erreicht werden können, vermindern nicht nur die Festigkeit der Metallstruktur, sondern können auch andere unerfreuliche Wirkungen verursachen.
Für den nächsten Schritt wählte Bell die Verwendung einer rostfreien Stahlbeplankung in Verbindung mit gepfeilten Tragflächen und nannte dieses neue Überschall-Forschungsflugzeug X-2. Sie verließ 1952 das Werk, aber die beiden gebauten Prototypen waren vom Unglück verfolgt. Sie wurden bei Unfällen zerstört. Bevor jedoch die zweite X-2 1956 abstürzte, erreichte sie eine Geschwindigkeit von 3,2 Mach oder 3370 km/h. Die X-2 flog dreifache Schallgeschwindigkeit nur wenige Monate, nachdem die britische Fairey »Delta 2« ihren ersten Geschwindigkeitsrekord von mehr als 1600 km/h aufstellte. Da die X-1 und die X-2 aber in der Luft gestartet wurden, konnten sie nach den gegebenen Regeln keine Rekorde brechen.

Oben: Der Abfangjäger »Lightning« war das Produkt jahrelanger Forschungs- und Entwicklungsarbeiten auf dem Gebiet des Überschallfluges in England. Die »Lightning« auf diesem Bild trägt unter den Tragflächen Bomben und über den Tragflächen zwei Zusatztanks für Überführungsflüge.
Unten: Mit der schwanzlosen D.H.108 schaffte John Derry am 9. September 1948 im Sturzflug den ersten Überschallflug in England. Die D.H.108 diente zu Forschungszwecken für die Entwicklung der »Comet«.

de Havilland D. H. 108

Antrieb: ein Strahltriebwerk de Havilland Goblin 4 von 1701 kp Standschub
Spannweite: 11,89 m
Länge: 8,17 m
Flügelfläche: 30,47 m²
Höchstgeschwindigkeit: ca. 900 km/h (Mach 0,85) in 13 720 m Höhe im Horizontalflug; Mach 1 im Stechflug von 12 200 m auf 9145 m
Besatzung: 1 Mann
Erster Flug: 15. Mai 1946 (erster Prototyp)
Die D.H. 108 gehörte zu den ersten Flugzeugen, bei denen im Schallgeschwindigkeitsbereich Kompressibilitätseffekte auftraten. Sie sollte Daten für die Nurflügelkonfiguration liefern, die zunächst für das de-Havilland-Verkehrsflugzeug D.H. 106, die spätere »Comet«, vorgesehen war. Für die Erprobung des Langsamfluges und des Schnellfluges wurde ein Prototyp gebaut. Die Hochgeschwindigkeitsversion brach im September 1946 bei einem Versuchsflug auseinander. Als Ersatz für das verunglückte Flugzeug wurde ein dritter, verbesserter Prototyp hergestellt. 1948 stellte er mit 974 km/h einen neuen Rekord für den 100-Kilometer-Rundkurs auf und flog am 9. September 1948 als erstes britisches Flugzeug (und als erstes Strahlflugzeug der Welt) schneller als der Schall. Die Daten beziehen sich auf diesen dritten Prototyp.

Das erste britische Flugzeug, das die Geschwindigkeit von Mach 1 im Horizontalflug überschreiten konnte, trug die Musterbezeichnung P.1A. Sie flog am 11. August 1954 erstmals schneller als der Schall und bildete die konstruktive Basis für den ersten Überschalljäger der Royal Air Force, die »Lightning«. Der erste britische Flug mit Überschallgeschwindigkeit (ein Sturzflug) war am 9. September 1948 von John Derry in der D.H.108 gemacht worden.
In Frankreich begann die Erforschung des Überschallfluges etwas später. Das erste Mach-1-Flugzeug, die Sud-Ouest S.O. 9000 »Trident«, startete am 2. März 1953. Die »Trident«, wie die Bell X-1 mit geraden Tragflächen, besaß zwei Strahltriebwerke und ein Raketentriebwerk, das sie auf eine Höchstgeschwindigkeit von Mach 1,6 beschleunigte. Die SFECMAS »Gerfaut« flog dann am 3. August als erstes Flugzeug Europas Mach 1 im Horizontalflug mit nur einem Strahltriebwerk, ohne Rakete. Eine Weiterentwicklung dieser Konstruktion durch

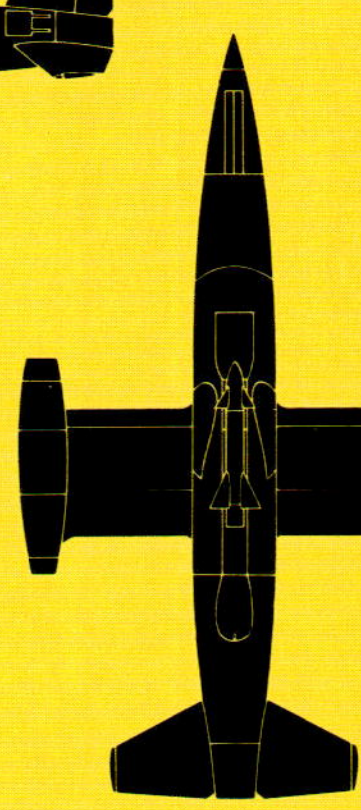

Sud-Ouest »Trident«

Besatzung: 1 Mann
Erste Flüge: 2. März 1953 (nur mit Strahlantrieb); 4. September 1954 (mit zusätzlichem Raketenantrieb)
Der erste Jäger mit Mischantrieb war die S.O. 9000 »Trident I«, deren Konstruktion (durch den französischen Ingenieur Lucien Servanty) 1949 begann. Zunächst war die Maschine noch mit Marboré-II-Strahltriebwerken von je 400 kp Schub ausgerüstet, die 1955 durch die stärkeren Viper-Triebwerke ersetzt wurden. Die Daten beziehen sich auf diese Version. Die verbesserte Ausführung S.O. 9050 erhielt Turboméca-Gabizo-Triebwerke von je 1100 kp Schub und einen Raketenmotor SEPR 631 von 3000 kp Schub; sie konnte eine 150-kg-Matra-Lenkwaffe mit Zielsuchkopf tragen. Dieses Flugzeug erreichte eine Geschwindigkeit von Mach 1,8.

Antrieb: ein Flüssigkeits-Raketentriebwerk SEPR 481 mit drei Brennkammern von insgesamt 4500 kp Standschub (im Rumpfheck); zwei von Dassault gebaute Turbinenstrahltriebwerke Armstrong Siddeley Viper 5 mit je 744 kp Standschub (an den Flügelspitzen)
Spannweite: 8,15 m
Länge: 14,01 m
Flügelfläche: 9,20 m²
Abfluggewicht: 5500 kg
Höchstgeschwindigkeit: 1700 km/h in 11 000 m Höhe

Links oben und unten: Der französische Experimentaljäger S.O.9000 »Trident« hatte Mischantrieb. Die Heckansicht der »Trident« zeigt die drei Brennkammern des Raketentriebwerkes, an den Flügelspitzen die Strahltriebwerke. Die »Trident« konnte viereinhalb Minuten lang mit Mach 1,6 fliegen. Diese Spalte oben: Das Versuchsflugzeug Fairey FD-1 mit nur 5,95 m Spannweite. Darunter: Als erstes europäisches Flugzeug flog am 3. August 1954 die französische SFECMAS »Gerfaut«, nur mit Strahlantrieb ausgestattet, im Horizontalflug schneller als der Schall.

hatte die X-15 ein Gesamtstartgewicht von mehr als 14 060 kg, davon 8165 kg an flüssigen Raketentreibstoffen.
Der erste Flug gelang am 17. September 1959 mit dem zweiten Prototyp der X-15. Erreichte Geschwindigkeit: Mach 2,3. Von nun an erhöhten sich Fluggeschwindigkeit wie Flughöhe stetig. Mach 3 wurde im November 1961 erreicht. Im Dezember 1963 wurde die Geschwindigkeit von Mach 6 überschritten, bei einer Flughöhe von 95 936 m.
Nach einem Landeunfall des Prototyps 2 der X-15 wurde 1962 dieses Flugzeug zur X-15A-2 umgebaut und mit einer Anzahl Änderungen zur Erzielung noch höherer Leistungen versehen. Im Oktober 1967 erreichte diese X-15 eine Geschwindigkeit von 7297 km/h oder Mach 6,72.
Das ist die höchste aufgezeichnete Geschwindigkeit, die bis heute ein Mensch in einem Flugzeug erreichte, das im Normalflug gesteuert werden konnte.

Oben: Der Unterrumpf der Nord »Griffon« war praktisch die Ummantelung eines Staustrahltriebwerks. In der Mitte saß ein zusätzliches Turbinenstrahltriebwerk für Start und Landung. Unten: Hochgeschwindigkeitsflugzeug North American X-15 mit Raketentriebwerk

die Nord Aviation führte zur Nord 1500 »Griffon«, die von einem Staustrahlrohr in Kombination mit einem Turbinenstrahltriebwerk angetrieben wurde und 1957 Mach 1,85 erreichte.
Inzwischen wurde in den USA ein weiteres Forschungsprogramm in Angriff genommen, das zur Produktion des bemerkenswertesten Flugzeugs führte, das bis heute geflogen wurde. Man war übereingekommen, daß das Ziel ein Flugzeug sein sollte, welches mit 7240 km/h beinahe Mach 7 fliegen und eine Höhe von 76 200 m erreichen konnte. Diese Anforderungen überstiegen die verfügbare Technologie des Jahres 1955 bei weitem. North American Aviation gewann den Konstruktionswettbewerb und erhielt am 30. September 1955 einen Entwicklungsauftrag. Das Flugzeug wurde X-15 genannt und um ein Flüssigkeits-Raketentriebwerk herum konstruiert, das mehrere Minuten lang einen Schub von rund 27 215 kp lieferte. Die X-15 mußte, wie auch die X-1, in die Luft getragen werden, da kein kostbarer Treibstoff während eines konventionellen Starts verbraucht werden durfte. Zwei Boeing B-52 wurden zu Trägerflugzeugen für die X-15 umgebaut. Mit einer Spannweite von nur 6,70 m bei leicht gepfeilten, trapezförmigen Tragflächen (was wiederum an die Miles-M.52-Konstruktion erinnerte)

Moderne Strahltriebwerke

Sich die Arbeitsweise eines Strahltriebwerks vorzustellen, ist nicht ganz einfach. Der Gedanke an einen riesigen Staubsauger, der vorn Luft einsaugt, sie beschleunigt und hinten wieder ausstößt, liegt nahe. Aber natürlich reicht diese Beschreibung nicht aus. Strahltriebwerke sind eine besondere Form von Gasturbinen, die es bereits um die Jahrhundertwende gab. Unbestimmte Vorstellungen, daß diese Art Triebwerke für den Flugzeugantrieb geeignet seien, gab es schon sehr viel eher; Mitte des neunzehnten Jahrhunderts tauchten die ersten konkreteren Ideen in Patentschriften auf. Der Gedanke jedoch, die Technik der Gasturbine in abgeänderter Form für den Antrieb von Flugzeugen einzusetzen, stammt von dem deutschen Konstrukteur Pabst von Ohain und dem Engländer Frank Whittle. Im Grunde schienen ihre Ideen naheliegend, aber viele Fachleute seinerzeit glaubten, daß ihre Vorstellungen nicht realisierbar waren.

Was spielt sich in einer Gasturbine ab? Durch den Einlauf wird Luft angesaugt und von einem Verdichter komprimiert. Die verdichtete Luft strömt in eine Brennkammer, in der ihr Kraftstoff beigemischt und verbrannt wird. Diese Verbrennung hat man sich als einen stetigen Vorgang vorzustellen, etwa wie die Flamme eines Gasherdes oder Lötkolbens. Die erhitzte Luft durchströmt mit hoher Geschwindigkeit eine Turbine, die wiederum über eine gemeinsame Welle den Verdichter antreibt. Ein Teil der vom Triebwerk durch die Verbrennung des Kraftstoffs erzeugten Energie wird also – zum Antrieb des Verdichters – im Triebwerk selbst verbraucht. Der Rest wird in Form von Strömungsenergie nutzbar gemacht: Nach dem Rückstoßprinzip erzeugt der Abgasstrahl, der das Triebwerk durch die Düse verläßt, einen nach vorn gerichteten Schub. Die Triebwerksenergie kann auch auf andere Weise genutzt werden. Wenn die Turbine dem strömenden Gas mehr Energie entzieht, als für den Verdichterantrieb benötigt wird, läßt sich diese Leistung direkt an der Turbinenwelle abnehmen. Wird diese Leistung – über ein Untersetzungsgetriebe – an eine Luftschraube weitergegeben, so erhält man eine Propellerturbine.

Strahltriebwerk und Propellerturbine revolutionierten den Flugzeugbau. Ge-

genüber den bisherigen Kolbenmotoren waren Strahltriebwerke einfacher, leichter, kompakter und auch preiswerter. Sie lieferten ausreichenden Startschub, hatten bei hohen Fluggeschwindigkeiten einen guten Wirkungsgrad und zeigten sich damit insbesondere für Militärflugzeuge als ideal geeignet. Freilich hatten sie zunächst noch einen relativ hohen Kraftstoffverbrauch und machten viel Lärm – beides Nachteile, die man gern in Kauf nahm angesichts der enormen mit ihnen erreichten Verbesserungen in den Flugleistungen. Lag zuvor die Grenze der mit Kolbenmotoren erreichbaren Fluggeschwindigkeit um 750 km/h, so konnte man jetzt auf 950 km/h und mehr gehen und vorstoßen.
Der Propellerturbine – auch sie hat einen Luftschraubenantrieb – ist im Gegensatz zum Strahltriebwerk der Geschwindigkeitsbereich von 400 km/h bis 600 km/h vorbehalten geblieben, ein Bereich, in dem sie mit hohem Wirkungsgrad und entsprechender Wirtschaftlichkeit arbeitet.
Der Kraftstoffverbrauch von Gasturbinen ändert sich mit Temperatur und Dichte der angesaugten Luft. Er ist am geringsten in der Stratosphäre, das heißt in Höhen oberhalb 11 000 m. Auf kurzen Flügen ist es natürlich nicht sinnvoll, diese Höhe aufzusuchen. Ganz allgemein liegen aber aufgrund der geschilderten Zusammenhänge die Reiseflughöhen von Strahlflugzeugen wesentlich höher als die von Kolbenmotor-Flugzeugen. So boten die ersten Propellerturbinen-Flugzeuge, die nach 1947 kamen, nicht nur einen ruhigeren und schnelleren, sondern auch durch das Fliegen oberhalb des Wettergeschehens sehr viel angenehmeren Flug.
Propellerturbinen-Flugzeuge haben im allgemeinen sehr gute Startleistungen, steigen schneller als vergleichbare Kolbenmotor-Flugzeuge, und auch ihre Horizontalgeschwindigkeit liegt höher. Wie erwähnt, ist aber auch der Propellerturbinen-Antrieb an die mechanischen und aerodynamischen Grenzen der Luftschraube gebunden, so daß seine Grenzgeschwindigkeit bei rund 800 km/h liegt. Den Sowjets gelang es später, mit der Tu-95, einem mit Pfeilflügel versehenen Bomber, und dem Transporter Tu-114 mit Propellerturbinen noch um einiges schneller zu fliegen. Auch die Amerikaner beschäftigten sich eine Zeitlang mit der Entwicklung von Überschallpropellern.
Schon Anfang der dreißiger Jahre hatte Whittle Vorstellungen von einem Triebwerk, das gleichsam die Verbindung zwischen Propellerturbine und Strahltriebwerk herstellt. Diese Triebwerksart wird heute mit Fan-, Bläser- oder Zweikreistriebwerk bezeichnet. Whittle ließ zum Beispiel verschiedene Bauarten von Fan-Triebwerken patentieren. Die Fachleute waren der Ansicht, Bläsertriebwerke würden allenfalls die gemeinsamen Nachteile von Strahltriebwerk und Propellerturbine haben und sie seien außerdem schwerer und komplizierter. So blieb damals das offizielle Interesse gering.
Ein Fan-Triebwerk läßt sich auf verschiedene Weise realisieren. Man kann einmal die überschüssige Wellenleistung einer Propellerturbine zum Antrieb eines Gebläses mit großem Durchmesser an der Vorderseite des Triebwerks benutzen. Dieses Gebläse ist entweder direkt mit der Turbine gekoppelt oder läuft über ein Getriebe mit verringerter Drehzahl. Bei einem »Frontbläser« verläßt die nicht im »Kerntriebwerk« verarbeitete Luft den Bläser unmittelbar, oder aber sie wird um das Triebwerk herumgeführt und dann in einer gemeinsamen Schubdüse dem heißen Abgas beigemischt. Man kann aber auch die überschüssige Leistung eines Strahltriebwerks durch eine sogenannte Arbeitsturbine abnehmen, die der Verdichterturbine nachgeschaltet ist, und auf deren Schaufelkranz die Bläserschaufeln an-

Linke Seite: Wenn auch das Prinzip des Turbinenstrahlantriebs einfach erscheint, so gab es doch mehr als genug Probleme zu lösen. Insbesondere die enorm hohen Drehzahlen und Temperaturen stellen extreme Anforderungen an das verwendete Material. Hier ein modernes General-Electric-Turbinenstrahltriebwerk zur Erreichung von Geschwindigkeiten über Mach 2. Rechts oben: Mit dem Aufkommen der Propellerturbine wurden viele kolbenmotorgetriebene Flugzeuge umgerüstet. So wurde beispielsweise aus dem Amphibienflugzeug Grumman »Goose« die »Turbo-Goose« mit Pratt & Whitney-PT6A-Triebwerken. Unten: Die Rolls Royce Dart ist die wohl erfolgreichste zivile Propellerturbine. Schon 1953 wurden damit die ersten Turbinen-Verkehrsflugzeuge ausgerüstet. Diese für das japanische Verkehrsflugzeug YS-11 gebaute Dart RDa10 leistete mit 3025 WPS doppelt soviel wie die ersten Versionen, die in der Vickers »Viscount« Verwendung fanden.

Dassault »Fan Jet Falcon«

Antrieb: zwei Fan-Triebwerke General Electric CF 700-2D-2 von je 1957 kp Standschub
Spannweite: 16,30 m
Länge: 17,15 m
Flügelfläche: 41,00 m²
Abfluggewicht: 13 000 kg
Größte Reisegeschwindigkeit: 862 km/h in 7620 m Höhe
Reichweite: 3520 km mit 8 Fluggästen
Fassungsvermögen: 2 Mann Besatzung und 8 bis 10 Fluggäste
Erster Flug: 4. Mai 1963

Die »Fan Jet Falcon«, auch »Mystère 20« oder »Falcon 20« genannt, ist eines der erfolgreichsten Geschäftsreiseflugzeuge. Der Prototyp war zunächst mit Einkreistriebwerken ausgerüstet, die ein Jahr später durch Fan-Triebwerke ersetzt wurden. Die Business Jets Division von Pan American bot das Flugzeug deshalb als »Fan Jet Falcon« an. Die Daten beziehen sich auf die seit 1969 produzierte Baureihe F mit zusätzlichen Hochauftriebshilfen zur Verbesserung der Start- und Landeleistungen.

Links oben: Die Fouga »Gemeaux«, ein Doppelrumpf-Leichtflugzeug, war 1952 das erste Flugzeug, das mit Fan-Triebwerken flog, und zwar mit zwei Mini-Triebwerken des Typs Turboméca Piméné. Darunter: Die Aérospatiale »Corvette« ist mit zwei Pratt & Whitney-Fantriebwerken vom Typ JT15D-4 ausgerüstet und kann 12 Fluggäste mit einer Geschwindigkeit bis zu 800 km/h befördern. Links: Mantelstromtriebwerk RB. 163 Spey von Rolls Royce, mit dem beispielsweise die Fokker F.28 ausgerüstet ist. Unten links: Ein Rolls-Royce-RB. 162-86-Triebwerk auf dem Prüfstand. Unten: Strahltriebwerke können in der Regel einfach und schnell ausgetauscht werden. Hier eine »Corsair II« mit Allison-TF41 Rolls-Royce-Spey-Triebwerk. Rechte Seite oben: Mantelstromtriebwerk »Conway« von Rolls Royce, mit dem unter anderem die BAC VC10 ausgerüstet war

bringen. Das ist dann eine »Aft-Fan«-Anordnung oder ein »Heckbläser«. Sie hat den Vorteil, daß ein bereits existierendes Triebwerk als Basistriebwerk genommen werden kann und größere Änderungen nicht erforderlich sind.
Schon seit 1941 wurden in Deutschland, in den USA und in England verschiedene Bläsertriebwerke entwickelt. Es dauerte aber noch über ein Jahrzehnt, bis das erste Fan-Triebwerk flog. Das war im Januar 1952 auf dem Doppelrumpf-Flugzeug Fouga »Gemeaux«. Das Triebwerk, eine Aspin von 200 kp Schub, stammte von der französischen Firma Turboméca. Das inzwischen durch eine ganze Familie hervorragender Klein-Gasturbinen bekannte Unternehmen hatte die Aspin auf der Basis ihres Strahltriebwerkes Piméné entwickelt. Die Aspin erreichte später in einer verbesserten Version 360 kp Schub.
Etwa um die gleiche Zeit fanden bei Rolls Royce die ersten Standläufe mit einem Bypass- oder Mantelstrom-Strahltriebwerk statt. Dies war ein Zweiwellen-Triebwerk mit jeweils aus Verdichter und Turbine bestehendem Niederdruck- bzw. Hochdruckteil, bei dem man die Blätter des (vorn liegenden) Niederdruckverdichters verlängert hatte, deren zusätzlich erzeugte Druckluft in der eben beschriebenen Weise jedoch in einer Ummantelung um das Triebwerk herumgeführt wurde. Das Triebwerk hieß Conway, es lieferte zunächst 4080 kp Schub, später in einer verbesserten Version 5900 kp. Der Militärtransporter Vickers V.1000 erhielt diese Version. Das Triebwerk wurde kontinuierlich weiterentwickelt, obgleich die V.1000 1956 eingestellt wurde, und rüstete nacheinander die Boeing 707, die DC-8 (mit 7940 kp Schub), den Bomber Handley Page »Victor« B2 (mit 9345 kp), schließlich die BAC VC-10 und Super VC-10 (mit Schüben bis zu 10 205 kp) aus.
Neben der Conway muß noch ein anderer Vorläufer moderner Bläsertriebwerke genannt werden. Pratt & Whitney bot 1958 den Kunden ihres Zweiwellen-Strahltriebwerks JT3 (J57) einen Bausatz an, mit dem sie selbst die vorhandenen JT3-C-Triebwerke zu Bläsertriebwerken umbauen konnten. Dabei mußte lediglich anstelle des Einlaufs und der ersten drei Stufen des Niederdruckverdichters ein zweistufiger Fan montiert werden. Für den zusätzlichen Leistungsbedarf des Bläsers erhielt die Niederdruckturbine eine dritte Stufe. Ergebnis war ein nur wenig längeres und kaum schwereres Triebwerk mit einer allerdings doppelt so großen Frontfläche. Der Widerstand war trotzdem kaum größer. Da Kraftstoffsystem und Brennkammer unverändert blieben, war der Kraftstoffverbrauch nahezu der gleiche. Die erzielte Schubsteigerung jedoch war beachtlich: 5440 kp hatte die JT3 erzielt, 7710 kp erreichte die Bläserversion – und das bei drastisch verringertem Lärmpegel.
Überzeugender konnten wohl die Vorteile dieser neuen Triebwerksart nicht demonstriert werden. So war die Reaktion der Luftverkehrsgesellschaften nicht überraschend. American Airlines beschloß 1959, ihre Boeing 707 und 720, die sie mit als erste Fluggesellschaft in Dienst gestellt hatte, auf die JT3-D umzurüsten. Für ihr solchermaßen verbessertes Fluggerät fand sie die passende Bezeichnung »Fan Jet«. Nahezu alle anderen Luftverkehrsgesellschaften zogen nach. Heute sind alle Strahlverkehrsflugzeuge mit Bläsertriebwerken ausgerüstet.
Die Heckbläser-Triebwerke konnten sich nicht durchsetzen. Nur ein einziges Baumuster hat im Luftverkehr eine gewisse Rolle gespielt. Ende der fünfziger Jahre entwickelte die Convair-Division von General Dynamics das Kurz- und Mittelstrecken-Verkehrsflugzeug Convair 880. Nachfolgeflugzeug war die Convair 990 »Coronado«, die etwas größer und um einiges schwerer war und die deswegen stärkere Triebwerke benötigte. Das Triebwerk der 880 war die General Electric CJ805, eine Zivilversion des militärischen Überschalltriebwerks J79. Für die 990 rüstete General Electric das Triebwerk mit einem zusätzlichen Heckgebläse aus von genau der Bauart, wie sie oben beschrieben wurde. Ein sehr viel kleineres, nach dem gleichen Prinzip umgerüstetes Triebwerk, die CF700-2B mit 1814 kp Schub, diente 1962 zum Antrieb des französischen Strahl-Geschäftsreiseflugzeuges Dassault

Rechts: Wartung eines Pratt & Whitney-Triebwerkes vom Typ JT9D an einem »Jumbo-Jet« der Deutschen Lufthansa. Rechte Seite oben: Das gewaltige General-Electric-Nachbrennertriebwerk GE4 war für das amerikanische Überschallflugzeug Boeing SST vorgesehen, dessen Entwicklung 1971 eingestellt wurde (siehe auch Boeing-Kapitel). Die GE4 ist das stärkste Flugtriebwerk der Welt; auf dem Prüfstand erreichte es einen Schub von 31 100 kp. Rechte Seite unten: Strahltriebwerk auf dem Prüfstand im De-Icing-Test

»Mystère 20«. PanAm, die das Flugzeug in Amerika einführten, nannten es dort denn auch »Fan Jet Falcon«.

Heute gibt es kaum noch Einkreis-Strahltriebwerke. Wann immer möglich werden Fan-Triebwerke verwendet, die wirtschaftlicher und geräuschärmer sind und einen besseren Wirkungsgrad haben. Er hängt von der Ausströmgeschwindigkeit ab und ist um so besser, je geringer die Geschwindigkeitsdifferenz zwischen Flug- und Ausströmgeschwindigkeit ist. Die Luftschraube hat die geringste Strahlgeschwindigkeit. Deswegen hat sie den besten Vortriebswirkungsgrad und liefert den höchsten Standschub. Hinzu kommt, daß sie theoretisch auch den geringsten Lärm erzeugt. Auf der anderen Seite nimmt ihre Leistung mit zunehmender Fluggeschwindigkeit ab. Deshalb liegen die Grenzen ihres Anwendungsbereichs bei rund 650 km/h.

Das Fan-Triebwerk stellt, wie erwähnt, eine Art Bindeglied zwischen Luftschraubenantrieb und Strahlturbine dar. Ein modernes Fan-Triebwerk hat ein Nebenstrom-Verhältnis von etwa 10, das heißt, daß zehnmal mehr Luft durch den Bläser und am Triebwerk vorbeigeht, als durch das Triebwerk selbst verarbeitet wird.

Im Grunde ist ein solches Triebwerk fast eine ummantelte Propellerturbine. Im Gegensatz zu ihr erzeugt es bei gegebenem Kraftstoffverbrauch zwar etwas weniger Startschub, liefert demgegenüber aber noch bis etwa 900 km/h ausreichend Reiseschub. Die Lärmerzeugung müßte theoretisch ein wenig größer als die eines Propellertriebwerks sein, weil die Strahlgeschwindigkeiten höher liegen. Die Praxis hat jedoch gezeigt, daß die von den Luftschrauben ausgehenden Schwingungen, die Strömungseffekte an den Blattspitzen, Getriebegeräusche und andere Faktoren diesen Unterschied mehr als wettmachen können.

Die schnellsten Verkehrsflugzeuge, wie etwa die Boeing 747, die DC 10 oder der »Airbus« A 300, die bis Mach 0,9 erreichen, haben heute Triebwerke mit Nebenstromverhältnissen von etwa 6, ein Wert, der vor Jahren noch als sehr hoch galt. Damit lassen sich sehr leise Triebwerke bauen. Die Strahlgeschwindigkeit derartiger Triebwerke paßt optimal zu Flugzeugen, die im hohen Unterschallbereich fliegen. Für Überschallflugzeuge wären sie freilich ungeeignet. Die Bläser dieser Triebwerke haben sehr große Durchmesser (um 2,50 m), so daß die Blattspitzen bei Startdrehzahl teilweise schon mit Überschallgeschwindigkeit angeströmt werden. Der Großteil der vom Bläser gelieferten Druckluft verläßt, aerodynamisch beschleunigt, das Triebwerk; der Rest strömt durch den »heißen« Teil des Triebwerks. Eine Umkehrung des Schubes (zum Abbremsen des Flugzeuges nach der Landung) ist leicht erreichbar, indem entweder der Strahl des Bläsers allein oder aber der Strahl des heißen und des kalten Teils umgelenkt wird.

Der Fan von Bläsertriebwerken mit einem Nebenstromverhältnis von etwa 10 wird im allgemeinen über ein Untersetzungsgetriebe angetrieben, da sich der Bläser (großen Durchmessers) normalerweise sehr viel langsamer drehen muß als die Turbine mit ihrem kleineren Durchmesser. Ein solches Getriebe wies schon die erwähnte Aspin auf. Zu den neueren Triebwerken dieses Typs zählt beispielsweise das Fan-Triebwerk TFE 731, das die amerikanische Firma Garrett-AiResearch für Geschäftsreiseflugzeuge baut. Eine noch jüngere Entwicklung sind Fan-Triebwerke mit verstellbaren Bläserschaufeln. (Eine ähnliche Entwicklung machte ja auch die Luftschraube auf dem Wege zum Verstellpropeller durch). Bei diesen Bläserschaufeln ist der Anstellwinkel der Blätter verstellbar. Damit hat der Pilot erstmalig die Möglichkeit, die Richtung des Schubes unmittelbar zu beeinflussen, und das nicht nur nach dem Aufsetzen, sondern auch in der Luft. Das ist besonders wichtig für Kurzstart-Flugzeuge, auch STOL-(= Short Take-off and Landing)-Flugzeuge genannt. Bisher war es Kurzstartflugzeugen, ausgenommen Drehflüglern, nicht möglich, bei der Landung mit der gleichen Startbahnlänge wie zum Start auszukommen. Das hing damit zusammen, daß eine Schubumkehr unterhalb einer Rollgeschwindigkeit von etwa 95 km/h weitgehend unwirksam und das Abbremsen des Flugzeugs über die Räder bei nassen Rollbahnen problematisch ist. Der über die verstellbaren Bläserschaufeln erzielbare Umkehrschub steht dagegen jederzeit und voll zur Verfügung; zugleich liefert das Fan-Triebwerk mit hohem Nebenstromverhältnis einen vergleichsweise großen Startschub. Mit derartigen Triebwerken ließe sich eine neue Generation leiser und wirtschaftlicher, rund 650 km/h schneller STOL-Flugzeuge schaffen.

Heutige Strahltriebwerke haben ausschließlich Axialverdichter, bei denen die Luft das Triebwerk in Längsrichtung durchströmt und von Stufe zu Stufe mehr

verdichtet wird. Die Blätter der einzelnen Stufen haben dabei unterschiedliche Profile, wie man sie von Tragflächen kennt, und unterschiedliche Anstellwinkel. Frühere Gasturbinen hatten auch Radialverdichter, bei denen die Luft von innen nach außen strömte und durch Radialschaufeln verdichtet wurde. Bei kleinen Triebwerken werden heute noch Radialverdichter verwendet, häufig als Endstufe nach einem mehrstufigen Axialverdichter.

Der Axialverdichter hat einen besseren Wirkungsgrad und bei gegebenem Luftdurchsatz eine kleinere Frontfläche, während der Radialverdichter zumeist preiswerter und robuster ist. Auch bei Turbinen hat sich die Axial-Bauweise durchgesetzt, obwohl hier bei einigen sehr kleinen Triebwerken noch die Radialbauweise anzutreffen ist. Die Turbinenschaufeln von Hochleistungstriebwerken werden heute vielfach gekühlt, um eine größtmögliche Turbineneintrittstemperatur zu erreichen, von der die Leistung des Triebwerks wesentlich abhängt. Gekühlt wird unter anderem mit Druckluft, die aus dem Verdichter abgezapft und durch Bohrungen in der Turbinenschaufel geblasen wird. Durch die Luftkühlung der Turbinenschaufeln – eine Technik, die zum erstenmal von Rolls-Royce angewendet wurde – läßt sich die Temperatur an jeder Stelle des Blattes auf unter 750° C halten, und das bei einer Temperatur der Verbrennungsgase von 1150° C. Die Lebensdauer der Blätter, die sonst nur Minuten betragen würde, ließ sich so auf 10 000 Stunden und mehr verlängern.

Große Sorgfalt widmen Konstrukteure von Strahltriebwerken den beweglichen Komponenten: Blättern und Scheiben von Verdichter und Turbine, den Wellen und den Wellenlagern. Luft mit unterschiedlichem Druck wird an verschiedenen Stellen des Verdichters abgezapft, nicht nur zu Kühlungszwecken in die Turbinenschaufeln geleitet, sondern auch zum Ausgleich des Achsschubes verwendet, der durch die auf die Schaufeln wirkenden aerodynamischen Kräfte bei einem großen Axialverdichter in der Größenordnung von einigen Tonnen liegen kann. Der restliche Achsschub wird durch ein oder mehrere Lager aufgenommen. Es ist leicht vorstellbar, daß die Wartung eines Strahltriebwerks – bei den geringen Toleranzen in den Abständen zwischen Leit- und Laufschaufeln – keine leichte Aufgabe ist. Das Triebwerk ist starken Belastungen während des Fluges ausgesetzt, muß Vogelschlag und Hagel gewachsen sein, ganz abgesehen von den extremen Temperaturunterschieden im Triebwerk selbst. Technisch gesehen war und ist die Entwicklung moderner Strahltriebwerke eine sehr große Herausforderung.

Das Staustrahltriebwerk

Bei Geburt und Entwicklung des Staustrahlantriebs war – wie bei vielen nützlichen Neuerungen – die Not Patin. Als der Zweite Weltkrieg ausbrach, hatten der deutschösterreichische Raketenforscher Eugen Sänger und seine Mitarbeiter in der Lüneburger Heide soeben mit den Prüfstandsversuchen für das Projekt einer Hochleistungs-Flüssigkeitsrakete begonnen, die mit 100 Tonnen Schub und einer Auspuffgeschwindigkeit von mindestens 3000 m/s als Triebwerk für ein erdumkreisendes, satellitenähnliches Transportflugzeug vorgesehen war.

Langzeitprojekte vom Ausmaß dieses Raumtransporters überstiegen jedoch die Möglichkeiten der deutschen Luftfahrt-

Forschung und -Industrie in einem totalen Krieg erheblich.
Da erhielt Sänger gleichzeitig mit einigen anderen Triebwerksspezialisten im Spätsommer 1941 eine Anfrage des deutschen Luftfahrtministeriums. Gewünscht wurden Vorschläge für das Projekt eines Abfangjägers, der fähig sein sollte, binnen zwei Minuten auf 12 km Flughöhe zu steigen und in diesem Bereich etwa eine Stunde lang einsatzfähig zu bleiben – Tarnbezeichnung »Feuerlilie«.
Auf der Suche nach einem einfachen und rasch realisierbaren Antriebsverfahren entsann Sänger sich eines französischen Patents von 1908 des Luftfahrtingenieurs René Lorin, nach dem der Luftstau an der Spitze eines rasch bewegten Körpers zum Antrieb von Flugzeugen ausgenutzt werden sollte. Lorin hatte die Prinzipien seiner Konstruktion anschließend in mehreren Veröffentlichungen erläutert, ohne jedoch praktische Konsequenzen aus seinen Vorschlägen zu ziehen.
Lorins Staustrahltriebwerk gehört zu den sogenannten »luftatmenden« Rückstoßtriebwerken, deren wesentliches Unterscheidungsmerkmal gegenüber den Raketen darin besteht, daß der zur Treibstoffverbrennung erforderliche Sauerstoff während des Fluges laufend aus der Atmosphäre entnommen wird.
Im Prinzip ist es nur ein einfacher Strömungskanal für kontinuierlichen Betrieb. Dieser Kanal gliedert sich in drei aufeinander folgende Abschnitte:

1. einen Diffusor, in dem die einströmende Luft aufgestaut und verdichtet wird,
2. eine Brennkammer mit eingebauter Einspritzvorrichtung für regelbare Brennstoffzufuhr und
3. eine Düse, deren Endquerschnitt so zu bemessen ist, daß die ausströmenden Verbrennungsgase dort gerade bis auf den hinter dem Strahlrohr herrschenden Außendruck der Luft entspannt worden sind.

Zu den Vorteilen des Antriebssystems nach Lorin gehört ein gegenüber Raketen geringeres Treibstoffgewicht beim Start, da nur der Brennstoff an Bord mitgeführt werden muß. Ferner erlaubt es – zumindest im Unterschall-Flugbereich – verblüffend einfache und robuste Triebwerkskonstruktionen, bei denen keine bewegten Bauelemente wie Propeller oder Kompressoren vorkommen, sondern die erforderliche Luftverdichtung allein durch die Formgebung des Diffusors bewirkt wird. Das nur aus einem dünnen Blechmantel und einem Einspritzrost bestehende Schubrohr zeichnet sich durch ein besonders geringes Leistungsgewicht

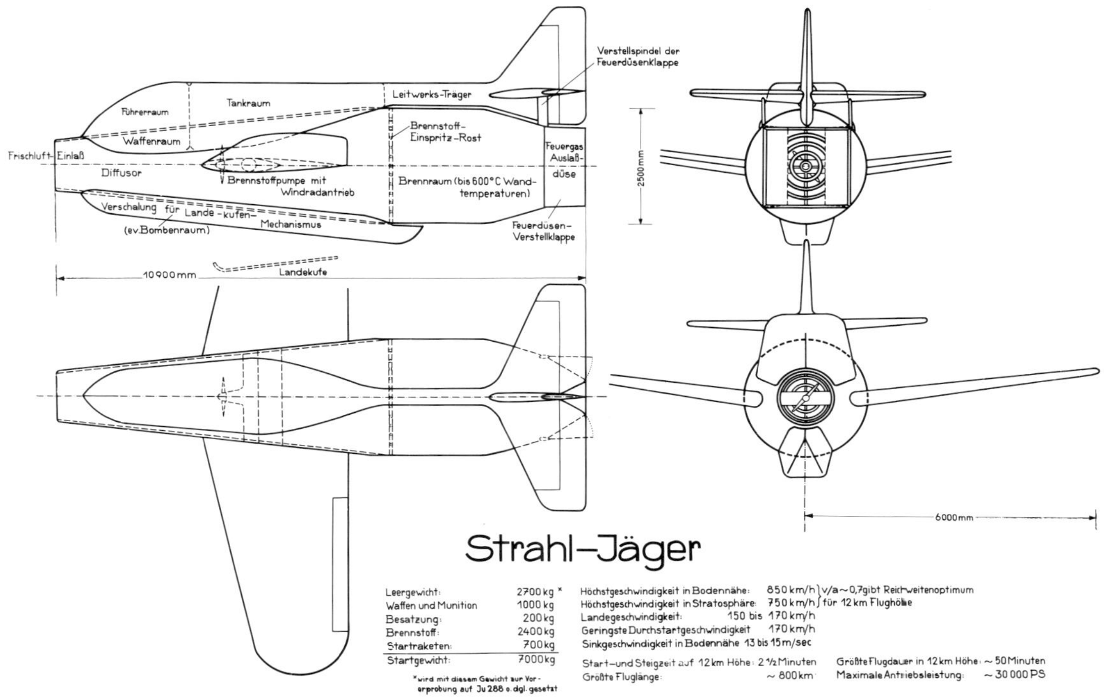

Linke Seite: Ein Turbinenstrahltriebwerk General Elektric J 85—21 vor dem Kampfflugzeug Northrop F-5E
Oben: Entwurf von Eugen Sänger aus dem Jahr 1941 für einen Staustrahl-Jäger mit zentralem 2,3-m-Strahlrohr für 60 000 PS Nennleistung und 15 Tonnen Nennschub. Er sollte in 2,5 Minuten auf 12,5 km Höhe steigen und Mach 0,7 fliegen können. Unten: Die ersten Schleppversuche für das Staustrahlrohr machte Sänger ab Oktober 1941 auf einem Lastkraftwagen Opel »Blitz«.

aus. Schließlich verhalten sich Lorin-Strahlrohre äußerst tolerant gegenüber der Art des verwendeten Brennstoffs.
Zu den systembedingten Schwächen des Staustrahlantriebs zählt, daß er nur bei Vorhandensein einer hinreichend dichten Atmosphäre anwendbar ist und daß sein Schub näherungsweise mit dem Quadrat, seine Vortriebsleistung mit der dritten Potenz der Fluggeschwindigkeit abnimmt. Es ist deshalb auf fremde Starthilfen angewiesen und wird technisch erst im hohen Unterschallbereich interessant. Bei Überschall-Flügen besteht andererseits die Gefahr empfindlicher Schubeinbußen durch Verdichtungsstöße im Diffusor. Bei Steig- und Beschleunigungsflügen erwächst schließlich ein unangenehmes Handikap aus der für den Strömungskanal typischen Eigenschaft des Strahlrohrs, daß seine relativen Querschnittsabmessungen immer nur für einen ganz bestimmten Flugzustand strömungsgerecht ausgelegt sein können, so daß man auch hier vor der Wahl steht, entweder Strömungsverluste bis zur Grenze des Tragbaren hinzunehmen oder aufwendige und komplizierte Regelvorrichtungen, die den bestehenden Vorteil einfacher Triebwerkskonstruktionen wieder zunichte machen.
Lorins Versuche waren zwar in Frankreich bereits einige Male praktisch aufgegriffen worden, wie beispielsweise durch Versuche von Henri-Fabrice Mélot im Jahr 1919 und von René Leduc seit 1935, doch war den Bemühungen all dieser Pioniere bis dahin kein durchschlagender Erfolg beschieden.
Ein deutscher Lorin-Nachfolger, der Kieler Industrielle Hellmuth Walter, der 1937 mit Staustrahlversuchen auf bodenfesten Prüfständen begonnen hatte, kam nicht über Vortriebsbeiwerte von 0,1 hinaus, weil er mit Rücksicht auf möglichst hohen Wirkungsgrad und wegen befürchteter Kühlungsprobleme nur mit ziemlich niedrigen Brennkammertemperaturen unterhalb 1300° K zu operieren wagte.
Auch Sänger hatte sich in einem Forschungsbericht bereits 1938 theoretisch mit dem Staustrahlantrieb befaßt und war zu der Einsicht gekommen, daß dieses Verfahren im beschleunigungsfreien Horizontalflug bei Feuergastemperaturen unterhalb von 1300° K und bei Fluggeschwindigkeiten zwischen 600 und 3000 km/h – entsprechend Flughöhen zwischen 0 und 16 km – als Dauertriebwerk nicht geeignet sei. Drei Jahre später gab nun die Anfrage des Reichsluftfahrtministeriums den Anstoß zu der Überlegung, ob man nicht ein modifiziertes Staustrahltriebwerk bauen könne, das so hohe Feuergastemperaturen in der Brennkammer zuließ, wie sie bis dahin verpönt waren. Sänger vermutete, daß ein solches Hochtemperatur-Strahltriebwerk für kurzfristige, hohe Antriebsleistungen bei Fluggeschwindigkeiten knapp unterhalb der Schallgeschwindigkeit und Flughöhen bis aufwärts zum mittleren Stratosphärenbereich besser geeignet sein könne und rascher verfügbar wäre als damals Raketenantriebe.
Am 7. Oktober 1941 faßte Sänger seine Gedanken in einem Patentanspruch für ein »Hochtemperatur-Strahltriebwerk« zusammen und sandte gleichzeitig an das Reichsluftfahrtministerium einen Konstruktionsentwurf für einen Staustrahljäger, der in 2,5 Minuten auf 12 km Höhe steigen und dort etwa 50 Minuten mit 750 km/h (Mach 0,7) Höchstgeschwindigkeit bei optimaler Reichweite operieren können sollte. Im Gegensatz zu den ursprünglichen Vorschlägen Lorins waren bei diesem Entwurf nicht kleine Strahlrohre in oder unter den Tragflächen des Flugzeugs angebracht, sondern mit Rücksicht auf möglichst hohen Absolutschub war der Rumpf selbst als Strahlrohr mit 60 000 PS Nennleistung bei 2,3 m Hauptspantdurchmesser ausgebildet.
Vorerst galt es jedoch zu beweisen, daß die erwünschten Feuergastemperaturen oberhalb von 1750° K auch technisch realisierbar waren.
Da seitens des Ministeriums noch keine Versuchsgenehmigung vorlag, war ein solches Vorhaben nicht ganz einfach zu verwirklichen, zumal Sänger dem praktischen Wert von Meßergebnissen bei simulierter Strömung mißtraute und auf Schleppversuchen bestand. Es gab in jener Zeit auch noch keinen Windkanal, in dem Zustandsbedingungen wie in großen Flughöhen herstellbar gewesen wären.
Die Frage der Feuergastemperaturen ließ sich noch verhältnismäßig einfach durch Bodenschleppversuche mit offenen zylindrischen Rohren klären. Ein Lastkraftwagen Opel »Blitz« mit einer Höchstgeschwindigkeit von 90 km/h oder 25 m/s erfüllte die an ein geeignetes Schleppfahrzeug gestellten Ansprüche.
Am 17. Oktober 1941 fand der erste Straßen-Schleppversuch mit einem zweckentfremdeten Kanalisationsrohr von etwa 1 m Durchmesser und 4 m Länge statt, das später durch ein Chrom-Nickel-Stahlrohr von 0,8 m Durchmesser ersetzt werden konnte.
Bei den nun folgenden Versuchsfahrten wurden Verbrennungstemperaturen von mehr als 2200° K nachgewiesen und bei stationärem Betrieb ohne Beschädigung der nur vom Fahrtwind gekühlten Brennkammer ertragen. Ein befriedigend vollständiger Ausbrand wurde schon etwa 2,20 m hinter dem Einspritzkranz erreicht.
Auf die Versuchsserie mit offenem Brennrohr folgten Messungen im Straßenschlepp an einem vollständigen Strahlrohr mit 0,5 m Hauptspantdurchmesser zur Ermittlung des günstigsten Diffusoröffnungswinkels.
Parallel zu den Straßenschleppversuchen begann Sängers Assistentin Irene Bredt mit Strömungs- und Leistungsberechnungen des Strahlrohrs für ein breites Spektrum von Flug-Machzahlen, Flughöhen, Kraftstoff-Luft-Gemischbereichen und Diffusoröffnungsverhältnissen.
Inzwischen hatte das Reichsluftfahrtministerium die Entwicklung eines Hochtemperatur-Staustrahltriebwerks nach Sängers Vorschlägen genehmigt und sogar eine Do 17Z als fliegenden Prüfstand zur Verfügung gestellt.
Es waren drei Versuchsserien im Flugschlepp beabsichtigt, von denen die erste das Funktionsverhalten, die zweite das Leistungsvermögen des Strahlrohrs prüfen sollte, während die dritte Serie ursprünglich selbständigen Flugversuchen einer Spezialzelle mit eingebautem 2,5-m-Strahlrohr vorbehalten bleiben sollte.
Diese dritte Erprobungsphase kam allerdings wegen mangelnder Firmenkapazität und anderer Schwierigkeiten im fortgeschrittenen Stadium des Krieges nicht mehr zur Durchführung.
Die erste Serie umfaßte 69 Versuchsflüge und lief vom 6. März bis zum 12. Juni 1942. Außer der eigentlichen Flugzeugbesatzung, Flugkapitän Paul Spremberg und Bordwart Fiedler, sowie dem Versuchsleiter Dr. Ing. Eugen Sänger nahmen als Versuchs- und Meßingenieur zunächst der Physiker Dr. Karl Hedfeld, später der Chemielaborant Hannes Oppermann regelmäßig an diesen Flügen teil.
Dr. Irene Bredt leitete Beobachtung und Versuchsauswertung.
Das Strahlrohr mit der bereits beschriebenen Einlaufcharakteristik, 5,5 m Gesamtlänge und einem Hauptspantdurchmesser von 0,5 m war in eine oberhalb des Flugzeugrumpfs befestigte Schubwaage eingehängt. Die Meßergebnisse von Schub und Widerstand wurden durch Federdynamometer im Innern des Flugzeugs aufgezeichnet. Außer dem derart gemessenen freien Schub, den das Strahlrohr im angetriebenen Zustand auf das Trägerflugzeug ausübt, und den allgemeinen Versuchsbedingungen – wie Flugstaudruck, Druck und Temperatur der ungestörten Umgebungsluft, Einspritz-

Bei Flugschleppversuchen mit einem 0,5-m-Staustrahlrohr von 5,5 m Länge auf einer Do 17Z wurden ab Frühjahr 1942 Funktion und Leistung des Staustrahlantriebs in Flughöhen zwischen 100 und 1000 m getestet.

druck, Brenndauer usw. – wurden bei jedem Flug noch die Überdrücke in den Brennkammereinlaß- und Brennkammerendquerschnitten gemessen, aus denen sich Schubbeiwerte sowie Diffusor- und Brennkammerwirkungsgrade ableiten ließen. Mit Hilfe von Thermocolorfarbanstrichen wurden schließlich noch die Höchsttemperaturen der Brennkammerwände bestimmt. Alle Flüge fanden in Höhen zwischen 100 und 1000 m bei Machzahlen von rund 0,3 statt. Als Brennstoffe wurden im Strahlrohr Benzine mit Oktanzahlen zwischen 40 und 87 sowie Methanol erprobt.
Als nächster Schritt galt es nun, das Flugverhalten größerer Strahlrohr-Modelle zu untersuchen, insbesondere ihre absoluten Vortriebsleistungen bei möglichst hohen Fluggeschwindigkeiten. Die Nennleistung des Versuchskörpers, der zusammen mit Aufhängungsvorrichtung, Versuchskraftstoff, Förder- und Meßanlagen rund 2,5 Tonnen wog, betrug bei 300 m/s Fluggeschwindigkeit volle 20 000 PS.
Einen geeigneten Versuchsträger für solch ein Monstrum zu finden, war nicht einfach. Dank guter Beziehungen zum Luftfahrtministerium und zu Generalingenieur Gottfried Reidenbach, dem damaligen Leiter der Erprobungsstelle Rechlin und späteren Direktor der Dornier-Werke, gelang es Flugkapitän Spremberg, eine Do 217 E-2 buchstäblich herbeizuzaubern. Dieses zweimotorige, sturzflugfähige Kampfflugzeug wies eine Gesamtleistung von 3200 PS auf und eignete sich als Schulterdecker gut für die geplanten Versuchsflüge.
Aber nun fingen die Schwierigkeiten erst an. Der Aufbau eines so mächtigen Versuchskörpers wie des 1,5-m-Strahlrohrs, dessen Last über 15 % des Rüstgewichts der Do 217 ausmachte, veränderte Schwerpunktlage und Stabilität selbst dieser leistungsfähigen Maschine so erheblich, daß trotz sorgfältiger Vorausberechnung und Modellversuchen im Windkanal der Firma Dornier bei der Erprobung des tatsächlichen Leistungsverhaltens mit Überraschungen gerechnet werden mußte.
Am Sonntag, den 19. Juli 1942, gegen 20.00 Uhr abends, kurz bevor die Do 217 zum ersten Versuchsaufstieg mit noch kaltem Strahlrohr ohne Brennstofftank und Preßgasflasche von der Piste abhob, kamen vom Fliegerhorst in dramatischem Aufzug Feuerwehr und Ambulanz angerollt, so daß Spremberg sinnig meinte: »Jetzt fehlt nur noch der Leichenwagen.« Der Versuchsflug mit Spremberg, Sänger und Bordmechaniker Laible an Bord verlief dennoch glimpflich. Auch bei drei weiteren Kalt-Flügen, vor denen der Versuchsaufbau jeweils ein Stück weiter vervollständigt worden war, traten außer den erwarteten Änderungen des Flugverhaltens keine Schwierigkeiten auf. Die Abhebegeschwindigkeit der Do 217 war von 140 auf 170 km/h hochgeklettert, die Reisegeschwindigkeit von 440 auf 320 km/h abgesunken und die Maschine in den Kurven derart weich geworden, daß man Kurven nur noch mit höchstens 45° Schräglage statt der vorher möglichen 90° angehen konnte.
Die eigentliche Pechsträhne begann erst am 30. Juli mit dem ersten Brand-Versuch, bei dem die Schweißnähte des Diffusors aufplatzten, die Zündleitung riß, die Düse durch starken Unterdruck verformt wurde und die Lackierung des Trägerflugzeugs infolge der Hitzeeinwirkung Blasen warf. Die kritischen Stellen der Flugzeughaut wurden danach mit Schutzblechen beplankt und ein neues Versuchsrohr gebaut. Beim nächsten Flugversuch war dann die Zündleitung verstopft, beim übernächsten ein Thermometer ausgefallen und die Zuleitung zur Meßstelle des Brennkammerenddrucks gerissen. Dennoch konnte bei Inbetriebnahme des Staustrahlrohrs erstmals eine Zunahme der Fluggeschwindigkeit um 100 km/h nachgewiesen werden.
Der neunte Flugversuch mit dem großen Strahlrohr wäre beinahe der letzte geworden. Gegen Ende des Versuchs hatte sich die Verschraubung der Benzinzuleitung gelockert, und Benzin floß stromweise in die Führerkabine. Flugkapitän Spremberg berichtet darüber: »Mein Bordmechaniker schnappt nach Luft. Ich nehme eine Hand von der Steuersäule und reiße ihm den Kragen auf. Professor Sänger ist ganz blaß,

sitzt am Boden und zählt an den Fingern die Sekunden. Ich selbst bin völlig benebelt und habe kaum noch Kraft, die Maschine zu halten. Sie war schon im Gleitflug, und es war nicht mehr weit bis zum Erdboden, als es mir mit übermenschlicher Anstrengung noch gelingt, ein Fenster aufzureißen. Die frische Luft, die ich nun einatmen kann, reicht, um meine Sinne zu beleben. So gelingt es mir noch in letzter Minute, alle heil nach Hause zu bringen. Ich warf einen Blick auf die Tragflächen, sah die uns ständig auf unseren Versuchsflügen begleitenden Englein dort sitzen, kniff ein Auge zu und bedankte mich für ihren Schutz.«

Inzwischen hatten die Prüfstandsversuche mit dem großen Raketentriebwerk wegen kriegsbedingter Treibstoffknappheit eingestellt werden müssen. Außerdem war Faßberg in der Lüneburger Heide in den Bereich häufiger Luftangriffe und -kämpfe gerückt, so daß ungestörte Versuchsflüge allmählich fraglich wurden. Die siebenköpfige Versuchsgruppe um Sänger wurde am 23. September 1942 zum Fliegerhorst Hörsching bei Linz abkommandiert, wo es eine längere, durchgehende Startbahn gab als in der Lüneburger Heide.

Ob es nun an der besseren Verpflegung in Oberösterreich lag oder ob die Pechsträhne ganz einfach abgeflaut war, jedenfalls konnte die Versuchsserie mit dem 1,5-m-Strahlrohr am 20. Januar 1943 nach 18 Flügen erfolgreich abgeschlossen werden. Da der Versuchsträger aus eigener Kraft im Horizontalflug nur Geschwindigkeiten von rund 90 m/s und bei zugeschaltetem Vollgasschub des Strahlrohrs nur bis zu 110 m/s erreichte, konnten Flugmachzahlen von mehr als 0,3 erst nach Aufstieg in 3 km Höhe im beschleunigten Bahnneigungsflug – also nicht stationär – erzielt werden. Eine Extrapolation der bei diesen Flugschleppversuchen gemessenen Vortriebe ergab, daß bei günstigstem Brand ein Strahlrohrschub von rund 2,2 Tonnen zu erwarten gewesen wäre. Dieser Wert konnte experimentell nicht erreicht werden, weil das Staustrahltriebwerk bei hohen Fluggeschwindigkeiten nur noch gedrosselt beheizt werden konnte. Das kopflastige Moment des Versuchsträgers stieg nämlich mit wachsendem Strahlrohrschub so stark an, daß es durch das Höhenleitwerk nicht mehr ausgleichbar war.

Die Ergebnisse aller bis dahin geleisteten experimentellen und theoretischen Untersuchungen an Staustrahltriebwerken wurden von Eugen Sänger und Irene Bredt im Oktober 1943 in einem Bericht »veröffentlicht«, der entsprechend den Vorschriften jener Zeit als Geheime Kommandosache nur einem Expertenkreis von 70 »Dienststellen« zugänglich war.

Bereits Anfang November hatten die Verfasser ein vorläufiges Hausexemplar dieses Berichts dem Technischen Amt des Reichsluftfahrtministeriums zugestellt mit der Bitte um Genehmigung einer hohen Dringlichkeitsstufe für ihre weiteren Arbeiten. Gleichzeitig war der Vorsitzende der Forschungsführung des Luftfahrtministeriums, Prof. Walter Georgii, um Erteilung eines offiziellen Auftrags zur Fortführung des Projekts gebeten worden, denn Prof. Claude Dornier hatte sich kurz vorher bereit erklärt, Konstruktion und Bau der für die dritte Entwicklungsphase des Staustrahljäger-Projekts vorgesehenen Versuchszelle zu übernehmen, falls er von Berlin »grünes Licht« dafür bekäme. Aber der Bescheid von Generalfeldmarschall Erhard Milch, damals Staatssekretär im RLM, gleichzeitig General-Luftzeugmeister und General-Inspekteur der Luftwaffe, ließ auf sich warten.

Dafür zeigte sich die Firma Messerschmitt plötzlich an einer Verwendung des Staustrahlantriebs zur Schuberhöhung ihrer Jagdflugzeuge interessiert und bestellte unter Bezugnahme auf einige drei Monate zurückliegende Vorbesprechungen kurzerhand »2 Rückstößer in der verabredeten Form mit 250 mm ⌀«.

Endlich traf die langersehnte Antwort von Milch ein, in der es jedoch hieß, daß »der Zeitpunkt für den Entwicklungsbeginn eines solchen Projekts noch nicht gegeben« sei. Die Forschungsführung müsse entscheiden, mit welcher Zielsetzung und in welchem Umfang Sängers Staustrahl-Projekt im Rahmen reiner Forschung gefördert werden könne.

Mit Genehmigung von Prof. Georgii konnte daraufhin am 21. September 1943 eine dritte Serie von Flugschlepp-Versuchen auf der Do 217 anlaufen. Am 1. Oktober wurden Sänger und seine Gruppe der Deutschen Forschungsanstalt für Segelflug (DFS) Ainring eingegliedert. Da nur noch Grundlagenforschung am Staustrahltriebwerk erlaubt war, mußte man sich darauf beschränken, die Basis für spätere Entwicklungsarbeiten möglichst zu festigen und zu verbreitern. Das neue Versuchsprogramm sollte daher Verhalten und Leistungen des Staustrahlantriebs in großen Flughöhen und bei Drosselbetrieb klären.

Links: Das große 20 000-PS-Strahlrohr von 1,5 m Durchmesser auf der schweren Do 217 E-2 als Versuchsträger. Im Horizontalflug wurde die Geschwindigkeit von 90 m/s bei Vollgasschub des Strahlrohrs auf 110 m/s gesteigert, im beschleunigten Bahnneigungsflug (rechts) wurden 200 m/s (720 km/h) erreicht. Die für dieses Strahlrohr errechnete Höchstleistung von 2200 kp konnte wegen der zunehmenden Kopflastigkeit der Versuchsmaschine nicht erprobt werden.

Die Hauptspantfläche des Versuchsstrahlrohrs war mit 0,5 m Radius so bemessen, wie sie für eine spätere Anwendung als Zusatztriebwerk, als Haupttriebwerk einer Verlustzelle oder eines Kleinstjägers in Frage kam und dennoch die Manövrierfähigkeit des Trägerflugzeugs nur wenig beeinträchtigte. Das Rohr war 8,63 m lang und wog 850 kg. Die zylindrische Brennkammer und die kreiskegelförmige Feuergasdüse waren aus Sichromal-Stahl angefertigt. Auch bei dieser Versuchsserie waren weder Diffusoreneinlauf- noch Düsenend-Fläche regelbar, weil man mit Rücksicht auf raschen Kriegseinsatz damals ein robustes, fertigungsmäßig möglichst einfaches Profil erproben wollte. Als Versuchsträger stand gottseidank noch die bewährte Do 217 E-2 zur Verfügung.
Außer einer gutartig verlaufenen Bauchlandung, die eine fünfmonatige Unterbrechung des Flugprogramms zur Folge hatte, brachten die Flüge keine Überraschungen. In der Zeit vom 21. September 1943 bis zum 30. August 1944 fanden insgesamt 33 Versuchsflüge bei Machzahlen zwischen 0,30 und 0,37 in Flughöhen zwischen 1 und 7 km statt. Das Strahlrohr wurde durchwegs mit normalem Flugbenzin in verschiedenen Gemischverhältnissen beheizt; die Zündung erfolgte neuerdings mittels elektrischer Zündkerzen.
Obwohl bei diesen Versuchen z. B. aus den Feuergasdrücken bei Vollgasbetrieb in 7 km Flughöhe und bei 0,35 Mach wertvolle Erkenntnisse über das Verhalten in 10 km Höhe und bei 0,9 Mach gewonnen werden konnten, wurden im September 1944 mit Hinweis auf Brennstoffknappheit weitere Versuchsflüge mit dem Staustrahlrohr durch die Forschungsführung gesperrt. Die Zeit der Provisorien und Improvisationen hatte begonnen.
Zur zusätzlichen Klärung von Detailproblemen, die ursprünglich im Schleppflug hätten gelöst werden sollen, wurden alle möglichen Modellversuche in Windkanälen, hinter Gebläsen und in Rauchwind- oder Flachwasserkanälen durchgeführt.
Zum Studium der Frage, wieweit das Staustrahltriebwerk außer durch Flüssigkraftstoffe zur Not auch durch Festkohle betrieben werden könne, wurden schließlich vor einem Gebläse mit 15 bis 35 m/s Windgeschwindigkeit Brennkammern aufgebaut und darin stromlinienförmige Stahlrostkäfige mit etwa 40 kg Stückkohle- oder Formkohle-Inhalt und auch Schaumkohleformlinge von 40 kg Gewicht abgebrannt. Diese Rostversuche, die mittels eines Zündsatzes aus einer Mischung mit Paraffin, Holzspänen und Thermit zu raschem Brennen gebracht werden konnten, ergaben, daß die Roststäbe infolge der hohen Feuergastemperatur entweder mit Wasserkühlung versehen oder aus hochfeuerfesten keramischen Baustoffen hergestellt werden müßten, um ihr Ausschmelzen zu verhindern. Auch ließ die Drosselträgheit des Kohlebrands taktische Schwierigkeiten bei einer Anwendung in der Luftfahrt – insbesondere beim Steigflug – erwarten.
Inzwischen mußte die Zeit den Verantwortlichen in Deutschland allmählich auf den Nägeln brennen, denn am 6. Juni 1944 hatte die Invasion der Amerikaner in Westeuropa begonnen. Die Ausschreibung des Projekts »Feuerlilie«, die 1941 den Anstoß zu den Flugversuchen mit Staustrahltriebwerken gegeben hatte, war längst zugunsten eines unbemannten Flugabwehrkörpers entschieden worden. Das Staustrahljäger-Projekt war also auf neue Interessenten angewiesen.
Die im September 1942 angelaufenen Verhandlungen mit der Messerschmitt AG verliefen wechselvoll und kamen erst zum Tragen, als es für Entwicklungen jeglicher Art bereits zu spät war, nämlich um die Jahreswende 1944/45. Bei diesem Projekt sollte nach einem Vorschlag Sängers zur Leistungssteigerung des Turbinenstrahl-Jägers Me 262 oberhalb der serienmäßigen Jumo-109004-Triebwerke je ein Staustrahlrohr als Zusatztriebwerk eingebaut werden. Dadurch wäre die Höchstgeschwindigkeit in 10 km Höhe auf über 900 km/h verbessert, die Dienstgipfelhöhe von 12 auf über 15 km gesteigert und die Aufstiegszeit auf 10 km Höhe auf knapp 6 Minuten verkürzt worden.
Ein anderer Plan sah vor, den Kolbenmotor-Jäger Fw 190 zusätzlich mit je einem Staustrahltriebwerk an den Außenflügeln zu versehen.
Sehr interessant war auch ein Auftrag von Dr. Alexander Lippisch, damals Leiter der Luftfahrtforschung in Wien, der als erster deltaförmige Hochgeschwindigkeits-Flügelprofile in die Luftfahrttechnik einführte. Danach sollte die ursprünglich als Einmann-Jäger geplante Lippisch »Delta VI« nun als sprengstoffbeladenes »Verlustgerät« mit einem zentralen, kohlebeheizten Staustrahlrohr von 2 m Durchmesser ausgestattet werden (Projektbezeichnung »Lippisch P-13«).
Schließlich kam Ende Februar 1945 noch ein Auftrag der Skoda-Werke Prag zur

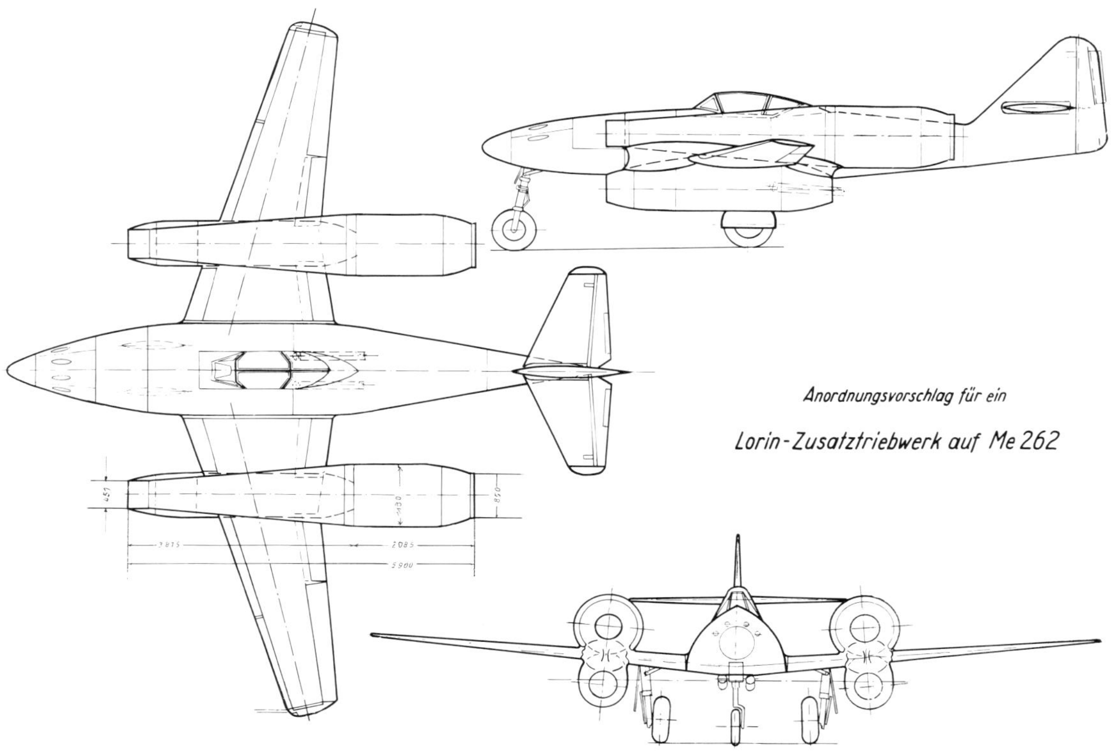

In den letzten Monaten des Zweiten Weltkriegs machte Eugen Sänger verschiedene Vorschläge für die Anwendung des Staustrahlantriebs bei Kampfflugzeugen. Links: Me 262 mit zwei Staustrahltriebwerken von je 1 m Durchmesser zur Leistungssteigerung der serienmäßigen Turbo-Triebwerke. Erwartete Geschwindigkeitssteigerung von 700 km/h auf über 900 km/h. Rechts oben: Die von Alexander Lippisch entworfene »Delta VI« sollte mit einem zentralen, kohlebeheizten Staustrahlrohr ausgerüstet werden. Rechts unten: Nach dem Entwurf für den Skoda-Jäger SkP 14 »Rochen« hätte der Pilot über dem Staustrahlrohr gelegen.

Entwicklung eines Unterschall-Versuchsflugzeugs mit reinem Staustrahlantrieb unter der Bezeichnung SkP 14. Der »Rochen«, wie sein Tarnname lautete, sollte ein zentrales Staustrahltriebwerk von 1,5 m Durchmesser mit darüber angeordnetem Cockpit, Brennstoffbehälter und Leitwerksträger sowie untergehängter Landekufe erhalten. Als Kraftstoff war Schaumkohle und der spätere Betrieb mit Flüssigbrennstoffen vorgesehen. Bei einem Fluggewicht von 2,85 Tonnen betrugen die Abmessungen des »Rochen«: Spannweite 7,00 m, Länge 9,85 m, Flügelfläche 12,5 m², Höhe einschließlich Landekufe 4,00 m. Nach den Berechnungen hätte die optimale Flugzeit für 13 km Höhe 45 Minuten bei 640 km/h Geschwindigkeit betragen, die Höchstgeschwindigkeit in Bodennähe 1000 km/h, die Dienstgipfelhöhe 18,5 km und die Steigzeit auf Dienstgipfelhöhe einschließlich Startzeit 12,7 Minuten. Für den Start mit Hilfe von Schubraketen und Startwagen war eine Rollstrecke von 200 m ermittelt worden, für die Landung bei 1,5 Tonnen Landegewicht 150 km/h Landegeschwindigkeit und eine Gleitstrecke von 150 m. – Beim Einmarsch der Alliierten in Oberbayern lagen gerade die ersten Konstruktionsentwürfe für die SkP 14 in Reinzeichnung vor.

Es war zu spät. Keine der angelaufenen Entwicklungen war vor Kriegsende über die Stadien eines Projekts und der Vorversuche hinausgekommen. Auch kein anderes Staustrahlprojekt der Luftfahrt war in Deutschland zum Einsatz gelangt. Bis November 1945 wurden Sänger und seine Assistentin Bredt von etwa 25 Kommissionen alliierter Militär- und Zivilingenieure im Rahmen der Aktion »Paperclip« über ihre bisherige wissenschaftliche Tätigkeit verhört. Schließlich wurden sie von einem Vertreter des französischen Ministère de l'Air zur Weiterführung ihrer Arbeiten in Paris eingeladen. Da die Franzosen Arbeit in Freiheit und Würde versprachen, sagten die beiden Forscher nach reiflicher Überlegung zu.

Man hätte annehmen sollen, daß die Zeit des Staustrahlantriebs im Bereich hoher Unterschall-Fluggeschwindigkeiten nun vorbei gewesen wäre, da kein Krieg mehr forcierte Entwicklungen erzwang. Außerdem standen Überschall-Flugzeuge mit Flüssigkeitsraketen-Antrieb kurz vor ihrer Realisierung, denn am 14. Oktober 1947 fand der erste Überschall-Flug eines Menschen in dem von Major Charles E. Yeager gesteuerten Raketenversuchsflugzeug Bell X-1 statt, bei dem in 22 km Höhe eine Fluggeschwindigkeit von 1556 km/h erreicht wurde.

Nichtsdestoweniger war das Interesse der Franzosen am Staustrahlantrieb in den ersten Nachkriegsjahren mindestens ebenso stark wie an Raketenentwicklungen. Neben einem Versuchsbetrieb von René Leduc begannen sich eine Reihe bekannter französischer Firmen mit der Entwicklung von Staustrahltriebwerken zu befassen, darunter das Arsénal de l'Aéronautique (spätere SFECMAS, dann SNCA du Nord), die Sud-Aviation und die Socété MATRA. Zu deren Arbeiten wurden Eugen Sänger und Irene Bredt in ihrer Eigenschaft als beratende Ingenieure des Arsénal de l'Aéronautique, einer unmittelbar dem Luftfahrtministerium unterstellten Entwicklungsanstalt für Prototypen in Paris-Chatillon, hinzugezogen.

Man begann wieder ganz von vorne. Im Juni 1948 wurden zunächst Bodenschleppversuche mit Staustrahlrohr-Modellen mittels schneller Lastwagen auf der Autobahn von Monthléry durchgeführt. Von Oktober 1950 bis März 1951 liefen Brennversuche mit Benzin und Kerosin in zylindrischen Modell-Kammern von 250 mm Durchmesser im Windkanal der Turboméca in Bordes bei Villejuif. Sie wurden 1952 mit Brennkammerdurchmessern bis zu 565 mm im Windkanal der Turboméca in Bordes bei Pau fortgesetzt. Nachdem ein vollständiges Staustrahlrohr mit 600 mm Durchmesser im offenen Windkanal der Turboméca erprobt worden war, konnten noch 1952 die ersten Flugschleppversuche – zuerst auf einer Ju 88, später auf einer englischen »Meteor« – durchgeführt werden.

Nach einem Vorschlag Sängers vom November 1950 begann man bei der SNCA du Nord den Überschall-Jäger »Griffon« mit einem zusätzlichen Staustrahltriebwerk auszurüsten. In dieser »Griffon II«, deren Startgewicht 6,8 Tonnen betrug, war das zentrale Turbinenstrahltriebwerk ATAR 101-E3 von einem Staustrahltriebwerk mit 1,5 m Hauptspantdurchmesser ummantelt. Im Mai 1957 konnte der Prototyp dieses Versuchsflugzeugs seinen

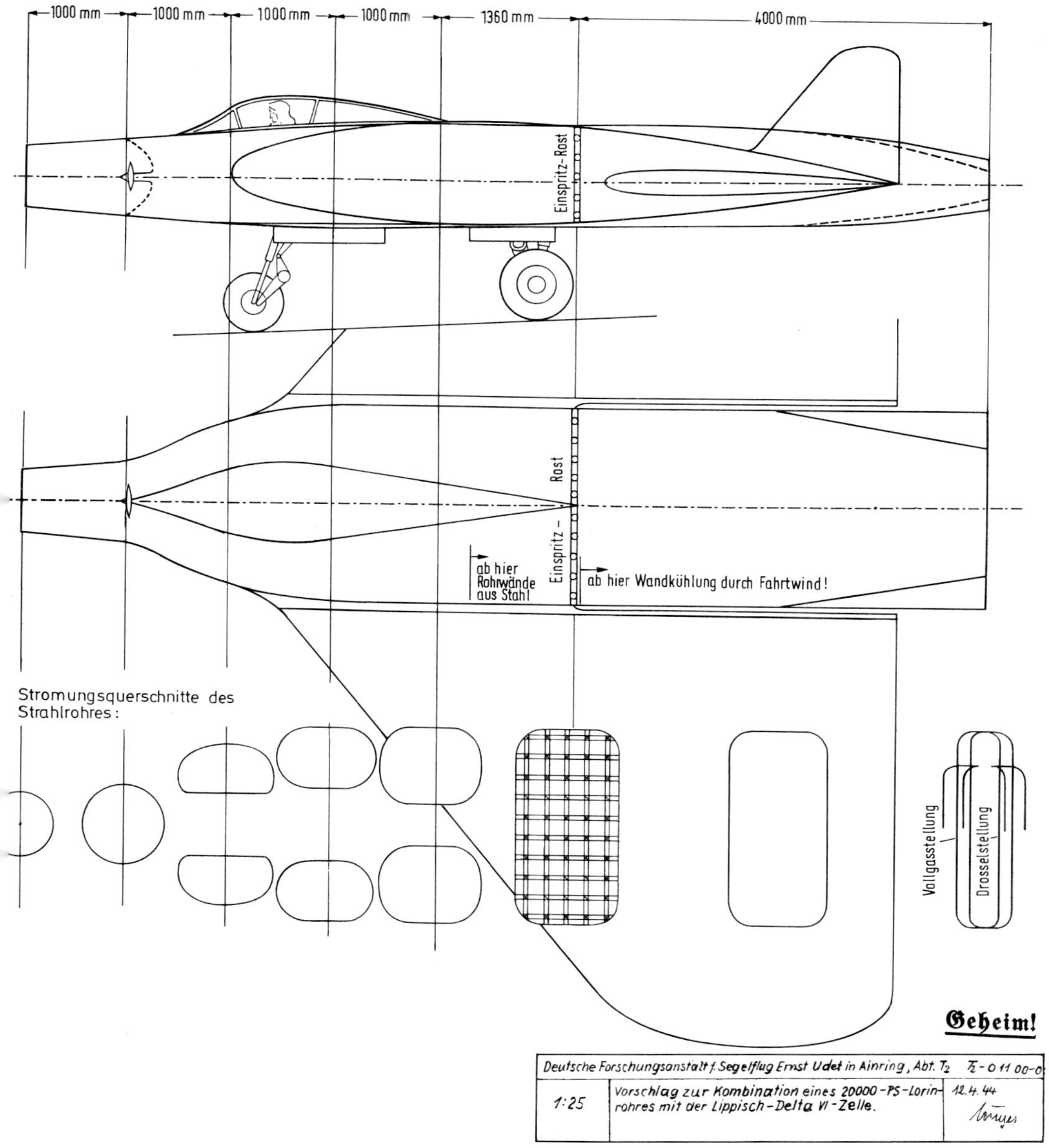
1000 mm
1000 mm
1000 mm
1000 mm
1360 mm
4000 mm
Einspritz-Rast
Einspritz – Rast
ab hier Rohrwände aus Stahl
ab hier Wandkühlung durch Fahrtwind!
Stromungsquerschnitte des Strahlrohres:
Vollgasstellung
Drosselstellung
Geheim!
Deutsche Forschungsanstalt f. Segelflug Ernst Udet in Ainring, Abt. T2
T2-0 11 00-0
1:25
Vorschlag zur Kombination eines 20000-PS-Lorinrohres mit der Lippisch-Delta VI-Zelle.
12.4.44

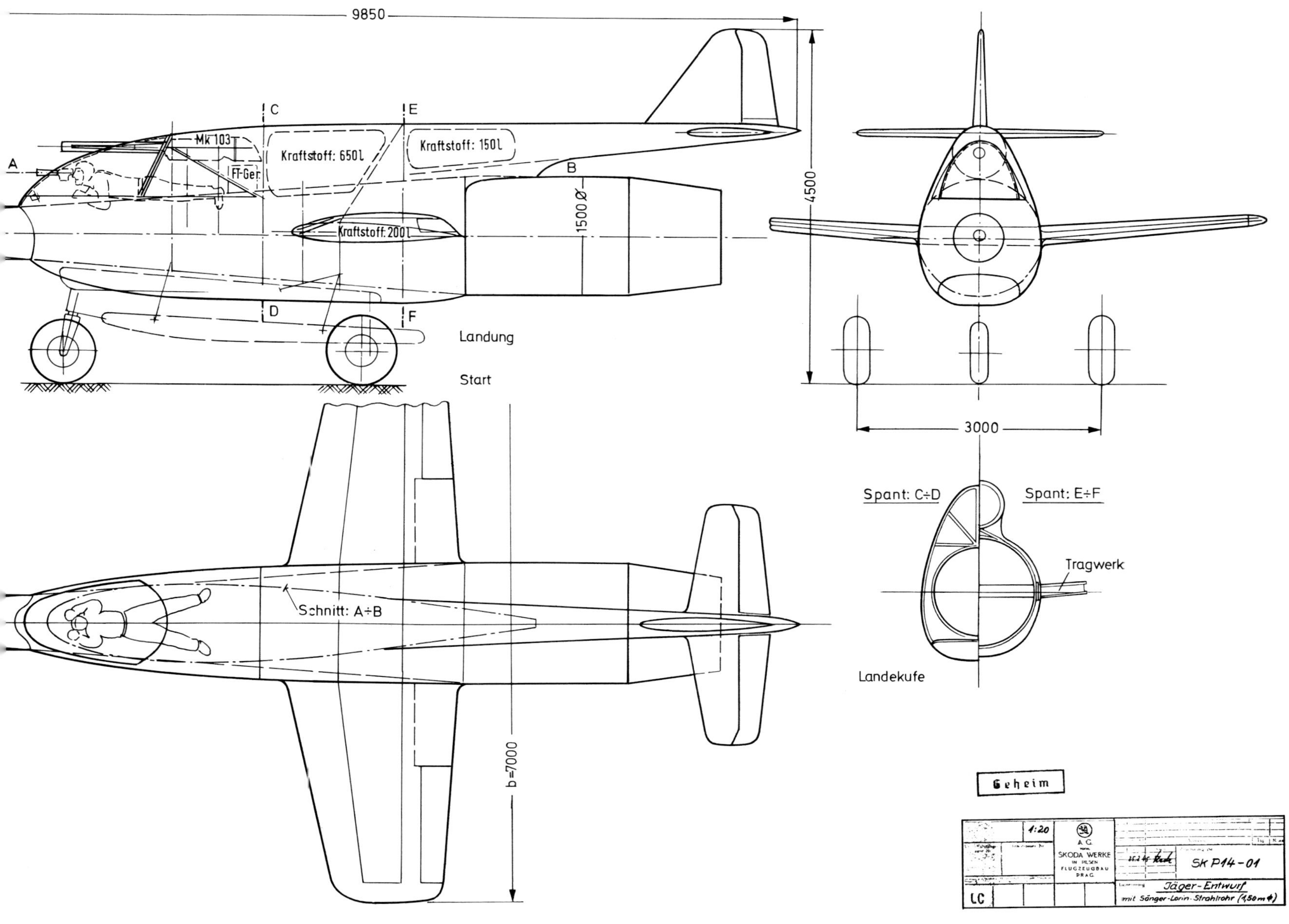
9850
C
E
A
B
Mk 103
FT-Ger.
Kraftstoff: 650 l
Kraftstoff: 150 l
Kraftstoff: 200 l
1500 Ø
4500
D
F
Landung
Start
3000
Schnitt: A÷B
Spant: C÷D
Spant: E÷F
Tragwerk
Landekufe
b=7000
Geheim
1:20
A.G.
SKODA WERKE
IN PILSEN
FLUGZEUGBAU
PRAG
SK P14-01
Jäger-Entwurf
mit Sänger-Lorin-Strahlrohr (1,50 m ϕ)
LC

Erstflug mit eingeschaltetem Staustrahlantrieb erfolgreich durchführen. Eine andere erfolgreiche Anwendung des Staustrahls in der französischen Luftfahrt war der von Sud-Aviation entwickelten SE 4200 beschieden. Dieser mit einem Staustrahl-Haupttriebwerk und mehreren Feststoff-Raketen als Booster ausgerüstete unbemannte Bomber ging bereits Mitte der fünfziger Jahre in Produktion.
Auch in anderen Industrienationen erlebte der Staustrahlantrieb im ersten Jahrzehnt nach Beendigung des Weltkriegs einen beachtenswerten Aufschwung. Besonders in den USA, die ja mit ungleich höherem materiellem Potential und größeren Entwicklungskapazitäten aufwarten konnten als Frankreich, tauchten im Verlauf der fünfziger Jahre mehrere unbemannte Fluggeräte auf, die mit Staustrahltriebwerken der Firmen Marquardt und McDonnell ausgerüstet waren. Bereits am 1. November 1948 flog der erste Hubschrauber, dessen Rotorblätter von Staustrahlen angetrieben wurden.
Die höchste bisher bekannt gewordene Flugleistung eines Staustrahltriebwerks wurde Ende 1958 erzielt. Ein mit Marquardt-Staustrahlantrieb versehener Versuchsflugkörper Lockheed X-7, genannt »Old Boomerang« (Länge 12 m, Gipfelhöhe 27 km), der von einem modifizierten B-52-Trägerflugzeug gestartet und mittels eines Feststoff-Boosters auf Mach 1 beschleunigt wurde, erreichte in der Flugphase mit reinem Staustrahlantrieb eine Geschwindigkeit von mehr als Mach 4 (4350 km/h).
Die meisten bisherigen Realisationen sind für militärische Anwendungen im Bereich der eigentlichen Luftfahrt bestimmt. Wenn man von den für Aufklärungs- und Versorgungszwecke vorgesehenen Hubschraubertypen mit Staustrahlantrieb absieht, so findet man im Bereich der militärischen Luftfahrt Staustrahltriebwerke in folgenden Kategorien:

- Boden/Luft-Abwehrkörper,
- Boden/Boden-Flugkörper (unbemannte Bomber),
- bemannte Bomber,
- Luft/Boden-Flugkörper (angetriebene Bomben),
- Zieldarstellungs- und Aufklärungs-Flugkörper.

Im zivilen Bereich wurden Anwendungen von Staustrahlantrieben bekannt für:

- unbemannte Forschungsflugkörper,
- bemannte Forschungsflugzeuge.

Alle bisher bekannt gewordenen Projekte liegen im Flughöhenbereich unterhalb von 50 km und im Geschwindigkeitsbereich zwischen Mach 0,5 und Mach 7, innerhalb von Grenzen, die auf der einen Seite durch zu geringes aerodynamisches Tragvermögen und unzureichende Verbrennungsstabilitäten, auf der anderen Seite durch zu hohe Wärmeübergänge und zu hohe Konstruktionsgewichte gezogen sind.
Man fragt sich, warum es zwar niemals ganz still um den Staustrahlantrieb geworden ist, aber dennoch keinem der bisherigen Projekte ein durchschlagender Erfolg beschieden war, ja viele von ihnen nie über das Stadium der Erprobung hinausgekommen sind.
In einer Studie über die grundsätzlichen Anwendungsbereiche der verschiedenen Antriebsarten von Luft- und Raumfahrzeugen teilte Sänger 1954 alle Geräte in vier Klassen ein. Von den Staustrahlgeräten im Luftfahrt-Bereich erscheinen da in der Kategorie mit vorübergehender geringerer Bedeutung: Staustrahl-Steighilfen, Staustrahl-Luftzumischmäntel,

Unten: Nach dem Krieg stellte Eugen Sänger Vorversuche zur Entwicklung eines Staustrahlantriebs für Hubschrauber an. Im Bild Prof. Sänger (rechts) mit einem 50-mm-Strahlrohr auf dem Gebläseprüfstand am Stuttgarter Flughafen. Oben rechts: Die Lockheed X-7 »Old Boomerang« erreichte 1958 mit mehr als Mach 4 die bisher höchste Geschwindigkeit eines staustrahlgetriebenen Flugkörpers.

Rechts: Grundsätzlich mögliche Anwendungsbereiche des Staustrahlantriebs mit Eintragung der wichtigsten Projekte (nach Prof. Eugen Sänger)

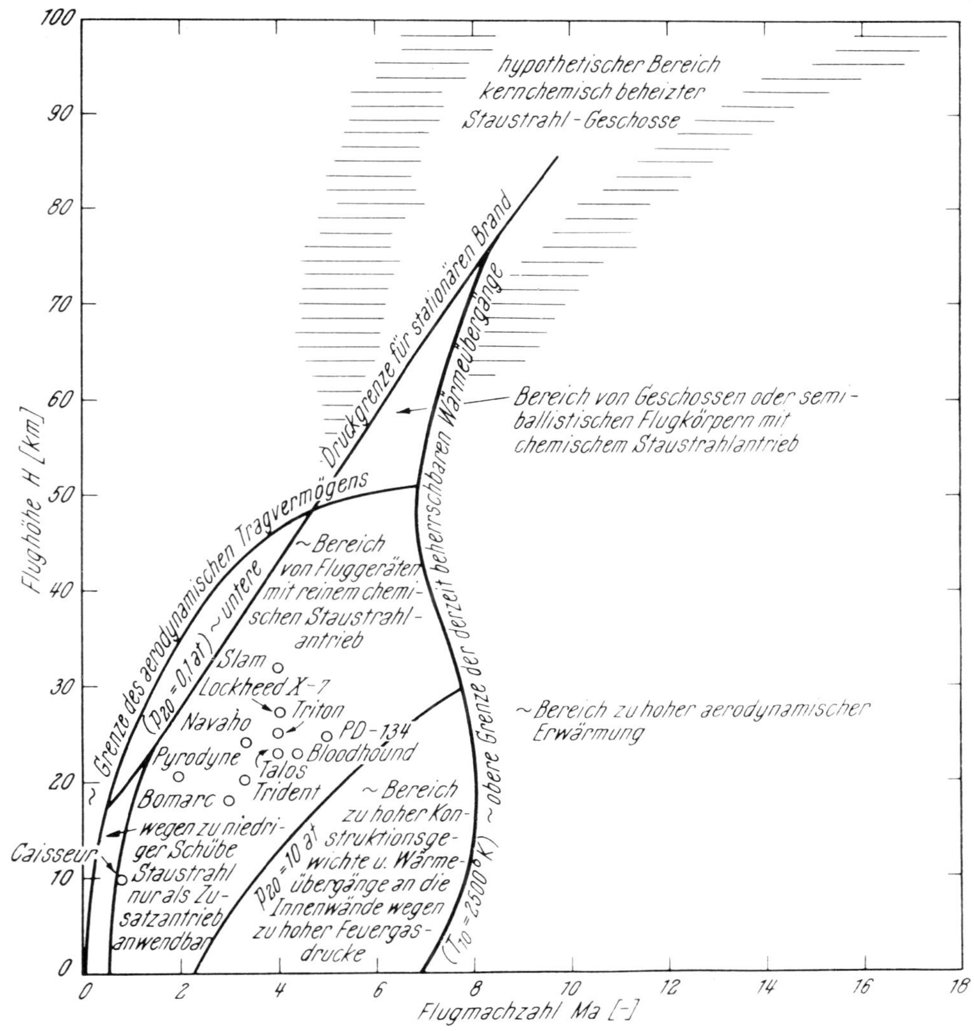

Unterschall-Staustrahlgeschosse und Unterschall-Staustrahljäger. In der Kategorie mit vorübergehender großer Bedeutung nennt er: Überschall-Staustrahljäger, Überschall-Staustrahlbomber und Überschall-Staustrahlgeschosse. Bleibende geringere Bedeutung schreibt er den Staustrahl-Schraubenstarthilfen und den Staustrahl-Hubschraubern zu, während er bleibende große Bedeutung nur für Überschall-Staustrahlverkehrsflugzeuge erwartet – deren Realisierung bisher nirgendwo ernsthaft betrieben wurde.
Als Geräte mit bleibender Bedeutung im Zwischenbereich von Luft- und Raumfahrt könnte man dieser Liste noch hinzufügen: staustrahlummantelte Raketentriebwerke oder reine Staustrahltriebwerke mit Booster als Erststufe ballistischer Trägergeräte oder von Raumtransportern – ein Projekt, an dem Sänger für Eurospace zu Beginn der sechziger Jahre bis zu seinem Tode gearbeitet hat.

Überschall-Luftverkehr

Überschall-Flugzeuge revolutionieren den Luftverkehr. Sie befliegen interkontinentale Flugstrecken in der Hälfte der Zeit, die Unterschall-Jets benötigen, und es steht außer Zweifel, daß der 1976 von der Air France, British Airways und Aeroflot begonnene Überschall-Luftverkehr die Reisegewohnheiten der Passagiere nachhaltig beeinflußt. Im Prinzip ist es möglich, binnen 24 Stunden jeden beliebigen Punkt der Erde zu erreichen. Der Flug von London nach Sydney dauert nur noch zwölf Stunden.

Geschäftsleute fliegen an einem Tag über den Atlantik und noch am gleichen Tag zurück. Die geschichtliche Erfahrung hat gelehrt, daß der Verkehr zwischen zwei Punkten dann ganz beträchtlich steigt, wenn Tagesverbindungen verfügbar werden. Das Überschall-Verkehrsflugzeug erzeugt daher auf allen Strecken, die es befliegt, einen zusätzlichen Bedarf.

Nun läßt sich sehr überzeugend für das Überschall-Vekehrsflugzeug plädieren. Es hat aber seit Beginn der Concorde-Entwicklung in Frankreich und England und der des Tu-144-Programms in der UdSSR auch sehr heftige Gegenmeinungen gegeben. In der Tat gibt es im Zusammenhang mit der Einführung von Überschall-Verkehrsflugzeugen Fragen, die noch nicht überzeugend beantwortet werden können.

So ist für die Luftverkehrsgesellschaften das Hauptproblem, ob bei den hohen Kaufpreisen dieser Flugzeuge, die wegen des enormen Entwicklungsaufwandes gefordert werden müssen, überhaupt eine Rentabilität gegeben ist, auch wenn unter Umständen höhere Tarife verlangt werden. Eine weitere Frage ist, ob die Fluggäste überhaupt mit so hohen Geschwindigkeiten fliegen wollen, wie sie etwa die »Concorde« bietet. Schließlich wird die Rentabilität und der weltweite Einsatz dieser Maschinen auch dadurch beeinflußt, daß Verbote Überschallflüge über bewohnten Gegenden noch weitgehend unmöglich machen.

Warum so schnell?

Scheinbar ist es wenig sinnvoll, noch schneller mit dem Flugzeug reisen zu wollen, als es mit den heutigen Strahlflugzeugen möglich ist, die bereits im hohen Unterschallbereich fliegen. Ihre Geschwindigkeit liegt ja bereits zehnmal höher als jene auf unseren Fernstraßen und Autobahnen erreichbaren Durchschnittsgeschwindigkeiten. Dabei wird allerdings übersehen, daß die Geschwindigkeit tatsächlich der einzige Grund ist, warum Flugzeuge überhaupt benutzt werden.

Beim Vergleich der Luftverkehrswerbung könnte freilich ein völlig anderer Eindruck entstehen. Offenbar verkaufen Luftverkehrsgesellschaften die Plätze in ihren Flugzeugen nur wegen des gebotenen hervorragenden Service, wegen der besonderen Freundlichkeit ihrer Stewardessen oder auch deswegen, weil in ihren Flugzeugen im Gegensatz zu jenen der Konkurrenz Filme vorgeführt werden. Das hängt aber einfach damit zusammen, daß die Leistungen der Fluggesellschaften von der Technik her gesehen einen nahezu gleichen Stand erreicht haben und daß sie deswegen im Wettbewerb um den Kunden andere Dinge in den Vordergrund stellen müssen. Zum Beispiel die schnellste Verbindung Frankfurt–New York. Fazit: Mit dem Argument der Geschwindigkeit, der Zeitersparnis lassen sich Fluggastsitze verkaufen.

Diese Überlegungen führten dazu, daß sich Ende der fünfziger Jahre Flugzeugfirmen in England und in Frankreich mit Projekten für Überschall-Verkehrsflugzeuge zu beschäftigen begannen. Die Bristol Aeroplane Company (die 1960 in der British Aircraft Corporation aufging) und die Sud Aviation (die heutige Aérospatiale) begannen zwei zunächst völlig voneinander getrennte Projekte. Anfang der sechziger Jahre stellte sich heraus, daß die Entwürfe beider Firmen sehr viel Ähnlichkeit hatten; beide sahen einen Delta-Flügel vor und eine Kapazität von rund 100 Fluggästen. Sehr bald kam die Erkenntnis hinzu, daß die Entwicklungskosten für dieses Flugzeug sehr hoch sein würden, und beide Firmen kamen zu dem Schluß, daß weder die französische noch die britische Regierung allein jemals dafür Geld aufbringen würden.

Zu jener Zeit war man sich in Europa bereits weitgehend darüber klar geworden, daß die Probleme der steigenden Kosten und der zunehmenden Komplexität neuer Produkte in der Luft- und Raumfahrt nur durch internationale Zusammenarbeit zu lösen waren. So kam es, daß im Falle der »Concorde« am 29. November 1962 Abkommen auf Regierungsebene zwischen England und Frankreich und auf Firmenebene zwischen den vier beteiligten Unternehmen, British Aircraft Corporation und Rolls Royce in England sowie Sud Aviation und Société Nationale d'Étude et de Construction de Moteurs d'Aviation (SNECMA) in Frankreich unterzeichnet wurden.

Damit konnte die Entwicklung der »Concorde« begonnen werden. Damals waren ihre Konstrukteure noch der Ansicht, daß es sich um das erste Überschall-Verkehrsflugzeug der Welt handeln würde. Im Februar 1965 fing in England und Frankreich der Bau der Prototypen an.

Links: Nach Ende des Zweiten Weltkriegs befaßte sich der englische Luftfahrtpionier Sir Barnes Wallis bereits mit dem Gedanken eines überschallschnellen Verkehrsflugzeugs. Der Entwurf unter dem Stichwort »Swallow« wies zahlreiche technische Merkmale auf, die seiner und teilweise auch der heutigen Zeit weit voraus waren: so die »Swing-wing«-Flügel, also geometrisch verstellbare Tragflächen, wie sie heute beispielsweise das MRCA/Panavia-200-Kampfflugzeug aufweist; oder die tandemartige, nach drei Seiten bewegliche Anordnung der Triebwerke, wodurch Seiten-, Höhen- und Querruder überflüssig werden sollten. Dieser wahrhaft revolutionäre Entwurf mußte jedoch wegen unüberwindlicher Finanzierungsprobleme aufgegeben werden. Danach, im Alter von über achtzig Jahren, befaßte sich Barnes Wallis mit dem Gedanken eines überschallschnellen senkrechtstartenden und -landenden Verkehrsflugzeugs, das zum Beispiel die Strecke London–Sydney in drei Stunden bewältigen sollte – Gedanken, die eines Tages wohl einmal Wirklichkeit werden könnten. Rechts: Noch während der Flugerprobung der Prototypen der »Concorde« begann die Fertigung von Baugruppen für die Serienmaschinen der englisch-französischen Gemeinschaftsentwicklung.

Zu den wichtigsten Entscheidungen hinsichtlich der Technik des neuen Flugzeuges gehörte die Festlegung der Reisegeschwindigkeit. Man einigte sich auf Mach 2,2 entsprechend rund 2250 km/h in der vorgesehenen Reiseflughöhe von 19 200 m. Die Wahl einer höheren Reisegeschwindigkeit hätte es notwendig gemacht, in größerem Umfang neue Werkstoffe zu verwenden, die seinerzeit – und auch heute – noch nicht im gleichen Maße wie die seit Jahren verwendeten und bewährten Aluminiumlegierungen beherrscht wurden. Die Notwendigkeit der Verwendung von Titan- oder nichtrostendem Stahl hätte mehr Konstruktions- und Entwicklungsprobleme geschaffen und nicht zuletzt wiederum auch zu einem höheren Preis beigetragen. So gab es gute Gründe, die maximale Reisegeschwindigkeit der »Concorde« auf Mach 2,2 zu beschränken.

USA und Sowjetunion

Natürlich blieben die Aktivitäten der europäischen Flugzeugbauer nicht unbeobachtet. In den USA erkannte man schnell das Verkaufspotential eines derartigen Flugzeuges und damit seine wirtschaftliche Bedeutung. Aus einem Entwurfswettbewerb der FAA (Federal Aviation Agency) ging Boeing als Sieger hervor; das amerikanische Unternehmen erhielt daraufhin im Mai 1967 den Auftrag zum Bau von zwei Prototypen.
Es gab damals keine Zweifel über die Realisierbarkeit des amerikanischen Flugzeugs. Im Wettbewerb mit der »Concorde« mußte das amerikanische SST (Supersonic Transport) in bezug auf Leistung und Größe überlegen sein, da es nach den seinerzeitigen Planungen einige Jahre nach der »Concorde« auf den Markt kommen sollte. In der Tat war die Boeing 2707 ein ehrgeiziges Projekt: Es sollte mehr als zweimal so groß wie die »Concorde« sein, hätte bis zu 350 Fluggäste befördern können und eine Reisegeschwindigkeit von Mach 2,7 entsprechend rund 2900 km/h erreicht. Große Teile der Flugzeugzelle mußten deswegen aus Titan bestehen, und das Flugzeug wäre auch komplexer als die »Concorde« gewesen, nachdem eine Schwenkflügel-Konfiguration vorgesehen war.
Probleme mit der Struktur der 2707 führten zu beträchtlichen Gewichtserhöhungen. So mußte dieses Konzept aufgegeben werden.
Der nächste Entwurf, die 2707-300, war vergleichsweise konventioneller: Sie hatte

Oben: Mehrphasenphoto des Modells der amerikanischen Überschallentwicklung Boeing 2707, die infolge ihrer ehrgeizigen Konzeption ungeheure Entwicklungskosten verschlang und im März 1971 auf Anweisung der amerikanischen Regierung gestoppt wurde. Möglicherweise wird diese Entscheidung den Amerikanern eines Tages leid tun.
Rechts: Nicht die »Concorde« war das erwartete erste Überschall-Verkehrsflugzeug der Welt, sondern die Tupolew Tu-144, die bereits am 31. Dezember 1968 zum erstenmal flog. Es wird zwar oft mit Hinweis auf die frappierende Ähnlichkeit der Tu-144 mit der »Concorde« behauptet, die Russen hätten Konstruktionsunterlagen der »Concorde« »gekauft«, aber technisch weisen beide Flugzeuge doch wesentliche Unterschiede auf.

nunmehr einen starren Flügel, sollte aber nach wie vor Mach 2,7 fliegen.
Allerdings wäre der Entwicklungsaufwand immer noch vergleichsweise gigantisch gewesen. Hinzu kam eine zunehmende Kritik an dem Projekt im amerikanischen Kongreß. So kam es, daß die amerikanische Regierung im März 1971 die Entwicklung der Boeing 2707-300 stoppte.
Das bedeutet freilich nicht – so sehen es Fachleute heute –, daß die Vereinigten Staaten für immer den Bau von Überschall-Verkehrsflugzeugen aufgegeben hätten. Man ist vielmehr der Meinung, daß die Amerikaner bei einem sich abzeichnenden Erfolg der »Concorde« ihrerseits ein Überschall-Verkehrsflugzeug auf den Markt bringen werden; ähnliches würde aber auch für den Fall eines Mißerfolges der »Concorde« eintreten, da der Markt dann den Amerikanern wieder allein offenstünde.
Inzwischen haben auch die Sowjets mit der Tupolew Tu-144 ein eigenes Überschall-Verkehrsflugzeug entwickelt. In der westlichen Welt erfuhr man von diesem Projekt zum ersten Male auf dem Pariser Luftfahrt-Salon des Jahres 1965, wo die Sowjets ein kleines Modell des geplanten Flugzeuges zeigten.
Die Tu-144 kann geringfügig schneller als die »Concorde« fliegen; sie erreicht Mach 2,35 anstatt Mach 2,2, sie kann auch ungefähr die gleiche Zahl an Fluggästen aufnehmen. In Aussehen und Leistungen sind sich beide Typen sehr ähnlich. Das zeigt übrigens, wie wenig Alternativen den Konstrukteuren von Hochleistungsflugzeugen bei deren Auslegung manchmal bleiben, obwohl man heute weiß, daß Konstruktionsunterlagen der »Concorde« an die UdSSR »verkauft« wurden.
Die Tu-144 machte ihren Erstflug am 31. Dezember 1968. Sie war damit das erste Überschall-Verkehrsflugzeug der Welt und konnte so der »Concorde« zumindest die Schau des Erstfluges stehlen.
Die beiden Concorde-Prototypen, die 001 in Frankreich und die 002 in England, folgten mit ihren Erstflügen im März und April 1969.
Über die Flugerprobung der Tu-144 ist im Westen relativ wenig bekannt geworden, insbesondere über die dabei gemachten Fortschritte. So war es Beobachtern kaum möglich, das Erprobungsprogramm hinreichend genau zu verfolgen.

Marktaussichten

Zu Beginn des Concorde-Programms gaben sechzehn große Luftverkehrsgesellschaften 74 Optionen auf den späteren Kauf des Flugzeuges. Die meisten Concorde-Interessenten wandelten ihre Option jedoch nicht in einen festen Kaufvertrag um. Sie verhielten sich abwartend. Für sie zählt die Wirtschaftlichkeit eines Flugzeuges, und inwieweit sich die »Concorde« wirtschaftlich einsetzen läßt, werden erst die kommenden Jahre ergeben.
Unbeschadet der Tatsache, daß durch den vergleichsweise hohen Anschaffungspreis die Betriebskosten der »Concorde« relativ hoch sind, war es Dank finanzieller Hilfe der französischen und britischen Regie-

Tupolew Tu-144

Antrieb: vier Zweistromtriebwerke Kusnetzow NK-144 (mit Nachverbrennung) von je 17 500 kp Schub
Spannweite: 27,65 m
Länge: 58,00 m
Höhe: 13,20 m
Abfluggewicht: 179 170 kg
Größte Reisegeschwindigkeit: 2500 km/h in 20 000 m Höhe
Reichweite: 6500 km mit 121 Fluggästen
Fassungsvermögen: 3 Mann Besatzung und bis zu 130 Fluggäste
Erster Flug: 31. Dezember 1968
Ganz zu Unrecht wurde die Tu-144 im Westen manchmal mit »Concordski« bezeichnet. Das sowjetische Überschall-Verkehrsflugzeug war keineswegs eine Kopie der britisch-französischen Konstruktion. Ihr Erstflug erfolgte noch vor dem des ersten Concorde-Prototyps. Vier Monate vor der »Concorde« flog sie Mach 1, sechs Monate vorher Mach 2. Hinzu kommt, daß das gesamte Flugerprobungsprogramm des sowjetischen Flugzeugs bis zum Herbst 1971 mit nur einem einzigen Prototyp vorgenommen wurde.

rung möglich, das Flugzeug so einzusetzen, daß es von Air France und British Airways kostendeckend geflogen werden kann. Geschäftsreisende, die bei einem Transatlantikflug die Wahl zwischen einem Flugzeug hatten, das sieben Stunden brauchte, und einem, das nur dreieinhalb Stunden benötigte, stiegen trotz höherem Flugpreis auf die »Concorde« um.

Die beiden ersten Concorde-Luftverkehrsgesellschaften bieten das Flugzeug mit nur einer Klasse an und berechnen einen Flugpreis, der geringfügig über dem der gegenwärtigen Ersten Klasse liegt.

BAC und Aérospatiale haben – etwas optimistisch – ausgerechnet, daß ein Ladefaktor von 60 Prozent bei der »Concorde« eine Verzinsung des eingesetzten Kapitals von über 13 Prozent erlauben würde. Bei einem Ladefaktor von 70 Prozent sollte dieser Prozentsatz auf 16 steigen.

Daß es genügend Fluggäste für die Überschall-Verkehrsflugzeuge gibt, ist mittlerweile nachgewiesen. Das Aufkommen der »Concorde« setzt sich aus Passagieren zusammen, die bereits ohnehin Erster Klasse flogen, und aus Geschäftsleuten, für die der durch die »Concorde« mögliche Zeitgewinn interessant genug ist, um einen höheren Preis zu bezahlen.

Die Umwelt-Probleme

Es gibt eine ganze Reihe von durchaus vernünftigen und sinnvollen Argumenten, die für den Überschall-Luftverkehr sprechen. Alle diese Argumente wären allerdings wenig wert, wenn es tatsächlich Nebeneffekte gäbe, die den Einsatz der »Concorde« unglaubwürdig oder aber inakzeptabel machen würden. So gibt es seit Jahren das Problem des Überschall-Knalls, von dem behauptet, aber nicht bewiesen wurde, er würde Häuser unterhalb des überflogenen Gebietes beschädigen, und es gab – vor allem in den USA – sehr eingehende Warnungen davor, daß die Verseuchung der oberen Atmosphäre durch die Abgase der Flugzeuge zu einer Beeinflussung der Ozonschicht und Erhöhung der Erdtemperatur führen könnten, damit verbunden zu einem Abschmelzen der polaren Eismassen und zu einer nachfolgenden Überflutung der Kontinente.

Es mutet seltsam an, daß die Bemühungen der Umweltschützer in aller Welt sich ausgerechnet auf Flugzeuge konzentrieren, nachdem längst bewiesen ist, daß alle Transportmittel zusammen im Vergleich zu der durch den Menschen selbst hervorgerufenen Umweltverschmutzung nur einen minimalen Prozentsatz ausmachen. Ganz abgesehen davon, daß Flugzeuge wiederum sehr viel weniger Umweltverschmutzung hervorrufen als alle anderen Transportmittel und die Überschall-Verkehrsflugzeuge wiederum die »saubersten« Flugzeuge sind.

In einem Bericht von Professor Harold Johnstone von der Universität Kalifornien wird behauptet, daß die Abgase der in Höhen von rund 18 300 m operierenden Überschall-Verkehrsflugzeuge mit ihrem Stickoxid-Anteil die Ozonschicht der Erde angreifen und vernichten, die als Schutzschild gegenüber der Weltraumausstrahlung dient. Diese Argumentation wurde sehr häufig aufgegriffen, aber durch führende Wissenschaftler längst widerlegt.

In einer von der britischen Regierung in Auftrag gegebenen Untersuchung heißt es dazu: Studien zeigten, daß der Einfluß selbst einer großen Concorde-Flotte

Aérospatitale/BAC »Concorde«

Antrieb: vier Strahltriebwerke Rolls Royce/SNECMA Olympus 593 Mk 602 (mit Nachverbrennung) von je 17 260 kp Schub
Spannweite: 25,60 m
Länge: 62,17 m
Flügelfläche: 358,22 m²
Abfluggewicht: 174 640 kg
Größte Reisegeschwindigkeit: 2333 km/h in 16 600 m Höhe
Reichweite: 6470 km bei Mach 2,0–5 mit einer Nutzlast von 12 700 kg
Fassungsvermögen: 3 Mann Besatzung und 128 bis 144 Fluggäste
Erster Flug: 2. März 1969

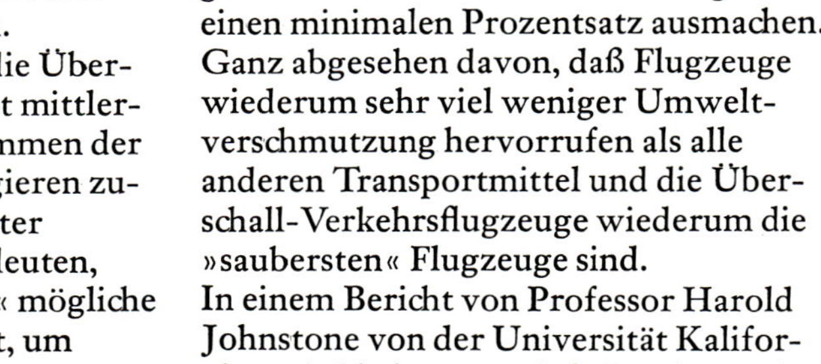

Wie ein Vergleich der Daten zeigte, sind »Concorde« und Tu-144 hinsichtlich ihrer Dimensionen, der Nutzlast, der Triebwerkleistungen sehr ähnlich. Ein Hauptunterschied liegt darin, daß die Sowjets für ihr Überschall-Verkehrsflugzeug Zweistromtriebwerke wählten, daß die Tu-144 eine geringfügig höhere Reisegeschwindigkeit hat und etwas weniger Fluggäste befördern kann. Die »Concorde« flog am 1. Oktober 1969 zum erstenmal mit Überschallgeschwindigkeit und erreichte im Verlauf der Flugerprobung am 4. November 1970 Mach 2. 1971 lagen 74 Optionen auf die »Concorde« vor; der Beginn der Auslieferungen war für 1974 geplant. Von der 41. Maschine an soll die »Concorde« mit Triebwerken der Baureihe Mk 612 ausgerüstet werden, die 18 117 kp Schub liefern.

Oben: Das Concorde-Programm war von Anfang an wie das eines normalen Verkehrsflugzeugs angelegt. Es liefen nebeneinander der Bau von zwei Prototypen, von zwei Vorserienflugzeugen, weiteren Zellen für Festigkeitsversuche und die Serienfertigung gewisser Baugruppen. Rechts innen: Blick in das Innere der »Concorde« mit Küche, Toiletten und vorderer Passagierkabine. Rechts Mitte: 1966 wurde bei Aérospatiale in Toulouse die Endfertigung des Prototyps der »Concorde« vorgenommen. Rechts außen: Cockpit der »Concorde«

KEEP GANGWAY CLEAR

Nach zahlreichen Testflügen wurde die »Concorde« Anfang 1976 im Liniendienst der Air France und der British Airways eingesetzt. Die ersten Monate zeigten eine klare Entscheidung der Passagiere zugunsten der enormen Zeitverkürzung bei Transatlantikflügen durch die »Concorde«. Inwieweit hier die anfängliche Neugierde eine Rolle spielte, muß abgewartet werden. Dennoch dürfte dem Überschall-Luftverkehr ohne Zweifel die Zukunft gehören.

weniger Einfluß hat als die sich ohnehin im Laufe der Zeit abspielenden Änderungen in der Erdatmosphäre; keineswegs würden die von Dr. Johnstone befürchteten Effekte eintreten.

Nun sollte man zwar nicht von vornherein die Argumente der Concorde-Gegner von sich weisen, aber auch nicht übersehen, daß militärische Überschall-Flugzeuge schon viele hunderttausend Flugstunden in den Flughöhen der »Concorde« mit Überschallgeschwindigkeit geflogen sind, ohne daß je eine Nebenwirkung zu beobachten gewesen wäre.

Bleibt das Problem des Lärms, eine zweifellos unangenehme und jeden betreffende Form der »Umweltverschmutzung«. Die Flugzeuge sind tatsächlich im Laufe der Entwicklung viele Jahre lang immer lauter geworden, ein Trend freilich, der längst gestoppt ist. Es ist sicher, daß, abgesehen von der neuen Klasse der wesentlich leiseren Großraum-Verkehrsflugzeuge, die »Concorde« nicht mehr Lärm verursacht als die gegenwärtig von den Luftverkehrsgesellschaften in aller Welt geflogenen Unterschallflugzeuge der Typen Boeing 707 und DC-8.

So besteht auch für die Flughäfen kein Grund mehr, Starts und Landungen der »Concorde« zu untersagen. Beim Überschallknall liegt der Fall ähnlich. Zunächst einmal haben Flugtests gezeigt, daß der Überschallknall – der Knall, der entsteht, wenn die von der »Concorde« im Überschallflug zwischen 16 000 und 18 000 m Flughöhe erzeugte Stoßwelle den Boden erreicht – wesentlich leiser ist als vorher angenommen. Es werden keine Sachbeschädigungen irgendwelcher Art verursacht. Der Überschallknall bleibt aber eine Belästigung. So haben einige Länder bereits das Überfliegen ihres Gebietes im Überschallflug untersagt – ein Faktor, der von den Luftverkehrsgesellschaften bei den Planungen ihres Streckennetzes berücksichtigt wird. Tatsächlich führen die meisten langen Strecken aber ohnehin schon über Wasser; durch eine Überarbeitung der Streckenplanung läßt sich noch mehr Land vermeiden. Die »Concorde« verfügt bei Unterschallgeschwindigkeit über fast dieselbe Reichweite wie bei Mach 2. So haben notwendige Unterschall-Flugstrecken sowohl auf die Blockzeit wie die Wirtschaftlichkeit des Flugzeugs nur geringen Einfluß.

Die Erfahrungen des bisherigen Concorde-Streckeneinsatzes und der Demonstrationsflüge rund um die Welt haben gezeigt, daß sie einfach zu fliegen ist, daß sie sich gut in das gegebene Flugsicherungssystem einordnet und für den Fluggast sehr attraktiv ist. Die »Concorde« ist nicht nur ein technisches Wunderwerk, nicht nur eine Meisterleistung der Ingenieurkunst, sondern auch der Beginn einer neuen Luftverkehrsepoche.

Senkrechtstart und Senkrechtlandung

Ballon, Luftschiff und Hubschrauber – so schien es viele Jahre lang – seien die einzigen vom Menschen erdachten Fortbewegungsmittel durch die Luft mit der Eigenschaft, sich senkrecht zu erheben und wieder senkrecht (oder wenigstens fast senkrecht) zu landen. Allen gemeinsam war und ist jedoch das Handicap relativ geringer Reisegeschwindigkeit im Flug. Den Ballon treibt der Wind, beim Luftschiff sind »Fahrtwerte« von über 200 km/h auch nach neuesten Erkenntnissen Utopie, und einer der modernsten Hubschrauber mit dem von Messerschmitt-Bölkow-Blohm (MBB) entwikkelten neuen Rotorkopf hat 1975 gerade 400 km/h erreicht, und das nicht im Normalflug, sondern im Stechflug. Hubschrauberkonstrukteure wissen, daß selbst Verfeinerungen an der Rotorblatt-Aerodynamik kaum jemals höhere Hubschraubergeschwindigkeiten ermöglichen. Die Idealkombination eines konservativ ausgelegten Helicopters mit den Flugeigenschaften eines von Strahltriebwerken bis nahe Mach 1 oder darüber beschleunigten Starrflüglers blieb bis heute ein Traum, und dies trotz mancherlei Versuchen auf dem Papier, etwa mit automatisch faltbaren und versenkbaren Rotorblättern und manchem anderen.
Dennoch hat der senkrecht startende und landende Starrflügler mit Strahlantrieb bis heute weder für die militärische noch für die zivile Luftfahrt an Faszination verloren. Sicher gibt es noch keine technologische Ideallösung des Problems, die gleichzeitig den Anforderungen nach ökonomischer Effizienz gerecht würde. Aber es hat zwischen 1945 und 1955 an einigen renommierten amerikanischen Universitäten ernsthafte Versuche gegeben, das seit dem Beginn dieses Jahrhunderts doch kaum weiterentwickelte umständliche Verfahren des Flugs mit Geräten schwerer als Luft nach den Gesetzen der Aerodynamik mit einem Schlage zu vereinfachen, und zwar durch regelbare Umwandlung des erdmagnetischen Kraftfeldes, also der Gravitation, in Antigravitation. Aber alle diese Versuche verliefen im Sand. Physiker und Mathematiker, darunter Albert Einstein und Theodore von Kármán, betrachteten das Unterfangen von Anfang an als ziemlich aussichtslos angesichts der theoretisch notwendigen Energiemengen und dem gegebenen Stand der physikalischen Forschung.
Es blieb nur der konservative Weg über die Aerodynamik und den rasch besser werdenden Wirkungsgrad moderner Strahltriebwerke. Dabei boten sich zahlreiche Lösungen an, die schon während des Zweiten Weltkrieges, mehr noch in den Jahrzehnten danach, zu praktischen Versuchen führten. In einem vorausgegangenen Kapitel wurde bereits der von Diplomingenieur Bachem entwickelte und noch 1945 praktisch erprobte Senkrechtstart-Abfangjäger »Natter« erwähnt. Als bemannte Rakete mit Tragflächen startete er senkrecht aus einem Startgerüst.
Als nächster Schritt bot sich die Verwendung eines oder mehrerer starker Turboprop-Triebwerke an, deren erzeugter Maximalschub größer sein mußte als das Gesamtgewicht der Flugzeugzelle samt Besatzung, Triebwerk, Ausrüstung und Treibstoff. Die amerikanische Firma Lockheed versuchte auf dieser Basis die Konzeption eines Propellerturbinenjägers, der in Start- und Landeposition auf einem Seiten- und Höhenleitwerk von großer Spannweite und kreuzförmiger Anordnung senkrecht auf dem Heck stand. Das Ergebnis blieb unbefriedigend. Auch die wenig später von der amerikanischen General Electric Company gemeinsam mit dem Flugzeugbau-Unternehmen Ryan unternommenen Versuche mit in den Tragflächen versenkten Mantelschrauben (Fans), die über den Abgasstrahl normal eingebauter Turbinenstrahltriebwerke in Bewegung gesetzt wurden und so die notwendige »Hubkraft« erzeugten, wurden wieder eingestellt. Wesentlich erfolgreicher sollte jedoch 1963 die britische Firma Hawker-Siddeley mit dem Senkrechtstart-Projekt P. 1127 »Kestrel« werden. Der hier beschrittene Weg der Strahlablenkung eines Rolls-Royce-Bristol-Pegasus-Triebwerkes führte in Verbindung mit einem Fluglage-Regelungssystem über Steuerdüsen unmittelbar zum ersten brauchbaren und noch heute unter der Musterbezeichnung Hawker »Harrier« Mk 1 bis Mk 52 in Serie produzierten militärischen VTOL- und STOL-Strahlflugzeug der Welt. Über 180 von der Royal Air Force und der US Navy Air Force verwendete »Harrier« haben, als Kampfflugzeuge und Jäger ausgelegt, mehr als 200 000 Starts und Landungen auf allen nur denkbaren kleinen Flächen wie Waldlichtungen, Hausdächern, Trägerdecks und Großstadt-Hinterhöfen ausgeführt. Ihre Spitzengeschwindigkeit liegt knapp unter Mach 1.
Aber auch in der Bundesrepublik Deutschland ergab sich schon 1957 die militärische Forderung nach einem Überschalljäger mit Senkrechtstarteigenschaften und nach einem VTOL-Strahl-Transportflugzeug. Studienaufträge erhielten die Firmen Messerschmitt, Heinkel und Bölkow für das VTOL-Jägerprojekt VJ 101 und Dornier für das VTOL-Transporterprojekt Do 31. Daraus sollten Jahre später Flugzeuge entstehen, die Weltbestleistungen flogen und trotzdem ohne Weiterentwicklung zur Serienreife im Deutschen Museum in München (VJ 101 C-X2) und in einem Abstellhangar der Dornier Flugzeugreparaturwerft in Oberpfaffenhofen landeten. Wieder wurde – auch ohne Änderung der militärischen Forderungen – in der trotz allem genialen konstruktiven Auslegung beider Muster nur eine Sackgasse erreicht.

Überschall nach Senkrechtstart

Das VTOL- und RVTOL- (= *Rolling Vertical Take-off and Landing* oder Senkrechtstart und -landung nach dem Rollverfahren)-Überschallprojekt VJ 101 C-X2 wurde mit zwei im Rumpf untergebrachten Hubtriebwerken Rolls Royce RB 145 von je 1250 kp Schub und vier Marschtriebwerken RB 145 R mit Nachbrenner von je 1610 kp Schub, die in zwei Schwenkgondeln an den Tragflächenenden aufgehängt waren, ausgerüstet. Das Startgewicht betrug acht Tonnen. Die verfügbare Hubleistung bei senkrecht stehenden

Das erste einsatzfähige und in Serie gebaute VTOL-Kampfflugzeug war die Hawker-Siddeley »Harrier«, die heute noch bei der Royal Air Force und der US Navy im Dienst steht. Im Bild eine »Harrier« kurz vor der Landung auf dem Londoner Bahnhof St. Pankras

Marschtriebwerken 8,9 Tonnen. Erstmals wurde bei der VJ 101 die Schubmodulation für die Stabilisierung im Schwebeflug praktisch angewandt. Am 13. 3. 1962 gelang der erste Schwebeversuch mit dem als Versuchsträger ausgelegten Schwebegestell. Ein Jahr später, am 10. 4. 1963, startete die erste VJ 101 C-X1 (noch ohne Nachbrenner) zum Schwebeflug, und bereits am 29. 7. 1964 flog dieses Flugzeug als erster Senkrechtstarter der Welt über dem Versuchsflughafen Manching bei Ingolstadt mit Mach 1,04 schneller als der Schall. Die Erprobung der verbesserten VJ 101 C–X2 erstreckte sich noch über weitere sieben Jahre bis 1971. Einer der Testprogrammpunkte lautete: Entwicklung und Erprobung eines Flugregelsystems, das die automatische Senkrechtblindlandung bei minimaler Bodenunterstützung ermöglicht. Am 21. 4. 1971 flog auch die VJ 101 C–X2 als Senkrechtstarter neuen Weltrekord mit Mach 1,14. Zwei Monate später wurde das Erprobungsprogramm eingestellt.

Do 31 - Sensation in Paris

Die Entwicklungsarbeiten zum Bau des Senkrechtstart-Transporters Dornier Do 31 begannen 1959. Sie mündeten im Bau der beiden Experimentalflugzeuge Do 31 E 1 und Do 31 E 3. Das Flugzeug soll eine Nutzlast von 3,6 Tonnen oder 36 voll ausgerüstete Soldaten befördern können. Seine Reisegeschwindigkeit soll sechs bis sieben Zehntel der Schallgeschwindigkeit erreichen. Die beiden unter den Tragflächen des Schulterdeckers aufgehängten Marschtriebwerke Rolls Royce RB 145R Pegasus sind identisch mit dem Triebwerk der britischen Hawker »Harrier«. Ihre je vier Schwenkdüsen erlauben die reibungslose Transition nach dem senkrechten Abheben vom Boden bis zum Erreichen jener Minimalgeschwindigkeit, die für den aerodynamischen Flug (bei dem der notwendige Gesamtauftrieb nur von den Tragflächen übernommen wird) notwendig ist. Die zum Start und für die Landung zusätzlich notwendige Hubkraft liefern acht Rolls-Royce-RB-162-4D-Hubtriebwerke, die in Gondeln an den Flügelspitzen (je 4) untergebracht sind. Während des Reisefluges verschließen hydraulisch gesteuerte Klappen die Einlauf- und Austrittsöffnungen der Hubtriebwerke. Die Do 31 kann sowohl konventionell – bei einem Abfluggewicht von 24,5 Tonnen – als auch senkrecht – Maximalgewicht 21 Tonnen – gestartet werden. Am 10. 2. 1967 und am 14. 7. 1967 absol-

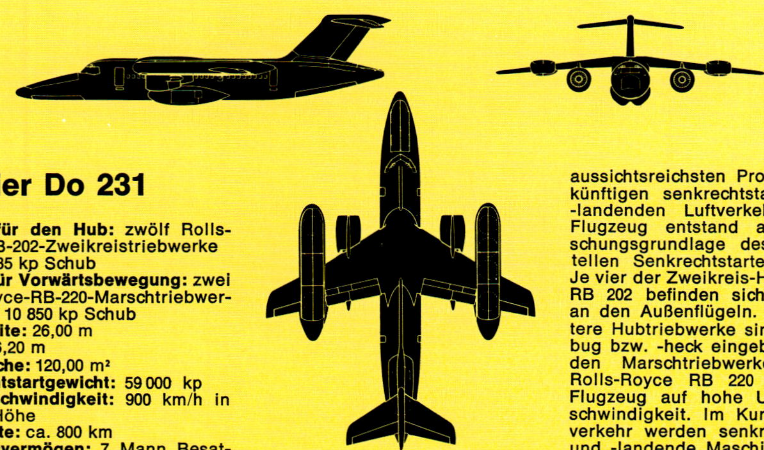

Dornier Do 231

Antrieb für den Hub: zwölf Rolls-Royce-RB-202-Zweikreistriebwerke von je 5935 kp Schub
Antrieb für Vorwärtsbewegung: zwei Rolls-Royce-RB-220-Marschtriebwerke von je 10 850 kp Schub
Spannweite: 26,00 m
Länge: 36,20 m
Flügelfläche: 120,00 m²
Senkrechtstartgewicht: 59 000 kp
Reisegeschwindigkeit: 900 km/h in 7620 m Höhe
Reichweite: ca. 800 km
Fassungsvermögen: 7 Mann Besatzung und 100 Passagiere

Die Dornier Do 231 stellt eines der aussichtsreichsten Projekte für den künftigen senkrechtstartenden und -landenden Luftverkehr dar. Das Flugzeug entstand auf der Forschungsgrundlage des experimentellen Senkrechtstarters Do 31 E. Je vier der Zweikreis-Hubtriebwerke RB 202 befinden sich in Gondeln an den Außenflügeln. Je zwei weitere Hubtriebwerke sind im Rumpfbug bzw. -heck eingebaut. Die beiden Marschtriebwerke vom Typ Rolls-Royce RB 220 bringen das Flugzeug auf hohe Unterschallgeschwindigkeit. Im Kurzstreckenluftverkehr werden senkrechtstartende und -landende Maschinen in naher Zukunft mit Sicherheit eine große Rolle spielen.

Linke Seite oben: Mit der Do 231 stellten die Dornier-Werke Ende 1969 den Plan eines senkrechtstartenden und 900 km/h schnellen Verkehrsflugzeugs vor, das auf den technischen Erfahrungen des erfolgreichen Strahltransporters Do 31 beruht. Die Konzeption geht davon aus, daß in den späten siebziger Jahren die Geburtsstunde des Flugverkehrs mit senkrechtstartenden und -landenden Maschinen schlägt, um die zunehmende Überlastung der Flughäfen durch konventionelle Flugzeuge zu verringern. Linke Seite unten: Auch die von Messerschmitt-Bölkow-Blohm konzipierte BO 140 stellt ein senkrechtstartendes Transport- und Verkehrsflugzeug dar, das von vier Turboprop-Motoren bei schwenkbaren Tragflächen nach oben und nach vorne bewegt wird. Oben: An ähnlichen Objekten arbeiten auch die Flugzeugwerke VFW-Fokker mit dem Typ VC 400 und (unten) die Hamburger Flugzeugbau mit dem Typ HFB 600.

vierten die Do 31 E 1 und die Do 31 E 3 ihren Erstflug. Beide Experimentalflugzeuge flogen bis zur Einstellung des Programms über 100 Stunden. Die Do 31 E 3 erreicht sowohl im Senkrechtstart als auch in der Senkrechtlandung eine beispiellose Sicherheit. Sie gehörte zu den sensationellen Exponaten des Pariser Aero-Salons im Jahre 1969.

Parallel zur Entwicklung der beiden VTOL-Projekte VJ 101 und Do 31 arbeiteten die Vereinigten Flugtechnischen Werke – VFW – in Bremen ab 1962 im Auftrag des Verteidigungsministeriums an einem Senkrechtstart-Aufklärer unter der Musterbezeichnung VAK 191. Drei Prototypen der VAK 191 B wurden gebaut. Sie sind mit je drei Triebwerken ausgerüstet: zwei Rolls Royce RB 162-81 von je 2530 kp Schub als Hubtriebwerke vor und hinter den Tragflächen im Rumpf und ein RR/MTU RB 193-12 von 4600 kp Schub als Marschtriebwerk ebenfalls im Rumpf. Der Erstflug erfolgte am 10. September 1971. Aber nach zahlreichen Versuchsprogrammen, die schließlich als Verlegenheitslösung auch einige Tests für die Auslegung des Überschall-Mehrzweck-Kampfflugzeuges MRCA (= *Multi Role Combat Aircraft*) »Panavia 200« einschlossen, wurde schließlich eine VAK 191 B unter einem Hubschrauber hängend von Bremen nach Manching bei Ingolstadt geschleppt, wo in Zusammenarbeit mit der US Navy einige abschließende Versuche für das erst jetzt anlaufende amerikanische VTOL-Programm unternommen wurden.

Naturgemäß haben sich alle diese geschilderten Projekte in den großen Konstruktionsbüros der beteiligten Firmen nicht nur als rein militärische Auslegungen niedergeschlagen. Aus ihren erfolgreichen Flügen, aus der immer besseren Beherrschung der schwierigen Regelungstechnik während der Transition nach dem Start und vor der Landung ergaben sich zum Ausklang der sechziger Jahre eine Fülle zum Teil euphorischer Prognosen für das senkrechtstartende zivile Strahlflugzeug der Zukunft. An den Projektstudien beteiligte sich nicht zuletzt auch die Deutsche Lufthansa:

Messerschmitt-Bölkow-Blohm schlug mit der BO 140 auf der Grundlage des im eigenen Hause entwickelten gelenklosen Rotorsystems ein viermotoriges »Tilt Wing«-Flugzeug für 100 Passagiere vor. Ein ähnliches Projekt mit ebenfalls schwenkbaren Tragflächen verfolgten die Vereinigten Flugtechnischen Werke – VFW – unter der Musterbezeichnung VC 400. Der zu MBB gehörende Hamburger Flugzeugbau – HFB – schlug die mit 20 Triebwerken ausgerüstete HFB 600 für maximal 91 Passagiere vor. Das Projekt basierte auf den von General Electric und Ryan erarbeiteten Systemen getrennter Lift- (= Hub) und Cruise- (= Reiseflug) -Fans (= Mantelschraubenantrieb). Wenig später erschien wiederum VFW mit dem VTOL-Projekt VC 180/181 mit zehn Hub- und drei Marschtriebwerken für 99 Passagiere oder entsprechende Frachtzuladung. Dornier – in der Grundlagenforschung am weitesten – schlug die Weiterentwicklung der Do 31 zur zivilen VSTOL-Version Do 231 mit 12 Hub- und zwei Marschtriebwerken vor. Sie sollte 100 Passagieren Platz bieten und 1977 einsatzbereit für den Kurzstreckenverkehr sein. Es wurde vorgeschlagen, VTOL-Flughäfen über den Hauptbahnhöfen der Großstädte einzurichten, um so den Verkehr von Stadtzentrum zu Stadtzentrum zu ermöglichen. Dies sind alles grandiose Ideen, die sicher einmal ihre Verwirklichung finden: wenn neue Forschungsergebnisse über bessere aerodynamische Auslegungen und leisere, modernere Strahltriebwerke von höherem Schub/Gewicht-Verhältnis vorliegen und damit die Wirtschaftlichkeit des senkrecht- oder kurzstartenden Verkehrsflugzeuges für Luftverkehrsgesellschaften überschaubar werden lassen.

Große Konstrukteure und ihr Werk:

Ludwig Bölkow

Die Wiege Ludwig Bölkows stand 1912 in Schwerin, wo wenig später – 1913 – der damals 23 Jahre junge Holländer Anthony Fokker eine Flugzeugfabrik gründete.
Vater Bölkow wirkte von den Schweriner Anfängen bis 1918 in Fokkers Flugzeugfabrik, zuletzt als Leiter einer Versuchsabteilung. Als der Sohn später das Abitur am Realgymnasium absolviert hat, kommt für ihn nur das Studium des Maschinenbaus, mit Orientierung zum Flugzeugbau und Grundlagen der Physik, in Frage. Das Vorpraktikum leistet er bei den Deutschen Werken in Spandau und im Heinkel-Flugzeugwerk Warnemünde, bei dessen Fliegerclub er auch Motor- und Segelfliegen lernt.
Während des Studiums an der Technischen Hochschule in Berlin wird er am nachhaltigsten beeindruckt von den Professoren Hamel, Moritz Weber und Treinigg, vor allem aber von Herbert Wagner, dessen Beiträge zur Gestaltung und Analyse extremer Leichtbaustrukturen richtungweisend für den Metallflugzeugbau wurden.
1939, nach einjähriger Assistententätigkeit am Lehrstuhl für Flugzeugbau bei Professor Wilhelm Hoff, stellt der frühere Chefkonstrukteur von Fokker, Palz, ein Freund der Familie Bölkow, die Verbindung zu Messerschmitt her – der junge Mann soll konstruieren lernen. Messerschmitt seinerseits braucht jemanden für Hochgeschwindigkeitsaerodynamik. Ludwig Bölkow nimmt an – und wird bald Abteilungsleiter für Hochgeschwindigkeitsaerodynamik, was damals »hohen Unterschall« bedeutet.
Fliegen mit hoher Geschwindigkeit erfordert wegen der großen Geschwindigkeitsspannen »Tragflügel mit Mittel zur Veränderung der Profileigenschaften« – wie der Titel von Ludwig Bölkows erstem Patent lautet. Weitere Patente, die Bölkow noch 1939 anmeldet, enthalten Lösungen aus diesem Problemkreis, darunter eines: »Tragflügel mit Kippnase und Auftriebsklappe«, das jene Konfiguration beschreibt, die heute bei den meisten großen Verkehrsflugzeugen angewendet wird.
Über Flügelprofile für hohen Unterschall gibt es 1939/40 noch wenig Erfahrungen. Daher schlägt Bölkow für das Projekt des zweistrahligen Jagdflugzeugs Me 262 eine von ihm aus schlanken Ellipsen fortentwickelte Profilform vor. Zu diesem Zeitpunkt sind aus klassischer Theorie und Vorversuchen nur über Kreis- und Ellipsenquerschnitte erste Ergebnisse zum Widerstandsverhalten im Schallgrenzbereich verfügbar.
Bölkows Profile erweisen sich bei Windkanalversuchen in der AVA, der Aerodynamischen Versuchsanstalt Göttingen, als überlegen. Sie bewähren sich nicht nur an der Me 262, sondern nach 1945 auch an dem Allwetterjäger F 86 »Sabre« von North American und später an dem italienischen Strahltrainer Fiat G 91. Ludwig Bölkow gehört damit zu den Spitzen-Aerodynamikern seiner Zeit und zum Wegbereiter moderner Tragflächenauslegung bei Strahlflugzeugen.
1942 übernimmt er bei Messerschmitt die Verantwortung für das Me-109-Programm, bearbeitet dann aerodynamische Probleme des damals größten Transportflugzeugs der Welt, der Me 323. 1945 lehnt er ein Angebot, als Aerodynamiker und Flugzeugkonstrukteur nach Amerika zu gehen, ab.
1948 gründet der 36jährige in Stuttgart mit drei Mitarbeitern ein Ingenieurbüro Bölkow – IBB – und entwickelt Baumaschinen als Beitrag zur Automatisierung beim Wiederaufbau zerstörter Städte. Entwicklungen von Automatisierungsvorgängen für viele andere Bereiche – auch der metallverarbeitenden Industrie – folgen.
1955 ist es in der Bundesrepublik Deutschland endlich wieder möglich, Flugzeuge zu konstruieren und zu bauen. Ludwig Bölkow nimmt seine Chance wahr: Zunächst übersiedelt das IBB in ein Gebäude am Flughafen Echterdingen, wo erste Ansätze zur Entwicklung von Hochgeschwindigkeitshubschraubern entstehen. Für das Windkanalmodell eines Schwenkflügelrotors wird dort erstmals jene technologische Gestaltung von Rotorblättern aus Faserverbundwerkstoffen angewendet, die – systematisch weiterentwickelt – später erheblich zum Erfolg des leichten Vielzweck-Hubschraubers BO 105 beitragen soll.
1956 wird die Firma Bölkow Entwick-

Links oben: Ludwig Bölkow. Unten: Der gelenklose Rotorkopf des von Messerschmitt-Bölkow-Blohm entwickelten Hubschraubers BO 105, der diesem Typ eine bisher nie erreichte Stabilität und Wendigkeit verleiht. Rechte Seite oben: Hubschrauber BO 105 in Serienfertigung. Rechte Seite unten: Das von der Hamburger Flugzeugbau entwickelte Reiseflugzeug »Hansa-Jet«. Nächste Doppelseite: BO 105

lungen KG gegründet, deren Team bereits aus 93 Mitarbeitern besteht. Als der von Bölkow Entwicklungen konzipierte drahtgesteuerte Flugkörper »Cobra« in Serie produziert werden soll, kommt 1958 als Tochterunternehmen die Produktionsfirma Bölkow-Apparatebau GmbH in Nabern hinzu.
Durch weitere Aufgaben wird wesentlich mehr Raum für Konstruktionssäle, Versuchswerkstätten und als Erprobungsgelände erforderlich. Da bietet sich für die Bölkow Entwicklungen KG die Möglichkeit, auf das Gelände der ehemaligen Luftfahrtforschungsanstalt München in Ottobrunn und Brunnthal überzusiedeln. Seit dem Einzug der Stammannschaft von Ludwig Bölkows Ideenfabrik in die wachsenden Bauten der Ottobrunner Waldlichtungen ist in den zehn Jahren von 1959 bis 1969 das Großunternehmen Messerschmitt-Bölkow-Blohm (MBB) erwachsen, das mit allen seinen Tochterunternehmen rund 20 000 Menschen beschäftigt. Ludwig Bölkow wurde zum Wegbereiter eines »Europa der Technik« im Bereich der Luft- und Raumfahrt. Die Produkte der Unternehmensgruppe MBB umfassen eine schier unübersehbare Vielfalt: Planungen, Entwürfe und Entwicklungen, Raumflugkörper für erdnahe und interplanetare Grundlagenforschung, komplette Strukturengruppen von Flugzeugen, Hubschrauber, Prototypen für neue Verkehrssysteme, weiträumige Überwachungssysteme lokaler Luftqualitäten und präzise Lokalisierungsverfahren für ausgezeichnete Meeresbodenpunkte in der Tiefsee.
MBB ist zusammen mit VFW-Fokker und der Societé Nationale Industrielle Aérospatiale (SNIAS) verantwortlich für Definition, Auslegung, Entwurfsdurchführung, Fertigung und Erprobung des »Airbus« A 300, des ersten europäischen Großraumflugzeugs. Die einzelnen Struktursektionen und Systemgruppen werden in Partnerbetrieben – für MBB vor allem im Unternehmensbereich Hamburg – gefertigt und dort wie in München geprüft. Der Zusammenbau erfolgt durch SNIAS in Toulouse, wohin auch die anderen europäischen Partner, VFW-Fokker in Bremen und die spanische Firma CASA (Construcciones Aeronáuticas Sociedad Anónima) aus Madrid und Sevilla ihre Struktur- und Systemgruppen transportieren. Der europäische »Airbus« gehört zu einer Familie von Großraum-Verkehrsflugzeugen. Er zeichnet sich durch zwei besonders leise General Electric CF 6–50-Triebwerke aus und ist wirtschaftlich optimal für Kurz- und Mittelstrecken.
Andere Entwicklungen wirken nicht in

MBB

BO 105
D-HMBB

die Breite großer Fertigungsprogramme, sondern als stille Erfahrungsreserven fort; so die Arbeit an dem senkrechtstart- und -landefähigen Überschallflugzeug VJ 101, dessen Entwicklung wegen Änderung der militärischen Forderungen abgebrochen werden mußte. Das Versuchsflugzeug steht heute im Deutschen Museum in München. Ähnliches gilt für die erreichten Entwicklungsstufen am Hochgeschwindigkeits-Hubschrauber BO 46 – mit Derschmidt-Schwenkflügelrotor – und an der Versuchsausführung des kaltstrahlgetriebenen Heidelberg/Schwerlast-Hubschrauberrotors mit 44 m Rotordurchmesser und 36 Tonnen Hubkraft.
Bodengebundene, magnetisch getragene und geführte Schnellverkehrssysteme zu planen, die bei allen Wetterbedingungen selbst auf Distanzen bis zu 800 km fähig sein würden, die Zeitvorteile des Luftverkehrs zu übertreffen, hält Ludwig Bölkow für aussichtsreich, sofern moderne Methoden auf den Gebieten der Regelungs- und Elektrotechnik in Verbindung mit den Leichtbauweisen des Flugzeugbaus angewendet werden.
Der geniale Konstrukteur Ludwig Bölkow hat – wie viele Luftfahrtpioniere – auch eine ausgeprägte unternehmerische Begabung. Binnen zweier Jahrzehnte verstand er nicht weniger als elf einstmals bedeutende deutsche Luftfahrtindustrie-Unternehmen in der Messerschmitt Bölkow Blohm GmbH zu vereinigen und darüber hinaus Beteiligungen an weiteren neun inländischen und vier europäischen Firmen zu erwerben. MBB ist heute Sammelpunkt technologischer Erfahrungen von Jahrzehnten und Repräsentant von Firmennamen, die in der Luftfahrtgeschichte unvergessen sind:

Die 1926 gegründeten Bayerischen Flugzeugwerke AG gingen mit dem Udet-Flugzeugbau 1938 in der Messerschmitt AG auf.

Aus dem Ingenieurbüro Bölkow (1948) wurde 1956 die Bölkow-Entwicklungen KG und 1965 die Bölkow GmbH, die 1968 mit Messerschmitt und 1969 mit HFB zur MBB GmbH vereinigt wurde.

Die 1911 gegründeten Deutschen Flugzeugwerke, später ATG, entstanden 1952 mit Siebel als SIAT GmbH neu und kamen durch Bölkow/Messerschmitt-Beteiligungen zu MBB.

Der Entwicklungsring Süd wurde 1959 als Arbeitsgemeinschaft der Firmen Bölkow, Heinkel, Messerschmitt gegründet und ging 1968 in MBB auf.

Die Flugzeug-Union Süd GmbH wurde 1958 als Nachbaubüro der Firmen Messerschmitt und Heinkel gegründet und ging 1968 in MBB auf.

Die Hamburger Flugzeugbau GmbH entstand 1933 als besondere Abteilung der Schiffswerft Blohm & Voss und fusionierte 1969 mit Messerschmitt und Bölkow zu MBB.

Die Junkers-Linie – seit 1907 mit der Luftfahrt befaßt – gelangte 1958 durch Ankauf der Aktien durch die FUS bzw. Messerschmitt AG in die MBB GmbH.

Messerschmitt-Firmen gibt es seit 1923. Nach dem Interessenvertrag mit BFW (1927) entstand daraus die Mtt AG (1938). 1968 kam es zur Fusion mit Bölkow und 1969 mit Blohm (HFB) zur MBB GmbH.

Die 1936 aus dem Klemm-Zweigwerk Halle entstandene Siebel-Flugzeugwerke GmbH kamen nach Neugründung mit ATG (1952) durch Bölkow- und Messerschmitt-Beteiligungen zu MBB.

Die SIAT/WMD entstand 1952 als Gemeinschaftsgründung von Siebel und ATG und ging 1956 einen Gesellschaftsvertrag mit WMD, Donauwörth, ein. Durch Bölkow- und Messerschmitt-Beteiligungen gelangte die Firma in die MBB GmbH.

Die 1922 gegründete Udet Flugzeugbau GmbH, München, ging 1926 in BFW und somit in der Messerschmitt-Linie von MBB auf.

Erstmalig wurde beim Bau des europäischen »Airbus« A 300 die Zulieferung ganzer Rumpfsektionen in das Endmontagewerk Toulouse auf dem Luftweg vorgenommen. In einem Spezialtransporter des Musters »Super-Guppy« werden bei der MBB-Tochtergesellschaft Hamburger Flugzeugbau die dort gefertigten Airbus-Teile durch den aufklappbaren Rumpfbug verladen.

33
33

Die sowjetische Luftfahrt nach 1945

Bis zum Zweiten Weltkrieg war die sowjetische Luftfahrtindustrie im Westen nie recht für voll genommen worden. Man traute ihr zwar eine ausgezeichnete Massenfertigung zu, aber im Vergleich zu den Erzeugnissen der bekannten Flugzeugfirmen der westlichen Welt hatte sie nie Gleichwertiges zu bieten. Während des »großen vaterländischen Krieges« von 1941 bis 1945 beschränkten sich die Sowjets auf wenige, nicht gerade überzeugende Flugzeugtypen, die sich jedoch wirtschaftlich in Großserie bauen ließen. So wurde das Jahr 1945 allgemein als Wendepunkt angesehen, und man wartete in westlichen Fachkreisen auf das, was die Sowjets nunmehr im Frieden und angesichts der gerade aufgekommenen Strahltriebwerke leisten würden.
Nun, die Sowjets verstanden es, bei rascher Auswertung der ihnen in die Hände gefallenen deutschen Entwicklungen, durch politisches Geschick, mit Glück und beachtlichem Ingenieurkönnen der westlichen Herausforderung nicht nur zu

Oben: Die Jak-17, ein zweisitziger Trainer, ging aus der Jak-15 hervor, die wiederum auf den Kolbenmotorjäger Jak-3 zurückgeht. Bei der Jak-15 wurde statt des Kolbenmotors ein deutsches Jumo-004B-Strahltriebwerk eingebaut. Unten: Die Jak-18 verfügt über hervorragende Flugeigenschaften und gewann zahlreiche internationale Kunstflugwettbewerbe. Sie war der Standardtrainer der Sowjets nach dem Krieg. Rechte Seite oben: Der Mi-4 war der meistgeflogene kolbenmotorgetriebene Hubschrauber der Sowjetunion. Rechte Seite unten: MiG-17

begegnen, sondern innerhalb von 15 Jahren Entwicklungs- und Konstruktionskapazitäten aufzubauen, mit denen nur noch die Amerikaner Schritt halten konnten. 1965 spielte die Sowjetunion bereits eine führende Rolle beim Bau fortschrittlicher militärischer Flugzeuge und nahm nach den Amerikanern bei den Zivilflugzeugen einen zweiten Platz ein. Die Grundlagen dazu waren schon relativ frühzeitig gelegt worden.
Der sowjetische schwere Standard-Bomber war 1945 die Tupolew TB-7, ein Flugzeug ähnlich der B-17, aus der Petljakow Pe-8 entwickelt. Vier der sehr viel größeren Boeing B-29 hatten in den Jahren 1944 und 1945 nach Angriffen auf Japan in der Mandschurei und im östlichen Sibirien notlanden müssen. Obgleich die B-29 seinerzeit das technisch kompliziertеste und wahrscheinlich fortschrittlichste Flugzeug überhaupt war, machte sich eine Gruppe von Spezialisten unter der Leitung von Andreij Tupolew gleich daran, die Konstruktion der Maschine zu analysieren, Teile- und Werkstofflisten aufzustellen und Werkzeuge und Vorrichtungen zu konstruieren. Nach einer unglaublich kurzen Zeit, schon 1947, stand die B-29 als Tu-4 im Serienbau. 1948 konnte bereits die erste Staffel in Dienst gestellt werden.
So überholten die Sowjets rasch die Bomberentwicklung in England, und während die Tu-4 bereits vom Band lief, gaben sich die Piloten des Bomberkommandos der britischen Luftwaffe noch mit der Avro »Lancaster« und der »Lincoln« ab. Erst 1952 erhielt auch die RAF die B-29, und das nur, nachdem die USAF aufgrund eines Abkommens Maschinen, Ersatzteile und Trainingsmöglichkeiten für Besatzungen und Bodenpersonal zur Verfügung gestellt hatte. Für die RAF, die damals kaum qualifiziertes Personal hatte, war es allein schon ein Problem, geeignete Besatzungen und Wartungspersonal für ein derartig komplexes Flugzeug zu stellen. Die Sowjets hatten all diese Probleme schon fünf Jahre früher gelöst. Sie entwickelten aus der Tu-4 sogar eine Transportversion.
Diese »zufällige« Verbindung zwischen Tupolew und Boeing hatte weitreichende Auswirkungen. Vieles von der Technologie der B-29 konnte für die Tu-16 und dann für die Tu-104 verwendet werden. Die Tu-16 war ein zweistrahliger Bomber mit einem Strahltriebwerk von A. A. Mikulin, das 1953 mit zunächst 6800 kp Schub in die Produktion ging und später auf 9070 kp gesteigert werden konnte. Mikulin war zuvor hauptsächlich durch die Entwicklung eines 125-PS-

Mil Mi-4

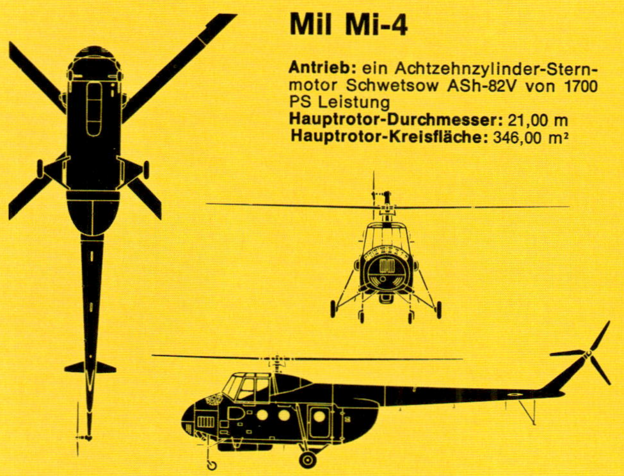

Antrieb: ein Achtzehnzylinder-Sternmotor Schwetsow ASh-82V von 1700 PS Leistung
Hauptrotor-Durchmesser: 21,00 m
Hauptrotor-Kreisfläche: 346,00 m²
Länge: 16,80 m
Abfluggewicht: 7800 kg
Höchstgeschwindigkeit: 210 km/h in 1500 m Höhe
Reichweite: 400 km
Fassungsvermögen: 2 bis 3 Mann Besatzung und bis zu 14 Soldaten oder 16 Fluggäste
Erster Flug: August 1952
Die Mil Mi-4 ist ein Beispiel klassischen Hubschrauberbaus ähnlich der amerikanischen Sikorsky S-55. Sie hat einen vierblättrigen Hauptrotor und einen hochgesetzten Heckrotor. Eine seitliche Tür ermöglicht den Einstieg in die Kabine, während sperrige Lasten über die Heckladepforte zugeladen werden. Die Mi-4 steht seit 1953 im Serienbau. Sie wird von sowjetischen militärischen und zivilen Behörden für die Beförderung von Fluggästen und Fracht sowie in der Landwirtschaftsfliegerei verwendet. Mit Hubschraubern dieses Typs wurden meist auch die sowjetischen Kosmonauten geborgen, nachdem sie gelandet waren.

Mikojan/Gurewitsch MiG-15

Antrieb: ein Strahltriebwerk Klimow RD-45F von 2270 kp Standschub
Spannweite: 10,08 m
Länge: 10,11 m
Flügelfläche: 20,60 m²
Abfluggewicht: 5786 kg
Höchstgeschwindigkeit: 1070 km/h in Bodennähe
Reichweite: 1420 km mit Zusatztanks (unter den Tragflächen)
Besatzung: 1 Mann
Erster Flug: 30. Dezember 1947
Die MiG-15, eines der meistgeflogenen Strahlflugzeuge überhaupt, war das Ergebnis einer Kombination von deutschen Forschungsergebnissen in der Pfeilflügel-Aerodynamik, britischer Strahltriebwerk-Technologie und sowjetischem Ingenieurkönnen. Als 1951 während des Korea-Krieges eine MiG-15 im Luftkampf auf eine Lockheed F-80 »Shooting Star« traf und sie dabei abschoß, war dies das erste Mal, daß sich Strahljäger im Luftkampf gegenüberstanden. Der amerikanischen »Sabre«, die durch besser ausgebildete Piloten geflogen wurde, gelang es schließlich, sich gegenüber der MiG-15 zu behaupten; sie war auch noch der verbesserten MiG-15bis überlegen. Die weiterentwickelte MG-17 ging 1953 in Serie, kam aber für den Korea-Krieg zu spät.

Kolbenmotors bekannt geworden. Seinerzeit hatte man in anderen Ländern überhaupt noch keine Verwendung für ein derartig leistungsstarkes Strahltriebwerk; in den USA gab es bei General Electric und in England bei de Havilland Prototypen in der gleichen Schubklasse. Mit den Mikulin-Triebwerken konnte die zweistrahlige Tu-16 damals für nicht einmal die halben Kosten der vergleichbaren vierstrahligen »Valiant« und der sechsstrahligen Boeing B-47 gebaut werden. Noch heute stehen Hunderte dieser wirtschaftlichen Flugzeuge in einer Reihe von Varianten weltweit im Dienst.
Der Umbau der Tu-16 zu einem Verkehrsflugzeug war kein Problem. In erster Linie mußte der Mittelflügel neu konstruiert werden, um mit dem ebenfalls neu entwickelten, sehr viel größeren druckbelüfteten Rumpf zusammenzupassen. Das dauerte nicht einmal ein Jahr, und so konnte die Tu-104A schon Ende 1955 ihre Flugerprobung nahezu abschließen. Sie war den späteren Comet-Varianten sicher nicht ganz ebenbürtig, und sie bot auch nicht die Leistungen und den Komfort der Boeing 707 und der Douglas DC-8. Trotzdem erwies sich die Tu-104A als außergewöhnlich einsatztauglich: Es gab kaum technische Schwierigkeiten. Für die sowjetischen Konstrukteure war die Entwicklung der Tu-104 dadurch besonders wertvoll, daß sie hier große Erfahrungen sammeln konnten, von denen sie später überaus reichlich profitierten. So blieb es nicht aus, daß moderne sowjetische Verkehrsflugzeuge auf den Weltmärkten mehr und mehr als Konkurrenten westlicher Erzeugnisse auftraten.
Angesichts der kleinen Kolbenmotorjäger, die sie im Kriege gebaut hatten, schienen die Sowjets bei den neueren Strahlflugzeugentwicklungen zunächst weit abgeschlagen. Nichtsdestoweniger gelang es Alexander Jakowlew, innerhalb von neun Monaten seine Jak-9 auf ein deutsches Strahltriebwerk Jumo 004B umzurüsten und damit in die Flugerprobung zu gehen. Ergebnis war die Jak-15 – wahrscheinlich das einzige vom Kolbenmotor zum Strahltriebwerk umgerüstete Flugzeug, das in bezug auf die Einfachheit der Konstruktion mit der schwedischen J21 vergleichbar ist. Sie wurde 1946 in Dienst gestellt. Zu dieser Zeit war auch schon die verbesserte, mit einem Bugradfahrwerk ausgerüstete Jak-17 im Bau, und das MiG-Team von Mikojan und Gurewitsch hatte bereits die zweistrahlige, mit Jumo 004-Triebwerken ausgerüstete MiG-9 geflogen. Alle diese Flugzeuge sind jedoch in ihrer Bedeutung nicht mit einer Neuentwicklung zu vergleichen, die ebenfalls das MiG-Team herausbrachte: der MiG-15.
Die Sowjets hatten sich sehr rasch nach dem Kriege insbesondere die deutschen Forschungsergebnisse auf dem Gebiet der Flügelpfeilung zunutze gemacht, mit der ein Widerstandsanstieg im Bereich hoher Unterschallgeschwindigkeiten weitgehend vermieden werden kann. Sie waren entschlossen, einen Pfeilflügel-Jäger zu entwickeln, der mehr als 1000 km/h erreichen sollte. Es war vorgesehen, die MiG-15 mit einem Strahltriebwerk von 1814 kp Schub auszurüsten, das von der 900 kp Schub liefernden Jumo 004B abgeleitet war. Zu diesem Zweck brachte man zahlreiche deutsche Ingenieure, Wissenschaftler und Facharbeiter, die Erfahrungen mit Strahltriebwerken hatten, im Jahre 1945 in die UdSSR. Darüberhinaus lieferte die britische Regierung den Sowjets Baumuster und Zeichnungen der beiden letzten und

leistungsstärksten britischen Strahlturbinen, der Rolls-Royce Derwent 5 und der Nene. Vermutlich war sich damals niemand der Tragweite dieser Entscheidung bewußt. Als die erste Nene Anfang 1947 in der Sowjetunion eintraf, beschloß man dort, unverzüglich die Produktion aufzunehmen und das Triebwerk in die MiG-15 einzubauen. Auf Lizenzvereinbarungen verschwendete man erst gar keine Zeit. Ende des Jahres war der neue Jäger schon in der Luft.
Der Westen erfuhr erst 1951 von der MiG-15, als amerikanische Piloten sich über Korea plötzlich mit dem schnellen, wie ein Silberpfeil aussehenden Jäger konfrontiert sahen. Zwar wurde die MiG-15 durch die noch unerfahrenen Piloten meist schlecht geflogen, zeigte sich aber trotzdem bald sämtlichen alliierten Flugzeugen, mit Ausnahme der F-86 »Sabre«, überlegen. Nicht einmal die »Sabre« konnte so gut steigen und so wendig Kurven fliegen. Auch in England gab es, mit Ausnahme von Prototypen, kein gleichwertiges Flugzeug. Kaum konnten die Amerikaner ihre verbesserten »Sabre« und die Grumman »Cougar« einsetzen, erschien schon das Nachfolgeflugzeug der MiG-15, die MiG-17, auf der Bildfläche. Kurz nach dem Ende des Korea-Krieges kam die MiG-19 dazu, die ähnlich der amerikanischen F-100 im Horizontalflug Überschallgeschwindigkeit fliegen konnte.
Von da an ging die Entwicklung stetig voran. Seit Mitte der fünfziger Jahre haben die Sowjets mehr zukunftsweisende Konstruktionen und Rekordflugzeuge herausgebracht als jedes andere Land. Dazu gehören Schwenkflügler, Senkrechtstarter mit Strahlantrieb, gigantische Schwerlast-Hubschrauber, STOL-Flugzeuge. Heute haben die Amerikaner mit der F-14, F-15 und F-16 gerade die Leistungen der MiG-23 erreicht, und mit der F-5E wurde das Gegenstück zur sehr viel älteren MiG-21 gebaut. Für die Fachleute im Westen heißt darum die ständige Frage: Was bringen die Sowjets jetzt?

Links oben: Eine MiG-15 mit amerikanischen Kennzeichen! Ein nordkoreanischer Pilot hatte 1953 dieses russische Kampfflugzeug den Amerikanern überstellt. Links unten: Die MiG-19 war das erste sowjetische Jagdflugzeug, das im Horizontalflug Überschallgeschwindigkeit erreichte. Rechts oben: Die Il-20, eine Zivilversion des Bombers Il-28. Unten: MiG-21F der tschechoslowakischen Luftwaffe

Große Konstrukteure und ihr Werk:

Andrej Nikolajewitsch Tupolew

Andrej Nikolajewitsch Tupolew gilt als eigentlicher Vater der sowjetischen Luftfahrt. 1888 geboren, zählte er an der Technischen Hochschule Moskau zu den ersten Schülern des international bekannten Aerodynamikers Professor N. E. Schukowski. 1911 wurde er wegen revolutionärer Umtriebe eingesperrt, seine Studien und ersten Versuche mit Gleitflugzeugen so zunächst unterbrochen. Während des Ersten Weltkriegs arbeitete Tupolew dann zeitweise in der größten russischen Flugzeugfabrik »Duks«.

Nach der Oktoberrevolution wurde Tupolew Professor Schukowskis Assistent und gründete mit ihm das Zentrale Aero- und Hydrodynamische Institut (TsAGI). 1920 setzte er sich mit dem Problem des Ganzmetall-Flugzeugbaus auseinander. Er konstruierte das erste Ganzmetallflugzeug der Sowjetunion.

Die 1923 fertiggestellte ANT-2 war ein einmotoriger, dreisitziger Eindecker. Das Flugzeug hatte mehrholmige Tragflächen, einen dreieckigen Rumpfquerschnitt und relativ dünne Beplankung aus gewelltem Aluminium, das man nach dem Ort seiner Herstellung Kolchugalumin nannte. Die ANT-2 ähnelte der Junkers K 16. Das kam nicht von ungefähr, da man sich mit Junkers-Konstruktionen beim TsAGI sehr eingehend beschäftigt hatte, nachdem eine Junkers J 1 während des Krieges erbeutet wurde. Schon 1919 verhandelte die sowjetische Regierung mit Professor Hugo Junkers über den Bau von Junkers-Flugzeugen in der Sowjetunion; 1921/22 wurden die Junkers-Flugzeugwerke in Fili errichtet. Hier entstanden Lizenzbauten der einmotorigen Militärflugzeuge Junkers H 21 und H 22 in den Jahren von 1923 bis 1925 und der Zusammenbau des Verkehrsflugzeugs Junkers F 13 aus Teilen, die bei Junkers in Deutschland gebaut worden waren.

Tupolew konstruierte zu jener Zeit einige Versuchsflugzeuge, mit denen das neue Leichtmetall getestet werden sollte: die ANT-III und das Wasserflugzeug ANT-I. Das erste beim TsAGI von Tupolew entworfene Serienflugzeug war der zweisitzige Doppeldecker ANT-3, der 1926 und 1927 Propagandaflüge ausführte und bis 1932 von der sowjetischen Luftwaffe als Aufklärer geflogen wurde.

Die Konstruktionsarbeiten an Tupolews erstem größeren Flugzeug, der zweimotorigen ANT-4, begannen schon vor dem Erstflug der ANT-3. Noch immer lehnte sich Tupolew stark an die dreimotorige Junkers G 23 an. Das Flugzeug wurde praktisch im zweiten Stock des Hauses eines früheren Moskauer Kaufmanns gebaut, das der TsAGI gehörte. Man mußte anschließend die Wände niederreißen, um die Baugruppen zum Moskauer Zentralflughafen zur Endmontage bringen zu können. Am 26. November 1925 startete die ANT-4 zu ihrem ersten, sieben Minuten dauernden Flug. In ihrer mit TB-1 bezeichneten Serienversion war die ANT-4 mit drei doppelläufigen 7,62-mm-DA-Maschinengewehren bewaffnet, untergebracht in der Bugnase und in zwei Waffentürmen oberhalb des Rumpfes. 216 Maschinen wurden in den mittlerweile enteigneten Junkers-Werken in Fili bei Moskau gefertigt. 1929 flog eine unbewaffnete ANT-4, die mit dem Kennzeichen URSS-300 versehene »Strana Sowetow«, über Sibirien und die Westküste der Vereinigten Staaten von Moskau nach New York.

Die TB-1 wurde für zahlreiche Aufgaben

Links oben: Andrej Nikolajewitsch Tupolew. Rechte Spalte von oben nach unten: Durch die Verwendung von Wellblech für die Außenhaut ähnelt diese ANT-2 aus dem Jahre 1923 den Junkers-Flugzeugen der damaligen Zeit. Tupolews erste in Serie gebaute Maschine war die zweisitzige ANT-3, die von der sowjetischen Luftwaffe als Aufklärer eingesetzt wurde. Am Jahrestag der Oktoberrevolution flogen 1934 über 250 Maschinen des Typs TB-3 (ANT-6) über den Roten Platz und demonstrierten damit die wachsende Leistungsfähigkeit der russischen Luftfahrt. ANT-9 der Deruluft mit drei 365-PS-Wright-Whirlwind-Motoren. Das seinerzeit größte Landflugzeug der Welt war die achtmotorige ANT-20 »Maxim Gorki«.

Links: Diese Tu-2, ein mittlerer Bomber des Zweiten Weltkriegs mit den Kennzeichen der polnischen Luftwaffe, steht heute im polnischen Luftfahrt-Museum in Krakau. Unten: Eine ANT-25 auf dem sowjetischen Stand des Pariser Luftfahrt-Salons von 1936 (im Hintergrund). Davor steht eine ANT-35, ein zehnsitziges Passagierflugzeug.

eingesetzt: als Torpedobomber und Frachtflugzeug, für Versuche zur Luftbetankung und zu raketengestützten Starts. Später wurden unter den Flächen eines Mutterflugzeuges TB-1 zwei I-4-(ANT-5)-Jäger aufgehängt; die mit Zveno-1 bezeichnete Flugzeugkombination flog zum ersten Mal am 3. Dezember 1931 erfolgreich.
1932 ersetzte die TB-3 (ANT-6), ein viermotoriger, aus dem Vorgängermuster entwickelter Bomber, die TB-1. Die Maschine flog mit M. M. Gromov am 22. Dezember 1930. Tupolew hatte damit gleichzeitig das größte Landflugzeug der Welt gebaut.
Die ersten TB-3 waren der TB-1 sehr ähnlich; sie beförderten die gleiche Bombenlast, waren allerdings leistungsstärker und schwerer bewaffnet. Die Bauausführung des Jahres 1936, mit M-34-FRN-Triebwerken, erflog für die Sowjetunion zahlreiche Nutzlastrekorde. Im Mai 1937 brachten vier unbewaffnete TB-3 Professor Schmidt und seine Polarexpedition zum Nordpol.
Hergestellt wurden zwischen 1932 und 1937 insgesamt über 800 TB-3. Unter anderem war das Flugzeug als Träger von Jagdflugzeugen eingesetzt. Unter jeder der gewaltigen Tragflächen befanden sich je drei mechanisch auslösbare Aufhängevorrichtungen. Sie konnten sowohl vom Cockpit der TB-3 als auch vom Piloten der mitgeführten Jäger bedient werden. Eine Staffel TB-3 kam im Jahre 1941 noch gegen die in Rußland vorrückenden deutschen Armeen zum Einsatz. Sie trugen jeweils zwei Jagdbomber des Musters Il-16 unter den Tragflächen bis in Frontnähe.
Im Mai 1933 löste der sechsmotorige Bomber Tupolew TB-6 (ANT-16) die TB-3 ab. Zwar ging das Flugzeug nicht in Großserie, diente aber als Versuchsträger für verschiedene Bombererprobungsprogramme und schließlich als Ausgangsmuster für die noch größere

achtmotorige ANT-20 »Maxim Gorki«, die anläßlich des vierzigsten Todestages dieses großen sowjetischen Schriftstellers der Öffentlichkeit vorgestellt wurde.
Eigentlich war die »Maxim Gorki« eine ausgesprochene »Propagandamaschine«. Sicher erschien sie nach den Maßstäben des Jahres 1934 als gigantisch. Dementsprechend befanden sich an Bord eine Druckerei, ein Filmvorführraum, eine Dunkelkammer und dazu komfortable Fluggastkabinen mit Schlafkojen. Kurz und dramatisch blieb die Geschichte dieses Riesenflugzeuges: Der Jungfernflug fand am 19. Juni 1934 statt – aber schon am 18. Mai 1935 wurde die einzige ANT-20 beim Zusammenstoß mit einem Jagdflugzeug und der anschließenden Bruchlandung total zerstört. Nachfolgeflugzeug mit gleicher Zellenauslegung, aber nur sechs stärkeren Triebwerken wurde die PS-124 oder ANT-20bis. Eine zwölfmotorige Weiterentwicklung für 70 Tonnen Abfluggewicht war geplant, kam jedoch nie über das Konstruktionsstadium hinaus.
Im Jahre 1935 begann Tupolew mit der Arbeit an einem viermotorigen Höhenbomber, der sich in seiner konstruktiven Auslegung zwar an die ANT-3 anlehnte, jedoch aerodynamisch wesentlich überarbeitet war. Der ovale Rumpf hinterließ einen strömungsgünstigeren Eindruck, das Fahrwerk war einziehbar, und die Besatzung saß in einem geschlossenen Cockpit. Das Flugzeug trug die Musterbezeichnung TB-7 (ANT-42), wurde später jedoch nach Professor V. M. Petljakow, der die Weiterentwicklung übernahm, als Pe-8 international bekannt.
Konstruktions-Teams unter P. O. Suchoi und A. A. Archangelski bauten unter Führung von Tupolew vor dem Zweiten Weltkrieg eine ganze Reihe schneller und weitreichender Bomber, darunter die ANT-25 (RD), die im Jahre 1937 mit einem Flug von Moskau nach San Jacinto in Kalifornien über den Nordpol den Langstreckenweltrekord für die Sowjetunion holte. 1936 wurde Tupolew, der seit 1931 auch Chefingenieur der sowjetischen Luftfahrtbehörde war, im Rahmen der in aller Welt Aufsehen erregenden Tuchatschewski-Prozesse ins Gefängnis geworfen. Wie ihm erging es auch zahlreichen anderen führenden Köpfen der sowjetischen Luftfahrt. Einige, darunter Professor W. A. Kalinin, verschwanden für immer. Andere wurden nach Jahren hinter Gittern freigelassen.
Tupolew selbst konnte erst 1942 an seinen Arbeitsplatz zurückkehren. Er konstruierte den besten mittleren Bomber der Sowjetunion während des Zweiten Weltkriegs und erhielt dafür – Ironie sowjetischer Geschichte – den Stalin-Preis.
Auch nach Beendigung des Zweiten

Linke Seite außen: Das größte Flugzeug aus einer unter Tupolews Leitung entstandenen Baureihe von Wasserflugzeugen, die von den Sowjets als Aufklärer und Bomber geflogen wurden, war die ANT-44. Linke Seite innen: Wenn auch unfreiwillig, so halfen die USA doch entscheidend mit an der Entstehung des strategischen Bombers Tu-4. Das Flugzeug war eine exakte Nachbildung der Boeing B-29 »Superfortress«. Unten: Die Tu-114 war seinerzeit nach Dimensionen und Gewicht das größte Verkehrsflugzeug der Welt. Sie wurde rechtzeitig zum 40. Jahrestag der Oktoberrevolution im Herbst 1957 fertiggestellt. Tragflächen, Leitwerke, Fahrwerk und die Turboprop-Triebwerke waren mit den entsprechenden Baugruppen des Bombers Tu-95 fast identisch. Rechts oben: Nach der Comet-Tragödie war die Tu-104 vom September 1956 bis zum Oktober 1958 das einzige strahlgetriebene Verkehrsflugzeug der Welt.

Tupolew Tu-104

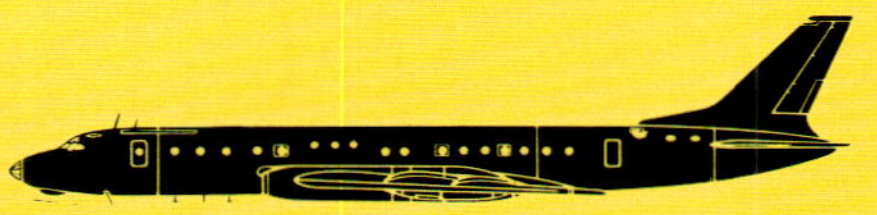

Antrieb: zwei Strahltriebwerke Mikulin AM-3M-500 von je 9700 kp Standschub
Spannweite: 34,56 m
Länge: 38,87 m
Flügelfläche: 174,40 m²
Abfluggewicht: 71 000 kg
Reisegeschwindigkeit: 900 km/h in 10 000 m Höhe
Größte Reichweite: 2650 km
Fassungsvermögen: 5 Mann Besatzung und 50 Passagiere
Erster Flug: 17. Juni 1955

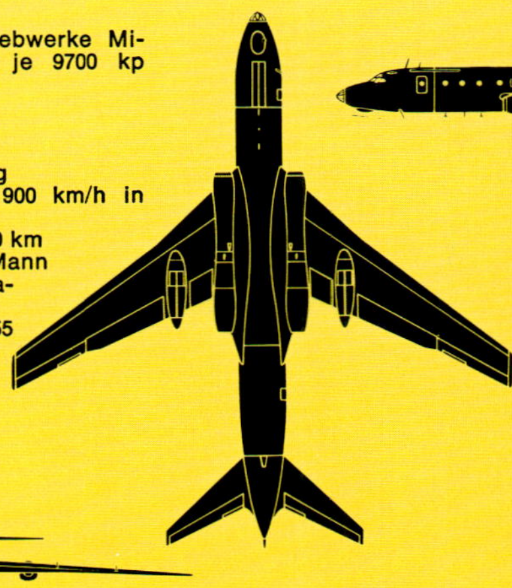

Die Tu-104 erschien zu der Zeit, als die »Comet« Startverbot hatte, und zwei Jahre bevor die erste Boeing 707 in Dienst gestellt wurde. Man stellte im Westen mit Überraschung fest, daß es ein modernes sowjetisches Strahlverkehrsflugzeug gab, und konnte gleichzeitig Rückschlüsse auf Dimensionen und Leistungen des Mittelstreckenbombers Tu-16 ziehen, aus dem die Tu-104 entwikkelt worden war. Die Aeroflot führte die Tu-104 am 15. September 1956 auf der Strecke Moskau–Irkutsk ein. Spätere Ausführungen boten bis zu hundert Fluggästen Platz. Die Tu-104 war auch die Grundlage für die Konstruktion der kleineren Tu-124, des ersten mit Zweistromtriebwerken ausgerüsteten Verkehrsflugzeugs der Sowjetunion.

Tupolew Tu-114

Antrieb: vier Propellerturbinen Kusnetzow NK-12MV von je 14 795 WPS Leistung mit je zwei gegenläufigen Vierblatt-Propellern von 5,60 m Durchmesser
Spannweite: 51,10 m
Länge: 54,10 m
Flügelfläche: 311,12 m²
Abfluggewicht: 171 000 kg
Größte Reisegeschwindigkeit: 770 km/h in 9000 m Höhe
Reichweite: 6200 km mit der maximalen Nutzlast von 30 000 kg
Fassungsvermögen: 10 bis 15 Besatzungsmitglieder und 120 bis 220 Fluggäste
Erster Flug: 1957

Die Tu-114 wurde aus dem Langstreckenbomber Tu-95 entwickelt. Tragflächen, Triebwerke und Heck sind weitgehend identisch, im wesentlichen kam lediglich ein neuer Rumpf hinzu. Der »Rossija« (Rußland) genannte Prototyp der Tu-114 stellte seinerzeit anläßlich des 40. Jahrestages der Oktoberrevolution zahlreiche Geschwindigkeits-, Höhen- und Langstreckenrekorde mit Nutzlasten von bis zu 30 000 kg auf. Die erste Serienmaschine wurde 1961 in Dienst gestellt. Eine fliegende Frühwarnstation mit dem NATO-Codenamen »Moss« gehört zu den militärischen Varianten dieser Maschine.

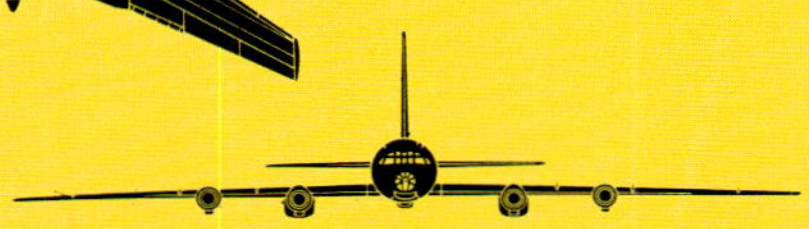

Linke Seite: Auf dem Pariser Luftfahrtsalon des Jahres 1971 stellte die Sowjetunion erstmals einige ihrer modernsten Verkehrsflugzeuge der Weltöffentlichkeit vor. Im Mittelpunkt der Ausstellung stand die Tu-144, das erste Überschall-Verkehrsflugzeug der Welt. Der im Bild gezeigte Prototyp hatte während der Flugerprobung bereits eine Höchstgeschwindigkeit von Mach 2,3, entsprechend 2443 km/h erreicht. Oben: Tu-124 für 44 bis 56 Fluggäste. Rechte Spalte oben: Sowjetischer Langstreckenaufklärer vom Typ Tu-16 in den Farben der ägyptischen Luftwaffe, hier »beschattet« von einer amerikanischen F-8 »Crusader«. Diese sowjetischen Maschinen nehmen häufig und gerne als »Zaungäste« an Marinemanövern der NATO teil. Rechts Mitte: Zweistrahlige Tu-134 für 64 bis 72 Fluggäste der bulgarischen Luftfahrtgesellschaft. Rechts unten: Die Tu-154 ist das sowjetische Gegenstück zur britischen »Trident« und zur amerikanischen Boeing 727. Sie ist mit drei Fan-Triebwerken des Typs Kusnetzow NK-8-2 ausgerüstet.

Weltkriegs zeichnete das Konstruktionsbüro Tupolew für eine Reihe hervorragender Flugzeugentwürfe verantwortlich. Die Tu-4 kann als Weiterentwicklung der Boeing B-29 »Superfortress« bezeichnet werden. Die Tu-14 war ein zweistrahliger Bomber noch ohne gepfeilte Tragflächen; er flog für die sowjetische Marineluftwaffe in großer Stückzahl. Die Tu-16 wurde ein zweistrahliger mittlerer Bomber mit Pfeilflügeln, die Tu-95 der erste schwere Bomber mit Turboprop-Antrieb und gleichzeitig wieder einmal das größte Landflugzeug seiner Zeit. Daraus entwickelte Tupolew das Verkehrsflugzeug Tu-114 und schließlich das Strahlverkehrsflugzeug Tu-104. Ihm folgten in rascher Konstruktionsarbeit der Überschallbomber Tu-22 und – als Überraschung für die westliche Welt – das Überschallverkehrsflugzeug Tu-144.

Das Erscheinen des sowjetischen Strahlverkehrsflugzeugs Tu-104 am 22. März 1956 auf dem Londoner Flughafen Heathrow setzte die Luftfahrtindustrien Europas und Amerikas in Erstaunen. Bis dahin wußte man lediglich, daß die sowjetische Luftverkehrsgesellschaft Aeroflot auf ihren Strecken Kolbenmotorflugzeuge der Muster Il-12 und Il-14 einsetzte, die noch nicht einmal Druckkabinen hatten. Daneben flog bei Aeroflot in großer Stückzahl die unter Lizenz gebaute Douglas DC-3 unter der Bezeichnung Li-2. Aber ab 15. September 1956 war die Tu-104 vorübergehend das einzige Strahlverkehrsflugzeug der Welt, bis im Oktober 1958 die Boeing 707 kam und die mit Flugverbot belegte de Havilland »Comet« wieder fliegen durfte. Sicher war die Tu-104 nicht sehr wirtschaftlich. Ihre Strahltriebwerke hatten einen zu hohen Kraftstoffverbrauch. Schließlich entwickelte Tupolew aus der Tu-104 die Tu-124. Sie war etwas kleiner und verfügte über die ersten sowjetischen Zweistrom-Strahltriebwerke mit wesentlich niedrigerem Verbrauch. Nachfolgerin der Tu-124 wurde die Tu-134, ein Flugzeug mit zwei Hecktriebwerken, und daraus wiederum entstand die dreistrahlige Tu-154 für bis zu 158 Passagiere. Sie nahm im Herbst 1971 den Liniendienst auf.

Mit fortschreitendem Versuchsprogramm für das Überschallverkehrsflugzeug Tu-144 trat immer mehr Tupolews Sohn Alexej in den Vordergrund. Als erstes Verkehrsflugzeug der Welt erreichte die Tu-144 am 31. Dezember 1968 während eines Erprobungsflugs doppelte Schallgeschwindigkeit oder Mach 2. Im Mai 1971 wurde sie anläßlich des Pariser Luftfahrtsalons erstmals außerhalb der Sowjetunion der Weltöffentlichkeit vorgestellt.

In Anerkennung seiner Verdienste um den Flugzeugbau erhielt Andrej Nikolajewitsch Tupolew viele sowjetische, aber auch westliche Auszeichnungen: mehrere Lenin- und Stalin-Preise; die Goldmedaille der Fédération Aeronautique International (FAI) im Jahre 1959 und die Ehrenmitgliedschaft der britischen Royal Aeronautical Society. Sein Name wird durch seine vielen bahnbrechenden Entwicklungen einen Ehrenplatz in der Geschichte der Luftfahrt einnehmen.

Grenzen der Luftfahrt

Den Blick in die Zukunft zu richten ist immer verlockend. Aber eine Analyse der ebenso langen theoretischen wie kurzen praktischen Luftfahrtgeschichte lehrt zweierlei: einmal, daß die heutige Fortbewegung des Menschen durch die Luft von der angewandten Technologie her noch in den Kinderschuhen steckt, und zum anderen, daß der Drang nach immer höherer Geschwindigkeit schon innerhalb des kommenden Jahrzehnts zum fließenden Übergang von der Luft- zur Raumfahrt führen wird.
Noch zu Beginn dieses Jahrhunderts haben sich zahllose Wissenschaftler mit öffentlich verbreiteten Behauptungen wie »Das Fliegen mit Geräten schwerer als Luft ist Utopie« blamiert. Noch in den dreißiger Jahren hielten selbst hervorragende Aerodynamiker das Erreichen hoher Unterschallgeschwindigkeiten für äußerst schwierig und den Flug innerhalb der Erdatmosphäre mit Überschallgeschwindigkeit für unmöglich. Ihnen fehlte die Vorstellungskraft und Phantasie jener zahllosen Luftfahrtpioniere, die ohne Rücksicht auf gegebene wissenschaftliche Erkenntnisse als erste konstruierten, bauten und flogen und dafür auch noch den Spott ihrer Zeitgenossen ernteten. Erst als die Luftfahrt von nicht wenigen Königen, Kaisern und Generalen als eine Art moderner Zirkusattraktion eingestuft wurde, die zu bewundern sich schon deshalb lohne, weil dabei so viel passiere, nahmen sich Gelehrte dieser Sache an.
So trat zur Hydrodynamik und Thermodynamik die noch immer junge Wissenschaft der Aerodynamik. Nicht zu vergessen: Erst 1913 gelang es dem damals in Aachen wirkenden jungen Mathematikprofessor Theodore von Kármán – später einer der bedeutendsten Aerodynamiker der Luftfahrtgeschichte –, im Auftrag von Hugo Junkers die erste mathematische Formel zur »Berechnung eines Flügels« zu entwickeln. Etwa zur gleichen Zeit konstruierte Professor Ludwig Prandtl in Göttingen den ersten Windkanal. Er entdeckte den »induzierten Widerstand« durch Wirbelbildung unmittelbar an der Tragflächenoberfläche, die er »Grenzschicht« nannte, und er bewies die Theorie von der »Natur des Auftriebs« der beiden Professoren Kutta und Joukowski. Von nun an wurde die Luftfahrtforschung Grundlage für die weitere Entwicklung von Luftschiff und Flugzeug zu einem schnellen und sicheren Fortbewegungsmittel für den Menschen.
Doch was hat sich seitdem zum Beispiel am Prinzip der aerodynamischen Lenkung eines Flugzeuges um die Längs-, die Quer- und die Hochachse geändert? Vergleichen wir zwei der modernsten Flugzeuge unserer Tage, den europäischen »Airbus« A 300 als schnellstes Verkehrsflugzeug unter allen Großraum-Jets und das Vielzweck-Kampfflugzeug MRCA »Panavia 200« als augenblicklich modernstes militärisches Überschall-Fluggerät mit der Fokker »Spinne« oder dem Junkers J 1 »Blechesel« die vor sechzig Jahren Gestalt annahmen und flogen, so sind die Ruderflächen damals wie heute dieselben: Querruder kontrollieren die Bewegung um die Längsachse, das Höhenruder am Heck stabilisiert um die Querachse, leitet den Steigflug und den Sinkflug ein, und das Seitenruder überwacht Bewegungen um die Hochachse und bewirkt mit den anderen Rudern zusammen die harmonische Kursbestimmung im Flug. Trotz raffinierter gewordener Aerodynamik, verschiedenster Klappensysteme zur Beeinflussung des Auftriebsbeiwertes je nach gewünschtem Flugzustand, trotz zehn- bis zwanzigmal höheren Fluggeschwindigkeiten – das Prinzip der Flugzeugsteuerung hat sich nicht geändert. Weil es von Anfang an nicht nur von genialer Einfachheit, sondern auch naturgegeben und damit schlechthin vollkommen war. Freilich nur für die Fortbewegung in der Atmosphäre, soweit sie den aerodynamischen Flug mit anliegender Luftströmung noch erlaubt.
Nun aber wissen wir bereits, daß das Flugzeug der Zukunft große Entfernungen auf der Erde mit der achtfachen, zwölffachen, sechzehnfachen Schallgeschwindigkeit, ja theoretisch bis nahe an die Grenze der Fluchtgeschwindigkeit heutiger bemannter Raumflugkörper von 28 000 Stundenkilometer überbrücken können wird; und daß wir dann ein längst erprobtes zusätzliches Steuersystem an Bord haben werden, das am Rande der Atmosphäre nach dem Übergang vom aerodynamischen zum ballistischen Flug die Stabilisierung mit Hilfe automatisch arbeitender Steuerdüsen übernimmt. Hier treffen sich endlich die Luftfahrtforschung mit der Raumfahrtforschung. Das Spacelab-Programm und die geplante Spacelab-Versorgung mit großen, oftmals verwendungsfähigen Raumtransportern, die nach ihrer Rückkehr vom Raumlabor in Kap Canaveral landen wie ein normales Flugzeug, weisen den direkten Weg zum Hypersonic-Luftverkehr von morgen.
Das heißt: Die Grenze der Luftfahrt liegt sicher einmal dort, wo die aus heutiger Sicht so bezeichnete Raumfahrt beginnt. Da jedoch der Sinn hoher Geschwindigkeiten immer in der Verkürzung des Zeitfaktors zur Überbrückung von Entfernungen liegt, hat das gegebene Luftverkehrssystem im Kurzstreckenverkehr mit Reisemachzahlen zwischen 0,6 und 0,8, also sechs bis acht Zehntel der Schallgeschwindigkeit, seine Grenze bereits erreicht. Die Entfernung München–Frankfurt oder Hamburg–London mit Überschallgeschwindigkeit fliegen zu wollen, wäre ökonomisch ebenso sinnlos wie die Beschleunigung eines Porsche auf Höchstgeschwindigkeit zwischen zwei Großstadtampeln.
Seit Beginn dieses Jahrhunderts vollzogen sich in der Luftfahrtentwicklung Evolu-

Sicher wird sich das Bild der Luftfahrt, wie wir sie heute kennen, in absehbarer Zeit erneut wandeln. Die Flugzeugtriebwerke werden leiser und damit umweltfreundlicher. Der europäische »Airbus« A 300 B ist nur der Anfang einer ganz neuen Flugzeuggeneration. Die Weiterentwicklung der »Concorde« wird Anfang der achtziger Jahre zu Überschallflugzeugen mit etwa 300 Fluggastsitzen führen, und weitere zehn Jahre später werden Hyperschallflugzeuge mit Reisegeschwindigkeiten um Mach 8 oder sogar darüber die Flugzeiten erneut halbieren.

tion und Revolution in kurzen Zeitabständen ohne Unterbrechung. Daß das Gesamtsystem der Luftfahrt in seiner Funktion dennoch eine Zuverlässigkeit repräsentiert, die allen anderen Verkehrsmitteln vergleichbar, wenn nicht sogar überlegen ist, verdankt es seiner technologischen Forderung nach höchstmöglicher Präzision in allen Bereichen. Sicher wird es auch hier keinen Stillstand geben: Haben wir an Bord moderner Flugzeuge die doppelte und dreifache Absicherung aller zum Flug und seiner Überwachung wichtigen Systeme, wie etwa der Hydraulik, der Energieversorgung, der Kommunikation, der Elektronik bis hin zur exakten Höhen- und Geschwindigkeitsmessung, so wird hier in Zukunft noch mehr Automatik, noch mehr Computertechnik einmal zur weiteren Entlastung des Menschen in der Flugzeugführung beitragen, aber auch innerhalb des kommenden Jahrzehntes zwei Hauptprobleme einer optimalen Lösung zuführen: das Problem der endlich narrensicheren Koordinierung aller Bewegungen im Luftraum, also der Flugsicherung, und das Problem der Landung bei schlechtem Wetter »ohne Sicht«. Läßt das bereits in den meisten Langstrecken-Jets vorhandene Inertial Navigation System (INS) nach Eingabe der errechneten Flugplan-Daten den tatsächlich fast automatischen Flugablauf selbst über größte Entfernungen zu, so erlauben die modernsten Radar-Anlagen gekoppelt mit Elektronenrechnern – wie

Die komputergestützte und -gesteuerte Automatik wird in Zukunft nahezu alle Kontrollsysteme an Bord moderner Verkehrsflugzeuge beherrschen. Damit wird die automatische Landung »bei jedem Wetter« realisierbar, der Pilot in seiner Kontrollfunktion auch gegenüber jener komplexen Elektronik jedoch nicht überflüssig. Auch Flughafenbefeuerungen mit ihrer für jeden Laien verwirrenden Lichterpracht wird es morgen wie heute geben müssen.
Das zur Zeit modernste militärische Flugzeug, das MRCA »Panavia 200« (rechts) mit seinen Schwenkflügeln und Überschallgeschwindigkeit könnte tatsächlich eine der letzten noch bemannt fliegenden Kampfmaschinen sein. Möglicherweise werden künftige Kriege nur noch mit ferngelenkten, unbemannten Flugkörpern geführt, oder – ein Traum – gar nicht mehr!

D-9591

D-9591

177

sie etwa bei Eurocontrol und in den USA schon praktisch eingesetzt werden – in naher Zukunft die Gesamtkontrolle des Luftraums in allen Höhenbereichen. Die heute noch üblichen Luftstraßen von Funkfeuer zu Funkfeuer werden dann einem flexibleren System Platz machen, das noch wesentlich genauer arbeitet. Es wird keine unkontrollierten Bewegungen im Luftraum mehr geben, und es wird auch keine getrennte und damit risikoreiche militärische und zivile Luftraumkontrolle nebeneinander geben. Neue Schlechtwetteranflug- und -landeverfahren unter Einsatz von Mikrowellen werden das seit 35 Jahren übliche Instrument Landing System (ILS) ablösen und mit Hilfe dreifach abgestützter Bordautomatik Landung *und* Start auch bei Bodensicht 0 bis 50 Meter nach der von allen Luftfahrt treibenden Ländern über die International Civil Aviation Organization herausgegebene Norm für Sichtweiten über der Landebahn nach Kategorie IIIC allgemein ermöglichen. (ICAO-Kategorie II = 30 Meter Wolkenhöhe und 800 bis 400 Meter Sicht, ICAO-Kategorie IIIA = aufliegende Wolken und 400 bis 200 Meter Sicht; ICAO-Kategorie IIIB = aufliegende Wolken und 200 bis 50 Meter Sicht; ICAO-Kategorie IIIC = aufliegende Wolken und 50 bis 0 Meter Sicht.) Dabei wird das Flugzeug nicht mehr von der Hand des Piloten gesteuert. Die Landung erfolgt vollautomatisch, aber der Pilot überwacht auf einem Bildschirm die Funktion aller Systeme an Bord, Kurs, Geschwindigkeit und Flughöhe sowie seine Position zur Landebahnschwelle. Natürlich kann und muß er eingreifen, wenn dies notwendig werden sollte. Vermutungen, daß in einigen Jahrzehnten Piloten an Bord von Verkehrsflugzeugen überflüssig seien, werden schon aus psychologischen Überlegungen falsche Vermutungen bleiben.

Ganz anders sieht die Zukunft der militärischen Luftfahrt aus. Moderne Abfangjäger und Kampfflugzeuge, besonders jedoch Aufklärer etwa der 1976 eingesetzten und serienreifen bemannten Muster F-4E/R, F-14, F-15, F-16, »Alpha Jet« und MRCA »Panavia 200« oder des neuesten amerikanischen strategischen Überschallbombers B-1 werden mit hoher Wahrscheinlichkeit die letzte Generation bemannter Kampfflugzeuge sein. Hier hat die Elektronik in der Tat bereits durch den erfolgreichen Einsatz zahlreicher Typen kleiner, schnell und hoch fliegender ferngelenkter Flugkörper, aber auch durch ferngelenkte Angriffs- und Abwehrwaffen bewiesen, daß der »Mensch im Flugzeug«, nicht aber am Kommandopult der Einsatzleitstelle auf der Erde, an Bord von fliegenden Einsatzleitstellen weitab vom eigentlichen Kampfgeschehen und an Bord riesiger Transportflugzeuge oder von Flugschiffen mit 400 bis 1000 Tonnen Nutzlast, überflüssig sein wird.

Die unter dem Begriff der »Allgemeinen Luftfahrt« zusammengefaßte Gruppe der Sport- und Reiseflugzeuge wird unter ständiger Anpassung an die rasche technologische Weiterentwicklung ihr Wachstum fortsetzen und an Bedeutung gewinnen. Der Mantelschraubenantrieb wird beim einmotorigen, aber auch beim zweimotorigen Kleinflugzeug bis etwa 6 Tonnen Abfluggewicht den bisherigen Propellerantrieb ablösen. Die Flugzeuge werden schneller, ihre elektronische Ausrüstung besser und umfangreicher werden. Die Ausbildung von Privatpiloten wird schon im Interesse größerer Sicherheit Reformen erfahren und jener der Berufspiloten anzupassen sein. Sicher wird die schönste Art des Fluges, der Segelflug, viele neue Freunde gewinnen, aber die Zahl der reinen Segelflugzeuge wird schon innerhalb des nächsten Jahrzehntes zugunsten des Hochleistungsseglers mit Hilfsmotor, des Motorseglers, zurückgehen. Hatten wir 1975 allein in Europa etwa zwölftausend zugelassene Segelflugzeuge, so werden es bis zur Jahrtausendwende hunderttausend und mehr Motorsegler sein.

Der Flugtourismus als ein erst seit anderthalb Jahrzehnten existentes Phänomen der Luftverkehrsentwicklung, dem selbst bedeutende Linienluftverkehrsgesellschaften und auch die IATA (= International Air Transport Organization) zunächst ratlos gegenüberstanden, wird auch in Zukunft erdumspannend hohe Zuwachsraten haben. In Europa hat er schon heute, verglichen mit der Zahl geschäftlich reisender Flugpassagiere, die Spitzenstellung eingenommen. Er wird Autobahnen entlasten; Menschen verschiedener Völker auf verschiedenen Kontinenten einander näher bringen, die noch vor einem halben Jahrhundert kaum jemals die Chance hatten, einander zu begegnen. Auch dies ist ein Teil Luftfahrtgeschichte.

Fliegende Einsatzleitstellen werden in künftigen Luftkriegen eine große Rolle spielen. Aber auch das zivile wie militärische Lufttransportsystem wird auf dem Frachtsektor über Großflugzeuge verfügen, die mit 500, 1000 oder 2000 Tonnen Nutzlast zum Beispiel die hier gezeigte Lockheed 382 »Hercules« (links) weit in den Schatten stellen. Mit Sicherheit wird die private Fliegerei einen enormen Aufschwung nehmen. Auch hier wird die Luftfahrtindustrie neue Wege gehen, wie zum Beispiel VFW-Fokker mit der RF AWI-1 (oben), die mit Wankelmotor zum Antrieb einer Mantelschraube ausgerüstet ist.

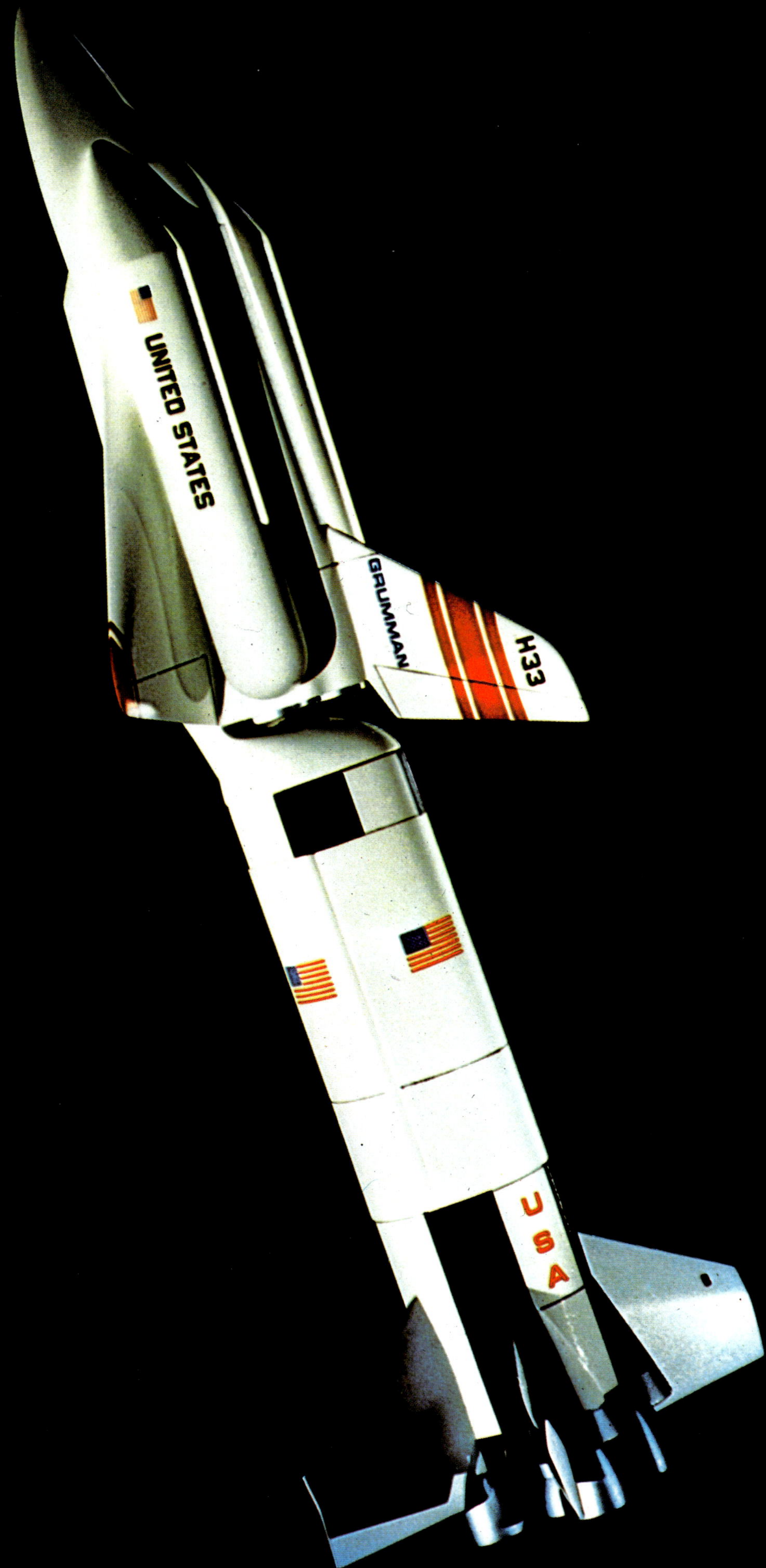
UNITED STATES
GRUMMAN
H33
USA

Ein Wort des Dankes

Autor und Verlag waren naturgemäß bei der Herstellung eines so umfangreichen Werkes über die Geschichte der Luftfahrt auf mancherlei Hilfe angewiesen. Nachdem das Buch nun vorliegt, möchten wir es nicht versäumen, uns für die zahlreiche Unterstützung herzlich zu bedanken. Unser Dank gilt namentlich dem Zeppelin-Museum und der Luftschiffbau Zeppelin GmbH in Friedrichshafen für ihre Hinweise zum Zeppelin-Kapitel, er gilt der Stadt Leutershausen sowie den Firmen Aérospatiale, Airbus Industrie, British Aircraft Corporation, Dornier, Messerschmitt-Bölkow-Blohm, VFW-Fokker, Boeing, Douglas, dem Deutschen Museum in München und der Deutschen Lufthansa für die vielen Informationen und zur Veröffentlichung übergebenes Bildmaterial. Besondere Unterstützung erfuhren wir durch Herrn Max Beck und Herrn Peter Selinger sowie die Akaflieg Stuttgart zur Geschichte des Segelflugs. Den Beitrag über die Geschichte der Luftfahrt in der Schweiz verdanken wir Herrn Alfred Waldis, Direktor des Verkehrshauses der Schweiz, und die Geschichte der Luftfahrt in Österreich verfaßte Herr Ingenieur Reinhard Keimel vom Technischen Museum in Wien. Dank auch Frau Dr. Irene Sänger-Bredt, die uns mit ihren Informationen zum Staustrahltriebwerk Interessantes und Unbekanntes mitzuteilen wußte. Nicht zuletzt – weil unüblich – danken wir den Akteuren am Rande, den Lithographen, Setzern, Druckern und Buchbindern, die alle ihr Bestes gaben, dieses Buch in der nun vorliegenden Form zu gestalten.

Lenggries/Künzelsau, Oktober 1975

Kurt W. Streit　　　　Sigloch Edition

Das vorliegende Werk über die Geschichte der Luftfahrt umfaßt lediglich jene Entwicklungen, die sich innerhalb unserer Erdatmosphäre abgespielt haben. Längst aber hat der Mensch begonnen, unseren Planeten mit Flugkörpern zu verlassen, und in naher oder ferner Zukunft werden Reisen zum Mond, zu künstlichen Satelliten, zu anderen Planeten unseres Sonnensystems oder gar zu interstellaren Räumen nichts Außergewöhnliches mehr sein.

Bildquellen

AB Aerotransport
Acrisius Ltd
The Aeroplane
Société Nationale Industrielle Aérospatiale
The Age, Melbourne
Air PB
Air Britain
Airbus Industrie
Air Classic
AiReview
Air France
Airmondial
Air Photo Supply
Air Portraits
Air Visual
Akaflieg Stuttgart
Jean Alexander
American Airlines
Hideya Ando
Sir W. G. Armstrong Whitworth Aircraft Ltd
Australian News & Information Bureau
Automoto Journal
Avro (A. V. Roe & Co Ltd)
Avro Canada Ltd
R. Barker
Barnaba's Picture Library
Max Beck
Bee-Hive
Bell Aerospace Company
Bell Aircraft Corporation
Warren M. Bodie
The Boeing Company
Peter M. Bowers
Bristol Aeroplane Company
British Aircraft Corporation (BAC)
British Eagle
British European Airways (BEA)
British Official
British Overseas Airways Corporation (BOAC)
K. J. A. Brookes
Charles E. Brown
Museo Aeronautico Caproni di Taliedo
Convair Divison of General Dynamics Corp.
Daily Herald
de Havilland Aircraft Company
Deutsche Lufthansa
Deutsches Museum, München
Dornier GmbH
Douglas Aircraft Company
Eastern Air Lines
Peter Eckert
EHAPA Verlag »hobby«
Ellehammer Museum, Kopenhagen
C. R. Elliott
Finnair
Flight International archives
Flying
Jochen Fust
General Electric Company
Stanley Gibbons
C. H. Gibbs-Smith
James Gilbert
Douglas Glass
Gloster Aircraft Company
Hamburger Flugzeugbau GmbH
Handley Page Ltd
Bob Harding
Clive Hart
Fred Haubner
Hawaiian Airlines
Hawker Aircraft Ltd
Hawker Siddeley Aviation Ltd
Erhard Hehl
Ernst Heinkel AG
L'Illustration
Imperial Airways
Imperial War Museum, London
Italienische Luftstreitkräfte
Jetstream Aircraft Ltd
Junkers Flugzeug- und Motorenwerke AG
David J. Kingston
KLM
Königlich Dänische Luftstreitkräfte
Dr. Wolfram Lenotti
Lockheed Aircraft Corporation
Fotostudio Magnus
The Martin Company
Harold G. Martin
Karel Masojidek
McDonnell Douglas Corporation
Messerschmitt-Bölkow-Blohm GmbH (MBB)
Fred Militky
Ministry of Defence (Navy)/Admiralty
Ministry of Defence (RAF)/Air Ministry
Motoren- und Turbinen-Union München GmbH
Kenneth Munson
Helmut Neuper
North American Rockwell Corporation
H. J. Nowarra
S. P. Peltz
Photavia
Picturepoint Ltd
Qantas
Photo Redlin
Richard T. Riding
Rolls-Royce Ltd
Royal Aeronautical Society
Royal Aircraft Establishment
Ryan Aeronautical Company
Dr. Irene Sänger-Bredt
Saunders-Roe Ltd
Martin Schempp
Science Museum, London
Peter Selinger
Brian M. Service
Shell
Short Brothers & Harland Ltd
Sikorsky Aircraft
Italo Sinnek
K. E. Sissons
Smithsonian Institution, Washington
SNCA du Sud-Est
SNCA du Sud-Ouest
Sopwith Aviation Company
Soviet News
Sperry Gyroscope Company
Kurt W. Streit
Sud-Aviation
Supermarine Aviation
Swissair
Tass and Novosti Soviet News Agencies
Technisches Museum, Wien
Telcia Films
Union Syndicale des Industries Aéronautiques et Spatiales
Ullstein Bilderdienst
United Air Lines
US Air Force Museum
US Information Service
US Library of Congress
US Navy
Lord Ventry
Verkehrshaus der Schweiz, Luzern
VFW-Fokker
Vickers Ltd
Vought Aeronautics Company
Vickers-Armstrongs (Aircraft) Ltd
Wellington Airport
John W. Wood
Zentrale Farbbild Agentur (ZEFA)
Zeppelin Luftschiffbau GmbH
Zeppelin-Museum, Friedrichshafen

Register

Normale Seitenzahlen verweisen auf Textstellen, halbfette Zahlen auf Bildlegenden. Segelflugzeug-Typen sind auch zusammengefaßt unter dem Stichwort »Segelflugzeuge«, Luftschiffe unter diesem Stichwort und unter »Zeppelin-Luftschiffe« zu finden.